“十三五”普通高等教育本科规划教材
全国本科院校机械类创新型应用人才培养规划教材

金属材料及工艺
（第2版）

主　编　于文强　陈宗民
副主编　姜学波　张　勇
　　　　尹文红　秦聪祥
　　　　翟晓庆

内容简介

本书内容主要包括金属材料的种类与性能，金属的结构与结晶，二元合金相图及其应用，钢的热处理，合金钢，有色金属，机械零件的失效分析与选材，铸造工艺基础，砂型铸造，特种铸造，铸件结构设计，铸造新工艺与发展，塑性成形理论基础，常用锻造方法，板料冲压，现代塑性加工与发展趋势，熔化焊成形基础理论，熔化焊，其他焊接方法，常用金属材料的焊接，焊接结构设计，焊接过程自动化和毛坯的选择。每章后附有习题。

本书注重学生分析与解决工程技术问题能力的培养以及学生工程素质与创新思维能力的提高。为此，内容上既体现了现代制造技术、材料科学和现代信息技术的密切交叉与融合，又体现了工程材料和制造技术的历史传承与发展趋势。

本书可作为高等工科院校机械类、近机类各专业的教材和参考书，也可作为高职类工科院校及机械制造工程技术人员的学习参考书。

图书在版编目(CIP)数据

金属材料及工艺/于文强，陈宗民主编. —2版. —北京：北京大学出版社，2017.1

(全国本科院校机械类创新型应用人才培养规划教材)

ISBN 978-7-301-27674-7

Ⅰ.①金… Ⅱ.①于…②陈… Ⅲ.①金属材料—高等学校—教材②金属加工—工艺学—高等学校—教材 Ⅳ.①TG

中国版本图书馆CIP数据核字(2016)第255814号

书　　名　金属材料及工艺（第2版）
JINSHU CAILIAO JI GONGYI

著作责任者　于文强　陈宗民　主编

责任编辑　童君鑫

标准书号　ISBN 978-7-301-27674-7

出版发行　北京大学出版社

地　　址　北京市海淀区成府路205号　100871

网　　址　http://www.pup.cn　新浪微博：@北京大学出版社

电子信箱　pup_6@163.com

电　　话　邮购部62752015　发行部62750672　编辑部62750667

印 刷 者　北京虎彩文化传播有限公司

经 销 者　新华书店

787毫米×1092毫米　16开本　23.25印张　545千字

2011年9月第1版

2017年1月第2版　2020年1月第3次印刷

定　　价　52.00元

第 2 版前言

本次修订是在《金属材料及工艺》第 1 版的基础上进行的，经过近 5 年的发行，本书在各高校机械工程及其相关专业的金属材料与热加工工艺教学中已被广泛使用，反馈教学效果优良。教材依照高等学校机械学科本科专业规范、培养方案和课程教学大纲的要求，合理定位，由长期在教育第一线从事教学工作，富有教学经验的教师立足于教学改革的需要而编写，无论在发行量还是在社会评价方面都取得了显著成绩，为专业知识规范整合、创新形式教学作出了较大贡献。

机械零件的选材、毛坯的制备以及合理的热处理工艺方案是获得优秀工业产品所必需的技术能力核心，企业必须掌握先进的工业化的制造技术，产品才能具备市场竞争力。金属材料及工艺课程是工科院校进行产品制造工艺教育的一门重要的技术基础课程，着重阐述常用金属材料及热成形方法的基本原理和工艺特点，全面讲述了机械零件材料的选用、热处理工艺方案的确定、毛坯成形方法的选择以及工艺路线的拟订和机械制造中的新技术、新工艺。其兼有基础性、实用性、知识性、实践性与创新性等特点，是培养现代复合型人才的重要基础课程之一。本书注重学生获取知识、分析与解决工程技术问题能力的提高，力求体现学生工程素质与创新思维能力的培养。为此，本书内容上既体现了现代制造技术、材料科学和现代信息技术的密切交叉与融合，又体现了工程材料和制造技术的历史传承和发展趋势。

为适应不同类型、不同层次学校教学的需要，教材编委参考了国外原版教材的优秀体例，以科学性、先进性、系统性和实用性为目标，整合金属材料学、金属热加工工艺学等有关材料科学、材料选择和毛坯成形方法等专业知识；在吸取了各高校教学改革经验以及广大读者对《金属材料及工艺》第 1 版的建议和意见的基础上，对本书第 2 版进行了以下修订。

(1) 整合第 1 版中“第 4 章　金属的塑性变形与再结晶”“第 14 章　锻压工艺基础”内容，解决这两章中知识的交叉重叠问题，合并后安排在“第 13 章　塑性成形理论基础”中讲解；

(2) 进一步描述了钢材的淬透性问题，并辅以钢材淬透性测定方法的介绍；

(3) 调整了部分章节的课后习题内容，以方便学生的课后复习总结；

(4) 为便于学生对材料的微观组织形态有客观的认识，增加了部分金相组织照片插图；

(5) 充实了各类教学资源，为便于资源的共享，请专业任课教师加入 QQ 群：39024033，探讨问题、研究教学方法、交流教学资源，同时为本书提供课件下载。

本书由山东理工大学于文强、陈宗民、姜学波、张勇、尹文红、秦聪祥、翟晓庆等多位一线教师合作编写。全体同仁为教材的出版付出了辛苦的劳动，在此表示衷心的感谢！

本书可作为高等工科院校机械类、近机类各专业的教材和参考书，也可供高职类工科院校选用及机械制造工程技术人员学习参考。

在本书的编写过程中，吸收了许多教师对编写工作的宝贵意见，在编写和出版过程中得到了北京大学出版社和印刷单位有关工作人员的大力支持，在此一并表示由衷的感谢！

由于编者水平有限，时间仓促，不妥之处在所难免，衷心希望广大读者批评指正。

编　者

2016 年 9 月

目　录

第1章 金属材料的种类与性能

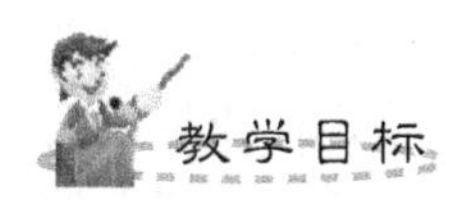

教学目标

通过学习，了解金属材料的种类，掌握金属材料的使用性能和工艺性能。

导入案例

材料的力学性能

材料在常温、静载作用下的宏观力学性能，是确定各种工程设计参数的主要依据。这些力学性能均需用标准试样在材料试验机上按照规定的试验方法和程序测定，并可同时测定材料的应力-应变曲线。随着工农业的迅速发展，如何有效地利用有限的资源成为当今材料界关注的重点，其中利用材料的力学性能设计构件不但能够保证安全使用，而且还能提高资源的利用效率。

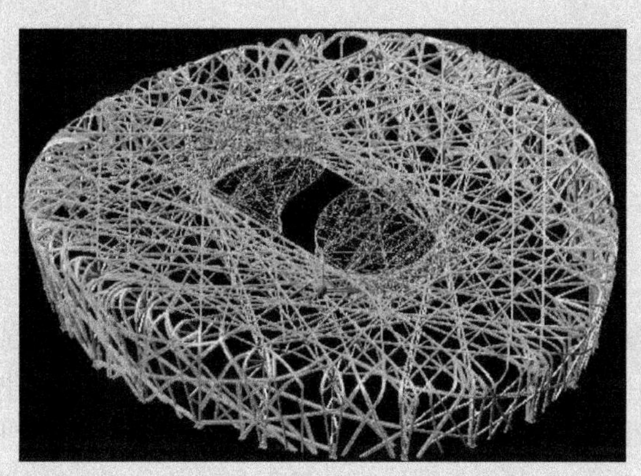

鸟巢

“鸟巢”所用钢材的强度是普通钢的两倍，是由我国自主创新研发的特种钢材，集刚强、柔韧于一体，从而保证了“鸟巢”在承受最大460MPa的外力后，依然可以恢复到原有形状，也就是说它能抵抗当年唐山大地震那样强烈的地震波。托起“鸟巢”最关键的是“肩部”结构，这一部分所用的钢材——“Q460”钢板厚度达到了10mm，具有良好的抗震性、抗低温性和可焊性等特点。为满足抗震要求，钢构件的节点部位还特别作了加厚处理，杆件的连接方式一律为焊接，以增加结构整体的刚度和强度。“鸟巢”凌空的屋顶气势不凡，支撑它的24根巨大钢柱脚更是雄伟壮观。为保证建造在8度抗震设防的高烈度地震区的“鸟巢”能站稳脚跟，科研设计人员克服“鸟巢”柱脚集合尺寸大且构造复杂、我国现行规范的计算假定与设计方法难以适用等难题，为这些钢柱脚增加了底座和铆钉，将柱脚牢牢铆在了混凝土中。柱脚下的承台厚度高达4～6m，24根巨大钢柱分别与24个巨大的钢筋混凝土墩牢固地连在一起，共同擎起巨大的“鸟巢”。“鸟巢”的设计综合考虑了材料的强度、韧性以及材料的利用效率。

人类生活、生产的过程是使用材料和将材料加工成成品的过程。材料使用的能力和水平标志着人类文明的进步程度。人类发展的历史时代按人类对材料的使用可分为石器时代、青铜器时代、铁器时代等。在当今社会，能源、信息和材料已成为现代化技术的三大支柱，而能源和信息的发展又依托于材料。因此，世界各国都把材料的研究、开发放在突出的地位，我国的“863”计划把材料列为7个优先发展的领域之一。

为了便于材料的生产、应用与管理，也为了便于材料的研究与开发，有必要对材料进行分类。由于材料的种类繁多，用途甚广，因此分类的方法也很多。

按材料的用途可分为：建筑材料、电工材料、结构材料等；按材料的结晶状态可分为：单晶体材料、多晶体材料及非晶体材料；按材料的物理性能及物理效应可分为：半导体材料、磁性材料、激光材料(这类材料能受激辐射而发出方向恒定、波长范围窄、颜色单纯的激光，如红宝石、钇铝石榴石、含钕玻璃等)、热电材料(在温度作用下产生热电效应，由热能直接转变为电能或由电能转变为热能，可用于制造引燃、引爆器件)、光电材料(利用光电效应，可将光能直接转变成电能，如用硅、硫化镉等光电材料制作的太阳能电池)等。

值得注意的是，在工程上通常按材料的化学成分、结合键的特点将工程材料分为金属材料、高分子材料、陶瓷材料及复合材料等几大类。

1.1 金属材料的种类

金属材料是以过渡族金属为基础的纯金属及含有金属、半金属或非金属的合金。由于金属材料具有良好的力学性能、物理性能、化学性能及工艺性能，能采用比较简便和经济的加工方法制成零件，因此金属材料是目前应用最广泛的材料。工业上通常把金属材料分为两大类：一类是黑色金属，它是指铁、锰、铬及其合金，其中以铁为基的合金——钢和铸铁应用最广，占整个结构和工具材料的80%以上；另一类是有色金属，它是指黑色金属以外的所有金属及其合金。

这两类材料还可进一步细分为图1.1所示的系列。

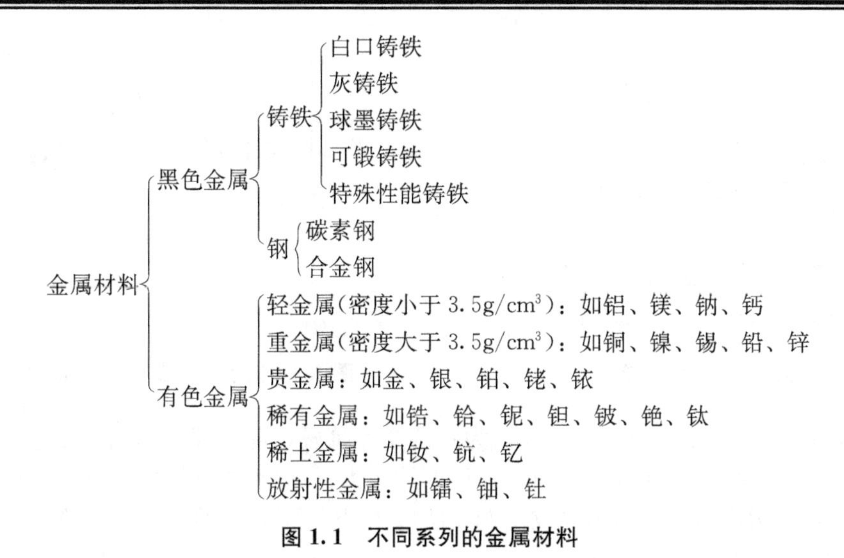

图1.1 不同系列的金属材料

1.2 金属材料的性能

金属材料的性能包括使用性能和工艺性能。使用性能是指金属材料在使用过程中应具备的性能，它包括力学性能(强度、塑性、硬度、冲击韧性、疲劳强度等)、物理性能(密度、熔点、热膨胀性、导热性、导电性等)和化学性能(耐蚀性、抗氧化性等)。工艺性能是金属材料从冶炼到成品的生产过程中，为适应各种加工工艺(如：冶炼、铸造、冷热压力加工、焊接、切削加工、热处理等)应具备的性能。

1.2.1 力学性能

材料的力学性能是指材料在外力作用下所表现出的抵抗能力。由于荷载的形式不同，材料可表现出不同的力学性能，如强度、硬度、塑性、韧度、疲劳强度等。材料的力学性能是零件设计、材料选择及工艺评定的主要依据。

1. 强度

材料在外力作用下抵抗变形和断裂的能力称为材料的强度。根据外力的作用方式，材料的强度分为抗拉强度、抗压强度、抗弯强度和抗剪强度等。在使用中一般以抗拉强度作为基本的强度指标，常简称为强度。强度单位为MPa(N/mm^2)。

材料的强度、塑性是依据国家标准(GB/T 228—2002)通过静拉伸试验测定的。它是把一定尺寸和形状的试样装夹在拉力试验机上，然后对试样逐渐施加拉伸载荷，直至把试样拉断为止。拉伸前后的试样如图1.2所示。标准试样的截面有圆形的和矩形的，圆形试样用得较多，圆形试样有长试样($l_0=10d_0$)和短试样($l_0=5d_0$)之分。一般拉伸试验机上都带有自动记录装置，可绘制出载荷(F)与试样伸长量(ΔL)之间的关系曲线，并据此可测定应力(σ)-应变(ε)关系：$\sigma=F/S$(S为试样原始截面积)、$\varepsilon=(L-L_0)/L_0(\%)$。图1.3为低碳钢的应力-应变曲线($\sigma-\varepsilon$曲线)。研究表明低碳钢在外加载荷作用下的变形过程一般可分为3个阶段，即弹性变形、塑性变形和断裂。

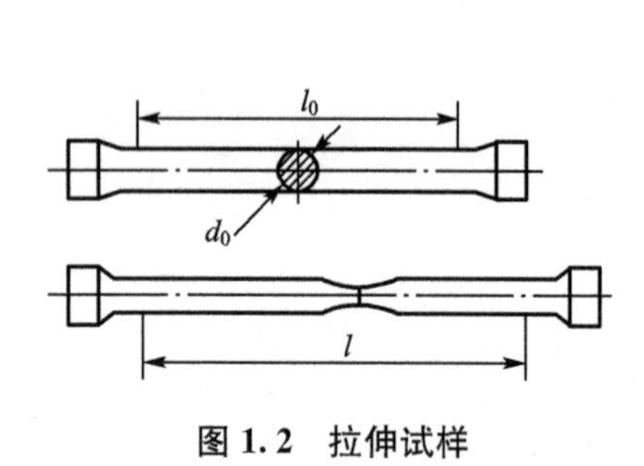

图1.2 拉伸试样

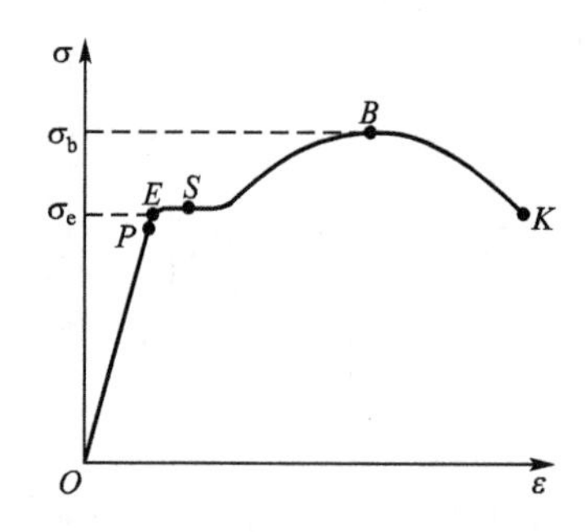

图1.3 低碳钢的应力-应变曲线图

(1) 弹性变形 在图1.3中，OE段为弹性变形阶段，即去掉外力后，变形立即恢复，这种变形称为弹性变形，其应变值很小，E点的应力σ_E称为弹性极限。OE线中OP部分为一斜直线，因为应力与应变始终成比例，所以P点的应力σ_P称为比例极限。由于P点和E点很接近，所以一般不作区分。

在弹性变形范围内，应力与应变的比值称为材料的弹性模量E(MPa)。弹性模量E是衡量材料产生弹性变形难易程度的指标，工程上常把它称为材料的刚度。E值越大，使其产生一定量弹性变形的应力也越大，即材料的刚度越大，说明材料抵抗产生弹性变形的能力越强，越不容易产生弹性变形。

(2) 塑性变形 在S点附近，曲线较为平坦，不需要进一步的增大外力，便可以产生明显的塑性变形，该现象称为材料的屈服现象，S点称为屈服点，σ_s称为屈服强度。

工业上使用的某些材料(如高碳钢、铸铁和某些经热处理后的钢等)在拉伸试验中没有明显的屈服现象发生，故无法确定屈服强度σ_s。国家标准规定，可用试样在拉伸过程中标距部分产生0.2%塑性变形量的应力值来表征材料对微量塑性变形的抗力，称为屈服强度，即所谓的“条件屈服强度”，记为$\sigma_{0.2}$。

(3) 断裂 经过一定的塑性变形后，必须进一步增加应力才能继续使材料变形。当达到B点时，σ_B为材料能够承受的最大应力，称为强度极限。超过B点后，试棒的局部迅速变细，产生颈缩现象，迅速伸长，应力明显下降，到达K点后断裂。

世贸中心的倒下

纽约世界贸易中心大楼位于曼哈顿闹市区南端，是美国纽约市最高、楼层最多的摩天大楼。它由原籍日本的总建筑师山崎实设计，于1966年开工，历时7年，1973年竣工以后，以411米的高度作为110层的摩天巨人而载入史册。它是由5幢建筑物组成的综合体。其主楼呈双塔形，塔柱边宽63.5m。大楼采用钢结构，用钢7.8万t，楼的外围有密置的钢柱，墙面由铝板和玻璃窗组成，素有“世界之窗”之称。

美国东部时间2001年9月11日上午8时45分，一架起飞重量达160t的波音767型飞机，直接撞击纽约世界贸易中心北塔；18分钟后，又一架起飞重量为100t的波音757型飞机，几乎拦腰撞击世界贸易中心南塔。在高达1000℃的烈焰煎熬下，撞击后的一个半小时内，两幢塔楼最终还是坍塌了(图1.4)。

随后，关于大楼坍塌的原因有了很多种说法，但较一致的观点是认为世贸中心大楼的双塔并不是由于撞击，而是由于喷气燃料的剧烈燃烧而坍塌的。撞击发生后，在撞击过程中没有立即燃尽的喷气燃料向下流去，由于碰撞，在几分钟之内又燃烧起来。钢架构表面的保护层绝缘面板随之脱落。双塔的钢架构因此完全暴露于大火之中，当时大火的温度已接近于钢的软化点。据宾夕法尼亚州立大学的秦德·库朗萨玛教授推测，燃烧的喷气燃料的温度高达华氏1000度到3000度(摄氏537度到1649度)。而钢在华氏1000度下就会失去将近一半的强度而弯曲变形。在华氏1400度，只能剩下10%～20%的强度。燃烧的高温使钢柱软化，而被撞击层以上楼层的重力在加速度作用下，以雷霆万钧之势，造成了世界贸易中心遇袭后的必然结果——坍塌。

图1.4　纽约世界贸易中心大楼被撞击的瞬间

“9·11”恐怖袭击发生后，美国联邦紧急事务管理局和美国民用工程师协会曾联合发表了一份调查报告。报告认为，大楼的最终倒塌是由于飞机冲撞和随后引发的大火的共同作用。“喷气燃料燃烧发出的热量本身的温度似乎并不能使大楼崩塌，但是，随着燃烧的喷气燃料向双塔各层的扩散，引着了众多的楼内物品，同时发生了多起火灾。这些大火发出的热量可以和大规模商业发电所发出的电力相匹敌。高热给已经破损的钢结构框架更大的应力，同时，软化了钢结构框架。这个附加的荷重及其结果产生的危害足以使双塔崩塌。”

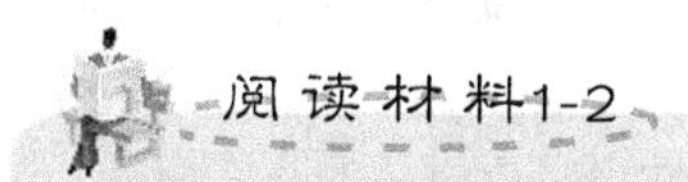

弹性变形引起的事故

“挑战者”号航天飞机(图1.5)是美国正式使用的第二架航天飞机，在1986年1月28日执行第10次太空任务时，因为右侧固态火箭推进器上的一个O形环失效，导致一连串的连锁反应，在升空后73秒，爆炸解体坠毁。机上的7名宇航员全部在该次意外中丧生。O形环是一种依靠密封件发生弹性变形的积压形密封，但是由于O形环低温硬化失效未能及时发生弹性变形产生密封效果从而导致了一场悲剧。

2007年10月21日，在深圳南山湾F1摩托艇世界锦标赛深圳大奖赛决赛的比赛中，F1天荣摩托艇招商银行队的中国选手彭林武在出发情况非常好的情况下未能走完55圈，只开了28圈就因为自己的一次急切操作导致赛艇的后盖整个掀飞，不得不退出了比赛。原因为赛艇的两个固定艇罩的弹簧全部被拉得失去了弹性(图1.6)。

图 1.5　挑战者号航天飞机

图 1.6　固定艇罩的弹簧

2. 塑性

材料在外力作用下，产生永久变形而不致引起破坏的性能，称为塑性。许多零件和毛坯是通过塑性变形而成形的，要求材料有较高的塑性；并且为了防止零件工作时脆断，也要求材料有一定的塑性。塑性通常由伸长率和断面收缩率表示。

1) 伸长率

$$\delta=\frac{l-l_0}{l_0}\times 100\% \tag{1-1}$$

式中：δ 为伸长率；l_0 为试棒原始标距长度(mm)；l 为试棒受拉伸断裂后的标距长度(mm)。

2) 断面收缩率

$$\psi=\frac{A_0-A}{A_0}\times 100\% \tag{1-2}$$

式中：ψ 为断面收缩率；A_0 为试棒原始截面积(mm^2)；A 为试棒受拉伸断裂后的截面积(mm^2)。

δ 或 ψ 值愈大，材料的塑性愈好。两者比较，用 ψ 表示塑性更接近材料的真实应变。

长试样($l_0=10d_0$)的伸长率写成 δ 或 δ_{10}；短试样($l_0=5d_0$)的伸长率须写成 δ_5。同一种材料 $\delta_5>\delta$，对不同材料，把 δ 值和 δ_5 值不能直接比较。一般把 $\delta>5\%$ 的材料称为塑性材料，把 $\delta<5\%$ 的材料称为脆性材料。铸铁是典型的脆性材料，而低碳钢是黑色金属中塑性最好的材料。

塑性成形的广泛应用

塑性成形不仅可以把材料加工成各种形状和尺寸的制品(图 1.7 和图 1.8)，而且还可以改变材料的组织和性能。如广泛应用的各类钢材，根据断面形状的不同，一般分为型材、板材、管材和金属制品四大类。大部分钢材通过压力加工，使钢(坯、锭等)产生塑性变形。

图 1.7　冲压成型的车门

图 1.8　冲压焊接成形的车身

工字钢、槽钢、角钢等广泛应用于工业建筑和金属结构，如厂房、桥梁(图 1.9)、船舶、农机车辆制造、输电铁塔，运输机械等。

2000 年 9 月建成的芜湖长江大桥是国家“九五”重点交通项目，其桥型为公路、铁路两用钢桁梁斜拉桥，铁路桥长 10 616m，公路桥长 6078m，其中跨江桥长 2193.7m，大桥主跨 312m。采用 14MnNbq 钢，厚板焊接全封闭整体节点钢梁，是目前中国最长的公铁两用桥。

图 1.9　金属结构桥梁

3. 硬度

材料抵抗硬物压入的能力称为硬度。常用的硬度指标有布氏硬度、洛氏硬度等。

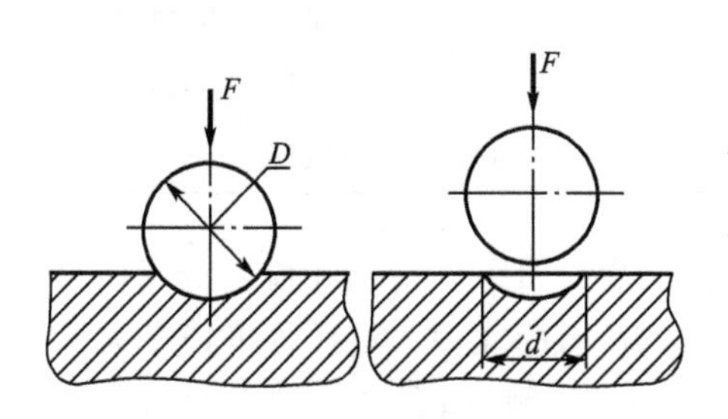

图 1.10　布氏硬度测试原理

(1) 布氏硬度　图 1.10 是布氏硬度测试原理图，在载荷 F 的作用下迫使硬质合金球压向被测试金属的表面，保持一定时间后卸除载荷，并形成凹痕。

布氏硬度值按式(1-3)计算：

$$\mathrm{HBW}=\frac{\text{所加载荷}}{\text{压痕表面积}}(\mathrm{N/mm^2}) \qquad (1-3)$$

按旧标准规定，布氏硬度试验可以采用钢球压头或硬质合金球压头两种。压头为钢球时，用符号“HBS”或“HB”表示；压头为硬质合金球时，用符号“HBW”表示。钢球压头的布氏硬度试验适用于 450HBS 以下的材料，硬质合金球压头的布氏硬度试验适用于 650HBW 以下的材料。由于淬火钢球相对硬质合金球压头容易产生变形，当布氏硬度值超过 350HBS 时，用钢球和硬质合金球得到的试验结果明显不同。因此，为了统一起见，金属布氏硬度新标准(GB/T 231.1—2002)只规定了硬质合金球压头一种。因此，新标准实施后，硬度计应全部采用硬质合金球压头，技术文件应一律标注符号“HBW”。

布氏硬度试验适用于测量退火钢、正火钢及常见的铸铁和有色金属等较软材料。布氏硬度试验的压痕面积较大，测试结果的重复性较好，但操作较烦琐。

布氏硬度试验是由瑞典工程师布利涅尔(J. B. Brinell)于1900年提出的。

(2) 洛氏硬度　洛氏硬度也是以规定的载荷，将坚硬的压头垂直压向被测金属来测定硬度的。它由压痕深度计算硬度。实际测试时，直接从刻度盘上读值。

为了适应不同材料的硬度测试，采用不同的压头与载荷组合成几种不同的洛氏硬度标尺，每一种标尺用一个字母在洛氏硬度符号后注明，如HRA、HRB、HRC等，几种常用洛氏硬度级别试验规范及应用范围见表1-1。

表1-1　常用洛氏硬度的级别及其应用范围

洛氏硬度	压头	总载荷/N	硬度范围	适用材料
HRA	120°金刚石圆锥体	588.4	60～85	硬质合金材料、表面淬火钢等
HRB	ϕ1.588mm球	980.7	25～100	软钢、退火钢、铜合金等
HRC	120°金刚石圆锥体	1471.1	20～67	淬火钢、调质钢等

新版金属洛氏硬度试验方法国家标准(GB/T 230.1—2009)在旧标准基础上，新标准增加了15N、30N、45N、15T、30T、45T共6个洛氏硬度标尺及其对应的硬度适用范围(表1-2)。

表1-2　增加的洛氏硬度标尺及其对应的参数

洛氏硬度标尺	硬度符号	压头类型	初试验力/N	主试验力/N	总试验力/N	适用范围
15N	HR15N	金刚石圆锥	29.42	117.7	147.1	70HR15N～94HR15N
30N	HR30N	金刚石圆锥	29.42	264.8	294.2	42HR30N～86HR30N
45N	HR45N	金刚石圆锥	29.42	411.9	441.3	20HR45N～77HR45N
15T	HR15T	ϕ1.5875mm球	29.42	117.7	147.1	67HR15T～93HR15T
30T	HR30T	ϕ1.5875mm球	29.42	264.8	294.2	29HR30T～82HR30T
45T	HR45T	ϕ1.5875mm球	29.42	411.9	441.3	10HR45T～72HR45T

新旧标准关于洛氏硬度表示符号的规定没有差别，仍用符号HR加相应的标尺符号表示。比如，常用的C标尺洛氏硬度符号仍为“HRC”。新旧标准关于洛氏硬度值的表示方法的规定也没有差别，仍按硬度值、洛氏硬度表示符号这一顺序读写。但按新标准规定，洛氏硬度试验采用金刚石圆锥压头，也可以采用钢球压头或硬质合金球压头。因此，为了区别洛氏硬度试验所使用的压头类型，新标准增加了在硬度符号后面追加符号“S”或“W”的规定。当采用钢球压头试验时，应在原符号后面加字母“S”；当采用硬质合金球压头时，应在原符号后面加字母“W”；而采用金刚石圆锥压头时，则不用附加任何符号。例如，B标尺、硬质合金球压头测定的洛氏硬度值为60，应表示为“60 HRBW”。

按GB/T 230.1—2009标准规定，标尺为A、C、D、15N、30N、45N的洛氏硬度试验均为金刚石圆锥压头。其余标尺的洛氏硬度试验采用钢球或硬质合金球压头。因此，对标尺为A、C、D、15N、30N、45N的洛氏硬度试验，表示硬度值时，不必考虑附加任何符号，采用其他标尺的硬度试验需要考虑硬度符号后面附加字母S或W，这一点需加以注意。

洛氏硬度试验测试方便，操作简捷；试验压痕较小，可测量成品件；测试硬度值范围宽，采用不同标尺可测定各种软硬不同和厚薄不同的材料，但应注意，不同级别的硬度值间无可比性。由于压痕较小，测试值的重复性差，因此必须进行多点测试，取平均值作为材料的硬度。

洛氏硬度试验是由美国洛克威尔(S. P. Rockwell和H. M. Rockwell)于1919年提出的。

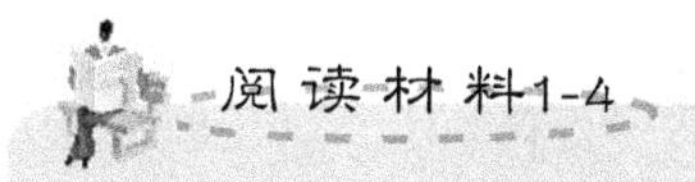

剪毛机刀片的硬度设计

每年一次的剪羊毛是畜牧业生产的重要环节，是养羊业中一项繁重而季节性强的工作，剪毛适宜期一般为20天左右。刀片是剪毛机械的关键件和易损件。刀片主要受夹杂毛中高硬度砂粒的磨料磨损而变钝失效。标准规定上刀片61HRC～65HRC，下刀片60HRC～64HRC。

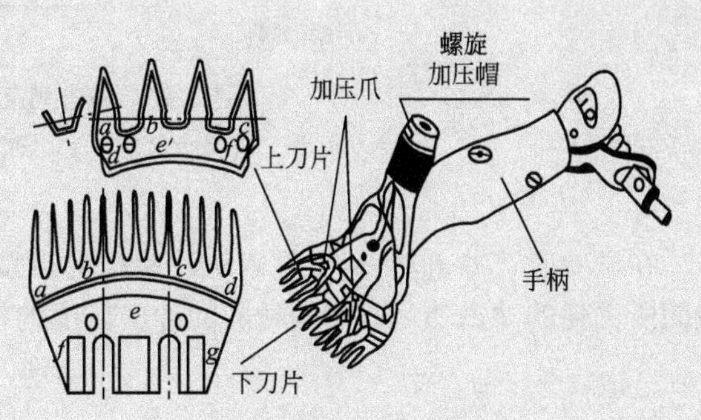

图1.11　羊毛剪

羊毛剪刀结构如图1.11所示，剪毛机刀片存在两大难以处理的矛盾：(1)硬度与韧性的矛盾。刀片软了，刃口易卷，刃面易划伤；太硬又会崩刃，甚至刀齿折断。(2)耐磨性与利磨性的矛盾。刀片用钝后在专用磨盘上磨刀，在现场须在几十秒内磨利。若刀片剪毛时很耐磨，磨刀时必然利磨性差，反之亦然。20世纪60年代初曾试用CrW5钢制造刀片，但因利磨性差而放弃。渗硼刀片曾出现刃磨一次剪羊216头的特高纪录，但这是花了一个多小时精心研磨的结果，这个刀片磨了4次就报废。其他渗硼刀片刃磨后，因刃口未磨利，呈锯齿状，每次剪羊头数均不高，加之渗硼刀片断齿率高，在剪毛机刀片生产上终未被采用。

我国科技工作者对一些承受冲击和接触疲劳磨损的零件的长期研究，找出了最佳硬度值，为剪毛机刀片硬度设计提供借鉴：

材料	GCr15 滚动轴承	T10V 凿岩机活塞	20CrMnMo渗碳钢， 石油钻机牙轮钻头	80Cr1.5钢 水稻秸秆还田机刀片
硬度	62HRc	59HRC～61HRC	58HRC～60HRC	62HRC～62.5HRC

资料来源：黄建洪．剪毛机刀片的硬度设计与热处理工艺．热处理．2005，20(1)：29-35

4．冲击韧度

以很大速度作用于机件上的载荷称为冲击载荷，许多机器零件和工具在工作过程中，往往受到冲击载荷的作用，如蒸汽锤的锤杆、冲床上的一些部件、柴油机曲轴、飞机的起落架等。瞬时冲击的破坏作用远远大于静载荷的破坏作用，所以在设计受冲击载荷件时还要考虑抗冲击性能。材料在冲击载荷作用下抵抗变形和断裂的能力称为冲击韧度 α_K，常采用一次冲击试验来测量。

一次冲击试验通常是在摆锤式冲击试验机上进行的。试验时将带有缺口的试样放在试验机两支座上，将质量为 m 的摆锤抬到 H 高度，使摆锤具有的势能为 mHg(g 为重力加速度)。然后让摆锤由此高度下落将试样冲断，并向另一方向升高到 h 的高度，这时摆锤具有的势能为 mhg，如图 1.12(a)所示。因而冲击试样消耗的能量(即冲击功)A_K 为

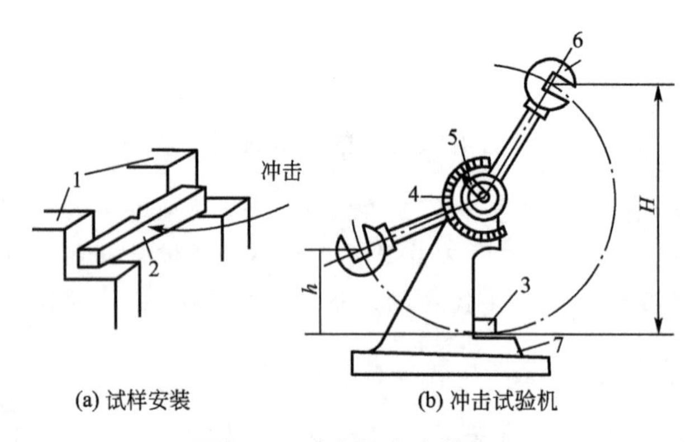

图 1.12　冲击韧度试验原理

1、7—支座　2、3—试样　4—刻度盘　5—指针　6—摆锤

$$A_K = m(H-h)g \tag{1-4}$$

在试验时，冲击功 A_K 值可以从试验机的刻度盘上直接读得。标准试样断口处单位横截面所消耗的冲击功，即代表材料的冲击韧度的指标。

$$\alpha_K = \frac{A_K}{A_0} \tag{1-5}$$

式中：α_K 为试样的冲击韧度值(J/cm^2)；A_K 为冲断试样所消耗的冲击功(J)；A_0 为试样断口处的原始截面积(cm^2)。

α_K 的值越大，材料的冲击韧度越好。冲击韧度是对材料一次冲击破坏测得的。在实际应用中许多受冲击件，往往是受到较小冲击能量的多次冲击而破坏的，它受很多因素的影响。由于冲击韧度的影响因素较多，α_K 值仅作设计时的选材参考。

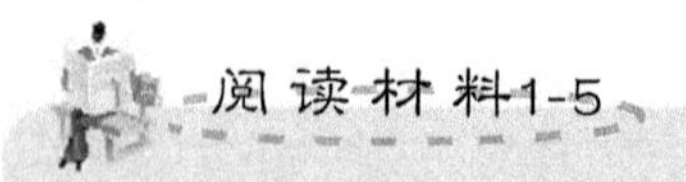

“哥伦比亚”号的悲剧

2003 年 2 月 1 日，“哥伦比亚”号航天飞机(图 1.13)完成 16 天的太空研究任务后，在返回大气层时突然发生解体，机上 7 名宇航员全部遇难。调查组对飞机残骸(图 1.14)进行了原位重组、残骸材料的冶金分析以及模拟试验，分析结果表明：左机翼隔热瓦受损裂缝是“哥伦比亚”号航天飞机解体的主要原因，在再入大气层过程中，高温热离子流使机翼铝合金、铁基合金、镍基合金结构熔化，导致航天飞机失控、机翼破坏和机体解体。

在发射哥伦比亚号时已发现一块泡沫从外燃料箱上脱落，撞上了航天飞机，航空航天局的工程师们很担心泡沫撞击会造成影响，曾请求领导为在轨道上运行的航天飞机拍

图 1.13　哥伦比亚号在发射

图 1.14　残骸原位放置

摄卫星照片，以查看机翼受损情况，但却遭到主管领导的拒绝，他怕延误航天飞机飞往国际空间站执行任务的时间，按照美国国会颁布的法令，这会削减预算，终止这项计划，在进度和经费的压力下，主管领导做出了错误的决定。而正是从外储存的燃料箱左侧双脚架掉下的这一块冷冻的隔热泡沫砸到左翼碳/碳复合材料面板下半部，造成了裂缝。主管领导错误决策造成本可避免的悲剧。

5. 疲劳强度

许多机械零件是在交变应力下工作的，如机床主轴、连杆、齿轮、弹簧、各种滚动轴承等。所谓交变应力是指零件所受应力的大小和方向随时间作周期性变化。例如，受力发生弯曲的轴，在转动时材料要反复受到拉应力和压应力，属于对称交变应力循环。零件在交变应力作用下，当交变应力值远低于材料的屈服强度时，经长时间运行后也会发生破坏，这种破坏称为疲劳破坏。疲劳破坏往往突然发生，无论是塑性材料还是脆性材料，断裂时都不产生明显的塑性变形，具有很大的危险性，常常造成事故。

材料抵抗疲劳破坏的能力由疲劳实验获得。通过疲劳实验，把被测材料承受交变应力与材料断裂前的应力循环次数的关系曲线称为疲劳曲线(图 1.15)。由图中可以看出，随着应力循环次数 N 的增大，材料所能承受的最大交变应力不断减小。材料能够承受无数次应力循环的最大应力称为疲劳强度。材料疲劳强度用 σ_r 表示，r 表示交变应力循环系数，对称应力循环时的疲劳强度用 σ_{-1} 表示。由于无数次

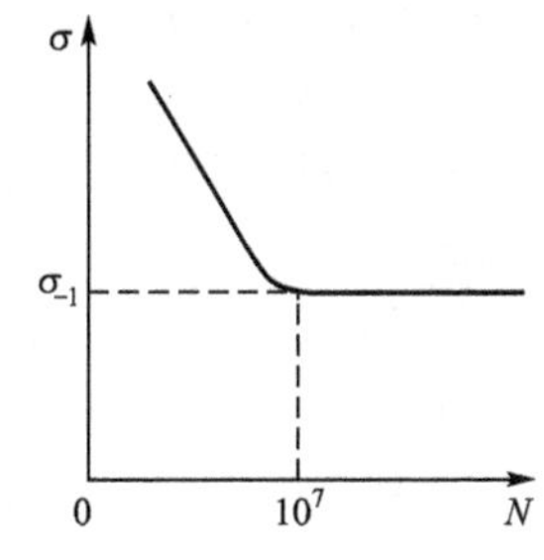

图 1.15　钢铁材料的疲劳曲线图

应力循环难以实现，规定钢铁材料经受 10^7 次循环，有色金属经受 10^8 次循环时的应力值确定为 σ_{-1}。

一般认为，产生疲劳破坏的原因是材料的某些缺陷，如夹杂物，气孔等所致。交变应力下，缺陷处首先形成微小裂纹，裂纹逐步扩展，导致零件的受力截面减小，以致突然产生破坏。零件表面的机械加工刀痕和构件截面突然变化部位，均会产生应力集中。交变应力下，应力集中处易产生显微裂纹，这也是产生疲劳破坏的主要原因。

为了防止或减少零件的疲劳破坏，除应合理设计结构防止应力集中外，还要尽量减小零件表面粗糙度值和采取进行表面强化处理，如表面淬火、渗碳、氮化、喷丸等，使零件表层产生残余的压应力，以抵消零件工作时的一部分拉应力，从而使零件的疲劳强度提高。

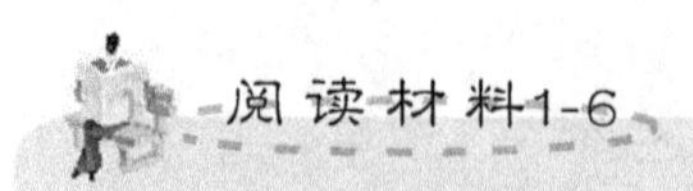

材料的疲劳

人类付出昂贵的代价才获得了对材料疲劳的认识。第二次世界大战后，英国的德-哈维兰飞机公司设计制造了彗星号民用喷气飞机，经过一年使用，1953 年 5 月 2 日一架彗星号客机从印度加尔各答机场起飞后不久在半空中解体；1954 年 1 月 10 日，另一架彗星号在地中海上空爆炸；不到 3 个月，又一架彗星号由罗马起飞后在空中爆炸。为了找到事故的原因，英国皇家航空研究院的工程师进行了大量的研究工作，终于确认罪魁祸首是座舱的疲劳裂纹。

现代的机械设计已经广泛采用"疲劳寿命"方法，设计阶段已经充分考虑了材料的疲劳问题。但是，正如人体的疲劳因人而异，机器的疲劳是因机而异的。同一种型号的汽车，发生疲劳破坏的情况可能相差很远。有的到了报废的年限，疲劳程度还不太严重；有的尚在寿命期限内，却发生了疲劳破坏。不同的使用方式也会导致机器不同的疲劳状态。例如同一品种的富康车，做出租车与做私家车用，几年下来其车辆的运行状态就会有重大差别。为了避免疲劳破坏，要严格按照各类保养和修理期限对汽车进行检查，以便及时发现潜在的危险。

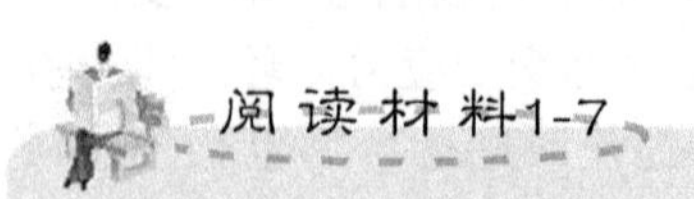

钢轨的接触疲劳磨损

钢轨的接触疲劳磨损是多年来普遍存在的缺陷(图 1.16)。某铁路局反映，在其辖区内一条线路上使用仅一年多的 U71Mn 热轧钢轨，就有数十千米出现严重的裂纹和掉块伤损。经对线路钢轨伤损情况调查发现，在半径为 600m 的曲线路段，上股钢轨的轮轨作用面出现较突出的鱼鳞纹和剥离掉块伤损缺陷，上股钢轨内侧无侧磨，并且出现有 1～2mm 的肥边。该钢轨的这种伤损特征属于接触疲劳磨损。

为了分析上述钢轨出现伤损的原因，有关学者对其取样进行化学成分、拉伸性能、冲击韧性和硬度的检验分析，并在裂纹区取样用显微镜和电镜进行裂纹形貌、组织、夹杂物分析。分析结果表明，符合 U71Mn 热轧钢轨技术条件标准的要求，并且常温冲击韧性较好。证明钢轨本身无质量问题，即钢轨伤损与其质量无关。钢轨为什么还会被磨损呢？

当专家们把不同部位的3个试样在显微镜下对裂纹区及轨头里层的夹杂物情况进行观察时终于发现了造成钢轨磨损的原因。在裂纹缝中，包括在裂纹末端缝中几乎塞满了夹杂物。通过能谱分析这些夹杂物的成分表明，夹杂物的成分主要为O、Al、Si、Ca、Mn、P、S，有的还含有K、Na、Mg、Cl等。这不是钢轨中本身的夹杂物，而是属于外来物，是钢轨表面的油腻类物质被挤压进入裂纹缝中而形成的。当钢轨涂油量过大，油浸入裂纹缝中，起到油楔作用，增大了裂纹尖端应力，促进了裂纹扩展，加速了钢轨的接触疲劳磨损。

图 1.16　钢轨的接触疲劳磨损

当轮轨接触应力超过钢轨的屈服强度时，将导致接触表面层金属塑性变形，疲劳裂纹在塑性变形层表面萌生和扩展。当在轮轨接触面表层或次表层金属处存在非金属夹杂物时，将会加速剥离裂纹的形成和发展，这是钢轨踏面剥离掉块的原因。

1.2.2　物理、化学性能

1. 物理性能

金属材料的物理性能主要有密度、熔点、热膨胀性、导热性、导电性和磁性等，由于机器零件的用途不同，对其物理性能的要求也有所不同。例如，飞机零件常选用密度较小的铝、镁、钛合金来制造；设计电动机、电器零件时常要考虑金属材料的导电性、磁性等物理性能。

金属材料的物理性能有时对加工工艺也有一定的影响。例如，高速钢导热性较差，锻造加热时应采用低的速度来加热升温，否则容易产生裂纹；而材料的导热性对切削刀具温升也有重要影响。又如，锡基轴承合金、铸铁和铸钢的熔点不同，故所选的熔炼设备、铸型材料均有很大的不同。

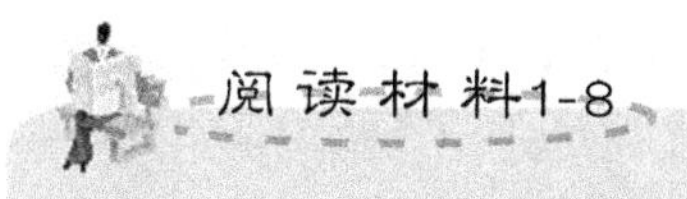

磁性材料

磁性材料一直是国民经济、国防工业的重要支柱和基础，广泛应用于电信、自动控制、通讯、家用电器等领域。而现代社会信息化发展的总趋势是向小、轻、薄以及多功能方向发展，因而要求磁性材料向高性能、新功能方向发展。

20世纪80年代发明了一种至今被认为是磁性最强的稀土永磁材料，即钕铁硼永磁体，广泛应用于能源、交通、机械、医疗、IT及家电等行业。如在磁盘上的应用，可以使磁盘驱动器微型化，性能更好；在音响器件中，钕铁硼广泛应用于微型扬声器、耳机及高档汽车的扬声器，大大提高了音响的保真度和信噪比；作为乘客乘车凭证和票价结算的磁性卡更方便快捷。此外还可以应用于直流电机及核磁共振成像，特别是在磁悬浮列车上的应用不仅数量大，而且可以实现高速运输、安全可靠及噪声小等功能。

将纳米晶的金属软磁颗粒弥散镶嵌在高电阻非磁性材料中，构成两相组织的纳米颗粒薄膜，这种薄膜的电阻率高，被称为巨磁电阻效应材料，在100MHz以上的超高频段显示出优良的软磁特性。正是依靠巨磁电阻效应材料，才使得存储密度在最近几年内每年的增长速度达到3～4倍。2007年，全球最大的硬盘厂商希捷科技(Seagate Technology)生产的第四代硬盘达到1TB(1024GB)容量。

应用由药物、磁性纳米粒子药物载体和高分子耦合剂组成的磁性药物，在外加磁场下具有磁导向性，可以靶向治疗肿瘤。目前磁性药物靶向治疗中的药物载体多采用纳米磁性脂质体。所承载的化疗药物已经有阿霉素、甲氨碟呤、丝裂霉素、顺铂、多西紫杉醇等。铁磁性微晶玻璃具有磁滞生热所需的强磁性和良好的生物兼容性。目前，用于磁感应治疗肿瘤的铁磁微晶玻璃主要有铁钙磷系统、锂铁磷系统和铁钙硅系统等，对于骨癌患者，在手术中将铁磁微晶玻璃材料作为填充材料回填于病灶后，在交变磁场的理疗下，埋入的铁磁性微晶玻璃产生热量，杀死残余的癌细胞。

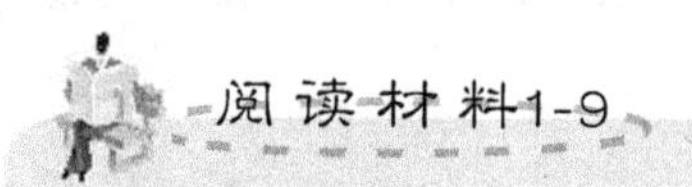
阅读材料1-9

磁悬浮列车

磁悬浮列车(图1.17)是利用磁学性质中磁-力和电-磁效应制造出的高科技交通工具。排斥力使列车悬起来，吸引力让列车开动。磁悬浮列车车厢上装有超导磁铁，铁路底部安装线圈。通电后，地面线圈产生的磁场极性与车厢的电磁体极性总保持相同，两者“同性相斥”，排斥力使列车悬浮起来。常规机车的动力来自于机车头，磁悬浮列车的动力来自于轨道。轨道两侧装有线圈，交流电使线圈变为电磁体，它与列车上的磁铁相互作用。列车行驶时，车头的磁铁(N极)被轨道上靠前一点的电磁体(S极)所吸引，同时被轨道上稍后一点的电磁体(N极)所排斥，结果是前面“拉”，后面“推”，使列车前进。

图1.17　磁悬浮列车

磁悬浮列车分为超导型和常导型两大类。简单地说，从内部技术而言，两者在系统上存在是利用磁斥力、还是利用磁吸力的区别。从外部表象而言，两者存在速度上的区别：超导型磁悬浮列车最高时速可达500km以上(高速轮轨列车的最高时速一般为300～350km)，在1000～1500km的距离内堪与航空竞争；而常导型磁悬浮列车时速为400～500km，它的中低速则比较适合于城市间的长距离快速运输。

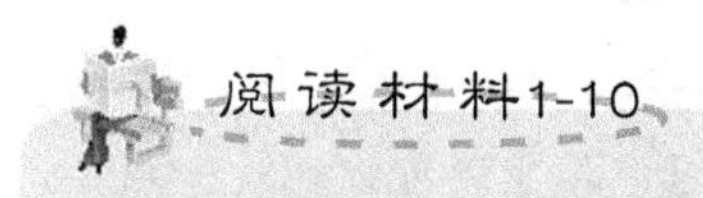

压电陶瓷

电的发现和应用极大地节省了人类的体力劳动和脑力劳动，使人类的力量长上了翅膀，使人类的信息触角不断延伸。电对人类生活的影响有两方面：能量的获取转化和传输，电子信息技术的基础。

在日常生活中，当您将按钮轻轻一按，煤气灶迅即燃起蓝色火焰，您可曾意识到是什么带给您的这份便利呢？将一块看起来平淡无奇的陶瓷接上导线和电流表，用手在上面一摁，电流表的指针也跟着发生摆动，竟然产生了电流。其实，这是压电陶瓷，一种能够将机械能和电能互相转换的功能陶瓷材料。这是一种具有压电效应的材料。所谓压电效应是指某些介质在力的作用下，产生形变，引起介质表面带电，这是正压电效应。反之，施加激励电场，介质将产生机械变形，称逆压电效应。这种奇妙的效应已经被科学家应用在与人们生活密切相关的许多领域，以实现能量转换、传感、驱动、频率控制等功能。在医学上，医生将压电陶瓷探头放在人体的检查部位，通电后发出超声波，传到人体碰到人体的组织后产生回波，然后把这回波接收下来，显示在荧光屏上，医生便能了解人体内部状况。

2. 化学性能

金属材料的化学性能主要是指在常温或高温时，抵抗各种介质侵蚀的能力，如耐酸性、耐碱性、抗氧化性等。

对于在腐蚀性介质中或在高温下工作的机器零件，由于比在空气中或室温时的腐蚀更为强烈，故在设计这类零件时应特别注意金属材料的化学性能，采用化学稳定性良好的合金。如化工设备、医疗和食品用具常采用不锈钢来制造，而内燃机的排气阀、汽轮机和电站设备的一些零件则常选用耐热钢来制造。

1.2.3　工艺性能

工艺性能是金属材料物理、化学性能和力学性能在加工过程中的综合反映，是指是否易于进行冷热加工的性能。按工艺方法的不同，可分为铸造性、可锻性、焊接性和切削加工性等。

在设计零件和选择工艺方法时，都要考虑金属材料的工艺性能。例如，灰口铸铁的铸造性能优良，这是其广泛用来制造铸件的重要原因，但它的可锻性很差，不能进行锻造，其焊接性能也较差。又如，低碳钢的焊接性优良，而高碳钢则很差，因此焊接结构广泛采用的是低碳钢。

各种工艺性能将在后面的有关篇章中分别介绍。

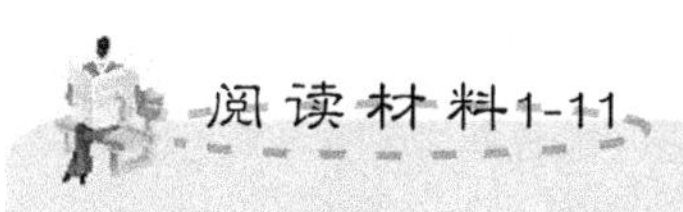

都是低温惹的祸

1986 年 1 月 28 日，卡纳维拉尔角上空万里无云。在离发射现场 6.4km 的看台上，聚集了 1000 多名观众，其中有 19 名中学生代表，他们既是来观看航天飞机发射的，又是来欢送他们的老师麦考利夫的。1984年，航天局宣布将邀请一位教师参加航天飞行，计划在太空为全国中小学生讲授两节有关太空和飞行的科普课，学生还可以通过专线向麦考利夫提问。麦考利夫就是从11 000多名教师中精心挑选出来的。当孩子们看到航天飞机载着他们的老师升空的壮观场面时，激动得又是吹喇叭，又是敲鼓。

图1.18　挑战者号航天飞机

挑战者号航天飞机(图1.18)在顺利上升：7s时，飞机翻转；16s时，机身背向地面，机腹朝天完成转变角度；24s时，主发动机推力降至预定功率的94%；42s时，主发动机按计划再减低到预定功率的65%，以避免航天飞机穿过高空湍流区时由于外壳过热而使飞机解体。这时，一切正常，航速已达每秒677m，高度8000m。50s时，地面曾有人发现航天飞机右侧固体助推器侧部冒出一丝丝白烟，但这个现象没有引起人们的注意。52s时，地面指挥中心通知指令长斯克比将发动机恢复全速。59s时，高度10 000m，主发动机已全速工作，助推器已燃烧了近450t固体燃料。此时，地面控制中心和航天飞机上的计算机上显示的各种数据都未见任何异常。65s时，斯克比向地面报告“主发动机已加大”，“明白，全速前进”是地面测控中心收听到的最后一句报告词。72s时，高度16 600m，航天飞机突然闪出一团亮光，外挂燃料箱凌空爆炸，航天飞机被炸得粉碎，与地面的通信猝然中断，监控中心屏幕上的数据全部消失。挑战者号变成了一团大火，两枚失去控制的固体助推火箭脱离火球，成V形喷着火焰向前飞去，眼看要掉入人口稠密的陆地，航天中心负责安全的军官比林格眼疾手快，在100s时，通过遥控装置将它们引爆。

挑战者号失事了！爆炸后的碎片在发射东南方30km处散落了1h之久，价值12亿美元的航天飞机，顷刻化为乌有，七名机组人员全部遇难。全世界为此震惊。

事故原因最终查明：起因是助推器两个部件之间的接头因为低温变脆破损(在航天飞机设计准则明确规定了推进器运作的温度应为40～90℉，而在实际运行时，整个航天飞机系统周围温度却是处于31～99℉的范围。)，喷出的燃气烧穿了助推器的外壳，继而引燃外挂燃料箱。燃料箱裂开后，液氢在空气中剧烈燃烧造成爆炸。

习　　题

一、填空题

1. 强度是指金属材料在静态载荷作用下，抵抗__________和__________的能力。
2. 衡量金属材料塑性好坏的指标有__________和__________两个。
3. 硬度是衡量材料力学性能的一个指标，常见的试验方法有__________、__________、

__________。

二、判断题(在题目后括号内做记号“√”或“×”)

1. 一般地说，材料的硬度越高，耐磨性越好，则强度也越高。　(　　)

2. 机器零件或构件工作时，通常不允许发生塑性变形，因此多以 σ_s 作为强度设计的依据。　(　　)

三、选择题

1. 锉刀的硬度测定，应用(　　)。

A. HBS 硬度测定法　　B. HBW 硬度测定法

C. HRB 硬度测定法　　D. HRC 硬度测定法

四、简答题

1. 什么是材料的力学性能？力学性能主要包括哪些指标？

2. 什么是强度？什么是塑性？衡量这两种性能的指标有哪些？各用什么符号表示？

3. 什么是硬度？HBW、HRA、HRB、HRC 各代表用什么方法测出的硬度？各种硬度测试方法的特点有何不同？

4. 什么是冲击韧度？

5. 什么是疲劳现象？什么是疲劳强度？

6. 简述各力学性能指标是在什么载荷作用下测试的。

7. 用标准试样测得的材料的力学性能能否直接代表材料制成零件的力学性能，为什么？

8. 根据化学成分、结合键的特点，工程材料是如何分类的？主要差异表现在哪里？

五、计算题

现有标准圆形长、短试样各一根，原始直径 $d_0=10\text{mm}$，经拉伸试验测得其伸长率、断面收缩率均为 25%，求两试样拉断时的标距长度？这两根试样中哪一个塑性较好？为什么？

第 2 章
金属的结构与结晶

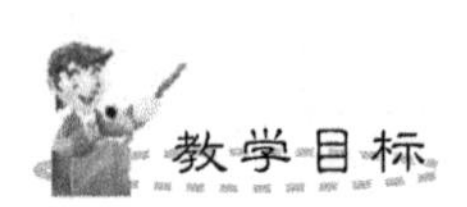

通过学习，掌握几何晶体学的基本概念、纯金属常见的晶体结构、金属的实际晶体结构、纯金属的结晶过程以及金属的同素异构转变。

纳米材料的缺陷

古典的科学家都梦想过理想的世界。从理想气体到理想晶体，他们试图得到精美至极的世界：没有杂质，毫无缺陷，绝对真空。近代的科学家，尤其物理学家，为了理想世界，他们用科学的方法创造这样的境界，比如：最高的真空，最低的温度，最纯的材料，最完美无瑕的晶体。

为什么科学家如此热衷于理想境界呢？这是因为在理想条件下，可以探寻物质世界的真正奥妙，比如：在研究金属的导电性质时，物理学家提出晶体点阵的热振动和晶体缺陷对电子的散射机制，正是由于电子的散射才造成了所谓的电阻现象。那么，如何从晶体内部去除所有的缺陷就成为解决问题的关键。晶体学家利用各种方法，企图得到绝对纯净，毫无缺陷的金属晶体。在采取了所有可能的措施之后，将热扰动和缺陷都控制在最小范围之内，他们在近绝对零度的温度下得到了近乎没有电阻的金属。以同样的思路出发，科学家可以在极端条件下对物质世界做十分基础的研究，从而探知自然的本源。

因此，在传统的基础研究中，人们一般都希望尽量地去除杂质而得到完美的晶体。但是，在21世纪的纳米科学研究中表明：纳米材料几乎完全是缺陷！为什么这么说呢？试想：如果把氧化铝的块材，变成直径为5nm的颗粒，那么纳米粒子的比表面积会大大地增加。我们完全可以把纳米颗粒的表面考虑成为一种面缺陷。可以估算一下，在一克重的氧化铝纳米粉末中(假定颗粒直径为5nm)，几乎大部分的材料都是缺陷了。这正是纳米材料的主要特征：晶体缺陷是材料的主体。但是，我们已经建立的物质性质，比如压电性，铁电性，导电性，导热性，超导性，都是建立在具有晶体点阵结构的块材基础上的。这些块材的主体是有序的晶体点阵与数量有限的缺陷。与纳米材料相比，块材的晶体性十分显著。更为重要的是，块材的物理性质完全依赖于它们的晶体性，比如对于压电晶体，它表面电荷的产生与晶体在压力下的非对称性有直接的关联。失去了晶体性，也就失去了与其相对应的物理性质。还有许多固体性质，比如光学性质，塑性形变，导电机制都在物质成为纳米时会发生质的变化。因此，纳米的许多性质，可能都是面缺陷的性质，而晶体本身的性质会大大弱化。

翅膀上的纳米结构造就蝴蝶之美

氧化锡纳米线的扫描电镜照片

在已经发现的 109 种元素中有 81 种元素是金属元素。通常应用的金属不可能是绝对纯的，一般把没有特意加入其他元素的工业纯金属称作纯金属，实际上它往往含有微量的杂质元素。

纯金属的强度较低，很少单独作为工程材料应用，常用的是它们的合金。纯金属主要作为合金的基础金属及合金元素来使用。常用的纯金属有 Fe、Cu、Al、Mg、Ti、Cr、W、Mo、V、Mn、Zr、Nb、Co、Ni、Zn、Pb、Sn 等。因为它们是合金的基本材料，是进一步研究合金的基础，所以必须首先研究纯金属的结构与结晶。

2.1　材料结构的类型

2.1.1　结构类型

材料的原子(离子或分子)在空间有着不同的排列，从而形成了晶体、非晶体等不同的结构类型。

1. 晶体

晶体材料的原子(离子或分子)在空间呈有规则的、周期性的长程有序(纳米数量级)排列。晶体一般具有以下特点：①规则的外形；②固定的熔点；③各向异性(指单晶体)。

2. 非晶体

非晶体的原子(离子或分子)在空间呈无规则的短程(纳米数量级)有序排列。它和瞬间的液体结构相同，典型材料有玻璃、松香、金属玻璃等。非晶体材料的共同特点是：①长距离考察为无序结构，但短程有序，物理性质表现为各向同性；②没有固定的熔点；③热导率和热膨胀性均小；④塑性形变大；⑤组成的变化范围大。

从理论上讲，不同条件下材料都应该能够形成晶体，也能形成非晶体。但实际上并非如此，例如金属材料，熔融态的金属原子扩散和迁移非常容易，液体黏度很小，冷却时结晶能力很强，很难形成非晶体金属；而熔融的二氧化硅(SiO_2)则黏度很高，原子迁移很困难，冷却时就很容易形成非晶体。但在特定条件下也可以转化，如金属液体在高速冷却时可以得到非晶态金属，玻璃适当热处理可形成晶体玻璃。有些材料可看成是有序和无序的中间状态，如塑料、液晶等。

2.1.2　几何晶体学的基本概念

1. 晶格和晶胞

把组成晶体的原子(离子、分子或原子团)抽象成质点，这些在晶体中几何环境和物质环境相同的等同点，在三维空间排列的阵式就形成了空间点阵。用一些假想的空间直线把这些点连接起来，构成了三维的几何格架，称为晶格，从晶格中取出一个反映点阵几何特征的最基本单元，称为晶胞。其中空间点阵、晶格、晶胞如图 2.1 所示。

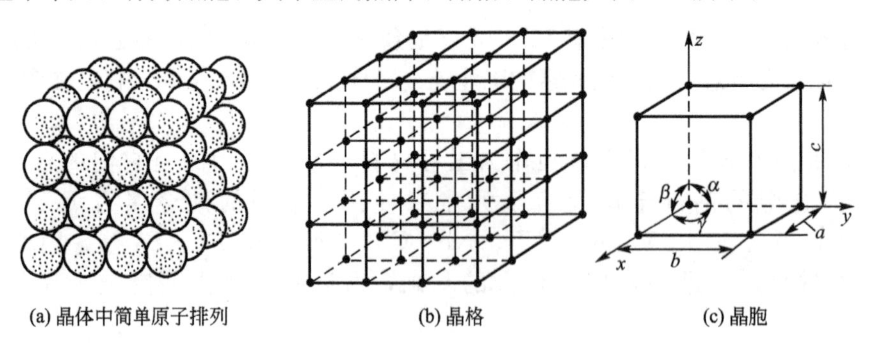

(a) 晶体中简单原子排列　(b) 晶格　(c) 晶胞

图 2.1　晶体、晶格和晶胞示意图(简单立方晶体)

表征晶胞特征的参数有 6 个：棱边 a、b、c；棱边夹角 α(c、b 间)、β(a、c 间)、γ(a、b 间)。这 6 个参数叫做晶胞常数，通常又把 a、b、c 称为晶格常数，其大小以 Å（埃）来度量（$1Å=10^{-8}$cm)。

2. 晶系

按照 6 个晶胞参数组合的可能方式或根据晶胞自身的对称性，可将晶体结构分为 7 个晶系。布拉维证明，7 个晶系中存在 7 种简单晶胞(晶胞原子数为 1)和 7 种复合晶胞(晶胞原子数为 2 及以上)，共 14 种晶胞，如图 2.2 所示。

3. 晶面与晶向

不同晶体结构类型的材料其性能有明显的差异，而且在同一种类型的晶格的不同方向

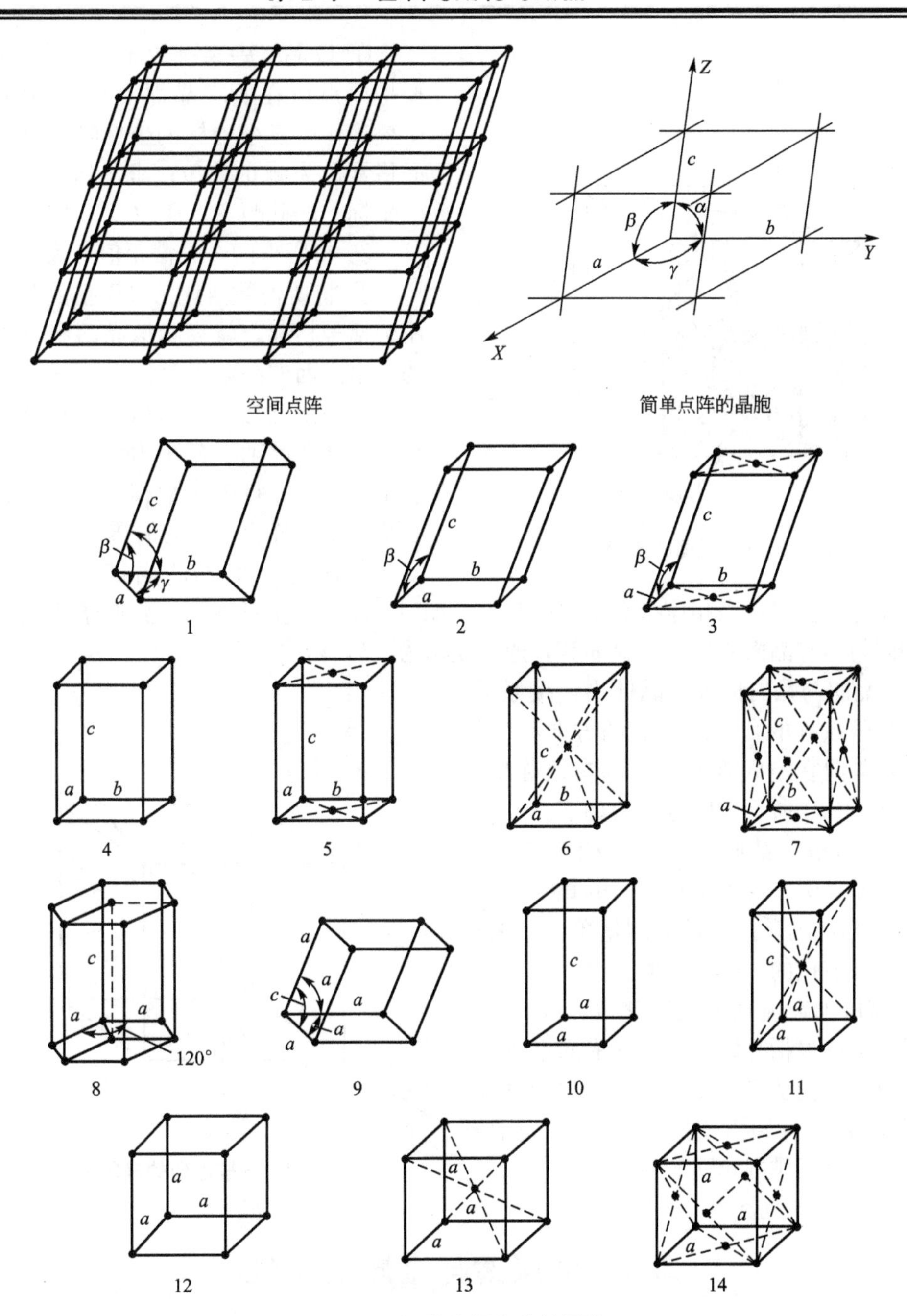

图 2.2　14 种空间点阵的晶胞

1—简单三斜晶胞　2—简单单斜晶胞　3—底心单斜晶胞　4—简单正交晶胞
5—底心正交晶胞　6—体心正交晶胞　7—面心正交晶胞　8—六方晶胞
9—菱形晶胞　10—简单四方晶胞　11—体心四方晶胞
12—简单立方晶胞　13—体心立方晶胞　14—面心立方晶胞

上性能也不同，为了描叙这种差异，提出了晶向与晶面的概念。

（1）晶面与晶面指数　晶体中各种方位的原子平面叫晶面，表示晶面在空间中确定位置的参数叫晶面指数，如图 2.3 所示。晶面指数按下列步骤确定。

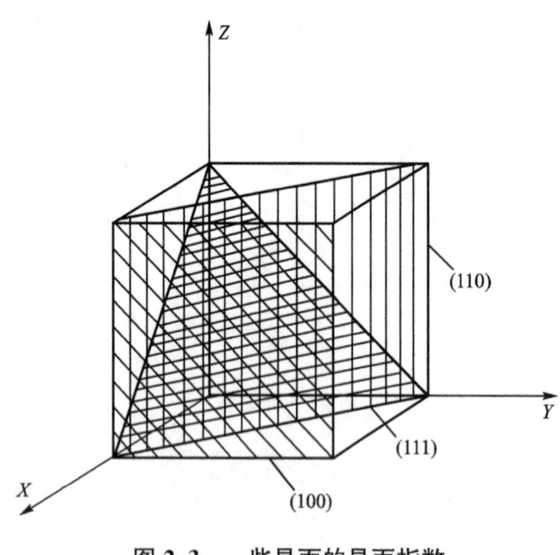

图 2.3　一些晶面的晶面指数

① 以晶格中某一原子为原点(注意不要把原点放在所求晶面上)，以晶胞的3个棱边作为三维坐标的坐标轴，以相应的晶格常数为测量单位，求出所求晶面在3个坐标上的截距A、B、C。

② 将所得的3个截距值变为倒数。

③ 将所得数值化为最简整数h、k、l，用圆括号括起，就表示该晶面和与之平行的一组晶面的晶面指数。

应该注意几点：①晶面与某坐标轴平行时，其在此轴上截距为∞；②坐标原点及坐标轴可在点阵中平移，平移后的原点必须还是点阵上的节点；③晶面指数都是整数，这是由点阵的周期性所决定的；④当截距为负值时，在相应指数上冠以负号，如$(1\bar{1}1)$。互相对称的一族原子或分子排列完全相同的所有晶面叫做一个晶面族，通常表示为$\{h, k, l\}$。

(2) 晶向与晶向指数　晶体中连接原子、离子或分子点阵的直线所代表的方向称为晶向。表示晶向在空间确定位置的参数称晶向指数，如图2.4所示。确定方法如下。

① 以晶格中某原子为原点确定三维坐标，通过原点引平行于所求晶向的直线。

② 以相应的晶格常数为测量单位，求直线上任意一节点的3个坐标值。

③ 将所求数值化为最简整数，以u、v、w表示，加一方括号即为所求的晶向指数。

如果坐标值为负值，则在指数上方冠以负号，如$[u \cdot \bar{v} \cdot w]$。用$\langle u \cdot v \cdot w \rangle$表示原子、离子或分子排列相同的晶向族。

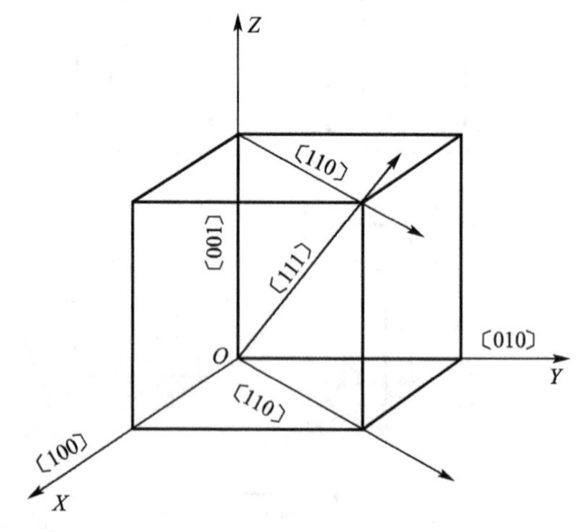

图 2.4　一些晶向的晶向指数

2.2　金属键与金属的特性

组成材料的原子、分子或离子互相作用而联系在一起。由于电子运动使原子产生的结合力称为化学键，可分为离子键、共价键、金属键3种。它们是固体材料主要的结合键。其他属于物理键，包括分子键和氢键，它们在高分子材料中起重大作用。

工程材料中有的是一种键结合，有的是两种或几种键结合。纯金属及其合金，其结合键主要是金属键，有时也含有共价键和离子键。纯金属分两种，一种是内电子壳层完全填满或完全空着的元素，属于简单金属，其结合键完全为金属键；另一种内电子壳层未完全填满的元素属于过渡金属，其结合键为金属键和共价键的混合，但以金属键为主。所以工程所用金属材料的结合键基本上为金属键。一般原子作周期规则排列为金属晶体，但在特定条件下制造的金属材料也可以是非晶体。

2.2.1　金属键

金属元素的特点是其价电子数目较少，原子核对外面轨道上的价电子吸引力不大，所以原子很容易丢失其价电子而成为正离子。当大量这样的原子相互接近并聚集为固体时，其中大部分或全部原子都会丢失其价电子，使价电子为全部原子所共有而成为自由电子，它们在正离子之间自由运动，形成所谓电子气。正离子则沉浸在电子气中。在理想情况下，价电子从原子上脱落形成对称的正离子，其核外的电子云呈球状且为高度对称的规则分布。正离子与电子气之间产生强烈的静电吸引力，使正离子按一定的几何形式在空间规则地结合起来，并各自在其所占的位置上做微小的热振动。这种使金属正离子按一定方式牢固地结合成一个整体的结合力叫做金属键，如图 2.5 所示由金属键结合起来的晶体叫金属晶体。

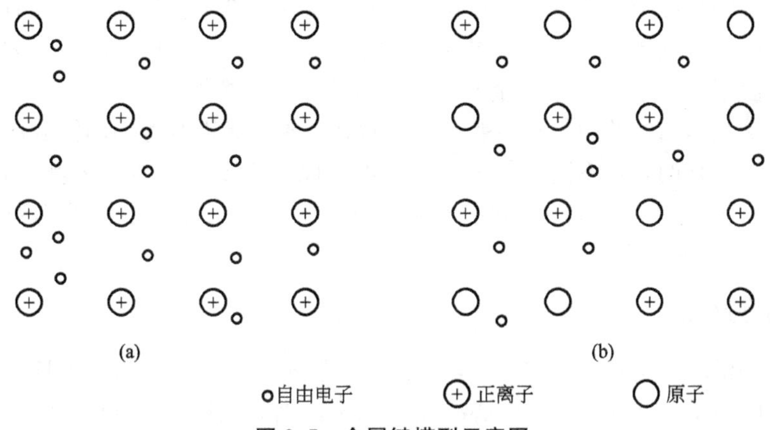

图 2.5　金属键模型示意图

2.2.2　金属的特性

材料的性能决定于材料的结构。金属具有不同于非金属的特性也是由金属本身的结构，尤其是金属键决定的。金属在固态下和部分金属在液态下具有下列特性。

(1) 良好的导电性和导热性。金属键中有大量自由电子存在，当金属的两端存在有电势差或外加电场时，电子可定向地、加速地通过金属，使金属表现出优良的导电性。金属的导热性好是离子的热振动和自由电子热运动二者的联合贡献所致，比单纯的离子热振动所产生的导热效果好。

(2) 不透明、良好的反射能力、形成金属光泽。金属中存在的自由电子能够吸收可见光波段的光量子的能量，使金属变得不透明。同时自由电子吸收了光量子的能量后，被激发到较高的能量状态，当它返回原来的低能量状态时，就会产生一定波长的辐射，使金属呈现不同颜色的光泽。

(3) 一般具有较高的强度、良好的塑性。金属键使金属正离子之间产生紧密堆排的结合，从而使金属具有较高的强度。金属键没有方向性，对原子也没有选择性，所以在受外力作用而发生原子相对移动时，金属键不会受到破坏，因此表现出良好的塑性。

(4) 除汞外，常温下均为固体，能相互熔合。在常温下，金属键使大多数金属都采取最紧密堆积的原子排列，一般呈长程有序的固体晶体形态存在。液态时结合力减弱呈短程有序排列，不同金属原子(离子)能相互滑动、混合，由于金属键的无方向性和结合的随意性，冷却时相互熔合的金属又能重新规则地排列起来。

(5) 有正的电阻温度系数，很多金属具有超导性。金属加热时，正离子的振动增强，金属中的空位增多，原子排列的规则性受到干扰，电子运动受阻，因而电阻增大，所以有正的电阻温度系数。

对于许多金属，在极低(小于20K)的温度下，由于自由电子之间结合成两个电子相反自旋的电子对，不易遭受散射，所以电阻率趋向于零，产生超导现象。

2.3　纯金属常见的晶体结构

工业上常用的金属中，除少数具有复杂晶体结构外，绝大多数金属都具有比较简单的晶体结构。其中最常见的金属晶体结构有3种类型：体心立方结构、面心立方结构和密排六方结构。室温下有85%～90%的金属元素具有这3种晶格类型。

不同的金属晶体结构类型，其性能不同。而具有相同晶格类型的不同金属，其性能也不相同，这是由于它们具有不同的晶胞特征。可用以下主要几何参数来表征晶胞的特征：晶胞的形状及大小、原子半径、晶胞中实际所含的原子数、晶胞中原子排列的紧密程度(可用致密度与配位数表示)。

2.3.1　体心立方晶格

体心立方晶格的晶胞是一个立方体，如图2.6所示。在立方体的8个角上各有一个与相邻晶胞共有的原子，并在立方体中心有一个原子。因为晶格常数$a=b=c$，故只用a即可表示$\alpha=\beta=\gamma=90°$。立方体的形状大小可用晶格常数a及夹角α表示。可求出原子的半径为：$r=\frac{\sqrt{3}}{4}a$。由于每个顶点的原子为8个晶胞所共有，所以晶胞原子数为：$\frac{1}{8}\times8+1=$2个。每个原子的最邻近原子数为8，所以配位数(是指晶体结构中与任一个原子最近邻、等距离的原子数目)等于8。致密度可计算如下：$K=\frac{2\times\frac{4}{3}\pi r^3}{a^3}=0.68$或68%。属于这类晶格的金属有铬、钒、钨、钼和$\alpha$-铁等。

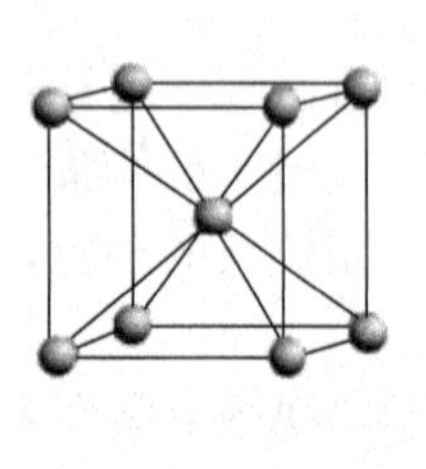

(a) 晶胞

(b) 模型

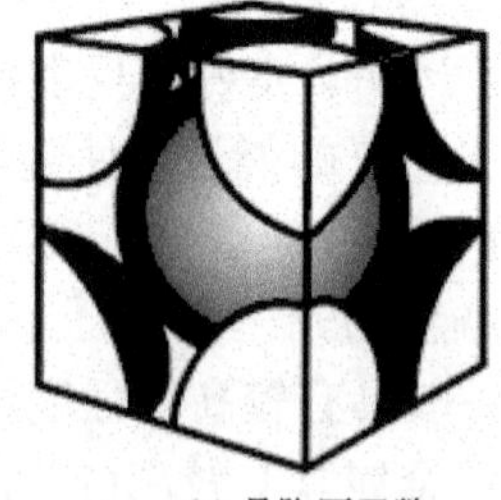

(c) 晶胞原子数

图2.6　体心立方晶格

2.3.2　面心立方晶格

面心立方晶格的晶胞如图 2.7 所示，也是立方体，在立方体的 8 个角的顶点和 6 个面的中心上各有一个与相邻晶胞共有的原子。晶格常数可用 a 表示，夹角 $\alpha=\beta=\gamma=90°$。其原子半径为 $r=\dfrac{\sqrt{2}}{4}a$。每个晶胞中所包含的原子数为：$\dfrac{1}{8}\times8+\dfrac{1}{2}\times6=4$ 个。配位数为 12，致密度为 0.74 或 74%。属于这类晶格的金属有铝、铜、镍、铅和 γ-铁等。

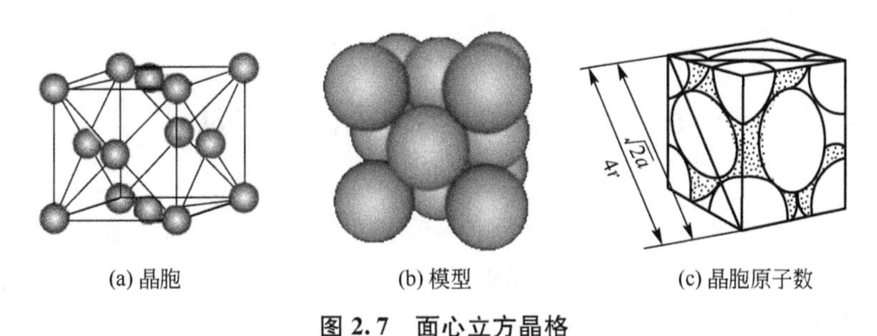

(a) 晶胞　(b) 模型　(c) 晶胞原子数

图 2.7　面心立方晶格

2.3.3　密排六方晶格

密排六方晶胞是一个正六棱柱，如图 2.8 所示。在上下两个面的角点和中心上，各有一个与相邻晶胞共有的原子，并在上、下两个面的中间有 3 个原子。

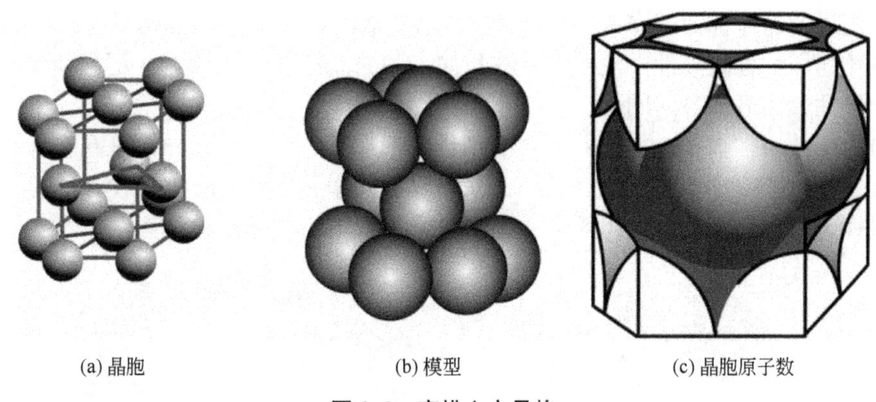

(a) 晶胞　(b) 模型　(c) 晶胞原子数

图 2.8　密排六方晶格

晶格常数用正六边形晶胞高度 c 和底面的边长 a 表示，两者比值 $c/a\approx1.633$，叫做轴比。只有轴比为以上数值时，上、下两底面的原子才与中心 3 个原子紧密接触，才是真正的密排六方结构。其原子半径 $r=\dfrac{1}{2}a$，晶胞原子数为：$\dfrac{1}{6}\times12+\dfrac{1}{2}\times2+3=6$ 个，配位数为 12，致密度为 0.74 或 74%。属于这类晶格的金属有铍、锌、α-钛和 β-铬等。

2.3.4　配位数和致密度

通常用配位数和致密度来表征晶体中原子排列的紧密程度，它们的数值愈大，表示晶体中原子排列愈紧密。

(1) 致密度　晶体中原子或离子在空间堆垛的紧密程度可用晶胞中所包含的原子体积与晶胞体积(V)的比值表示。若晶胞中原子数为n、原子半径为r，则晶胞中原子所占的体积为：$n\times\frac{4}{3}\pi r^3$，则致密度$K=n\times\frac{4}{3}\pi r^3/V$。$K$越大，晶体中原子排列越为紧密。

(2) 配位数　配位数是表示晶格中与任一原子处于相等距离并相距最近的原子数目。金属晶体结构中，体心立方结构的配位数为8，面心立方和密排六方结构的配位数均为12，离子晶体NaCl结构中，Na^+和Cl^-离子的配位数各为6。配位数愈大，表示晶体中原子排列愈紧密。

2.4　金属的实际晶体结构

如果一块晶体，其内部的晶格位向完全一致时，称这块晶体为“单晶体”或“理想单晶体”，以上的讨论指的都是这种单晶体中的情况。在工业生产中，只有经过特殊制作才能获得内部结构相对完整的单晶体。

2.4.1　多晶体结构和亚结构

一般所用的工业金属材料，即使体积很小，其内部仍包含有许许多多的小晶体，每个小晶体内部的晶格位向是一致的，而各个小晶体彼此间位向都不同，如图2.9(a)所示。把这种外形不规则的小晶体称为“晶粒”，晶粒与晶粒间的界面称为“晶界”。这种实际上由多个晶粒组成的晶体称为“多晶体”。由于实际的金属材料都是多晶体结构，一般测不出其如单晶体那样的各向异性，测出的是各位向不同的晶粒的平均性能，结果使实际金属不表现各向异性，而显示各向同性。

晶粒的尺寸通常很小，如钢铁材料的晶粒一般在$10^{-3}\sim10^{-1}$mm，只有在金相显微镜下才能观察到。图2.9(b)是在金相显微镜下所观察到的工业纯铁的晶粒和晶界。这种在金相显微镜下所观察到的金属组织，称为“显微组织”或“金相组织”。

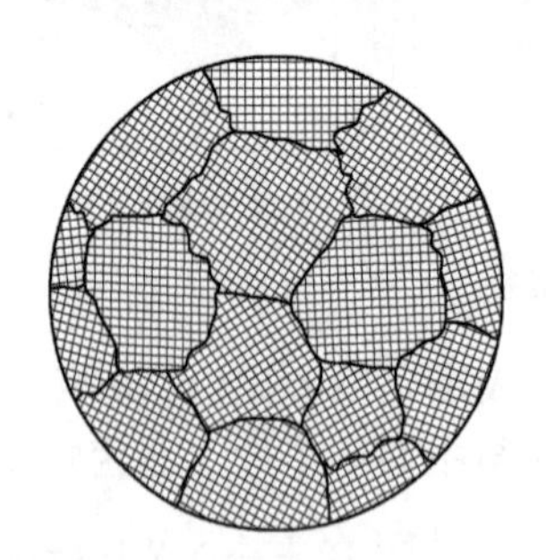

(a) 金属的多晶体结构示意图

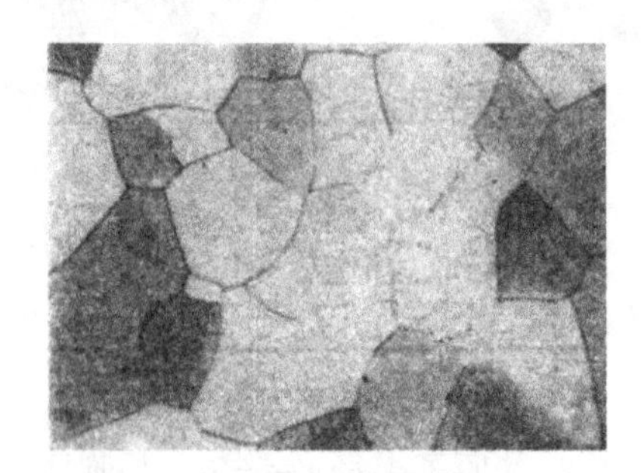

(b) 工业纯铁的显微组织

图2.9　金属的实际晶体结构

每个晶粒内部，实际上也并不像理想单晶体那样位向完全一致，而是存在许多尺寸更小、位向差也更小(一般是10′～20′、最大到2°)的小晶块。它们相互镶嵌成一颗晶粒，这些在晶格位向上彼此有微小差别的晶内小区域称为亚结构(或亚晶粒、镶嵌块)。因其组织尺寸较小，需在高倍显微镜或电子显微镜下才能观察到。

2.4.2　晶体中的缺陷

晶体中原子完全为规则排列时，称为理想晶体，实际金属晶体并非是晶胞重复排列的理想结构。应用电子显微镜等现代的检测仪器发现在金属晶体的内部存在多种缺陷。按照几何特征，晶体缺陷主要可分为点缺陷、线缺陷及面缺陷三大类。

1. 点缺陷

最常见的点缺陷是空位和间隙原子，如图 2.10 所示。因为这些点缺陷的存在，会使其周围的晶格发生畸变，引起性能的变化。晶体中晶格空位和间隙原子都处在不断地运动和变化之中，晶格空位和间隙原子的运动是金属中原子扩散的主要方式之一，这对热处理过程起着重要的作用。

2. 线缺陷

晶体中的线缺陷通常是各种类型的位错。所谓位错就是在晶体中某处有一列或若干列原子发生了某种有规律的错排现象，这种错排有许多类型，其中比较简单的一种形式就是刃型位错，如图 2.11 所示。

位错密度愈大，塑性变形抗力愈大。因此，目前通过塑性变形，提高位错密度，是强化金属的有效途径之一。

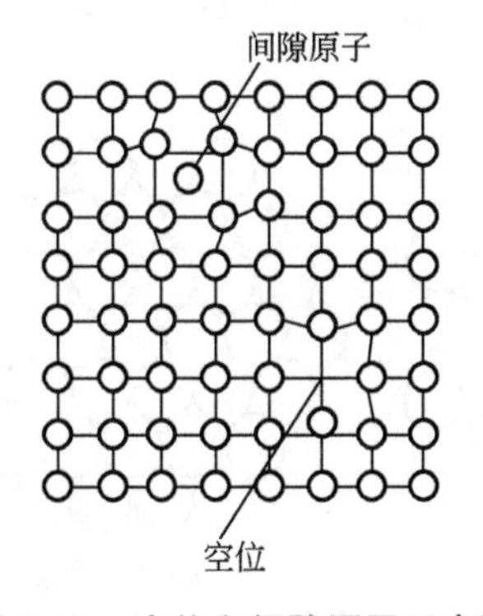

图 2.10　空位和间隙原子示意图

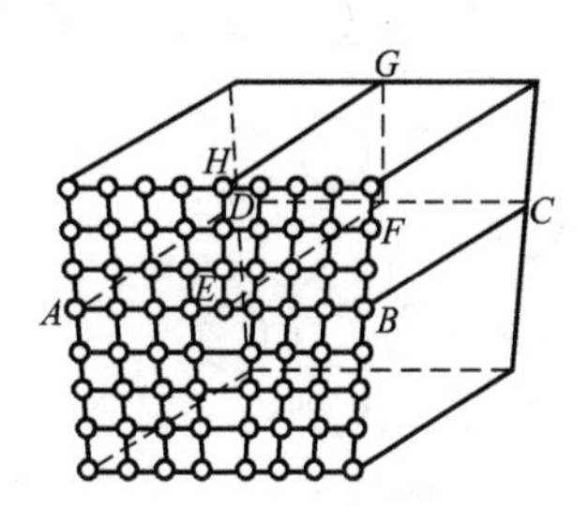

图 2.11　刃型位错立体模型

3. 面缺陷

面缺陷即晶界和亚晶界。晶界实际上是不同位向晶粒之间原子无规则排列的过渡层，如图 2.12 所示。实验证明，晶粒内部的晶格位向也不是完全一致的，每个晶粒皆是由许多位向差很小的小晶块互相镶嵌而成的，这些小晶块称为亚组织。亚组织之间的边界称为亚晶界。亚晶界实际上是由一系列刃型位错所形成的小角度晶界，如图 2.13 所示。晶界和亚晶界处表现出有较高的强度和硬度。晶粒越细小，晶界和亚晶界越多，它对塑性变形的阻碍作用就越大，金属的强度、硬度就越高。晶界还有耐蚀性较低、熔点较低、原子扩散速度较快的特点。

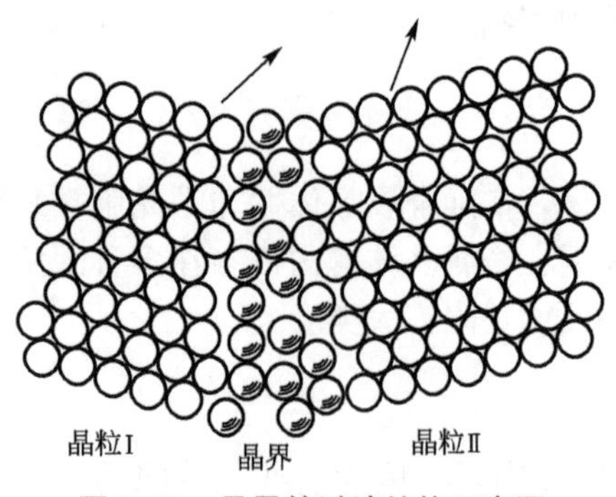

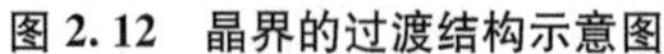

图 2.12　晶界的过渡结构示意图

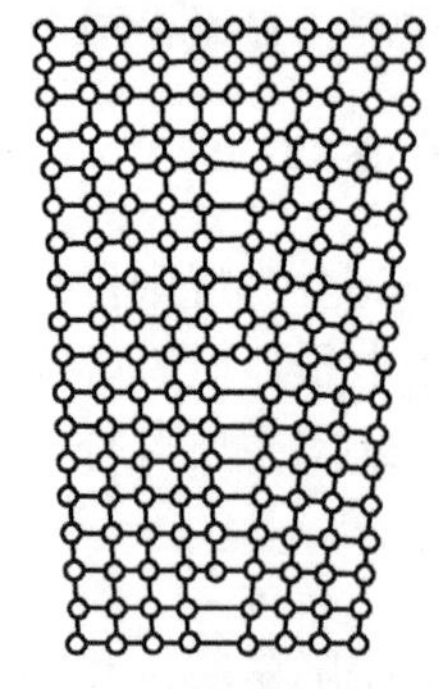

图 2.13　亚晶界结构示意图

2.5　金属的结晶

自然界中的物质通常具有3种状态——气态、液态和固态。金属与其他物质一样也具有3种状态，并且这3种状态在一定条件下可以相互转换，如图2.14所示。固态晶体的原子是有规则的周期排列，呈长程有序如图2.14(c)所示。而液态则是无规则排列，但它不是完全毫无规则的混乱排列，在液态金属内部的短距离小范围内，原子为近似于固态结构的规则排列，即存在近程有序的原子集团，如图2.14(b)所示。它们只是在若干个原子间距范围内呈规则排列，且可瞬时出现又瞬时消失，所以液态是近程有序无规则排列，并且有相界面与外界分开。气态则是完全无规则的混乱排列，无相界面，如图2.14(a)所示。

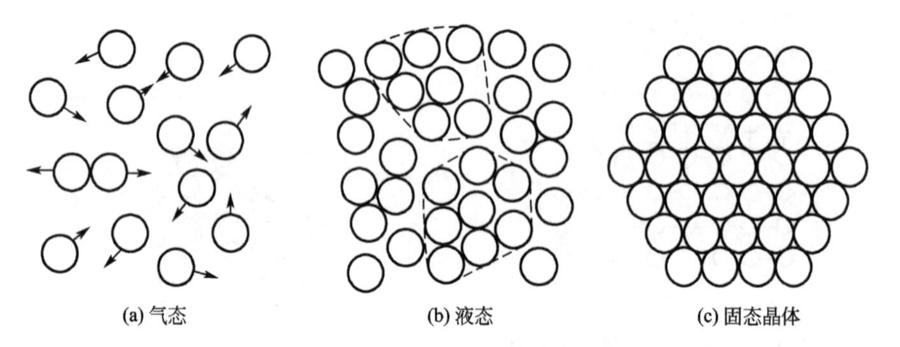

图 2.14　金属三态结构示意图

2.5.1　结晶概述

金属液态凝固成固态的过程，随条件不同可凝固成固态的晶体，也可凝固成固态的非晶体(称为金属玻璃)。一般情况下，金属凝固成固态晶体，只有在特定条件下，例如极快的冷却速度，可能保留了液态短程有序的无规则排列，形成非晶态金属。它具有高强度、好的微观塑性、优良的抗蚀性、磁性等特性。

通常把液态金属凝固成固态晶体的过程叫结晶。但从广义上讲，金属的结晶过程应理解为金属从一种原子排列状态(晶态或非晶态)过渡到另一种原子规则排列状态(晶态)的转变。它包括两种结晶：金属从液态过渡为固体晶态的转变，即一次结晶；金属从一种固态过渡为另一种固体晶态的转变，即二次结晶。本节阐述的是一次结晶。

2.5.2　纯金属的冷却曲线和冷却现象

凡纯元素(金属或非金属)的结晶都具有一个严格的“平衡结晶温度”，高于此温度便发生熔化，低于此温度才能进行结晶；处于平衡结晶温度时，液体与晶体同时共存，达到可逆平衡。而一切非晶体物质则无此明显的平衡结晶温度，凝固总是在某一温度范围内逐渐完成。

为什么纯元素的结晶都具有一个严格不变的平衡结晶温度呢？这是因为它们的液体与晶体二者之间的能量在该温度下能够达到平衡。物质中能够自动向外界释放出其多余的或能够对外做功的这一部分能量叫做“自由能(F)”。同一物质的液体与晶体，由于其结构不同，它们在不同温度下的自由能变化是不同的，如图 2.15 所示。因此便会在一定的温度下出现一个平衡点，即理论结晶温度(T_0)，低于理论结晶温度时，由于液相的自由能($F_{液}$)高于固相晶体的自由能($F_{晶}$)，因此，液体向晶体的转变伴随着能量降低，因而有可能发生结晶。换句话说，要使液体进行结晶，就必须使其温度低于理论结晶温度，造成液体与晶体间的自由能差($\Delta F = F_{液} - F_{晶}$)，即具有一定的结晶驱动力。实际结晶温度(T_1)与理论结晶温度(T_0)之间的温度差叫“过冷度”($\Delta T = T_0 - T_1$)。金属液体的冷却速度愈大，过冷度便愈大；而过冷度愈大，自由能差 ΔF 便愈大，即所具有的结晶驱动力愈大，结晶倾向愈大。由于结晶时总伴有一定的能量释放，即所谓“结晶潜热”，因而利用这一热效应，便可以进行实际结晶温度的测定，这种测定结晶温度的方法叫“热分析法”。此法是将欲测定的金属首先加热熔化，而后以缓慢的速度进行冷却；冷速愈慢，测得的实际结晶温度便愈接近于理论结晶温度。冷却时，将温度随时间变化的曲线记录下来，便可得到如图 2.16 所示的“冷却曲线”。冷却曲线出现水平台阶的温度即为实际的结晶温度。水平台阶的出现是因为结晶时放出的结晶潜热补偿了金属向环境散热所引起的温度下降。必须指出，在水平台阶出现之前，常会出现一个较大的过冷现象，为结晶的发生提供足够的驱动力；而一旦结晶开始，放出潜热，便会使其温度回升到水平台阶的温度。

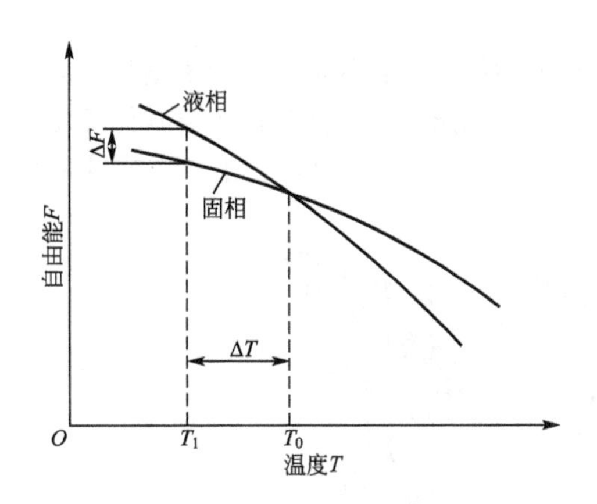

图 2.15　液体与晶体在不同温度下的自由能变化

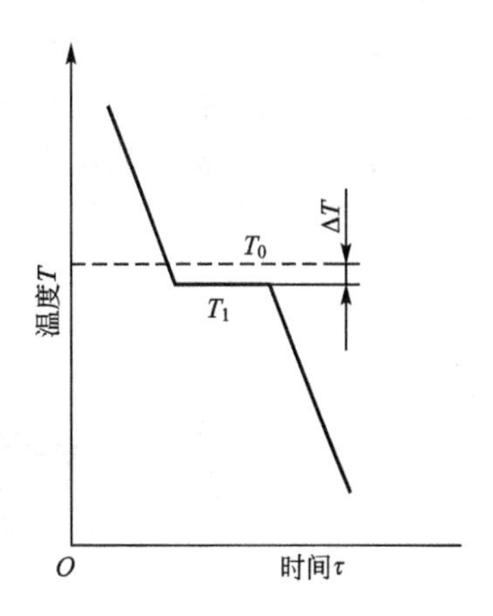

图 2.16　纯金属结晶时的冷却曲线示意图

实际上金属总是在过冷的情况下结晶的，但同一金属结晶时的“过冷度”不是一个恒定值，它与冷却速度有关。结晶时冷却速度越大，过冷度就越大，即金属的实际结晶温度就越低。

2.5.3　纯金属的结晶过程

纯金属的结晶过程是在冷却曲线上平台所经历的这段时间内发生的。它是不断形成晶核和晶核不断成长的过程，如图 2.17 所示。

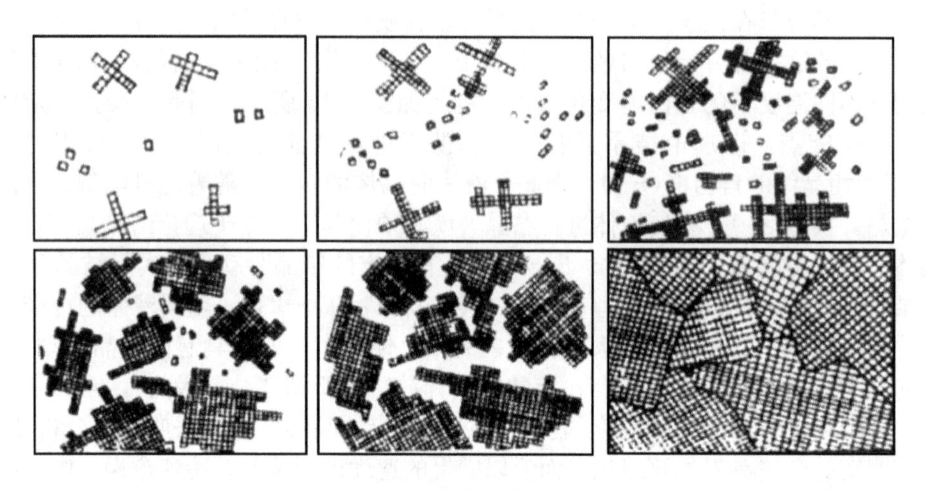

图 2.17　金属结晶过程示意图

实验证明，液态金属中总是存在着许多类似于晶体中原子有规则排列组成的小集团。在理论结晶温度以上，这些小集团是不稳定的，时聚时散。当低于理论结晶温度时，这些小集团中的一部分就成为稳定的结晶核心，称为晶核。随着时间的推移，已形成的晶核不断成长，同时液态金属中又会不断地产生新的晶核并不断成长，直至液态金属全部消失，晶体彼此相互接触为止，所以一般纯金属是由许多晶核长成的外形不规则的晶粒和晶界所组成的多晶体。

在晶核开始成长的初期，因其内部原子规则排列的特点，其外形是比较规则的，但随着晶核的成长，形成了晶体的棱边和顶角，由于棱边和顶角处的散热条件优于其他部位等原因，晶粒在棱边和顶角处能优先成长，如图 2.18 所示。由此可见，其生长方式像树枝

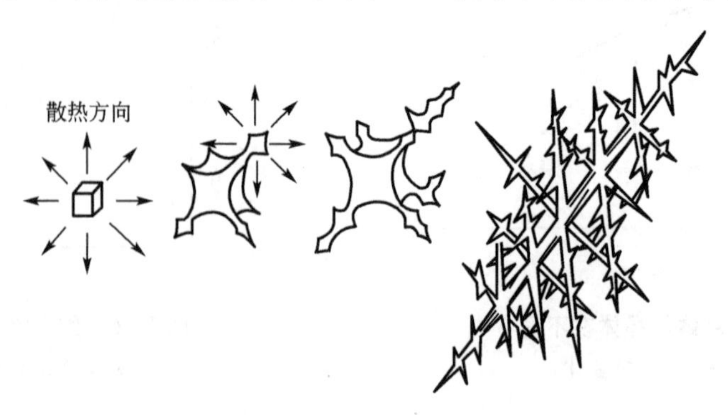

图 2.18　晶体成长过程示意图

一样，先长出枝干(称为一次晶轴)，然后再长出分枝(称为二次晶轴)。依此类推，这些晶轴彼此交错，宛如枝条茂密的树枝，这种成长方式叫“枝晶成长”，因此而得到的晶体称为树枝状晶体，简称“枝晶”。

在枝晶成长的过程中，由于液体的流动、枝干本身的重力作用和彼此间的碰撞，以及杂质元素的影响等原因，会使某些枝干发生偏斜或折断，造成晶粒中的嵌镶块、亚晶界及位错等各种缺陷。

冷却速度愈大，枝晶成长的特点便愈明显。图 2.19 所示为锑锭表面因晶轴未被填满而呈现的树枝状晶体。

图 2.19　锑锭表面的树枝状晶体

2.5.4　晶粒大小与金属力学性能的关系

1. 晶粒大小与性能的关系

金属在结晶后是由许多晶粒组成的多晶体，而晶粒的大小是金属组织的重要标志之一，它可用单位体积内晶粒的数目来表示，数目愈多晶粒愈小。实验证明，晶粒大小对金属的机械性能、物理性能及化学性能均有很大影响。一般情况下，晶粒愈细小，金属的强度就愈高，塑性和韧性也愈好。表 2-1 说明了晶粒大小对纯铁力学性能的影响。

表 2-1　晶粒大小对纯铁力学性能的影响

晶粒平均直径/μm	σ_b/(MN/m²)	σ_s/(MN/m²)	δ/%
70	184	34	30.6
25	216	45	39.5
2.0	268	56	48.8
1.6	270	66	50.7

为了提高金属的力学性能，必须了解影响晶粒大小的因素及控制晶粒大小的方法。

2. 晶粒大小的控制

金属结晶后单位体积中晶粒数目 Z 取决于结晶时的形核率 N(晶核形核数目/s·mm^3)与晶核生长速率 G(mm/s),它们之间存在着以下关系。

$$Z \propto \sqrt{\frac{N}{G}} \tag{2-1}$$

由式(2-1)可知,当晶核生长速率(G)一定时,晶核形核率(N)愈大,单位体积中晶粒数目(Z)就愈多,即晶粒愈细,反之,则晶粒愈粗。当形核率(W)一定时,晶核生长速率(G)愈大,晶粒数目(Z)就愈少,即晶粒愈粗,反之,则晶粒愈细。

因此,要控制金属结晶后晶粒的大小,必须控制晶核形核率 N 与生长速率 G 这两个因素,主要途径如下。

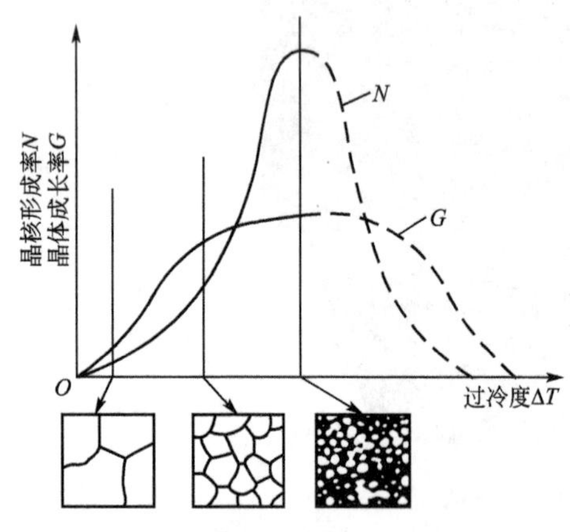

图 2.20　晶核的形核率(N)和生长速率(G)与过冷度(ΔT)的关系

(1) 增加过冷度　金属结晶时的冷却速度愈大,其过冷度便愈大,不同过冷度 ΔT 对晶核形核率 N 和生长速率 G 的影响如图 2.20 所示。由图可见,在一般过冷度下,形核率 N 的增长率大于生长速率 G 的增加率,因此增加过冷度会使 N 与 G 的比值增大,使单位体积中晶粒数目 Z 增多,故使晶粒变细。图中虚线部分说明当过冷度很大时,N 和 G 随过冷度 ΔT 的增加而减小。原因是:在过冷度很大的情况下,实际结晶温度已经很低,液体中原子扩散速度很小,因而使结晶困难,形核率 N 和生长速率 G 降低。实际生产中,液态金属在还没有达到这种过冷程度之前早已结晶完毕。

(2) 孕育、变质处理　在液态金属结晶前,加入一些细小的孕育剂,使金属结晶时的晶核形核率 N 增加从而细化晶粒的方法称为孕育处理,如:向钢中加入 Ti,Zr,B,Al 和向铸铁中加入 Si,Ca 等。通过加入变质剂作为晶粒长大的阻碍物,从而降低生长速率 G 来细化晶粒的方法称为变质处理,如:在铝硅合金中加入一些钠盐的变质处理就是通过钠降低硅的长大速度而细化硅的晶粒。

(3) 附加振动的影响　金属结晶时,对液态金属附加机械振动、超声波振动、电磁振动等措施,利用振动能使液态金属在铸模中运动加速,造成枝晶破碎,这就不仅可以使已成长的晶粒因破碎而细化,而且破碎的枝晶可以起到晶核的作用,增加形核率 N。所以,附加振动也能使晶粒细化。

2.5.5　金属的铸锭组织

铸锭的结晶是大体积液态金属的结晶,虽然其结晶还是遵循了上述的基本规律,但其结晶过程还将受到其他各种因素(如金属纯度、熔化温度、浇注温度、冷却条件等)的影响。图 2.21 所示为钢锭剖面组织示意图,其组织是由如下 3 层不同的晶粒组成。

1. 表面细晶粒层

表层细晶粒的形成主要是因为钢液刚浇入铸模后,由于模壁温度较低,表层金属遭到剧烈冷却，造成了较大的过冷度所致，此外，模壁的人工晶核作用也是这层晶粒细化的原因之一。

2. 柱状晶粒层

柱状晶粒的形成主要因为铸锭模壁散热的影响。在表面细晶粒形成后，随着模壁温度的升高，使剩余液态金属的冷却逐渐减慢，并且由于结晶潜热的释放，使细晶区前沿液体的过冷度减小，晶核的形核率不如生长速率大，各晶粒便可得到较快的成长，而此时凡枝干垂直于模壁的晶粒，不仅因其沿着枝干向模壁传热比较有利，而且它们的成长也不至因相互抵触而受限制，所以只有这些晶粒才能优先得到成长，从而形成柱状晶粒。

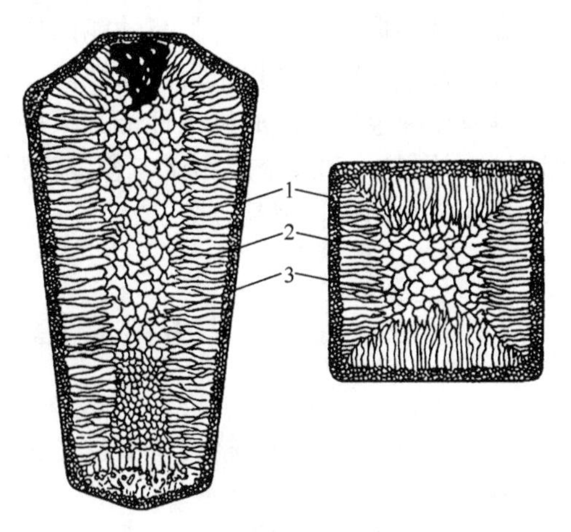

图 2.21　钢锭剖面组织示意图

1—细晶区　2—柱状晶区　3—中心等轴晶区

3. 中心等轴晶粒

随着柱状晶粒成长到一定程度，通过已结晶的柱状晶层和模壁向外散热的速度愈来愈慢，在铸锭中心区的剩余液体温差也愈来愈小，散热方向性已不明显，趋于均匀冷却的状态；同时由于种种原因，如液体金属的流动可能将一些未熔杂质推至铸锭中心，或将柱状晶的枝晶分枝冲断，飘移到铸锭中心，它们都可以成为剩余液体的晶核，这些晶核由于在不同方向上的成长速度相同，因而便形成较粗大的等轴晶粒区。

由上述可知，钢锭组织是不均匀的。从表层到心部依次由细小的等轴晶粒、柱状晶粒和粗大的等轴晶粒组成。改变凝固条件可以改变这 3 层晶区的相对大小和晶粒的粗细，甚至获得只有两层或单独一个晶区所组成的铸锭。

钢锭一般不希望得到柱状晶组织，因为其塑性较差，而且柱状晶平行排列呈现各向异性，在锻造或轧制时容易发生开裂，尤其在柱状晶层的前沿及柱状晶彼此相遇处，当存在低熔点杂质而形成一个明显的脆弱界面时，更容易发生开裂，所以生产上经常采用振动浇注或变质处理等方法来抑制结晶时柱状晶粒层的扩展。但对于某些铸件如涡轮叶片，则常采用定向凝固法有意使整个叶片由同一方向、平行排列的柱状晶所构成。对于塑性极好的有色金属希望得到柱状晶组织，因为这种组织较致密，对机械性能有利，而在压力加工时，由于这些金属本身具有良好的塑性，并不至于发生开裂。

在金属铸锭中，除组织不均匀外，还经常存在有各种铸造缺陷，如缩孔、疏松、气孔及偏析等。

钢件中缩孔的形成是因为钢液凝固时要发生体积收缩。当钢液在钢模中由外向内自下而上凝固时，最后凝固的部位得不到钢液的补充，便会在钢锭的上部形成缩孔。缩孔周围的微小分散孔隙叫疏松，它主要是由于枝晶在成长过程中，因枝干间得不到钢液的补充而形成的。在缩孔和疏松的周围，还常会积聚各种低熔点的杂质而形成所谓区域偏析。

此外，钢锭中还可能存在气孔、裂纹、非金属夹杂以及晶粒内化学成分不均匀(或叫晶内偏析)等缺陷。

纯金属一般具有极好的导电性、导热性和美丽的金属光泽，在人类生活及生产中获得了极广泛应用。但由于纯金属的种类有限，提炼困难，机械性能又较低，因而无法满足人们对金属材料提出的多品种和高性能的要求，工业生产中通过配制各种不同成分的合金，可以显著改变材料的结构、组织和性能，因而满足了人们对材料的多品种的要求。而且，合金具有比纯金属更高的机械性能和某些特殊的物理、化学性能(如耐腐蚀、强磁性、高电阻等)，因此，和纯金属相比，合金材料的应用要广泛得多。碳钢、合金钢、铸铁、黄铜和硬铝等常用材料都是合金。

2.6 金属的同素异构转变

多数固态纯金属的晶格类型不会改变，但有些金属(如铁、锰、锡、钛、钴等)的晶格会因温度的改变而发生变化，固态金属在不同温度区间具有不同晶格类型的性质，称为同素异构性。

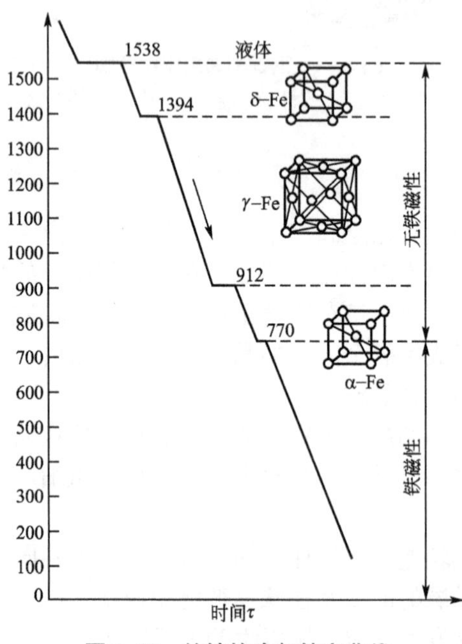

图 2.22 纯铁的冷却转变曲线

$$\delta-Fe \underset{}{\overset{1394℃}{\rightleftharpoons}} \gamma-Fe \underset{}{\overset{912℃}{\rightleftharpoons}} \alpha-Fe$$

体心立方晶格　　面心立方晶格　　体心立方晶格

纯铁的熔点为1538℃。纯铁的冷却转变曲线如图2.22所示。液态纯铁在1538℃时结晶为具有体心立方晶格的δ-Fe，继续冷却到1394℃由体心立方晶格的δ-Fe转变为面心立方晶格的γ-Fe，再冷却到912℃又由面心立方晶格的γ-Fe转变为体心立方晶格的α-Fe，先后发生两次晶格类型的转变。金属在固态下由于温度的改变而发生晶格类型转变的现象，称为同素异构转变。同素异构转变有热效应产生，故在冷却曲线上，可看到在1394℃和912℃处出现平台。

纯铁在770℃时发生磁性转变。在770℃以下的α-Fe呈铁磁性，在770℃以上α-Fe的磁性消失。770℃称为居里点，用A_2表示。

工业纯铁虽然塑性好，但强度低，所以很少用它制造机械零件。在工业上应用最广的是铁碳合金。

同素异构转变具有十分重要的实际意义，钢的性能之所以是多种多样的，正是由于对其施加合适的热处理，从而利用同素异构转变来改变钢的性能。此外，由于同素异构转变的过程中有体积的变化从而形成较大的内应力，例如：γ-Fe⟶α-Fe时，体积膨胀约为1%，这样会导致产生变形和裂纹，需采取适当的工艺措施予以防止。

习　　题

一、填空题

1. 常见金属的晶格类型有__________晶格、__________晶格和__________晶格。

2. 生产中控制晶粒大小的方法有__________、__________、__________三种。

二、选择题

1. 纯金属结晶时，冷却速度越快，则实际结晶温度将(　　)。

A. 越高　　B. 越低

C. 接近于理论结晶温度　　D. 没有变化

2. 室温下金属的晶粒越细小，则(　　)。

A. 强度越高、塑性越差　　B. 强度越高、塑性越好

C. 强度越低、塑性越好　　D. 强度越低、塑性越差

三、名词解释

1. 晶格；2. 过冷度；3. 同素异构转变；4. 相；5. 组织；6. 固溶强化。

四、简答题

1. 常见的金属晶格结构有哪几种？Cr、Mg、Zn、W、V、Fe、Al、Cu 等各具有哪种晶格结构？

2. 实际金属晶体中存在哪些晶体缺陷？它们对金属的性能有哪些影响？

五、计算题

1. 在立方晶胞中画出图 2.23 中晶面指数所代表的晶面。

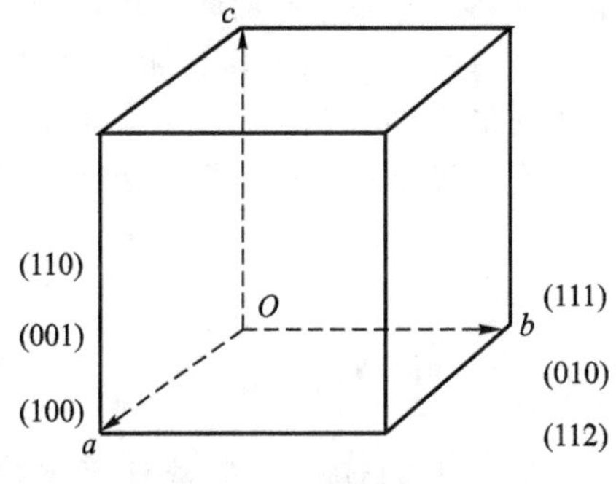

图 2.23　计算题 1 图

2. 确定图 2.24 所示立方晶胞中所示晶向的晶向指数。

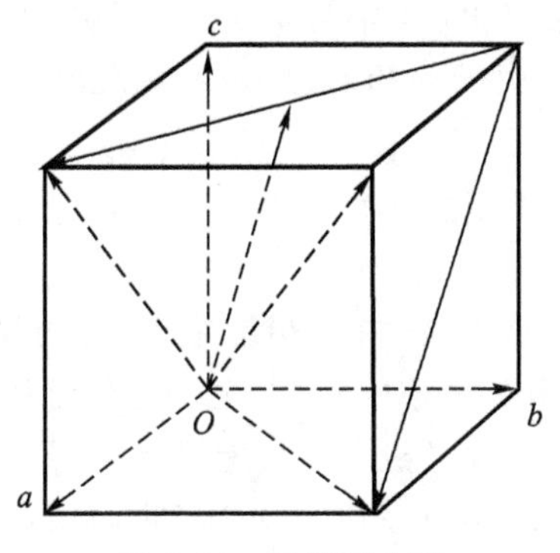

图 2.24　计算题 2 图

第 3 章 二元合金相图及其应用

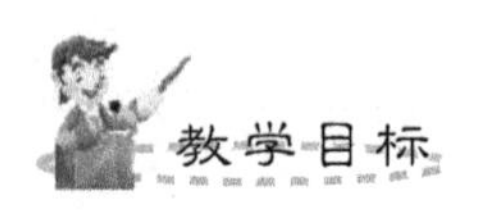

本章让学生了解具有匀晶、共晶、包晶等相图的二元合金的平衡结晶过程和形成合金的显微组织，并且运用杠杆定律，对平衡组织中各种相与组织组成物的相对量进行计算。重点掌握铁碳合金相图，包括相图中主要的点、线、区，典型铁碳合金的结晶过程，了解铁碳合金的成分、组织和性能的变化规律及铁碳合金相图的应用。

Fe - Fe_3C 相图

有人注意到铁-石墨相图上有 4 个特性值很接近黄金分割点近似值 0.618，它们是：

(1) A 点(1538℃)与 G 点(912℃)间的 C' 点(1154℃)，分割比值约为 0.613；

(2) C 点(1154℃)与 S' 点(738℃)间的 G 点(912℃)，分割比值约为 0.582；

(3) O 点与 F' 点(w_C=6.69%)间的 C' 点(w_C=4.28%，w_C 表示碳的质量分数，后同)，分割比值约为 0.636；

(4) S' 点(w_C=0.68%)与 C' 点(w_C=4.26%)间的 E' 点(w_C=2.08%)，分割比值约为 0.609。

这仅是一种巧合，还是反映了铁-石墨相图与黄金分割律之间有着内在联系呢？陶治在《合肥工业大学学报》(自然科学版)“二元合金相图与黄金分割律”一文中对特性值标注较完整 6 个二元合金相图逐一进行了定量分析，得出如下结论：二元合金相图是反映二元合金在平衡状态下相结构随温度和成分变化而变化的情况的，是受各二元合金自身的结晶规律制约的，与黄金分割律不可能有内在联系。至于某些相图上有些特性值组合的分割比趋近黄金分割点的现象仅是一种巧合。

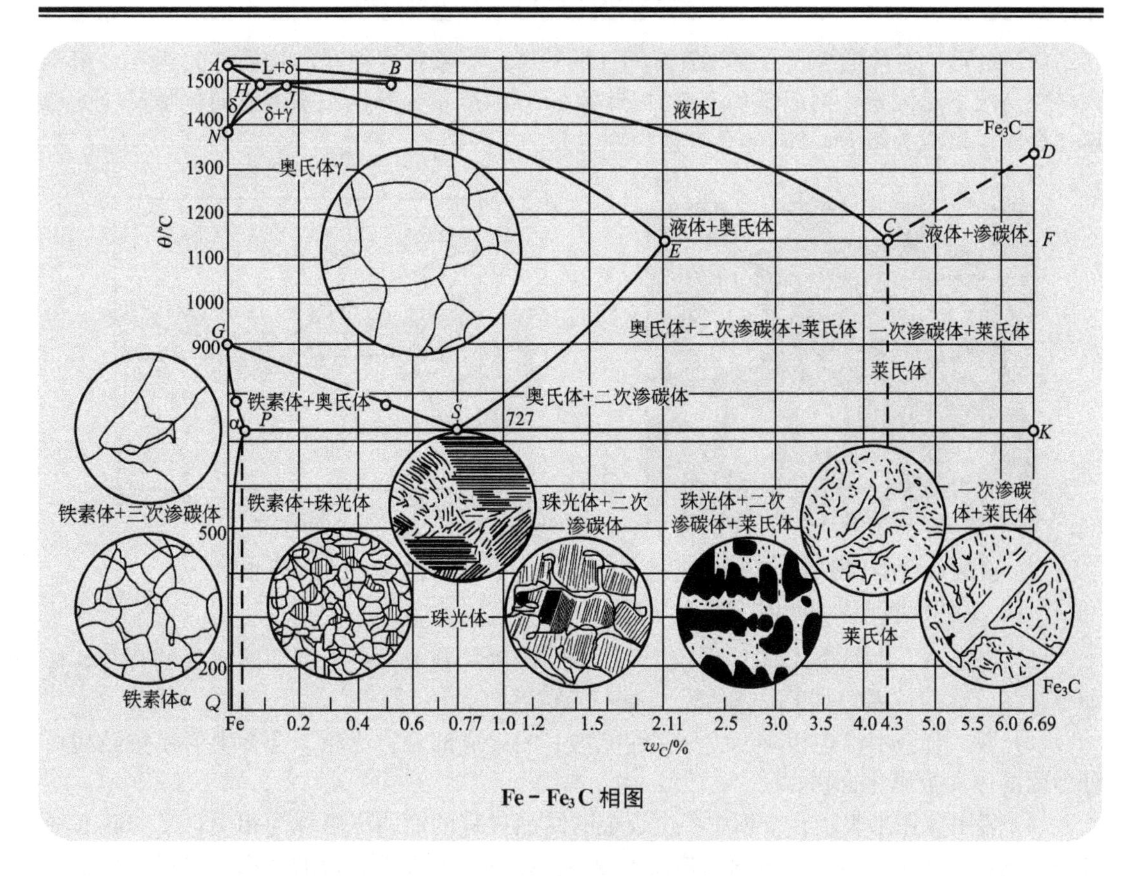

Fe－Fe₃C 相图

碳钢和铸铁是现代机械制造工业中应用最广泛的金属材料，它们是由铁和碳为主构成的铁碳合金。合金钢和合金铸铁实际上是有目的地加入一些合金元素的铁碳合金。为了合理地选用钢铁材料，必须掌握铁碳合金的成分、组织结构与性能之间的关系。

3.1　合金的相结构

工业生产中广泛应用合金材料。合金优异的性能与合金的成分、晶体结构、组织形态密切相关。要了解合金性能与这些因素之间的变化规律，相图是研究这些规律的重要工具。工业生产中研究元素对某种金属材料的影响，确定熔炼、铸造、锻造、热处理工艺参数，往往都是以相应的合金相图为依据的。相图中，有二元合金相图、三元合金相图和多元相图，作为相图基础和应用最广的是二元合金相图。

3.1.1　基本概念

合金在结晶之后既可获得单相的固溶体组织，也可得到单相的化合物组织(这种情况少见)，但更为常见的是得到由固溶体和化合物或几种固溶体组成的多相组织(图 3.1)。那么，一定成分的合金在一定温度下将形成什么组织呢？利用合金相图可以回答这一问题。

在深入叙述相图之前，先了解以下几个名词。

(1) 组元。通常把组成合金的最简单、最基本、能够独立存在的物质称为组元。组元大多数情况下是元素，例如图 3.2 中的 Pb 和 Sn；但既不分解也不发生任何化学反应的稳定化合物也可成为组元，如 Fe_3C 可视为一组元。

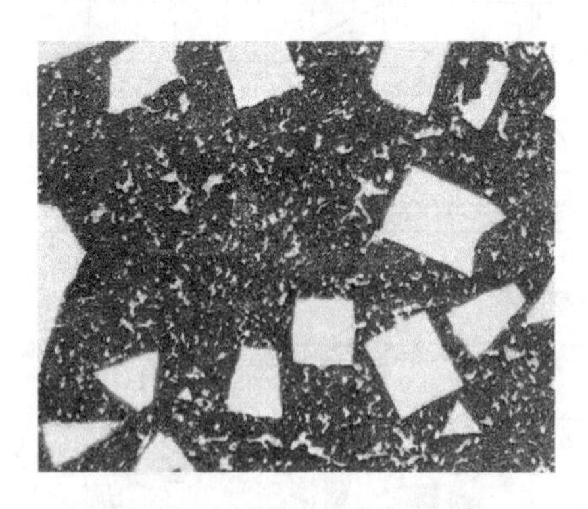

图 3.1　多相固态合金显微组织
(25%Pb+15%Sn+60%Bi)

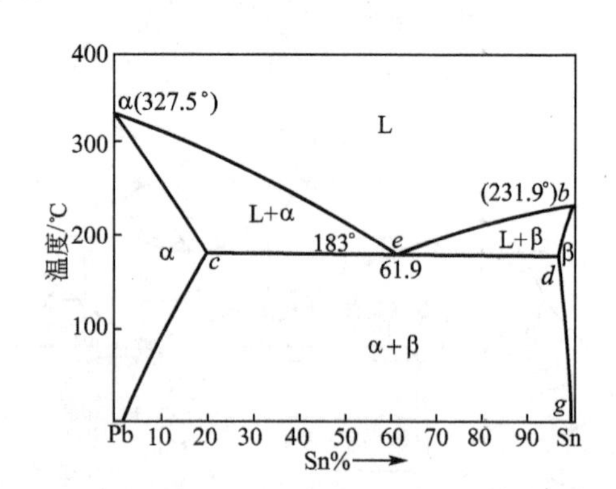

图 3.2　Pb－Sn 相图

(2) 合金系。由两个或两个以上组元按不同比例配制成的一系列不同成分的合金，称为合金系，或简称系，如 Pb－Sn 系、Fe－Fe_3C 系等。

(3) 相。合金中结构相同、成分和性能均一的组成部分称为相。合金中的相按结构可分为固溶体和金属化合物。

(4) 相图。用来表示合金系中各个合金的结晶过程的简明图解称为相图，又称状态图或平衡图，相图上所表示的组织都是在十分缓慢冷却的条件下获得的，都是接近平衡状态的组织。所谓“相平衡”是指在合金系中，参与结晶或相变过程的各相之间的相对重量和相的浓度不再改变时所达到的一种平衡状态。

根据合金相图，不仅可以看到不同成分的合金在室温下的平衡组织，而且还可以了解它从高温液态以极缓慢冷却速度冷却到室温所经历的各种相变过程，同时相图还能预测其性能的变化规律，所以相图已成为研究合金中各种组织形成和变化规律的重要工具。由图 3.2可以看出：Pb－Sn 二元合金相图中，含 40%Sn、60%Pb 的合金，在室温下的平衡组织为 α 固溶体和 β 固溶体。此合金系所有成分的合金在各种温度下的存在状态，以及在加热和冷却过程中的组织变化，都可通过此相图表示出来。

3.1.2　固态合金的相结构

根据构成合金的各组元之间相互作用的不同，固态合金的相结构可分为固溶体和金属化合物两大类。

1. 固溶体

合金在固态下，组元间仍能互相溶解而形成的均匀相称为固溶体，固溶体可分为有限固溶体和无限固溶体两类。形成固溶体后，晶格保持不变的组元称溶剂，晶格消失的组元称溶质。固溶体的晶格类型与溶剂组元相同。

根据溶质原子在溶剂晶格中所占据位置的不同，可将固溶体分为置换固溶体和间隙固溶体两种。

(1) 置换固溶体　溶质原子代替溶剂原子占据溶剂晶格中的某些结点位置而形成的固溶体，称为置换固溶体，如图3.3(a)所示。

形成置换固溶体时，溶质原子在溶剂晶格中的溶解度主要取决于两者的晶格类型、原子直径的差别和它们在周期表中的相互位置。

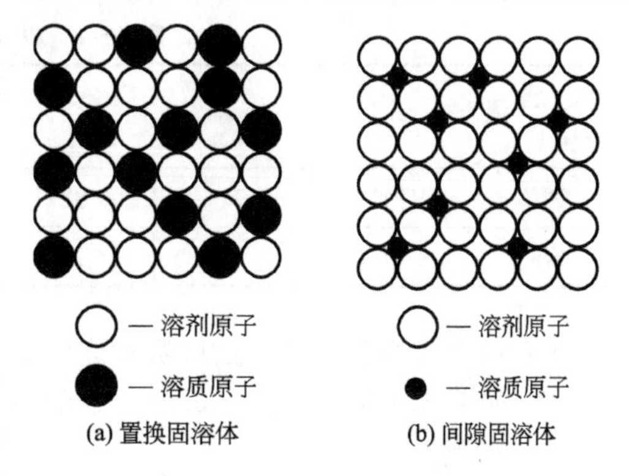

图3.3　固溶体的两种类型

(2) 间隙固溶体　溶质原子分布于溶剂的晶格间隙中所形成的固溶体，称为间隙固溶体，如图3.3(b)所示。由于晶格间隙通常都很小，所以都是由原子半径较小的非金属元素(如碳、氮、氢、硼、氧等)溶入过渡族金属中，形成间隙固溶体。间隙固溶体对溶质溶剂都是有限的，所以都是有限固溶体。

由于溶质原子的溶入，固溶体发生晶格畸变，变形抗力增大，使金属的强度、硬度升高的现象称为固溶强化。它是强化金属材料的重要途径之一。

2. 金属化合物

金属化合物是合金组元间发生相互作用而生成的一种新相，其晶格类型和性能不同于其中任一组元，又因它具有一定的金属性质，故称金属化合物。如碳钢中的Fe_3C、黄铜中的CuZn等。

金属化合物大致可分为正常价化合物、电子化合物及间隙化合物。

金属化合物具有复杂的晶体结构，熔点较高，硬度高，而脆性大。当它呈细小颗粒均匀分布在固溶体基体上时，将使合金的强度、硬度及耐磨性明显提高，这一现象称为弥散强化。因此金属化合物在合金中常作为强化相存在。它是许多合金钢、有色金属和硬质合金的重要组成相。

3.2　二元合金相图的建立

二元合金相图是表示两种组元构成的具有不同比例的合金，在平衡状态(即极其缓慢加热或冷却的条件)下，随温度、成分发生变化的相图。由该图可了解合金的结晶过程以及各种组织的形成和变化规律。

3.2.1　相图的绘制

目前，合金相图主要还是应用实验方法测定出来的。如热分析法，膨胀法，磁性法等。这里仅采用热分析实验法建立相图：首先将各种成分的熔融态合金，以极缓慢的冷却速度冷却，测定它们的冷却曲线(温度-时间曲线)；然后找出各冷却曲线上的临界点(即转折点和平台)的温度值。在温度-成分坐标系中，标注各临界点，连接各个相同意义的临界点，即得出该合金的相图。下面就以Pb－Sn二元合金相图为例进行介绍。

(1) 配制不同成分的Pb－Sn合金，见表3－1。

表3-1　Pb-Sn合金配比表

合金＼含量	/%						
Pb	100	95	87	60	38.1	20	0
Sn	0	5	13	40	61.9	80	100

配制的合金数目愈多，试验数据之间间隔愈小，测绘出来的合金相图就愈精确。

(2) 如图3.4所示，作出每个合金的冷却曲线，并找出各冷却曲线上的临界点(即停歇点和转折点)。

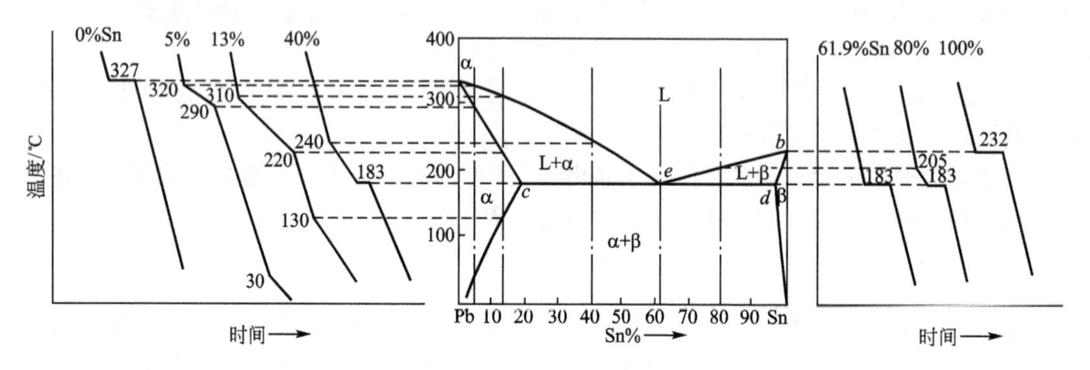

图3.4　相图建立过程示意图

(3) 作一个以温度为纵坐标(单位为℃)，以合金成分为横坐标(单位为重量或原子百分数)的直角坐标系统，并自横坐标上各成分点作垂直线——成分垂线，然后把每个合金冷却曲线上的临界点分别标在各合金的成分垂线上。

(4) 将各成分线上具有相同意义的点连接成线，并根据已知条件和实际分析结果写上数字、字母和各区所存在的相或组织的名称，就得到一个完整的二元合金相图。

冷却曲线上的转折点及停歇点，表示金属及合金在冷却到该温度时发生了冷却速度的突然改变，这是由于金属及合金在结晶(即相变、包括固态相变)时有结晶潜热放出，抵消了部分或全部热量散失。

对纯Pb、纯Sn以及Pb-Sn合金的冷却曲线进行分析可知：纯Pb和Sn的冷却曲线上出现水平台阶，说明其结晶是在恒温下进行的，同理，含61.9%Sn合金的结晶过程是在183℃恒温下进行的，因此标在成分垂线上的临界点既是它们开始结晶的温度，也是它们结晶终了的温度；而含5%Sn、13%Sn、40%Sn及80%Sn的合金的结晶过程则分别在320～290℃、310～220℃、240～183℃及205～183℃的温度范围内进行的，所以在它们的成分垂线上的上、下两个点就分别表示它们的开始结晶温度和结晶终了温度。把所有代表合金结晶开始温度的临界点都连在一起，便构成了*aeb*线；显然，在此线以上所有合金都处于液相状态，因而把此线称为Pb-Sn相图的液相线。与此相似，把代表合金结晶终了的临界点都连在一起，便构成了*acedb*线，在此线以下合金全都处于固相状态，因而把此线称为固相线。在液相线与固相线之间是液固两相共存(更准确地说，应当是两相平衡共存)状态。

关于含5%Sn和含13%Sn合金的冷却曲线以及*cf*线和*dg*线的意义，将在二元共晶相图中叙述。

合金结晶的临界点即合金的实际结晶温度与冷却速度有关。合金的冷却速度愈大，临界点就愈低；合金的冷却速度愈小，临界点愈高。由于相图中的数据是在无限缓慢冷却条件下测得的，它应该属于平衡结晶的情况，因而相图又称为平衡图。

3.2.2　二元匀晶相图

两组元在液态和固态均无限互溶时所构成的相图，称为二元匀晶相图。具有这类相图的合金系主要有 Cu－Ni、Cu－Au、Au－Ag、Fe－Ni、W－Mo 等。

1. 相图分析

图 3.5(a)为 Cu－Ni 合金相图。下面就以此合金相图为例进行分析。

这类相图很简单，只有两条线，其中$\widehat{AB}$为液相线，代表各种成分的 Cu－Ni 合金在冷却过程中开始结晶或在加热过程中熔化终了的温度；$\underset{\smile}{AB}$为固相线，代表各种成分的 Cu－Ni 合金在冷却过程中结晶终了或在加热过程中开始熔化的温度。随着固相线及液相线的出现，相图便被分成了不同的区域，在液相线以上合金处于液体状态(L)，称为液相区；在固相线以下合金处于固体状态(α)，称为固相区；在液相线与固相线之间合金处于液固两相(L＋α)并存的状态，称为液固两相并存区。固相线的两个端点 A 和 B 是合金系统的两个组元 Cu 和 Ni 的熔点。

2. 合金的结晶过程

如图 3.5(a)所示，设有合金 K，其成分垂线 ok 与相图上的相区分界线交于 1、4 两点。分析合金在冷却曲线上的各段所发生的结晶或相变过程，如图 3.5(b)所示。

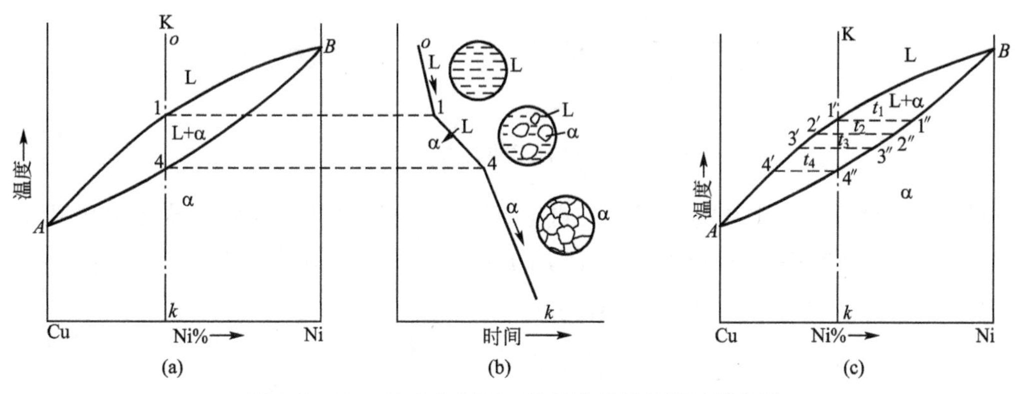

图 3.5　Cu－Ni 合金相图、冷却曲线及结晶过程分析

当合金以非常缓慢的冷却速度进行冷却时，在 $o-1$ 段液态合金只是进行简单冷却，冷至 t_1(即成分垂线上 1 点温度)时，开始从液态合金中结晶出 α 相，即(L→α)，随着温度继续下降，固相的量不断增多，剩余液相的量不断减少；同时液相和固相的成分也将通过原子扩散不断改变。如图 3.5(c)所示，在 t_1 温度时液固两相的成分分别为 $1'$点和 $1''$点在横坐标上的投影，温度缓降至 t_2 时，液固两相成分别演变为 $2'$点和 $2''$点在横坐标上的投影，温度继续缓冷至 t_3 时，液固两相成分又分别演变为 $3'$点和 $3''$点在横坐标上的投影，如此下去到 t_4 温度时，液固两相的成分将演变为 $4'$点和 $4''$点在横坐标上的投影。总起来可以说：K 合金在整个冷却过程中随着温度的降低，液相成分将沿着液相线由 $1'$变至 $4'$。而

α相成分将沿着固相线由1″变至4″。结晶终了时，获得与原合金成分相同的α固溶体。当然，上述变化只限于冷却速度无限缓慢、原子扩散得以充分进行的平衡条件。

由上述情况很易领悟到液固相线具有的另一个重要意义：液(固)相线表示在无限缓慢的冷却条件下，液固两相平衡共存时，液(固)相化学成分随温度的变化情况。理论和实践都已证明了这一结论的正确性。必须着重指出：除了液固两相并存时的情况以外，在其他性质相同的两相区中也是这样，即相互处于平衡状态的两个相的成分分别沿着两相区的两个边界线改变，这将在以后详述。

3. 二元相图的杠杆定律

如上所述，在液固两相并存时固相的成分沿着固相线变化，液相的成分沿着液相线变化。故对图3.6(a)中的合金，若想知道它在t温度时固液两相的化学成分，可通过K合金的成分垂线作一条代表t温度的水平线；令其与液固相线相交，两个交点a、b的横坐标就分别代表t温度时液固两平衡相的成分点。那么，在t温度下液固两相的相对量又是多少呢？这个问题可以通过如下的简单运算得到答案。

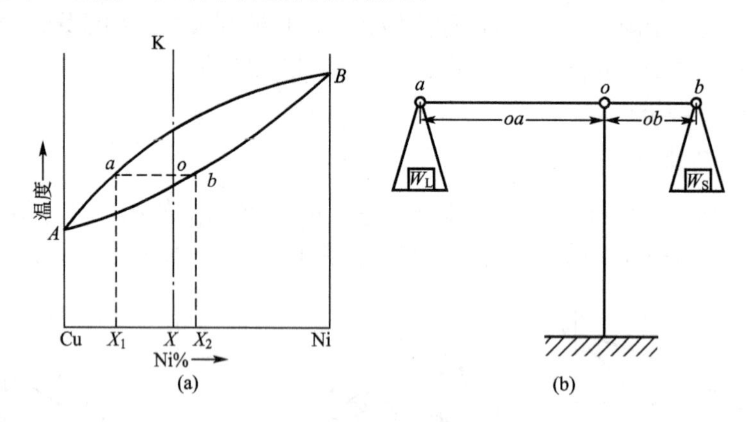

图3.6　杠杆定律的力学比喻

假设：合金的总重量为W_o，液相的重量为W_L，固相的重量为W_S。若已知液相中的含Ni量为X_1，固相中含Ni量为X_2，合金的含Ni量为X，则可写出

$$\begin{cases} W_L + W_S = W_o \\ W_L \cdot X_1 + W_S \cdot X_2 = W \cdot X \end{cases} \tag{3-1}$$

解方程(3-1)得

$$\frac{W_L}{W_S} = \frac{X_2 - X}{X - X_1} = \frac{ob}{oa} \tag{3-2}$$

式(3-2)好像力学中的杠杆定律，故称之为杠杆定律。式(3-2)可写成

$$\frac{W_L}{W_o} = \frac{ob}{ab} \times 100\% \tag{3-3}$$

$$\frac{W_S}{W_o} = \frac{oa}{ab} \times 100\% \tag{3-4}$$

必须指出，杠杆定律只适用于二元系合金相图中两相区，对其他区域不适应，自然就不能用杠杆定律了。

4. 固溶体合金中的偏析

如前所述，k 合金[图 3.5(a)]在结晶过程中，随着温度的降低，液相成分将沿着液相线由 $1'$点向 $4'$点变化，固相成分沿着固相线由 $1''$变至 $4''$，结晶终了时 α 相(不管先生成的或后生成的)将都具有原合金的成分。这种变化只有在无限缓慢的冷却条件下，在固液两相的内部及固液两相之间的原子扩散都得以充分进行的条件下才能实现。但在实际铸造条件下，合金不可能无限缓慢冷却，一般都冷却较快，此时由于合金内部尤其是固相内部的原子扩散来不及充分进行，会使先结晶出来的固相含镍量较高，后结晶出来的固相含镍量较低，对于某一个晶粒来说，则表现为先形成的心部含镍量较高，后形成的外层含镍量较低。这种在一个晶粒内部化学成分不均匀的现象称为晶内偏析。因为固溶体的结晶一般是按树枝状方式成长的，这就使先结晶的枝干成分与后结晶的分枝成分不同，由于这种偏析呈树枝状分布，故又称为枝晶偏析。图 3.7 为 Cu－Ni 合金的枝晶偏析显微组织，可以看出 α 固溶体是呈树枝状的、先结晶的枝干富含镍，不易腐蚀，故呈白色，而后结晶枝间富含铜，易侵蚀因而呈暗黑色。

图 3.7　Cu－Ni 合金的枝晶偏析显微组织

枝晶偏析的存在，会严重降低合金的机械性能和加工工艺性能，因此在生产上常把有枝晶偏析的合金加热到高温，并经长时间保温，使原子进行充分扩散，以达到成分均匀化的目的，这种热处理方法称为扩散退火或均匀化退火，用以消除枝晶偏析。

3.2.3　二元共晶相图

当两组元在液态时无限互溶，在固态时有限互溶，而且发生共晶反应时，所构成的相图称为二元共晶相图。具有这类相图的合金系主要有：Pb－Sn、Pb－Sb、Cu－Ag、Pb－Bi、Cd－Zn、Sn－Cd、Zn－Sn 等，某些金属元素与金属化合物之间如 Cu－Cu_2Mg、Al－$CuAl_2$ 等也构成这类相图。

1. 相图分析

图 3.8 所示为 Pb－Sn 合金相图及成分线。下面就以此合金相图为例进行分析。

在这类相图中，按照液相和固相的存在区域很容易识别 AEB 为液相线，$ACEDB$ 为固相线，A 为 Pb 的熔点，B 为 Sn 的熔点。在此相图中，有两种溶解度有限的固溶体：一个是以 Pb 为溶剂，以 Sn 为溶质的 α 固溶体，其溶解度曲线为 CF；另一个是以 Sn 为溶剂，以 Pb 为溶质的 β 固溶体，其溶解度曲线为 DG。当合金成分 $w \leqslant 19.2\%$时，液相在固相线 AC 以下结晶为 α 固溶体，当合金成分 $w \geqslant 97.5\%$时，液相在固相线 BD 以下结晶为单相 β 固溶体。对于成分在 C 点与 D 点之间的合金在结晶温度达到固相线的水平部分 CED 时都将发生以下恒温反应。

$$L_E \xrightleftharpoons{\text{恒温}} \alpha_C + \beta_D$$

这种相变过程由于是从某种成分固定的合金溶液中同时结晶出两种成分与结构皆不相同的固相，因而被称为共晶反应。

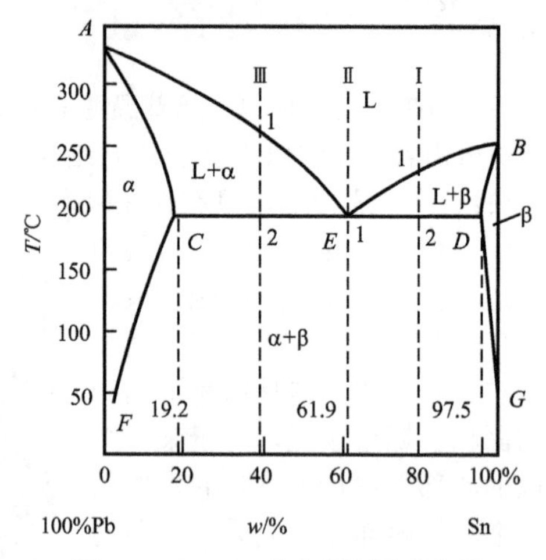

图 3.8　Pb－Sn 合金相图及成分线

2. 合金的结晶过程

1) 共晶合金的结晶过程

合金Ⅱ的冷却曲线及结晶过程如图 3.9 所示。在 1 点温度以上为液态，冷至 1 点时合金的成分垂线同时与液相线与固相线相交(图 3.8)，表明合金的结晶过程应在此温度开始且在此温度结束，即合金的结晶过程应在 1 点所代表的温度恒温进行，因而在冷却曲线上出现了一个代表在恒温结晶的水平台阶。由图 3.8 可以看出，合金成分垂线上的 1 点恰恰是相图的两段液相线 AE 和 BE 的交点，从相图左侧的 $ACEA$ 区看，应该从成分为 E 的合金溶液 L_E 中结晶出成分为 C 的固相 α_C；从相图右侧的 $BEDB$ 区看，应当从合金溶液 L_E 中结晶出成分为 D 的固相 β_D。把两种情况加在一起就会自合金溶液 L_E 中同时结晶出 α_C 和 β_D 两种晶体。用反应式来表达就是

$$L_E \xrightleftharpoons{\text{恒温}} \alpha_C + \beta_D$$

这就是前述的共晶反应。

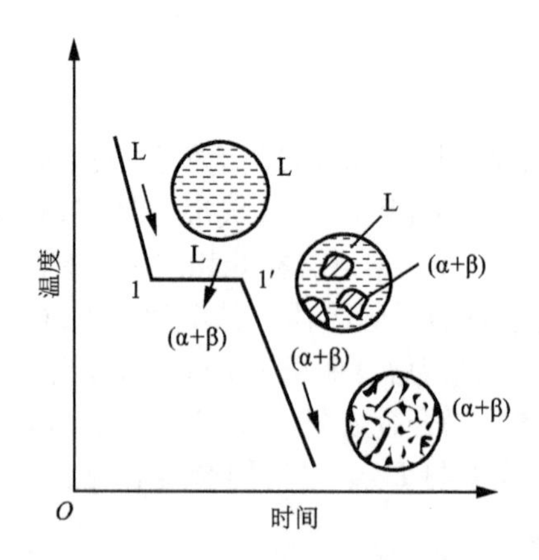

图 3.9　合金Ⅱ的冷却曲线及结晶过程

实际情况正是如此，合金Ⅱ冷到 1 点的温度时，将在合金溶液中含 Pb 比较多的地方生成 α 相的小晶体，而在含 Sn 比较多的地方生成 β 相的小晶体，在此同时，随着 α 相小

晶体的形成，其周围合金溶液中的含 Pb 量必然大为减少(因为 α 相小晶体的形成需要吸收较多的 Pb 原子)，这样就为 β 相小晶体的形成创造了极为有利的条件，因而便立即会在它的两侧生成 β 相的小晶体。同样道理，β 相小晶体的生成又会促使 α 相小晶体在其一侧生成。如此发展下去就会迅速形成一个α 相和 β 相彼此相间排列的组织区域。当然，首先形成 β 相的小晶体也能导致同样的结果。这样，在结晶过程全部结束时就使合金获得非常细密的两相机械混合物。由于它是共晶反应的产物，所以这种机械混合物称为共晶体或共晶混合物。Pb－Sn 的共晶体显微组织如图 3.10 所示。代表共晶反应时的温度及共晶成分的 E 点称为共晶点。以共晶点为中心，以共晶反应的两个生成相的成分点 C 和 D 为两个端点的横线——CED 称为共晶线。具有共晶点成分的合金称为共晶合金，例如上面研究的合金Ⅱ就是共晶合金。

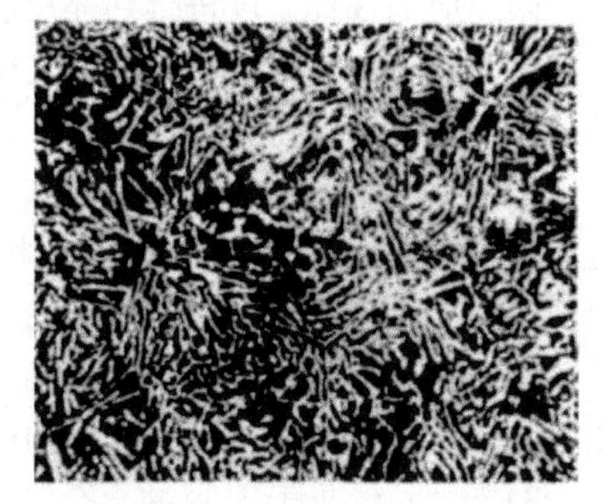

图 3.10　Pb－Sn 共晶合金组织

在共晶反应完成之后，液相消失，合金进入共晶线以下(α＋β)两相区。这时，随着温度的缓慢下降，α 和 β 的浓度都要沿着它们各自的溶解度曲线逐渐变化，并自 α 相中析出一些 β 相的小晶体和自 β 相中析出一些 α 相的小晶体。这种由已有的固相中析出的小晶体叫做次生相或二次相(直接从液相中生成的固相晶体称为初生相或一次相)，用 $\alpha_{Ⅱ}$ 和 $\beta_{Ⅱ}$ 表示。由于共晶体是非常细密的混合物，次生相的析出难以看到，而共晶体中次生相的析出量较少，故一般不予考虑。因此，合金Ⅱ的室温组织可以认为是$(\alpha+\beta)_E$ 共晶体。

2）亚共晶和过共晶合金的结晶过程

成分在共晶线上的 C 点和 E 点之间的合金称为亚共晶合金；在 E 点和 D 点之间的合金称为过共晶合金。

现以合金Ⅲ为例，先介绍一下亚共晶合金的结晶过程。图 3.11 所示为合金Ⅲ的冷却曲线及结晶过程。由图 3.8、图 3.11 可知，当液相的温度降低至 1 点时开始结晶，首先析

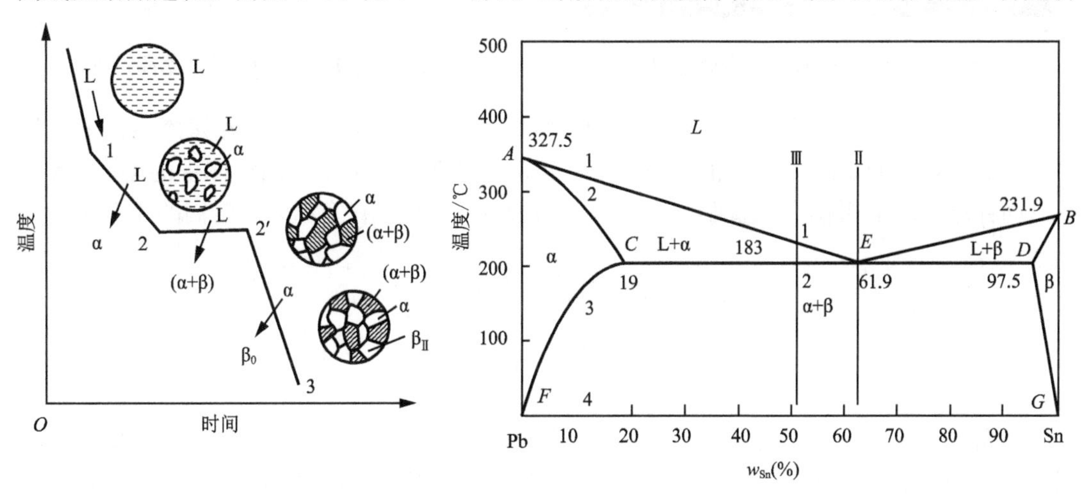

图 3.11　合金Ⅲ的冷却曲线及结晶过程

出 α 固溶体。随着温度缓慢下降，α 相的数量不断增多，剩余液相的数量不断减少；与此同时，固相和液相成分分别沿固相线和液相线变化。当温度降低至 2 点时，剩余的液相恰好具有 E 点的成分——共晶成分，这时剩余的液相就具备了进行共晶反应的温度和浓度条件，因而应当在此温度进行共晶反应。显然，冷却曲线上也必定出现一个代表共晶反应的水平台阶，直到剩余的合金溶液完全变成共晶体时为止。这时合金的固态组织应当是先共晶 α 固溶体和 $(\alpha+\beta)_E$ 共晶体。液相消失之后合金继续冷却。很明显，在 2 点温度以下由于 α 和 β 溶解度分别沿着 CF 和 DG 变化，必然要分别从 α 和 β 中析出 β_{II} 和 α_{II} 两种次生相。根据杠杆定律可计算出其相对量。合金Ⅲ的最终组织应为 $\alpha+(\alpha+\beta)_E+\beta_{\text{II}}$，如图 3.12所示。

过共晶合金的冷却曲线及结晶过程分析方法和步骤与上述亚共晶合金基本相同，只是先共晶为 β 固溶体，所以合金Ⅰ的最终组织应为 $\beta+(\alpha+\beta)_E+\alpha_{\text{II}}$

3）含 Sn 量小于 E 点的合金结晶过程

以合金Ⅳ为例，其冷却曲线及结晶过程如图 3.13 所示。

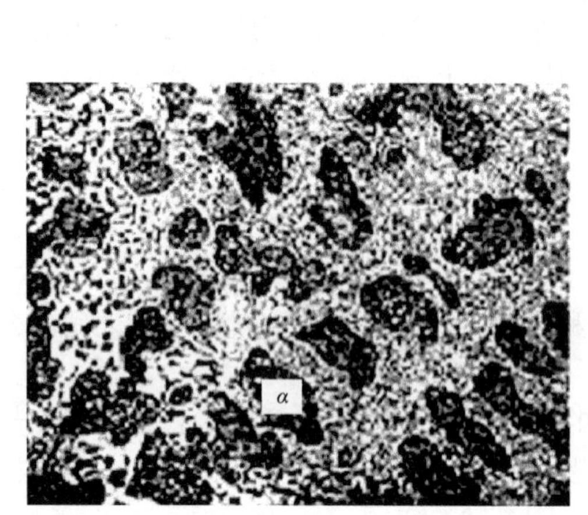

图 3.12　Pb-Sn 亚共晶合金组织

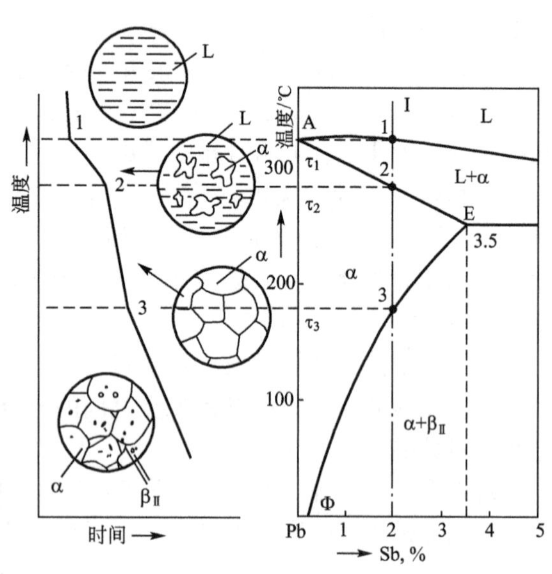

图 3.13　合金Ⅳ的冷却曲线及结晶过程

合金Ⅳ在 3 点以上的结晶过程与匀晶相图中的合金结晶过程一样，在缓冷条件下结晶终了时获得均匀的 α 固溶体。继续缓慢冷却至 3 点以下时，由于 α 固溶体中的溶 Sn 量的减少而伴随着次生相 β_{II} 的沉淀析出，最终组织应为 $\alpha+\beta_{\text{II}}$。在室温时，它们的相对重量为

$$\beta_{\text{II}}=\frac{F2}{FG}\times 100\%$$

$$\alpha=\frac{2G}{FG}\times 100\%$$

通常把在金相显微镜下观察到的具有某种形貌或形态特征的部分，称为组织。组织组成物可以由一个相组成，也可以由几个相复合组成；同一个相，也可分布于几种组织之中。

图 3.12 是 Pb－Sn 亚共晶合金显微组织，它的组织组成物有 3 种组成物：图中暗黑色为初晶 α 固溶体，黑白相间分布的为(α＋β)共晶体，白色小颗粒状为 $\beta_{Ⅱ}$ 次生相。

上述组织中的 α、$\beta_{Ⅱ}$ 及(α＋β)通常叫做合金的“组织组成物”。

3. 比重偏析

亚共晶或过共晶合金结晶时，若初晶的比重与剩余液相的比重相差很大时，则比重小的初晶将上浮，比重大的初晶将下沉。

比重偏析的存在，也会降低合金的机械性能和加工工艺性能。为了减少或避免比重偏析的出现，在生产上常用的方法有：①加快铸件的冷却速度，使偏析相来不及上浮或下沉；②对于初晶与液相比重差不太严重的合金，可在浇注时加以搅拌；③在合金中加入某些元素，使其形成与液相比重相近的化合物，并首先结晶成树枝状的骨架悬浮于液相中，从而阻止其随后结晶的偏析相的上浮或下沉。

3.2.4　二元包晶相图

当两组元在液态时无限互溶，在固态时形成有限固溶体，而且发生包晶反应时，所构成的相图称为二元包晶相图。

具有这种相图的合金主要有：Pt－Ag、Ag－Sn、Al－Pt、Cd－Hg、Sn－Sb 等，应用最多的 Cu－Zn、Cu－Sn、Fe－C、Fe－Mn 等合金系中也包含这种类型的相图。因此，二元包晶相图也是二元合金相图的一种基本形式。

Pt－Ag 相图如图 3.14 所示。图中 *aeb* 为液相线，*acdb* 为固相线，*cf* 为 Ag 组元在 α 固溶体中的溶解度曲线，*dg* 是 Pt 组元在 β 固溶体中的溶解度曲线，*cde* 是包晶线，*d* 是包晶点。包晶线 *cde* 代表在这个合金系统中发生包晶反应的温度和成分范围。成分在 *c* 点与 *e* 点间的合金，在包晶温度下，均发生包晶反应。所谓包晶反应是指由一种液相与一种固相在恒温下相互作用而转变为另一种固相的反应。现以合金Ⅰ为例，分析其结晶过程。

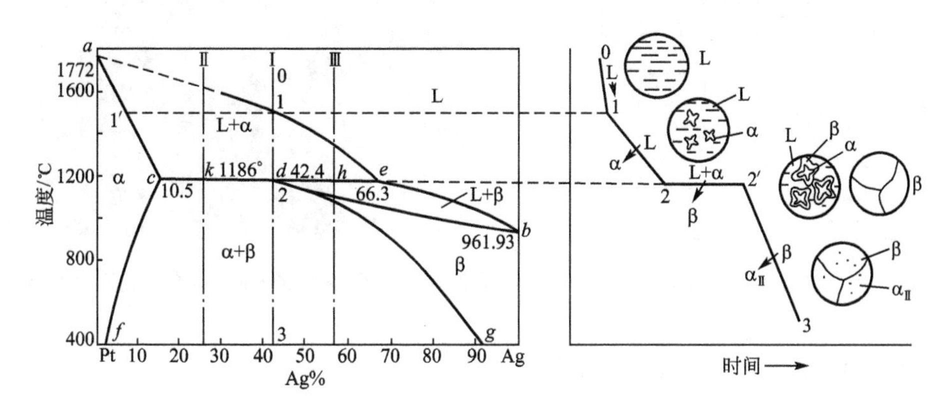

图 3.14　Pt－Ag 合金相图及结晶过程分析

从 0－1 段为液相，此时结晶尚未开始。1－2 段自液相中不断析出 α 固溶体，固液两相分别沿着 *ac* 线和 *ae* 线由 1 至 *c* 和 1 至 *e* 不断改变化学成分。至 2 点时液相成分为 *e*，α

相成分为 c。

此时合金在恒温条件下发生包晶反应，即由已经结晶出来的成分为 c 的 α 固溶体和包围它的尚未结晶的成分为 e 的合金溶液相互作用而变成成分为 d 的 β 固溶体的反应过程。其反应式为

$$\alpha_c + L_e \xrightleftharpoons{\text{恒温}} \beta_d$$

包晶反应也是一个恒温反应，因此在合金的冷却曲线上出现代表包晶反应的水平台阶。具有 d 点成分合金，其 α_c 和 L_e 两相相对重量之比$\left(\frac{\alpha_c}{L_e}=\frac{de}{cd}\right)$正好能在包晶反应后将两相全都消耗完，而 cde 线上的其他合金在包晶反应完成后，或者 α 相有剩余(成分在 d 点左边的合金，如合金Ⅱ)，或者 L 相有剩余(成分 d 点右边的合金，如合金Ⅲ)。多余的液相将在随后的冷却过程中，继续结晶为 β 固溶体。

当合金在结晶过程中发生包晶反应时最易生成晶内偏析。因为在包晶反应时(图 3.15)，新固相 β_d 是依附在旧固相 α_c 上形核并逐渐长大，随着 β_d 的形成和逐渐长大，两个作用相 α_c 和 L_e 的接触即被隔离，在这种情况下为了使包晶反应得以继续进行，必须有大量的 Pt 原子离开旧固相 α_c，向液向 L_e 作长距离扩散，同时有大量的 Ag 原子离开液相 L_e，穿过新固相 β_d 向旧固相 α_c 作长距离扩散，然后才能使得新固相 β_d 向两旁(旧固相 α_c 和液相 L_e)逐渐成长。由于在固态物质中的扩散过程比较困难，使包晶转变的进行速度极为缓慢，因而在实际的合金结晶过程中，包晶反应经常不能进行到底。在结晶终了时将获得成分不均匀的不平衡组织。图 3.16 为含 65%Sn 的 Cu－Sn 合金由于包晶反应不能充分进行而得到的不平衡组织。图中灰色的是原始 ε 相，包围它的白色相是包晶反应生成的相 η，黑色基体是剩余液相在 227℃形成的共晶体。

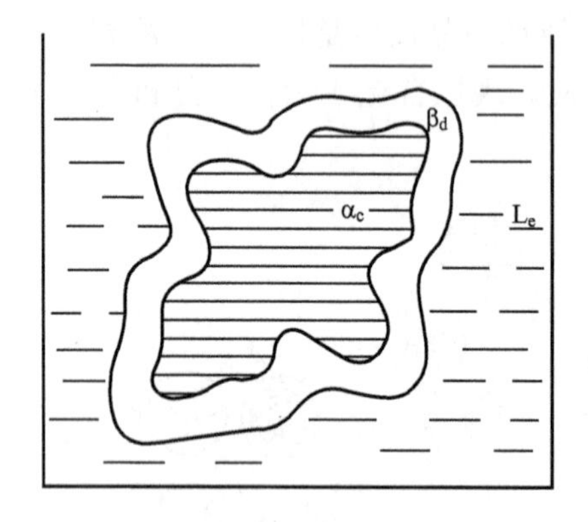

图 3.15　包晶反应示意图

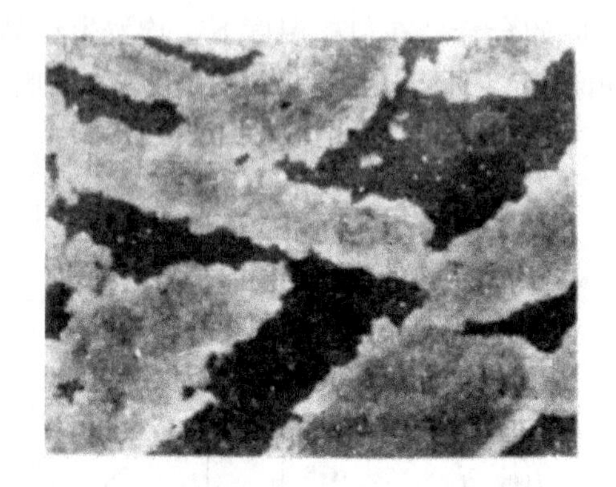

图 3.16　含 65%Sn 的 Cu－Sn 合金的不平衡组织

3.2.5　形成稳定化合物的二元合金相图

化合物有稳定化合物和不稳定化合物两大类。所谓稳定化合物是指：在熔化前既不分解也不产生任何化学反应的化合物。如 Mg 和 Si 可形成分子式为 Mg_2Si 的稳定化合物，Mg－Si 合金相图就是形成稳定化合物的二元合金相图(图 3.17)。

这类相图的主要特点是在相图中有一个代表稳定化合物的垂直线，以垂直线的垂足代

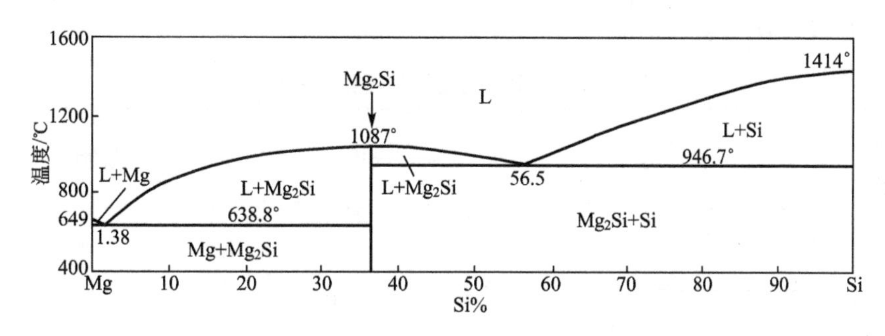

图 3.17　Mg－Si 合金相图

表稳定化合物的成分，垂直线的顶点代表它的熔点。十分明显，若把稳定化合物 Mg_2Si 视为一个组元，即可认为这个相图是由左右两个简单共晶相图所组成（Mg－Mg_2Si 和 Mg_2Si－Si），因此可以分别对它们进行研究，使问题大大简化。

3.2.6　具有共析反应的二元合金相图

自某种均匀一致的固相中同时析出两种化学成分和晶格结构完全不同的新固相的转变过程称为共析反应。同共晶反应相似，共析反应也是一个恒温转变过程，也有与共晶线及共晶点相似的共析线和共析点。共析反应的产物称为共析体。由于共析反应是在固态合金中进行的，转变温度较低，原子扩散困难，因而易于达到较大的过冷度。所以同共晶体相比，共析体的组织要细致均匀得多。最常见的共析反应是铁碳合金中的珠光体转变。最简单的具有共析反应的二元合金相图如图 3.18 所示。

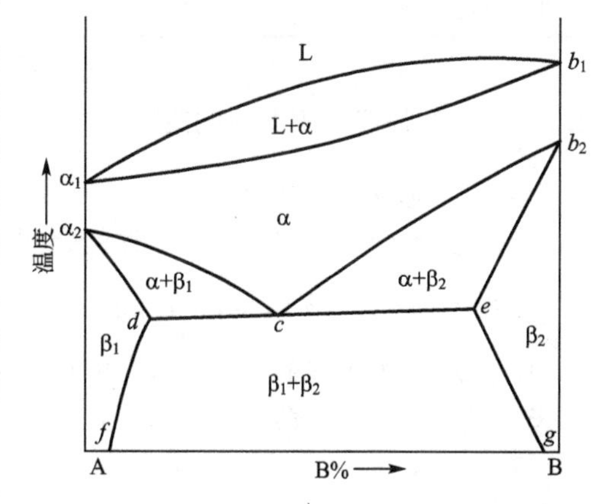

图 3.18　具有共析反应的二元合金相图

图中 A 和 B 代表两组元，c 点为共析点，dce 为共析线，$(\beta_1+\beta_2)$ 是共析体。共析体反应为

$$\alpha_c \xrightleftharpoons{\text{恒温}} (\beta_{1d}+\beta_{2c})$$

由上述可知，二元合金相图的类型很多，但基本类型还是匀晶、共晶和包晶三大类。在分析二元合金相图时，应掌握以下要点。

（1）相图中每一点都代表某一成分的合金在某一温度下所处的状态，此点称为合金的表象点。

（2）在单相区中，合金由单相组成，相的成分即等于合金的成分，它由合金的表象点来决定。

（3）在两个单相区之间必定存在着一个两相区。在此两相区，合金处于两相平衡状态，两个平衡相的成分可由通过合金表象点的水平线与两相区边界线(即两相区与单相区的分界线)的交点来决定，两相的相对量运用杠杆定律可以计算。

（4）在二元合金相图中，三相平衡共存表现为一条水平线——三相平衡线。三相平衡线的图形特征及性质见表3-2。

表3-2　三相平衡线的图形特征及性质

序号	反应名称	图形特征	反应式	说明
1	共晶反应	L, α, a, e, b, β	$L\xrightleftharpoons{\text{恒温}}\alpha+\beta$	恒温下由一个液相L同时结晶出两个成分不同的固相α和β的一种反应
2	共析反应	γ, α, c, e, d, β	$\gamma\xrightleftharpoons{\text{恒温}}\alpha+\beta$	恒温下由一个固相γ同时析出两个成分不同的固相α和β的一种反应
3	包晶反应	L, m, p, n, β, α	$L+\beta\xrightleftharpoons{\text{恒温}}\alpha$	恒温下由液相L和一个固相β相作用生成一种新的固相α的一种反应

3.2.7　合金的性能与相图间的关系

合金的性能取决于合金的化学成分和组织，合金的化学成分与组织间的关系体现在合金相图上，因此合金相图与合金的性能之间必然存在着一定的联系。

1. 合金形成单相固溶体时的情况

当合金形成单相固溶体时，合金的性能显然与组成元素的性质及溶质元素的溶入量多少有关。对于一定的溶剂和溶质来说，溶质的溶入量越多，则合金的强度、硬度越高，电阻率越大，电阻温度系数越小，如图3.19所示。很显然，通过选择适当的组成元素和适量的组成关系，可以使合金获得较纯金属高得多的强度和硬度，并保持较高的塑性和韧性。总体来说，就是形成单相固溶体的合金具有较好的综合机械性能。但是，一般的情况下合金所达到的强度、硬度有限，往往不能满足工程结构对材料性能的要求。单相固溶体的电阻率(ρ)较高，电阻温度系数(α)较小，因而它很适合于作电阻合金材料，如Cr20Ni80等。

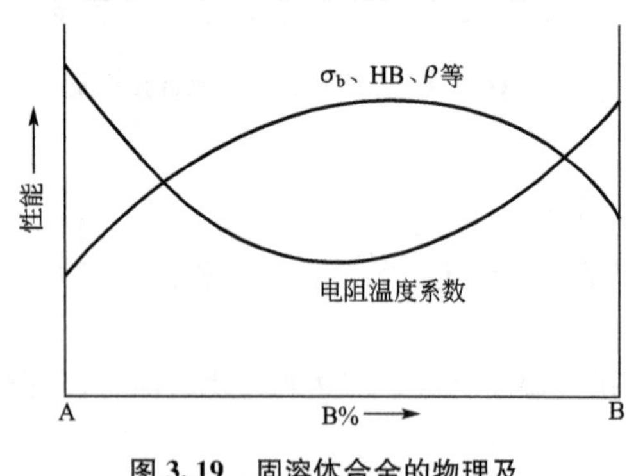

图3.19　固溶体合金的物理及机械性能与合金成分间的关系

由于这种合金塑性较好，所以它具有良好的压力加工性能，但切削加工性能不好，铸造性能也不好。

固溶体合金的铸造性能与其在结晶过程的温度变化范围及成分变化范围(即相图中的液相线与固相线之间的垂直距离与水平距离)的大小有关，随着温度变化范围增大，铸造性能变差，如流动性降低，分散缩孔增大，偏析倾向增大等。这主要是由于合金在结晶时的温度变化范围与成分变化范围愈大，生成树枝状晶体的倾向也愈大。

自模壁生长起来的大量细长易断的树枝状晶体，不但阻碍液体在型腔内流动，而且会使合金溶液变稠，致使流动性和补缩能力下降，造成严重的浇不足和分散缩孔增加以及易于生成铸造裂纹等缺陷。

由以上分析可知：单相固溶体合金不宜制作铸件而适用于承受压力加工。在材料选用中应当注意固溶体合金的这一特点。

2. 合金形成两相混合物时的情况

合金形成两相混合物时分成两种情况：一种是通过包晶反应形成的普通混合物；另一种是通过共晶或共析反应形成的机械混合物。当合金形成普通混合物时，合金的性能将随合金化学成分的改变在两相性能之间按直线变化。当合金形成机械混合物时，合金的性能主要取决于组织的细密程度，组织愈细密，对组织敏感的合金性能(如强度、硬度、电阻率等)提高愈多。

当合金形成两相混合物时，通常合金的压力加工性能较差，但切削加工性能较好。合金的铸造性能与合金中的共晶体的数量有关，共晶体的数量较多时合金的铸造性能较好，完全由共晶体组成的合金铸造性能最好。因为它在恒温下进行结晶，同时熔点又最低，具有较好的流动性，在结晶时易形成集中缩孔，铸件的致密度好。故在其他条件许可的情况下，铸造用的材料尽可能选用共晶合金。

形成两相混合物的合金中，若两相的性能相差很大，当其中主要相为塑性的固溶体，第二相为硬而脆的化合物时则第二相的形状、大小及分布对合金的性能有很大影响。如果第二相呈连续或断续网状分布在塑性相的晶界上时，合金的塑性、韧性及综合机械性能明显下降，合金的压力加工性能变坏；若第二相呈颗粒状均匀分布时，其危害性就减小；若第二相以极细小粒子均匀分布在塑性的固溶体相中，则合金的强度、硬度明显提高，这一现象称为合金的弥散强化。弥散强化的效果与第二相的弥散度(粒子细密程度)有关，一般说来，弥散度愈高，强化效果愈好。弥散强化是合金的基本强化方式之一，在实践中已大量应用。

3. 合金形成化合物时的情况

当合金形成化合物时，合金具有较高的强度、硬度和某些特殊的物理化学性能，但塑性、韧性及各种加工性能极差，因而不宜用于作结构材料。但它们可以作为烧结合金的原料用来生产硬质合金，或用以制造其他要求某种特殊物理、化学性能的制品或零件。

当组元间形成某种化合物时，在合金系统的性能-成分曲线上会出现极大点或极小点(或称奇异点)。

3.3 铁碳合金相图

钢和铸铁是制造机械设备的主要金属材料，它们都是以铁碳为主组成的合金，即铁碳合金。其中铁的含量大于95%，是最基本的组元，因此欲了解钢和铸铁的本质，首先要了解铁碳合金基本相及组织。

3.3.1　铁碳合金基本相及组织

铁碳合金在液态时铁和碳可以无限互溶；在固态时根据碳的质量分数不同，碳可以溶解在铁中形成固溶体，也可以与铁形成化合物，或者形成固溶体与化合物组成的机械混合物。因此，铁碳合金在固态下有以下几种基本相。

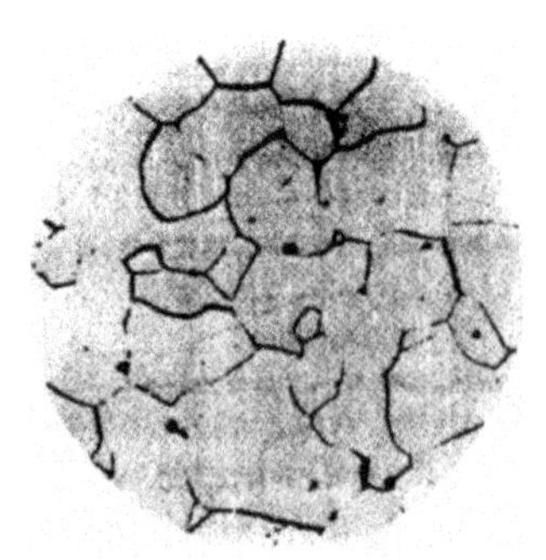

图 3.20　铁素体的显微组织

(1) 铁素体　碳溶于 α - Fe 中形成的间隙固溶体称为铁素体，常用符号“F”表示。铁素体仍保持 α - Fe 的体心立方晶格，碳溶于 α - Fe 的晶格间隙中。由于体心立方晶格原子间的空隙较小，碳在 α - Fe 中的溶解度也较小，在 727℃时，溶碳能力为最大 w_C=0.0218%，随着温度降低，α - Fe 中的碳的质量分数逐渐减少，在室温时降到 0.0008%。

铁素体的力学性能与工业纯铁相似，即塑性、韧性较好，强度、硬度较低。图 3.20 为铁素体的显微组织。

(2) 奥氏体　碳溶于 γ - Fe 中形成的间隙固溶体称为奥氏体，用符号“A”表示。

奥氏体仍保持 γ - Fe 的面心立方晶格。由于面心立方晶格间隙较大，故奥氏体的溶碳能力较强。在 1148℃时溶碳能力为最大 w_C=2.11%，随着温度下降，γ - Fe 中的碳的质量分数逐渐减少，在 727℃时碳的质量分数为 0.77%。奥氏体是一个硬度较低塑性较高的相，适用于锻造。因此绝大多数钢热成形均要求加热到奥氏体状态。

(3) 渗碳体　铁与碳形成的金属化合物 Fe_3C 称为渗碳体，用 Fe_3C 表示。渗碳体中的 w_C=6.69%，熔点为 1227℃，是一种具有复杂晶体结构的间隙化合物。渗碳体的硬度很高，但塑性和韧性几乎等于零。渗碳体是钢中主要强化相，在铁碳合金中存在形式有：粒状、球状、网状和细片状。其形状、数量、大小及分布对钢的性能有很大的影响。

渗碳体是一种亚稳定相，在一定的条件下会分解，形成石墨状的自由碳和铁：$Fe_3C \rightarrow 3Fe + C$(石墨)，这一过程对铸铁具有重要的意义。

(4) 珠光体　珠光体是铁素体和渗碳体两相组织的机械混合物，常用符号“P”表示。碳的质量分数为 0.77%。常见的珠光体形态是铁素体与渗碳体片层相间分布的，片层越细密，强度越高。

(5) 莱氏体　莱氏体是由奥氏体(或珠光体)和渗碳体组成的机械混合物，常用符号“Ld”表示。碳的质量分数为 4.3%，莱氏体中的渗碳体较多，脆性大，硬度高，塑性很差。

3.3.2　铁碳合金相图分析

铁碳合金相图是研究铁碳合金的基础。由于碳的质量分数>6.69%的铁碳合金脆性极大，没有使用价值。另外，Fe_3C 中的碳的质量分数为 6.69%，是个稳定的金属化合物，可以作为一个组元，因此，研究的铁碳合金相图实际上是 Fe - Fe_3C 相图，如图 3.21 所示。

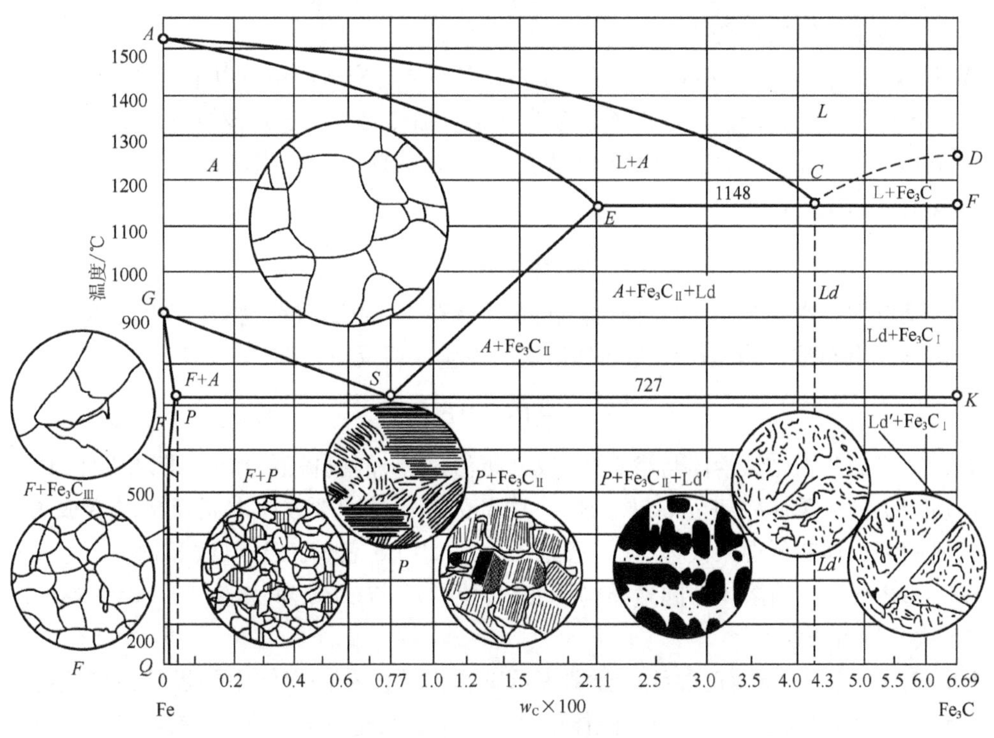

图 3.21 Fe－Fe_3C 相图

1. 铁碳合金相图分析

相图中的 *ACD* 线为液相线，*AECF* 线为固相线。相图中有 4 个单相区：液相区(L)、奥氏体区(A)、铁素体区(F)、渗碳体区(Fe_3C)。

Fe－Fe_3C 相图主要特征点及含义见表 3－3。

表 3－3 Fe－Fe_3C 相图中特征点

点的符号	温度/℃	含碳量/%	说明
A	1538	0	纯铁的熔点
B	1495	0.53	包晶转变时液态合金成分
C	1148	4.3	共晶点
D	1227	6.69	渗碳体的熔点
E	1148	2.11	碳在 γ－Fe 中的最大溶解度
F	1148	6.69	渗碳体的成分
G	912	0	α－Fe ⇌ γ－Fe 转变温度
K	727	6.69	渗碳体的成分
P	727	0.0218	碳在 α－Fe 中的最大溶解度
S	727	0.77	共析点
Q	室温	0.0008	室温时碳在 α－Fe 中的溶解度

相图中各主要线的意义如下。

ACD 线——液相线，该线以上的合金为液态，合金冷却至该线以下便开始结晶。

AECF 线——固相线，该线以下合金为固态。加热时温度达到该线后合金开始融化。

ECF 线——共晶线，碳的质量分数大于2.11%的铁碳合金当冷却到该线时，液态合金均要发生共晶反应，即

$$L_C \xrightleftharpoons[\text{恒温}]{1148℃} Ld(A+Fe_3C)$$

共晶反应的产物是奥氏体与渗碳体(或共晶渗碳体)的机械混合物，即莱氏体(Ld)。

PSK——共析线。当奥氏体冷却到该线时发生共析反应，即

$$A_S \xrightleftharpoons[\text{恒温}]{727℃} P(F+Fe_3C)$$

共析反应的产物是铁素体与渗碳体(或共析渗碳体)的机械混合物，即珠光体(P)。共晶反应所产生的莱氏体冷却至 *PSK* 线时，内部的奥氏体也要发生共析反应转变成为珠光体，这时的莱氏体叫低温莱氏体(或变态莱氏体)，用 Ld′表示。*PSK* 线又称 A_1 线。

GS、*GP* 线——固溶体的同素异构转变线。在 *GS* 与 *GP* 之间发生 $\gamma-Fe \rightleftharpoons \alpha-Fe$ 转变，*GS* 线又称 A_3 线。

ES 和 *PQ* 线——溶解度曲线，分别表示碳在奥氏体和铁素体中的极限溶解度随温度的变化线，*ES* 线又称 A_{cm} 线。当奥氏体中碳的质量分数超过 *ES* 线时，就会从奥氏体中析出渗碳体，称为二次渗碳体，用 $Fe_3C_{Ⅱ}$ 表示。同样，当铁素体中碳的质量分数超过 *PQ* 线时，就会从铁素体中析出渗碳体，称为三次渗碳体，用 $Fe_3C_{Ⅲ}$ 表示。

此外，*CD* 线是从液体中结晶出渗碳体的起始线，从液体中结晶出的渗碳体称为一次渗碳体($Fe_3C_{Ⅰ}$)。

相图中有4个基本相，相应的有4个单相区：液相区(L)，奥氏体(A)相区，铁素体(F)相区，渗碳体(Fe_3C)相区。

相图中有5个两相区：L+A，$L+Fe_3C_{Ⅰ}$，A+F，$A+Fe_3C_{Ⅱ}$，$F+Fe_3C_{Ⅲ}$。

相图中三相共存区：*ECF* 线($L+A+Fe_3C$)、*PSK* 线($A+F+Fe_3C$)。

2. 铁碳合金的分类

按其碳的质量分数和显微组织的不同，铁碳合金相图中的合金可分成工业纯铁、钢和白口铸铁三大类。

(1) 工业纯铁：$w_C<0.0218\%$。

(2) 钢：$0.0218\%<w_C<2.11\%$。钢又分为以下3种。

① 亚共析钢：$0.0218\%<w_C<0.77\%$。

② 共析钢：$w_C=0.77\%$。

③ 过共析钢：$0.77\%<w_C<2.11\%$。

(3) 白口铸铁：$2.11\%<w_C<6.69\%$。白口铸铁又分为以下3种。

① 亚共晶白口铸铁：$2.11\%<w_C<4.3\%$。

② 共晶白口铸铁：$w_C=4.3\%$。

③ 过共晶白口铸铁：$4.3\%<w_C<6.69\%$。

3.3.3　典型铁碳合金的结晶过程分析

下面以几种典型的铁碳合金为例，分析其平衡结晶过程。

1. 共析钢(w_C=0.77%)

图 3.22 中合金Ⅰ，1 点温度以上为 L，在 1～2 点温度之间从 L 中不断结晶出 A，缓冷至 2 点以下全部为 A，2～3 点之间为 A 冷却，缓冷至 3 点时 A 发生共析转变(As→P)生成 P。该合金的室温组织为 P，其冷却曲线和平衡结晶过程如图 3.22 所示，显微组织如图 3.23 所示。

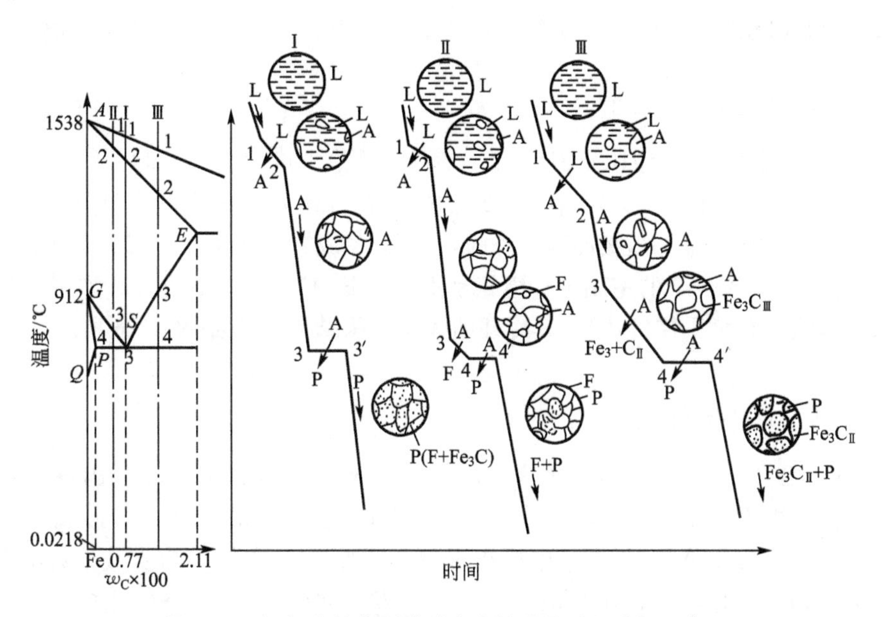

图 3.22　钢部分的典型铁碳合金的结晶过程分析示意图

2. 亚共析钢(0.0218%<w_C<0.77%)

图 3.22 中合金Ⅱ，1 点温度以上为 L，在 1～2 点温度之间从 L 中不断结晶出 A，冷至 2 点以下全部为 A，2～3 点之间为 A 冷却，3～4 点之间 A 不断转变成 F，缓冷至 4 点时，剩余的 A 成分为 w_C=0.77%，发生共析反应(As→P)生成 P。该合金的室温平衡组织为 F＋P，其冷却曲线和平衡结晶过程如图 3.22 所示，显微组织如图 3.24 所示。

3. 过共析钢(0.77%<w_C<2.11%)

图 3.22 中合金Ⅲ，1 点温度以上为 L，在 1～2 点温度间从 L 中不断结晶出 A，2～3 点为 A 冷却，3～4 点间从 A 中不断析出沿 A 晶界分布，呈网状的 Fe_3C_{II}，缓冷至 4 时，剩余的 A 成分为 w_C=0.77%，发生共析转变(As→P)生成 P。该合金室温平衡组织为 P＋Fe_3C_{II}，其冷却曲线及平衡结晶过程如图 3.22 所示，显微组织如图 3.25 所示。

图 3.23　共析钢的显微组织

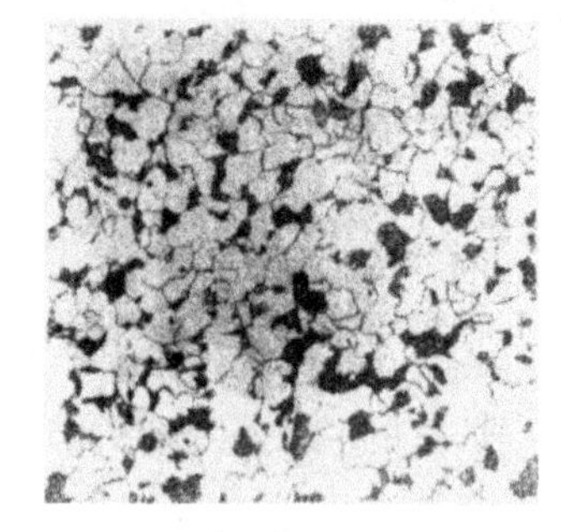

图 3.24　亚共析钢的显微组织

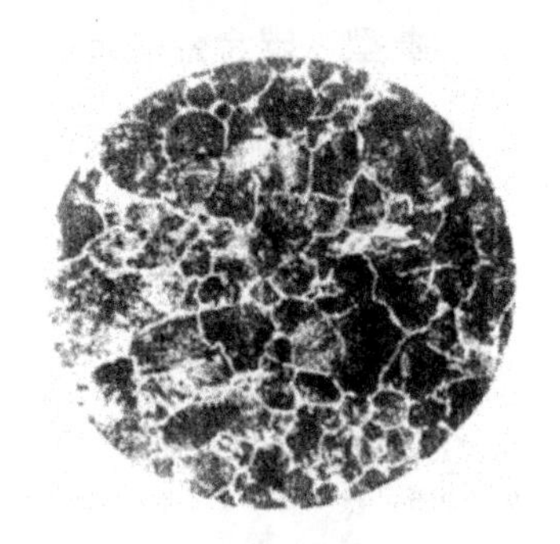

图 3.25　过共析钢的显微组织

4. 共晶白口铸铁(w_C=4.3%)

图 3.26 中合金Ⅳ，1 点温度以上为 L，缓冷至 1 点温度(1148℃)时，L 发生共晶转变($Lc \rightarrow A+Fe_3C$)生成莱氏体(Ld)，在 1～2 点之间时，Ld 中 A 的碳的质量分数沿 ES 线逐渐减少而不断析出 $Fe_3C_{Ⅱ}$。当缓冷至 2 点时，共晶 A 成分降为 w_C=0.77%，发生共析转变($As \rightarrow P$)生成 P。该合金的室温平衡组织是由 P 和 Fe_3C 组成的共晶体，加少量 $Fe_3C_{Ⅱ}$ 称为低温莱氏体或变态莱氏体(Ld′)。其冷却曲线及平衡结晶过程如图 3.26 所示，显微组织如图 3.27 所示。

5. 亚共晶白口铸铁(2.11%<w_C<4.3%)

图 3.26 中合金Ⅴ，1 点温度以上为 L，在 1～2 点间不断自 L 中结晶出 A，温度降至 2 点时，剩余 L 相的成分达到共晶成分，发生共晶转变($Lc \rightarrow A_E+Fe_3C$)形成莱氏体，冷却至 2 点以下，自初晶 A 和共晶 A 中析出 $Fe_3C_{Ⅱ}$，所以 A 中的碳的质量分数沿 ES 线降低。当温度达到 3 点时，A 成分为 w_C=0.77%，发生共析转变($As \rightarrow P$)生成 P。该合金的室温平衡组织为 $P+Fe_3C_{Ⅱ}+L'd$，其冷却曲线及平衡结晶过程如图 3.26 所示。显微组织如图 3.28 所示。

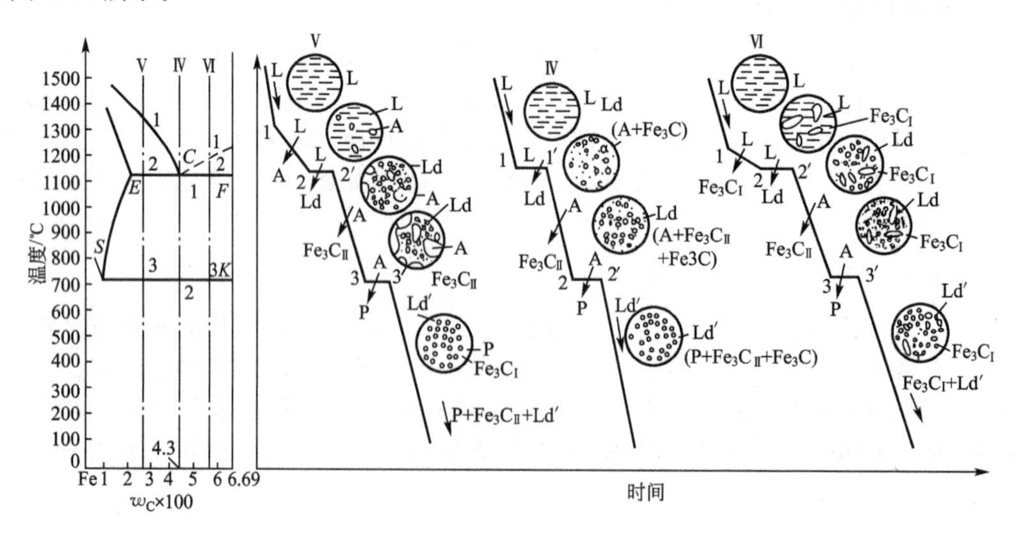

图 3.26　白口铸铁部分的典型铁碳合金的结晶过程分析示意图

图 3.27　共晶白口铸铁显微组织

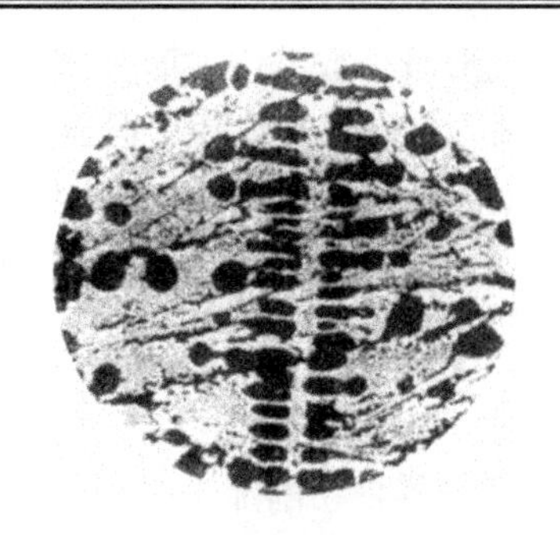

图 3.28　亚共晶白口铸铁显微组织

6. 过共晶白口铸铁(4.3%$<w_C<$6.69%)

图 3.29　过共晶白口铸铁显微组织

图 3.26 中合金Ⅵ，1 点温度以上为 L，在 1～2 点间不断自 L 中结晶出 $Fe_3C_{Ⅰ}$，温度降至 2 点时，剩余 L 相的成分达到共晶成分，发生共晶转变($Lc \rightarrow A_E + Fe_3C$)生成 Ld，在 2～3 点中，共晶 A 中析出 $Fe_3C_{Ⅱ}$，到 3 点时 A 成分为 w_C=0.77%发生共析转变($As \rightarrow P$)生成 P，此合金的室温平衡组织为 $Fe_3C_{Ⅰ}$ + Ld′。其冷却曲线及平衡结晶过程如图 3.26 所示，其显微组织如图 3.29 所示。

3.3.4　碳的质量分数对铁碳合金组织、性能的影响

1. 碳的质量分数对平衡组织的影响

由 Fe-Fe_3C 相图可知，随着碳的质量分数的增加，铁碳合金显微组织发生如下变化。

$$F \rightarrow F + Fe_3C_{Ⅲ} \rightarrow F + P \rightarrow P \rightarrow P + Fe_3C_{Ⅱ} \rightarrow P + Fe_3C_{Ⅱ} + Ld' \rightarrow Ld' \rightarrow Ld' + Fe_3C$$

从 Fe-Fe_3C 相图中看出，当碳的质量分数增加时，不仅组织中 Fe_3C 相对量增加，而且 Fe_3C 大小、形态和分布也随之发生变化，即由分布在 F 晶界上(如 $Fe_3C_{Ⅲ}$)，变为分布在 F 的基体内(如 P)，进而分布在原 A 的晶界上(如 $Fe_3C_{Ⅱ}$)，最后形成 Ld′时，Fe_3C 已作为基体出现，即碳的质量分数不同的铁碳合金具有不同的组织，因此它们具有不同的性能。

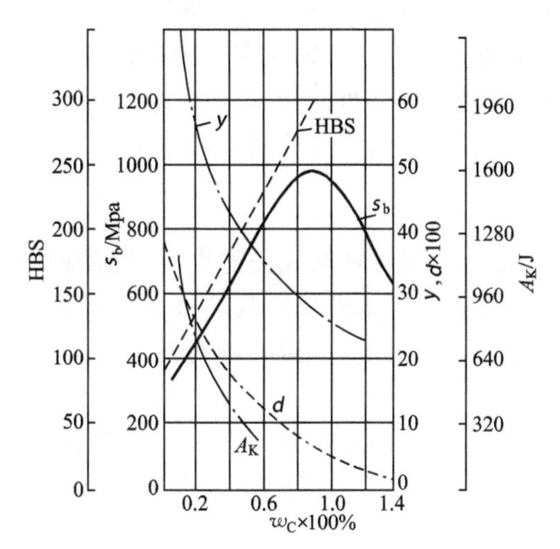

图 3.30　碳的质量分数对钢的力学性能影响

2. 碳的质量分数对力学性能的影响

碳的质量分数对钢的力学性能影响如图 3.30 所示。

由于硬度对组织形态不敏感，所以钢中碳的质量分数增加，高硬度的 Fe_3C 增加，低硬度的 F 减少，故钢的硬度呈直线增加，而塑性、韧性不断下降。又由于强度对组织形态很敏感。在亚共析钢中，随着碳的质量分数增加，强度高的 P 增加，强度低的 F 减少，因

此强度随碳的质量分数的增加而升高。当碳的质量分数为0.77%时，钢的组织全部为P，P的组织越细密，则强度越高。但当碳的质量分数为$0.77 < w_C < 0.9\%$时，由于强度很低的、少量的、一般未连成网状的Fe_3C_{II}沿晶界出现，所以合金的强度增加变慢；当$w_C > 0.9\%$时，Fe_3C_{II}数量增加且呈网状分布在晶界处，导致钢的强度明显下降。

3. 碳的质量分数对工艺性能的影响

(1) 切削加工性　金属的切削加工性能是指其经切削加工成工件的难易程度。低碳钢中F较多，塑性好，切削加工时产生切削热大，易粘刀，不易断屑，表面粗糙度差，故切削加工性差。高碳钢中Fe_3C多，刀具磨损严重，故切削加工性也差。中碳钢中F和Fe_3C的比例适当，切削加工性较好。在高碳钢Fe_3C呈球状时，可改善切削加工性。

(2) 可锻性　金属可锻性是指金属压力加工时，能改变形状而不产生裂纹的性能。当钢加热到高温得到单相A组织时，可锻性好。低碳钢中铁素体多可锻性好，随着碳的质量分数增加金属可锻性下降。白口铸铁无论在高温或低温，因组织是以硬而脆的Fe_3C为基体，所以不能锻造。

(3) 铸造性能　合金的铸造性能取决于相图中液相线与固相线的水平距离和垂直距离。距离越大，合金的铸造性能越差。低碳钢的液相线与固相线距离很小，则有较好的铸造性能，但其液相线温度较高，使钢液过热度较小，流动性较差。随着碳的质量分数增加，钢的结晶温度间隔增大，铸造性能变差。共晶成分附近的铸铁，不仅液相线与固相线的距离最小，而且液相线温度也最低，其流动性好，铸造性能好。

(4) 可焊性　随着钢中碳的质量分数增加，钢的塑性下降，可焊性下降。所以，为了保证获得优质焊接接头，应优先选用低碳钢(碳的质量分数小于0.25%的钢)。

3.3.5　铁碳合金相图的应用

1. 选材料方面的应用

根据铁碳合金成分、组织、性能之间的变化规律，可以根据零件的服役的条件来选择材料。如要求有良好的焊接性能和冲压性能的机件，应选用组织中铁素体较多、塑性好的低碳钢($w_C < 0.25\%$)制造，如冲压件、桥梁、船舶和各种建筑结构；对于一些要求具有综合力学性能(强度、硬度和塑性、韧性都较高)的机器构件，如齿轮、传动轴等应选用中碳钢($w_C = 0.25\% \sim 0.6\%$)制造；高碳钢($w_C > 0.6\%$)主要用来制造弹性零件及要求高硬度、高耐磨性的工具、磨具、量具等；对于形状复杂的箱体、机座等可选用铸造性能好的铸铁来制造。

2. 制定热加工工艺方面的应用

在铸造生产方面，根据$Fe-Fe_3C$相图可以确定铸钢和铸铁的浇注温度。浇注温度一般在液相以上150℃左右。另外，从相图中还可看出接近共晶成分的铁碳合金，熔点低、结晶温度间隔小，因此它们的流动性好，分散缩孔少，可得到组织致密的铸件。所以，铸造生产中，接近共晶成分的铸铁得到较广泛的应用。

在锻造生产方面，钢处于单相奥氏体时，塑性好，变形抗力小，便于锻造成型。因此，钢材的热轧、锻造时要将钢加热到单相奥氏体区。一般碳钢的始锻温度为1250～1150℃，而终锻温度在800℃左右。

在焊接方面，可根据$Fe-Fe_3C$相图分析低碳钢焊接接头的组织变化情况。

各种热处理方法的加热温度的选择也需参考 Fe－Fe_3C 相图，这将在后续章节详细讨论。

必须指出，铁碳合金相图不能说明快速加热和冷却时铁碳合金组织的变化规律。相图中各相的相变温度都是在所谓的平衡(即非常缓慢地加热和冷却)条件下得到的。另外，通常使用的铁碳合金中，除含铁碳两元素外，尚有其他多种杂质或合金元素，这些元素对相图将有影响，应予以考虑。

3.4　碳素钢及铸铁

目前工业上使用的钢铁材料中，碳素钢(简称碳钢)占有很重要的地位。由于碳钢容易冶炼和加工，并具有一定的力学性能，在一般情况下，它能够满足工农业生产的需要，加之价格低廉，所以应用非常广泛。为了合理选择和正确使用各种碳钢，需要对碳钢深入分析和了解。

3.4.1　碳钢中常存杂质及其对性能的影响

碳钢是指含碳量小于 2.11％的铁碳合金，但实际使用的碳钢并不是单纯的铁碳合金。在碳钢的生产冶炼过程中，由于炼钢原材料的带入和工艺的需要，而有意加入一些物质，使钢中有些常存杂质，主要有硅、锰、硫、磷 4 种，它们的存在对钢铁的性能有较大影响。

(1) 硅　硅在钢中是有益元素。在炼铁、炼钢的生产过程中，由于原料中含有硅以及使用硅铁作脱氧剂，使得钢中常含有少量的硅元素。在碳钢中通常 $w_{Si}<0.4\%$，硅能溶入铁素体使之强化，提高钢的强度、硬度，而塑性和韧性降低。

(2) 锰　锰在钢中也是有益元素。锰也是由于原材料中含有锰以及使用锰铁脱氧而带入钢中的。锰在钢中的质量分数一般为 $w_{Mn}=0.25\%\sim0.8\%$。锰能溶入铁素体使之强化，提高钢的强度、硬度。锰还可与硫形成 MnS，消除硫的有害作用，并能起断屑作用，可改善钢的切削加工性。

(3) 硫　硫在钢中是有害元素。硫和磷也是从原料及燃料中带入钢中的。硫在固态下不溶于铁，以 FeS(熔点 1190℃)的形式存在。FeS 常与 Fe 形成低熔点(985℃)共晶体分布在晶界上，当钢加热到 1000～1200℃进行压力加工时，由于分布在晶界上的低熔点共晶体熔化，使钢沿晶界处开裂，这种现象称为“热脆”。为了避免热脆，在钢中必须严格控制含硫量。

(4) 磷　磷在钢中也是有害元素。磷在常温固态下能全部溶入铁素体中，使钢的强度、硬度提高，但使塑性、韧性显著降低，在低温时表现尤为突出。这种在低温时由磷导致钢严重脆化的现象称为“冷脆”。磷的存在还使钢的焊接性能变坏，因此钢中的含磷量要严格控制。

3.4.2　碳素钢分类、牌号及用途

1. 碳素钢分类

按碳的质量分数又可分为低碳钢($w_C<0.25\%$)；中碳钢($w_C=0.25\%\sim0.60\%$)；高碳钢($w_C>0.60\%$)。按钢的冶金质量和钢中有害杂质元素硫磷的质量分数分普通质量钢($w_S=0.035\%\sim0.050\%$，$w_P=0.035\%\sim0.045\%$)；优质钢(w_S、w_P 均$\leqslant0.035\%$)；高级

优质钢(w_S=0.020%～0.030%，w_P=0.025%～0.030%)。按用途分有结构钢、工具钢。

2. 碳钢的编号

(1) 碳素结构钢　碳素结构钢牌号表示方法由代表屈服点屈字的汉语拼音字母、屈服极限数值、质量等级符号及脱氧方法符号4个部分按顺序组成。牌号中Q表示“屈”；A、B、C、D表示质量等级，它反映了碳素钢结构中有害杂质(S、P)质量分数的多少，C、D级硫磷质量分数最低、质量好，可作重要焊接结构件。例如Q235AF，即表示屈服点为235N/mm^2、A等级质量的沸腾钢。F、b、Z、TZ依次表示沸腾钢、半镇静钢、镇静钢、特殊镇静钢，一般情况下符号Z与TZ在牌号表示中可省略。

(2) 优质碳素结构钢　其牌号用两位数字表示，两位数字表示钢中平均碳质量分数的万倍。例如45钢，表示平均w_C=0.45%；08钢表示平均w_C=0.08%。优质碳素结构钢按锰的质量分数不同，分为普通锰钢(w_{Mn}=0.25%～0.80%)与较高锰的钢(w_{Mn}=0.70%～1.20%)两组。较高锰的优质碳素结构钢牌号数字后加“Mn”，如45Mn。

(3) 碳素工具钢　其牌号冠以“T”(“T”为“碳”字的汉语拼音首位字母)，后面的数字表示平均碳的质量分数的千倍。碳素工具钢分优质和高级优质两类。若为高级优质钢，则在数字后面加“A”字。例如T8A钢，表示平均w_C=0.8%的高级优质碳素工具钢。对含较高锰的(w_{Mn}=0.40%～0.60%)的碳素工具钢，则在数字后加“Mn”，如T8Mn、T8MnA等。

(4) 铸造碳钢　其牌号用“ZG”代表铸钢二字汉语拼音首位字母，后面第一组数字为屈服强度(单位N/mm^2)，第二组数字为抗拉强度(单位N/mm^2)。例如ZG200-400，表示屈服强度σ_s(或$\sigma_{0.2}$)≥200N/mm^2，抗拉强度σ_b≥400N/mm^{2}的铸造碳钢件。

3. 碳素结构钢

碳素结构钢的硫磷含量较多，但由于冶炼容易，工艺性好，价格便宜，在力学性能上一般能满足普通机械零件及工程结构件的要求，因此用量很大，约占钢材总量的70%。表3-4列出了碳素结构钢的牌号、化学成分、力学性能和用途。

表3-4　碳素结构钢的牌号、化学成分、力学性能和用途

牌号	等级	化学成分(质量分数)/%					脱氧方法	拉伸试验			应用举例
		w_C	w_{Mn}	w_{Si}	w_S	w_P		σ_s/MPa	σ_b/MPa	δ/%	
				不大于							
Q195	—	0.06～0.12	0.25～0.50	0.30	0.050	0.045	F，Z	(195)	315～390	33	用于制造钉子、铆钉、垫块及轻负荷的冲压件
Q215	A	0.09～0.15	0.25～0.55	0.30	0.050	0.045	F，B，Z	215	335～410	31	
	B				0.045						
Q235	A	0.14～0.22	0.30～0.65	0.30	0.050	0.045	F，B，Z	235	375～460	26	用于制造小轴、拉杆、连杆、螺栓、螺母、法兰等不太重要的零件
	B	0.12～0.20	0.30～0.70		0.045						
	C	≤0.18	0.35～0.80	0.30	0.045	0.040	Z，TZ				
	D	≤0.17			0.035	0.035					

（续）

牌号	等级	化学成分(质量分数)/%					脱氧方法	拉伸试验			应用举例
		w_C	w_{Mn}	w_{Si}	w_S	w_P		σ_s/MPa	σ_b/MPa	δ/%	
				不大于							
Q255	A	0.18～0.28	0.40～0.70	0.30	0.050	0.045	Z	255	410～510	24	用于制造拉杆、连杆、转轴、心轴、齿轮和键等
	B				0.045						
Q275	—	0.28～0.38	0.50～0.80	0.35	0.050	0.045	Z	275	490～610	20	

碳素结构钢一般以热轧空冷状态供应。其中牌号Q195与Q275碳素结构钢是不分质量等级的，出厂时既保证力学性能，又保证化学成分。而Q215、Q235、Q255牌号的碳素结构钢，当质量等级为A、B级时，只保证力学性能，化学成分可根据需方要求作适当调整；而Q235的C、D级，则力学性能和化学成分都应保证。D级($w_S \leqslant 0.035\%$，$w_P \leqslant 0.035\%$)质量等级最高，达到了碳素结构钢的优质等级。

Q195钢的碳的质量分数很低，塑性好。常用作螺钉、螺母及各种薄板，也可用来代替优质碳素结构钢08或10钢，制造冲压件、焊接结构件等。

Q275钢强度较高，可代替30钢、40钢用于制造较重要的某些零件，以降低原材料成本。

4. 优质碳素结构钢

优质碳素结构钢S、P含量较低，非金属夹杂物也较少，因此机械性能比碳素结构钢优良，被广泛用于制造机械产品中较重要的结构钢零件，为了充分发挥其性能潜力，一般都是在热处理后使用。

优质碳素结构钢的牌号、化学成分、力学性能和用途见表3-5和表3-6。

表3-5 优质碳素结构钢的牌号、化学成分和力学性能

牌号	化学成分(质量分数)/%			力学性能						
				σ_s	σ_b	δ_s	ψ	α_K	HBS	
	w_C	w_{Si}	w_{Mn}	/MPa		/%		/(J·cm^{-2})	热轧钢	退火钢
				不小于					不大于	
08F	0.05～0.11	≤0.03	0.25～0.50	175	295	35	60	—	131	—
08	0.05～0.12	0.17～0.35	0.35～0.65	195	325	33	60	—	131	—
10F	0.07～0.14	≤0.07	0.25～0.50	185	315	33	55	—	137	—
15F	0.07～0.14	0.17～0.37	0.35～0.65	205	335	31	55	—	137	—
15	0.12～0.19	≤0.07	0.25～0.50	205	355	29	55	—	143	—
20	0.12～0.19	0.17～0.37	0.35～0.65	225	375	27	55	—	143	—
30	0.17～0.24	0.17～0.37	0.35～0.65	245	410	25	55	—	156	—
40	0.27～0.35	0.17～0.37	0.50～0.80	315	490	21	50	78.5	179	—
45	0.37～0.45	0.17～0.37	0.50～0.80	335	570	19	45	58.8	217	187

(续)

牌号	化学成分(质量分数)/%			力学性能						
				σ_s	σ_b	δ_s	ψ	α_K	HBS	
	w_C	w_{Si}	w_{Mn}	/MPa		/%		/(J·cm^{-2})	热轧钢	退火钢
				不小于					不大于	
50	0.42～0.50	0.17～0.37	0.50～0.80	355	600	16	40	49	229	197
55	0.47～0.55	0.17～0.37	0.50～0.85	375	630	14	40	39.2	241	207
60	0.52～0.60	0.17～0.37	0.50～0.80	380	645	13	35	—	255	217
65	0.57～0.65	0.17～0.37	0.50～0.80	400	675	12	35	—	255	229
70	0.62～0.70	0.17～0.37	0.50～0.80	410	695	10	30	—	255	229
85	0.67～0.75	0.17～0.37	0.50～0.80	420	715	9	30	—	269	229
15Mn	0.82～0.90	0.17～0.37	0.50～0.80	980	1130	6	30	—	302	255
20Mn	0.12～0.19	0.17～0.37	0.70～1.00	245	410	26	55	—	163	—
40Mn	0.17～0.24	0.17～0.37	0.70～1.00	275	450	24	50	—	197	—
45Mn	0.22～0.30	0.17～0.37	0.70～1.00	355	590	17	45	58.8	207	207
50Mn	0.42～0.50	0.17～0.37	0.70～1.00	375	620	15	40	49	241	217
60Mn	0.47～0.55	0.17～0.37	0.70～1.00	390	645	13	40	39.2	255	217
65Mn	0.57～0.65	0.17～0.37	0.70～1.00	410	695	11	35	—	269	229
	0.62～0.70	0.17～0.37	0.90～1.20	430	735	9	30	—	285	229

表3-6　优质碳素结构钢的用途

牌号	用途举例
10 10F	用来制造锅炉管、油桶顶盖、钢带、钢丝、钢板和型材,用于制造机械零件
20 15F	用于不经受很大应力而要求韧性的各种机械零件,如拉杆、轴套、螺钉、起重钩等;也用于制造在6.0×10^{6}Pa(60个大气压)、450℃以下非腐蚀介质中使用的管子等;还可以用于心部强度不大的渗碳与碳氮共渗零件,如轴套、链条的滚子、轴以及不重要的齿轮、链轮等
35	用于热锻的机械零件,冷拉和冷顶锻钢材,无缝钢管,机械制造中的零件,如转轴、曲轴、轴销、拉杆、连杆、横梁、星轮、套筒、轮圈、钩环、垫圈、螺钉、螺母等;还可用来铸造汽轮机机身、轧钢机机身、飞轮等
40	用来制造机器的运动零件,如辊子、轴、曲柄销、传动轴、活塞杆、连杆、圆盘等
45	用来制造蒸汽涡轮机、压缩机、泵的运动零件;还可以用来代替渗碳钢制造齿轮、轴、活塞销等零件,但零件需经高频或火焰表面淬火,并可用作铸件
55	用于制造齿轮、连杆、轮圈、轮缘、扁弹簧及轧辊等,也可用作铸件
65	用于制造气门弹簧、弹簧圈、轴、轧辊、各种垫圈、凸轮及钢丝绳等
70	用于制造弹簧

08F、10F钢的碳的质量分数低,塑性好,焊接性能好,主要用于制造冲压件和焊接件。

15、20、25钢属于渗碳钢,这类钢强度较低,但塑性和韧性较高,焊接性能及冷冲压性能较好。可以制造各种受力不大,但要求高韧性的零件;此外还可用作冷冲压件和焊接件。渗碳钢经渗碳、淬火+低温回火后，表面硬度可达 60HRC 以上，耐磨性好，而心部具有一定的强度和韧性，可用来制作要求表面耐磨并能承受冲击载荷的零件。

30、35、40、45、50、55 钢属于调质钢，经淬火+高温回火后，具有良好的综合力学性能，主要用于要求强度、塑性和韧性都较高的机械零件，如轴类零件，这类钢在机械制造中应用最广泛，其中以 45 钢最为突出。

60、65、70 钢属于弹簧钢，经淬火+中温回火后可获得高的弹性极限、高的屈强比，主要用于制造弹簧等弹性零件及耐磨零件。

优质碳素结构钢中较高锰的一组牌号(15Mn～70Mn)，其性能和用途与普通锰的一组对应牌号相同，但其淬透性略高。

5. 碳素工具钢

这类钢的碳的质量分数为 w_C=0.65%～1.35%，分优质碳素工具钢与高级优质碳素工具钢两类。牌号后加“A”的属高级优质钢(w_S≤0.020%，w_P≤0.030%；对平炉冶炼的钢，w_S≤0.025%)。

常用碳素工具钢的牌号、成分、硬度及用途见表 3-7。

表 3-7　常用碳素工具钢的牌号、成分、硬度及用途

牌号	化学成分(质量分数)/%					硬度			用途举例
	w_C	w_{Si}(不大于)	w_{Mn}	w_S(不大于)	w_P(不大于)	退火状态 HBS(不大于)	试样淬火		
							淬火温度/℃和淬火介质	HRC(不小于)	
T7	0.65～0.74	0.35	≤0.40	0.030	0.035	187	800～820 水	62	用于能承受冲击、硬度适当，并有较好韧性的工具，如扁铲、手钳、大锤及木工工具等
T8	0.75～0.84	0.35	≤0.40	0.030	0.035	187	780～800 水	62	用于能承受冲击、要求较高硬度与耐磨性的工具，如冲头、压缩空气工具及木工工具等
T9	0.85～0.94	0.35	≤0.40	0.030	0.035	192	760～780 水	62	用于硬度高、韧性中等的工具，如冲头
T10	0.95～1.04	0.35	≤0.40	0.030	0.035	197	760～780 水	62	用于不受剧烈冲击，要硬度高、耐磨的工具，如冲模、钻头、丝锥、车刀等
T11	1.05～1.14	0.35	≤0.40	0.030	0.035	207			
T12	1.15～1.24	0.35	≤0.40	0.030	0.035	207	760～780 水	62	用于不受冲击，要求硬度高、极耐磨的工具，如锉刀、精车刀、量具、丝锥等
T13	1.25～1.35	0.35	≤0.40	0.030	0.035	217	760～780 水	62	用于刮刀、拉丝模、锉刀、剃刀等

此类钢在机械加工前一般进行球化退火，组织为铁素体基体＋细小均匀分布的粒状渗碳体，硬度≤217HBS。作为刃具，最终热处理为淬火＋低温回火，组织为回火马氏体＋粒状渗碳体＋少量残余奥氏体。其硬度可达 60～65HRC，耐磨性和加工性都较好，价格又便宜，生产上得到广泛应用。

碳素工具钢的缺点是红硬性差，当刃部温度高于 250℃时，其硬度和耐磨性会显著降低。此外，钢的淬透性也低，并容易产生淬火变形和开裂。因此，碳素工具钢大多用于制造刃部受热程度较低的手用工具和低速、小进给量的机用工具，亦可制作尺寸较小的模具和量具。

6. 铸造碳钢

铸造碳钢一般用于制造形状复杂、机械性能要求比铸铁高的零件，例如水压机横梁、轧钢机机架、重载大齿轮等，这种机件，用锻造方法难以生产，用铸铁又无法满足性能要求，只能用碳钢采用铸造方法生产。

铸造碳钢中碳的质量分数一般为 w_C＝0.15%～0.60%。碳的质量分数过高则塑性差，易产生裂纹，工程用铸造碳素钢的牌号、成分、力学性能及用途见表 3－8、表 3－9。

表 3－8　铸造碳素钢的牌号、成分、力学性能

<table>
<tr><th rowspan="4">牌号</th><th colspan="5">最高化学成分(质量分数)/%</th><th colspan="6">力学性能(最小值)</th></tr>
<tr><th rowspan="3">w_C</th><th rowspan="3">w_{Si}</th><th rowspan="3">w_{Mn}</th><th rowspan="3">w_S</th><th rowspan="3">w_p</th><th rowspan="3">σ 或 $\sigma_{0.2}$/MPa</th><th rowspan="3">σ_b/MPa</th><th rowspan="3">δ/%</th><th colspan="3">根据合同选择</th></tr>
<tr><th rowspan="2">ψ/%</th><th colspan="2">冲击韧度</th></tr>
<tr><th>A_{Ku}/J</th><th>α_{Ku}/J</th></tr>
<tr><td>ZG200－400</td><td>0.20</td><td>0.60</td><td>0.80</td><td rowspan="5">0.035</td><td rowspan="5">0.035</td><td>200</td><td>400</td><td>25</td><td>40</td><td>30</td><td>47</td></tr>
<tr><td>ZG230－450</td><td>0.30</td><td>0.60</td><td>0.90</td><td>230</td><td>450</td><td>22</td><td>32</td><td>25</td><td>35</td></tr>
<tr><td>ZG270－500</td><td>0.40</td><td>0.60</td><td>0.90</td><td>270</td><td>500</td><td>18</td><td>25</td><td>22</td><td>27</td></tr>
<tr><td>ZG310－570</td><td>0.50</td><td>0.60</td><td>0.90</td><td>310</td><td>570</td><td>15</td><td>21</td><td>15</td><td>24</td></tr>
<tr><td>ZG340－640</td><td>0.60</td><td>0.60</td><td>0.90</td><td>340</td><td>640</td><td>10</td><td>18</td><td>10</td><td>16</td></tr>
</table>

注：(1) 摘自 GB/T 11352—2009《一般工程用铸造碳钢件》。

(2) 表中 A_{Ku}——冲击吸收功(u 形)；α_{Ku}——冲击韧度(U 形)。

(3) 表中所列各牌号性能适应于厚度为 100mm 以下的铸件。

表 3－9　铸造碳素钢的应用

牌号	应用举例
ZG200－400	用于受力不大、要求韧性的各种机械零件，如机座、变速箱壳等
ZG230－450	用于受力不大、要求韧性的各种机械零件，如砧座、外壳、轴承盖、底板、阀体等
ZG270－500	用于轧钢机机架、轴承座、连杆、箱体、曲轴、缸体、飞轮、蒸汽锤等

（续）

牌号	应用举例
ZG310－570	用于载荷较高的零件，如大齿轮、缸体、制动轮、辊子等
ZG340－640	用于起重运输机中的齿轮、联轴器及重要的机件

(1) ZG200－400　有良好的塑性、韧性和焊接性能。用于制作承受载荷不大，要求韧性的各种机械零件，如机座、变速箱壳等。

(2) ZG230－450　有一定的强度和较好的塑性、韧性，焊接性能良好，切削加工性尚可。用于制作承受载荷不大，要求韧性的各种机械零件，如砧座、外壳、轴承盖、底板、阀体、犁柱等。

(3) ZG270－500　有较高的强度和较好的塑性，铸造性能良好，焊接性能尚好，切削加工性佳，用途广泛，用于制作轧钢机机架、轴承座、连杆、箱体、缸体等。

(4) ZG310－570　强度和切削加工性良好，塑性和韧性较低，用于制作承受载荷较高的各种机械零件，如大齿轮、缸体、制动轮、辊子等。

(5) ZG340－640　有高的强度、硬度和耐磨性，切削加工性中等，焊接性能较差，流动性好，裂纹敏感性较大，用于制作齿轮、棘轮等。

3.4.3　铸铁分类、牌号及用途

铸铁是 $w_C \geqslant 2.11\%$ 的铁碳合金，合金中含有较多的硅锰等元素，使碳在铸铁中大多数以石墨形式存在。铸铁具有优良的铸造性能、切削加工性、减摩性与消震性和低的缺口敏感性，而且熔炼铸铁的工艺与设备简单、成本低。目前，铸铁仍然是工业生产中最重要工程材料之一。

根据碳元素的存在形式铸铁可分为：白口铸铁、灰口铸铁、麻口铸铁。根据石墨的存在形态灰口铸铁的类型有：普通灰口铸铁(灰铸铁，石墨以片状形式存在)、可锻铸铁(石墨以团絮状形式存在)、球墨铸铁(石墨以球状形式存在)、蠕墨铸铁(石墨以蠕虫状形式存在)。

1. 灰铸铁

灰铸铁化学成分的一般范围是：$w_C = 2.7\% \sim 3.9\%$，$w_{Si} = 1.1\% \sim 2.6\%$，$w_{Mn} = 0.6\% \sim 1.2\%$，$w_S \leqslant 0.15\%$，$w_P \leqslant 0.15\%$。

由于近共晶成分的铸铁最容易熔炼和铸造，所以含碳量为 3%～3.5%、硅含量为 1.4%～2.4%最为多见（上述的含碳量之所以接近共晶成分，是因铸铁中的含硅量每增加 1%，可使共晶含碳量下降 0.3%左右）。

灰铸铁组织由金属基体和片状石墨两部分组成的。其基体可分为珠光体、珠光体＋铁素体、铁素体 3 种(图 3.31)。

1) 灰铸铁的性能

灰铸铁的力学性能主要取决于基体组织和石墨存在形式，灰铸铁中含有比钢更多的硅锰等元素，这些元素可溶于铁素体而使基体强化，因此，其基体的强度与硬度不低于相应的钢。但由于片状石墨的强度、塑性、韧性几乎为零，所以铸铁的抗拉强度、塑性、韧性比钢低。石墨片越多，尺寸越粗大，分布越不均匀，铸铁的抗拉强度和塑性就越低。灰铸铁的硬度和抗压强度主要取决于基体组织，与石墨无关。因此，灰铸铁的抗压强度明显高

(a) 铁素体灰铸铁

(b) 铁素体+珠光体灰铸铁

(c) 珠光体灰铸铁

图 3.31 灰铸铁的显微组织

于其抗拉强度(约为抗拉强度的 3～4 倍)。石墨的存在，使灰铸铁的铸造性能、减磨性、减振性和切削加工性能都优于碳钢，缺口敏感性较低。为了提高灰铸铁的力学性能，生产上常采用孕育处理。它是在浇注前往铁液中加入少量孕育剂(硅铁或硅钙合金)，使铁液在凝固时产生大量的人工晶核，从而获得细晶粒珠光体基体加上细小均匀分布的片状石墨的组织。经孕育处理后的铸铁称为孕育铸铁。

孕育铸铁具有较高的强度和硬度，具有断面缺口敏感性小的特点，因此孕育铸铁常作为力学性能要求较高，且断面尺寸变化大的大型铸件，如机床床身等。

灰铸铁具有良好的铸造性能、切削加工性、减摩性和消震性，铸铁对缺口的敏感性较低。

2) 灰铸铁的牌号和应用

灰铸铁的牌号、力学性能和用途举例见表 3-10。其中 HT 表示“灰铁”二字的汉语拼音的字首，后面 3 位数字表示最小抗拉强度值。

表 3-10 灰铸铁的牌号、力学性能及用途举例(GB/T 9439—1988)

<table>
<tr><th rowspan="2">牌号</th><th rowspan="2">铸件壁厚/mm</th><th rowspan="2">最小抗拉强度 σ_b/MPa</th><th rowspan="2">硬度 HBS</th><th colspan="2">显微组织</th><th rowspan="2">用途举例</th></tr>
<tr><th>基体</th><th>石墨</th></tr>
<tr><td>HT100</td><td>2.5～10
10～20
20～30
30～50
20～30
30～50</td><td>130
100
90
80</td><td>最大不超过 170</td><td>F+P
(少量)</td><td>粗片</td><td>低载荷和不重要的零件，如盖、外罩、手轮、支架等</td></tr>
<tr><td>HT150</td><td>2.5～10
10～20
20～30
30～50</td><td>175
145
130
120</td><td>150～200</td><td>F+P</td><td>较粗片</td><td>承受中等应力(抗弯应力小于 100MPa)的零件，如支柱、底座、齿轮箱、工作台、刀架、端盖、阀体等</td></tr>
<tr><td>HT200</td><td>2.5～10
10～20
20～30
30～50</td><td>220
195
170
160</td><td>170～200</td><td>P</td><td>中等片状</td><td rowspan="2">承受较大应力(抗弯应力小于 300MPa)和较重要零件，如汽缸体、齿轮、机座、飞轮、床身、缸套、活塞、刹车化、联轴器、齿轮箱、轴承座、液压缸等</td></tr>
<tr><td>HT250</td><td>4.0～10
10～20
20～30
30～50</td><td>270
240
220
200</td><td>190～240</td><td>细珠光体</td><td>较细片状</td></tr>
</table>

（续）

牌号	铸件壁厚/mm	最小抗拉强度 σ_b/MPa	硬度 HBS	显微组织		用途举例
				基体	石墨	
HT300	10～20 20～30 30～50	290 250 230	210～260	索氏体或托氏体	细小片状	承受高弯曲应力（小于500MPa）及抗拉应力的重要零件，如齿轮、凸轮、车床卡盘、剪床和压力机的机身、床身、高压液压缸、滑阀壳体等
HT350	10～20 20～30 30～50	340 290 260	230～280			

从表 3-10 中可以看出，灰铸铁的强度与铸件的壁厚有关，铸件壁厚增加则强度降低，这主要是由于壁厚增加使冷却速度降低，造成基体组织中铁素体增多而珠光体减少的缘故。因此在根据性能选择铸铁牌号时，必须注意到铸件的壁厚。

2. 球墨铸铁

球墨铸铁的化学成分与灰铸铁相比，其特点是碳硅的质量分数高，而锰的质量分数较低，对硫和磷的限制较严，并含有一定量的稀土镁。一般 w_C=3.6%～4.0%，w_{Si}=2.0%～3.2%。锰有去硫、脱氧的作用，并可稳定和细化珠光体。对珠光体基体时 w_{Mn}=0.5%～0.7%，对铁素体基体时 w_{Mn}<0.6%。硫磷都是有害元素，一般 w_S<0.07%，$w_P \leqslant$0.1%。

球墨铸铁的组织是在钢的基体上分布着球状石墨。球墨铸铁在铸态下，其基体是有不同数量铁素体、珠光体、甚至有渗碳体同时存在的混合组织。由于球墨铸铁其性质与基体相同的钢接近，故通过热处理可使强度、硬度明显提高，弹性模数、伸长率也有不同程度的提高。但是不同的热处理对球墨铸铁的作用完全不同，在工程上用得比较多的是退火、正火和析出硬化处理；事实上球墨铸铁同样可以通过调质、等温淬火处理以及渗氮、渗硼和低温气体碳氮共渗来改善其力学性能。生产中常有铁素体球墨铸铁、珠光体+铁素体球墨铸铁、珠光体球墨铸铁（图 3.32）和下贝氏体球墨铸铁。

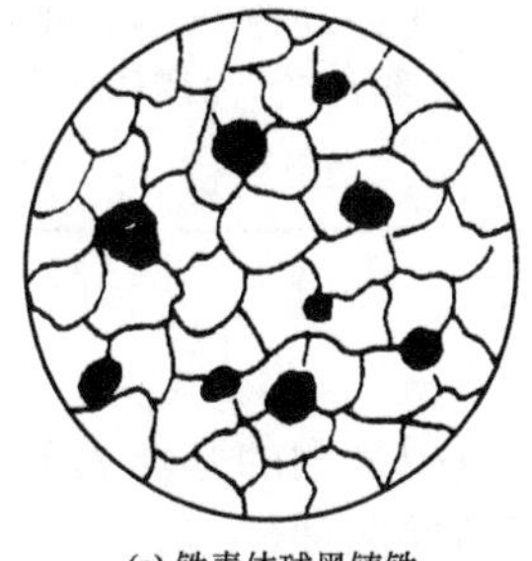
(a) 铁素体球黑铸铁

(b) 铁素体+珠光体球墨铸铁

(c) 珠光体球墨铸铁

图 3.32　球墨铸铁的显微组织

1）球墨铸铁的性能

由于球墨铸铁中石墨呈球状，对金属基体的割裂作用较小，使球墨铸铁的抗拉强度、塑性和韧性、疲劳强度高于其他铸铁，球墨铸铁有一个突出优点是其屈强比较高，因此对于承受静载荷的零件，可用球墨铸铁代替铸钢。

球墨铸铁的力学性能比灰铸铁高，而成本却接近于灰铸铁，并保留了灰铸铁的优良铸造性能、切削加工性、减摩性和缺口不敏感等性能。因此它可代替部分钢作较重要的零件，对实现以铁代钢，以铸代锻起重要的作用，具有较大的经济效益。

2）球墨铸铁的牌号和应用

我国国家标准中列了8个球墨铸铁的牌号见表3－11。牌号由“QT”与两组数字组成，其中“QT”表示“球铁”二字汉语音的字首，第一组数字代表最低抗拉强度值，第二组数字代表最低伸长率。

表3－11　球墨铸铁的牌号、力学性能及用途(GB/T 1348—2009)

牌号	基体组织	力学性能				用途举例
		σ_b /MPa	$\sigma_{0.2}$ /MPa	δ /%	硬度 HBS	
		不小于				
QT400－18	铁素体	400	250	18	130～180	承受冲击、振动的零件，如汽车、拖拉机的轮毂、驱动桥壳、差速器壳、拨叉，农机具零件，中低压阀门，上下水及输气管道，压缩机上高低压汽缸，电动机机壳，齿轮箱，飞轮壳等
QT400－15		400	250	15	130～180	
QT450－10		450	310	10	160～210	
QT500－7	铁素体＋珠光体	500	320	7	170～230	机器座架、传动轴、飞轮，内燃机的液压泵齿轮、铁路机车车辆轴瓦等
QT600－3	珠光体＋铁素体	600	370	3	190～270	载荷大、受力复杂的零件，如汽车、拖拉机的曲轴、连杆、凸轮轴、汽缸套，部分磨床、铣床、车床的主轴，机床蜗杆、蜗轮，轧钢机轧辊、大齿轮，小型水轮机主轴，汽缸体，桥式起重机大小滚轮等
QT700－2	珠光体	700	420	2	225～305	
QT800－2	珠光体或回火组织	800	480	2	245～335	
QT900－2	贝氏体或回火马氏体	900	600	2	280～360	高强度齿轮，如汽车后桥螺旋锥齿轮，大减速器齿轮，内燃机曲轴、凸轮轴等

3. 可锻铸铁

可锻铸铁又俗称为马铁。可锻铸铁实际上是不能锻造的。组织是钢的基体上分布着团絮状的石墨，有铁素体可锻铸铁(黑心可锻铸铁)和珠光体可锻铸铁两种(图3.33)。

表3－12列出我国常用可锻铸铁的牌号、性能及用途。其牌号由“KTH”或“KTZ”两组数字表示。其中“KT”表示“可铁”二字；“H”和“Z”分别表示“黑”和“珠”的汉语拼音的字首，牌号后边第一组数字表示最小抗拉强度值，第二组数字表示最小伸长率。

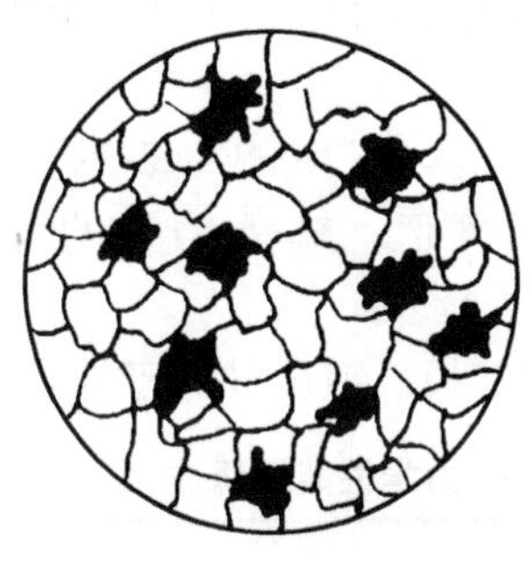

(a) 铁素体可锻铸铁

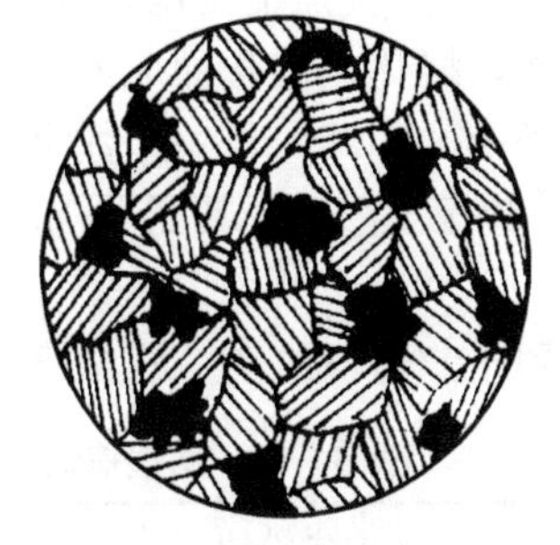

(b) 珠光体可锻铸铁

图 3.33　可锻铸铁的显微组织

表 3-12　黑心可锻铸铁和珠光体可锻铸铁的牌号、力学性能及用途(GB/T 9440—1988)

种类	牌号	试样直径/mm	力学性能				用途举例
			σ_b/MPa	$\sigma_{0.2}$/MPa	δ/%	硬度 HBS	
			不小于				
黑心可锻铸铁	KTH300-06	12 或 15	300		6	≤150	弯头、三通管件、中低压阀门等
	KTH330-08		330		8		扳手、犁刀、犁柱、车轮壳等
	KTH350-10		350	200	10		汽车、拖拉机前后轮壳、差速器壳、转向节壳、制动器及铁道零件等
	KTH370-12		370		12		
珠光体可锻铸铁	KTZ450-06	12 或 15	450	270	6	150～200	载荷较高和耐磨损零件，如曲轴、凸轮轴、连杆、齿轮、活塞环、轴套、耙片、万向接头、棘轮、扳手、传动链条等
	KTZ550-04		550	340	4	180～250	
	KTZ650-02		650	430	2	210～260	
	KTZT00-02		700	530	2	240～290	

可锻铸铁的力学性能优于灰铸铁，并接近于同类基体的球墨铸铁。但与球墨铸铁相比，具有铁水处理简易、质量稳定、废品率低等优点。故生产中，常用可锻铸铁制作一些截面较薄而形状较复杂、工作时受震动而强度、韧性要求较高的零件，因为这些零件若用灰铸铁制造，则不能满足力学性能要求；若用铸钢制造，则因其铸造性能较差，质量不易保证。

4. 蠕墨铸铁

蠕墨铸铁是 20 世纪 70 年代发展起来的一种新型铸铁，因其石墨很像蠕虫而命名(图 3.34)。蠕墨铸铁的力学性能介于相同基体组织的灰铸铁和球墨铸铁之间，它的抗拉强度、屈服点、伸长率、疲劳强度均优于灰铸铁，接近于铁素体球墨铸铁；而铸造性能、减震能力、导热性、切削加工性均优于球墨铸铁，与灰铸铁

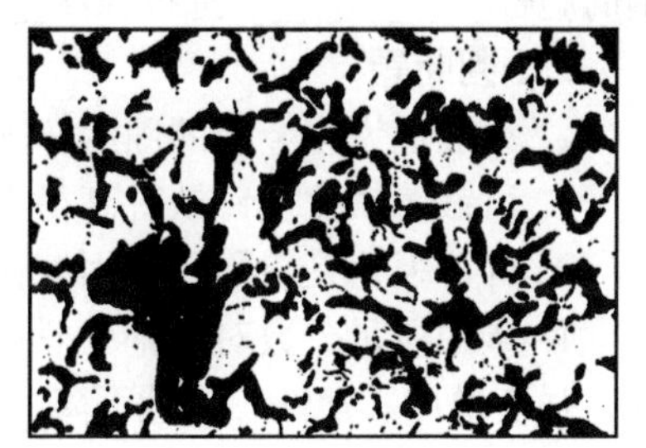

图 3.34　蠕墨铸铁的显微组织

相近。蠕墨铸铁是将蠕化剂(稀土镁钛合金、稀土镁钙合金、镁钙合金等)置于浇包内的一侧，另一侧冲入铁液，蠕化剂熔化而成的。

蠕墨铸铁的牌号由“RuT”与一组数字表示。其中“RuT”表示“蠕铁”二字汉语拼音的字首，后面3位数字表示其最小抗拉强度值，蠕墨铸铁的牌号、性能及用途见表3-13。

蠕墨铸铁主要用于制造汽缸盖、汽缸套、钢锭模、液压件等零件。

表3-13 蠕墨铸铁的牌号、力学性能及用途

牌号	力学性能				用途举例
	σ_b/MPa	$\sigma_{0.2}$/MPa	δ/%	硬度HBS	
	不小于				
RuT260	260	195	3	121～197	增压器废气进气壳体,汽车底盘零件等
RuT300	300	240	1.5	140～217	排气管、变速箱体、汽缸等、液压件、纺织机零件、钢锭模具等
RuT340	340	270	1.0	170～249	重型机床件,大型齿轮箱体,盖、座、飞轮、起重机卷筒等
RuT380	380	300	0.75	193～274	活塞环、汽缸套、制动盘、钢珠研磨盘等
RuT420	420	335	0.75	200～280	

习　题

一、填空题

1. 碳溶入α-Fe中形成的间隙固溶体称为__________。

2. 合金中具有相同__________、相同__________的均匀部分称为相。

3. 根据溶质原子在溶剂晶格中分布情况的不同，可将固溶体分为__________固溶体和__________固溶体。

4. 共析钢在室温下的平衡组织是__________，其组成相是__________和__________。

5. 当钢中含碳量大于__________时，网状二次渗碳体沿奥氏体晶界析出严重，导致钢的脆性__________、抗拉强度__________。

二、判断题

1. 一般地说合金中的固溶体塑性较好，而合金中的化合物硬度较高。 (　　)

2. 可锻铸铁比灰铸铁有高得多的塑性，因而可以进行锻打。 (　　)

3. 固溶强化是指因形成固溶体而引起合金强度、硬度升高的现象。 (　　)

4. 碳的质量分数对碳钢力学性能的影响是：随着钢中碳的质量分数的增加，钢的硬度、强度增加，塑性、韧性下降。 (　　)

三、选择题

1. 铁碳合金含碳量小于0.0218%是(　　)，等于0.77%是(　　)，大于4.3%是

(　　)。

A. 工业纯铁　　B. 过共晶白口铁　　C. 共析钢

2. 珠光体是一种(　　)。

A. 单相固溶体　　B. 两相固溶体

C. 铁与碳的化合物　　D. 都不对

3. 固溶体的晶体结构特点是(　　)。

A. 与溶剂相同　　B. 与溶质相同

C. 形成新的晶型　　D. 各自保持各自的晶型

4. 在铁碳合金相图中，碳在奥氏体中的最大溶解度点为(　　)。

A. A 点　　B. C 点

C. E 点　　D. S 点

四、简答题

根据下列部分铁碳平衡相图(图 3.35)回答问题：

1. 各点(G，S，E，P，Q)、各条线(GS，ES，PQ)的名称；

2. 填写各个区域内的组织；

3. 简述固溶体、金属化合物在晶体结构与力学性能方面的特点？

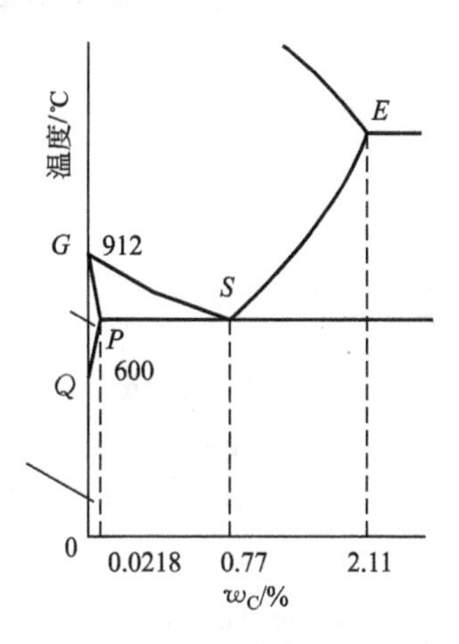

图 3.35　铁碳平衡相图

五、作图题

在图 3.36 中标出液相线、固相线、共晶线、共析线、固溶体的同素异构转变线、溶解度曲线，并逐个解释其含义。在下面图中标出纯铁的熔点、共晶点、共析点。

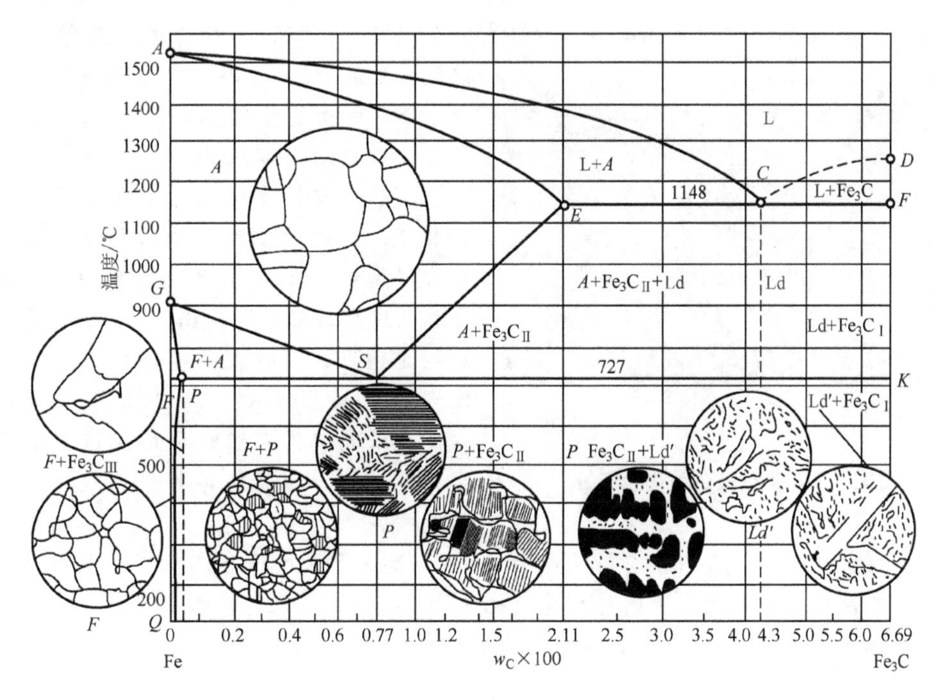

图 3.36　习题五练习图

第4章 钢的热处理

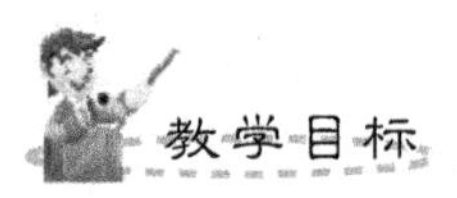

教学目标

本章介绍了钢材的热处理原理以及退火、正火、淬火、回火和表面热处理的方法，同时对热处理常用设备进行了扼要讲解。重点介绍了淬火、回火等热处理工艺，通过本章熟悉典型零件的热处理工艺，掌握基本热处理方法。

导入案例

国外热处理技术的发展

2004年美国热处理学会在美国能源部支持下制定和公布了美国“热处理学会2004热处理发展规划”。在这个发展规划中设想的2020年的发展目标是：能源消耗减少80%，工艺周期缩短50%，生产成本降低75%，热处理件实现零畸变和最低的质量分散度，加热炉使用寿命增加9倍，加热炉价格降低50%，生产实现零污染。除提出总的发展目标外还提出了70个需要解决的研究项目，同时在高等学校成立了“热处理先进技术中心”及“热加工技术中心”等研究机构来组织和协调这方面的研究工作，图示为美国易卜森热处理自动化生产线。

美国易卜森热处理自动化生产线

日本材料热处理学者鲋谷清司(Funatani)在一篇关于国际汽车工业发展和材料热处理现状的文章中指出，由于美国对制造新技术开发投资的不足，近十余年来相对于日本和欧洲国家，在汽车制造尤其在材料热处理技术上处于落后地位。主要表现在低压渗碳、高压气淬、等离子热处理、离子沉积技术、乙炔低压渗碳、高级炉用电热和耐热材料等先进技术都是德国、法国、瑞典等欧洲国家的专利。这个情况也是美国出台路线图，力求赶上国际技术进步步伐的背景。

资料来源：樊东黎.《金属热处理》2010 年 1 月，第 35 卷，第 1 期.

钢的热处理是指将钢在固态下进行加热、保温和冷却，以改变其内部组织，从而获得所需要性能的一种工艺方法。

热处理的目的是显著提高钢的力学性能，发挥钢材的潜力，提高工件的使用性能和寿命。还可以作为消除毛坯(如铸件、锻件等)中缺陷，改善其工艺性能，为后续工序作组织准备。随着工业和科学技术的发展，热处理在改善和强化金属材料、提高产品质量、节省材料和提高经济效益等方面将发挥更大的作用。

钢的热处理种类很多，根据加热和冷却方法不同，大致分类如下。

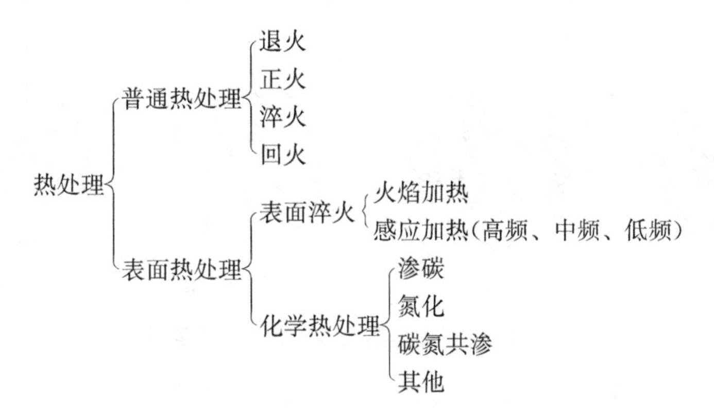

4.1　钢的热处理原理

4.1.1　钢在加热时的组织转变

在 $Fe-Fe_3C$ 相图中，共析钢加热超过 PSK 线(A_1)时，其组织完全转变为奥氏体。亚共析钢和过共析钢必须加热到 GS 线(A_3)和 ES 线(A_{cm})以上才能全部转变为奥氏体。相图中的平衡临界点 A_1、A_3、A_{cm}是碳钢在极缓慢地加热或冷却情况下测定的。但在实际生产中，加热和冷却并不是极其缓慢的。加热转变在平衡临界点以上进行，冷却转变在平衡临界点以下进行。加热和冷却速度越大，其偏离平衡临界点也越大。为了区别于平衡临界点，通常将实际加热时各临界点标为 Ac_1、Ac_3、Ac_{cm}；实际冷却时各临界点标为 Ar_1、Ar_3、Ar_{cm}，如图 4.1 所示。

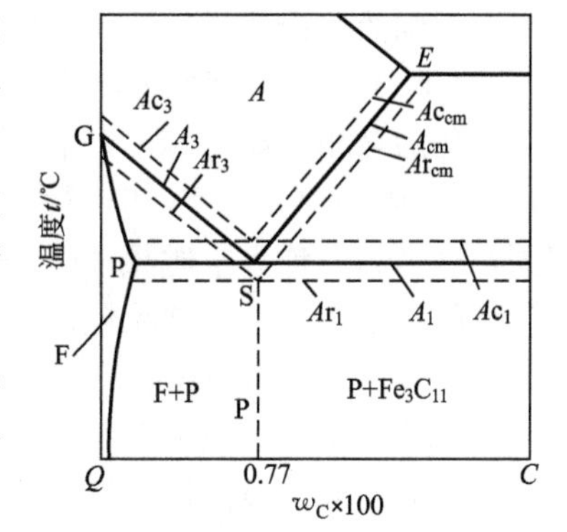

图 4.1　加热(冷却)时 $Fe-Fe_3C$ 相图中各临界点的位置

由 $Fe-Fe_3C$ 相图可知，任何成分的碳钢加热到相变点 Ac_1 以上都会发生珠光体向奥氏体转变，通常把这种转变过程称为奥氏体化。

1. 奥氏体的形成

共析钢加热到 Ac_1 以上由珠光体全部转变为奥氏体，这一转变可表示为

P (F + Fe_3C) → A

0.0218%w_C　　6.69%w_C　　0.77 %w_C

体心立方晶格　复杂晶格　　面心立方晶格

珠光体向奥氏体转变是由碳质量分数、晶格均不同的两相混合物转变成为另一种晶格单相固溶体的过程，因此，转变过程中必须进行碳原子和铁原子的扩散，才能进行碳的重新分布和铁的晶格改组，即发生相变。

奥氏体的形成是通过形核与长大过程来实现的，其转变过程分为 3 个阶段，如图 4.2 所示。第一阶段是奥氏体的形核，第二阶段是奥氏体晶核的长大，第三阶段是剩余渗碳体的溶解，第四阶段是奥氏体成分均匀化。

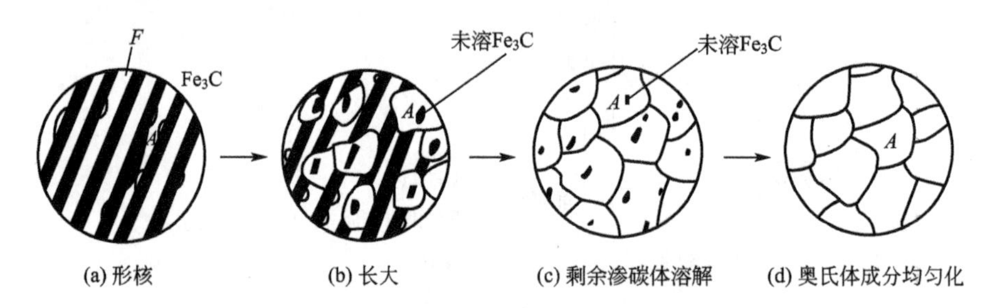

图 4.2　珠光体向奥氏体转变过程示意图

亚共析钢和过共析钢的奥氏体形成过程与共析碳钢基本相同，不同处在于亚共析碳钢、过共析碳钢在 Ac_1 稍上温度时，还分别有铁素体、二次渗碳体未变化。所以，它们的完全奥氏体化温度应分别为 Ac_3、Ac_{cm}以上。

2. 奥氏体晶粒的长大及影响因素

钢在加热时，奥氏体的晶粒大小直接影响到热处理后钢的性能。加热时奥氏体晶粒细小，冷却后组织也细小；反之，组织则粗大。钢材晶粒细化，既能有效的提高强度，又能明显提高塑性和韧性，这是其他强化方法所不及的。因此，在选用材料和热处理工艺上，如何获得细的奥氏体晶粒，对工件使用性能和质量都具有重要意义。

(1) 奥氏体晶粒度是表示晶粒大小的一种量度。采用晶料尺寸或晶粒号来表达，将放大 100 倍的金相组织与标准晶粒号图片进行比较。大小分为 8 级，1 级最粗，8 级最细。通常 1～4 级为粗晶粒度，5～8 级为细晶粒度。钢的成分不同，奥氏体晶粒的长大倾向也不同，这种倾向称为本质晶粒度。图 4.3 所示为两种钢随温度升高时，奥氏体晶粒长大倾向示意图。由图可见，细晶粒钢在 930～950℃以下加热，晶粒长大倾向小，便于热处理。

(2) 影响奥氏体晶粒度的因素如下。

① 加热温度和保温时间。在加热转变中，珠光体刚转变为奥氏体时的晶粒度称为奥氏体起始晶粒度。奥氏体起始晶粒是很细小的，随加热温度升高，奥氏体晶粒逐渐长大，晶界总面积减少而系统的能量降低。所以，在高温下保温时间越长，越有利于晶界总面积减少而导致晶粒粗大。

② 钢的成分。对于亚共析钢随奥氏体中碳的质量分数增加时，奥氏体晶粒的长大倾向也增大。但对于过共析钢部分碳以渗碳体的形式存在，当奥氏体晶界上存在未溶的剩余渗碳体时，有阻碍晶粒长大的作用。

钢中加入能形成稳定碳化物元素，如钨、钛、钒、铌等时，钢中能形成高熔点化合物，并存在于奥氏体晶界上，有阻碍奥氏体晶粒长大的作用，故在一定温度下晶粒不易长大。当只有温度超过一定值时，高熔点化合物溶入奥氏体后，奥氏体才突然长大。

锰和磷是促进奥氏体晶粒长大的元素，必须严格控制热处理时的加热温度，以免晶粒长大而导致工件的性能下降。

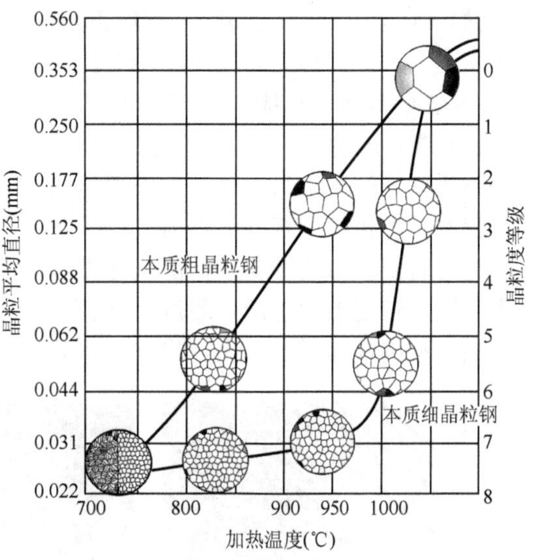

图 4.3　奥氏体晶粒长大倾向示意图

4.1.2　钢在冷却时的组织转变

冷却过程是热处理的关键工序，它决定着钢热处理后的组织与性能。在实际生产中，钢在热处理时采用的冷却方式通常有两种。一种是等温冷却，另一种是连续冷却。

1. 过冷奥氏体的等温转变

奥氏体在临界温度以上是一稳定相，能够长期存在而不转变。一旦冷却到临界温度以下，则处于热力学的不稳定状态，称为“过冷奥氏体”，它总是要转变为稳定的新相。过冷奥氏体等温转变反映了过冷奥氏体在等温冷却时组织转变的规律。

1) 过冷奥氏体的等温转变曲线

从图 4.4 可见：由于曲线形状颇似字母“C”故也称为“C 曲线图”。由过冷奥氏体开始转变点连接起来的曲线称为等温转变开始线；由转变终了点连接起来的曲线称为等温转变终了线。图中 A_1 以下转变开始以左的区域是过冷奥氏体区；A_1 以下，转变终了线以右和 M_s 点以上的区域为转变产物区；在转变开始线与转变终了线之间的区域为过冷奥氏体和转变产物共存区。M_s 线和 M_f 线是马氏体转变开始线和终了线。

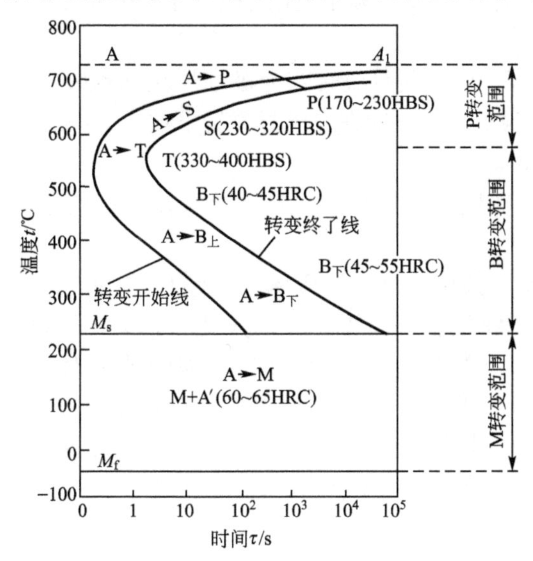

图 4.4　共析碳钢 C 曲线及转变产物

过冷奥氏体在各个温度下的等温转变并非瞬间就开始的，而是经过一段“孕育期”(即转变开始线与纵坐标的水平距离)。孕育期的长短反映了过冷奥氏体稳定性的大小，孕育期最短处，过冷奥氏体最不稳定，转变最快，这里称为 C 曲线图的“鼻端”。在靠近 A_1 和 M_s 线的温度，孕育期较长，过冷奥氏体稳定性较大，转变速度也较慢。

共析碳钢的奥氏体在 A_1 温度以下不同温度范围内会发生3种不同类型的转变，即珠光体转变、贝氏体转变和马氏体转变。

2）过冷奥氏体等温转变产物的组织与性能

（1）珠光体转变——高温转变 A_1～550℃。在 A_1～550℃温度区间，过冷奥氏体的转变产物为珠光体型组织，都是由铁素体和渗碳体的层片组成的机械混合物。奥氏体向珠光体转变是一种扩散型相变，它通过铁碳原子的扩散和晶格改组来实现。

高温转变区虽然转变产物都是珠光体，但由于过冷度不同，铁素体和渗碳体的片层间距也不同。转变温度越低，即过冷度越大，片间距越小，其塑性变形抗力越大，强度、硬度越高。根据片间距的大小，将珠光体分为以下3种，如图4.5所示。

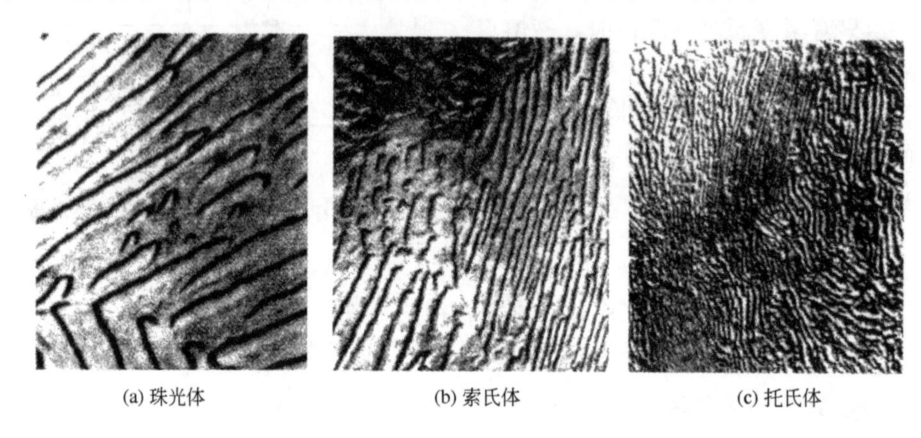

(a) 珠光体　(b) 索氏体　(c) 托氏体

图4.5　珠光体的三种类型

① 珠光体。过冷奥氏体在 A_1～650℃之间等温转变，形成粗片状(片间距 $d>0.4\mu m$)珠光体，一般在光学显微镜下放大500倍才能分辨出片层状特征，其硬度在170～230HBS，以符号“P”表示。

② 索氏体。过冷奥氏体在650～600℃之间等温转变为细片状($d=0.2\sim0.4\mu m$)珠光体，称为索氏体，以符号“S”表示。它要在高倍(1000倍以上)显微镜下才能分辨出片层状特征，硬度为25～35HRC。

③ 屈氏体(托氏体)。过冷奥氏体在600～550℃之间等温转变为极细片状($d<0.2\mu m$)珠光体，称为屈氏体(托氏体)，以符号“T”表示。它只能在电子显微镜下放大2000倍以上才能分辨出片层状结构，硬度为35～40HRC。

上述珠光体、索氏体、屈氏体3种组织，在形态上只有厚薄片之分，并无本质区别，统称为珠光体型组织。

（2）贝氏体转变——中温转变550℃～M_s。共析成分的奥氏体过冷到C曲线“鼻端”到 M_s 线的区域，即550～230℃的温度范围，将发生奥氏体向贝氏体转变。贝氏体以符号B表示。贝氏体是由过饱和碳的铁素体与碳化物组成的两相机械混合物。奥氏体向贝氏体转变时，由于转变温度低，即过冷度较大，此时铁原子已不能扩散，碳原子也只能进行短距离扩散，结果一部分碳以渗碳体或碳化物的形式析出，一部分仍留在铁素体中，形成过饱和铁素体，即得到贝氏体。贝氏体转变属于半扩散型转变，又称中温转变。

常见的贝氏体组织形态有以下两种如图 4.6 所示。

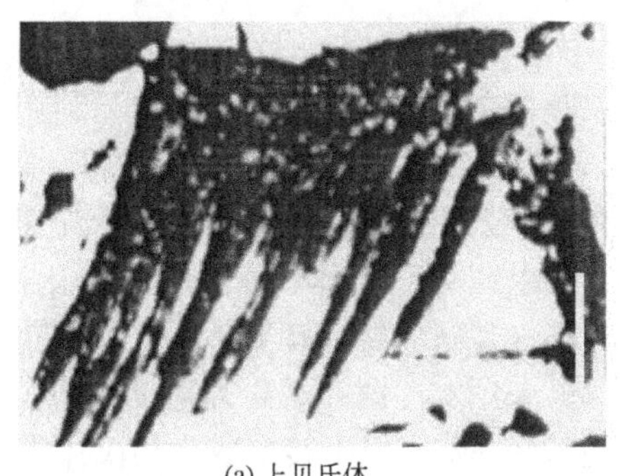

(a) 上贝氏体

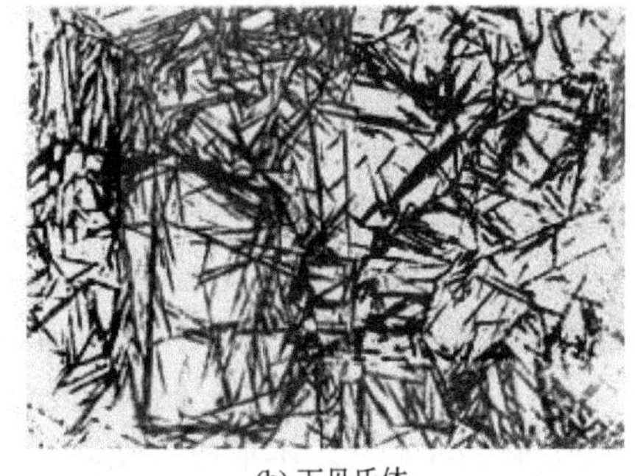

(b) 下贝氏体

图 4.6　贝氏体组织状态

① 上贝氏体($B_{上}$)。过冷奥氏体在 550～350℃范围内的转变产物，在显微镜下呈羽毛状，称为上贝氏体($B_{上}$)。它是由过饱和铁素体和渗碳体组成。其硬度为 40～45HRC，但强度低、塑性差、脆性大，生产上很少采用。

② 下贝氏体($B_{下}$)。过冷奥氏体在 350℃～M_s 温度范围内的转变产物为下贝氏体，在显微镜下呈暗黑色针状或竹叶状，称为下贝氏体($B_{下}$)。它是由过饱和铁素体和碳化物组成。下贝氏体具有高的强度和硬度 45～55HRC，好的塑性、韧性。生产中常采用等温淬火获得高强韧性的下贝氏体组织。

(3) 马氏体转变——低温转变(小于 M_s)。奥氏体被迅速冷却至 M_s 温度以下便发生马氏体转变。马氏体以符号 M 表示。应指出，马氏体转变不属于等温转变，而是在极快的连续冷却过程中形成。详细内容将在过冷奥氏体连续冷却转变中介绍。

3) 亚共析碳钢与过共析碳钢的过冷奥氏体的等温转变

亚共析碳钢在过冷奥氏体转变为珠光体之前，首先析出先共析相铁素体，所以在 C 曲线上还有一条铁素体析出线，如图 4.7 所示。

过共析碳钢在过冷奥氏体转变为珠光体之前，首先析出先共析相二次渗碳体，所以 C 曲线上还有一条二次渗碳体析出线，如图 4.8 所示。

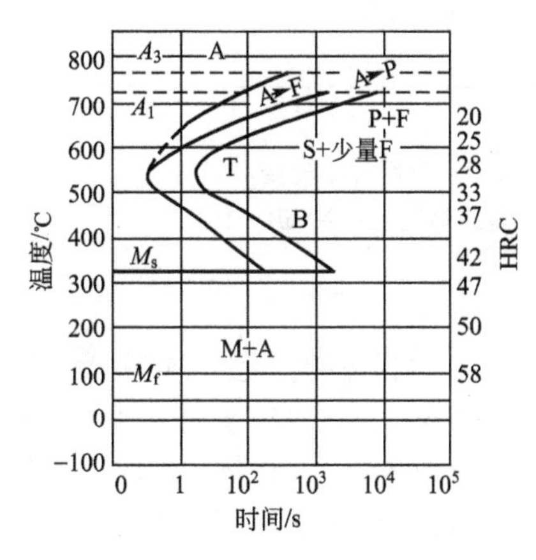

图 4.7　亚共析碳钢等温转变曲线

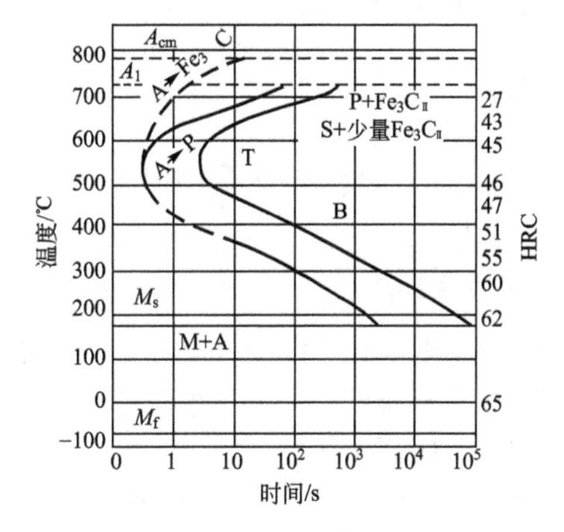

图 4.8　过共析碳钢等温转变曲线

2. 过冷奥氏体的连续冷却转变

1）连续冷却转变曲线

在实际生产中，过冷奥氏体大多是在连续冷却中转变的，这就需要测定和利用过冷奥氏体连续转变曲线，图 4.9 即为共析碳钢连续冷却转变曲线，没有出现贝氏体转变区，即共析碳钢连续冷却时得不到贝氏体组织。连续冷却转变的组织和性能取决于冷却速度。采用炉冷或空冷时，转变可以在高温区完成，得到的组织为珠光体和索氏体。采用油冷时，过冷奥氏体在高温下只有一部分转变为屈氏体，另一部分却要冷却到 M_s 点以下转变为马氏体组织，即可得到屈氏体和马氏体的混合组织。采用水冷时，因冷却速度很快，冷却曲线不能与转变开始线相交，不形成珠光体组织，过冷到 M_s 点以下转变成为马氏体组织。V_K 是奥氏体全部过冷到 M_s点以下转变为马氏体的最小冷却速度，通常叫作临界淬火冷却速度。

2）过冷奥氏体等温转变曲线在连续冷却中的应用

过冷奥氏体连续冷却转变曲线测定困难，目前生产中，还常应用过冷奥氏体等温转变曲线来近似地分析过冷奥氏体在连续冷却中的转变。图 4.10 是在共析碳钢的等温转变曲线上估计连续冷却时组织转变的情况。v_1 冷却速度相当于炉冷，与等温冷却 C 曲线约交于 700～650℃附近，可以判断是发生珠光体转变，最终组织为珠光体，其硬度为 170～230HBS；v_2 冷却速度相当于空冷，在 650～600℃发生组织转变，可判断其转变产物是索氏体，25～35HRC 硬度；v_3 冷却速度相当于油中淬火，一部分奥氏体转变为屈氏体，其余奥氏体在 M_s 点以下转变为马氏体，最终产物为屈氏体和马氏体，其硬度为 45～47HRC 左右。v_4 冷却速度相当于水中淬火，冷却至 M_s 点以下转变为马氏体，其硬度为60～65HRC。

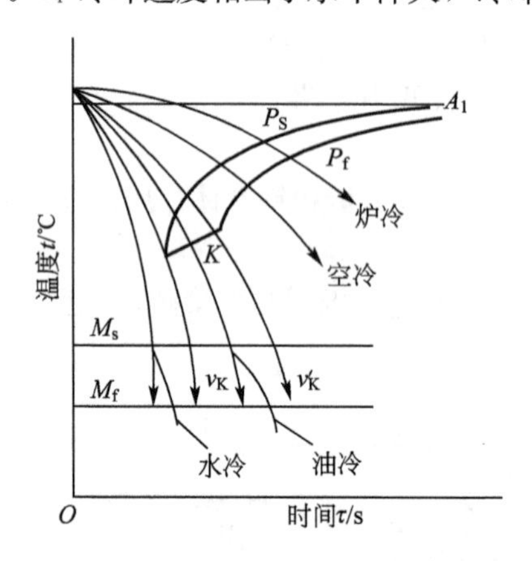

图 4.9　共析碳钢连续冷却转变曲线

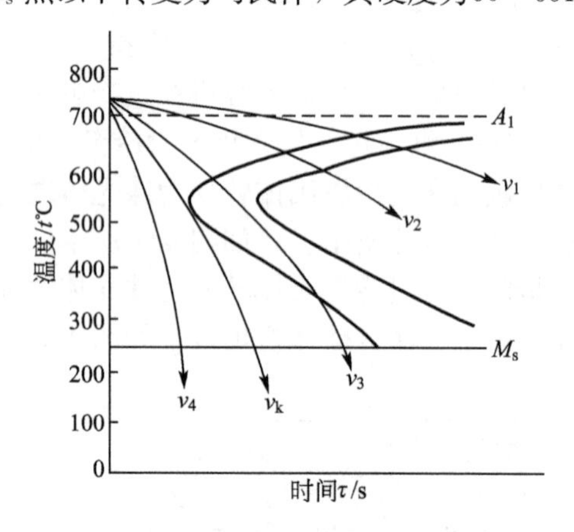

图 4.10　应用等温转变曲线分析奥氏体在连续冷却中转变

3. 马氏体转变

当转变温度在 M_s 和 M_f 之间时，即有马氏体组织转变。马氏体的转变过冷度极大，转变温度很低，铁原子和碳原子的扩散被抑制，奥氏体向马氏体转变时只有发生 γ-Fe 向 α-Fe 的晶格改组，而没有碳原子的扩散。因此，这种转变也称非扩散型转变。马氏体的碳质量分数就是转变前奥氏体中的碳质量分数，则马氏体实质上是碳在 α-Fe 中的过饱和固溶体。

1）马氏体的组织形态

马氏体的组织形态因其碳的质量分数不同而异。通常有两种基本形态即片状马氏体与板条状马氏体。当奥氏体中 w_C＜0.2%，则形成板条状马氏体(低碳马氏体)。当 w_C＞1.0%，则为片状马氏体(高碳马氏体)如图 4.11 所示。

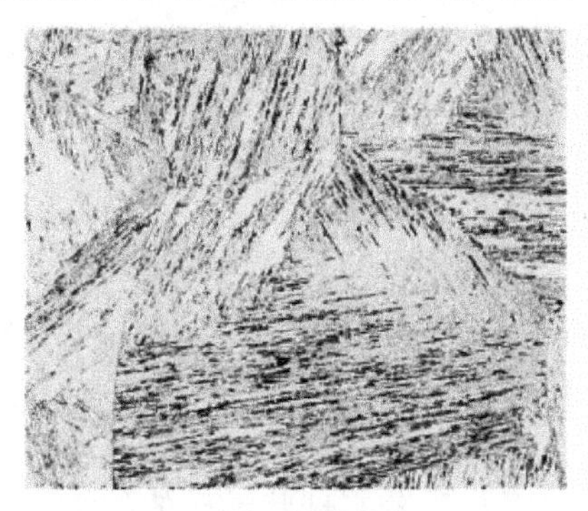

(a) 板条马氏体(低碳M)

(b) 片状(针状)马氏体(高碳M)

图 4.11　马氏体的组织形态

2) 马氏体的性能

马氏体的强度与硬度主要取决于马氏体中碳的质量分数。随着马氏体中碳的质量分数增加，其强度与硬度也随之增加。马氏体强化的主要原因是由于过饱和碳原子引起的晶格畸变，即固溶强化。马氏体的塑性与韧性随碳的质量分数增高而急剧降低。板条马氏体塑性、韧性相当好，是一种强韧性优良的组织。

一般钢中，马氏体转变是在不断降温中(M_s－M_f)进行的，而且转变具有不完全性特点，转变后总有部分残余奥氏体存在。钢的碳的质量分数越高，M_s、M_f 温度越低，淬火后残余奥氏体(A′)越多。随着碳的质量分数或合金元素(除 Co 外)增加，马氏体转变点不断降低，碳的质量分数大于 0.5%的碳钢和许多合金钢的 M_f 都在室温以下。如果将淬火工件冷到室温后，又随即放到零下温度的冷却介质中冷却(如干冰＋酒精、液态氧等)，残余奥氏体将继续向马氏体转变，这种热处理工艺称冷处理。冷处理可达到增加硬度、耐磨性与稳定工件尺寸的目的。

4.2　钢的普通热处理

常用热处理工艺可分为两类：预先热处理和最终热处理。预先热处理是消除坯料、半成品中的某些缺陷，为后续的冷加工和最终热处理做组织准备。最终热处理是使工件获得所要求的性能。

4.2.1　钢的退火与正火

退火与正火主要用于钢的预先热处理，其目的是消除和改善前一道工序(铸、锻、焊)所造成的某些组织缺陷及内应力，也为随后的切削加工及热处理做好组织和性能上的准备。退火与正火除经常作预先热处理工序外，对一般铸件、焊接件以及一些性能要求不高的工件，也可作最终热处理。

1. 钢的退火

根据钢的成分、退火工艺与目的不同，退火常分为完全退火、球化退火、等温退火、均匀化退火、去应力退火和再结晶退火等。

1）完全退火

完全退火首先是把亚共析钢加热到 Ac_3 以上 30～50℃，保温一段时间，随炉缓慢冷却(随炉或埋入干砂、石灰中)，以获得接近平衡组织的热处理工艺。

完全退火主要用于亚共析碳钢和合金钢的铸件、锻件、焊接件等。其目的是细化晶粒，消除内应力，降低硬度，改善切削加工性能等。

2）球化退火

球化退火是使钢中碳化物球状化而进行的退火工艺。一般球化退火是把过共析钢加热到 Ac_1 以上 10～20℃，保温一定时间后缓慢冷却到 600℃以下出炉空冷的一种热处理工艺。

球化退火主要用于过共析成分的碳钢和合金工具钢。加热温度只使部分渗碳体溶解到奥氏体中，在随后的缓慢冷却过程中形成在铁素体基体上分布球状渗碳体的组织，这种组织称为球化体(球状珠光体)。球化退火的目的是使二次渗碳体及珠光体中片状渗碳体球状化，从而降低硬度，改善切削加工性，并为淬火做好组织准备。

若钢原始组织中存在严重渗碳体网时，应采用正火将其消除后再进行球化退火。

3）等温退火

对于奥氏体比较稳定的钢，完全退火全过程所需的时间长达数十小时，为缩短整个退火周期可采用等温退火。其目的与完全退火、等温球化退火相同。但等温退火能得更均匀的组织与硬度，而且显著缩短生产周期，主要用于高碳钢、合金工具钢和高合金钢。

4）均匀化退火

合金铸锭在结晶过程中，往往易于形成较严重的枝晶偏析。为了消除铸造结晶过程中产生的枝晶偏析，使成分均匀化，改善性能，需要进行均匀化退火。均匀化退火是把合金钢铸锭或铸件加热到 Ac_3 以上 150～200℃，保温 10～15h 后缓慢冷却的热处理工艺。由于加热温度高、时间长，会引起奥氏体晶粒的严重粗化。因此一般还需要进行一次完全退火或正火。

5）去应力退火

去应力退火是为了去除锻件、焊件、铸件及机加工工件中内存的残余应力而进行的退火。

去应力退火将工件缓慢加热到 Ac_1 以下 100～200℃，保温一定时间后随炉慢冷至 200℃，再出炉冷却。去应力退火是一种无相变的退火。

2. 钢的正火

将钢材或钢件加热到 Ac_3 或 Ac_{cm} 以上 30～50℃，保温一定的时间，出炉后在空气中冷却的热处理工艺称为正火。

正火与退火的主要区别是：正火的冷却速度较快，过冷度较大，因此正火后所获得的组织比较细，强度和硬度比退火高一些。

正火是成本较低和生产率较高的热处理工艺。在生产中应用如下。

(1) 对于要求不高的结构零件，可作最终热处理。正火可细化晶粒，正火后组织的力学性能较高。而大型或复杂零件淬火时，可能有开裂危险，所以正火可作为普通结构零件或大型、复杂零件的最终热处理。

(2) 改善低碳钢的切削加工性。正火能减少低碳钢中先共析相铁素体，提高珠光体的量和细化晶粒。所以能提高低碳钢的硬度，改善其切削加工性。

(3) 作为中碳结构钢的较重要工件的预先热处理。对于性能要求较高的中碳结构钢，正火可消除由于热加工造成的组织缺陷，且硬度还在 160～230HBS 范围内，具有良好的切削加工性，并能减少工件在淬火时的变形与开裂，提高工件质量。为此，正火常作为较重要工件的预先热处理。

（4）消除过共析钢中二次渗碳体网。正火可消除过共析钢中二次渗碳体网，为球化退火做组织准备。

各种退火与正火温度的工艺如图 4.12 所示。

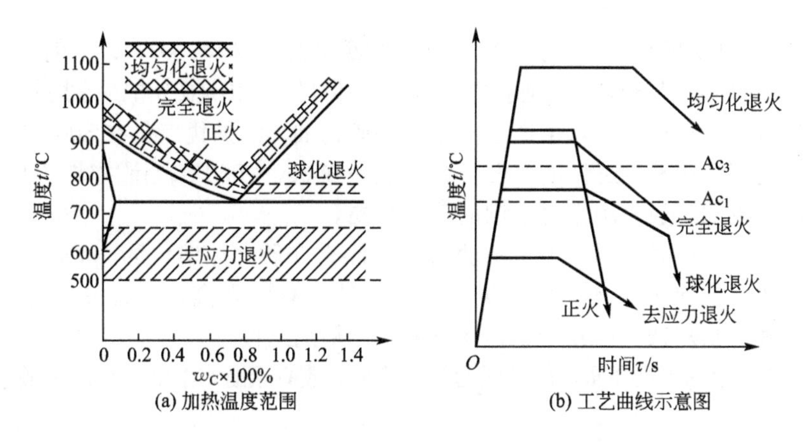

图 4.12　各种退火与正火温度的工艺示意图

4.2.2　钢的淬火

淬火是将钢件加热到 Ac_3 或 Ac_1 以上 30～50℃，保温一定时间，然后以大于淬火临界冷却速度冷却获得马氏体或贝氏体组织的热处理工艺。

淬火的目的是得到马氏体组织。再经回火后，使工件获得良好的使用性能，以充分发挥材料的潜力。

1. 钢的淬火工艺

1）淬火加热温度的选择

碳素钢的淬火加热温度由 Fe－Fe_3C 相图来确定，如图 4.13 所示。

亚共析钢淬火加热温度为 Ac_3 以上 30～50℃，因为在这一温度范围内可获得全部细小的奥氏体晶粒，淬火后得到均匀细小的马氏体。若淬火温度高，则引起奥氏体晶粒粗大。淬火后将得到粗大的马氏体组织，会降低钢的性能。若淬火加热温度过低，则淬火组织中有铁素体出现，使钢出现软点，使淬火硬度不足。

共析钢和过共析钢淬火加热温度为 Ac_1 以上 30～50℃，此时的组织为奥氏体或奥氏体加渗碳体颗粒，淬火后获得细小马氏体和球状渗碳体，由于有高硬度的渗碳体和马氏体存在，能保证得到最高的硬度和耐磨性。如果加热温度超过

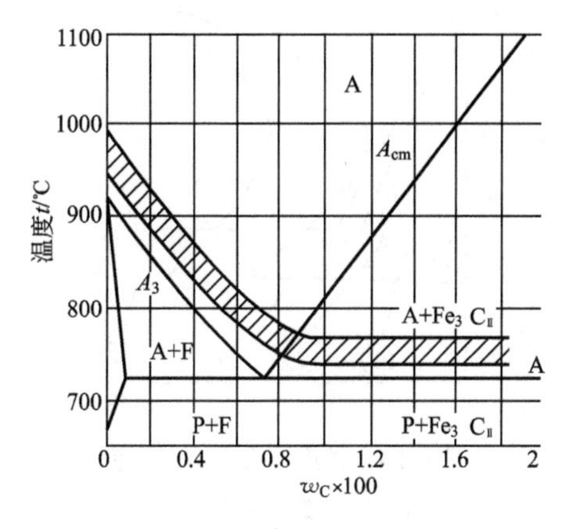

图 4.13　碳钢的淬火加热温度范围

Ac_{cm}，将导致渗碳体消失，奥氏体晶粒粗大，淬火后残余奥氏体量增加，硬度和耐磨性都会降低，同时还会引起严重的淬火变形，甚至开裂。

对含有阻碍奥氏体晶粒长大的强碳化物形成元素(如钛、铌、锆等)的合金钢，淬火温度可以高一些，以加速其碳化物的溶解，获得较好的淬火效果。而对促进奥氏体长大元素(如锰等)含量较高的合金钢，淬火加热温度则应低一些，以防止晶粒粗大。

2）淬火冷却介质

目前常用的淬火介质有水、油和盐浴。

水是最便宜而且在650～550℃范围内具有很大的冷却能力，但在300～200℃时也能很快冷却，所以容易引起工件的变形与开裂，这是水的最大缺点，但目前水仍是碳钢的最常用淬火介质。

油也是最常用的淬火介质，生产上多用各种矿物油。油的优点是在300～200℃范围内冷却能力低，这有利于减少工件的变形。其缺点是在650～550℃范围内冷却能力也低，不适用于碳钢，所以油一般只用作合金钢的淬火介质。

为了减少工件淬火时变形，可采用盐浴作为淬火介质，如熔化的$NaNO_3$，KNO_3等。主要用于贝氏体等温淬火、马氏体分级淬火。其特点是沸点高，冷却能力介于水与油之间，常用于处理形状复杂、尺寸较小和变形要求严格的工件。

为了寻求较理想的淬火介质，已发展的新型淬火介质有聚醚水溶液、聚乙烯醇水溶液等。

2. 淬火方法

常用淬火方法如下。

1）单介质淬火

将淬火加热后钢件在一种冷却介质中冷却，如图4.14曲线①所示。例如碳钢在水中淬火，合金钢或尺寸很小的碳钢工件在油中淬火。

单介质淬火操作简单，易实现机械化、自动化，应用广泛。缺点是：水淬容易变形或开裂；油淬大型零件容易产生硬度不足现象。

2）双介质淬火

将淬火加热后钢件先淬入一种冷却能力较强的介质中，在钢件还未到达该淬火介质温度前即取出，马上再淬入另一种冷却能力较弱介质中冷却。例如先水后油的双介质淬火法，如图4.14曲线②所示。

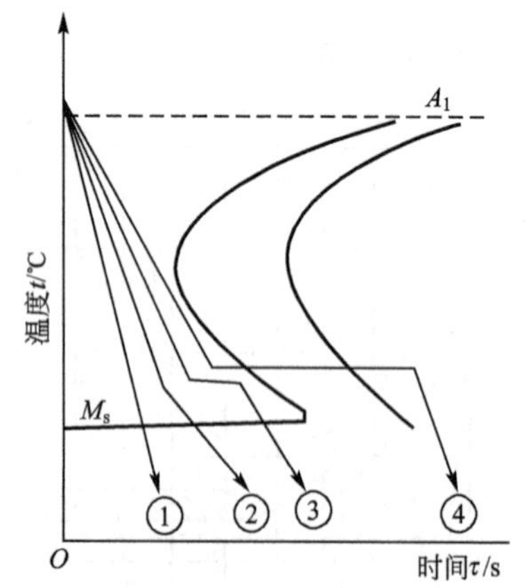

图4.14　常用淬火方法示意图

①—单介质淬火　②—双介质淬火

③—马氏体分级淬火　④—贝氏体等温淬火

双介质淬火法的目的是使过冷奥氏体在缓慢冷却条件下转变成马氏体，减少热应力与相变应力，从而减少变形、防止开裂。这种工艺的缺点是不易掌握从一种淬火介质转入另一种淬火介质的时间，要求有熟练的操作技艺。它主要用于中等形状复杂的高碳钢和尺寸较大的合金钢工件。

3）马氏体分级淬火

将淬火加热后的钢件，迅速淬入温度稍高或稍低于M_s点的硝盐浴或碱浴中冷却，在介质中短时间停留，待钢中内外层达到介质温度后取出空冷，以获得马氏体组织。这种工艺特点是在钢件内外温度基本一致时，使过冷奥氏体在缓冷条件下转变成马氏体，从而减少变形，如图 4.14 曲线③所示。这种工艺的缺点是由于钢件在盐浴和碱浴中冷却能力不足，只适用于尺寸较小的零件。

4）贝氏体等温淬火

将淬火加热后的钢件迅速淬入温度稍高于 M_s 点的硝盐浴或碱浴中，保持足够长时间，直至过冷奥氏体完全转变为下贝氏体，然后在空气中冷却，如图 4.14 曲线④所示。下贝氏体的硬度略低于马氏体，但综合力学性能较好，因此在生产中被广泛应用，如一般弹簧、螺栓、小齿轮、轴、丝锥等的热处理。

5）局部淬火

对于有些工件，如果只是局部要求高硬度，可将工件整体加热后进行局部淬火。为了避免工件其他部分产生变形和开裂，也可局部进行加热淬火冷却。

4.2.3　钢的淬透性

淬透性是钢的主要热处理性能。钢在淬火过程中，沿工件截面各处的实际冷却速度是不同的，表层的实际冷却速度总大于内部，而中心部的冷却速度最低。如图 4.15 所示，如果表层的冷却速度大于临界冷却速度 v_k，而心部的冷却速度低于临界冷却速度，则表层获得马氏体表层与心部之间依次为马氏体、屈氏体、索氏体、珠光体，也即钢仅被淬火到一定深度。

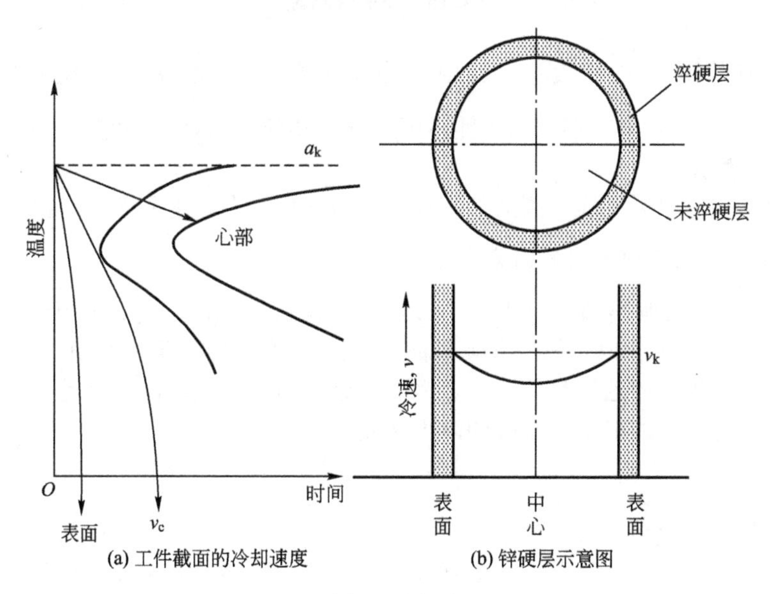

(a) 工件截面的冷却速度　　(b) 锌硬层示意图

图 4.15　冷却速度与淬硬层深度

如果心部的冷却速度也大于临界冷却速度 v_k，则沿工件截面均获得马氏体组织，即钢被淬透。

1. 淬透性的概念

淬透性是指钢在淬火时获得淬硬层深度的能力。其大小是用规定条件下淬硬层深度来表示。

淬硬层深度是指由工件表面到半马氏体区（50%M ＋ 50%P）的深度。淬透性高的钢，其力学性能沿截面均匀分布；淬透性低的钢，其截面心部的力学性能低。

测定钢的淬透性最常用的方法是末端淬火法。将 $\phi25\times100$mm 的标准试样经奥氏体化后，对末端进行喷水冷却，如图 4.16 所示。按规定方法测定硬度值，作出淬透性曲线。利用钢的半马氏体区硬度与钢的碳含量关系图和淬透性曲线图可找出其淬透性的大小。

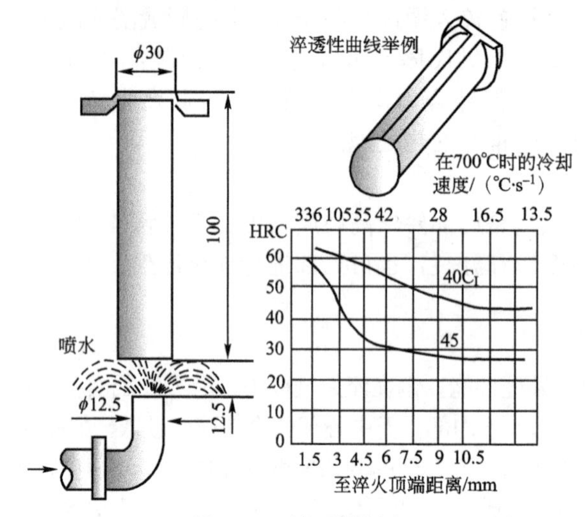

图 4.16　淬透性测定

淬透性的值可用 $J\dfrac{\text{HRC}}{d}$ 表示。其中 J 表示末端淬透性，d 表示至水冷端的距离，HRC 为该处测得的硬度值。钢的淬透性还可用钢在某种冷却介质中完全淬透的最大直径，即临界直径 D_0 表示。

淬硬性是指钢淬火后所能达到的最高硬度，即硬化能力。主要取决于含碳量。

2. 影响淬透性及淬硬深度的因素

钢的淬透性取决于临界冷却速度 v_k，v_k 越小，淬透性越高。v_k 取决于 C 曲线的位置，C 曲线越靠右，v_k 越小。因而凡是影响 C 曲线的因素都是影响淬透性的因素。

碳钢中以共析钢的淬透性最好，合金钢的淬透性高于碳钢。淬透性差的合金必须使用冷却能力大的冷却介质才能获得足够的淬火深度。

3. 淬透性的应用

对具体零件要作具体的分析。主要考虑以下几个方面。

(1) 对于截面尺寸较大和形状较复杂的重要零件以及要求力学性能均匀的零件，应选用高淬透性的钢制造。

(2) 对于承受弯曲和扭转的轴类、齿轮类零件，可选用低淬透性的钢制造。

(3) 设计和制造零件时，必须考虑钢的热处理尺寸效应。

4.2.4　钢的回火

将淬火钢重新加热到 Ac_1 点以下的某一温度，保温一定时间后冷却到室温的热处理工艺称为回火。一般淬火件必须经过回火才能使用。

1. 回火的目的

(1) 获得工件所要求的力学性能。工件淬火后得到马氏体组织硬度高、脆性大，为了满足各种工件的性能要求，可以通过回火调整硬度、强度、塑性和韧性。

(2) 稳定工件尺寸。淬火马氏体和残余奥氏体都是不稳定组织，它们具有自发地向稳定组织转变的趋势，因而将引起工件的形状与尺寸的改变。通过回火使淬火组织转变为稳定组织，从而保证在使用过程中不再发生形状与尺寸的改变。

(3) 降低脆性，消除或减少内应力。工件在淬火后存在很大内应力，如不及时通过回火消除，会引起工件进一步的变形与开裂。

2. 淬火钢在回火时组织的转变

钢经淬火后，获得马氏体与残余奥氏体是亚稳定相。在回火加热、保温中，都会向稳定的铁素体和渗碳体(或碳化物)的两相组织转变。根据碳钢回火时发生的过程和形成组织，一般回火分为 4 个转变。

1) 马氏体分解

淬火钢在 100℃以下，内部组织的变化并不明显，硬度基本上也不下降。当回火温度大于 100℃时，马氏体开始分解，马氏体中碳以 ε-碳化物($Fe_{2.4}C$)形式析出，使马氏体中碳的过饱和度降低，晶格畸变度减弱，内应力有所下降，析出 ε-碳化物不是一个平衡相，而是向 Fe_3C 转变的过渡相。

这一转变的回火组织是由过饱和 α 固溶体与 ε-碳化物所组成，这种组织称为回火马氏体。马氏体这一分解过程一直进行到约 350℃。马氏体中碳的质量分数越多，析出碳化物越多。对于 $w_C \leqslant 0.2\%$的低碳马氏体，在这一阶段不析出碳化物，只发生碳原子在位错附近的偏聚。

2) 残余奥氏体的转变

回火温度达到 200～300℃时，马氏体继续分解，残余奥氏体也开始发生转变，转变为下贝氏体。下贝氏体与回火马氏体相似，这一转变后的主要组织仍为回火马氏体，此时硬度没有明显下降，但淬火内应力进一步减少。

3) 碳化物的转变

回火温度在 250～450℃时，因碳原子的扩散能力增大，碳过饱和 α 固溶体转变为铁素体，同时 ε-碳化物亚稳定相也转变为稳定的细粒状渗碳体，淬火内应力基本消除，硬度有所降低，塑性和韧性得到提高，此时组织由保持马氏体形态的铁素体和弥散分布的极细小的片状或粒状渗碳体组成，称为回火屈氏体。

4) 渗碳体的聚集长大和铁素体再结晶

回火温度大于 450℃时，渗碳体颗粒将逐渐聚集长大，随着回火温度升到 600℃时，铁素体发生再结晶，使铁素体完全失去原来的板条状或片状，而成为多边形晶粒，此时组织由多边形铁素体和粒状渗碳体组成，称为回火索氏体。

回火碳钢硬度变化的总趋势是随回火温度的升高而降低。

3. 回火种类与应用

根据对工件力学性能要求不同，按其回火温度范围，可将回火分为 3 种。

1) 低温回火

淬火钢件在 250℃以下回火称低温回火。回火后组织为回火马氏体，基本上保持淬火钢的高硬度和高耐磨性，淬火内应力有所降低。主要用于要求高硬度、高耐磨性的刃具、冷作模具、量具和滚动轴承，渗碳、碳氮共渗和表面淬火的零件。回火后硬度为 58～64HRC。

2）中温回火

淬火钢件在350～500℃之间回火称为中温回火。回火后组织为回火屈氏体。具有高的屈强比，高的弹性极限和一定的韧性，淬火内应力基本消除。常用于各种弹簧和模具热处理，回火后硬度一般为35～50HRC。

3）高温回火

淬火钢件在500～650℃回火称为高温回火。回火后组织为回火索氏体，具有强度、硬度、塑性和韧性都较好的综合力学性能。因此，广泛用于汽车、拖拉机、机床等承受较大载荷的结构零件，如连杆、齿轮、轴类、高强度螺栓等。回火后硬度一般为200～330HBS。

生产中常把淬火＋高温回火热处理工艺称为调质处理。调质处理后的力学性能(强度、韧性)比相同硬度的正火好，这是因为前者的渗碳体呈粒状，后者为片状。

调质一般作为最终热处理，但也作为表面淬火和化学热处理的预先热处理。调质后的硬度不高，便于切削加工，并能获得较低的表面粗糙度值。

除了以上3种常用回火方法外，某些精密的工件，为了保持淬火后的硬度及尺寸的稳定性，常进行低温(100～150℃)长时间(10～50h)保温的回火，称为时效处理。

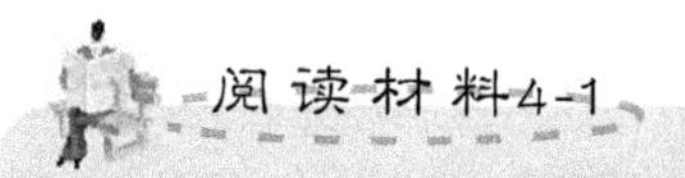

薄壁轴承套圈的热处理新工艺

轴承(图4.17)在热处理中，一些外径较大的薄壁轴承套圈按常规热处理工艺淬火后，出现很大的椭圆变形，不得不进行分选，对超差的套圈进行修正。因此，应对薄壁轴承套圈的热处理工艺进行研究，以减小套圈的变形。

图4.17　各种类型的轴承

以6014-2RLD外圈为例，材料为GCr15；热处理设备为吸热式保护气氛的托辊式网带热处理生产线；淬火油为1#等温分级淬火油，正常使用温度为80～120℃。原热处理工艺为：淬火温度855℃，加热时间30min；淬火油温100℃，一台循环油泵和一台冷却油泵正常开动；回火温度180℃，回火时间3h。按该工艺热处理后套圈圆度误差较大，变形超过0.20mm的占50%以上，因此分选及校正的工作量很大。

新的热处理工艺确定为：淬火温度820℃，加热时间40min，淬火油温120℃，关停循环油泵和冷却油泵，无油的搅拌；回火温度180℃，回火时间3h。

结论：对于外径较大的薄壁易变形轴承套圈，通过降低淬火温度(820～830℃)，选择适当的加热时间，提高淬火油温度(120℃)，降低油的搅拌速度(甚至不搅拌)，可有效减小套圈的热处理变形。

资料来源：杨健.《轴承》. 2010年1期.

4.3 钢的表面热处理

机械中的许多零件都是在弯曲和扭转等交变载荷、冲击载荷的作用或强烈摩擦的条件下工作的，如齿轮、凸轮轴、机床导轨等，要求金属表层具有较高的硬度以确保其耐磨性和抗疲劳强度，而心部具有良好的塑性和韧度以承受较大的冲击载荷。为满足零件的上述要求，生产中采用了一种特定的热处理方法，即表面热处理。

表面热处理可分为表面淬火和表面化学热处理两大类。

4.3.1 钢的表面淬火

表面淬火是通过快速加热使钢表层奥氏体化，而不等热量传至中心，立即进行淬火冷却，仅使表面层获得硬而耐磨的马氏体组织，而心部仍保持原来塑性、韧性较好的退火、正火或调质状态的组织。表面淬火不改变零件表面化学成分，只是通过表面快速加热淬火，改变表面层的组织来达到强化表面的目的。

许多机械零件，如轴、齿轮、凸轮等，要求表面硬而耐磨，有高的疲劳强度，而心部要求有足够的塑性、韧性，采用表面淬火，使钢表面得到强化，能满足上述要求。

碳的质量分数在 0.4%～0.5%的优质碳素结构钢最适宜于表面淬火。这是由于中碳钢经过预先热处理(正火或调质)以后再进行表面淬火处理，既可以保持心部原有良好的综合力学性能，又可使表面具有高硬度和耐磨性。

表面淬火后，一般需进行低温回火，以减少淬火应力和降低脆性。

表面淬火方法很多，目前生产中应用最广泛的是感应加热表面淬火，其次是火焰加热表面淬火。

1. *感应加热表面淬火*

感应加热表面淬火是利用感应电流通过工件表面所产生的热效应，使表面加热并进行快速冷却的淬火工艺。

感应表面加热淬火法的原理，如图 4.18 所示。当感应圈中通入交变电流时，产生交变磁场，于是在工件中便产生同频率的感应电流。由于钢本身具有电阻，因而集中于工件表面的电流，可使表层迅速加热到淬火温度，而心部温度仍接近室温，随后立即喷水(合金钢浸油)快速冷却，使工件表面淬硬。

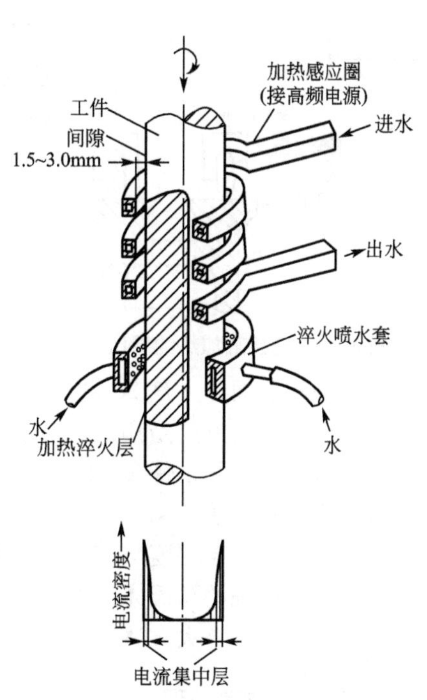

图 4.18 感应加热表面淬火示意图

所用电流频率主要有 3 种：第一种是高频感应加热，常用频率为 200～300kHz，淬硬层为 0.5～2mm，适用于中小模数齿轮及中小尺寸的轴类零件；第二种是中频感应加热，常用频率为 2500～3000Hz，淬硬层深度为 2～10mm，适用于较大尺寸的轴和大中模数的齿轮等；第三种是工频感应加热，电流频率为50Hz，硬化层深度可达10～20mm，适用于大尺寸的零件，如轮辊、火车车轮等。此外还有超音频感应加热，它是20世纪60年代后发展起来的，频率为30～40kHz。适用于硬化层略深于高频，且要求硬化层沿表面均匀分布的零件，例如中小模数齿轮、链轮、轴、机床导轨等。

感应加热速度极快，加热淬火有如下特点：第一，表面性能好，硬度比普通淬火高2～3HRC，疲劳强度较高，一般工件可提高20%～30%；第二，工件表面质量高，不易氧化脱碳，淬火变形小；第三，淬硬层深度易于控制，操作易于实现机械化、自动化，生产率高。

对于表面淬火零件的技术要求，在设计图纸上应标明淬硬层硬度与深度、淬硬部位，有的还应提出对金相组织及限制变形等要求。

2. 火焰加热表面淬火

火焰加热表面淬火是以高温火焰作为加热源的一种表面淬火方法。常用火焰为乙炔-氧火焰(最高温度为3200℃)或煤气-氧火焰(最高温度为2400℃)。高温火焰将钢件表面迅速加热到淬火温度，随即喷水快冷使表面淬硬。火焰加热表面淬硬层通常为2～8mm。

火焰加热表面淬火设备简单，方法易行，但火焰加热温度不易控制，零件表面易过热，淬火质量不够稳定。火焰淬火尤其适宜处理特大或特小件、异型工件等，如大齿轮、轧辊、顶尖、凹槽、小孔等。

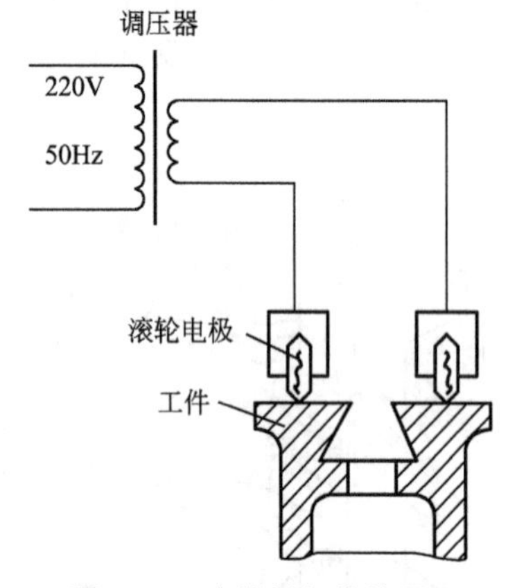

图4.19　电接触加热的原理

3. 电接触加热表面淬火

电接触加热的原理如图4.19所示，当工业电流经调压器降压后，电流通过压紧在工件表面的滚轮与工件形成回路，利用滚轮与工件之间的高接触电阻实现快速加热，滚轮移去后，由于基体金属吸热，表面自激冷淬火。

电接触表面淬火可显著提高工件表面的耐磨性和抗擦伤能力。设备及工艺简单易行，硬化层薄，一般为0.15～0.35mm。适用于表面形状简单的零件，目前广泛用于机床导轨、汽缸套等表面淬火。

4. 激光加热表面淬火

激光加热表面淬火是20世纪70年代发展起来的一种新型的高能密度的表面强化方法。这种表面淬火方法是用激光束扫描工件表面，使工件表面迅速加热到钢的临界点以上，而当激光束离开工件表面时，由于基体金属的大量吸热，使表面获得急速冷却而自淬火，故无需冷却介质。

激光淬火硬化层深度与宽度一般为：深度小于0.75mm，宽度小于1.2mm。激光淬火后表层可获得极细的马氏体组织，硬度高且耐磨性好。激光淬火能对形状复杂，特别是某些部位用其他表面淬火方法极难处理的(如拐角、沟槽、盲孔底部或深孔)工件。

4.3.2　钢的化学热处理

化学热处理是将金属或合金工件置于一定温度的活性介质中加热和保温，使介质中分解出一种或几种活性原子经过吸收、扩散渗入工件表面，以改变表面层的化学成分和组织，使表面层具有不同于心部的性能的一种热处理工艺。

化学热处理的种类和方法很多，最常见的有渗碳、氮化、碳氮共渗等。

1. 钢的渗碳

将钢件在渗碳介质中加热并保温使碳原子渗入表层的化学热处理工艺，称为渗碳。渗碳的目的是提高工件表面的硬度和耐磨性，同时保持心部的良好韧性。

常用渗碳材料是碳的质量分数一般为 w_C=0.1%～0.25%的低碳钢和低碳合金钢，经过渗碳后，再进行淬火与低温回火，可在零件的表层和心部分别得到高碳和低碳的组织。一些重要零件如汽车、拖拉机的变速箱齿轮、活塞销、摩擦片等，它们都是在循环载荷、冲击载荷、很大接触应力和严重磨损条件下工作的。因此要求此类零件表面具有高的硬度、耐磨性及疲劳强度，心部具有较高的强度和韧性。

常用渗碳温度为900～950℃，渗碳层厚度一般为0.5～2.5mm。气体渗碳法如图4.20所示。

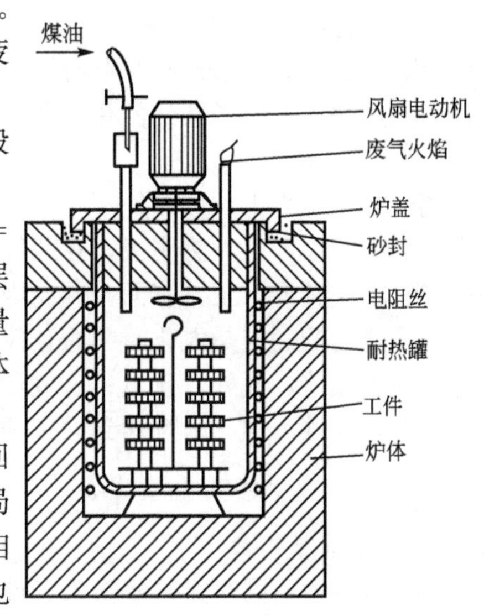

图4.20 气体渗碳法示意图

低碳钢零件渗碳后，表面层碳的质量分数 w_C=0.85%～1.05%。低碳钢渗碳缓冷后的组织，表层为珠光体+网状二次渗碳体，心部为铁素体+少量珠光体，两者之间为过渡区，愈靠近表面层铁素体愈少。

对渗碳件，在设计图纸上应标明渗碳淬火、回火后的硬度(表面和心部)、渗碳的部位(全部或局部)及渗层深度等。对重要的渗碳件还应提出对金相组织的要求。当工件上某些部位不要求渗碳时，也应在图纸上标明，并采用镀铜或其他方法防止该部位渗碳，或留出加工余量，渗碳后再切削除去。

工件经渗碳后都应进行淬火+低温回火。最终表面为细小片状回火马氏体及少量渗碳体，硬度可达58～64HRC，耐磨性很好；心部的组织决定于钢的淬透性，普遍低碳钢如15、20钢，心部组织为铁素体和珠光体，低碳合金钢如20CrMnTi心部组织为回火低碳马氏体(淬透件)，具有较高的强度和韧性。

2. 钢的氮化

氮化是在一定温度(一般在 Ac_1 以下)使活性氮原子渗入工件表面的化学热处理工艺，也称渗氮。氮化的目的是提高工件表面的硬度、耐磨性、疲劳强度及耐蚀性。氮化广泛应用于耐磨性和精度均要求很高的零件，如镗床主轴、精密传动齿轮；在循环载荷下要求高疲劳强度的零件，如高速柴油机曲轴；以及要求变形很小和具有一定抗热、耐蚀能力的耐磨件，如阀门、发动机汽缸以及热作模具等。

1) 气体氮化

气体氮化是向密闭的渗氮炉中通入氨气，利用氨气受热分解来提供活性氮原子。氮化温度一般为550～570℃，因此氮化件变形很小，比渗碳件变形小得多，同样也比表面淬火件变形小。

应用最广泛的氮化用钢是38CrMoAl钢，钢中Cr、Mo、Al等合金元素在氮化过程中形成高度弥散、硬度极高的稳定化合物，如 CrN、MoN、A1N 等。氮化后工件表面硬度可高达 950～1200HV(相当于 68～72HRC)，具有很高的耐磨性，因此钢氮化后，不需要进行淬火处理。

结构钢氮化前，宜先进行调质处理，获得回火索氏体组织，以提高心部的性能，同时也为了减少氮化中的变形。由于氮化层很薄，一般不超过 0.6～0.7mm，因此氮化往往是加工工艺路线中最后一道工序，氮化后至多再进行精磨。工件上不需要氮化部分可用镀锡等保护。

对氮化工件，在设计图纸上应标明氮化层表面硬度、厚度、氮化区域、心部硬度。重要工件还应提出心部硬度、金相组织及氮化层脆性级别等具体要求。

气体氮化的主要缺点是生产周期长，例如要得到 0.3～0.5mm 的渗层，需要 20～50h，因此成本高。此外氮化层较脆，不能承受冲击，在使用上受到一定限制。目前国内外针对上述缺点发展了新的氮化工艺，如离子氮化等。

2）离子氮化

离子氮化是将工件放在低于一个大气压的真空容器内，通入氨气或氮氢混合气体，以真空容器为阳极，工件为阴极，在两极间加直流高压，迫使电离后的氮正离子高速冲击工件(阴极)，使其渗入工件表面，并向内扩散形成氮化层。

离子氮化的优点是氮化时间短，仅为气体氮化的 1/3～1/2，易于控制操作，氮化层质量好，脆性低些，此外，省电、省气、无公害。缺点是工件形状复杂或截面相差悬殊时，由于温度均匀性不够，很难达到同一硬度和渗层深度。

3. 钢的碳氮共渗与氮碳共渗

1）气体碳氮共渗

在一定温度下同时将碳氮渗入工件表层奥氏体中，并以渗碳为主的化学热处理工艺称碳氮共渗。

由于共渗温度(850～880℃)较高，它是以渗碳为主的碳氮共渗过程，因此处理后要进行淬火和低温回火处理。共渗深度一般为 0.3～0.8mm，共渗层表面组织由细片状回火马氏体、适量的粒状碳氮化合物，以及少量的残余奥氏体组成。表面硬度可达 58～64HRC。

气体碳氮共渗所用的钢，大多为低碳钢或中碳钢和合金钢如：20CrMnTi、40Cr 等。

气体碳氮共渗与渗碳相比，具有处理温度低且便于直接淬火，故变形小，共渗速度快、时间短、生产效率高，耐磨性高等优点。主要用于汽车和机床齿轮、蜗轮、蜗杆和轴类等零件的热处理。

2）气体氮碳共渗(软氮化)

工件表面渗入氮和碳，并以渗氮为主的化学热处理，称为氮碳共渗。常用的共渗温度为 560～570℃，由于共渗温度较低，共渗 1～3h，渗层可达 0.01～0.02mm，又称低温碳氮共渗。与气体氮化相比，渗层硬度较低，脆性较低，故又称软氮化。

氮碳共渗具有处理温度低、时间短、工件变形小的特点，而且不受钢种限制，碳钢、合金钢及粉末冶金材料均可进行氮碳共渗处理，达到提高耐磨性、抗咬合、疲劳强度和耐蚀性的目的。由于共渗层很薄，不宜在重载下工作，目前软氮化广泛应用于模具、量具、刃具以及耐磨、承受弯曲疲劳的结构件。

4.4　钢的其他热处理方法

为了提高零件力学性能和产品质量，节约能源，降低成本，提高经济效益，以及减少或防止环境污染等，发展了许多热处理新技术、新工艺。

1. 真空热处理

真空热处理是指金属工件在真空中进行的热处理。其主要优点为：在真空中加热，升温速度很慢，因而工件变形小；化学热处理时渗速快、渗层浓度均匀易控；节能、无公害、工作环境好；可以净化表面，因为在高真空中，表面的氧化物、油污发生分解，工件可得光亮的表面，提高耐磨性、疲劳强度，防止工件表面氧化；脱气作用，有利于改善钢的韧性，提高工件的使用寿命。缺点是真空中加热速度缓慢、设备复杂昂贵。真空热处理包括真空退火、真空淬火、真空回火和真空化学热处理等。

真空退火主要用于活性金属、耐热金属及不锈钢的退火处理；铜及铜合金的光亮退火；磁性材料的去应力退火等。真空淬火是指工件在真空中加热后快速冷却的淬火方法。淬火冷却可用气冷(惰性气体或高纯氮气)、油冷(真空淬火油)、水冷，应由工件材料选择。它广泛应用于各种高速钢、合金工具钢、不锈钢及失效钢、硬磁合金的固溶淬火。值得说明的是淬火介质的冷却能力有待提高。真空淬火后应真空回火。

多种化学热处理(渗碳、渗金属)均可在真空中进行。例如真空渗碳具有渗碳速度快，渗碳时间减少近半，渗碳均匀，表面无氧化等优点。

2. 形变热处理

形变强化和热处理强化都是金属及合金最基本的强化方法。将塑性变形和热处理有机结合起来，以提高材料力学性能的复合热处理工艺，称为形变热处理。在金属同时受到形变和相变时，奥氏体晶粒细化，位错密度提高，晶界发生畸变，碳化物弥散效果增强，从而获得单一强化方法不可能达到的综合强韧化效果。

形变热处理的方法很多，通常分为高温形变热处理和中温形变热处理。

高温形变热处理是将工件加热到稳定的奥氏体区域，进行塑性变形然后立即进行淬火，发生马氏体相变，之后经回火达到所需性能。与普通热处理相比，不但能提高钢的强度，而且能显著提高钢的塑性和韧性，使钢的力学性能得到明显的改善。此外，由于工件表面有较大的残余压应力，使工件的疲劳强度显著提高。例如热轧淬火和热锻淬火。

中温形变热处理是将工件加热到稳定的奥氏体区域后，迅速冷却到过冷奥氏体的亚稳区进行塑性变形，然后进行淬火和回火。与普通热处理相比，强度效果非常明显。但工艺实现较难。

3. 热喷涂

热喷涂是指用专用设备把固体材料粉末加热熔化或软化并以高速喷射到工件表面，形成不同于基体成分的一种覆盖物(涂层)，以提高工件耐磨、耐蚀或耐高温等性能的工艺技术。其热源类型有气体燃烧火焰、气体放电电弧、爆炸以及激光等。因而有很多热喷涂方法，如粉末火焰喷涂、棒材火焰喷涂、等离子喷涂、感应加热喷涂、激光喷涂等。热喷涂的过程为：加热—加速—熔化—再加速—撞击基体—冷却凝固—形成涂层等工序。喷涂所用材料和喷涂的对象种类多、范围广。如金属、合金、陶瓷等均可作为喷涂材料，而金属、陶瓷、玻璃、木材、布帛都可以被喷涂而获得所需性能(耐磨、耐蚀、耐高温、耐热抗氧化、耐辐射、隔热、密封、绝缘等)。热喷涂过程简单、被喷涂物温升小，热应力引起变形小，不受工件尺寸限制，节约贵重材料，提高产品质量和使用寿命，因而广泛应用于机械、建筑、造船、车辆、化工、纺织等行业中。

4.5　热处理的技术条件和结构工艺性

4.5.1　热处理技术条件的标注

热处理零件在图纸上应注明热处理的技术条件，其内容包括最终热处理方法及热处理应达到的力学性能指标等。标定的硬度值允许有一个波动范围，一般布氏硬度波动范围在30～40个单位，洛氏硬度波动范围在5个单位左右。例如，调质220～250HBS，淬火回火40～45HRC。

常见的热处理工艺代号及技术条件的标注方法见表4-1。

表4-1　热处理技术条件要求的表示方法

名称	代号	说　　明
退火	Th	Th:退火
正火	Z	Z:正火
固溶处理	R	R:固溶处理
调质	T	T215:调质200～230HBS
淬火	C	C42:淬火42～47HRC
感应淬火	G	G48:感应淬火48～52HRC
		G0.8-48:感应淬火深度0.8～1.6,48～52HRC
调质感应淬火	T-G	T235-G48:调质220～250HBS感应淬火48～52HRC
火焰淬火	H	H42:火焰淬火42～48HRC
		H1.6-42:火焰淬火深度1.6～3.6,42～48HRC
渗碳、淬火	S-C	S0.8-C58:渗碳淬火深度0.8～1.2,58～63HRC
渗碳、感应淬火	S-G	S1.0-G58:渗碳感应淬火深度1.0～2.0,58～63HRC
碳氮共渗、淬火	Td-C	Td0.5-C5:碳氮共渗淬火深度0.5～0.8,58～63HRC
渗氮	D	D0.3-850:渗氮深度0.25～0.4,≥850HV
调质、渗氮	T-D	T265-D0.3-850:调质250～280HBS,渗氮深度0.25～0.4,≥850HV
氮碳共渗	Dt	Dt480:氮碳共渗≥480HV

4.5.2　热处理零件的结构工艺性

热处理零件的结构工艺性，是指在设计热处理零件，特别是淬火件时，一方面要满足热处理零件的使用性能要求，另一方面应考虑热处理工艺对零件结构的要求，不然会使热处理操作困难、增加淬火变形、开裂，使零件报废。因此设计人员需考虑热处理零件的结构工艺性，尽量考虑以下原则。

1. 避免尖角

零件的尖角是淬火应力集中的地方，往往成为淬火开裂的起点。因此，一般应尽量将尖角设计成圆角、倒角，以避免淬火开裂，如图 4.21 所示。

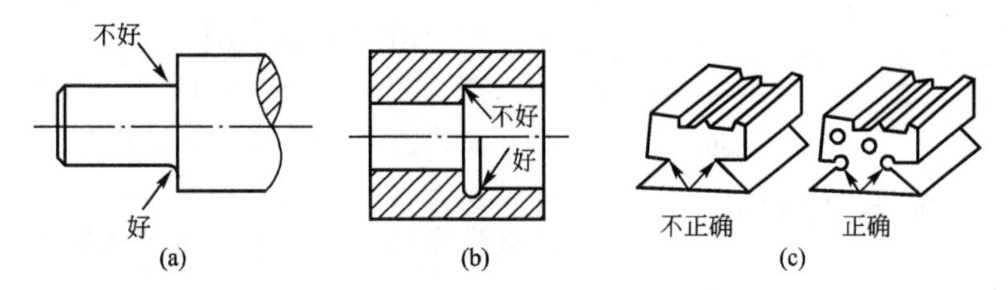

图 4.21　避免尖角、棱角的设计

2. 避免厚薄悬殊的截面

厚薄悬殊的零件淬火冷却时，由于冷却不均匀造成的变形、开裂倾向较大。为了避免厚薄悬殊造成淬火变形或开裂，可在零件太薄处加厚，或采用开工艺孔、变不通孔为通孔等方法。如图 4.22、图 4.23 所示。

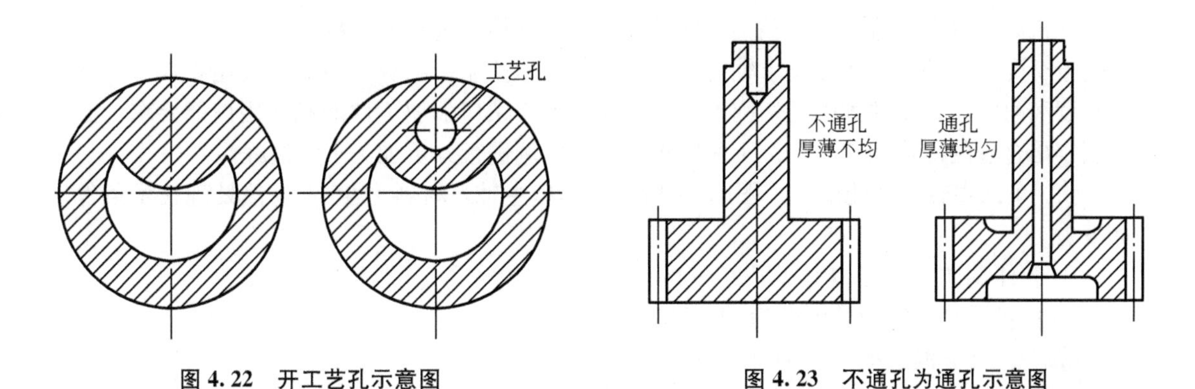

图 4.22　开工艺孔示意图　　图 4.23　不通孔为通孔示意图

3. 采用封闭、对称结构

开口或不对称结构的零件在淬火时应力分布亦不均匀，容易引起变形，应改为封闭或对称结构。图 4.24(a)所示的零件，中间单面有一槽，淬火将发生较大变形(如图中虚线所示)。改成图 4.24(b)所示零件，对使用无影响，却减少了淬火变形。图 4.25 所示是槽形零件，淬火前留筋形成封闭，热处理后切开或去掉。

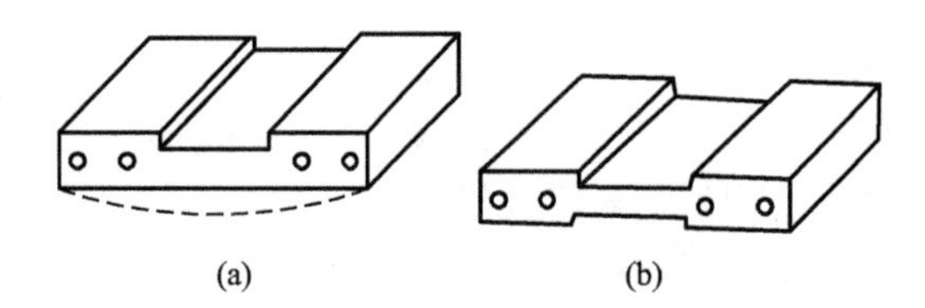

图 4.24 零件对称实例

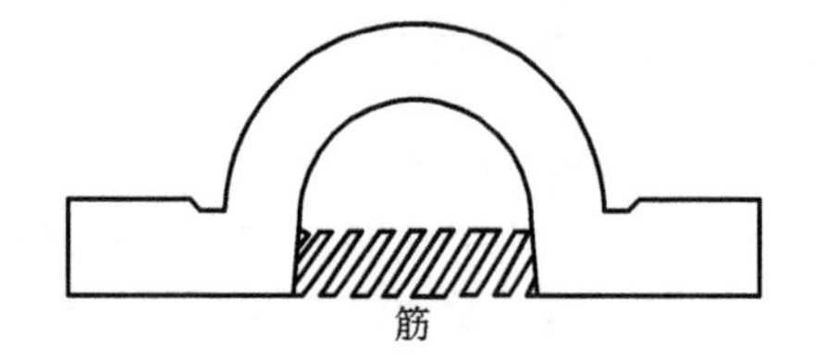

图 4.25 槽形零件淬火前留筋

4. 采用组合结构

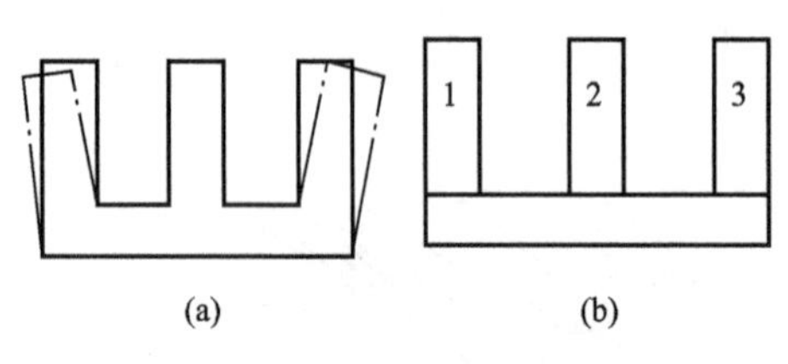

图 4.26 硅钢片冲模

某些有淬裂倾向而各部分工作条件要求不同的零件或形状复杂的零件，在可能条件下可采用组合结构或镶拼结构。

图 4.26(a)所示是山字形硅钢片冲模，如果将其做成整体，热处理后要变形(如虚线所示)。若把整体改为 4 块组合件，如图 4.26(b)所示，热处理变形可不考虑，将单块磨削后钳工装配组合即可。

4.6 典型零件热处理工艺分析

4.6.1 车床主轴热处理工艺

在机床、汽车制造业中，轴类零件是用量很大且相当重要的结构件之一。轴类零件常承受着交变应力的作用，故要求轴有较高的综合力学性能；承受摩擦的部位还要求有足够的硬度和耐磨性。零件大多经切削加工而制成，为兼顾切削加工性能和使用性能要求，必须制定出合理的冷热加工工艺。下面以车床主轴为例进行分析加工工艺过程。

(1) 车床主轴的性能要求　图 4.27 所示为车床主轴，材料为 45 钢。热处理技术条件如下。

① 整体调质后硬度为 HBW220～250。

② 内锥孔和外锥面处硬度为 HRC45～50。

③ 花键部分的硬度为 HRC48～53。

(2) 车床主轴工艺过程　生产中车床主轴的工艺过程如下：备料—锻造—正火—粗加工—调质—半精加工—局部淬火(内锥孔、外锥面)、回火—粗磨(外圆、内锥孔、外锥面)—滚铣花键—花键淬火、回火—精磨。

其中正火、调质为预备热处理，内锥孔及外锥面的局部淬火、回火和花键的淬火、回火属最终热处理，它们的作用和热处理工艺分别如下。

① 正火：正火是为了改善锻造组织，降低硬度(HBS170～230)以改善切削加工性能，也为调质处理作准备。

正火工艺：加热温度为 840～870℃，保温 1～1.5h，保温后出炉空冷。

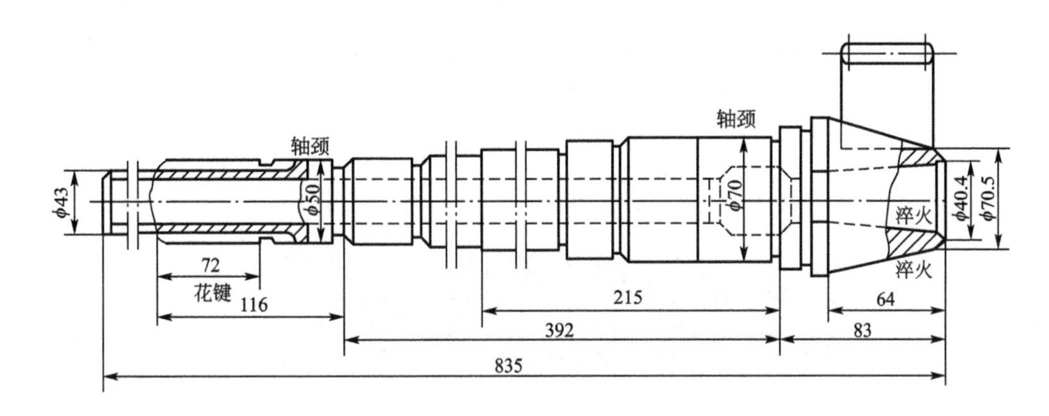

图 4.27　车床主轴

② 调质：调质是为了使主轴得到较高的综合力学性能和抗疲劳强度。经淬火和高温回火后硬度为 HBS200～230。调质工艺如下。

淬火加热：用井式电阻炉吊挂加热，加热温度为 830～860℃，保温 20～25min。

淬火冷却：将经保温后的工件淬入 15～35℃清水中，停留 1～2min 后空冷。

回火工艺：将淬火后的工件装入井式电阻炉中，加热至 550±10℃保温 1～1.5h 后，出炉浸入水中快冷。

③ 内锥孔、外锥面及花键部分经淬火和回火是为了获得所需的硬度。

内锥孔和外锥面部分的表面淬火可放入经脱氧校正的盐浴中快速加热，在 970～1050℃温度下保温 1.5～2.5min 后，将工件取出淬入水中，淬火后在 260～300℃温度下保温 1～3h(回火)，获得的硬度为 HRC45～50。

花键部分可采用高频淬火，淬火后经 240～260℃的回火，获得的硬度为 HRC48～53。

为减少变形，锥部淬火与花键淬火分开进行，并在锥部淬火及回火后，再经粗磨以消除淬火变形。而后再滚铣花键及花键淬火，最后以精磨来消除总变形，从而保证质量。

(3) 车床主轴热处理注意事项如下。

① 淬入冷却介质时应将主轴垂直浸入，并可做上下垂直窜动。

② 淬火加热过程中应垂直吊挂，以防工件加热过程中产生变形。

③ 在盐浴炉中加热时，盐浴应经脱氧校正。

4.6.2　20CrMnTi 变速箱齿轮的渗碳热处理工艺

汽车变速箱齿轮是汽车中的重要零件，齿轮可以改变发动机曲轴和传动轴的速度比，齿轮经常在较高的载荷(包括冲击载荷和交变弯曲载荷)下工作，磨损也较大。在汽车运行中，由于齿根受着突然变载的冲击载荷以及周期性变动的弯曲载荷，会造成轮齿的脆性断裂或弯曲疲劳破坏；由于轮齿的工作面承受着较大的压应力及摩擦力，会造成麻点接触疲劳破坏及深层剥落，由于经常换挡，齿的端部经常受到冲击，也会造成损坏。因此，要求汽车变速箱齿轮具有高的抗弯强度，接触疲劳强度和耐磨性，心部有足够的强度和冲击韧度，以保证有较长的使用寿命。

齿轮材料选用20CrMnTi，渗碳层深度0.8～1.3mm。渗碳层含碳量0.8%～1.05%。热处理后齿面硬度HRC58～62，心部硬度HRC33～48。零件形状尺寸如图4.28所示。

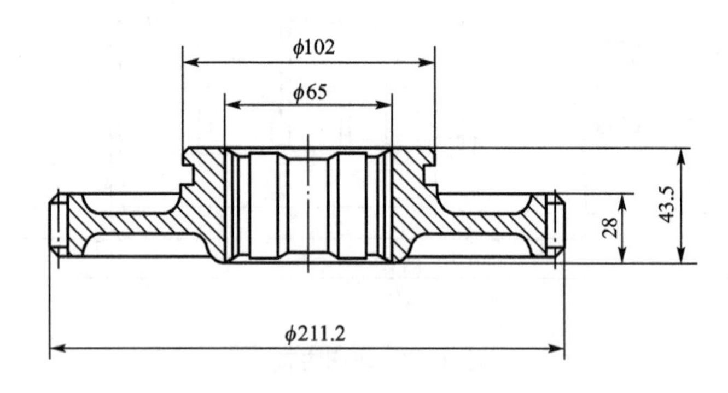

图4.28　汽车变速箱齿轮

1. 20CrMnTi的材料特点

20CrMnTi是低合金渗碳钢，淬透性和心部强度均较碳素渗碳钢高，化学成分是：硅0.20%～0.40%；锰0.80%～1.10%；铬1.00%～1.30%；钛0.06%～0.12%。经渗碳淬火处理后，具有良好的耐磨性能和抗弯强度，具有较高的抗多次冲击能力。该钢的含碳量较低，这是因为变速箱齿轮要求其心部需要有良好的韧性，合金元素铬和锰，是为了提高淬透性，在油中的淬透直径可达40mm左右，这样齿轮的心部淬火后可得到低碳马氏体组织，增加了钢的心部强度。其中的铬元素还能促进齿轮表面在渗碳过程中大量吸收碳，以提高渗碳速度。锰不形成合金碳化物，锰的加入可稍微减弱铬钢渗碳时表面含碳量过高的现象。钢中加入0.06%～0.12%的钛，使钢的晶粒不易长大，提高了钢的强度和韧性，并且改善了钢的热处理工艺性能，使齿轮渗碳后可直接淬火。

2. 渗碳操作

(1) 设备选择与调整　设备选择RQ3型井式气体渗碳炉。

(2) 渗碳剂的选用　选用煤油和甲醇同时滴入。

(3) 加热温度的选择　20CrMnTi钢的上临界点(A_{c3})约为825℃，渗碳时必须全部转变为奥氏体，因为γ-Fe的溶碳能力远比α-Fe要大，所以20CrMnTi的渗碳温度略高于825℃，但综合考虑渗碳速度和渗碳过程中齿轮的变形问题，宜选在920～940℃之间。

(4) 渗碳保温时间　在齿轮材料已决定的前提下，渗碳时间主要取决于要求获得渗碳层深度，对于要求渗碳层深度为0.8～1.3mm的汽车变速箱齿轮而言，需外加磨量才能获实际渗碳层深度，假设齿轮磨量单面为0.15mm，则实际渗碳层深度为0.95～1.45mm，因此选择强渗时间为4h，扩散时间为2h。

(5) 渗碳过程中渗碳剂滴量变化的原则　渗碳操作时，以每分钟滴入渗碳剂的毫升数计算。对于具体炉子，再按实测每毫升多少滴折算成“滴/min”。以75kW井式炉为例，在每炉装的零件的总面积为2～3m^{2}时，强渗阶段煤油的滴量应为2.8～3.2ml/min，甲醇的滴量应为5ml/min。如果实测得煤油1ml有28滴，而甲醇1ml有30滴，那么操作时，煤油可按照 84±5 滴/min 计，甲醇按 150 滴/min 计。

(6) 工艺曲线 20CrMnTi 变速箱齿轮的渗碳工艺如图 4.29 所示，渗碳剂选用煤油和甲醇同时直接滴入炉膛。工艺曲线的渗碳过程可分 4 个阶段，即排气、强渗、扩散及降温出炉(缓冷或直接淬火)。

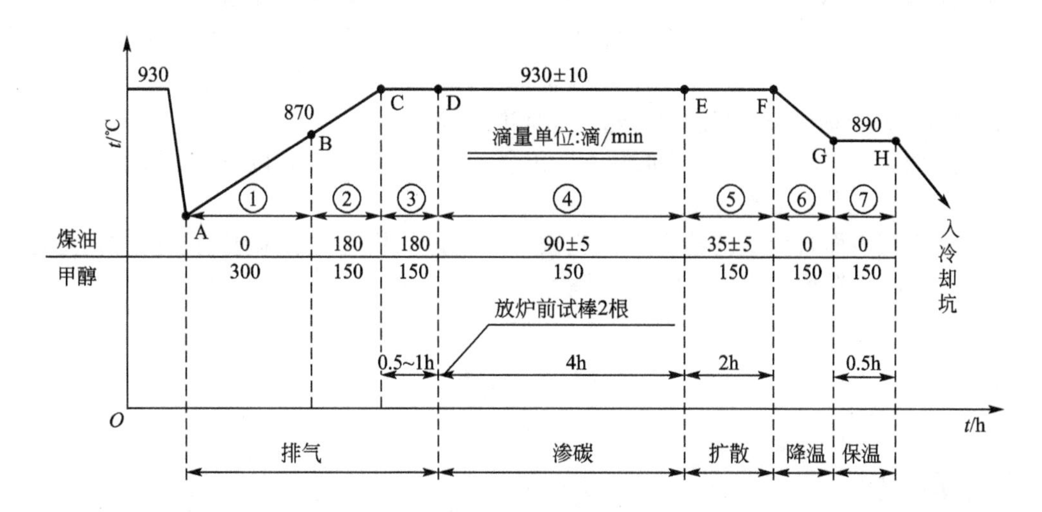

图 4.29 20CrMnTi 变速箱齿轮的渗碳工艺图

3. 渗碳后的热处理

渗碳处理后，齿轮由表层的高碳(0.8%～1.05%)逐渐过渡到基体的低碳，渗碳后缓冷的组织由外向里一般是：过共析层+共析层+亚共析层。这种组织不能使齿轮获得必须的使用性能，只有渗碳后的热处理才能使齿轮获得高硬度高强度的表面层和韧性好的心部。

(1) 直接淬火 根据汽车变速箱齿轮的性能要求和渗碳零件的热处理特点，20CrMnTi 钢制齿轮在井式炉气体渗碳后常采用直接淬火。图 4.30 所示是渗碳后直接淬火的工艺规范。齿轮经渗碳后延时到一定温度(850～860℃)即行直接油冷淬火。

至于延时温度，因为要保证齿轮的心部强度，故选 A_{r3}，这样可避免心部出现大量游离铁素体，20CrMnTi 钢的过热倾向小，比较适合于采用直接淬火，这样大大减少了齿轮的热处理变形和氧化退碳，也提高了经济效益。

(2) 回火 齿轮直接淬火后，还要经低温回火，回火温度视淬火后的硬度而定，一般在 180±10℃，低温回火后，虽然渗碳层的硬度变化很小，但是，因为回火过程消除了应力，改善了组织，使得渗碳层的抗弯强度、脆断强度和塑性得到了提高。

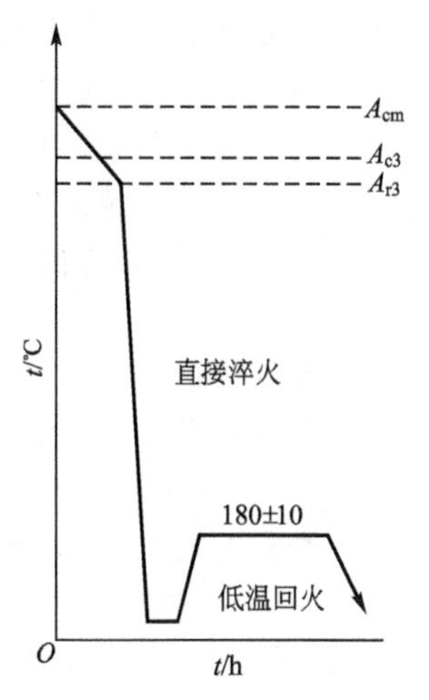

图 4.30 20CrMnTi 渗碳后直接淬火工艺图

4. 质量检验

汽车变速箱齿轮经渗碳、淬火后的质量检查主要包括以下几方面。

(1) 渗碳层厚度的测定　测定渗碳层厚度的方法很多，能得到行家认可的方法是显微分析法，对于20CrMnTi制的渗碳齿轮，应从渗碳试样表面测至基体组织为止。

(2) 金相组织检验　20CrMnTi经渗碳＋淬火＋回火处理后，其表层组织应为回火马氏体＋均匀分布的细粒状碳化物＋少量残余奥氏体，心部组织为低碳马氏体＋少量铁素体，各种组织的级别可按汽车渗碳齿轮专业标准进行。

(3) 表面及心部硬度检查　表面硬度以齿顶的表面硬度为准，以轮齿端面三分之一齿高位置处的检测值作为心部硬度。

(4) 渗碳层表面含碳量的检查　齿轮表面含碳量的检查一般采用剥层试样，将每层(一般为0.10mm)铁屑剥下来进行定碳化验。

习　　题

一、填空题

1. 马氏体的塑性和韧性与其含碳量有关，__________状马氏体有良好的塑性和韧性。

2. 生产中把淬火加__________的热处理工艺称为调质，调质后的组织为__________。

3. 合金工具钢与碳素工具钢相比，具有淬透性好，__________变形小，__________高等优点。

4. 各种热处理工艺过程都是由__________、__________、__________三个阶段组成。

5. 马氏体是碳在α-Fe中形成的__________，其硬度主要取决于__________。

6. 45钢的淬火加热温度是__________，T10钢的淬火加热温度是__________。

7. 在钢的普通热处理里，其中__________和__________属于预先热处理。

8. 钢的热处理是指钢在固态下采用适当方式进行__________、__________和__________以获得所需组织结构和性能的工艺。

9. 钢的淬透性越高，则其C曲线的位置越__________，说明临界冷却速度越__________。

10. 钢的淬透性是指钢经过淬火后所能达到的__________，它取决于__________。

11. 各种化学热处理都是将工件加热到一定温度后，并经过__________、__________、__________三个基本过程。

二、判断题(在括号中做记号"√"或"×")

1. 珠光体、索氏体、托氏体都是由铁素体和渗碳体组成的机械混合物。（　）

2. 用65钢制成的沙发弹簧，使用不久就失去弹性，是因为没有进行淬火、高温回火。（　）

3. 淬透性好的钢淬火后硬度一定高，淬硬性高的钢淬透性一定好。（　）

4. 60Si2Mn的淬硬性与60钢相同，故两者的淬透性也相同。（　）

5. 回火温度是决定淬火钢件回火后硬度的主要因素，与冷却速度无关。（　）

6. 热处理不但可以改变零件的内部组织和性能，还可以改变零件的外形，因而淬火后的零件都会发生变形。（　　）

7. 钢的表面淬火和化学热处理，本质上都是为了改变表面的成分和组织，从而提高其表面性能。（　　）

8. 钢中碳的质量分数越高，则其淬火加热的温度便越高。（　　）

9. 奥氏体向马氏体开始转变温度线 M_s 与转变终止温度线 M_f 的位置，主要取决于钢的冷却速度。（　　）

三、选择题

1. 一般说来，淬火时形状简单的碳钢工件应选择(　　)作冷却介质，形状简单的合金钢工件应选择(　　)作冷却介质。

A. 机油　B. 盐浴　C. 水　D. 空气

2. T12 钢制造的工具其最终热处理应选用(　　)。

A. 淬火+低温回火　B. 淬火+中温回火
C. 调质　D. 球化退火

3. 为了获得使用要求的力学性能，T10 钢制手工锯条采用(　　)处理。

A. 调质　B. 正火
C. 淬火+低温回火　D. 完全退火

4. 马氏体的硬度主要取决于(　　)。

A. 碳的质量分数　B. 转变温度
C. 临界冷却速度　D. 转变时间

5. 碳钢的正火工艺是将其加热到一定温度，保温一段时间，然后采用(　　)冷却形式。

A. 随炉冷却　B. 在油中冷却
C. 在空气中冷却　D. 在水中冷却

6. 要提高 15 钢零件的表面硬度和耐磨性，可采用的热处理方法是(　　)。

A. 正火　B. 整体淬火
C. 表面淬火　D. 渗碳后淬火+低温回火

7. 在制造 45 钢轴类零件的工艺路线中，调质处理应安排在(　　)。

A. 机械加工之前　B. 粗精加工之间
C. 精加工之后　D. 难以确定

8. 下列各钢种中，C 曲线最靠右的是(　　)。

A. 20 钢　B. T8
C. 45 钢　D. T12 钢

9. 对于形状简单的碳钢件进行淬火时，应采用(　　)。

A. 水中淬火　B. 油中淬火
C. 盐水中淬火　D. 碱溶液中淬火

10. 室温下金属的晶粒越细小，则(　　)。

A. 强度高、塑性差　B. 强度高、塑性好
C. 强度低、塑性好　D. 强度低、塑性好

四、问答题

1. 有一批45钢工件的硬度为55HRC，现要求把它们的硬度降低到200HBS(≈20HRC)，问有哪几种方法?

2. 确定下列钢件退火方式，并指出退火目的及退火后的组织。

(1) ZG270－500铸造齿轮

(2) 改善T12钢的切削加工性能

第5章 合金钢

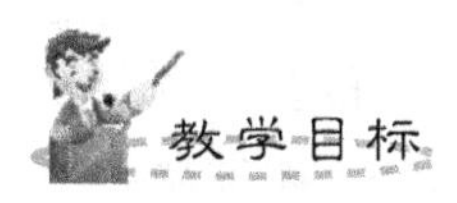

通过学习，了解合金元素在钢中的作用、合金钢的分类与编号，掌握常用钢种牌号规则及使用性能。

记忆合金

智能材料的一个重要进展标志就是形状记忆合金，或称记忆合金。这种合金在一定温度下成形后，能记住自己的形状。当温度降到一定值(相变温度)以下时，它的形状会发生变化；当温度再升高到相变温度以上时，它又会自动恢复原来的形状。目前记忆合金的基础研究和应用研究已比较成熟。一些国家用记忆合金制成了卫星用自展天线。在稍高的温度下焊接成一定形状后，在室温下将其折叠，装在卫星上发射。卫星上天后，由于受到强的日光照射，温度会升高，天线自动展开。

记忆合金制成的弹簧。把这种弹簧放在热水中，弹簧的长度立即伸长，再放到冷水中，它会立即恢复原状。利用形状记忆合金弹簧可以控制浴室水管的水温，在热水温度过高时通过“记忆”功能，调节或关闭供水管道，避免烫伤。可以制作成消防报警装置及电器设备的保安装置。当发生火灾时，记忆合金制成的弹簧发生形变，启动消防报警装置，达到报警的目的。还可以把用记忆合金制成的弹簧放在暖气的阀门内，用以保持暖房的温度，当温度过低或过高时，自动开启或关闭暖气的阀门。

作为一类新兴的功能材料，记忆合金的很多新用途正不断被开发，例如用记忆合金制作的眼镜架，如果不小心被碰弯曲了，只要将其放在热水中加热，就可以恢复原状。

不久的将来，汽车的外壳也可以用记忆合金制作。如果不小心碰瘪了，只要用电吹风加加温就可恢复原状，既省钱又省力，很是方便。

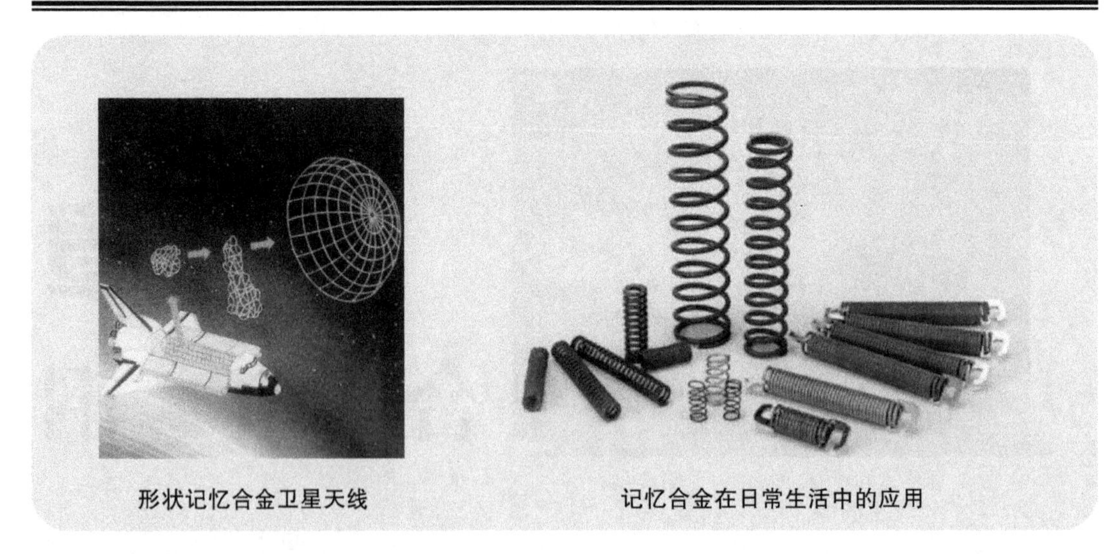

形状记忆合金卫星天线　　记忆合金在日常生活中的应用

碳素钢种类繁多，生产比较简单，成本低廉。经过热处理后，可以在不改变化学成分的前提下使力学性能得到不同程度的改善和提高，在工农业生产中有着广泛的应用。但是碳素钢的淬透性比较差，强度、屈强比、回火稳定性、抗氧化、耐蚀、耐热、耐低温、耐磨损以及特殊电磁性等方面往往较差，不能满足特殊使用性能的需求。为了满足科学技术和工业的发展要求，提高钢的性能，往往在铁碳合金中特意加入锰、铬、硅、镍、钨、钒、钼、钛、硼、铝、铜和稀土等合金元素，所获得的钢种，称为合金钢。由于合金元素与铁碳以及合金元素之间的相互作用，改变了钢的内部组织结构，从而能提高和改善钢的性能。

5.1　合金元素在钢中的作用

在冶炼钢的过程中有目的地加入一些元素，这些元素称为合金元素。常用的合金元素有：锰($w_{Mn}>1\%$)、硅($w_{Si}>0.5\%$)、铬、镍、钼、钨、钒、钛、锆、铝、钴、硼、稀土(RE)等。钢中加入合金元素改变钢的组织结构和力学性能，同时也改变钢的相变点和合金状态图。合金元素在钢中的作用十分复杂，本节主要分析合金元素对钢中基本相、铁碳合金相图和热处理的影响。

5.1.1　合金元素对钢中基本相的影响

1. 强化铁素体

绝大多数合金元素都可或多或少地溶于铁素体中，形成合金铁素体。

合金元素溶入铁素体后，引起铁素体晶格畸变，另外合金元素还易分布在晶体缺陷处，使位错移动困难，从而提高钢的塑性变形抗力，产生固溶强化，使铁素体的强度、硬度提高，但塑性、韧性都有下降趋势。

硅锰能显著提高铁素体强度、硬度，但当$w_{Si}>0.6\%$、$w_{Mn}>1.5\%$时，将降低其韧性。而铬镍这两个元素，在适量范围内($w_{Cr}\leqslant 2\%$，$w_{Ni}\leqslant 5\%$)，不但可提高铁素体的硬度，而且能提高其韧性。为此，在合金结构钢中，为了获得良好强化效果，对铬、镍、硅和锰等合金元素要控制在一定含量范围内。

2. 形成合金碳化物

钒、铌、锆、钛为强碳化物形成元素；铬、钼、钨为中强碳化物形成元素；锰为弱碳化物形成元素。

钢中形成的合金碳化物的类型主要有：合金渗碳体和特殊碳化物，合金渗碳体较渗碳体略为稳定，硬度也较高，是一般低合金钢中碳化物的主要存在形式。特殊碳化物是与渗碳体晶格完全不同的合金碳化物。特殊碳化物特别是间隙相碳化物，比合金渗碳体具有更高的熔点、硬度与耐磨性，并且更为稳定，不易分解。

合金碳化物的种类、性能和在钢中的分布状态会直接影响到钢的性能及热处理时的相变。

5.1.2 合金元素对 Fe－Fe_3C 相图的影响

钢中加入合金元素后，对铁碳合金相图的相区、相变温度、共析成分等都有影响。

(1) 改变了奥氏体区的范围　铜、锰、镍等这类合金元素使 A_3、A_1 温度下降，GS 线向左下方移动，随着锰镍含量的增大，会使相图中奥氏体区一直延展到室温下。因此，它在室温的平衡组织是稳定的单相奥氏体，这种钢称奥氏体钢，如图 5.1(a) 所示。

铝、铬、钼、钨、钒、硅、钛等，这类合金元素使 A_3 和 A_1 温度升高，GS 线向左上方移动，如图 5.1(b)所示。随着钢中这类元素含量的增大，可使相图中奥氏体区消失，此时，钢在室温下的平衡组织是单相的铁素体，这种钢称为铁素体钢。

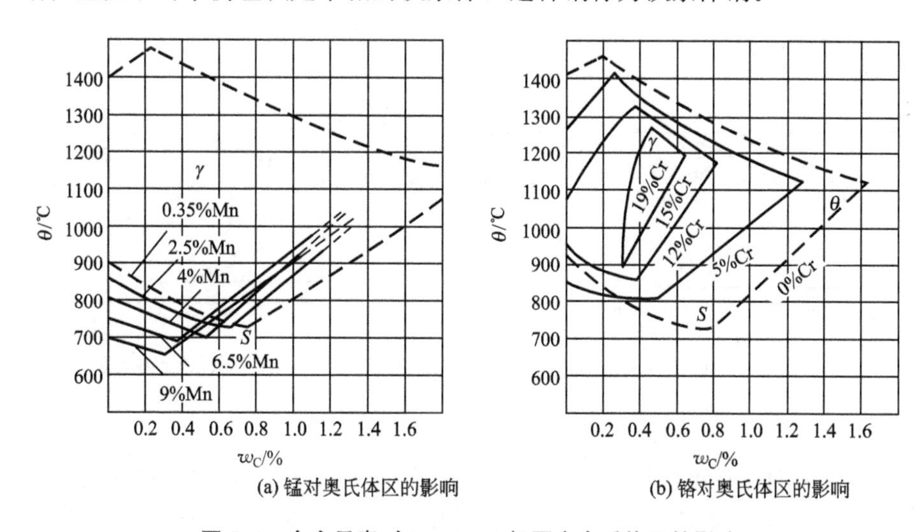

(a) 锰对奥氏体区的影响　　(b) 铬对奥氏体区的影响

图 5.1　合金元素对 Fe－Fe_3C 相图中奥氏体区的影响

(2) 改变 Fe－Fe_3C 相图 S、E 点位置　大多数合金元素均能使 S 点、E 点左移。共析钢中碳的质量分数就不是 $w_C=0.77\%$，而是 $w_C<0.77\%$。出现共晶组织的最低碳的质量分数不再是 $w_C=2.11\%$，而是 $w_C<2.11\%$。

例如，含 $w_C=0.4\%$ 的碳钢原属亚共析钢，当加入 $w_{Cr}=12\%$ 后就成了共析钢。又如含w_C=0.7%~0.8%的高速钢，由于大量合金元素的加入，在铸态组织中却出现合金莱氏体，这种钢称为莱氏体钢。

5.1.3 合金元素对钢材热处理的影响

1. 合金元素对钢加热转变的影响

由于合金元素的扩散速度很缓慢，因此对于合金钢应采取较高的加热温度和较长的保温时间，以保证合金元素溶入奥氏体并使之均匀化，从而充分发挥合金元素的作用。

当合金元素形成碳化物，这些特殊碳化物在高温下比较稳定，不易溶于奥氏体，并以细小质点的形式弥散地分布在奥氏体晶界上，机械地阻碍奥氏体晶粒长大。因此，使得钢在高温下较长时间的加热仍能保持细晶粒组织，这是合金钢的一个重要特点。

2. 合金元素对钢冷却转变的影响

(1) 合金元素对过冷奥氏体等温转变的影响　除钴外，大多数合金元素溶入奥氏体后降低原子扩散速度，使奥氏体稳定性增加，从而使C曲线右移。含有这类元素的低合金钢，其C曲线形状与碳钢相似，只有一个鼻尖，如图5.2(a)所示。当碳化物形成元素溶入奥氏体后，由于它们对推迟珠光体转变与贝氏体转变的作用不同，使C曲线出现两个鼻尖，曲线分解成珠光体和贝氏体两个转变区，而两区之间，过冷奥氏体有很大的稳定性，如图5.2(b)所示。

由于合金元素使C曲线右移，故降低了钢的马氏体临界冷却速度，增大了钢的淬透性。

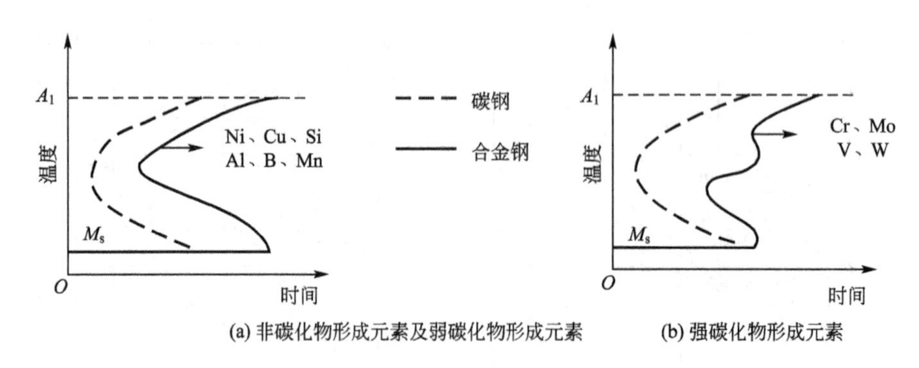

(a) 非碳化物形成元素及弱碳化物形成元素　(b) 强碳化物形成元素

图5.2　合金元素对C曲线的影响

(2) 合金元素对过冷奥氏体向马氏体转变的影响　除钴铝外，大多数合金元素溶入奥氏体后，使马氏体转变温度M_s和M_f降低，其中铬、镍、锰作用较强。M_s越低，则淬火后钢中残余奥氏体的数量就越多。

3. 合金元素对淬火钢回火转变的影响

钢在回火时抵抗硬度下降的能力称回火稳定性。淬火时溶于马氏体的合金元素，回火时有阻碍马氏体分解和碳化物聚集长大的作用。使回火硬度降低过程变缓，从而提高钢的回火稳定性。由于合金钢的回火稳定性比碳钢高，若要得到相同的回火硬度时，则合金钢的回火温度就比同样碳的质量分数的碳钢要高，回火时间也长。而当回火温度相同时，合金钢的强度、硬度都比碳钢高。

一些含有钨、钼、钒的合金钢，经高温奥氏体充分均匀化并淬火后，在500～600℃回火时会从马氏体中析出特殊碳化物，析出的碳化物高度弥散分布在马氏体基体上，使钢的硬度反而有所提高，这就形成了二次硬化。含碳量为0.3%的Mo钢的回火温度与硬度关系曲线如图5.3所示。二次硬化实质是一种弥散硬化。另外，由于特殊碳化物的析出，使残余奥氏体中碳及合金元素浓度降低，提高了M_s温度，故在随后冷却时就会有部分残余奥氏体转变为马氏体，这也是在回火时钢的硬度提高而产生二次硬化的原因。二次硬化现象对需要较高红硬性的工具钢(如高速钢)具有重要意义。

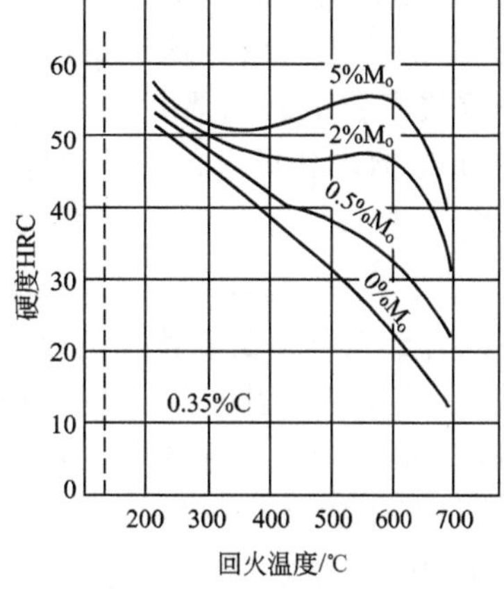

图5.3 含碳量为0.3%的Mo钢的回火温度与硬度关系曲线

5.2 合金钢的分类与编号

生产中使用的钢材品种繁多，为了便于生产、管理、选用和研究，有必要对钢加以分类和编号。

1. 合金钢的分类

按合金元素总的质量分数分为低合金钢($w_{Me}<5\%$)、中合金钢($w_{Me}=5\%\sim10\%$)、高合金钢($w_{Me}>10\%$)；按钢中主要合金元素种类不同，又可分为锰钢、铬钢、硼钢、铬镍钢、铬锰钢等；按用途分合金结构钢、合金工具钢、特殊性能钢；按正火后组织分铁素体钢、奥氏体钢、莱氏体钢等。

2. 合金钢的编号方法

(1) 低合金高强度结构钢　其牌号由代表屈服点的汉语拼音字母(Q)、屈服极限数值、质量等级符号(A、B、C、D、E)3个部分按顺序排列。例如Q390A，表示屈服强度$\sigma_s=390N/mm^2$、质量等级为A的低合金高强度结构钢。

(2) 合金结构钢　其牌号由“两位数字＋元素符号＋数字”3部分组成。前面两位数字代表钢中平均碳质量分数的万倍，元素符号表示钢中所含的合金元素，元素符号后面数字表示该元素的平均质量分数的百倍。合金元素的平均质量分数$w_{Me}<1.5\%$时，一般只标明元素而不标明数值；若平均质量分数≥1.5%、≥2.5%、≥3.5%，…，则在合金元素后面相应地标出2、3、4，…例如40Cr，其平均碳的质量分数$w_C=0.4\%$，平均铬的质量分数$w_{Cr}<1.5\%$。如果是高级优质钢，则在牌号的末尾加“A”。例如38CrMoAl A钢，则属于高级优质合金结构钢。

(3) 滚动轴承钢　在牌号前面加“G”(“滚”字汉语拼音的首位字母)，后面数字表示铬的质量分数的千倍，其碳的质量分数不标出。例如GCr15钢，就是平均铬的质量分数

w_{Cr}=1.5%的滚动轴承钢。铬轴承钢中若含有除铬外的其他合金元素时，这些元素的表示方法同一般的合金结构钢。滚动轴承钢都是高级优质钢，但牌号后不加“A”。

(4) 合金工具钢　这类钢的编号方法与合金结构钢的区别仅在于：当 w_C<1%时，用一位数字表示碳的质量分数的千倍；当碳的质量分数≥1%时，则不予标出。例如 Cr12MoV 钢，其平均碳的质量分数为 w_C=1.45%～1.70%，所以不标出；Cr 的平均质量分数为 12%，Mo 和 V 的质量分数都是小于 1.5%。又如 9SiCr 钢，其平均 w_C=0.9%，平均 w_{Cr}<1.5%。不过高速工具钢例外，其平均碳的质量分数无论多少均不标出。因合金工具钢及高速工具钢都是高级优质钢，所以它的牌号后面也不必再标“A”。

(5) 不锈钢与耐热钢　这类钢牌号前面数字表示碳质量分数的万倍。例如 201 牌号为 12Cr17Mn6Ni5N，表示碳(C)含量万分之十二(0.12%)；304 牌号为 06Cr19Ni10，表示碳(C)含量万分之六(0.06%)；316L 牌号为 022Cr17Ni12Mo2，表示碳(C)含量万分之二点二(0.022%)。

5.3　合金结构钢

在碳素结构钢的基础上添加一些合金元素就形成了合金结构钢。合金结构钢具有较高的淬透性，较高的强度和韧性，用于制造重要工程结构和机器零件时具有优良的综合力学性能，从而保证零部件安全的使用。主要有低合金高强度结构钢、合金渗碳钢、合金调质钢、合金弹簧钢和滚珠轴承钢。

5.3.1　低合金高强度结构钢

低合金高强度结构钢是结合我国资源条件发展起来的钢种。它是低碳结构钢，合金元素总量在 3%以下，以 Mn 为主要元素。和碳素结构钢相比有较高强度，足够的塑性、韧性，良好的焊接工艺性能，较好的耐腐蚀性和低的冷脆转变温度。

为保证有良好的塑性与韧性、良好的焊接性能和冷成形性能，低合金高强度结构钢中碳的质量分数一般均较低，大多数为 w_C=0.16%～0.20%。

合金元素的主要作用是：加入锰(为主加元素)、硅、铬、镍元素为强化铁素体；加入钒、铌、钛、铝等元素为细化铁素体晶粒；合金元素使 S 点左移，增加珠光体数量；加入碳化物形成元素(钒、铌、钛)及氮化物形成元素(铝)，使细小化合物从固溶体中析出，产生弥散强化作用。

低合金高强度结构钢可按屈服极限分 295、345、390、420、460N/mm^2 共 5 个强度等级，其中 295～390N/mm^2 级的应用最广。它们的牌号、化学成分、力学性能及用途见表 5-1。

低合金高强度结构钢大多数是在热轧、正火状态下使用，其组织为铁素体+少量珠光体。对 Q420、Q460 的 C、D、E 级钢也可先淬成低碳马氏体，然后进行高温回火以获得低碳回火索氏体组织，从而获得良好的力学性能。其中 Q345 钢的应用最广泛。我国的南京长江大桥、内燃机车机体、万吨巨轮及压力容器、载重汽车大梁等都采用 Q345 钢制造。

表5-1　常用低合金结构钢

钢号	化学成分/%							厚度或直径/mm	力学性能				应用举例
	C	Mn	Si	V	Nb	Ti	其他		σ_s/MPa	σ_b/MPa	δ_5/%	A_{KV}/J(20℃)	
Q295	≤0.16	0.80～1.50	≤0.55	0.02～0.15	0.015～0.060	0.02～0.20		<16 16～35 35～50	≥295 ≥275 ≥255	390～570	23	34	桥梁，车辆，容器，油罐
Q345	0.18～0.20	1.00～1.60	≤0.55	0.02～0.15	0.015～0.060	0.02～0.20		<16 16～35 35～50	≥345 ≥325 ≥295	470～630	21～22	34	桥梁，车辆，船舶，压力容器，建筑结构
Q390	≤0.20	1.00～1.60	≤0.55	0.02～0.20	0.015～0.060	0.02～0.20	w_{Cr}≤0.30 w_{Ni}≤0.70	<16 16～35 35～50	≥390 ≥370 ≥350	490～650	19～20	34	桥梁，船舶，起重设备，压力容器
Q420	≤0.20	1.00～1.70	≤0.55	0.02～0.20	0.015～0.060	0.02～0.20	w_{Cr}≤0.40 w_{Ni}≤0.70	<16 16～35 35～50	≥420 ≥400 ≥380	520～680	18～19	34	桥梁，高压容器，大型船舶，管道
Q460	≤0.20	1.00～1.70	≤0.55	0.02～0.20	0.015～0.060	0.02～0.20	w_{Cr}≤0.70 w_{Ni}≤0.70	<16 16～35 35～50	≥460 ≥440 ≥420	550～720	17	34	中温高压容器(<120℃)锅炉，化工、石油高压厚壁容器(<100℃)

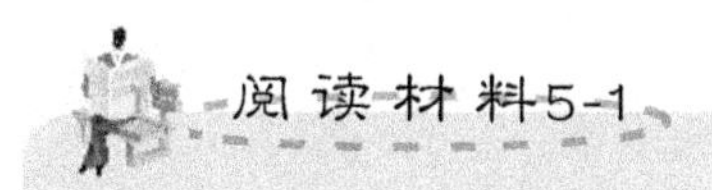

鸟巢的建筑材料

“鸟巢”的成功，不仅是建筑设计中的经典，更是材料学上的国际尖端科技成果。如果没有承担主要负重任务的Q460钢材的研发成功，一切都只能存留于想象与图纸之上。

Q460是一种低合金高强度钢，屈服强度达到460MPa。一般情况下，材料的强度越高，塑性、韧性及加工工艺性能会降低。“鸟巢”是国内在建筑结构上首次使用Q460规格的钢材，钢板厚度达110mm，不仅要求材料具有高的强度，而且兼有高的塑性、韧性和焊接性能。如何解决材料的强度和韧性、焊接性能的矛盾，科研人员开始了长达半年多的攻关之路，通过调整成分、改进轧制工艺，在保证低碳当量的基础上，适当的增加微合金元素的含量。降低轧制温度，增加压下量，从而细化晶粒，达到高强度、高韧性的配合。

几百吨自主创新、具有知识产权的国产Q460钢材，为孕育人类生命与梦想的“鸟巢”撑起了骄傲的铁骨钢筋，向全世界展示了宝贵的奥运建筑奇迹。

5.3.2　合金渗碳钢

合金渗碳钢主要用来制造工作中承受较强烈的冲击作用和磨损条件下的渗碳零件。例如，制作承受动载荷和重载荷的汽车变速箱齿轮、汽车后桥齿轮和内燃机里的凸轮轴、活塞销等。

这类钢经渗碳、淬火和低温回火后表面具有高的硬度和耐磨性，心部具有较高的强度和足够韧性的零件。

合金渗碳钢中碳的质量分数一般在 w_C=0.10%～0.25%之间，以保证渗碳零件心部具有良好的塑性和韧性。碳素渗碳钢的淬透性低，热处理对心部的性能改变不大，加入合金元素可提高钢的淬透性，改善心部性能。常用的合金元素有铬、镍、锰和硼等，其中以镍的作用最好。为了细化晶粒，还加入少量阻止奥氏体晶粒长大的强碳化物形成元素，如钛、钒、钼等，它们形成的碳化物在高温渗碳时不溶解，有效地抑制渗碳时的过热现象。

为了保证渗碳零件表面得到高硬度和高耐磨性，大多数合金渗碳钢采用渗碳后淬火+低温回火。

渗碳后的钢种，表层碳的质量分数为0.85%～1.05%，经淬火和低温回火后，表层组织由合金渗碳体、回火马氏体及少量残余奥氏体组成，硬度可达58～64HRC，而心部的组织与钢的淬透性及零件的截面有关：当全部淬透时是低碳回火马氏体，硬度可达40～48HRC，未淬透的情况下是珠光体+铁素体或低碳回火马氏体加少量铁素体的混合组织，硬度约为25～40HRC。

20CrMnTi钢制造的汽车变速齿轮热处理技术要求为：渗碳层厚度1.2～1.6mm，表层碳的质量分数为 w_C=1.0%，齿顶硬度58～60HRC，心部硬度30～45HRC。其热处理工艺曲线如图5.4所示。

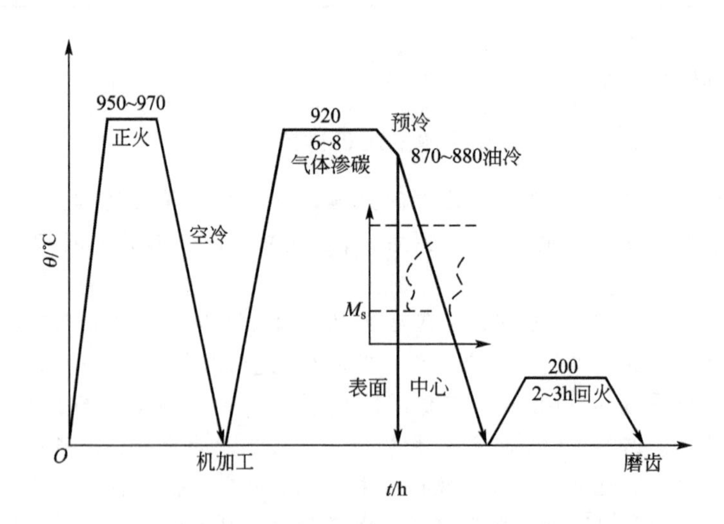

图5.4　20CrMnTi钢制造齿轮的热处理工艺曲线

合金渗碳钢可按淬透性分为低淬透性、中淬透性及高淬透性钢3类。主要牌号、成分、力学性能和用途见表5-2。

表5-2 常用渗碳钢

类别	钢号	化学成分/%							力学性能					应用举例
		C	Mn	Si	Cr	Ni	V	其他	σ_s/MPa	σ_b/MPa	δ/%	ψ/%	A_{Ku}/J	
低淬透性	15	0.12～0.18	0.35～0.65	0.17～0.37					300	500	15	55		活塞销等
	20Mn2	0.17～0.24	1.40～1.80	0.17～0.37					590	785	10	40	47	小齿轮、小轴、活塞销等
	20Cr	0.17～0.24	0.50～0.80	0.20～0.40	0.70～1.00				540	835	10	40	47	齿轮、小轴、活塞销等
	20MnV	0.17～0.24	1.30～1.60	0.17～0.37			0.07～0.12		590	785	10	40	55	同上，也用作锅炉、高压容器管道等
中淬透性	20CrMn	0.17～0.23	0.90～1.20	0.17～0.37	0.90～1.20				735	930	10	45	47	齿轮、轴、蜗杆、活塞销、摩擦轮
	20CrMnTi	0.17～0.23	0.80～1.10	0.17～0.37	1.00～1.30			Ti0.04～0.10	850	1080	10	45	55	汽车、拖拉机上的变速箱齿轮
高淬透性	18Cr2Ni4-WA	0.13～0.19	0.30～0.60	0.17～0.37	1.35～1.65	4.00～4.50		W0.80～1.20	835	1180	10	45	78	大型渗碳齿轮和轴类件
	20Cr2Ni4	0.17～0.23	0.30～0.60	0.17～0.37	1.25～1.65	3.25～3.65			1080	1180	10	45	63	同上

5.3.3 合金调质钢

合金调质钢指调质处理后使用的合金结构钢，其基本性能是具有良好的综合力学性能。合金调质钢广泛用于制造一些重要零件，如机床的主轴、汽车底盘的半轴、柴油机连杆螺栓等。

合金调质钢碳的质量分数一般在 $w_C=0.25\%\sim0.50\%$之间。如果碳的质量分数过低不易淬硬，回火后则达不到所需要的强度；如果碳的质量分数过高，则零件韧性较差。

合金调质钢的主加元素有铬、镍、锰、硅、硼等，以增加淬透性、强化铁素体；钼钨的主要作用是防止或减轻第二类回火脆性，并增加回火稳定性；钒钛的作用是细化晶粒。

合金调质钢在锻造后为了改善切削加工性能应采用完全退火作为预先热处理。最终热处理采用淬火后进行500～650℃的高温回火，以获得回火索氏体，使钢件具有高的综合力学性能。

合金调质钢常按淬透性大小分为3类，其主要牌号、成分、力学性能和用途见表5-3。

表5-3 常用调质钢

类别	钢号	化学成分/%								力学性能					应用举例
		C	Mn	Si	Cr	Ni	Mo	V	其他	σ_s/MPa	σ_b/MPa	δ/%	ψ/%	A_{Ku}/J	
低淬透性	40MnB	0.37～0.44	1.10～1.40	0.17～0.37					B0.0005～0.0035	785	980	10	45	47	主轴、曲轴、齿轮、柱塞等；可代替40Cr及部分代替40CrNi做重要零件，也可代替38CrSi做重要调质件
	40MnVB	0.37～0.44	1.10～1.40	0.17～0.37				0.05～0.10	B0.0005～0.0035	785	980	10	45	47	
	40Cr	0.37～0.44	0.50～0.80	0.17～0.37	0.80～1.10		0.07～0.12			785	980	9	45	47	
中淬透性	38CrSi	0.35～0.43	0.30～0.60	1.00～1.30	1.30～1.60					835	980	12	50	55	载荷大的轴类件及车辆上的重要调质件；可代替40CrNi做大截面轴类件；做氮化零件，如高压阀门，缸套等
	35CrMo	0.32～0.40	0.40～0.70	0.17～0.37	0.80～1.10		0.15～0.25			835	980	12	45	63	
	38CrMoAl	0.35～0.42	0.30～0.60	0.20～0.45	1.35～1.65		0.15～0.25		A10.70～1.10	835	980	14	50	71	
高淬透性	37CrNi3	0.34～0.41	0.30～0.60	0.17～0.37	1.20～1.60	3.00～3.50				980	1130	10	50	47	做大截面并要求高强度、高韧性的零件；做高强度零件，如航空发动机轴，在<500℃工作的喷气发动机承载零件
	40CrMnMo	0.37～0.45	0.90～1.20	0.17～0.37	0.90～1.20		0.20～0.30			785	980	10	45	63	
	40CrNiMoA	0.37～0.44	0.50～0.80	0.17～0.37	0.60～0.90	1.25～1.65	0.15～0.25			835	980	12	55	78	

5.3.4 合金弹簧钢

弹簧是机器、车辆和仪表及生活中的重要零件，主要在冲击、振动、周期性扭转和弯曲等交变应力下工作，弹簧工作时不允许产生塑性变形，因此要求制造弹簧的材料具有较高的强度。

合金弹簧钢的碳的质量分数一般为 $w_C=0.5\%\sim0.7\%$，碳的质量分数过高时，塑性和韧性差，疲劳强度下降。常加入以硅锰为主的合金元素，提高钢的淬透性和强化铁素体(表5-4)。根据弹簧尺寸的不同，成形与热处理方法也有不同。

表5-4 常用弹簧钢

钢号	化学成分/%					热处理		力学性能				应用举例
	C	Mn	Si	Cr	其他	淬火/℃	回火/℃	σ_s/MPa	σ_b/MPa	δ_{10}/%	ψ/%	
65	0.62～0.70	0.50～0.80	0.17～0.37	≤0.25		840(油)	500	800	1000	9	35	截面<15mm的小弹簧
85	0.82～0.90	0.50～0.80	0.17～0.37	≤0.25		820(油)	480	1000	1150	6	30	
65Mn	0.62～0.70	0.90～1.20	0.17～0.37	≤0.25		830(油)	540	800	1000	8	30	截面≤25mm的弹簧，例如车厢缓冲卷簧
60Si2Mn	0.56～0.64	0.60～0.90	1.50～2.00	≤0.35		870(油)	480	1200	1300	5	25	
60Si2CrA	0.56～0.64	0.40～0.70	1.40～1.80	1.70～1.00		870(油)	420	1600	1800	(δ_5)6	20	截面≤30mm的重要弹簧，例如汽车板簧，低于350℃的耐热弹簧
50CrVA	0.46～0.54	0.50～0.80	0.17～0.37	0.80～1.10		850(油)	500	1150	1300	(δ_5)9	40	
55CrMnA	0.52～0.60	0.65～0.95	0.17～0.37	0.65～0.95	V0.1～0.2	850(油)	500	($\sigma_{0.2}$)1100	1250	(δ_5)6	35	

(1) 热成形弹簧钢　弹簧丝直径或弹簧钢板厚度大于15mm的螺旋弹簧或板弹簧，采用热态成形，成形后利用余热进行淬火，然后中温回火(350～500℃)处理，得到回火屈氏体，具有高的弹性极限、高的屈强比，硬度一般为42～48HRC。

弹簧经热处理后，一般还要进行喷丸处理，使表面强化，并在表面产生残余应力，以提高其疲劳强度。

(2) 冷成形弹簧钢　对于钢丝直径小于8mm的弹簧，常用冷拉弹簧钢丝冷卷成形。钢丝在冷拔过程中，首先将盘条坯料加热至奥氏体组织后(Ac_3以上80～100℃)，再在500～550℃的铅浴或盐浴中等温转变获得索氏体组织，然后经多次冷拔，得到均匀的所需直径和具有冷变形强化效果的钢丝。

冷拉钢丝在拉制过程中已被强化，所以在冷卷成型后，不必再作淬火处理，只需在200～300℃进行一次去应力退火，以消除在冷拉、冷卷过程中产生的应力并稳定弹簧尺寸。常用合金弹簧钢的牌号为60Si2Mn、60Si2CrVA和50CrVA。合金弹簧钢主要用于制造各种弹性元件，如在汽车、拖拉机、坦克、机车车辆上制作减震板弹簧和螺旋弹簧，大炮的缓冲弹簧、钟表的发条等。

5.3.5 滚动轴承钢

滚动轴承钢是制造各种滚动轴承的滚珠、滚柱、滚针的专用钢，也可作其他用途，如形状复杂的工具、冷冲模具、精密量具以及要求硬度高、耐磨性高的结构零件。

一般的轴承用钢是高碳低铬钢，其碳的质量分数为 w_C＝0.95%～1.15%，属过共析钢，目的是保证轴承具有高的强度、硬度和足够碳化物，以提高耐磨性。铬的含量为 w_{Cr}＝0.4%～1.65%，铬的作用主要是提高淬透性，使组织均匀，并增加回火稳定性。铬与碳作用形成的(Fe、Cr)3C合金渗碳体，能提高钢的硬度及耐磨性，铬还能提高钢的回火稳定性。

滚动轴承钢的纯度要求极高，硫磷含量限制极严(w_S＜0.020%，w_P＜0.027%)。因硫、磷形成非金属夹杂物，降低接触疲劳抗力，故它是一种高级优质钢(但在牌号后不加“A”字)。

滚动轴承钢的热处理包括预先热处理(球化退火)和最终热处理(淬火＋低温回火)。

球化退火目的是获得粒状珠光体组织，以降低锻造后钢的硬度，有利于切削加工，并为淬火做好组织上准备。淬火与低温回火是决定轴承钢最终性能的重要热处理工序，淬火温度应严格控制在840±10℃的范围内，回火温度一般为150～160℃。

轴承钢淬火、回火后的组织为极细回火马氏体和分布均匀的细小碳化物以及少量的残余奥氏体，回火后硬度为61～65HRC。

对于精密轴承，由于低温回火不能完全消除残余应力和残余奥氏体。因此为了稳定尺寸，可在淬火后立即进行冷处理(－80～－60℃)，以减少残余奥氏体量，然后再进行低温回火和磨削加工，最后再进行一次稳定尺寸的稳定化处理(在120～130℃保温10～20h)。

综上所述，铬轴承钢制造轴承生产工艺路线一般如下。

下料—锻造—球化退火—机械加工—淬火＋低温回火—磨削加工—成品

常用滚动轴承钢的牌号、成分、热处理和主要用途见表5-5。

表5-5　常用滚动轴承钢的牌号、化学成分、热处理及用途

牌号	化学成分%						热处理			用途举例
	C	Cr	Mn	Si	S	P	淬火温度/℃	回火温度/℃	回火后硬度(HRC)	
GCr9	1.00～1.10	0.90～1.20	0.25～0.45	0.15～0.35	≤0.020	≤0.027	810～830	150～170	62～66	直径10～20mm的滚珠、滚柱及滚针
GCr15	0.95～1.05	1.40～1.65	0.25～0.45	0.15～0.35	≤0.020	≤0.027	825～845	150～170	62～66	壁厚＜12mm、外径＜250mm的套圈，直径为15～50mm的钢球
GCr15SiMn	0.95～1.05	1.40～1.65	0.95～1.25	0.45～0.75	≤0.020	≤0.027	820～840	150～170	≥62	壁厚≥12mm、外径＞250mm的套圈，直径＞50mm的钢球

5.4　合金工具钢

主要用于制造各种加工和测量工具的钢称工具钢。按其加工用途分为刃具、量具和模具用钢，按成分不同也可分为碳素工具钢和合金工具钢。在碳素工具钢的基础上加入一定种类和数量的合金元素，用来制造各种刃具、模具、量具等用钢就称为合金工具钢。与碳素工具钢相比，合金工具钢的硬度和耐磨性更高，而且还具有更好的淬透性、红硬性和回火稳定性。因此常被用来制作截面尺寸较大、几何形状较复杂、性能要求更高的工具。

合金工具钢按用途分为合金刃具钢、合金模具钢、合金量具钢。

5.4.1 合金刃具钢

刃具钢是用来制造各种切削刀具的钢，如车刀、铣刀、钻头等，提出如下的性能要求：高的硬度、高耐磨性、高的红硬性(红硬性是指钢在高温下保持高硬度的能力)、一定的韧性和塑性。

1. 低合金刃具钢

为了保证高硬度和耐磨性，低合金刃具钢的碳的质量分数为 $w_C=0.75\%\sim1.45\%$，加入的合金元素硅、铬、锰可提高钢的淬透性；硅铬还可以提高钢的回火稳定性，使其一般在300℃以下回火后硬度仍保持60HRC以上，从而保证一定的红硬性。钨在钢中可形成较稳定的特殊碳化物，基本上不溶于奥氏体，能使钢的奥氏体晶粒保持细小，增加淬火后钢的硬度，同时还提高钢的耐磨性及红硬性。图5.5所示是9SiCr钢制板牙的淬火、回火工艺曲线。

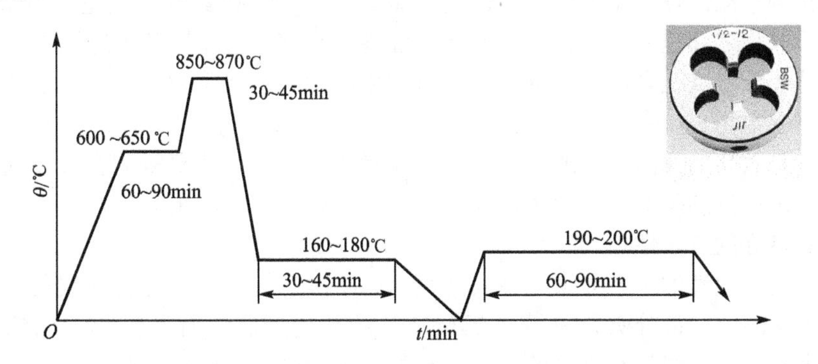

图5.5 9SiCr钢制板牙的淬火、回火工艺曲线

常用低合金刃具钢的牌号、成分、热处理及用途见表5-6。

刃具毛坯经锻造后的预先热处理为球化退火，最终热处理采用淬火+低温回火，组织为细回火马氏体+粒状合金碳化物+少量残余奥氏体，硬度一般为60HRC。

表5-6 常用低合金刃具钢的牌号、成分、热处理及用途

牌号	化学成分%					试样淬火		退火状态HBS不小于	用途举例
	C	Si	Mn	Cr	其他	淬火温度/℃	HBC不小于		
Cr06	1.30～1.45	≤0.40	≤0.40	0.50～0.70	—	780～810水	64	241～187	锉刀、刮刀、刻刀、刀片、剃刀、外科医疗刀具
Cr2	0.95～1.10	≤0.40	≤0.40	1.30～1.65	—	830～860油	62	229～179	车刀、插刀、铰刀、冷轧辊等

(续)

牌号	化学成分%					试样淬火		退火状态HBS不小于	用途举例
	C	Si	Mn	Cr	其他	淬火温度/℃	HBC不小于		
9SiCr	0.85～0.95	1.20～1.60	0.30～0.60	0.95～1.25	—	830～860油	62	241～197	丝锥、板牙、钻头、铰刀、齿轮铣刀、小型拉刀、冷冲模等
8MnSi	0.75～0.85	0.30～1.60	0.80～1.10	—	—	800～820油	60	≤229	多用作木工凿子、锯条或其他工具
9Cr2	0.85～0.95	≤0.40	≤0.40	1.30～1.70	—	820～850油	62	217～179	尺寸较大的铰刀、车刀等刃具、冷轧辊、冷冲模与冲头、木工工具等

2. 高速钢

高速钢是一个红硬性、耐磨性较高的高合金工具钢，它的红硬性高达600℃，可以进行高速切削，故称之高速钢。高速钢具有高的强度、硬度、耐磨性及淬透性。

高速钢的成分特点是含有较高的碳和大量形成碳化物的元素钨、钼、铬、钒、钴、铝等，碳的质量分数为 $w_C=0.70\%\sim1.60\%$，合金元素总量 $w_{Me}>10\%$。

碳的质量分数高的原因在于通过碳与合金元素作用形成足够数量的合金碳化物，同时还能保证有一定数量的碳溶于高温奥氏体中，以使淬火后获得高碳马氏体，保证高硬度和高耐磨性以及良好的红硬性。

钨钼是提高红硬性的主要元素。在高速钢退火状态下主要以各种特殊碳化物的形式存在。在淬火加热时，一部分碳化物溶入奥氏体，淬火后形成含有大量钨、钼的马氏体组织，这种合金马氏体组织具有很高的回火稳定性。在560℃左右回火时，会析出弥散的特殊碳化物 W_2C、Mo_2C，造成二次硬化。未溶的碳化物则能阻止加热时奥氏体晶粒长大，使淬火后得到的马氏体晶粒非常细小(隐针马氏体)。

在淬火加热时，铬的碳化物几乎全部溶入奥氏体中，增加奥氏体的稳定性，从而明显提高钢的淬透性，使高速工具钢在空冷条件下也能形成马氏体组织。但铬的含量过高，会使 M_s 点下降，残余奥氏体量增加，降低钢的硬度并增加回火次数，所以铬的含量在高速钢中为 $w_{Cr}\approx4\%$。

由于高速工具钢含有大量合金元素，故铸态组织出现莱氏体，属于莱氏体钢。其中共晶碳化物呈鱼骨状且分布很不均匀，造成强度及韧性下降。这些碳化物不能用热处理来消除，必须通过高温轧制及反复锻造将其击碎，并使碳化物呈小块状均匀分布在基体上。因此，高速工具钢锻造的目的不仅仅在于成形，更重要的是打碎莱氏体中粗大的碳化物。

因高速工具钢的奥氏体稳定性很好，经锻造后空冷，也会发生马氏体转变。为了改善其切削加工性能，消除残余内应力，并为最终热处理作组织准备，必须进行退火。通常采用等温球化退火(即在830～880℃范围内保温后，较快地冷却到720～760℃范围内等温)，退火后组织为索氏体及粒状碳化物，硬度为207～255HBS。

高速钢的红硬性主要决定于马氏体中合金元素的含量，即加热时溶入奥氏体中的合金元素量。对W18Cr4V钢，随着加热温度升高，溶入奥氏体中的合金元素量增加，为了使钨、钼、钒元素尽可能多地溶入奥氏体，提高钢的红硬性，其淬火温度应高些(1270～1280℃)。但加热温度过高时，奥氏体晶粒粗大，剩余碳化物聚集，使钢性能变坏，故高速工具钢的淬火加热温度一般不超过1300℃。高速工具钢的淬火方法常用油淬空冷的双介质淬火法或马氏体分级淬火法。淬火后的组织是隐针马氏体、粒状碳化物及20%～25%的残余奥氏体。

为了消除淬火应力，减少残余奥氏体量，稳定组织，提高力学性能指标，则淬火后必须进行回火。在560℃左右回火过程中，由马氏体中析出高度弥散的钨钒的碳化物，使钢的硬度明显提高；同时残余奥氏体中也析出碳化物，使其碳和合金元素含量降低，M_s点上升，在回火冷却过程中残余奥氏体转变成马氏体使硬度提高达到64～66HRC，形成二次硬化。

由于W18Cr4V钢在淬火状态约有20%～25%的残余奥氏体，一次回火难于全部消除，经三次回火后即可使残余奥氏体减至最低量(第一次回火1h降到10%左右，第二次回火后降到3%～5%，第三次回火后降到最低量1%～2%)。

高速钢正常淬火、回火后组织为极细小的回火马氏体+较多的粒状碳化物及少量残余奥氏体，其硬度为63～66HRC。

现以W18Cr4V钢为例说明其热处理工艺的选用，其工艺路线如下。

锻造—球化退火—切削加工—淬火+多次560℃回火—喷砂—磨削加工—成品

图5.6所示是高速钢W18Cr4V热处理工艺曲线。

球化退火：高速钢在锻造后进行球化退火，以降低硬度，消除锻造应力，便于切削加工，并为淬火做好组织准备。球化退火后的组织为球状珠光体。

淬火和回火：高速钢的优越性能需要经正确的淬火回火处理后才能获得。

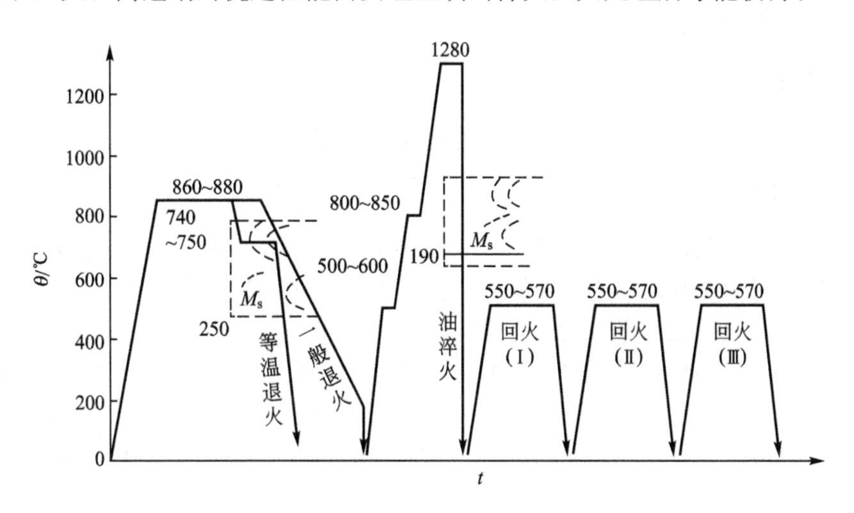

图5.6 W18Cr4V钢热处理工艺曲线

常用高速工具钢。我国常用的高速工具钢有3类，见表5-7。

表5-7 常用高速工具钢的牌号、成分、热处理、硬度及热硬性

种类	牌号	化学成分%						热处理			红硬性/HRC
		C	Cr	W	Mo	V	其他	淬火温度/℃	回火温度/℃	回火后硬度/HRC	
钨系	W18Cr4V	0.70~0.80	3.80~4.40	17.50~19.00	≤0.30	1.00~1.40		1270~1285	550~570	63	61.5~62
钨钼系	CW6Mo5Cr4V2	0.95~1.05	3.80~4.40	5.50~6.75	4.50~5.50	1.75~2.20		1190~1210	540~560	65	—
	W6Mo5Cr4V2	0.80~0.90	3.80~4.40	5.50~6.75	4.50~5.50	1.75~2.20		1210~1230	540~560	64	60~61
	W6Mo5Cr4V3	1.00~1.10	3.75~4.50	5.00~6.75	4.75~5.50	2.80~3.30		1200~1240	540~560	64	64
	W9Mo3Cr4V	0.77~0.85	3.80~4.40	8.50~9.50	2.70~3.30	1.30~1.70		1210~1230	540~560	64	—
超硬系	W18Cr4V2Co8	0.75~0.85	3.75~5.00	17.50~19.00	0.50~1.25	1.80~2.40	Co:7.00~9.50	1270~1290	540~560	65	64
	W6Mo5Cr4V2Al	1.05~1.20	3.80~4.40	5.50~6.75	4.50~5.50	1.75~2.20	Al:0.80~1.20	1230~1240	540~560	65	65

W18Cr4V是钨系高速工具钢，其热硬性较高，过热敏感性较小，磨削性好，但碳化物较粗大，热塑性差，热加工废品率较高。W18Cr4V钢适用于制造一般的高速切削刃具，但不适合做薄刃的刃具。

5.4.2 合金模具钢

根据工作条件的不同，模具钢又可分为冷作模具钢和热作模具钢。

1. 冷作模具钢

冷作模具钢用于制造在室温下使金属变形的模具，如冷冲模、冷镦、拉丝、冷挤压模等。它们在工作时承受高的压力、摩擦与冲击，因此冷作模具要求具有：高的硬度和耐磨性、较高强度、足够韧性和良好的工艺性。

常用来制作冷作模具的合金工具钢中有一部分为低合金工具钢。如CrWMn、9CrWMn、9Mn2V以及列在表5-6中的9SiCr、Cr2、9Cr2等。对尺寸比较大、工作载荷较重的冷作模具应采用淬透性比较高的低合金工具钢制造。对于尺寸不很大但形状复杂的冷冲模，为减少变形也应使用此类钢制造。

对于要求热处理变形小的大型冷作模具采用高碳高铬模具钢(Cr12、Cr12MoV)。Cr12型钢中主要的碳化物是$(Cr、Fe)_7C_3$，这些碳化物在高温加热淬火时大量溶于奥氏体，增加钢的淬透性。Cr12型钢缺点是碳化物多而且分布不均匀，残余奥氏体含量也高，

强度、韧性大为降低。

在 Cr12 钢基础上加入钼钒后，除了可以进一步提高钢的回火稳定性，增加淬透性外，还能细化晶粒，改善韧性。所以 Cr12MoV 钢性能优于 Cr12 钢。

含有钼钒的高碳高铬钢在 500℃左右回火后产生二次硬化。因此具有高的硬度和耐磨性。

冷作模具用合金工具钢的化学成分及热处理见表 5－8。

表 5－8　常用冷作模具钢的牌号、化学成分及热处理

钢号	化学成分/%							试样淬火		用途举例
	C	Si	Mn	Cr	W	Mo	V	温度/℃	冷却介质	
9Mn2V	0.85～0.95	≤0.40	1.70～2.00				0.10～0.25	780～820	油	滚丝模、冷冲模、冷压模、塑料模
CrWMn	0.90～1.05	≤0.40	0.80～1.10	0.90～1.20	1.20～1.60			820～840	油	冷冲模、塑料模
Cr12	2.00～2.30	≤0.40	≤0.40	11.50～13.50				950～1000	油	冷冲模、拉延模、压印模、滚丝模
Cr12MoV	1.45～1.70	≤0.40	≤0.40	11.00～12.50		0.40～0.60	0.15～0.30	1020～1040 1115～1130	油 硝盐	冷冲模、压印模、冷墩模、冷挤压模、零件模、拉延模
Cr4W2MoV	1.12～1.25	0.40～0.70	≤0.40	3.50～4.00	1.90～2.60	0.80～1.20	0.80～1.10	980～1000	油 硝盐	代 Cr12MoV 钢
6W6Mo5Cr4V	0.55～0.65	≤0.40	≤0.60	3.70～4.30	6.00～7.00	4.50～5.50	0.70～1.10	1020～1040	油或硝盐	冷挤压模(钢件、硬铝件)
4CrW2Si	0.35～0.45	0.80～1.10	≤0.40	1.00～1.30	2.00～2.50			1180～1200	油	剪刀、切片冲头(耐冲击工具用钢)
6CrW2Si	0.55～0.65	0.50～0.80	≤0.40	1.00～1.30	2.20～2.70			860～900	油	剪刀、切片冲头(耐冲击工具用钢)

2. 热作模具钢

热作模具钢是用来制作加热的固态金属或液态金属在压力下成形的模具。前者称为热锻模或热挤压模，后者称为压铸模。

由于模具承受载荷很大，要求强度高。模具在工作时往往还承受很大冲击，所以要求韧性好，既要求综合力学性能好，同时又要求有良好的淬透性和抗热疲劳性。

常用热作模具钢的牌号、化学成分、热处理及硬度见表 5－9。

表5-9　常用热作模具钢的牌号、化学成分、热处理及硬度

牌号	化学成分%								交货状态HBS	试样淬火	
	C	Si	Mn	Cr	W	Mo	V	其他		淬火温度/℃ 冷却介质	HRC≥
5CrMnMo	0.50~0.60	0.25~0.60	1.20~1.60	0.60~0.90	—	0.15~0.30	—	—	241~197	820~850油	60
5CrNiMo	0.50~0.60	≤0.40	0.50~0.80	0.50~0.80	—	0.15~0.30	—	1.40~1.80	241~197	830~860油	60
3Cr2W8V	0.30~0.40	≤0.40	≤0.40	2.20~2.70	7.50~9.00	—	0.20~0.50	—	255~207	1075~1125油	60
5Cr4Mo3SiMnVAl	0.47~0.57	0.80~1.10	0.80~1.10	3.80~4.30	—	2.80~3.40	0.80~1.20	0.30~0.70	≤255	1090~1120油	60
4CrMnSiMoV	0.35~0.45	0.80~1.10	0.80~1.10	1.30~1.50	—	0.40~0.60	0.20~0.40	—	241~197	870~930油	60
4Cr5MoSiV	0.33~0.43	0.80~1.20	0.20~0.50	4.75~5.50	—	1.10~1.60	0.30~0.60	—	≤235	790预热，1000(盐浴)或1010(炉控气氛)加热，保温5~15min空冷，550回火	
4Cr5MoSiVl	0.32~0.45	0.80~1.20	0.20~0.50	4.75~5.50	—	1.10~1.75	0.80~1.20	—	≤235		

(1) 热锻模具钢　包括锤锻模用钢以及热挤压、热镦模及精锻模用钢。一般碳的质量分数为 w_C=0.4%~0.6%，以保证淬火及中高温回火后具有足够的强度与韧性。

热锻模经锻造后需进行退火，以消除锻造内应力，均匀组织，降低硬度，改善切削加工性能。加工后通过淬火、中温回火，得到主要是回火屈氏体的组织，硬度一般为40~50HRC来满足使用要求。

常用的热锻模具钢牌号是5CrNiMo、5CrMnMo。5CrNiMo钢具有良好韧性、强度、耐磨性和淬透性。5CrNiMo钢是世界通用的大型锤锻模用钢，适于制造形状复杂的、受冲击载荷重的大型及特大型的锻模。5CrMnMo钢以锰代镍，适于制造中型锻模。

热作模具钢中的4CrMnSiMoV钢具有良好的淬透性，故尺寸较大的模具空冷也可得到马氏体组织，并具有较好的回火稳定性和良好的力学性能，其抗热疲劳性及较高温度下的强度和韧性接近5CrNiMo钢，因此在大型锤锻模和水压机锻造用模上，4CrMnSiMoV钢可以代替5CrNiMo钢。

铬系热模具钢4Cr5MoSiV、4Cr5MoSiVl，可用于制作尺寸不大的热锻模、热挤压模具、高速精锻模具、锻造压力机模具等。5Cr4Mo3SiMnVAl为冷热兼用的模具钢，可用其制作压力机热压冲头及凹模，寿命较高。

(2) 压铸模钢　压铸模工作时与炽热金属接触时间较长，要求有较高的耐热疲劳性，较高的导热性，良好的耐磨性和必要的高温力学性能。此外，还需要具有抗高温金属液的腐蚀和金属液的冲刷能力。

常用压铸模钢是3Cr2W8V钢，具有高的热硬性、高的抗热疲劳性。这种钢在600～650℃下强度可达σ_b=1000～1200N/mm^2，淬透性也较好。

近些年来，铝镁合金压铸模用钢还可用铬系热模具钢4Cr5MoSiV及4Cr5MoSiVl，其中用4Cr5MoSiVl钢制作的铝合金压铸模具，寿命要高于3Cr2W8V钢。

5.4.3 合金量具钢

量具钢是用于制造游标卡尺、千分尺、量块、塞规等测量工件尺寸的工具用钢。

量具在使用过程中与工件接触，受到磨损与碰撞，因此要求工作部分应有高硬度(58～64HRC)、高耐磨性、高的尺寸稳定性和足够的韧性。

合金工具钢9Mn2V、CrWMn以及GCr15钢，由于淬透性好，用油淬造成的内应力比水淬的碳钢小，低温回火后残余内应力也较小；同时合金元素使马氏体分解温度提高，因而使组织稳定性提高，故在使用过程中尺寸变化倾向较碳素工具钢小。因此要求高精度和形状复杂的量具，常用合金工具钢制造。

量具的最终热处理主要是淬火、低温回火，以获得高硬度和高耐磨性。对于高精度的量具，为保证尺寸稳定，在淬火与回火之间进行一次冷处理(－80～－70℃)，以消除淬火后组织中的大部分残余奥氏体。对精度要求特别高的量具，在淬火、回火后还需进行时效处理。时效温度一般为120～130℃，时效时间24～36h，以进一步稳定组织，消除内应力。量具在精磨后还要进行8h左右的时效处理，以消除精磨中产生的内应力。

5.5 特殊性能钢

特殊性能钢是指具有特殊的物理、化学性能的钢。其种类较多，常用的特殊性能钢有不锈钢、耐热钢和耐磨钢。

5.5.1 不锈钢

在腐蚀性介质中具有抗腐蚀能力的钢，一般称为不锈钢。

1. 金属腐蚀

金属腐蚀通常可分为化学腐蚀和电化学腐蚀两种类型。化学腐蚀指金属与周围介质发生纯化学作用的腐蚀，在腐蚀过程中没有微电流产生。例如钢的高温氧化、脱碳等。电化学腐蚀指金属在大气、海水及酸、碱、盐类溶液中产生的腐蚀，在腐蚀过程中有微电流产生。在这两种腐蚀中，危害最大的是电化学腐蚀。

大部分金属的腐蚀都属于电化学腐蚀。为了提高钢的抗电化学腐蚀能力，主要采取以下措施。

(1) 提高基体电极电位。例如当$w_{Cr}>11.7\%$，使绝大多数铬都溶于固溶体中，使基体电极电位由－0.56V跃增为＋0.20V，从而提高抗电化学腐蚀的能力。

(2) 减少原电池形成的可能性。使金属在室温下只有均匀单相组织。例如铁素体钢、奥氏体钢。

(3) 形成钝化膜。在钢中加入大量合金元素，使金属表面形成一层致密的氧化膜(如

Cr_2O_3 等)，使钢与周围介质隔绝，提高抗腐蚀能力。

2. 常用不锈钢

目前常用的不锈钢，按其组织状态主要分为马氏体不锈钢、铁素体不锈钢和奥氏体不锈钢三大类。

(1) 马氏体不锈钢　常用马氏体不锈钢碳的质量分数为 w_C=0.1%～0.4%，铬的含量为 w_{Cr}=11.50%～14.00%，属铬不锈钢，通常指 Cr13 型不锈钢。淬火后能得到马氏体，故称为马氏体不锈钢。它随着钢中碳的质量分数的增加，钢的强度、硬度、耐磨性提高，但耐蚀性下降。为了提高耐蚀性，不锈钢的碳的质量分数一般为 $w_C \leqslant$0.4%。

碳的质量分数较低的 1Cr13 和 2Cr13 钢，具有良好的抗大气、海水、蒸汽等介质腐蚀的能力，塑性、韧性很好。适用于制造在腐蚀条件下工作、受冲击载荷的结构零件，如汽轮机叶片、各种阀、机泵等。这两种钢常用热处理方法为淬火后高温回火，得到回火索氏体组织。

碳的质量分数较高的 3Cr13、7Cr17 钢，经淬火后低温回火，得到回火马氏体和少量碳化物，硬度可达 50HRC 左右。用于制造医疗手术工具、量具、弹簧、轴承及弱腐蚀条件下工作而要求高硬度的耐蚀零件。

(2) 铁素体不锈钢　典型牌号有 1Cr17、1Cr17Mo 等。常用的铁素体不锈钢中，$w_C \leqslant$ 0.12%，w_{Cr}=12%～13%，这类钢从高温到室温，其组织均为单相铁素体组织，所以在退火和正火状态下使用，不能利用热处理来强化。其耐蚀性、塑性、焊接性均优于马氏体不锈钢，但强度比马氏体不锈钢低，主要用于制造耐蚀零件，广泛用于硝酸和氮肥工业中。

(3) 奥氏体不锈钢　这类钢一般铬的含量为 w_{Cr}=17%～19%，w_{Ni}=8%～11%，故简称 18-8 型不锈钢。其典型牌号有 0Cr19Ni9、lCr18Ni9、0Cr18NillTi、00Cr17Ni14Mo2 钢等。这类钢中碳的质量分数不能过高，否则易在晶间析出碳化物(Cr、Fe)$_{23}$C$_6$ 引起晶间腐蚀，使钢中铬量降低产生贫铬区，故其碳的质量分数一般控制在 w_C=0.10%左右，有时甚至控制在 0.03%左右。有晶间腐蚀的钢，稍受力即沿晶界开裂或粉碎。

这类钢在退火状态下呈现奥氏体和少量碳化物组织，碳化物的存在，对钢的耐腐蚀性有很大损伤，故采用固溶处理方法来消除。固溶处理是把钢加热到 1100℃左右，使碳化物溶解在高温下所得到的奥氏体中，然后水淬快冷至室温，即获得单相奥氏体组织，提高钢的耐蚀性。

由于铬镍不锈钢中铬镍的含量高，且为单相组织，故其耐蚀性高。它不仅能抵抗大气、海水、燃气的腐蚀，而且能抗酸的腐蚀，抗氧化温度可达 850℃，具有一定的耐热性。铬镍不锈钢没有磁性，故用它制造电器、仪表零件，不受周围磁场及地球磁场的影响。又由于塑性很好，可以顺利进行冷热压力加工。

5.5.2　耐热钢

耐热钢是抗氧化钢和热强钢的总称。

钢的耐热性包括高温抗氧化性和高温强度两方面的综合性能。高温抗氧化性是指钢在高温下对氧化作用的抗力；而高温强度是指钢在高温下承受机械载荷的能力，即热强性。因此，耐热钢既要求高温抗氧化性能好，又要求高温强度高。

在钢中加入铬、硅、铝等合金元素，它们与氧亲和力大，优先被氧化，形成一层致密、完整、高熔点的氧化膜(Cr_2O_3、Fe_2SiO_4、Al_2O_3)，牢固覆盖于钢的表面，可将金属与外界的高温氧化性气体隔绝，从而避免进一步被氧化。

钢铁材料在高温下除氧化外其强度也大大下降，这是由于随温度升高，金属原子间结合力减弱，特别当工作温度接近材料再结晶温度时，也会缓慢地发生塑性变形，且变形量随时间的延长而增大，最后导致金属破坏，这种现象称为蠕变。

为了提高钢的高温强度，在钢中加入铬、钼、锰、铌等元素，可提高钢的再结晶温度。在钢中加入钛、铌、钒、钨、钼以及铝、硼、氮等元素，形成弥散相来提高其高温强度。

常用的耐热钢，按正火状态下的组织不同主要有珠光体钢、马氏体钢、奥氏体钢 3 类。其中 15CrMo 钢是典型的锅炉用钢，可用于制造在 500℃以下长期工作的零件，此钢虽然耐热性不高，但其工艺性能(如可焊性、压力加工性和切削加工性等)和物理性能(如导热性和膨胀系数等)都较好。4Cr9Si2、4Cr10Si2Mo 钢适用于 650℃以下受动载荷的部件，如汽车发动机、柴油机的排气阀，故此两种钢又称为气阀钢。也可用作 900℃以下的加热炉构件，如料盘、炉底板等。1Cr13、0Cr18Ni11Ti 钢既是不锈钢又是良好的热强钢。1Cr13 钢在 450℃左右和 0Cr18Ni11Ti 钢在 600℃左右都具有足够的热强性。0Cr18Ni11Ti 钢的抗氧化能力可达 850℃，是一种应用广泛的耐热钢，可用来制造高压锅炉的过热器、化工高压反应器等。

5.5.3 耐磨钢

耐磨钢是指在冲击和磨损条件下使用的高锰钢。

高锰钢的主要成分是 w_C=0.9%～1.5%，w_{Mn}=11%～14%。经热处理后得到单相奥氏体组织，由于高锰钢极易冷变形强化，使切削加工困难，故基本上是铸造成形后使用。

高锰钢铸件的牌号，前面的“ZG”是代表“铸钢”二字汉语拼音字首，其后是化学元素符号“Mn”，随后数字“13”表示平均锰的质量分数的百倍(即平均 w_{Mn}=13%)，最后的一位数字 1、2、3、4 表示顺序号。如 ZGMn13－1，表示 1 号铸造高锰钢。其碳的质量分数最高(w_C=1.00%～1.50%)；而 4 号铸造高锰钢 ZGMn13－4，碳的质量分数低(w_C=0.90%～1.20%)。高锰钢铸件的牌号、化学成分、热处理、力学性能及用途见表 5－10。

表 5－10 高锰钢铸件的牌号、化学成分、热处理、力学性能及用途

牌号	化学成分 $w_{Mn}\times100\%$					热处理(水韧处理)		力学性能				用途举例
	C	Si	Mn	S	P	淬火温度/℃	冷却介质	σ_b/(N·mm^{-2})	$\delta_5\times100$	A_K/J	HBS	
								不小于			不大于	
ZGMn13－1	1.00～1.45	0.30～1.00	11.00～14.00	≤0.040	≤0.090	1060～1100	水	637	20	—	229	用于结构简单、要求以耐磨为主的低冲击铸件，如衬板、齿板、辊套、铲齿等
ZGMn13－2	0.90～1.35	0.30～1.00	11.00～14.00	≤0.040	≤0.070	1060～1100	水	637	20	18	229	

(续)

牌号	化学成分$w_{Mn}\times 100\%$					热处理(水韧处理)		力学性能				用途举例
	C	Si	Mn	S	P	淬火温度/℃	冷却介质	σ_b/(N·mm^{-2})	$\delta_5\times$100	A_K/J	HBS	
								不小于			不大于	
ZGMn13-3	0.95～1.35	0.30～1.00	11.00～14.00	≤0.035	≤0.070	1060～1100	水	686	25	18	229	用于结构复杂、要求以韧性为主的高冲击铸件，如覆带板等
ZGMn13-4	0.90～1.30	0.30～1.00	11.00～14.00	≤0.040	≤0.070	1060～1100	水	735	35	18	229	

注：牌号、化学成分、热处理、力学性能摘自GB/T 5680—1998《高锰钢铸件》。

高锰钢由于铸态组织是奥氏体+碳化物，而碳化物的存在要沿奥氏体晶界析出，降低了钢的韧性与耐磨性，所以必须进行“水韧处理”。所谓“水韧处理”，是将高锰钢铸件加热到1000～1100℃，使碳化物全部溶解到奥氏体中，然后在水中急冷，防止碳化物析出，获得均匀的、单一的过饱和单相奥氏体组织。这时其强度、硬度并不高，而塑性、韧性却很好($\sigma_b \geqslant$637～735N/mm^2，$\delta_5 \geqslant$20%～35%，硬度≤229HBS，$A_K \geqslant$118J)。但是，当工作时受到强烈的冲击或较大压力时，则表面因塑性变形会产生强烈的冷变形强化，从而使表面层硬度提高到500～550HBW，因而获得高的耐磨性，而心部仍然保持着原来奥氏体所具有的高的塑性与韧性，能承受冲击。当表面磨损后，新露出的表面又可在冲击和磨损条件下获得新的硬化层。因此，这种钢具有很高的耐磨性和抗冲击能力。但要指出，这种钢只有在强烈冲击和磨损下工作才显示出高的耐磨性，而在一般机器工作条件下高锰钢并不耐磨。

高锰钢被用来制造在高压力、强冲击和剧烈摩擦条件下工作的抗磨零件，如坦克和矿山拖拉机履带板，破碎机颚板、挖掘机铲齿、铁道道岔及球磨机衬板等。

习　题

一、填空题

1. 在生产中使用最多的刀具材料是________和________，而用于一些手工或切削速度较低的刀具材料是________。

2. 合金渗碳钢的含碳量属________碳范围，可保证钢的心部具有良好的________。

二、判断题

1. 由于T13钢中的含碳量比T8钢高，故前者的强度比后者高。　(　　)

2. GCr15是滚动轴承钢，钢中含Cr15%，主要是制造滚动轴承的内外圈。　(　　)

三、选择题

1. 除(　　)以外，其他合金元素溶入A体中，都能使C曲线右移，提高钢的淬透性。

A. Co B. Ni C. W D. Co

2. 除( )以外，其他合金元素都使 M_s，M_f 点下降，使淬火后钢中残余奥氏体量增加。

A. Cr、Al B. Ni、Al C. Co、Al D. Mo、Co

3. Q345(16Mn)是一种( )。

A. 调质钢，可制造车床齿轮 B. 渗碳钢，可制造主轴

C. 低合金结构钢，可制造桥梁 D. 弹簧钢，可制造弹簧

4. 40Cr 中 Cr 的主要作用是( )。

A. 提高耐蚀性 B. 提高回火稳定性及固溶强化 F

C. 提高切削性 D. 提高淬透性及固溶强化 F

5. GCr15 是一种滚动轴承钢，其( )。

A. 碳含量为 1%，铬含量为 15% B. 碳含量为 0.1%，铬含量为 15%

C. 碳含量为 1%，铬含量为 1.5% D. 碳含量为 0.1%，铬含量为 1.5%

6. 0Cr18Ni19 钢固溶处理的目的是( )。

A. 增加塑性 B. 提高强度

C. 提高韧性 D. 提高耐蚀性

7. 下列钢号中，( )是合金渗碳钢，( )是合金调质钢。

A. 20 B. 65Mn C. 20CrMnTi D. 45E40Cr

8. 比较下列四种牌号的钢材，( )钢的弹性最好，( )钢的硬度最高，( )钢的塑性最好。

A. T12 B. T 8 C. 20 D. 65Mn

9. 选择下列工具材料。板牙( )，铣刀( )，冷冲模( )，车床主轴( )，医疗手术刀( )。

A. W18Cr4V B. Cr12 C. 9SiCr D. 40Cr

E. 4Cr13

10. 在 W18Cr4V 高速钢中，W 元素的作用是( )。

A. 提高淬透性 B. 细化晶粒

C. 提高红硬性 D. 固溶强化

11. 在下列几种碳素钢中硬度最高的是( )。

A. 20 B. Q235-A C. 45 D. T12

12. 选择下列工具、零件的材料：铣刀( )，冷冲模( )，汽车变速箱中的齿轮( )，滚动轴承的内外套圈( )。

A. W18Cr4V B. Cr12 C. 20CrMnTi D. GCr15

13. 力学性能要求较高，而蚀性要求较低的工件，如医疗工具等应选用( )。

A. 1Cr13 油淬+空冷 B. 1Cr17 空冷

C. 1Cr18Ni19Ti 固溶处理 D. T12 淬火+低温回火

四、简答题

1. 合金钢中经常加入的合金元素有哪些？按其与碳的作用如何分类？

2. 合金元素在钢中以什么形式存在？

3. 合金元素对 $Fe-Fe_3C$ 合金状态图有什么影响？这种影响有什么工业意义？

4. 为什么碳钢在室温下不存在单一的奥氏体或单一的铁素体组织，而合金钢中有可能存在这类组织?

5. 为什么大多数合金钢的奥氏体化加热温度比碳素钢的高?

6. 为什么含 Ti、Cr、W 等合金钢的回火稳定性比碳素钢的高?

7. 说明用 20Cr 钢制造齿轮的工艺路线，并指出其热处理特点。

8. 合金渗碳钢中常加入哪些合金元素? 它们对钢的热处理、组织和性能有何影响?

9. 说明合金调质钢的最终热处理的名称及目的。

10. 为什么合金弹簧钢把 Si 作为重要的主加合金元素? 弹簧淬火后为什么要进行中温回火?

11. 为什么滚动轴承钢的含碳量均为高碳? 为什么限制钢中含 Cr 量不超过 1.65%? 滚动轴承钢预备热处理和最终热处理的特点?

12. 一般刃具钢要求什么性能? 高速钢要求什么性能? 为什么?

13. 为什么刃具钢中含高碳? 合金刃具钢中加入哪些合金元素? 其作用怎样?

14. 用 9SiCr 钢制成圆板牙，其工艺流程为：锻造—球化退火—机械加工—淬火—低温回火—磨平面—开槽加工。试分析：①球化退火、淬火及低温回火的目的。②球化退火、淬火及低温回火的大致工艺参数。

15. 高速钢经铸造后为什么要经过反复锻造? 锻造后切削前为什么要进行退火? 淬火温度选用高温的目的是什么? 淬火后为什么需进行三次回火?

16. 什么叫热硬性(红硬性)? 它与“二次硬化”有何关系? W18Cr4V 钢的二次硬化发生在哪个回火温度范围?

17. 模具钢分几类? 各采用何种最终热处理工艺? 为什么?

18. 制造量具的钢有哪几种? 有什么要求? 热处理工艺有什么特点?

19. 不锈钢通常采取哪些措施来提高其性能?

20. 1Cr13、2Cr13、3Cr13、4Cr13 钢在成分上、用途上和热处理工艺上有什么不同?

21. 说明不锈钢的分类及热处理特点。

22. 影响耐热钢热强性的因素有哪些? 如何解决?

23. 指出下列钢号的钢种、成分及主要用途和常用热处理。

16Mn、20CrMnTi、40Cr、60Si2Mn、GCr15、9SiCr、W18Cr4V、1Cr18Ni9Ti、1Cr13、12CrMoV、5CrNiMo

24. 下列零件和工具由于管理不善造成材料错用，问使用过程中会出现哪些问题?

A. 把 20 钢当成 60 钢制成弹簧

B. 把 30 钢当成 T7 钢制成大锤

25. 如果错把 10 钢当成 35 钢制成螺钉，在使用时会有什么问题?

五、填表题

1. 在下列表格中填出各钢号的类别(按用途归类)、最终热处理方法、主要性能特点和用途举例。

钢号	类别(按用途归类)	最终热处理方法	主要性能特点	用途举例
Q420				
40MnB				
20CrMnTi				
GCr15SiMn				
3Cr2W8V				
T12				
1Cr17				
QT400-18				

2. 在下列表格中填出各钢号的类别(按用途归类)、最终热处理方法、主要性能特点和用途举例。

钢号	类别(按用途归类)	最终热处理方法	主要性能特点	用途举例
20CrMnTi				
60Si2Mn				
40Cr				
GCr15				
0Cr19Ni9				
T12				
16Mn				
45				

第6章 有色金属

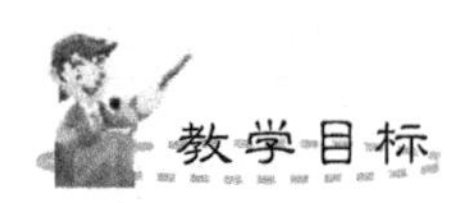

通过本章的学习，了解各类有色金属及其合金的使用性能和工艺性能。

有色金属事故

有色金属及其合金也称为非铁合金，它具有一系列在物理、化学及力学等方面不同于钢铁材料的特殊性能，亦成为现代工业中不可缺少的、重要的工程材料。但是不恰当的使用，也会造成严重的事故。

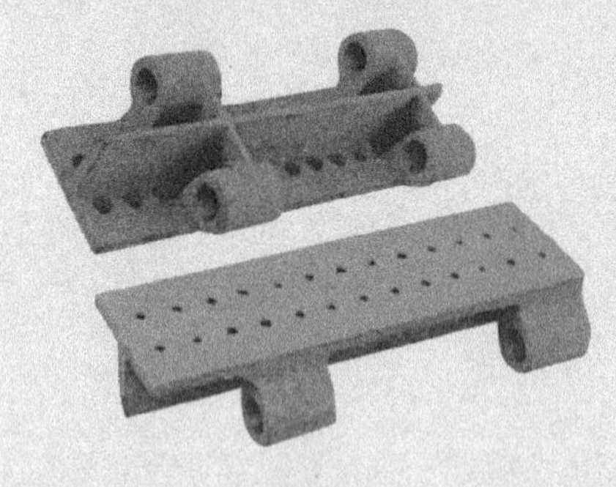

紫铜烘缸

1986年2月1日下午，江陵县某人造鹿皮厂紫铜烘缸在运行中爆炸，烘缸壳体沿纵向焊缝撕开，抛出4m多远。强大的气浪把操作平台全部摧毁；烘缸上方的5块屋面预制板被掀开，其余大部分被震动脱缝，740m^2的车间里，大部分门窗被气浪冲毁，其中一扇窗门飞出70m远；生产中的物料散落整个车间。直接经济损失5万元。该事故原因是选用了价格便宜，质量轻，传热快，平整光滑的紫铜烘缸，安装后也未考虑紫铜烘缸承压性能。

通常把铁及其合金(钢、铸铁)称为黑色金属，而黑色金属以外的所有金属则为有色金属。与黑色金属相比，有色金属有许多优良的特性，例如铝、镁、钛等金属及其合金具有密度小、比强度(强度/密度)高的特点，在航空航天、汽车、船舶和军事领域中应用十分广泛；银、铜、金(包括铝)等金属及其合金具有优良的导电性和导热性，是电器仪表和通信领域不可缺少的材料；钨、钼、钽、铌等金属及其合金熔点高，是制造耐高温零件及电真空元件的理想材料；钛及其合金是理想的耐蚀材料等。本章主要介绍目前工程中广泛应用的铝、铜及其合金以及轴承合金。

6.1 铝及铝合金

铝及铝合金在工业上是仅次于钢的一种重要金属，也是应用最广泛的一种有色金属。

6.1.1 工业纯铝

纯铝为面心立方晶格，无同素异构转变，呈银白色。塑性好(ψ≈80%)、强度低(σ_b=80～100MPa)，一般不能作为结构材料使用，可经冷塑性变形使其强化。铝的密度较小(约 2.7×10^3kg/m^3)，仅为铜的三分之一；熔点为 660℃；磁化率低，接近非磁材料；导电导热性好，仅次于银、铜、金而居第 4 位。铝在大气中其表面易生成一层致密的 Al_2O_3 薄膜而阻止进一步的氧化，故抗大气腐蚀能力较强。

根据上述特点，纯铝主要用于制作电线、电缆，配制各种铝合金以及制作要求质轻、导热或耐大气腐蚀但强度要求不高的器具。

纯铝中含有铁硅等杂质，随着杂质含量的增加，其导电性、导热性、抗大气腐蚀性及塑性将下降。

工业纯铝分未加压力加工产品(铝锭)和压力加工产品(铝材)两种。按 GB/T 1196—2008 规定，铝锭的牌号有 Al99.90、Al99.85、Al99.70、Al99.60、Al99.50、Al99.00、Al99.7E、Al99.6E 8 种。铝的质量分数不低于 99.0%的铝材为纯铝，按GB/T 16474—1996 规定，铝材的牌号有 1070A、1060、1050A、1035、1200 等(即化学成分近似于旧牌号 L1、L2、L3、L4、L5)，牌号中数字越大，表示杂质的含量越高。

6.1.2 铝合金

向铝中加入适量的 Si、Cu、Mg、Mn 等合金元素，进行固溶强化和第二相强化而得到铝合金，其强度比纯铝高几倍，并能保持纯铝的特性。

1. 铝合金分类

根据铝合金的成分及工艺特点，可分为变形铝合金和铸造铝合金两类。铝合金相图的一般类型如图 6.1 所示，凡位于 D 点左边的合金，在加热时能形成单相固溶体组织，这类合金塑性较高，适于压力加工，故称为变形铝合金。合金成分位于 D 点以右的合金，都具有低熔点共晶组织，流动性好，塑性低，适于铸造而不适于压力加工，故称为铸造铝合金。对于形变铝合金来说，位于 F

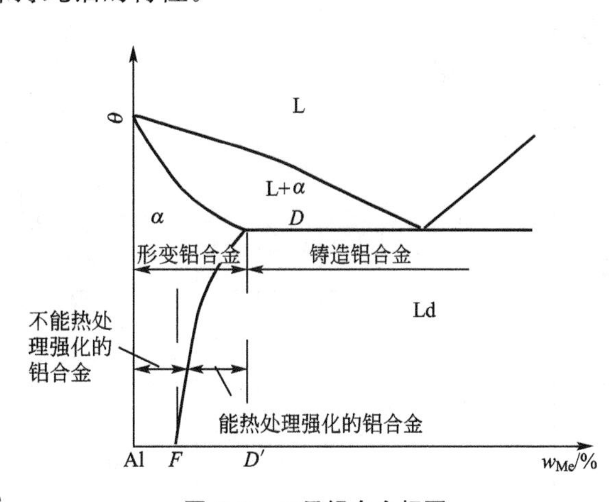

图 6.1 二元铝合金相图

点左边的合金，其固溶体的成分不随温度的变化而变化，故不能用热处理强化，称为不能热处理强化的铝合金。成分在 F 点与 D 点之间的合金，其固溶体成分随温度的变化而改变，可用热处理来强化，故称为能热处理强化的铝合金。

2. 铝合金的热处理

当铝合金加热到 α 相区时，保温后在水中快速冷却，其强度和硬度并没有明显升高，而塑性却得到改善，这种热处理称为固溶热处理。由于固溶热处理后获得的过饱和固溶体是不稳定的，有分解出强化相过渡到稳定状态的倾向。如在室温放置相当长的时间，强度和硬度会明显升高，而塑性明显下降。

固溶处理后铝合金的强度和硬度随时间而发生显著提高的现象，称为时效强化或沉淀硬化。在室温下进行的时效为自然时效，在加热条件下进行的时效为人工时效。

在不同温度下进行人工时效时，其效果也不同，时效温度愈高，时效速度愈快，但其强化效果愈低。

铝合金之所以产生时效强化，是由于铝合金在淬火时抑制了过饱和固溶体的分解过程。这种过饱和固溶体极不稳定，必然要分解。在室温与加热条件下都可以分解，只是加热条件下的分解进行得更快而已。

3. 变形铝合金

常用变形铝合金的牌号、成分、力学性能见表 6-1。

表 6-1　常用变形铝合金代号、牌号、成分、力学性能及用途(GB/T 3190—2008)

类别		牌号	代号	化学成分(质量分数)/%					处理状态①	力学性能②			用途举例
				w_{Cu}	w_{Mg}	w_{Mn}	w_{Zn}	其他		σ_b/MPa	δ/%	HBS	
不能热处理强化的铝合金	防锈铝合金	5A05	LF5	0.1	4.8～5.5	0.3～0.6	0.2	w_{Si} 0.5 w_{Fe} 0.5	M	280	20	70	焊接油箱、油管、焊条、铆钉以及中等载荷零件及制品
		3A21	LF21	0.2	0.05	1.0～1.6	0.1	w_{Si} 0.6 w_{Ti} 0.15 w_{Fe} 0.7	M	130	20	30	焊接油箱、油管、焊条、铆钉以及轻载荷零件及制品
能热处理强化的铝合金	硬铝合金	2A01	LY1	2.2～3.0	0.2～0.5	0.2	0.10	w_{Si} 0.5 w_{Ti} 0.15 w_{Fe} 0.5	线材CZ	300	24	70	工作温度不超过100℃的结构用中等强度铆钉
		2A11	LY11	3.8～4.8	0.4～0.8	0.4～0.8	0.3	w_{Si} 0.7 w_{Fe} 0.7 w_{Ni} 0.1 w_{Ti} 0.15	板材CZ	420	18	100	中等强度结构零件，如骨架、模锻的固定接头、支柱、螺旋桨桨叶片、局部镦粗的零件、螺栓和铆钉

（续）

类别		牌号	代号	化学成分(质量分数)/%					处理状态①	力学性能②			用途举例
				w_{Cu}	w_{Mg}	w_{Mn}	w_{Zn}	其他		σ_b/MPa	δ/%	HBS	
能热处理强化的铝合金	硬铝合金	2A12	LY12	3.8～4.9	1.2～1.8	0.3～0.9	0.3	w_{Si} 0.5 w_{Ni} 0.1 w_{Ti} 0.15 w_{Fe} 0.5	板材CZ	470	17	105	高强度结构零件，如骨架、蒙皮、隔框、肋、梁、铆钉等在150℃以下工作的零件
	超硬铝合金	7A04	LC4	1.4～2.0	1.8～2.8	0.2～0.6	5.0～7.0	w_{Si} 0.5 w_{Fe} 0.5 w_{Cr} 0.1～0.25	CS	600	12	150	结构中主要受力件，如飞机大梁、桁架、加强框、蒙皮、接头及起落架
	锻铝合金	2A50	LD5	1.8～2.6	0.4～0.8	0.4～0.8	0.3	w_{Si} 0.7～1.2	CS	420	13	105	形状复杂中等强度的锻件及模锻件
		2A70	LD7	1.9～2.5	1.4～1.8	0.2	0.3	w_{Ti} 0.02～0.1 w_{Ni} 0.9～1.5 w_{Fe} 0.9～1.5	CS	415	13	120	内燃机活塞、高温下工作的复杂锻件、板材，可作高温下工作的结构件

注：① M——包铝板材退火状态；CZ——包铝板材淬火自然时效状态；CS——包铝板材人工时效状态。
② 防锈铝合金为退火状态指标；硬铝合金为(淬火＋自然时效)状态指标；超硬铝合金为(淬火＋人工时效)状态指标；锻铝合金为(淬火＋人工时效)状态指标。

变形铝合金按其主要性能特点可分为防锈铝、硬铝、超硬铝与锻铝等。通常加工成各种规格的型材(板、带、线、管等)产品供应。变形铝合金牌号用(GB/T 16474—1996 规定)2×××～8×××系列表示。牌号第一位数字表示组别，按铜、锰、硅、镁、锌、其他元素的顺序来确定合金组别；牌号第二位的字母表示原始合金的改型情况，如果牌号第二位的字母是A，表示为原始合金，如果是B～Y的其他字母，则表示为原始合金的改型合金；牌号的最后两位数字没有特殊意义，仅用来区分同一组中不同的铝合金。

防锈铝合金属于热处理不能强化的铝合金，常采用冷变形方法提高其强度。主要有Al-Mn、Al-Mg合金。这类铝合金具有适中的强度、优良的塑性和良好的焊接性，并具有很好的抗蚀性，故称为防锈铝合金，常用于制造油罐、各式容器，防锈蒙皮等。常用牌号有5A05等。

其他两类都属于热处理能强化的铝合金，其中硬铝属于Al-Cu-Mg系，超硬铝属于Al-Cu-Mg-Zn系。硬铝和超硬铝在固溶处理后，可进行人工时效或自然时效，时效后强度很高，其中超硬铝的强化作用最为强烈。这两类铝合金的耐蚀性较差，为了提高铝合金的耐蚀性，常采用包铝法(即包一层纯铝)。牌号为2A01的硬铝有很好的塑性，大量用于制造铆钉。飞机上常用铆钉的硬铝牌号为2A10。它比2A01铜的含量稍高，镁的含量低，塑性好，且孕育期长，又有较高的抗剪强度。牌号为2A11的硬铝既有相当高的硬度又有足够的塑性，在仪器、仪表及飞机制造成中获得广泛的应用。牌号为7A04的超硬铝，多用于制造飞机上受力大的结构零件，如起落、大梁等。

锻铝合金大多是 Al－Mg－Si－Cu 系，含合金元素较少，有良好的热塑性和耐蚀性，适于用压力加工来制造各种零件，有较高的机械性能。一般锻造后再经固溶处理和时效处理。常用牌号为 2A50、2A70 等。

4. 铸造铝合金

铸造铝合金中有一定数量的共晶组织，故具有良好的铸造性能，但塑性差，常采用变质处理和热处理的办法提高其机械性能。铸造铝合金可分为 Al－Si 系、Al－Cu 系、Al－Mg 系和 Al－Zn 系四大类。

铸造铝合金代号用“ZL”(铸铝)及 3 位数字表示。第一位数字表示合金类别(如 1 表示 Al－Si 系，2 表示 Al－Cu 系，3 表示 Al－Mg 系，4 表示 Al－Zn 系等)；后两位数字为顺序号，顺序号不同，化学成分不同。

1) Al－Si 系合金

Al－Si 系铸造铝合金又称硅铝明，是铸造铝合金中应用最广泛的一类。这种合金流动性好，熔点低，热裂倾向小，耐蚀性和耐热性好，易气焊，但粗大的硅晶体严重降低合金的机械性能。因此生产中常采用“变质处理”提高合金的机械性能，即在浇注前往合金溶液中加入 2/3NaF＋1/3NaCl 混合物的变质剂(加入量为合金重量的 2%～3%)，变质剂中的钠能促进硅形成晶核，并阻碍其晶体长大。因此合金的性能显著提高。ZL102 经变质处理，其机械性能由 σ_b＝140MPa 提高到 σ_b＝180MPa，由 δ＝3%提高到 δ＝8%。

为提高硅铝明的强度，常加入能产生时效强化的 Cu、Mg、Mn 等合金元素制成特殊硅铝明，这类合金除变质处理外，还可固溶时效处理，进一步强化合金。

2) 其他铸造铝合金

Al－Cu 铸造铝合金耐热性好，但由于其铸造性能不好，有热裂和疏松倾向，耐蚀性差，比强度低于一般优质硅铝明，故有被其他铸造铝合金取代的趋势。常用牌号有 ZL201、ZL202 等。

Al－Mg 铸造铝合金耐蚀性好，强度高，密度小(为 2.55×103kg/m³)，但其铸造性能差，耐热性低，熔铸工艺复杂，时效强化效果小，常用牌号有 ZL301，ZL302 等。

Al－Zn 铸造铝合金铸造性能好，铸态下可自然时效，是一种铸态下高强度合金，价格是铝合金中最便宜的，但耐蚀性差，热裂倾向大，有应力腐蚀断裂倾向，密度大。常用牌号有 ZL401、ZL402 等。

常用铸造铝合金的牌号、化学成分、力学性能及用途见表 6－2。

表 6－2　常用铸造铝合金的牌号(代号)、化学成分、力学性能及用途(GB/T 1173—1995)

类别	牌号	代号	化学成分(质量分数)/%						处理状态		力学性能			用途举例
			w_{Si}	w_{Cu}	w_{Mg}	w_{Mn}	其他	w_{Al}	铸造①	热处理②	σ_b/MPa	δ/%	HBS	
铝硅合金	ZAlSi12	ZL102	10.0～13.0					余量	SB JB SB J	F F T2 T2	143 153 133 143	4 2 4 3	50 50 50 50	形状复杂、低载的薄壁零件，如仪表、水泵壳体，船舶零件等
	ZAlSi5Cu1Mg	ZL105	4.5～5.5	1.0～1.5	0.4～0.6			余量	J J	T5 T7	231 173	0.5 1	70 65	工作温度 225℃以下的发动机曲轴箱、汽缸体、盖等

（续）

类别	牌号	代号	化学成分(质量分数)/%						处理状态		力学性能			用途举例
			w_{Si}	w_{Cu}	w_{Mg}	w_{Mn}	其他	w_{Al}	铸造①	热处理②	σ_b/MPa	δ/%	HBS	
铝铜合金	ZAlCu5Mn	ZL201		4.5~5.3		0.6~1.0	w_{Ti}0.15~0.35	余量	S S	T4 T5	290 330	3 4	70 90	工作温度小于300℃的零件，如内燃机汽缸头、活塞
铝镁合金	ZAlMg10	ZL301			9.5~11.5			余量	S	T4	280	9	20	承受冲击载荷，在大气或海水中工作的零件如水上飞机、舰船配件
	ZAlMg5Si1	ZL303	0.8~0.3		4.5~5.5	0.1~0.4		余量	S J	F	143	1	55	
铝锌合金	ZAlZn11Si7	ZL401	6.0~8.0		0.1~0.3		w_{Zn}=9.0~13.0	余量	J	T1	241	1.5	90	承受高静载荷或冲击载荷，不能进行热处理的铸件，如汽车、仪表零件、医疗器械等
	ZAlZn6Mg	ZL402			0.5~0.65		w_{Cr}=0.4~0.6 w_{Zn}=5.0~6.5 w_{Ti}=0.15~2.5	余量	J	T1	231	4	70	

注：① J——金属型；S——砂型；B——变质处理。

② F铸态；T1人工时效；T2退火；T4固溶处理后自然时效；T5固溶处理+不完全人工时效；T6固溶处理+完全人工时效；T7固溶处理+稳定化处理。

6.2 铜及铜合金

在有色金属中，铜的产量仅次于铝。铜及其合金的使用在我国有着悠久历史，而且范围很广。

6.2.1 工业纯铜

铜是贵重有色金属，是人类应用最早和最广的一种有色金属，其全世界产量仅次于钢和铝。工业纯铜又称紫铜，密度为8.96×10³kg/m³，熔点为1083℃。纯铜具有良好的导电、导热性，其晶体结构为面心立方晶格，因而塑性好，容易进行冷热加工。同时纯铜有较高的耐蚀性，在大气、海水中及不少酸类中皆能耐蚀。但其强度低，强度经冷变形后可以提高，但塑性显著下降。

工业纯铜按杂质含量可分为T1、T2、T3、T4这4种。“T”为铜的汉语拼音字头，其数字越大，纯度越低。如T1的w_{Cu}=99.95%，而T4的w_{Cu}=99.50%，其余为杂质含量。纯铜一般不作结构材料使用，主要用于制造电线、电缆、导热零件及配制铜合金。

6.2.2 铜合金

1. 黄铜

黄铜是以锌为主要合金元素的铜锌合金。按化学成分分为普通黄铜和特殊黄铜两类。

普通黄铜是由铜与锌组成的二元合金。它的色泽美观，对海水和大气腐蚀有很好的抗力。当 $w_{Cu}<32\%$时为单相黄铜，单相黄铜塑性好，适宜于冷热压力加工；当 $w_{Cu}\geqslant 32\%$后，组成双相黄铜，适宜于热压力加工。

黄铜的代号用“H”(黄)汉语拼音＋数字表示，数字表示铜的平均质量分数。

H80 色泽好，可以用来制造装饰品，故有“金色黄铜”之称。H70 强度高、塑性好，可用深冲压的方法制造弹壳、散热器、垫片等零件，故有“弹壳黄铜”之称。

H62、H59，它们具有较高的强度与耐蚀性，且价格便宜，主要用于热压、热轧零件。

为改善黄铜的某些性能，常加入少量 Al、Mn、Sn、Si、Pb、Ni 等合金元素，形成特殊黄铜。

特殊黄铜的代号是在“H”之后标以主加元素的化学符号，并在其后标以铜及合金元素的质量分数。例如 HPb59－1 表示 $w_{Cu}=59\%$、$w_{Pb}=1\%$，量为 w_{Zn}的铅黄铜。

2. 青铜

青铜原指人类历史上应用最早的一种 Cu－Sn 合金。但逐渐地把除锌以外的其他元素的铜基合金，也称为青铜。所以青铜包含有锡青铜、铝青铜、铍青铜、硅青铜和铅青铜等。

青铜的代号为“Q(青)＋主加元素符号及其质量分数＋其他元素符号及质量分数”。铸造青铜则在代号(牌号)前加“ZCu”。

1) 锡青铜

以 Sn 为主加入元素的铜合金，我国古代遗留下来的钟、鼎、镜、剑等就是用这种合金制成的，至今已有几千年的历史，仍完好无损。

锡青铜铸造时，流动性差，易产生分散缩孔及铸件致密性不高等缺陷，但它在凝固时体积收缩小，不会在铸件某处形成集中缩孔，故适用于铸造对外形尺寸要求较严格的零件。

锡青铜的耐腐蚀性比纯铜和黄铜都高，特别是在大气、海水等环境中。抗磨性能也高，多用于制造轴瓦、轴套等耐磨零件。

常用锡青铜牌号有 QSn4－3、QSn6.5－0.1、ZCuSn10P1 等。

2) 铝青铜

铝青铜是以铝为主加元素的铜合金，它不仅价格低廉，且强度、耐磨性、耐蚀性及耐热性比黄铜和锡青铜都高，还可进行热处理(淬火、回火)强化。当含 Al 量小于 5%时，强度很低，塑性高；当含 Al 量达到 12%时，塑性已很差，加工困难。故实际应用的铝青铜的 w_{Al}一般在 5%～10%之间。当 $w_{Al}=5\%\sim7\%$时，塑性最好，适于冷变形加工。当 $w_{Al}=10\%$左右时，常用于铸造。

常用铝青铜牌号为 QAl7。

铝青铜在大气、海水、碳酸及大多数有机酸中具有比黄铜和锡青铜更高的抗蚀性。因此铝青铜是无锡青铜中应用最广的一种，也是锡青铜的重要代用品，缺点是其焊接性能较差。铸造铝青铜常用来制造强度及耐磨性要求较高的摩擦零件，如齿轮、轴套、蜗轮等。

3）铍青铜

铍青铜的含 Be 量很低，w_{Be}为 1.7%～2.5%，Be 在 Cu 中的溶解度随温度而变化，故它是唯一可以固溶时效强化的铜合金，经固溶处理及人工时效后，其性能可达 σ_b = 1200MPa，δ=2%～4%，330～400HBS。

铍青铜还有较高的耐蚀性和导电、导热性、无磁性。此外，有良好的工艺性，可进行冷热加工及铸造成型。通常制作弹性元件及钟表、仪表、罗盘仪器中的零件，电焊机电极等。

6.3　钛及其合金

钛及其合金具有质量轻、比强度高、良好的耐蚀性。钛及其合金还有很高的耐热性，实际应用的热强钛合金工作温度可达 400～500℃，因而钛及其合金已成为航空、航天、机械工程、化工、冶金工业中不可缺少的材料。但由于钛在高温中异常活泼，熔点高，熔炼、浇注工艺复杂且价格昂贵，成本较高，因此使用受到一定限制。

6.3.1　纯钛

纯钛是灰白色轻金属，密度为 4.54g/cm³，熔点为 1668℃，固态下有同素异构转变，在 882.5℃以下为 α - Ti(密排六方晶格)，882.5℃以上为 β - Ti(体心立方晶格)。

纯钛的牌号为 TA0、TA1、TA2、TA3。TA0 为高纯钛，仅在科学研究中应用，其余 3 种均含有一定量的杂质，称工业纯钛。

纯钛焊接性能好、低温韧性好、强度低、塑性好，易于冷压力加工。

6.3.2　钛合金

钛合金可分为 3 类：α 钛合金、β 钛合金和(α+β)钛合金。我国的钛合金牌号是以 TA、TB、TC 后面附加顺序号表示，常用的钛合金牌号、化学成分、力学性能，见表 6 - 3。

表 6 - 3　常用的钛合金牌号、化学成分、力学性能

类型	合金牌号	化学成分	状态	室温化学性能，不小于				高温化学性能		
				σ_b/MPa	$\delta\times100$	$\psi\times100$	αk/J·cm^{-2}	试验温度/℃	瞬时强度 σ/MPa	持久强度 σ/MPa
α钛合金	TA4	Ti - 3Al	退火	450	25	50	80	—	—	—
	TA5	Ti - 4Al - 0.005B		700	15	40	60	—	—	—
	TA6	Ti - 5Al		700	10	27	30	350	430	400
	TA7	Ti - 5Al - 2.5Sn		800	10	27	30	350	500	450
	TA8	Ti - 5Al - 2.5Sn - 3Cu - 1.5Zr		1000	10	25	20～30	500	700	500
β钛合金	TB1	Ti - 3Al - 8Mo - 11Cr	淬火+时效	1300	5	—	15	—	—	—
	TB2	Ti - 5Mo - 5V - 3Cr - 3Al		1400	7	10	15	—	—	—

(续)

类型	合金牌号	化学成分	状态	室温化学性能,不小于				高温化学性能		
				σ_b/MPa	$\delta\times100$	$\psi\times100$	αk/J·cm^{-2}	试验温度/℃	瞬时强度σ/MPa	持久强度σ/MPa
α+β钛合金	TC1	Ti-2Al-1.5Mn	退火	600	15	30	45	350	350	350
	TC2	Ti-3Al-1.5Mn		700	12	30	40	350	430	400
	TC4	Ti-6Al-4V		950	10	30	40	400	530	580
	TC6	Ti-6Al-1.5Cr-2.5Mo-0.5Fe-0.3Si		950	10	23	30	450	600	550
	TC9	Ti-6.5Al-3.5Mo-2.5Sn-0.3Si		1140	9	25	30	500	850	620
	TC10	Ti-6Al-6V-2Sn-0.5Cu-0.5Fe		1150	12	30	40	400	850	800

1. α钛合金

由于α钛合金的组织全部为α固溶体，因此组织稳定，抗氧化性和抗蠕变性好，焊接性能也很好。室温强度低于β钛合金和(α+β)钛合金。但高温(500～600℃)强度比后两种钛合金高。α钛合金不能热处理强化，主要是固溶强化来提高其强度。

TA7是常用的α钛合金，该合金有较高的室温温度、高温强度和优良的抗氧化性及耐蚀性，并具有很好的低温性能，适宜制作使用温度不超过500℃的零件。如导弹的燃料罐、超音速飞机的涡轮机匣等。

2. β钛合金

β钛合金具有较高的强度，优良的冲压性，但耐热性差，抗氧化性能低。当温度超过700℃时，合金很容易受大气中的杂质气体污染。它的生产工艺复杂，且性能不太稳定，因而限制了它的使用。β钛合金可进行热处理强化，一般可用淬火和时效强化。

TB1是应用最广泛的β钛合金，淬火后容易得到介稳定的单相β组织，这时该合金具有良好的冷成形性能。该合金使用温度在350℃以下，多用于制造飞机结构件和紧固件。

3. α+β钛合金

α+β钛合金室温组织为α+β，它兼有α钛合金和β钛合金两者的优点，强度高、塑性好，耐热性高，耐蚀性和冷热加工性及低温性能都很好，并可以通过淬火和时效进行强化，是钛合金中应用最广的合金。

TC4是用途最广的合金，退火状态具有较高的强度和良好的塑性($\sigma_b=950$MPa，$\delta=10\%$)，经淬火和时效处理后其强度可提高至1190MPa。该合金还具有较高的抗蠕变能力、低温韧度及良好的耐蚀性，因此常用于制造400℃以下和低温下工作的零件。如飞机发动机压气机盘和叶片、压力容器等。

6.4 滑动轴承合金

在机器中轴是极其重要的零件，而滑动轴承又是机器中用以支撑轴进行运转的不可缺少的零部件。一般滑动轴承是由轴承体和轴瓦组成的。制造轴瓦及其内衬的合金称为轴承合金。

6.4.1 轴承合金的性能要求和组织特征

1. 滑动轴承的性能要求

轴承的作用是支承轴和其他转动零件与轴直接配合使用。当轴旋转时，轴承承受交变载荷，且伴有冲击力，轴瓦和轴发生强烈的摩擦，造成轴径和轴瓦的磨损。由于轴是机器中最重要的零件，制造困难，价格昂贵，经常更换会造成很大的经济损失。所以，在设计轴承合金时，既要考虑轴瓦的耐磨性，又要保证轴径极少磨损。为此，轴承合金应具有较高的抗压强度和疲劳强度；高的耐磨性、良好的磨合性和较小的摩擦系数；足够的塑性和韧性，以承受冲击和振动；良好的耐蚀性和导热性，较小的膨胀系数；良好的工艺性，价格低廉。

2. 轴承合金的组织特征

为满足上述性能要求，轴承合金应具有软基体上分布着硬质点(图 6.2)或在硬基体上分布着软质点的组织。运转时软组织很快受磨损而凹陷，可贮存润滑油，减小摩擦。硬组织支撑轴颈，降低轴和轴瓦之间的摩擦系数。

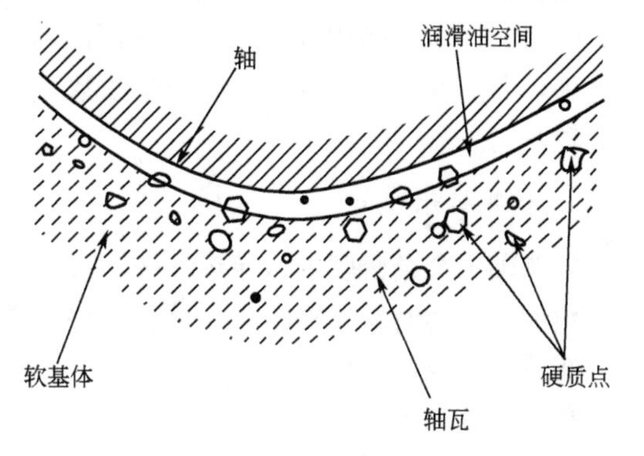

图 6.2 轴承合金组织示意图

6.4.2 轴承合金的分类及牌号

轴承合金按主要成分可分为锡基、铅基、铝基、铜基等几种。其中锡基和铅基轴承合金又称巴氏合金。轴承合金的价格较贵。

轴承合金一般在铸态下使用，其编号方法是 Z＋基本元素＋主加元素＋主加元素含量＋辅助加入元素符号及含量。其中 Z 是“铸”字汉语拼音字首。例如，牌号为 ZSnSb11Cu6(即旧牌号 ZChSnSb11－6)表示是含 11%Sb 和 6%Cu 的锡基轴承合金。

1. 锡基轴承合金(锡基巴氏合金)

锡基轴承合金是以 Sn 为基础，加入 Sb、Cu 等元素组成的合金。如 ZSnSb11Cu6 合金中软基体为 Sb 溶于 Sn 的 α 固溶体，以 β 相(即 SnSb 为基的硬脆化合物)及高熔点的 Cu3Sn 为硬质点。

与其他轴承材料相比，锡基轴承合金膨胀系数小，减摩性好，并具有良好的导热性、塑性和耐蚀性。适用于制造汽车、拖拉机、汽轮机等高速轴承。但其疲劳强度差。由于 Sn 的熔点低，其工作温度也较低(小于 120℃)。为提高疲劳强度和使用寿命，常采用离心浇注法将它镶嵌在低碳钢的轴瓦上，形成薄而均匀的内衬。这种双金属的轴承称为“双金属”轴承。即提高了轴承的使用寿命，又节约了大量昂贵的锡基轴承合金。

2. 铅基轴承合金(铅基巴氏合金)

铅基轴承合金是以 Pb－Sb 为基，又加入少量的锡和铜的轴承合金，也是软基体上分布硬质点的轴承合金。常用牌号为 ZPbSb16Sn16Cu2 轴承合金。含 16%Sb、16%Sn 和 2%Cu。其软基体为(α+β)共晶体(α 相是锑溶于铅中的固溶体，β 相是以 Pb-Sb 为基的硬脆化合物)，硬质点是 β 相(SnSb 和 Cu2Sb)化合物。加入约 11%Sn 的作用是溶入 Pb 中强化基体，并能形成硬质点。加入约 2%的 Cu 能防止“比重偏析”，同时形成 Cu2Sb 硬质点，提高耐磨性。

铅基轴承合金的硬度、强度和韧性比锡基轴承合金低，但由于价格便宜，常做低速低载轴承。如汽车、拖拉机的曲轴轴承及电动机、破碎机轴承等，工作温度不超过 120℃。

3. 铜基轴承合金

铜基轴承合金有铅青铜、锡青铜和铝青铜(如 ZCuPb30、ZCuSn10Pb1、ZCuAl10Fe3)，常见的 ZCuPb30 青铜中，铅不溶于铜而形成软质点分布在铜(硬)基体中，铅青铜的疲劳强度高，导热性好，并具有低的摩擦系数，因此，可作承受高载荷、高速度及在高温下工作的轴承。

4. 铝基轴承合金

铝基轴承合金密度小，导热性好，疲劳强度高，价格低廉，广泛用作高速轴承。但膨胀系数大，运转时易与轴胶合。目前主要有高锡铝基与铝锑镁轴承合金两类，都是硬基体上分布着软质点的轴承合金。

高锡铝基轴承合金(20%Sn，1%Cu，其余为 Al)具有高的疲劳强度及高的耐热性与耐磨性，且承载能力高，用来代替巴氏合金、铜基轴承合金，制作高速重载发动机轴承，已在汽车、拖拉机、内燃机车上推广使用。铝锑镁轴承合金具有高的疲劳强度与耐磨性，但承载能力不大，一般用来制造承载能力较小的内燃机轴承。

6.5 其他材料

1. 粉末冶金材料

粉末冶金是用金属粉末或金属与非金属粉末的混合物做原料，经压制成形后烧结，以获得金属零件和金属材料的方法。它是一种不经熔炼生产材料或零件的方法，其零件的生产过程是一种精密的无切屑或少切屑的加工方法。粉末冶金可生产其他工艺方法无法制造或难以制造的零件和材料。如高熔点材料、复合材料、多孔材料等。

硬质合金是采用高硬度、高熔点的碳化物粉末和黏结剂混合、加压成形、烧结而成的一种粉末冶金材料。硬质合金的硬度，在常温下可达 86～93HRA(相当于 69～81HRC)，红硬性可达 900～1000℃。因此，其切削速度比高速钢可提高 4～7 倍，刀具寿命可提高 5～80 倍。由于硬质合金的硬度高、脆性大，不能进行机械加工，故常将其制成一定形状的刀片，镶焊在刀体上使用。

常用硬质合金按成分与性能的特点可分为 3 类，其类别、牌号、化学成分及性能特点见表 6-4。

表6-4 常用硬质合金的牌号、化学成分、机械性能

类别	ISO代号		牌号	化学成分w_B/%				物理、力学性能		
				WC	TiC	TaC	Co	密度ρ (g/cm^{-3})	HBA	σ_b/MPa
									不小于	
钨钴类硬质合金	K红色	K01	YG3X	96.5	—	<0.5	3	15.0～15.3	91.5	1079
		K20	YG6	94.0	—	—	6	14.6～15.0	89.5	1422
		K10	YG6X	93.5	—	<0.5	6	14.6～15.0	91.0	1373
		K30	YG8	92.0	—	—	8	14.5～14.9	89.0	1471
			YG8N	91.0	—	1	8	14.5～14.9	89.5	1471
		—	YG11C	89.0	—	—	11	14.0～14.4	86.5	2060
		—	YG15	85.0	—	—	15	13.0～14.2	87	2060
		—	YG4C	96.0	—	—	4	14.9～15.2	89.5	1422
		—	YG6A	92.0	—	2	6	14.6～15.0	91.5	1373
		—	YG8C	92.0	—	—	8	14.5～14.9	88.0	1716
钨钛钴类硬质合金	P蓝色	P30	YT5	85.0	5	—	10	12.5～13.2	89.5	1373
		P10	YT15	79.0	15	—	6	11.0～11.7	91.0	1150
		P01	YT30	66.0	30	—	4	9.3～9.7	92.5	883
通用硬质合金	M黄色	M10	YW1	84～85	6	3～4	6	12.6～13.5	91.5	1177
		M20	YW2	82～83	6	3～4	8	12.4～13.5	90.5	1324

(1) 钨钴类硬质合金　它的主要化学成分为碳化钨及钴。其牌号用“硬”、“钴”两字的汉语拼音的字首“YG”加数字表示。数字表示钴的质量分数。钴含量越高，合金的强度、韧性越好；钴含量越低，合金的硬度越高、耐热性越好。例如YG6表示钨钴类硬质合金$w_{Co}=6\%$，余量为碳化钨。这类合金也可以用代号“K”来表示，并采用红色标记。

(2) 钨钴钛类硬质合金　它的主要成分为碳化钨、碳化钛和钴。其牌号用“硬”、“钛”两字的汉语拼音的字首“YT”加数字表示。数字表示碳化钛的质量分数。例如YT15表示碳化钛硬质合金$w_{TiC}=15\%$，余量为碳化钨和钴。这类合金也可用代号“P”表示，并采用蓝色标记。

YT类硬度合金由于碳化钛加入，具有较高的硬度与耐磨性。同时，由于这类合金表面会形成一层氧化钛薄膜，切削时不易粘刀，故有较高的红硬性，但强度和韧性比YG类硬质合金低。因此，YG类硬质合金适于加工脆性材料(如铸铁等)，而YT类硬质合金适宜于加工塑性材料(如钢等)。同一类硬质合金中，钴的含量较高，适宜于制造粗加工的刃具；反之，则适宜于制造精加工的刃具。

(3) 通用硬质合金　它是以碳化钽(TaC)或碳化铌(NbC)取代YT类硬质合金的一种TiC。通用硬质合金兼有上述两类合金的优点，应用广泛，因此通用硬质合金又称“万能硬质合金”。其牌号用“硬”、“万”两字的汉语拼音的字首“YW”加数字表示，其中数字无特殊意义，仅表示该合金的序号。它也可以用代号“M”表示，并采用黄色标记。

近些年来，用粉末冶金法又生产了一种新型硬质合金——钢结硬质合金。它是以一种或几种碳化物(如 TiC 和 WC)为硬化相，以碳钢或合金钢(高速钢或铬相钢)粉末为黏结剂(基体)，经配料、混合、压制、烧结而成粉末冶金材料。钢结硬质合金坯料与钢一样，可以锻造、热处理、切削加工、焊接。它在淬火与低温回火后硬度可达相当于 70HRC，具有高耐磨性、抗氧化、耐腐蚀等优点。用作刃具时，钢结硬质合金的寿命与 YG 类硬质合金差不多，大大超过合金工具钢。由于它可以切削加工，故适宜于制造各种形状复杂的刃具、模具和耐磨零件。

2. 烧结减摩材料

(1) 多孔轴承　机械行业广泛使用的多孔轴承有铁基的(98%铁粉+2%石墨粉)和铜基的(99%锡青铜粉+1%石墨粉)两种。前者可以取代部分铜合金，价格便宜；后者的减摩性好。

多孔轴承具有较高减摩性。这种材料压制成轴承后再浸入润滑油中，因组分中含有石墨，它本身具有一定的孔隙度，在毛细现象作用下可吸附大量润滑油，故称为多孔轴承，多孔轴承有自动润滑作用。多孔轴承一般用作中速、轻载荷的轴承，特别适宜不经常加油的轴承。在家用电器、精密机械及仪表工业中得到广泛应用。另外，多孔轴承使用时还能消除因润滑油的漏落而造成产品的污染。

(2) 金属塑料减摩材料　用烧结好的多孔铜合金做骨架，在真空下浸渍聚四氟乙烯乳液，使聚四氟乙烯浸入其孔隙中，就能获得金属与塑料成为一体的金属塑料减摩材料。

聚四氟乙烯具有一定的减摩性、耐蚀性及较宽的工作温度范围(－26～＋250℃)。铜合金骨架具有较高的强度和较好的导热性。

3. 烧结铁基结构材料

烧结铁基结构零件的材料，又称烧结钢。用粉末冶金方法生产结构零件的最大特点是发挥了冶金工艺无切削或少切削加工，使零件精度高及表面光洁(径向精度 2～4 级、表面粗糙度 Ra1.60～Ra0.20μm)，零件还可通过热处理强化提高耐磨性。

用碳钢粉末烧结的合金，其碳含量较低的，可制造承受载荷小的零件、渗碳件及焊接件；其碳含量较高的，淬火后可制造要求一定强度或耐磨性的零件。用合金钢粉末烧制的合金，其中常有铜、镍、钼、硼、锰、铬、硅、磷等合金元素，它们可强化基体，提高淬透性，加入铜还可提高耐蚀性、合金钢粉末冶金淬火后 σ_b 可达 500～800N/mm^2，硬度为 40～45HRC，可制造承受载荷较大的烧结结构件，如油泵齿轮、汽车差速齿轮等。

习　　题

一、填空题

1. ZL102 属于__________合金，一般用__________工艺方法来提高强度。

2. H70 属于__________合金，其组织为__________，一般采用__________来提高强度。

3. 铝合金热处理是首先进行__________处理，获得__________组织；然后经__________过程使其强度、硬度明显提高。

4. ZSnSb11Cu6 属于__________合金，其中锡含量为__________。

二、判断题

1. 铝合金热处理也是基于铝具有同素异构转变。　　　(　　)

2. LF21是防锈铝合金，可用冷压力加工或淬火、时效来提高强度。 ( )

3. ZL109是铝硅合金，其中还含有少量的合金元素，可用热处理来强化，常用于制造发动机的活塞。 ( )

4. LY12的耐蚀性比纯铝、防锈铝都好。 ( )

5. H70的组织为α+β，具有较高的强度、较低的塑性。 ( )

6. 锡基轴承合金比铜基轴承合金(锡青铜)的硬度高，故常用于制造整体轴套。 ( )

7. 钨钛钴类硬质合金刀具适合加工脆性材料。 ( )

三、选择题

1. 提高LY11零件强度的方法通常采用( )。

A. 淬火+低温回火　　B. 固溶处理+时效

C. 变质处理　　D. 调质处理

2. 为了获得较高强度的ZL102(ZAlSi12)零件，通常采用( )。

A. 调质处理　　B. 变质处理

C. 固溶处理+时效　　D. 淬火+低温回火

3. ZSnSb11Cu6合金的组织是属于( )。

A. 软基体软质点　　B. 软基体硬质点

C. 硬基体软质点　　D. 硬基体硬质点

4. 为防止黄铜的应力腐蚀破坏可采用( )。

A. 去应力退火　　B. 固溶处理

C. 调质处理　　D. 水韧处理

5. 铸造人物铜像，最好选用( )。

A. 黄铜　　B. 锡青铜　　C. 铅青铜　　D. 铝青铜

6. 牌号YT15中的“15”表示( )。

A. WC的百分含量　　B. TiC的百分含量

C. Co的百分含量　　D. 顺序号

7. 粗车锻造钢坯应采用的刀具材料是( )。

A. YG3　　B. YG8

C. YT15　　D. YT30

四、简答题

1. 简要说明时效强化的机理，时效强化与固溶强化有何区别?

2. 试述下列零件进行时效处理的意义与作用：①形状复杂的大型铸件在500～600℃进行时效处理；②铝合金件淬火后于140°进行时效处理；③GCr15钢制造的高精度丝杠于150℃进行时效处理。

3. 何谓硅铝明？它属于哪一类铝合金？为什么硅铝明具有良好的铸造性能？在变质处理前后其组织和性能有何变化？这类铝合金主要用于何处?

4. 锡青铜属于什么合金？为什么工业用锡青铜的含锡量大多不超过14%?

5. 指出下列合金的类别、成分、主要特性及用途：ZL108，LY12，LD7；H62，H59，ZHMn55-3-1，ZHSi80-3；ZQSn6-6-3，ZQAl9-4，QBe2，ZQPb30；ZChSnSb11-6。

6. 用作轴瓦材料必须具有什么特性？对轴承合金的组织有什么要求?

第7章 机械零件的失效分析与选材

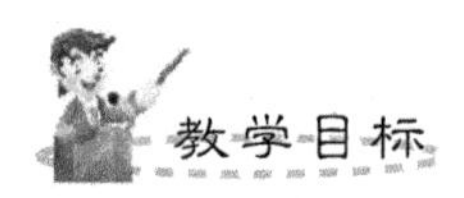

本章让学生掌握机械零件选材原则；了解各种失效形式的特点；了解选材的方法与步骤。掌握齿轮(机床和汽车齿轮)、轴类零件工作条件、失效形式、性能要求及选材特点，进行工艺路线分析。通过本章学习，学生应具有综合运用相关知识较正确的选材的能力。

导入案例

炉排断裂

上海某棉纺厂新投产的炉排在工作中经常发生断裂。炉排承载煤块并缓慢移动送入炉内进行燃烧，炉排间有一定的间隙以便通入空气。经取样，宏观检验，断口呈闪烁金属光泽的结晶状，系为脆性断裂，这往往是脆性材料(铸铁等)的常见断裂形式。宏观分析是一种简便而实用的分析方法，在断裂事故分析中总是首先进行宏观断口分析，以大体判别断裂类型(韧性断裂、脆性断裂还是疲劳断裂)，同时也可以大体上找出裂源位置和裂纹扩展路径，并粗略地找出破坏的原因。宏观断口分析反映了断口的全貌，而微观断口分析揭示出断口的本质，它们各有特点，理应相互配合进行分析。

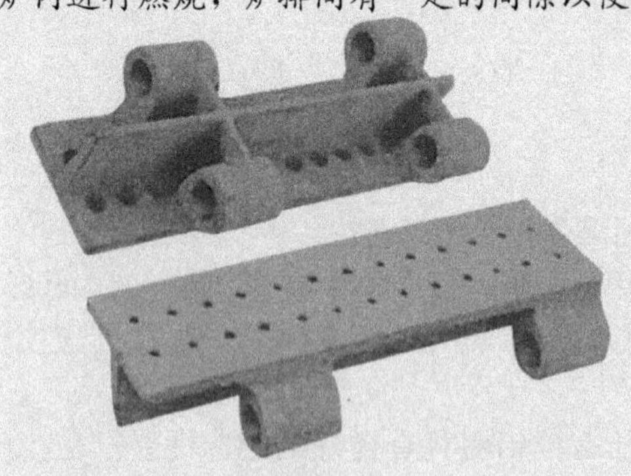

炉排

炉排样品1#、2#微观分析的显微组织皆为灰口铸铁，基体组织为珠光体+铁素体以及片状石墨。硬度(平均值)分别为HRB82.75、HRB88.75。样品1#片状石墨分布似菊花形，样品2#片状石墨亦有菊花状分布的趋向。铁素体的数量在样品1#中较多些。

炉排断裂的原因主要是炉排材料强度不足而发生脆断。今后设计炉排应选用强度高于目前所用牌号的灰口铸铁(炉排截面尺寸不变)。

资料来源：吴良.《水利电力机械》. 1996 年 10 月，第 5 期.

作为一个从事机械设计与制造的工程技术人员，在机械零件设计与制造过程中，都会遇到选择材料的问题。在生产实践中，往往由于材料的选择和加工工艺路线不当，造成机械零件在使用过程中发生早期失效，给生产带来重大损失。若要正确合理地选择和使用材料，必须了解零件的工作条件及其失效形式，才能较准确地提出对零件材料的主要性能要求，从而选择出合适的材料并制定出合理的冷热加工工艺路线。

7.1　机械零件的失效分析

所谓失效，主要指零件由于某种原因，导致其尺寸、形状或材料的组织与性能的变化而丧失其规定功能的现象。机械零件的失效，一般包括以下几种情况。

(1) 零件完全破坏，不能继续工作。

(2) 虽然仍能安全工作，但不能满意地起到预期的作用。

(3) 零件严重损伤，继续工作不安全。

分析引起机械零件的失效原因、提出对策、研究采取补救措施的技术和管理活动称为失效分析。研究机械零件的失效是很重要的工作，本节将讨论机械零件常见的失效形式及零件失效的产生原因。

1. 零件的失效形式

根据零件损坏的特点，可将失效形式分为 3 种基本类型：变形、断裂和表面损伤。

1) 变形失效与选材

变形失效有两种情况：弹性变形失效与塑性变形失效。

(1) 弹性变形失效。弹性变形失效是指由于发生过大的弹性变形而造成零件的失效。例如，电动机转子轴的刚度不足，发生过大的弹性变形，结果转子与定子相撞，最后主轴撞弯，甚至折断。

弹性变形的大小取决于零件的几何尺寸及材料的弹性模量。金刚石与陶瓷的弹性模量最高，其次是难熔金属、钢铁，有色金属则较低，有机高分子材料的弹性模量最低。因此，作为结构件，从刚度及经济角度来看，选择钢铁比较合适。

(2) 塑性变形失效。塑性变形失效是指零件由于发生过量塑性变形而失效。塑性变形失效是零件中的工作应力超过材料的屈服强度的结果。塑性变形是一种永久变形，可在零件的形状和尺寸上表现出来。在给定载荷条件下，塑性变形发生与否，取决于零件几何尺寸及材料的屈服强度。

一般陶瓷材料的屈服强度很高，但脆性非常大。进行拉伸试验时，在远未达到屈服应力时就发生脆断，强度高的特点发挥不出来。因此，不能用来制造高强度结构件。有机高分子材料的强度很低，最高强度的塑料也不超过铝合金。因此，目前用作高强度结构的主要材料还是钢铁。

2) 断裂失效

断裂失效是机械零件的主要失效形式。根据断裂的性质和断裂的原因，可分为以下4种。

(1) 塑性断裂。塑性断裂是指零件在受到外载荷作用时，某一截面上的应力超过了材料的屈服强度，产生很大的塑性变形后发生的断裂。如低碳钢光滑试样拉伸试验时。由于断裂前已经发生了大量的塑性变形而进入了失效状态，故只能使零件不能工作，但不会造成较大的危险。

(2) 脆性断裂。脆性断裂发生时，事先不产生明显的塑性变形，承受的工作应力通常远低于材料的屈服强度，所以又称为低应力脆断。这种断裂经常发生在有尖锐缺口或裂纹的零件中，另外，在零件结构中的棱角、台阶、沟槽及拐角等结构突变处也易发生，特别是在低温或冲击载荷作用的情况下，更易发生脆性断裂。

(3) 疲劳断裂。在低于材料屈服强度的交变应力反复作用下发生的断裂称为疲劳断裂。因疲劳而最终断裂是瞬时的，因此危害性较大，常在齿轮、弹簧、轴、模具、叶片等零件中发生。疲劳断裂是一种危害极大，而且是一种常见的失效形式，据统计，承受交变应力的零件，80%～90%以上的损坏是由于疲劳引起的。采用各种强化方法提高材料的强度，尤其是表面强度，在表面形成残余压应力，可使疲劳强度显著提高。此外，减少零件上各种能引起应力集中的缺陷、刀痕、尖角、截面突变等，均可提高零件的抗疲劳能力。

(4) 蠕变断裂。蠕变断裂即在应力不变的情况下，变形量随时间的延长而增加，最后由于变形过大或断裂而导致的失效。如架空的聚氯乙烯电线管在电线和自重的作用下发生的缓慢的挠曲变形，就是典型的材料蠕变现象。金属材料一般在高温下才产生明显的蠕变，而高聚物在常温下受载就会产生显著的蠕变，当蠕变变形量超过一定范围时，零件内部就会产生裂纹而很快断裂。

3) 表面损伤

零件在工作过程中，由于机械和化学的作用，使工件表面及表面附近的材料受到严重损伤导致失效，称为表面损伤失效。表面损伤失效大体上分为3类：磨损失效、表面疲劳失效和腐蚀失效。

(1) 磨损失效。在机械力的作用下，产生相对运动(滑动、滚动等)而使接触表面的材料以磨屑的形式逐渐磨耗，使零件的形状、尺寸发生变化而失效，称为磨损失效。零件磨损后，会使其精度下降或丧失，甚至无法正常运转。材料抵抗磨损的能力称为耐磨性，用单位时间的磨损量表示。磨损量愈小，耐磨性愈好。

磨损主要有磨粒磨损和黏着(胶合)磨损两种类型。

① 磨粒磨损。磨粒磨损是在零件表面遭受摩擦时，有硬质颗粒嵌入材料表面，形成许多切屑沟槽而造成的磨损。这种磨损常发生在农业机械、矿山机械以及车辆、机床等机械运行时因嵌入硬屑(硬质颗粒)而磨损等情况中。

② 黏着磨损。黏着磨损又称胶合磨损，是相对运动的摩擦表面之间在摩擦过程中发生局部焊合或黏着，在分离时黏着处将小块材料撕裂，形成磨屑而造成的磨损。这种磨损在所有的摩擦副中均会产生，例如蜗轮与蜗杆、内燃机的活塞环和缸套、轴瓦与轴颈等。

为了减少黏着磨损，所选材料应当与所配合的摩擦副为不同性质的材料，而且摩擦系数应尽可能地小，最好具有自润滑能力或有利于保存润滑剂。例如，近年来在不少设备上已采用尼龙、聚甲醛、聚碳酸酯、粉末冶金材料制造轴承、轴套等。

(2) 表面疲劳。相互接触的两个运动表面(特别是滚动接触)在工作过程中承受交变接触应力的作用，使表层材料发生疲劳破坏而脱落，造成零件失效称为表面疲劳失效。为了提高材料的表面疲劳抗力，材料应具有足够高的硬度，同时具有一定的塑性和韧性；材料应尽量少含夹杂物，材料要进行表面强化处理，强化层的深度足够大，以免在强压层下的基体内形成小裂纹，使强化层大块剥落。

(3) 腐蚀失效。由于化学和电化学腐蚀的作用使表面损伤而造成的零件失效称为腐蚀失效。腐蚀失效除与材料的成分、组织有关外，还与周围介质有很大关系，应根据介质的成分性质选材。

2. 零件失效的原因

零件到底会发生哪种形式的失效，与很多因素有关。概括起来，失效的原因有以下 4 个方面。

1) 零件设计不合理

零件的结构、形状、尺寸设计不合理最容易引起失效。如键槽、孔或截面变化较剧烈的尖角处或尖锐缺口处容易产生应力集中，出现裂纹。其次是对零件在工作中的受力情况判断有误，设计时安全系数过小或对环境的变化情况估计不足造成零件实际承载能力降低等均属设计不合理。

2) 选材不合理

选材不合理即选用的材料性能不能满足工作条件要求，或者所选材料名义性能指标不能反映材料对实际失效形式的抗力。所用材料的化学成分与组织不合理、质量差也会造成零件的失效，如含有过多的夹杂物和杂质元素等缺陷。因此原材料进行严格检验是避免零件失效的重要步骤。

3) 加工工艺不合理

零件在加工和成形过程中，因采用的工艺方法、工艺参数不合理，操作不正确等会造成失效。如热成形过程中温度过高所产生的过热、过烧、氧化、脱碳；热处理过程中工艺参数不合理造成的变形和裂纹、组织缺陷及由于淬火应力不均匀导致零件的棱角、台阶等处产生拉应力。

4) 安装及使用不正确

机器在安装过程中，配合过紧、过松、对中不良、固定不牢或重心不稳、密封性差以及装配拧紧时用力过大或过小等，均易导致零件过早失效。在超速、过载，润滑条件不良的情况下工作，工作环境中有腐蚀性物质及维修、保养不及时或不善等均会造成零件过早失效。

3. 失效分析的步骤、方法

对失效零件进行失效分析的基本步骤和方法如下。

(1) 现场勘察查看零件失效的部位、形式，弄清零件工作条件，操作情况和失效过程；收集并保护好失效零件，必要时对现场进行拍照。

(2) 了解零件背景资料，了解零件设计、加工制造、装配及使用、维护等一系列历史资料，并收集与该零件失效相类似的相关资料。

(3) 测试分析主要包括断口宏观分析、金相组织分析、电镜分析、成分分析、表面及内部质量分析、应力分析、力学分析及力学性能测试等，以上项目可根据需要选择。

(4) 对以上调查材料、测试结果进行综合分析，判明失效原因(尤其是主要原因，是确定主要失效抗力指标的依据)，提出改进措施并在实践中检验效果。

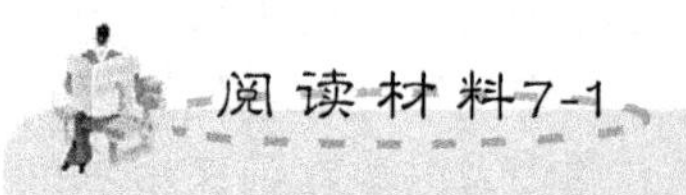

粗纱机的疲劳断裂

上海某毛纺厂一台粗纱机的电动机(7.5kW，1450r/min，轴径 φ40mm) 出轴曾发生突然断裂。经宏观断口检查分析，确定为疲劳断裂。宏观分析可见疲劳断口通常由比较平滑的疲劳裂纹扩展区和结晶状断口的瞬时断裂区两部分组成。材料的质量、内在和表面的缺陷以及加工、结构设计不合理等因素所引起的应力集中，往往成为“疲劳源”。该电动机出轴轴肩处过渡圆角半径太小，致使应力集中，便是断口疲劳裂纹的发源地。

资料来源：吴良.《水利电力机械》. 1996 年 10 月，第 5 期.

7.2 选材的一般原则

作为一个从事机械设计与制造的工程技术人员，如何合理地选择和使用材料是一项十分重要的工作，不仅要保证零件在工作时具有良好的功能，使零件经久耐用，而且要求材料有较好的工艺性和经济性，以便提高生产率，降低成本。本节简要介绍机械零件选材的一般原则。

1. 材料的使用性能原则

在选择材料时，必须根据零件在整机中的作用、零件的尺寸、形状以及受力情况，提出零件材料应具备的主要力学性能指标。零件的工作环境是复杂的，故应注意以下 3 点。

1) 零件使用条件与失效形式分析

(1) 零件使用条件。零件使用条件应根据产品的功能和零件在产品中的作用进行分析。

① 受力状况。包括应力种类(拉伸、压缩、弯曲、扭转、剪切等)和大小；载荷性质(静载荷、冲击载荷、变动载荷等)和分布状况及其他(摩擦、振动等)条件。

② 环境状况。包括温度和介质等。

③ 特殊要求。如导电性能、绝缘性能、磁性能、热胀性能、导热性能、外观等。

选择材料时一定要将上述条件考虑周全，并且找出材料所需要的主要使用性能。

(2) 零件失效形式分析。机械零件在使用过程中会因某种性能不足而出现相应形式的失效。因此可根据零件的失效形式，分析得出起主导作用的使用性能，并以此作为选材的主要依据。例如，长期以来，人们认为发动机曲轴的主要使用性能是高的冲击抗力和耐磨性。但失效分析结果证明，曲轴破坏主要是疲劳失效，所以，以疲劳强度为主要设计依据，其质量和寿命有很大提高。

2) 确定使用性能指标和数值

通过分析零件工作条件和失效形式，确定零件对使用性能的要求后，必须进一步转化为实验室性能指标和数值，这是选材的极其重要的步骤。

3) 根据力学性能选材时应注意的问题

零件所要求的力学性能指标和数值确定下来之后便可进行选材。由于适当的强化方法可充分发挥材料的性能潜力，所以选材时应把材料与强化手段紧密结合起来综合考虑，而且还要注意下列问题。

(1) 学会正确使用手册和有关资料。选材时查手册是十分自然的事情，但必须注意手册中数据测定条件等的局限性。

(2) 正确使用硬度指标。设计中，常用硬度作为控制材料性能的指标，在零件图等技术文件中，常以硬度来表明对零件的力学性能要求。但硬度指标亦有其局限性。因此，在设计中提出硬度值的同时，应对其热处理工艺(特别是强化工艺)做出明确规定，而对于某些重要零件还应明确规定其他力学性能要求。

(3) 强度与韧性应合理配合。受力的零件构件选用材料时，首先要看强度能否满足使用要求，为防止零件在使用过程中发生脆性断裂，还要考虑塑性和冲击韧度，例如，断面有变化并有缺口的零件，承受冲击的零件，大尺寸零构件等，应适当降低强度、硬度要求，相应提高塑性、韧性。

(4) KIC在选材中的应用。由于KIC反映了材料抵抗内部裂纹失稳扩展的能力，故可根据KIC数值的大小对材料的韧性做出可靠的评价，并可用于设计计算。

2. 材料的工艺性能原则

零件都是由不同的工程材料经过一定的加工制造而成的。因此，材料的工艺性能，即加工成合格零件的难易程度，显然也是选材必须考虑的主要问题。选材中，同使用性能相比较，工艺性能处于次要地位，但在某些情况下，如大量生产，工艺性能就可能成为选材考虑的主要依据。例如选用易切钢等。

用金属材料制造零件的基本加工方法，通常有下列4种：铸造、压力加工、焊接和机械(切削)加工。热处理是作为改善加工性能和使零件得到所要求的性能的工序。

材料的工艺性能好坏对零件加工生产有直接的影响，主要的工艺性能包括：铸造性能、压力加工性能、焊接性能、切削加工性能和热处理性能。

从工艺出发，如果设计的零件是铸件，最好选用共晶成分及其附近的合金；若设计的是锻件、冲压件，最好选择固溶体的合金；如果设计的是焊接结构，则不应选用铸铁，最适宜的材料是低碳钢、低合金钢。铜合金、铝合金的焊接性能都不好。

在机械制造生产中，绝大部分的零件都要经过切削加工。因此，材料的切削加工性的好坏，对提高产品质量和生产率、降低成本都具有重要意义。为了便于切削，一般希望钢铁材料的硬度控制在170～230HBS之间。

一般说来，碳钢的锻造、切削加工等工艺性能较好，其力学性能可以满足一般零件工作条件的要求，因此碳钢的用途较广，但它的强度还不够高，淬透性差，所以，制造大截面、形状复杂和高强度的淬火零件，常选用合金钢，因为合金钢淬透性好，强度高，但合金钢的锻造、切削加工等工艺性能较差。

3. 经济性原则

在机械设计和生产过程中，一般在满足使用性能和工艺性能的条件下，经济性也是选材必须考虑的主要因素。选材时应注意以下几点。

(1) 尽量降低材料及其加工成本。在满足零件对使用性能与工艺性能要求的前提下，能用铸铁不用钢，能用非合金钢不用合金钢，能用硅锰钢不用铬镍钢，能用型材不用锻件、加工件，且尽量用加工性能好的材料。能正火使用的零件就不必调质处理。材料来源要广，尽量采用符合我国资源情况的材料，如含铝超硬高速钢(W6Mo5Cr4V2A1)具有与含钴高速钢(W18Cr4V2Co8)相似的性能，但价格便宜。

(2) 用非金属材料代替金属材料。非金属材料的资源丰富，性能也在不断提高，应用范围不断扩大，尤其是发展较快的聚合物具有很多优异的性能，在某些场合可代替金属材料，既改善了使用性能，又可降低制造成本和使用维护费用。

(3) 零件的总成本。零件的总成本包括原材料价格、零件的加工制造费用、管理费用、试验研究费和维修费等。选材时不能一味追求原材料低价而忽视总成本的其他各项。

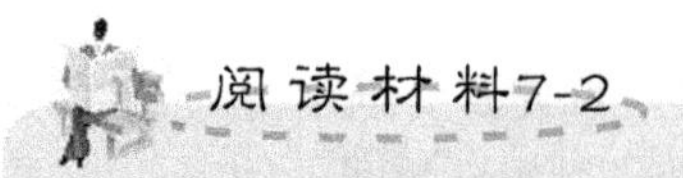

保　险　块

由联邦德国(G. F. R) CARL ZANGS 机器制造厂的阔幅绣花机(图 7.1)的保险块零件主要起过载保护作用。当载荷超过一定限额时推杆推力增大，保险块即被推杆推断而停车，以达到保护的目的。因此，对保险块的破断载荷(P)和材料要求都比较严格。

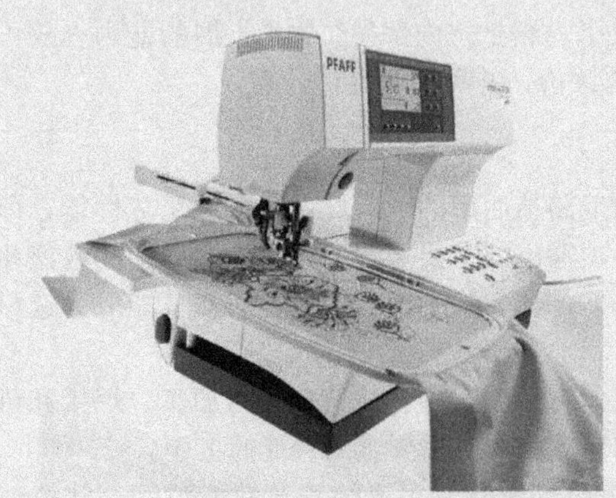

图 7.1　阔幅绣花机

德国(G. F. R) 保险块零件的显微组织表明，材料是以铁素体为基体的灰口铸铁，片状石墨形态为 B 类(菊花形)，铁素体基体还分布有部分共晶体组织。硬度(平均值) HB135－140。据以上分析，该进口保险块材料的组织与性能类似于我国的基体为铁素体的灰铸铁 HT10－26。但限于铸铁生产的条件，我们以 HT15－33 代用，其显微组织是基体为铁素体＋珠光体，制成的保险块硬度(平均值) HB144－148，用变更截面尺寸的方法，来保证代用件与原件的力学性能相似。

用 HT15－33 仿制的第一组截面尺寸的保险块经试用后，已经批量生产，经长期使用，效果良好。

资料来源：吴良.《水利电力机械》. 1996 年 10 月，第 5 期.

7.3　典型零件的选材与工艺

7.3.1　提高疲劳强度与耐磨性的选材与工艺

1. 提高疲劳强度的选材与工艺

承受交变应力的零件主要分为 3 种情况，一是承受交变拉、压应力的零件，如拉杆、连杆、螺栓、锻锤杆等；二是承受交变弯曲、扭转应力；三是吸收、储存能量，如弹簧、弹簧夹头等。它们都要求较高的疲劳强度，在各类材料中，金属材料的疲劳强度较高，故推荐选用金属材料来制造抗疲劳零部件(以钢铁材料为最佳)。

主要承受交变载荷零件的用材及强化方法见表7-1。

表7-1 主要承受交变载荷零件的用材及强化方法

零件名称	受力情况	性能要求	主要用材及强化方法	强化特点
内燃机连杆、连接螺栓、锻锤杆、拉杆等	交变拉压应力、冲击载荷	高强度、耐疲劳	调质钢。热变形,调质或淬火及中温回火,表面滚压	整个截面均强化
各种传动轴、内燃机曲轴、汽车半轴、凸轮轴、机床主轴等	交变弯曲、扭转应力、冲击、局部受摩擦	耐疲劳、局部表面耐磨、综合力学性能良好	(1)调质钢。热变形，调质、表面淬火或氮化，表面滚压 (2)球墨铸铁。等温淬火或调质，表面淬火、表面滚压 (3)渗碳钢。渗碳淬火低温回火	表层强化
弹簧等	交变弯曲、扭转应力、冲击、振动能量吸收及储备	高强度极限、高屈强比、疲劳强度	(1)弹簧钢。热变形、淬火及中温回火或铅淬冷拉、形变热处理、表面喷丸 (2)铍青铜。淬火时效 (3)磷青铜。变形强化	整个截面均匀强化

2. 耐磨性的选材与工艺

承受摩擦、磨损的零件情况比较复杂，大致可分为以下3类：一是对整体硬度要求较高的零件，如刃具、冷冲模、量具、滚动轴承等；二是自身要耐磨，又要求减摩以保护配偶件，如滑动轴承、丝杠螺母等；三是对心部强韧性有较高要求的零件，如齿轮、凸轮、活塞销等。它们都要求有较高耐磨性、减摩性。各种材料中，除金刚石外，陶瓷硬度最高，耐磨性最好，含碳量高的钢硬度较高，耐磨性也较好；铸铁、部分有色金属、塑料等具有较低的摩擦系数和较高的减摩性。

主要承受摩擦、磨损零件的材料及其强化方法选择见表7-2。

表7-2 主要承受摩擦、磨损零件的材料及其强化方法选择

类型	零件名称	工作条件与性能要求	材料及其强化方法
要求整体高硬度	量具、低速切削刃具、顶尖、钻套	承受摩擦,受力不大。要求高硬度、高耐磨性	碳素工具钢,低合金工具钢。淬火及低温回火
	高速切削刃具	强烈摩擦,高温。要求高硬度。高耐磨性,热硬性好	(1)高速钢。淬火及3次560℃回火。(2)硬质合金。(3)陶瓷
	冷冲模	承受摩擦，冲击载荷，交变载荷，要求高硬度，高疲劳强度，高屈服强度	碳素工具钢，低合金工具钢，高碳高铬冷作模具钢。淬火及低温回火
	滚动轴承	承受滚动摩擦，交变接触应力。要求高硬度，高接触疲劳强度	滚动轴承钢。淬火及低温回火

(续)

类型	零件名称	工作条件与性能要求	材料及其强化方法
兼有较高韧性	齿轮、凸轮、活塞销	表面摩擦,冲击载荷,交变应力。要求表硬内韧,疲劳强度和接触疲劳强度高	(1) 调质钢。调质或正火,表面淬火或氮化 (2) 渗碳钢。渗碳淬火及低温回火
	碎石机颚板	强烈冲击,严重挤压,摩擦。要求高的抗磨性与韧性	高锰钢的水韧处理
减摩耐磨	滑动轴承	承受滑动摩擦,交变应力,硬度不高于配偶件。摩擦系数小,磨合性好	(1) 滑动轴承。(2) 塑料。(3) 复合材料
	缸套、活塞环	承受摩擦、振动,要求耐磨、减摩	灰铸铁

7.3.2 齿轮类与轴类零件的选材与工艺

1. 齿轮类零件的选材与工艺

(1) 齿轮的性能要求。齿轮在机器中主要担负传递功率与调节速度的任务,有时也起改变运动方向的作用。在工作时它通过齿面的接触传递动力,周期地受弯曲应力和接触应力的作用,在啮合的齿面上,相互运动和滑动造成强烈的摩擦,有些齿轮在换挡、启动或啮合不均匀时还承受冲击力等。其失效形式主要有齿轮疲劳冲击断裂、过载断裂、齿面接触疲劳与磨损。因此,要求材料具有高的疲劳强度和接触疲劳强度;齿面具有高的硬度和耐磨性;齿轮心部具有足够的强度与韧性。但是,对于不同机器中的齿轮,因载荷大小、速度高低、精度要求、冲击强弱等工作条件的差异,对性能的要求也有所不同,故应选用不同的材料及相应的强化方法。

(2) 齿轮用材的特点。机械齿轮通常采用锻造钢件制造,而且,一般均先锻成齿轮毛坯,以获得致密组织和合理的流线分布。就钢种而言,主要有调质钢齿轮和渗碳钢齿轮两类。

① 调质钢齿轮。调质钢主要用于制造两种齿轮,一种是对耐磨性要求较高,而冲击韧度要求一般的硬齿面(HB>350)齿轮,如车床、钻床、铣床等机床的变速箱齿轮,通常采用45钢、40Cr、40MnB、45Mn2等,经调质后表面淬火,对于高精度、高速运转的齿轮,可采用38CrMoAlA氮化钢,进行调质后再氮化处理;另一种是对齿面硬度要求不高的软齿面(HB≤350)齿轮,如车床溜板上的齿轮、车床挂轮架齿轮、汽车曲轴齿轮等,通常采用45钢、40Cr、35SiMn等钢,经调质或正火处理。

② 渗碳钢齿轮。渗碳钢主要用于制造速度高、重载荷、冲击较大的硬齿面齿轮,如汽车、拖拉机变速箱、驱动桥齿轮、立车的重要齿轮等,通常采用20CrMnTi、20MnVB、20CrMnMo等钢,经渗碳淬火,低温回火处理,表面硬度高且耐磨,心部强韧耐冲击。为增加齿面残余压应力,进一步提高齿轮的疲劳强度,还可随后进行喷丸处理。

除锻钢齿轮外,还有铸钢、铸铁齿轮。铸钢(如ZG340—640)常用于制造力学性能要求较高且形状复杂的大型齿轮,如起重机齿轮。对耐磨性、疲劳强度要求较高但冲击载荷较小的齿轮，如机油泵齿轮，可采用球墨铸铁(如 QT500－7)制造。而对受冲击很小的低精度、低速齿轮，如汽车发动机凸轮轴齿轮，可采用灰铸铁(如 HT200、HT300)制造。

另外，塑料齿轮具有摩擦系数小、减振性好、噪声低、质量轻、耐腐蚀等优点也被广泛应用。但其强度、硬度、弹性模量低，使用温度不高，尺寸稳定性差，故主要用于制造轻载、低速、耐蚀、无润滑或少润滑条件下工作的齿轮，如仪表齿轮、无声齿轮等。

(3) 典型齿轮选材具体实例。现以车床床头箱中三联滑动齿轮为例进行选材及其强化方法分析。

图 7.2 所示为 C620－1 卧式车床床头箱中三联滑动齿轮。工作中，通过拨动主轴箱外手柄使齿轮在轴上做滑移运动，利用与不同齿数的齿轮啮合可得到不同转速，工作时转速较高。其热处理技术条件是：轮齿表面硬度为 50～55HRC，齿心部硬度为 20～25HRC，整体强度 σ_b＝780～800MPa，整体冲击韧度 α_k＝40～60J・cm^{-2}。

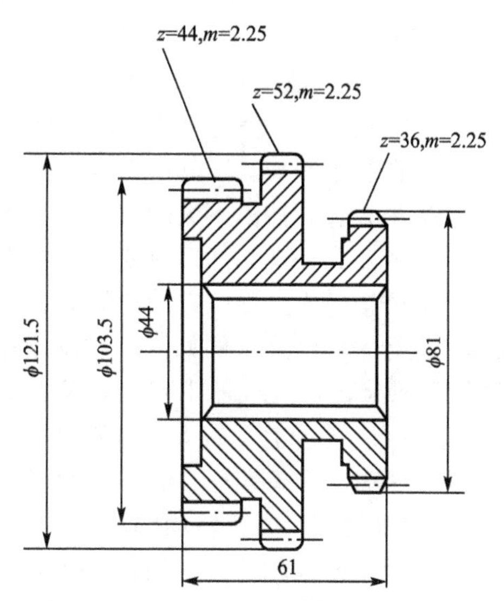

图 7.2　C620－1 卧式车床床头箱中三联滑动齿轮简图

从下列材料中选择合适的钢种，并制定其加工工艺路线，分析每步热处理的目的。

35 钢，45 钢，T12，20Cr，40Cr，20CrMnTi，38CrMoAl，1Cr18Ni9Ti，W18Cr4V。

① 分析及选材。该齿轮是普通车床主轴箱滑动齿轮，是主传动系统中传递动力并改变转速的齿轮。该齿轮受力不大，在变速滑移过程中，虽然同与其相啮合的齿轮有碰撞，但冲击力不大，运动也较平稳。根据题中要求，轮齿表面硬度只要求 50～55HRC，选用淬透性适当的调质钢经调质、高频感应加热淬火和低温回火即可达到要求。考虑到该齿轮较厚，为提高其淬透性，可选用合金调质钢，油淬既可使截面大部分淬透，同时也可尽量减少淬火变形量，回火后基本上能满足性能要求。因此，从所给钢种中选择 40Cr 钢比较合适。

② 确定加工工艺。加工工艺路线为下料→齿坯锻造→正火(850～870℃空冷)→粗加工→调质(840～860℃油淬，600～650℃回火)→精加工→齿轮高频感应加热淬火(860～880℃高频感应加热，乳化液冷却)→低温回火(180～200℃回火)→精磨。

③ 热处理目的。正火处理可消除锻造应力，均匀组织，改善切削加工性。对于一般齿轮，正火也可作为高频淬火前的最终热处理工序。调质处理可使齿轮获得较高的综合力学性能，齿轮可承受较大的弯曲应力和冲击载荷，并可减少淬火变形。高频淬火及低温回火提高了齿轮表面的硬度和耐磨性，并且使齿轮表面产生压应力，提高了抗疲劳破坏的能力。低温回火可消除淬火应力，对防止产生磨削裂纹和提高抗冲击能力是有力的。

2. 轴类零件的选材

机床主轴、丝杠、内燃机曲轴、汽车车轴等都属于轴类零件，它们是机器上的重要零件，一旦发生破坏，就会造成严重的事故。

(1) 轴类零件的性能要求。轴类零件主要起支承转动零件，承受载荷和传递动力的作用。一般在较大的静动载荷下工作，受交变的弯曲应力与扭转应力，有时还要承受一定的冲击与过载。为此，所选材料应具有良好的综合力学性能和高的疲劳强度，以防折断、扭断或疲劳断裂。对于轴颈等受摩擦部位，则要求高硬度与高耐磨性。

(2) 轴类零件的用材特点。大多数轴类零件采用锻钢制造，对于阶梯直径相差较大的阶梯轴或对力学性能要求较高的重要轴、大型轴，应采用锻造毛坯。而对力学性能要求不高的光轴、小轴，则可采用轧制圆钢直接加工。在具体选材时，可以从以下几方面考虑。

① 对承受交变拉应力的轴类零件，如缸盖螺栓、连杆螺栓、船舶推进器轴等，其截面受均匀分布的拉应力作用，应选用淬透性好的调质钢。如 40Cr、42Mn2V、40MnVB、40CrNi 等，以保证调质后零件整个截面的性能一致。

② 主要承受弯曲和扭转应力的轴类零件，如发动机曲轴、汽轮机主轴、机床主轴等，一般采用调质钢制造。因其最大应力在轴的表层，故一般不需要选用淬透性很高的钢。其中，对磨损较轻、冲击不大的轴，如普通齿轮减速器传动轴、普通车床主轴等，可选用45钢经调质或正火处理，然后对要求耐磨的轴颈及配件经常装拆的部位进行表面淬火、低温回火。对磨损较重且受一定冲击的轴，可选用合金调质钢，经调质处理后，再在需要高硬度部位进行表面淬火。例如汽车半轴常采用 40Cr、40CrMnMo 等钢，高速内燃机曲轴常采用 35CrMo、42CrMo、18Cr2Ni4WA 等钢。

③ 对磨损严重且受较大冲击的轴，如载荷较重的组合机床主轴、齿轮铣床主轴、汽车、拖拉机变速轴、活塞销等，可选用 20CrMnTi 渗碳钢，经渗碳、淬火、低温回火处理。

④ 对高精度、高速转动的轴类零件，可采用氮化钢、高碳钢或高合金钢，如高精度磨床主轴或精密镗床镗杆采用 38CrMoAlA 钢，经调质、氮化处理；精密淬硬丝杠采用 9 Mn2V 或 CrWMn 钢，经淬火、低温回火处理。

在轴类零件制造过程中，还可采用滚辗螺纹、滚压圆角与轴颈、横轧丝杆、喷丸等方法提高零件的疲劳强度。例如，锻钢曲轴的弯曲疲劳强度，经喷丸处理后可提高 15%～25%；经圆角滚压后，可提高 20%～70%。

除锻钢曲轴类零件外，对中低速内燃机曲轴以及连杆，凸轮轴，可采用 QT600-3 等球墨铸铁来制造，经正火、局部表面淬火或软氮化处理。不仅力学性能满足要求，而且制造工艺简单，成本较低。

(3) 典型轴类零件用材实例分析。以 C616 车床主轴为例来分析其选材及热处理，如图 7.3 所示。

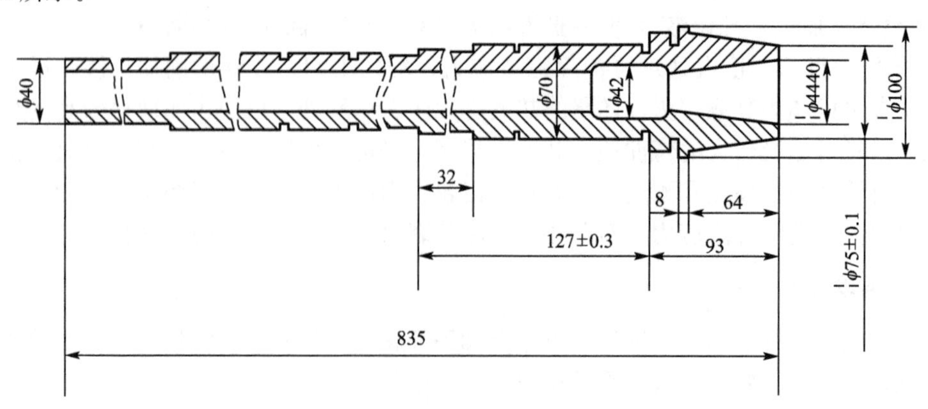

图 7.3　C616 车床主轴简图

该主轴受交变弯曲和扭转复合应力作用，载荷不大，转速中等，冲击载荷也不大，所以具有一般综合力学性能即可满足要求。但大的内锥孔、外锥体与卡盘、顶尖之间有摩擦，花键处与齿轮有相对滑动。为防止这些部位划伤和磨损，故这些部位要求有较高的硬度和耐磨性。轴颈与滚动轴承配合，硬度要求不高(220～250HBS)。

根据以上分析，C616 车床主轴选用 45 钢即可。热处理技术条件为：整体硬度为 220～250HBS；内锥孔和外锥体为 45～50HRC，花键部分为 48～53HRC。其加工工艺路线如下。

锻造—正火—粗加工—调质—半精加工—淬火、低温回火—粗磨(外圆、锥孔、外锥体)—铣花键—花键淬火、回火—精磨。

其中，正火是为了细化晶粒，消除锻造应力，改善切削加工性能，并为调质处理做组织准备；调质处理是为使主轴获得良好的综合力学性能，为更好地发挥调质效果，将其安排在粗加工之后。锥孔及外锥体的局部淬火和回火是为使该处获得较高的硬度。锥孔、外锥体的局部淬火、回火可采用盐浴加热。花键处的表面淬火采用高频表面淬火、回火以减小变形和达到硬度要求。

表 7-3 给出了其他机床主轴的工作条件，选材及热处理工艺情况。

表 7-3 机床主轴的工作条件、选材及热处理

序号	工作条件	材料	热处理工艺	硬度要求	应用举例
1	(1) 在滚动轴承中运转 (2) 低速，轻或中等载荷 (3) 精度要求不高 (4) 稍有冲击载荷	45 钢	正火或调质	220～250HBS	一般简易机床主轴
2	(1) 在滚动或滑动轴承内运转 (2) 低速，轻或中等载荷 (3) 精度要求不很高 (4) 有一定的冲击、交变载荷	45 钢	正火或调质后轴颈局部表面淬火整体淬硬	≤229HBS(正火) 220～250HBS(调质) 46～57HRC(表面)	CB3463、CA6140、C61200 等重型车床主轴
3	(1) 在滑动轴承内运转 (2) 中或重载荷，转速略高 (3) 精度要求较高 (4) 有较高的交变、冲击载荷	40Cr 40MnB 40MnVB	调质后轴颈 表面淬火	220～280HBS(调质) 46～55HRC(表面)	铣床、M74758 磨床砂轮主轴
4	(1) 在滑动轴承内运转 (2) 重载荷，转速很高 (3) 精度要求极高 (4) 有很高的交变、冲击载荷	38CrMoAl	调质后渗氮	≤260HBS(调质) ≥850HV(渗氮表面)	高精度磨床砂轮主轴，T68 镗杆，T4240A 坐标镗床主轴，C2150-6D 多轴自动车床中心轴
5	(1) 在滑动轴承内运转 (2) 重载荷，转速很高 (3) 高的冲击载荷 (4) 很高的交变压力	20CrMnTi	渗碳淬火	≥50HRC(表面)	Y7163 齿轮磨床、CG1107 车床、SG8630 精密车床主轴

习　题

一、简答题

(1) 零件失效形式有哪几种？失效的原因一般包括哪几个方面？

(2) 合理选材的原则是什么？

(3) 机床床头箱齿轮与汽车变速箱齿轮的工作条件各有何特点？应选用哪种材料最合适？请写出工艺路线和强化方法。

(4) 某齿轮要求具有良好的综合力学性能，表面硬度50～55HRC，用45钢制造。加工路线为下料—锻造—热处理—粗加工—热处理—精加工—热处理—精磨。试说明工艺路线中各热处理工序的名称和目的。

二、应用题

1. 机床变速箱齿轮，模数$M=4$，要求齿面耐磨，表面硬度达到58～63HRC，心部强度和韧性要求不高。回答下列问题：

① 该齿轮选用下列材料中的哪种材料制作较为合适？为什么？

(20Cr、20CrMnTi、45、40Cr、T12、9SiCr)

② 初步拟定齿轮的热处理工艺路线，指出在工艺路线中每步热处理的作用。

2. 有一ϕ10mm的杆类零件，受中等交变载荷作用，要求零件沿截面性能均匀一致。回答下列问题：

① 该杆类零件选用下列材料中的哪种材料制作较为合适？为什么？

(Q345、45、65Mn、T12、9SiCr)

② 初步拟定该杆类零件的热处理工艺路线，说明各热处理工序的主要作用。

第 8 章 铸造工艺基础

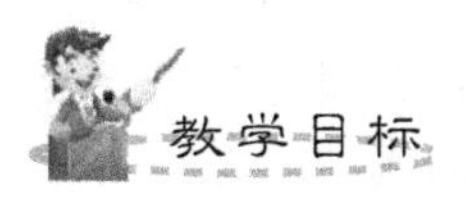

通过学习，理解影响液态合金流动性和充型能力的因素，掌握液态合金的凝固方式、铸造应力与变形、开裂以及铸件的缺陷与分析。

导入案例

2007 年 8 月 8 日，奥运金镛(青铜钟)在武汉铸造成功。奥运金镛来自于著名作家王金铃的作品《奥运赋》。2005 年北京申奥成功后，王金铃即兴创作了该作品，整篇文章恰好 2008 字，文词优美，用典深奥。很多学者建议铸造一口青铜钟铭记《奥运赋》，为北京奥运会助威，取名为“奥运金镛”。由山东淄博企业家李建华出资，武汉重工铸锻有限公司螺旋桨厂承制，为锡青铜合金材质，高 3.2m，相当于一层楼，钟底直径 2m 余，总重量为 7t，高大的钟身上镌刻着精细的《奥运赋》文字。

奥运金镛

铸造是熔炼金属，制造铸型，并将熔融金属浇入铸型，凝固后获得一定形状与性能铸件的成形方法。铸造技术在现代工业化大生产中占据了重要的位置。铸件在机械生产中所占的质量比为：汽车 25%，拖拉机 50%～60%，机床 60%～80%。铸件的质量(品质)直接影响到机械产品的质量(品质)。提高铸造生产工艺水平是机械产品更新换代、新产品的开发、现有重大设备维持运转的重要保证。铸造从造型方法来分，可分为砂型铸造和特种铸造两大类。

铸造成形的优点：适应性广，工艺灵活性大(材料、大小、形状几乎不受限制)；最适合制造形状复杂的箱体、机架、阀体、泵体、缸体等；成本较低(铸件与最终零件的形状相似、尺寸相近)。

主要缺点：铸件组织疏松、晶粒粗大，内部常有缩孔、缩松、气孔等缺陷产生，导致铸件力学性能，特别是冲击性能较低。

铸造生产过程非常复杂，影响铸件质量的因素也非常多。其中合金的铸造性能的优劣对能否获得优质铸件有着重要影响。合金铸造性能是指合金在铸造成形时获得外形准确、内部健全铸件的能力。主要包括合金的流动性、凝固特性、收缩性、吸气性等，它们对铸件质量有很大影响。依据合金铸造性能特点，采取必要的工艺措施，对于获得优质铸件有着重要意义。

8.1 液态合金的充型

要使液态金属充满铸型，获得尺寸精确、轮廓清晰的铸件，取决于充型能力。通常在液态合金充型过程中，一般伴随有结晶现象，若充型能力不足时，在型腔被填满之前，形成的晶粒将充型的通道堵塞，使金属液被迫停止流动，铸件将产生浇不足或冷隔等缺陷。浇不足使铸件未能获得完整的形状；冷隔时，铸件虽可获得完整的外形，但因有未完全熔合的接缝，其力学性能严重受损。金属充型能力首先取决于金属液本身的流动能力，同时又受铸型性质、浇注条件及铸件结构等因素的影响。

8.1.1 合金的流动性

液态合金的流动能力称为流动性。流动性是液态合金本身的属性，液态合金的流动性好，易于充满型腔，有利于气体和非金属夹杂物上浮和对铸件进行补缩。流动性差，则充型能力差，铸件易产生浇不到、冷隔、气孔和夹渣等缺陷。

合金的流动性通常用螺旋形流动性试样衡量，如图 8.1 所示。浇注的试样越长，其流动性越好。常用合金的流动性见表 8－1。

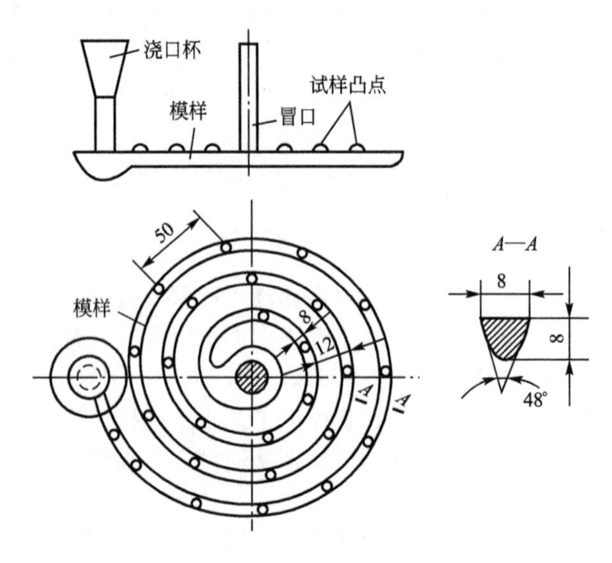

图 8.1　螺旋形流动试样

表 8-1 常用合金的流动性(砂型，试样截面 8mm×8mm)

合金种类	铸型种类	浇注温度/℃	螺旋线长度/mm
铸铁 $w_{C+Si}=7.2\%$	砂型	1300	1800
$w_{C+Si}=5.9\%$	砂型	1300	1300
$w_{C+Si}=5.2\%$	砂型	1300	1000
$w_{C+Si}=4.2\%$	砂型	1300	600
铸钢 $w_C=0.4\%$	砂型	1600	100
	砂型	1640	200
铝硅合金(硅铝明)	金属型(预热温度 300℃)	680～720	700～800
镁合金(含 Al 和 Zn)	砂型	700	400～600
锡青铜($w_{Sn}\approx10\%$，$w_{Zn}\approx2\%$)	砂型	1040	420
硅黄铜($w_{Si}=1.5\%\sim4.5\%$)	砂型	1100	1000

8.1.2 影响充型能力的因素

1. 化学成分

纯金属和共晶成分的合金，由于是在恒温下进行结晶，液态合金从表层逐渐向中心凝固，固液界面比较光滑，对液态合金的流动阻力较小，同时，共晶成分合金的凝固温度最低，可获得较大的过热度，推迟了合金的凝固，故流动性最好；其他成分的合金是在一定温度范围内结晶的，由于初生树枝状晶体与液体金属两相共存，粗糙的固液界面使合金的流动阻力加大，合金的流动性大大下降，合金的结晶温度区间越宽，流动性越差。

Fe-C 合金的流动性与含碳量之间的关系如图 8.2所示。由图可见，亚共晶铸铁随含碳量增加，结晶温度区间减小，流动性逐渐提高，愈接近共晶成分，合金的流动性愈好。

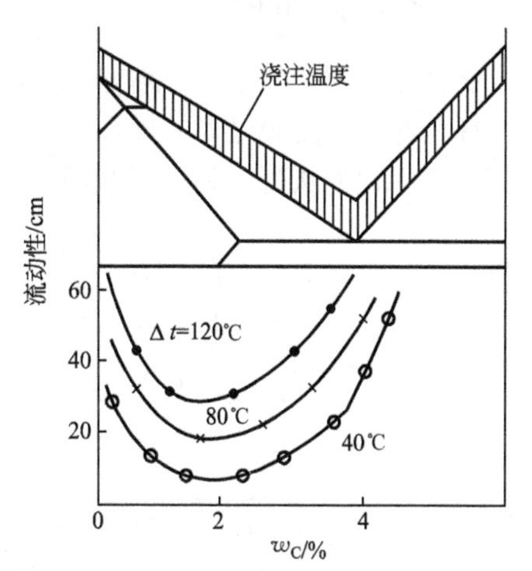

图 8.2 Fe-C 合金的流动性与含碳量的关系

过热度 $\Delta t=t_{浇}-t_{液}$

2. 铸型的结构和性质

当合金的流动性一定时，铸型结构对液态合金的充型能力有较大影响，主要表现为型腔的阻力和铸型的导热能力的影响。

(1) 铸件结构越复杂，型腔结构就越复杂，液态合金流动时的阻力也越大，其充型能力就越差。铸件壁厚越小，型腔就越窄小，液态合金的散热也越快，其充型能力就越差。

(2) 铸型材料，铸型材料的导热系数越大，液态合金降温越快，其充型能力就越差。

(3) 铸型温度，铸型的温度低、热容量大，充型能力下降；铸型温度越高，合金液与铸型的温差越小，散热速度越小，保持流动的时间越长，充型能力越强。

(4) 铸型中的气体，在合金液的热作用下，铸型(尤其是砂型)将产生大量的气体，如果气体不能顺利排出，型腔中的气压将增大，就会阻碍液态合金的流动。

3. 浇注条件

浇注温度、充型压力和浇注系统结构等条件对铸件质量的影响如下。

(1) 浇注温度。提高浇注温度，可使合金保持液态的时间延长，使合金凝固前传给铸型的热量多，从而降低液态合金的冷却速度，还可使液态合金的黏度减小，显著提高合金的流动性。但随着浇注温度的提高，铸件的一次结晶组织变得粗大，且易产生气孔、缩孔、粘砂、裂纹等缺陷，故在保证充型能力的前提下，浇注温度应尽量低。通常铸钢的浇注温度为1520～1620℃；铸铁的为1230～1450℃；铝合金的为680～780℃。

(2) 充型压力。液态金属在流动方向上所受到的压力越大，充型能力就越好。如通过提高浇注时的静压头的方法，可提高充型能力。一些特种工艺，如压力铸造、低压铸造、离心铸造等，充型时合金液受到的压力较大，充型能力较好。

(3) 浇注系统。浇注系统的结构越复杂，流动的阻力就越大，充型能力就越低。铸型的结构越复杂、导热性越好，合金的流动性就越差。提高合金的浇注温度和浇注速度，以及增大静压头的高度会使合金的流动性增加。

8.2　铸件的凝固与收缩

铸件的成形过程是液态金属在铸型中的凝固过程。合金的凝固方式对铸件的质量、性能以及铸造工艺等都有极大的影响。为了防止缩孔或缩松等铸造缺陷，必须合理地控制铸件的凝固过程。

8.2.1　铸件的凝固方式

铸件在凝固过程中，其断面一般存在3个区域，即固相区、凝固区和液相区，其中液相和固相并存的凝固区对铸件质量影响最大。通常根据凝固区的宽窄将铸件的凝固方式分为逐层凝固、糊状凝固和中间凝固方式，如图8.3所示。

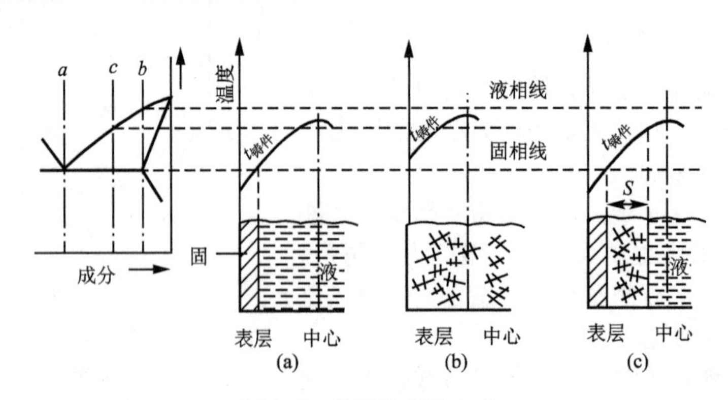

图8.3　铸件的凝固方式

(1) 逐层凝固。纯金属或共晶成分的合金在凝固过程中因不存在液固相并存的凝固区，故端面上外层的固体和内层的液体由一条界线(凝固前沿)清楚地分开，如图8.3(a)所示。随着温度的下降，固体层不断加厚，液体层不断减少，直到中心层全部凝固。这种凝固方式称为逐层凝固。

(2) 中间凝固。介于逐层凝固和糊状凝固之间的凝固方式称为中间凝固，如图 8.3(b)所示。大多数合金均属于中间凝固方式。

(3) 糊状凝固。当合金的结晶温度范围很宽，且铸件断面温度分布较为平坦时，在凝固的某段时间内，铸件表面并不存在固体层，而液固并存的凝固区贯穿整个断面，如图 8.3(c)所示。由于这种凝固方式与水泥凝固方式很相似，先成糊状而后固化，故称为糊状凝固。

8.2.2　铸造合金的收缩

铸件在凝固和冷却过程中，其体积和尺寸减小的现象称为收缩。

收缩是铸件产生缺陷(如缩孔、缩松、裂纹、变形和残余应力等）的基本原因。为了获得形状和尺寸符合技术要求，而又是组织致密的健全铸件，必须对收缩加以控制。

合金的收缩通常用体收缩率或线收缩率来描述。当合金由温度 θ_0 下降到 θ_1 时，其体收缩率和线收缩率分别如下：

$$\varepsilon_V=\frac{V_{模}-V_{铸件}}{V_{模}}\times 100\%=\alpha_V(t_0-t_1)\times 100\%$$

$$\varepsilon_L=\frac{L_{模}-L_{铸件}}{L_{模}}\times 100\%=\alpha_L(t_0-t_1)\times 100\%$$

式中：ε_V为体收缩率；ε_L为线收缩率；$V_{模}$、$V_{铸件}$为合金在 θ_0、θ_1 时模型和铸件的体积(cm^3)；$L_{模}$、$L_{铸件}$为合金在 θ_0、θ_1 时模型和铸件的长度(cm)；α_V、α_L为合金在 θ_0 至 θ_1 温度范围内的体胀系数和线胀系数(1/℃)。

金属从浇注温度冷却到室温要经历 3 个互联的收缩阶段，如图 8.4 所示。

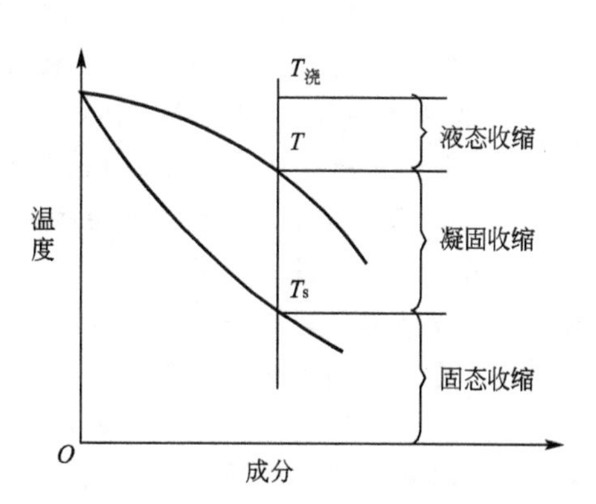

图 8.4　合金收缩的 3 个阶段

(1) 液态收缩。金属在液体状态时的收缩，是由于气体排出、空穴减少、原子间间距减小所致。

(2) 凝固收缩。金属在凝固过程时的收缩，是由于空穴减少、原子间间距减小所致。

液态收缩和凝固收缩在外部表现皆为体积减小，一般表现为液面降低，因此又称为体积收缩。是缩孔或缩松形成的基本原因。

(3) 固态收缩。金属在固态过程中的收缩，是由于空穴减少，原子间间距减小所致。

固态收缩还引起铸件外部尺寸的变化，故称其为尺寸收缩或线收缩。线收缩对铸件形状和尺寸精度影响很大，是铸造应力、变形和裂纹等缺陷产生的基本原因。

不同的合金其收缩率不同。在常用的合金中，铸钢的收缩率最大，灰口铸铁的收缩率最小。因为灰铸铁中大部分碳是以石墨状态存在的，由于石墨的比容大，在结晶过程中，石墨析出所产生的体积膨胀，抵消了合金的部分收缩(一般每析出 1%的石墨，铸铁体积约增加 2%)。

影响铸造合金收缩的主要因素如下。

(1) 化学成分的影响。铸钢是随着碳的质量分数增加，收缩率增大；灰口铸铁则是随着碳和硅的质量分数增加及石墨增加，收缩率下降。

(2) 浇注温度的影响。浇注温度升高，收缩率增大。

(3) 铸件结构和铸型条件的影响。当铸件收缩时未受到型砂或型芯阻碍，则易实现自由收缩，收缩率较大。

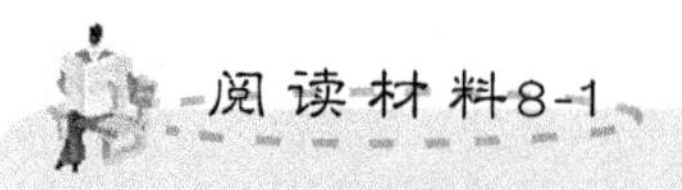

无冒口补缩法的应用条件

无冒口铸造是人们所追求的高经济效益的方法，只要球铁冶金质量高，铸件模数大，采用低温浇注和紧实牢固铸型，就能保证浇注到型内的铁液从凝固一开始就出现膨胀，导致自补缩而避免出现缩孔。尽管以后的共晶膨胀率较小，但因为模数大，即铸件壁厚大，仍可以得到很高的膨胀内压(高达5MPa)，在坚固的铸型内，足以克服二次收缩缺陷，因而无需冒口。为实现无冒口铸造，在生产中要严格满足下列应用条件：

(1) 要求铁液的冶金质量好。

(2) 球铁件的平均模数应在2.5cm以上。当铁液冶金质量非常好时，模数比2.5cm小的铸件也能成功地应用无冒口工艺。

(3) 使用强度高、刚性大的铸型，可用自硬砂型、水玻璃砂型等铸型。上下箱之间要用机械法(螺栓、卡钩等)牢靠地锁紧。

(4) 低温浇注，浇温控制在1300～1350℃。

(5) 快浇，防止铸型顶部被过分地烘烤和减少膨胀的损失。

(6) 采用小的扁薄内浇道，分散引入铁液。每个内浇道的断面积不超过15mm×60mm，尽早凝固完，以促使铸件内部尽快建立膨胀压力。

(7) 设置明出气孔，直径20mm，相距1m，均匀布置。

生产中容易出现工艺条件的某种偏差，为了更安全、可靠，可以采用一个小的顶暗冒口，质量可不超过浇注质量的2%，通常称为安全冒口。其作用仅是为弥补工艺条件的偏差，以防万一，当铁液呈现轻微的液态收缩时可以补给，避免铸件上表面凹陷。在膨胀期，它会被回填满。这仍属于无冒口补缩范畴。

最后，提一下铸铁件的均衡凝固(proportional solidification)技术。均衡凝固是根据铸铁凝固特点在普通凝固理论基础上发展的较新型的凝固理论。均衡凝固技术既强调用冒口进行补缩，又强调利用石墨化膨胀的自补缩作用。均衡凝固的定义是：铸铁液冷却时产生体积收缩，凝固时因析出石墨又发生体积膨胀，膨胀可以抵消一部分收缩。均衡凝固技术就是利用收缩和膨胀的动态叠加，采取工艺措施，使单位时间的收缩与补缩、收缩与膨胀按比例进行的一种凝固原则，可以理解为有限的顺序凝固。有关均衡凝固的工艺原则及冒口设计这里不再详述。

8.2.3 铸件的缩孔与缩松

液态合金在冷凝过程中，若其液态收缩和凝固收缩所缩减的容积得不到补足，则在铸件最后凝固的部位形成一些孔洞，按照孔洞的大小和分布，可将其分为缩孔和缩松两类。

1. 缩孔和缩松的形成

1）缩孔

集中在铸件上部或最后凝固部位容积较大的孔洞称为缩孔。缩孔多呈倒圆锥形，内表面粗糙，通常隐藏在铸件的内层，但在某些情况下，可暴露在铸件的上表面，呈明显的凹坑。

为便于分析缩孔的形成，现假设铸件呈逐层凝固，其形成过程如图 8.5 所示。液态合金填满铸型型腔(图 8.5(a))后，由于铸型的吸热，靠近型腔表面的金属很快凝结成一层外壳，而内部仍然是温度高于凝固温度的液体(图 8.5(b))。温度继续下降、外壳加厚，但内部液体因液态收缩和补充凝固层的凝固收缩，体积缩减、液面下降，使铸件内部出现了空隙(图 8.5(c))。直到内部完全凝固，在铸件上部形成了缩孔(图 8.5(d))。已经产生缩孔的铸件继续冷却到室温时，因固态收缩使铸件的外廓尺寸略有缩小(图 8.5(e))。

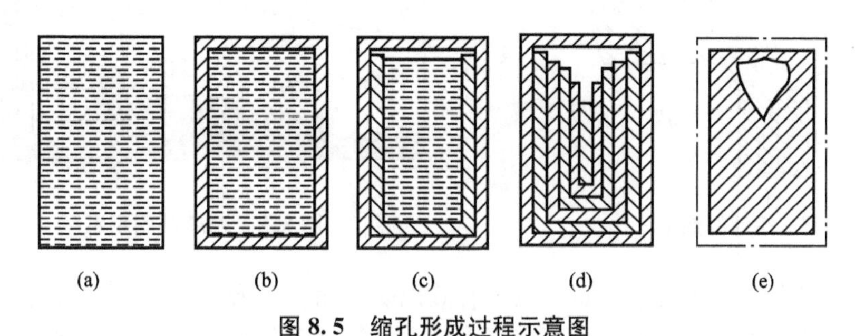

图 8.5　缩孔形成过程示意图

合金液态收缩和凝固收缩愈大(如铸钢、白口铸铁、铝青铜等)，收缩的容积就愈大，愈易形成缩孔。合金浇注温度愈高，液态收缩也愈大(通常每提高 100℃，体积收缩增加 1.6%左右)，愈易产生缩孔。纯金属或共晶成分的合金，易于形成集中的缩孔。

2）缩松

细小而分散的孔洞称为缩松。缩松的形成原因也是由于铸件最后凝固区域的收缩未能得到补足，或者，因合金呈糊状凝固，被树枝状晶体分隔开的小液体区难以得到补缩所致。

缩松分为宏观缩松和显微缩松两种。宏观缩松是用肉眼或放大镜可以看出的小孔洞，多分布在铸件中心轴线处或缩孔的下方(图 8.6)。显微缩松是分布在晶粒之间的微小孔洞，要用显微镜才能观察出来，这种缩松的分布更为广泛，有时遍及整个截面。

缩孔和缩松可使铸件力学性能、气密性和物化性能大大降低，以致成为废品。是极其有害的铸造缺陷之一。集中缩孔易于检查和修补，便于采取工艺措施防止。但缩松，特别是显微缩松，分布面广，既难以补缩，又难以发现。

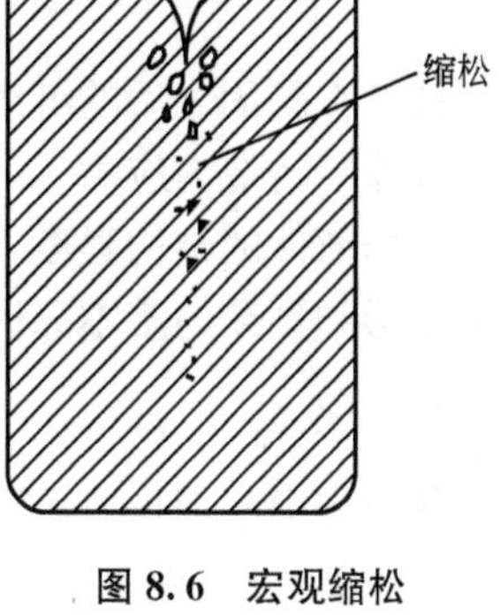

图 8.6　宏观缩松

2. 缩孔和缩松的防治方法

图 8.7 所示是铸件产生缩孔的示意图，其中画圆圈的部位，是铸件的厚大部位，亦称

热节，铸件截面处的内接圆圈亦称热节圆。热节圆是铸件中最后冷却的部分，由于热节圆部分的金属液体补充了薄壁部分的收缩，当热节圆处收缩时，若无其他金属液体的补充，则铸件的缩孔往往会产生在热节圆最大的部分。

为防止缩孔，可设置冒口补充热节处金属液体的收缩，或采用冷铁激冷远离冒口处的金属，使之按预想的顺序凝固冷却，在生产上一般称为定向凝固补缩原则。即远离冒口处的金属先凝固，靠近冒口处的金属后凝固，冒口处的金属最后凝固，形成一条畅通的补缩通道，如图 8.8 所示。

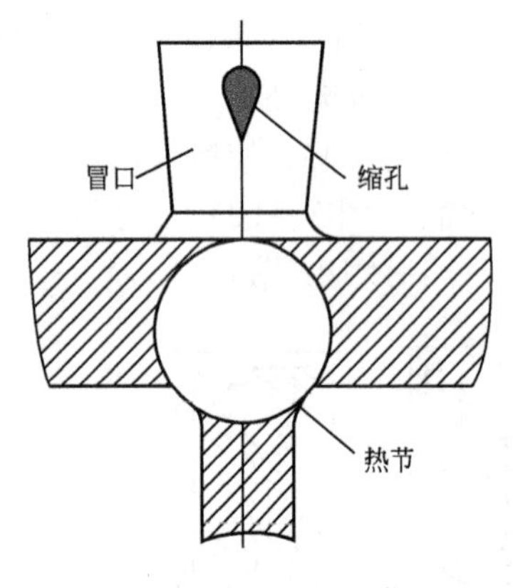

图 8.7　铸件的热节

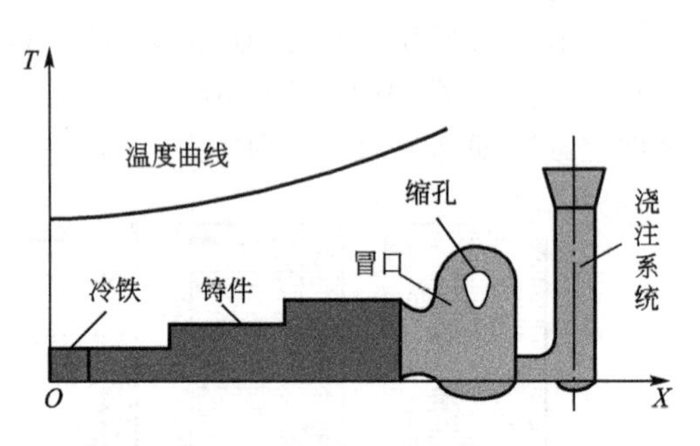

图 8.8　顺序凝固示意图

安放冒口和冷铁实现顺序凝固，虽可有效地防止缩孔和宏观缩松，但却耗费许多金属和工时，加大了铸件成本。同时，顺序凝固扩大了铸件各部分的温度差，促进了铸件的变形和裂纹倾向。因此，主要用于必须补缩的场合，如铝青铜、铝硅合金和铸钢件等。

必须指出，对于结晶温度范围甚宽的合金，由于倾向于糊状凝固，结晶开始之后，发达的树枝状晶架布满了铸件整个截面，使冒口的补缩通路严重受阻，因而难以避免显微缩松的产生。显然，选用近共晶成分或结晶温度范围较窄的合金生产铸件是适宜的。

8.3　铸造应力与变形、开裂

铸件在凝固之后的继续冷却过程中，其固态收缩若受到阻碍，铸件内部将产生应力，故也称作“铸造内应力”。通常铸造内应力会残留在铸件内部，如不经过消除应力处理，就会削弱铸件的结构强度，同时可使铸件在机械加工后尺寸发生改变。铸造内应力是铸件产生变形和裂纹的基本原因。

1. 铸造应力

铸造应力根据形成原因不同可分为热应力、机械应力(收缩应力)和相变应力 3 种。这些应力可能是暂时的，也可能是残留的。若产生这种应力的原因被消除，应力立即消失，这种应力称为临时应力。如果原因消除后其应力仍然存在，则称为残余应力。

1) 热应力

热应力是由于铸件壁厚度不均匀，各部分冷却速度不同，以至在同一时期内各部分收缩不一致而产生的。一般在厚壁处产生拉应力，在薄壁处产生压应力。

图 8.9 所示为框形铸件热应力的形成过程。应力框由一根粗杆Ⅰ和两根细杆Ⅱ组成如图 8.9(a)所示。图的上部表示了杆Ⅰ和杆Ⅱ的冷却曲线，$T_{临}$ 表示金属弹塑性临界温度。当铸件处于高温阶段时，两杆均处于塑性状态，尽管杆Ⅰ和杆Ⅱ的冷却速度不同，收缩不一致会产生应力，但铸件可以通过两杆的塑性变形使应力很快自行消失。温度继续下降，细杆Ⅱ由于冷却速度快，先进入弹性状态，而粗杆Ⅰ仍处于塑性状态($t_1 \sim t_2$)。细杆Ⅱ收缩大于粗杆Ⅰ，由于相互制约，细杆Ⅱ受拉伸，粗杆Ⅰ受压缩，如图 8.9(b)所示，形成了应力。但此时的应力会随着粗杆Ⅰ的压缩变形而消失，如图 8.9(c)所示。当温度继续下降到 $t_2 \sim t_3$ 时，已被压缩的粗杆Ⅰ也进入弹性状态，此时，粗杆Ⅰ温度高于细杆Ⅱ，还会有较大的收缩。因此，当粗杆Ⅰ收缩时必然会受到细杆Ⅱ的阻碍，此时，细杆Ⅱ受压缩，而粗杆Ⅰ受拉伸，直到室温，在铸件中形成了残余应力，如图 8.9(d)所示。图中，+表示拉应力，－表示压应力。

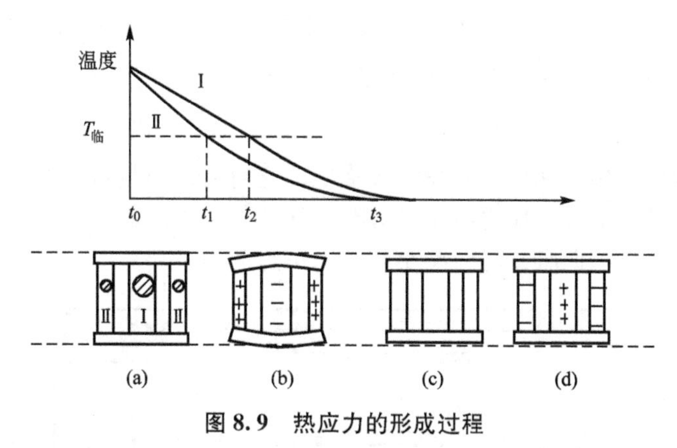

图 8.9 热应力的形成过程

可见，热应力使铸件的厚壁或心部受拉应力，薄壁或表层受压应力。铸件的壁厚差越大，合金的线收缩率越大，热应力越大。顺序凝固时，由于铸件各部分的冷却速度不一致，产生的热应力较大，铸件易出现变形和裂纹，应予以注意。

2）机械应力(收缩应力)

铸件冷却到弹性状态后，由于受到铸型、型芯和浇冒口等的机械阻碍而产生的应力，称为机械应力，图 8.10 所示为法兰收缩受阻产生的机械应力。

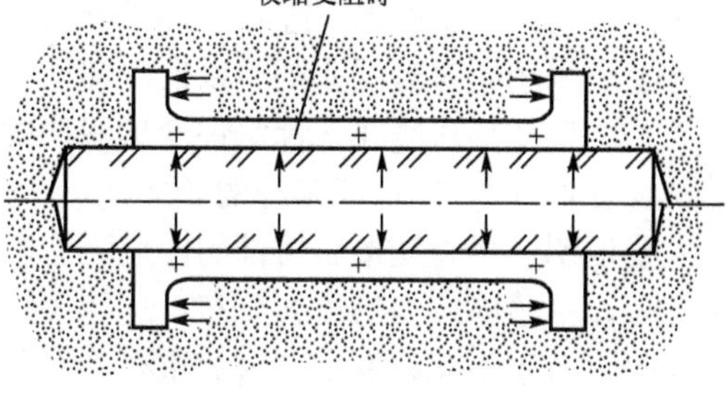

图 8.10 法兰铸件的机械应力

机械应力一般都是拉应力，是一种临时应力，当约束消除后会逐渐释放而消除。但如果临时拉应力和残留热应力叠加或与作用在铸件上的外力叠加超过铸件的强度极限时，铸件将产生裂纹。

3）相变应力

铸件在冷却过程中往往产生固态相变，相变产物往往具有不同的比容。例如，碳钢发生 δ－γ 转变时，体积缩小；发生 γ－α 转变时，体积膨大。铸件在冷却过程中，由于各部分冷却速度不同，导致相变不同时发生，则会产生相变应力。

综上所述，铸造应力是热应力、相变应力和机械应力的总和。在某一瞬间，应力的总和大于金属在该温度下的强度极限时，铸件就要产生裂纹。当铸件冷却到常温并经落砂后，只有残余应力对铸件质量有影响，这是铸件常温下产生变形和开裂的主要原因。残余应力也并非永久性的，在一定的温度下，经过一定的时间后，铸件各部分的应力会重新分配，也会使铸件产生塑性变形，变形以后应力消失。

4) 减小应力的措施

在铸造工艺上采取"同时凝固原则"是减少和消除铸造应力的重要工艺措施。同时凝固是指采取一些工艺措施，尽量减小铸件各部位间的温度差，使铸件各部位同时冷却凝固(图 8.11)。同时凝固的铸件中心易出现缩松，影响铸件致密性。所以，同时凝固主要用于收缩较小的一般灰铸铁和球墨铸铁件，壁厚均匀的薄壁铸件，以及气密性要求不高的铸件等。

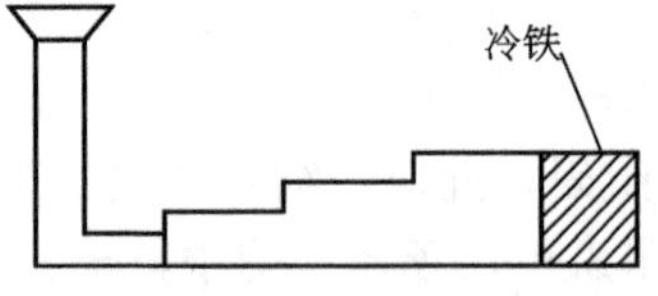

图 8.11　同时凝固示意图

铸件形状愈复杂，各部分壁厚相差愈大，冷却时温度就会愈不均匀，铸造应力就愈大。因此，在设计铸件时应尽量使铸件形状简单、对称、壁厚均匀。

2. 铸件的变形

铸造应力使铸件的精度和使用寿命大大降低。它对铸件质量危害很大，在存放、加工甚至使用过程中铸件内的残余应力将重新分布，使铸件产生翘曲变形(图 8.12)或裂纹，还降低铸件的耐腐蚀性。因此必须尽量减小和消除铸造应力。

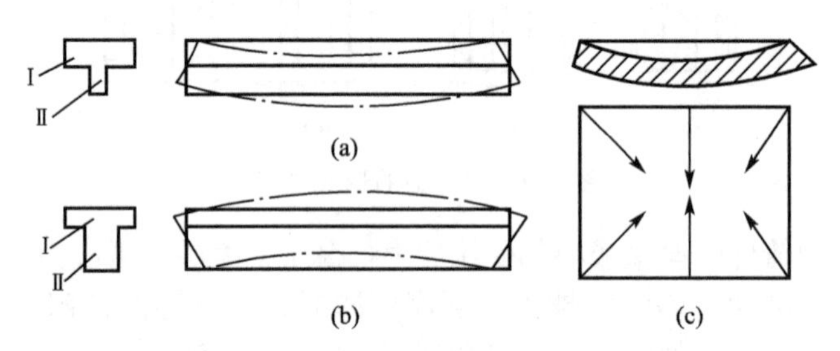

图 8.12　T 型梁铸钢件变形示意图

为防止铸件产生变形，除在铸件设计时尽可能使铸件的壁厚均匀、形状对称外，在铸造工艺上应采用同时凝固原则，以便冷却均匀。对于长而易变形的铸件，还可采用"反变形"工艺。反变形法是在统计铸件变形规律的基础上，在模样上预先做出相当于铸件变形量的"反变形量"，以抵消铸件的变形。

实践证明，尽管变形后铸件的内应力有所减缓，但并未彻底去除，这样的铸件经机械加工之后，由于内应力的重新分布，还将缓慢地发生微量变形，使零件丧失了应有的精确度。为此，对于不允许发生变形的重要件必须进行时效处理。自然时效是将铸件置于露天场地半年以上，使其缓慢地发生变形，从而使内应力消除。人工时效是将铸件加热到 550～650℃进行去应力退火。时效处理宜在粗加工之后进行，以便将粗加工所产生的内应力一并消除。

3. 铸件的裂纹

当铸造内应力超过金属材料的抗拉强度时，铸件便产生裂纹。裂纹是严重的铸造缺陷，多使铸件报废。根据产生温度的不同，裂纹可分为热裂和冷裂两种。

1）热裂

热裂纹是在凝固末期固相线附近的高温下形成的，裂纹沿晶界产生和发展，特征是尺寸较短、缝隙较宽、形状曲折、缝内呈严重的氧化色。热裂常发生在应力集中的部位(拐角处、截面厚度突变处)或铸件最后凝固区的缩孔附近或尾部。

在铸件凝固末期，固体的骨架已经形成，但枝晶间仍残留少量液体，此时的强度、塑性极低。当固态合金的线收缩受到铸型、芯子或其他因素的阻碍，产生的应力若超过该温度下合金的强度，即产生热裂。

防止热裂的方法是使铸件结构合理，改善铸型和型芯的退让性；严格限制钢和铸铁中硫的含量等。特别是后者，因为硫能增加钢和铸铁的热脆性，使合金的高温强度降低。

2）冷裂

冷裂是铸件冷却到低温处于弹性状态时，铸造应力超过合金的强度极限而产生的。冷裂纹特征是表面光滑，具有金属光泽或呈微氧化色，贯穿整个晶粒，常呈圆滑曲线或直线状。脆性大、塑性差的合金，如白口铸铁、高碳钢及某些合金钢，最易产生冷裂纹，大型复杂铸铁件也易产生冷裂纹。冷裂往往出现在铸件受拉应力的部位，特别是应力集中的部位。

防止冷裂的方法是：减小铸造内应力和降低合金的脆性，如铸件壁厚要均匀；增加型砂和芯砂的退让性；降低钢和铸铁中的含磷量，因为磷能显著降低合金的冲击韧度，使钢产生冷脆。如铸钢的磷含量大于0.1%、铸铁的含磷量大于0.5%时，因冲击韧度急剧下降，冷裂倾向明显增加。

8.4　铸件的缺陷与分析

铸件生产工序多，很容易使铸件产生各种缺陷。部分有缺陷的产品经修补后仍可使用，严重的缺陷则使铸件成为废品。为保证铸件的质量应首先正确判断铸件的缺陷类别，并进行分析，找出原因，以采取改进措施。

砂型铸造的铸件常见的缺陷有：气孔、砂眼、粘砂、夹砂、胀砂、冷隔和浇不足等。

1. 气孔

气孔是气体在金属液结壳之前未及时逸出，在铸件内生成的孔洞类缺陷。气孔的内壁光滑，明亮或带有轻微的氧化色。铸件中产生气孔后，将会减小其有效承载面积，且在气孔周围会引起应力集中而降低铸件的抗冲击性和抗疲劳性。气孔还会降低铸件的致密性，致使某些要求承受水压试验的铸件报废。另外，气孔对铸件的耐腐蚀性和耐热性也有不良的影响。

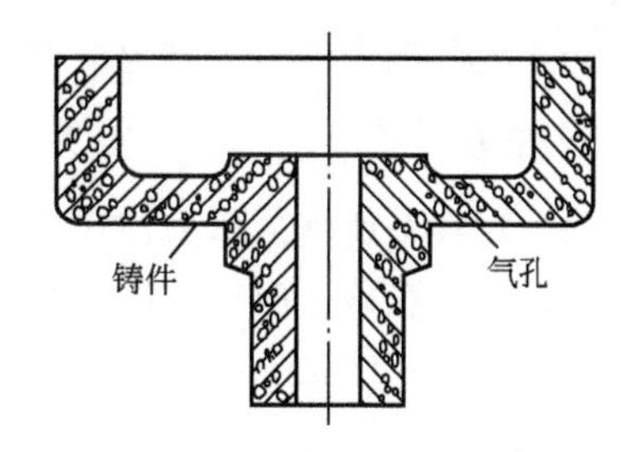

图8.13　因型砂水分过高和透气性太差使铸件产生的气孔

防止气孔产生的有效方法是：降低金属液中的含气量，增大砂型的透气性，以及在型腔的最高处增设出气冒口等。

图8.13所示是因型砂水分过高和透气性太差使

铸件产生的气孔缺陷。

2. 砂眼

砂眼是在铸件内部或表面充塞着型砂的孔洞类缺陷。主要由于型砂或芯砂强度低；型腔内散砂未吹尽；铸型被破坏；铸件结构不合理等原因产生的。

防止砂眼的方法是：提高型砂强度；合理设计铸件结构；增加砂型紧实度。

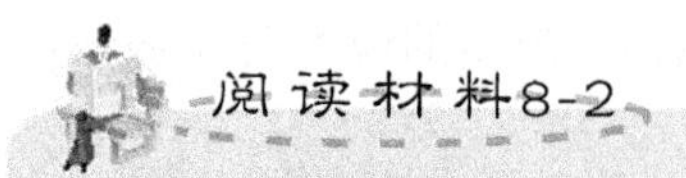

古 泉 币

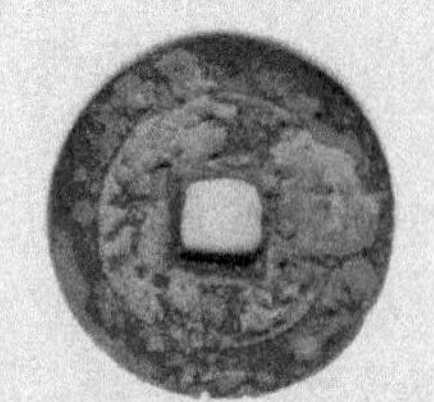
图 8.14 古泉币

古泉币(图 8.14)是中国古钱币的一种，属于辽币。图中的古泉币采用铜合金以铸造工艺生产。钱身上有不规则的凸出部分，即多肉。当铸型掉砂时，掉砂的地方便形成多肉，掉下的砂则形成砂眼或缺肉。可见，金属和铸型的界面作用对铸件质量有重要影响。

3. 粘砂

铸件表面上粘附有一层难以清除的砂粒称为粘砂，如图 8.15所示。粘砂既影响铸件外观，又增加铸件清理和切削加工的工作量，甚至会影响机器的寿命。例如铸齿表面有粘砂时容易损坏，泵或发动机等机器零件中若有粘砂，则将影响燃料油、气体、润滑油和冷却水等流体的流动，并会玷污和磨损整个机器。

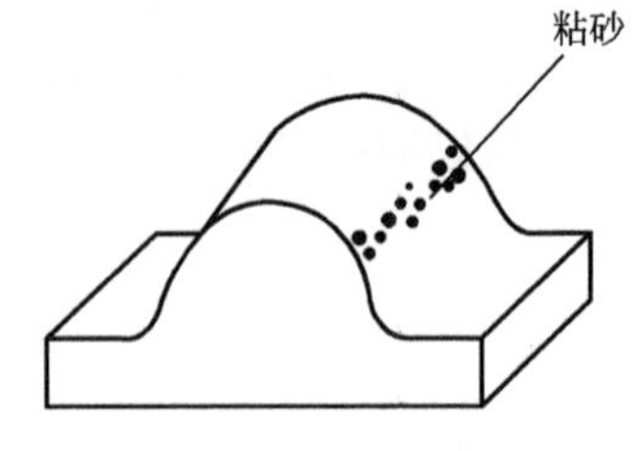

图 8.15 粘砂缺陷

防止粘砂的方法是：在型砂中加入煤粉，以及在铸型表面涂刷防粘砂涂料等。

4. 夹砂

夹砂是在铸件表面形成的沟槽和疤痕缺陷，在用湿型铸造厚大平板类铸件时极易产生。铸件中产生夹砂的部位大多是与砂型上表面相接触的地方，型腔上表面受金属液辐射热的作用，容易拱起和翘曲，当翘起的砂层受金属液流不断冲刷时可能断裂破碎，留在原处或被带入其他部位。铸件的上表面越大，型砂体积膨胀越大，形成夹砂的倾向性也越大。

防止夹砂的方法是：避免大的平面结构。

5. 胀砂

浇注时在金属液的压力作用下，铸型型壁移动，铸件局部胀大形成的缺陷。

为了防止胀砂，应提高砂型强度、砂箱刚度、加大合箱时的压箱力或紧固力，并适当降低浇注温度，使金属液的表面提早结壳，以降低金属液对铸型的压力。

6. 冷隔和浇不足

液态金属充型能力不足，或充型条件较差，在型腔被填满之前，金属液便停止流动，将使铸件产生浇不足或冷隔缺陷。浇不足时，会使铸件不能获得完整的形状；冷隔时，铸件虽可获得完整的外形，但因存有未完全融合的接缝(图 8.16)，铸件的力学性能严重受损。

防止浇不足和冷隔的方法是：提高浇注温度与浇注速度；合理设计壁厚。

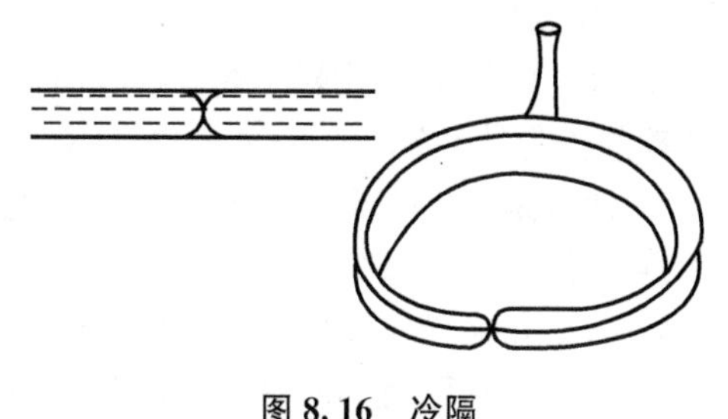

图 8.16　冷隔

习　　题

一、填空题

1. 铸件的凝固方式有__________，__________和__________。其中恒温下结晶的金属或合金以__________方式凝固，凝固温度范围较宽的合金以__________方式凝固。

2. 缩孔产生的基本原因是__________和__________得不到补偿。防止缩孔的基本原则是按照__________原则进行凝固。

3. 铸造应力是__________，__________，__________的总和。防止铸造热应力的措施是采用__________原则。

二、判断题

1. 在其他条件相同时，铸成薄件的晶粒比铸成厚件的晶粒更细。　(　　)

2. 液态金属结晶时的冷却速度愈快，过冷度就愈大，行核率核长大率都增大，故晶粒就粗大。　(　　)

三、选择题

1. 缩孔一般发生在以(　　)的合金中。

A. 糊状凝固　　B. 逐层凝固　　C. 中间凝固

2. 防止和消除铸造应力的措施是采用(　　)。

A. 同时凝固原则　　B. 顺序凝固原则

C. 中间凝固　　D. 糊状凝固

3. 合金液体的浇注温度越高，合金的流动性(　　)，收缩率(　　)。

A. 愈好　　B. 愈差　　C. 愈小　　D. 愈大

4. (　　)的合金，铸造时合金的流动性较好，充型能力强。

A. 糊状凝固　　B. 逐层凝固　　C. 中间凝固

5. 缩松一般发生在以(　　)的合金中。

A. 糊状凝固　　B. 逐层凝固　　C. 中间凝固

6. 铸件冷却后的尺寸将比型腔的尺寸(　　)。

A. 大　　B. 小　　C. 一样

四、名词解释

1. 充型能力；2. 流动性；3. 缩孔；4. 缩松；5. 收缩率

五、简答题

1. 合金的铸造性能对铸件的质量有何影响？常用铸造合金中，哪种铸造性能较好？哪种较差？为什么？

2. 什么是液态合金的充型能力？它与合金得流动性有何关系？为什么铸钢的充型能力比铸铁差？

3. 缩孔和缩松对铸件质量有何影响？为何缩孔比缩松较容易防止？

4. 什么是顺序凝固原则和同时凝固原则？两种凝固原则各应用于哪种场合？

第9章 砂型铸造

教学目标

通过学习，了解砂型铸造造型材料以及造型和造芯方法，掌握铸造工艺设计，包括：浇注位置与分型面的确定、铸造工艺图的制定以及主要工艺参数的确定。

导入案例

中国古代铸造

铸造是熔炼金属，制造铸型，并将熔融金属浇入铸型，凝固后获得一定形状与性能铸件的成形方法。

在材料成形工艺发展过程中，铸造是历史上最悠久的一种工艺，在我国已有6000多年历史了。从商代时期就掌握青铜器铸造技术。河南安阳出土的商朝祭器后母戊鼎，重达832.84kg，长、高都超过1m，四周饰有精美的蟠龙纹及饕餮(传说中的一种贪吃的野兽)。

北京明朝永乐青铜大钟重达46.5t，钟高6.75m，唇厚22cm，外径3.3m，体内铸有经文22.7万字，击钟时尾音长达2min以上，传距达20km。永乐青铜大钟外形和内腔如此复杂、重量如此巨大、质量要求如此之高，若不采用精湛的铸造技术与方法，是难以用任何其他方法制造的。

后母戊鼎

永乐青铜大钟

将液体金属浇入用型砂捣实成的铸型中，待凝固冷却后，将铸型破坏，取出铸件的铸造方法称为砂型铸造。砂型铸造是传统的铸造方法，它适用于各种形状、大小及各种常用合金铸件的生产。套筒的砂型铸造过程如图 9.1 所示，主要工序包括制造模样型芯盒、制备造型材料、造型、制芯、合型、熔炼、浇注、落砂、清理与检验等。

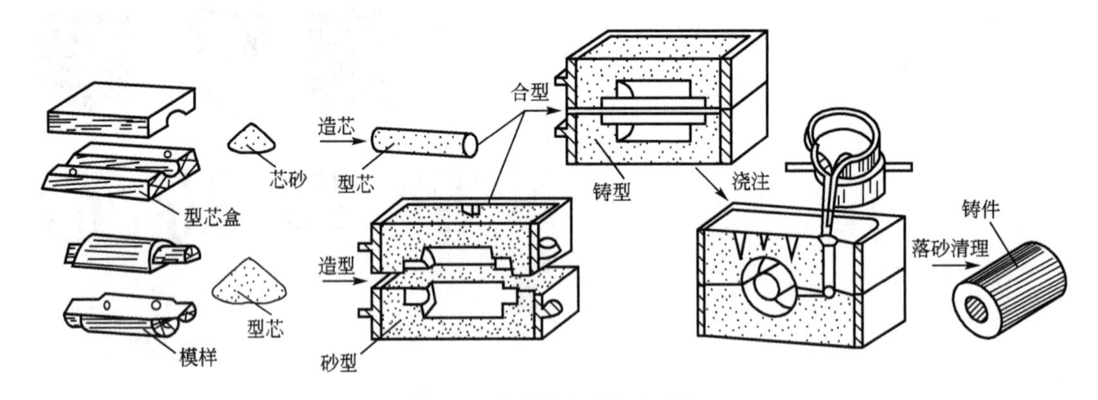

图 9.1　套筒的砂型铸造过程

9.1　造型材料

制造铸型的材料称为造型材料。它通常包括原砂、黏结剂、水及其他附加物(如煤粉、木屑、重油等)按一定比例混制而成。根据黏结剂的种类不同，可分为黏土砂、水玻璃砂、树脂砂等。造型材料的质量直接影响铸件的质量，据统计，铸件废品率约 50%以上与造型材料有关。为保证铸件质量，要求型砂应具备足够的强度、良好的可塑性、高的耐火性和一定的透气性、退让性等。芯砂处于金属液体的包围之中，工作条件更加恶劣，所以对芯砂的基本性能要求更高。

9.1.1　造型材料的种类

1. 黏土砂

以黏土作黏结剂的型(芯)砂称为黏土砂。常用的黏土为膨润土和高岭土。黏土在与水混合时才能发挥黏结作用，因此必须使黏土砂保持一定的水分。此外，为了防止铸件粘砂，还需在型砂中添加一定数量的煤粉或其他附加物。

根据浇注时铸型的干燥情况可将其分为湿型、表干型及干型 3 种。湿型铸造具有生产效率高、铸件不易变形，适合于大批量流水作业等优点，广泛用于生产中小型铸铁件，而大型复杂铸铁件则采用干型或表干型铸造。

到目前为止，黏土砂依然是铸造生产中应用最广泛的砂种，但它的流动性差，造型时需消耗较多的紧实力。用湿型砂生产大件，由于浇注时水分的迁移，容易在铸件的表面形成夹砂、胀砂、气孔等缺陷；而使用干型则生产周期长、铸型易变形，同时也增加能源的消耗。

2. 树脂砂

以合成树脂作黏结剂的型(芯)砂称为树脂砂。目前国内铸造用的树脂黏结剂主要有酚醛树脂、尿醛树脂和糠醇树脂3类。但这3类树脂的性能都有一定的局限性，单一使用时不能完全满足铸造生产的要求，常采用各种方法将它们改良，生成各种不同性能的新树脂砂。

目前用树脂砂制芯(型)主要有4种方法：壳芯法、热芯盒法、冷芯盒法和温芯盒法。各种方法所用的树脂及硬化形式都不一样。与湿型黏土砂相比，型芯可直接在芯盒内硬化，且硬化反应快，不需进炉烘干，大大提高了生产效率；制芯(造型)工艺过程简化，便于实现机械化和自动化；型芯硬化后取出，变形小，精度高，可制作形状复杂、尺寸精确、表面粗糙度低的型芯和铸型。

由于树脂砂对原砂的质量要求较高，树脂黏结剂的价格较贵，树脂硬化时会放出有害气体，对环境有污染，所以树脂砂只用在制作形状复杂、质量要求高的中小型铸件的型芯及壳型(制芯)时使用。

3. 水玻璃砂

用水玻璃作黏结剂的型(芯)砂称为水玻璃砂。它的硬化过程主要是化学反应的结果，并可采用多种方法使之自行硬化，水玻璃砂和树脂砂也称为化学硬化砂。

化学硬化砂与黏土砂相比，具有型砂强度高、透气性好、流动性好等特点，易于紧实，铸件缺陷少，内在质量高；造型(芯)周期短，耐火度高，适合于生产大型铸铁件及所有铸钢件。当然，水玻璃砂也存在一些缺点，如退让性差，旧砂回用较复杂等。针对这些问题，人们正在进行大量的研究工作，以逐步改善水玻璃砂的应用情况。目前国内用于生产的化学硬化砂有二氧化碳硬化水玻璃砂、硅酸二钙水玻璃砂、水玻璃石灰石砂等，而其中尤以二氧化碳硬化水玻璃砂用得最多。

9.1.2 型砂与芯砂的配制

1. 型(芯)砂常用的配比

型(芯)砂组成物需按一定比例配制，以保证一定的性能。型(芯)砂有多种配比方案，下面举两例，供参考。

小型铸铁件湿型型砂的配比：新砂10%～20%，旧砂80%～90%；另加膨润土2%～3%，煤粉2%～3%，水分4%～5%。

中小型铸铁件芯砂的配比：新砂40%，旧砂60%；另加黏土5%～7%，纸浆2%～3%，水分7.5%～8.5%。

2. 型(芯)砂的制备

型(芯)砂的混制工作是在混砂机中进行的，目前工厂常用的是碾轮式混砂机。混砂工艺是：按比例将新砂、旧砂、黏土、煤粉等加入混砂机中先进行干混约2～3min，混拌均匀后再加入水或液体黏结剂(水玻璃、桐油等)，湿混约10min，即可打开出砂口出砂。混制好的型砂应堆放2～4h，使水分分布得更均匀，这一过程叫调匀。型砂在使用前还需进行松散处理，使砂块松开，空隙增加。

配好的型(芯)砂需经性能检验后方可使用。对于产量大的专业化铸造车间，常用型砂性能试验仪检验，单件小批量生产时，可用手捏检验法：用手抓一把型(芯)砂，捏成团后把手掌松开，如果砂团不松散也不粘手，手印清楚，掰断时断面不粉碎，则可认为砂中黏土与水分含量适宜，如图9.2所示。

(a) 型砂湿度适当时可用手捏成沙团

(b) 手放开后看到清晰的指纹

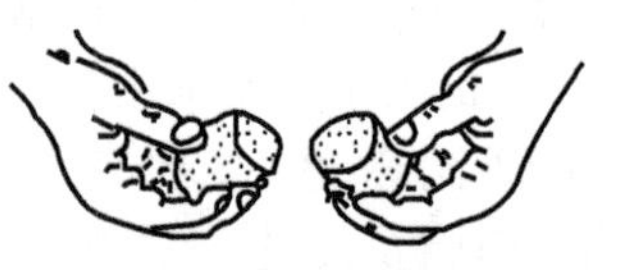

(c) 折断时断面没有碎裂型砂且有足够强度

图 9.2　手捏法检验型砂

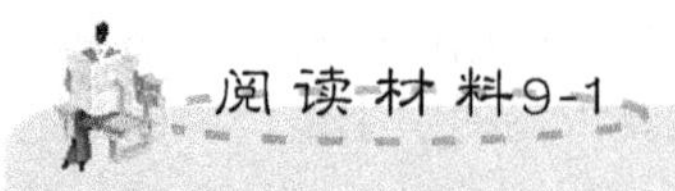

型砂透气性测定方法

型砂的透气性大小用透气率来表示。数值越大，表示透气性越高。透气率定义为单位时间内，在单位压力下通过单位面积和单位长度的气体量，即

$$K=\frac{Q \cdot H}{F \cdot P \cdot t}$$

式中：Q——流过的气体总流量(cm^3)；

P——试样两端压力差(Pa)；

F——试样截面积(cm^2)；

H——试样高度(cm)；

t——排气时间(s)。

透气率的单位是 $cm^2/(Pa \cdot s)$，但一般都省去不写。

根据GB/T 2684—1981，型砂的透气率在透气性测定仪上测定。测定前，应先检查仪器的准确度，即仪器的全部系统不应有漏气现象。用密封样筒试验时，保持10min，气钟不下降，水柱的高度应为10cm，不得低于9.8cm。图9.3是STZ型直读式透气性测定仪原理图，图9.4是STZ型直读式透气性测定仪实物图。

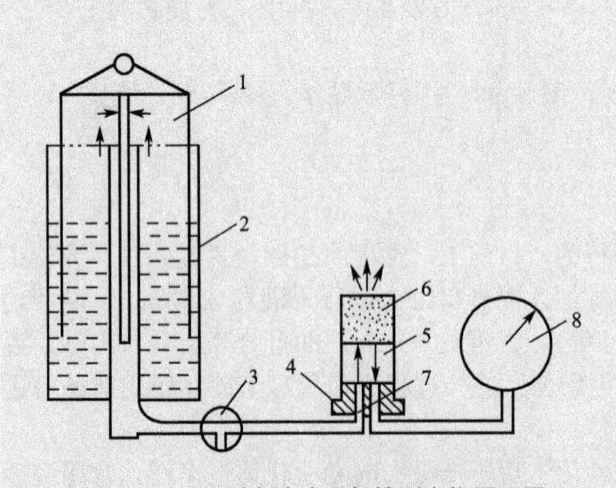

图 9.3　STZ型直读式透气性测定仪原理图

1—气钟　2—水筒　3—三通阀　4—试样座　5—试样筒　6—标准砂样　7—阻流孔　8—微压表

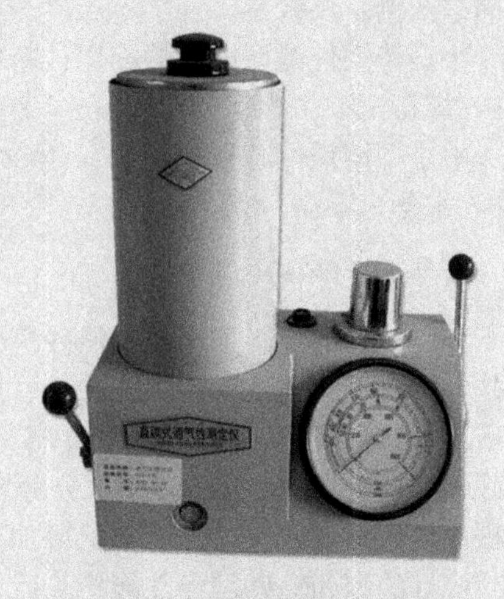

图 9.4　STZ型直读式透气性测定仪实物图

湿透气性测定方法如下：

① 称取一定量的黏土放入圆柱形标准试样筒中；

② 在锤击式制样机上冲击3次，制成ϕ50mm×(50mm±1mm)的标准试样；

③ 当试样的透气性≥50时，应采用ϕ1.5mm的大阻流孔；试样的透气性<50时，应采用ϕ0.5mm的小阻流孔；

④ 提起直读式透气性测定仪的气钟，将带有试样的试样筒放到直读式透气性测定仪试样座上，并使两者密合；

⑤ 再将三通阀转至“工作”位置，放下气钟，靠气钟的自动下落可产生100mm水柱的恒压气源。

这样即可从微压表上直读出透气性的数值。

9.2　造型和造芯方法

造型是指用型砂及模样等工艺装备制造铸型的过程。造型是砂型铸造最基本的工序，通常分为手工造型和机器造型两大类。造型方法选择是否合理，对铸件质量和成本有着很大影响。

9.2.1　手工造型

手工造型是全部用手工或手动工具完成的造型工序。手工造型特点是操作方便灵活、适应性强，模样生产准备时间短。但生产率低，劳动强度大，铸件质量不易保证，因此只适用于单件或小批量生产。

各种常用手工造型方法的特点及其适用范围见表9-1。

表9-1　常用手工造型方法的特点和应用范围

造型方法			主要特点	适用范围
按砂箱特征区分	两箱造型	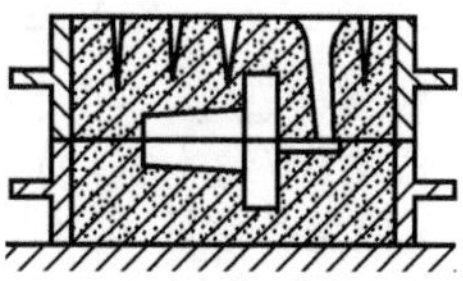	铸型由上型和下型组成，造型、起模、修型等操作方便，是造型最基本的方法	适用于各种生产批量，各种大、中、小铸件
	三箱造型	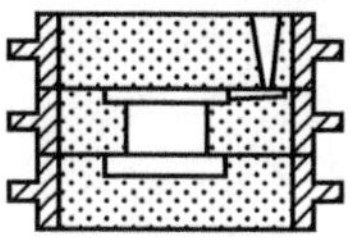	铸型由上、中、下三部分组成，中型的高度需与铸件两个分型面的间距相适应。三箱造型费工，应尽量避免使用	主要用于单件、小批量生产具有两个分型面的铸件
	地坑造型	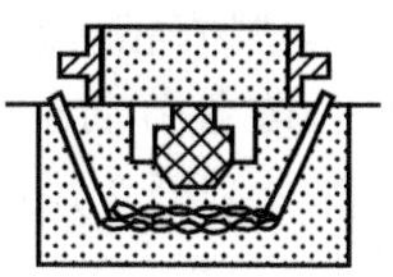	在车间地坑内造型，用地坑代替下砂箱，只要一个上砂箱，可减少砂箱的投资。但造型费工，而且要求操作者的技术水平较高	常用于砂箱数量不足，制造批量不大或质量要求不高的大中型铸件

(续)

造型方法			主要特点	适用范围
按模样特征区分	整模造型	A(最大截面处)	模样是整体的,分型面是平面,多数情况下,型腔全部在下半型内,上半型无型腔。造型简单,铸件不会产生错型缺陷	适用于一端为最大截面,且为平面的铸件
	挖砂造型	A(最大截面处) 挖掉此处 型砂	模样是整体的,但铸件的分型面是曲面。为了起模方便,造型时用手工挖去阻碍起模的型砂。每造一件,就挖砂一次,费工、生产率低	用于单件或小批量生产、分型面不是平面的铸件
	假箱造型	下型 假箱	为了克服挖砂造型的缺点,先将模样放在一个预先做好的假箱上,然后放在假箱上造下型,假箱不参与浇注,省去挖砂操作。操作简便,分型面整齐	用于成批生产、分型面不是平面的铸件
	分模造型		将模样沿最大截面处分为两半,型腔分别位于上、下两个半型内。造型简单,节省工时	常用于最大截面在中部的铸件
	活块造型		铸件上有妨碍起模的小凸台、肋条等。制模时将此部分做成活块,在主体模样起出后,从侧面取出活块。造型费工,要求操作者的技术水平较高	主要用于单件、小批量生产带有突出部分、难以起模的铸件
	车板造型		用刮板代替模样造型。可大大降低模样成本,节约木材,缩短生产周期。但生产率低,要求操作者的技术水平较高	主要用于有等截面的或回转体的大中型铸件的单件或小批量生产

9.2.2 机器造型

机器造型是指用机器完成全部或至少完成紧砂操作的造型工序。与手工造型相比,机器造型能够显著提高劳动生产率,铸型紧实度高而均匀,型腔轮廓清晰,铸件质量稳定,并能提高铸件的尺寸精度、表面质量,使加工余量减小,改善劳动条件。是大批量生产砂型的主要方法。但由于机器造型需造型机、模板及特制砂箱等专用机器设备,其费用较高,生产准备时间长,故只适用于中小铸件的成批或大量生产。

1. 气动微振压实造型

振压式造型是通过振动、压实紧实型砂的。在加砂过程中先采用振动，增加型砂底部的紧实度，再经过压实，增加上部紧实度。

振压式造型的型砂紧实度较低，不能满足要求较高的铸件生产，气动微振压实造型机逐渐成为铸造生产的主流设备。

气动微振压实造型是采用振动(频率150～500Hz，振幅25～80mm)—压实—微振(频率400～3000Hz，振幅5～10mm)紧实型砂的。气动微振压实造型机紧砂原理如图9.5所示。

为了实现机械起模，机器造型所用的模样与底板连成一体，称为模板。模板上有定位销与砂箱精确定位。图9.6所示是顶箱起模的示意图。起模时，4个顶杆在起模液压缸的驱动下一起将砂箱顶起一定高度，从而使固定在模板上的模样与砂型脱离。

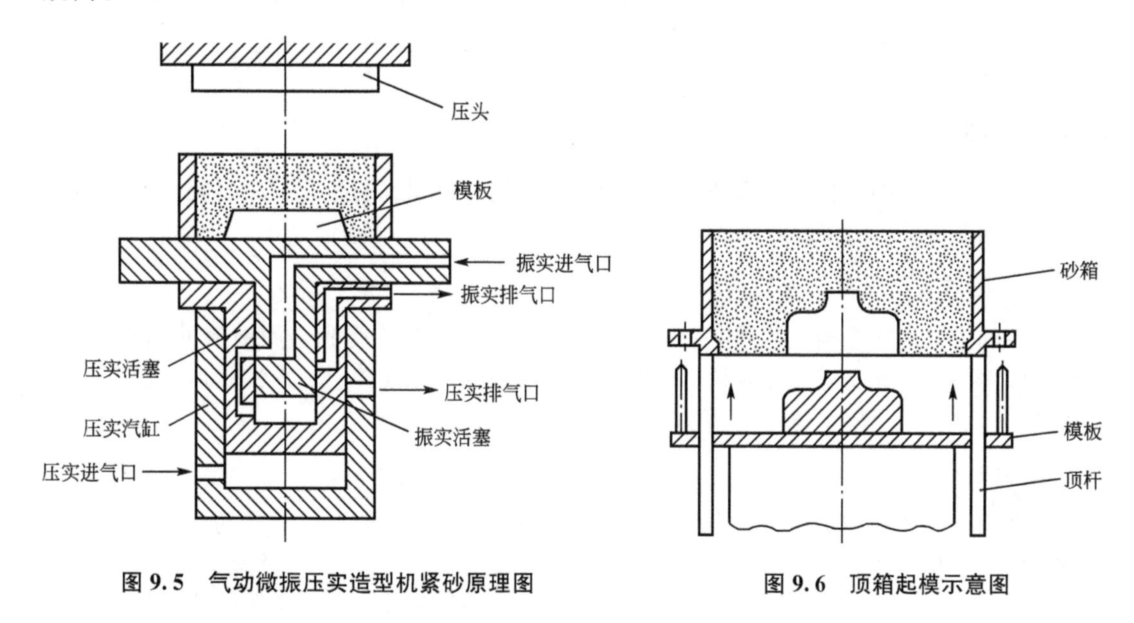

图9.5　气动微振压实造型机紧砂原理图

图9.6　顶箱起模示意图

2. 多触头高压造型

多触头高压造型由许多可单独动作的触头组成。如图9.7所示，当压实活塞向上推动时，触头将型砂从余砂框压入砂箱内，而自身在多触头箱体的相互连通的油腔内浮动，以适应不同形状的模样，使整个型砂得到均匀的紧实度。

该设备通常也配备气动微振装置，以增加工作适应能力。多触头高压造型辅机多，砂箱数量大，造价高，适用于各种形状中小铸件的大量或成批生产。

3. 垂直分型无箱造型

在造型、下芯、合型及浇注过程中，铸型的分型面呈垂直状态(垂直于地面)的无箱造型是垂直分型无箱造型。其工艺过程如图9.8所示，由关闭造型室，射砂压实、起模、合型等过程所组成。它主要适用于大批量的中小铸件的生产。

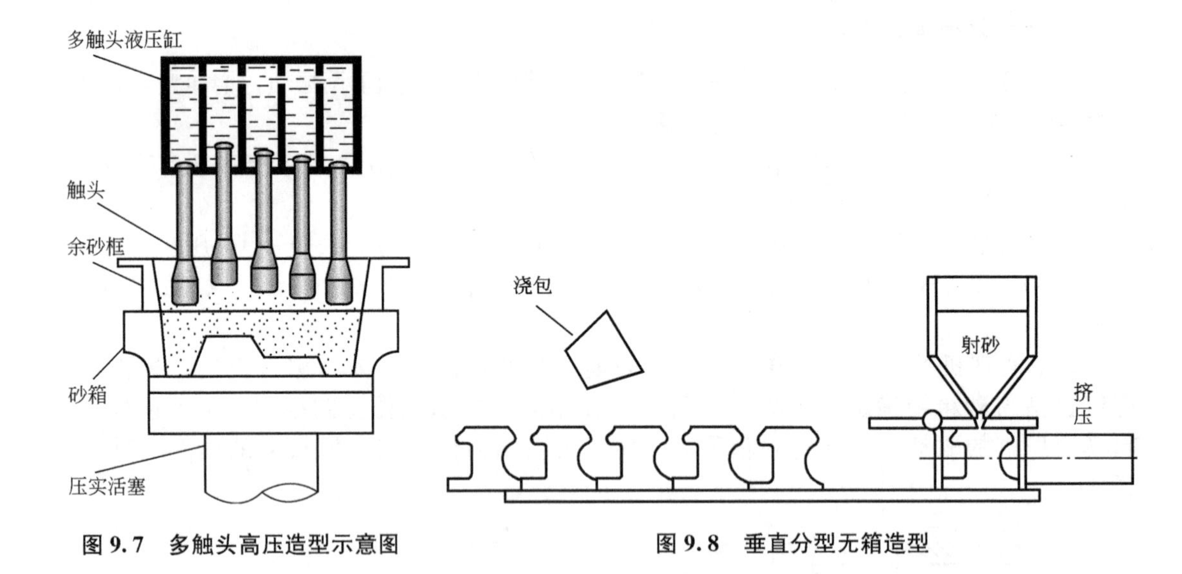

图 9.7　多触头高压造型示意图　　　图 9.8　垂直分型无箱造型

9.2.3　造芯

为获得铸件中的内孔或局部外形，用型砂或其他材料制成的、安放在型腔内部的铸型组元，称为型芯。

1. 型芯的用途及应具备的性能

型芯的主要用途是构成铸件空腔部分；型芯在浇注过程中受到金属液流冲刷和包围，工作条件恶劣，因此要求型芯应具有比型砂更高的强度、透气性、耐火性和退让性，并便于清理。

2. 型芯结构

型芯由型芯体和芯头两部分构成，如图 9.9 所示。型芯主体形成铸件的内腔；芯头起支撑、定位和排气作用。

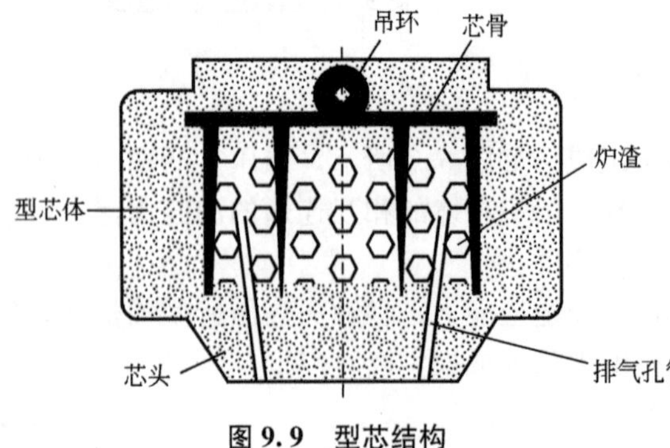

图 9.9　型芯结构

(1) 芯骨。为了增强型芯的强度和刚度，在其内部应安放芯骨。小型芯的芯骨常用铁丝制成，大型芯所用的芯骨通常用铸铁铸成，并铸出吊环，以便型芯的吊装。

(2) 排气孔道。型芯中应开设排气孔道。小型芯的排气孔可用气孔针扎出；形状复杂不便扎出气孔的型芯，可采用埋设蜡线的方法做出；大型型芯中要放入焦炭或炉渣等加强通气。

(3) 上涂料及烘干。为防止铸件产生黏砂，型芯外表要喷刷一层有一定厚度的耐火涂料。铸铁件一般用石墨涂料，而铸钢件则常用硅石粉涂料。型芯一般需要烘干以增加其透气性和强度。黏土砂芯烘干温度为 250～350℃，油砂芯烘干温度为 180～240℃。

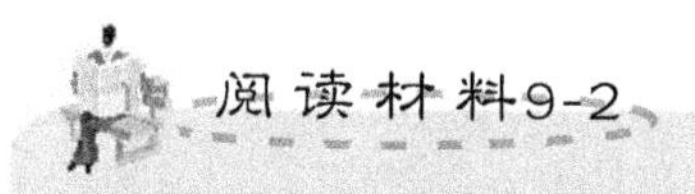

湿型铸造涂料的应用

包头宏远铸铁搪瓷有限公司以生产出口铸件及搪瓷铸铁件为主。铸件大部分是最大尺寸 600mm、壁厚 4.5～6mm、质量小于 20kg 的薄壁板类件。要求铸件的轮廓清晰，表面粗糙度在 *Ra*6.3 以上，表面不得有砂眼、波纹等缺陷。多年来该公司一直沿用传统的湿型黏土砂手工造型，型砂粒度 100/200 目，回用旧砂 70%～80%，新砂 20%～30%，煤粉 3%～5%混制面砂。由于长期反复使用造成型砂灰粉增高，透气性、湿强度降低，因而铸件浇不足、黏砂、掉砂、气孔等现象增多，表面粗糙，铸件废品率有时高达 30%。

基于上述情况及公司的具体生产条件，设想用涂料解决该问题。但是涂料一般用于干型铸造，而在湿型砂中如何使用涂料呢？经反复实验与研究，最后选定了一种适合喷涂的涂料。该涂料由 A、B 两组分构成，使用时将 A 组分与 B 组分按(6～7)∶1 的比例配制在一起，并充分搅拌即可使用。其中，A 组分是将石墨粉与水按体积比 2∶3 的比例配制成石墨浆，放置 24h 以上；B 组分是将黏结剂与水按体积比 1∶7 的比例配制成糊状，放置 24h 以上，夏季需加入防腐剂。

生产实践表明：在型腔表面喷涂该涂料后，型砂的性能大大改善，铸件表面质量明显提高，基本可满足 *Ra*6.3 的要求，铸件浇不足、粘砂、掉砂、气孔等铸造缺陷皆消失，废品率降至 10%以下，为公司赢得了显著的经济效益。

经分析：该涂料具有良好的防粘砂能力，因此能明显提高铸件表面光洁度。另外，该涂料耐高温性能好，可减少型砂中煤粉的加入量，小于 3kg 的薄壁小件甚至可不加煤粉，清砂十分容易。此外，该涂料还可使型腔表面强度提高，因而可消除冲砂现象。

问题：铸造涂料在铸造生产中起到什么作用？

资料来源：杨彬，殷黎丽. 湿型铸造涂料在薄壁板类铸件上的应用. 热加工工艺，2000，(6)：55.

3. 造芯方法

根据型芯的尺寸、形状、生产批量及技术要求的不同，造芯方法也不相同，通常有手工造芯和机器造芯两大类。手工造芯一般为单件小批生产，分为整体式芯盒造芯、对开式芯盒造芯和可拆式芯盒造芯 3 种，如图 9.10 所示。成批大量的型芯可用机器制出，机器造芯生产率高，紧实均匀，型芯质量好。常用的机器造芯方法有壳芯式、射芯式、挤压式、热芯盒射砂式、震实式等。

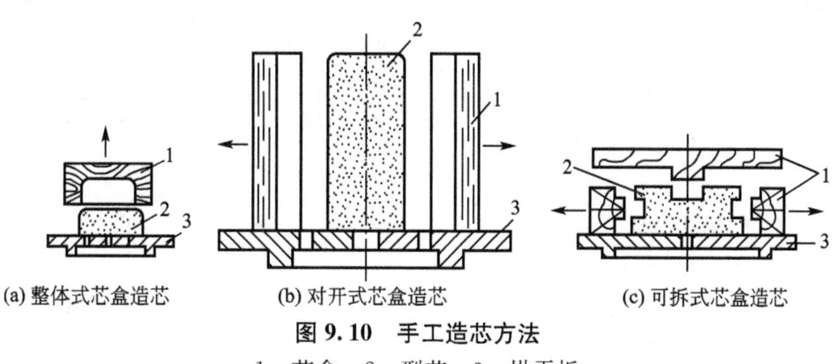

图 9.10　手工造芯方法

1—芯盒　2—型芯　3—烘干板

二氧化硫法和三乙胺法的比较

吹气硬化工艺是20世纪60年代末发展起来的一种制芯工艺，它具有固化速度快，制芯效率高，能源消耗少，砂芯致密度高等优点，自问世以来很快在世界各国得到了广泛的应用。

目前，作为主要采用的两种吹气硬化工艺，SO_2 法与三乙胺法既存在许多的共性，同时也存在很大的差异。在此，从工艺性能、应用特点和成本方面对两种吹气硬化方法进行对比和分析。

1. SO_2 法与三乙胺法主要工艺性能比较

为了较好的比较和分析两种方法的工艺性能，分别进行了抗拉强度、发气量和存放性进行了试验。

试验所用的原材料为如下：①原砂：江西都昌擦洗砂，粒度40/70目。②树脂：SO_2 法采用泸州化工厂生产的FFD-1503树脂及活化剂(过氧化甲乙酮)和硅烷偶联剂；三乙胺法采用常州有机化工厂生产的CI308、CI608树脂。芯砂配制时，SO_2 法的树脂加入量1.5%，过氧化甲乙酮45%，硅烷0.2%；三乙胺法的树脂加入量2%(其中CI308和CI608各占50%)。

混好砂后，利用射芯机获得试验用“8”字形试样。试样的固化时，先吹催化气体，再吹压缩空气。

1) 抗拉强度比较

在温度27℃、相对湿度62%环境下按上述条件分别进行试验，测定“8”字试样从开盒到24h的抗拉强度，结果如图9.11所示。

从图中可以看出：SO_2 法吹制的砂芯强度较高，并且20h左右达到最高值；三乙胺砂芯也具有较高强度，但其强度在几小时后出现下降。

2) 发气量比较

进行发气量测试，发气量曲线如图9.12所示。

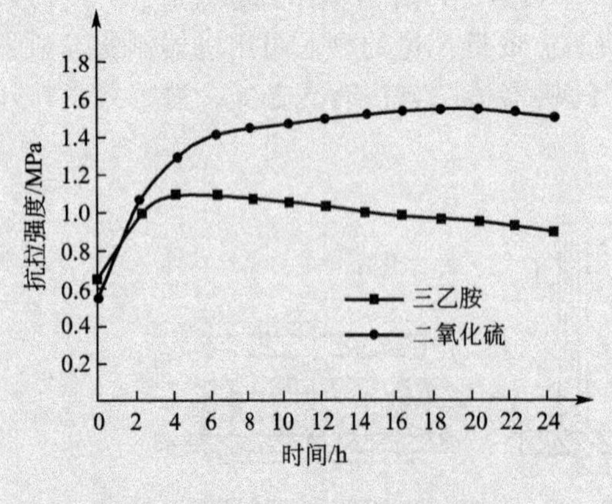

图9.11 试样抗拉强随时间的变化

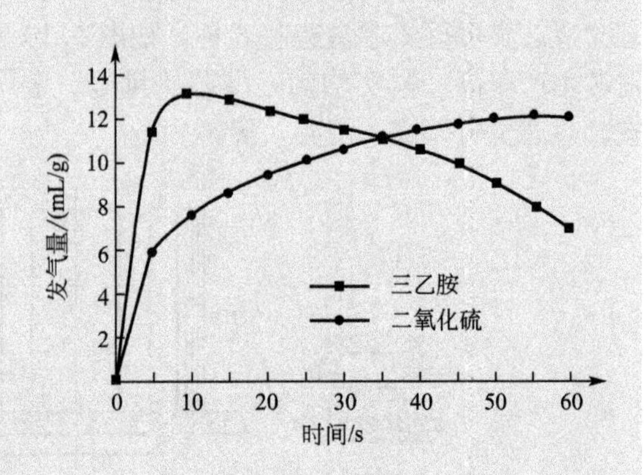

图9.12 发气量曲线

可以看出，SO_2 与三乙胺树脂砂发气量都很低，SO_2 树脂砂发气速度较慢，三乙胺树脂砂发气较快。

3）存放性比较

将吹制好的“8”字试样在达到终强度之后，置于室内，存放在大气(温度23～31℃，湿度55%～72%)中，存放时间与强度变化的关系见下表。

存放时间与强度变化的关系(MPa)

工艺方法	终强度	强度变化						
		1天	2天	3天	4天	5天	7天	15天
SO_2 法	1.56	1.60	1.50	1.52	1.50	1.48	1.42	1.30
三乙胺法	1.12	0.91	0.87	0.80	0.81	0.78	0.70	0.65

从表中可以看出，SO_2 砂芯获得终强度以后，在大气中存放15天，强度下降约15%，并且存放2天后强度基本得到平衡，以后其下降程度很小；三乙胺砂芯在存放15天后强度下降45%，并且在存放一天后强度就有较大幅度的下降。

2. 应用特点比较

1）SO_2 法

与三乙胺法相比，SO_2 法主要具有如下的一些特点：①砂芯固化速度快，强度高。吹 SO_2 气后几分钟，抗拉强度可达0.8MPa，终强度可达1.6MPa以上。根据这一特点，常将其用于制造细长的、截面大小相差较大的砂芯。②该法对环境温度和湿度的敏感性较小，砂芯存放性好。在实际生产中，存放一周后芯子仍可正常使用，强度无明显的下降。这一特点很适合南方盆地气候。

然而，SO_2 法存在两个致命的弱点：①SO_2 气体腐蚀性极强，对设备、工装和建筑物均产生严重的腐蚀。②SO_2 气体有毒、气味难闻。在生产过程中，尽管制芯设备具有一定的密封装置，但在取芯、清砂等操作过程中仍然能闻到强烈的刺激性气味。

2）三乙胺法

三乙胺法的主要优势在于工艺比较成熟，由于国外对三乙胺工艺的研究较早，因此在工艺的成熟性与设备配套的完善性上占有明显的优势，应用中遇到的困难较少，见效很快。此外，该法对生产设备、工装及建筑的腐蚀性较小，催化剂气味对人体感官的刺激程度比 SO_2 法小得多。

然而，三乙胺法也存在明显的工艺缺陷，主要表现在：①砂芯强度不理想。由于三乙胺法对原材料及环境的要求较高，如原砂的成分、需酸值、含水量，以及环境湿度、压缩空气质量等，都会对其强度造成较大的影响。生产中，用三乙胺法生产的砂芯强度一般只能达到0.6～1.0MPa。②砂芯存放性不好。由于三乙胺法组分Ⅱ聚异氰酸脂遇水会分解，吹气固化后的砂芯容易吸潮，使芯子强度明显下降。三乙胺砂芯24小时后强度就下降约20%。

资料来源：袁宏. SO_2 法与三乙胺法制芯工艺的比较. 中国铸造装备与技术，2001，(2)：20-22.

9.3　砂型铸造工艺设计

铸造生产必须首先根据零件结构特点、技术要求、生产批量和生产条件进行铸造工艺设计，并绘制铸造工艺图。铸造工艺包括：铸件浇注位置和分型面位置，加工余量、收缩率和拔模斜度等工艺参数，型芯和芯头结构，浇注系统、冒口和冷铁的布置等。铸造工艺图是在零件图上绘制出制造模样和铸型所需技术资料，并表达铸造工艺方案的图形。

9.3.1　浇注位置与分型面的确定

浇注位置与分型面的选择密切相关。通常，分型面取决于浇注位置的选定，原则是既要保证质量，又要简化造型工艺。但对质量要求不很严格的支架类铸件，原则上应以简化造型工艺为选定分型面的标准。

1. 浇注位置的选择原则

浇注位置，即浇注时铸件在铸型中所处的位置。

(1) 铸件的重要加工面或主要工作面应朝下(图 9.13)，若难以做到朝下也应尽量位于侧面(因为金属液的比重大于砂渣)，如图 9.14 所示。浇注时，砂眼气泡和夹渣往往上浮到铸件的上表面，所以上表面的缺陷通常比下部要多；由于重力的关系，下部的铸件最终比上部要致密。因此，为了保证零件的质量，重要的加工面应尽量朝下或朝侧面。

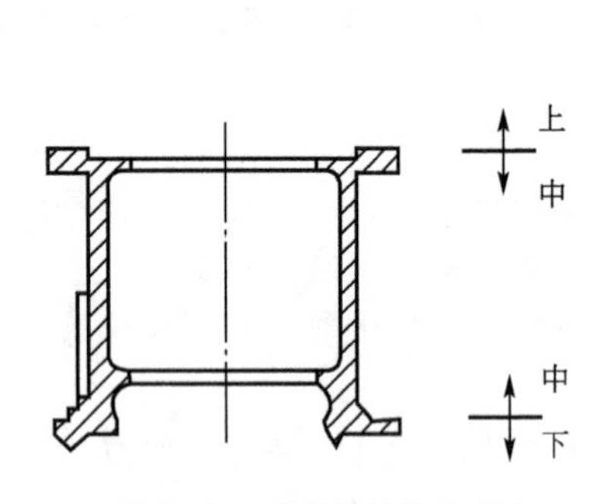

图 9.13　床身的浇注位置

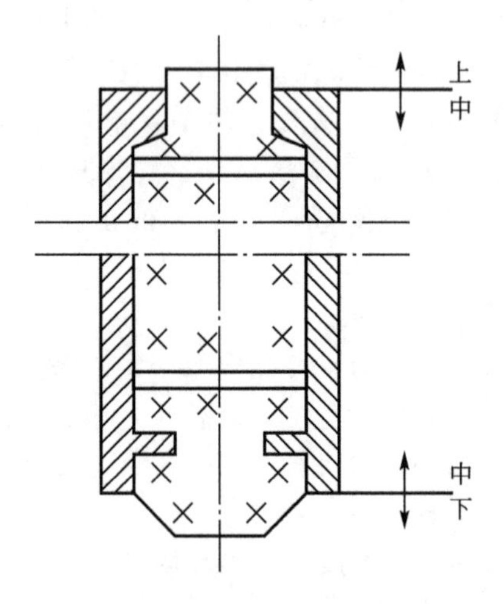

图 9.14　卷扬筒的浇注位置示意图

(2) 铸件的大平面尽可能朝下(图 9.15)，或采用倾斜浇注。铸型的上表面除了容易产生砂眼、气孔、夹渣外，大平面还极易产生夹砂缺陷。这是由于在浇注过程中，高温的液态金属对型腔上表面有强烈的热辐射，型砂因急剧膨胀和强度下降而拱起或开裂。拱起处或裂口浸入金属液中，形成夹砂缺陷。同时铸件的大平面朝下，也有利于排气，减小金属液对铸型的冲刷力。

(3) 尽量将铸件大面积的薄壁部分放在铸型的下部或垂直、倾斜。这样能增加薄壁处金属液的压强，提高金属液的流动性，防止薄壁部分产生浇不足或冷隔缺陷，如图 9.16 所示。

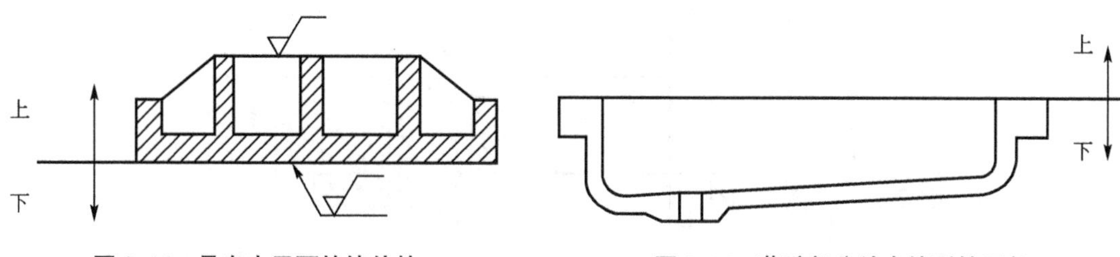

图 9.15　具有大平面的铸件的正确浇注位置示意图

图 9.16　薄壁部分放在铸型的下部

(4) 热节处应位于分型面附近的上部或侧面(图 9.17)。容易形成缩孔的铸件(如铸钢、球墨铸铁、可锻铸铁、黄铜)浇注时，应把厚的部位放在分型面附近的上部或侧面，以便安放冒口，实现定向凝固，进行补缩。

2. 分型面的选择原则

分型面是指两半铸型相互接触的表面。除了实型铸造法外，都要选择分型面。通常，分型面是在确定浇注位置后再选择确定。但也可以在分析各种分型面的利弊之后，再次调整浇注位置。在生产中浇注位置和分型面有时是同时确定的。分型面的选择在很大程度上影响着铸件的质量(主要是尺寸精度)、成本和生产效率。因此，分型面的选择要在保证铸件质量的前提下，尽量简化工艺，节省人力、物力。

(1) 分型面应设在铸件最大截面处，以保证模样从型腔中顺利取出(图 9.18)。这是分型面选择最为重要的原则，否则会出现无法造型或无法取出模样的情况，而且还会增加许多如加活块、型芯等不必要的工作量，影响生产效率和铸件质量。

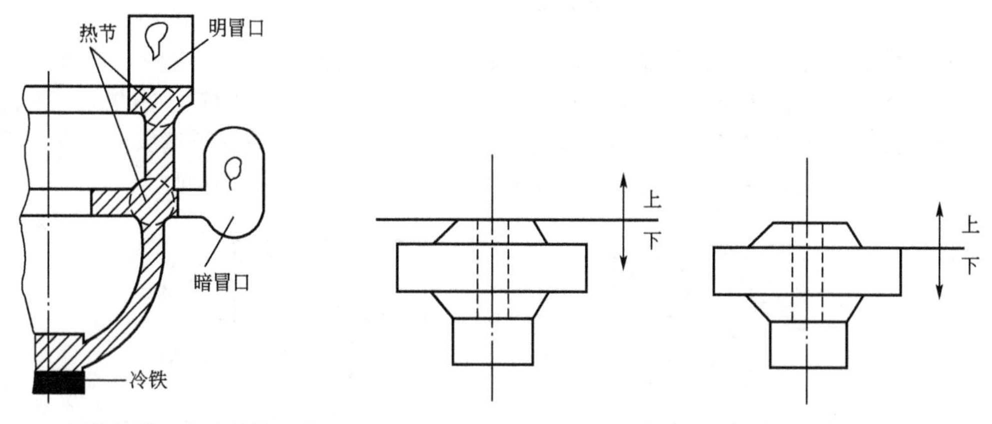

图 9.17　阀体的冒口和冷铁的设置

图 9.18　分型面应选在最大截面处示意图

(2) 尽可能减少铸件的分型面，尽量做到只有一个分型面。这是因为：多一个分型面多一份误差，使精度下降；分型面多，造型工时大，生产率下降；机器造型只能两箱造型，故分型面多，不能进行大批量生产。

有时可用型芯来减少分型面。图 9.19 所示的绳轮铸件，由于绳轮的圆周面外侧内凹，采用不同的分型方案，其分型面数量不同。采用图 9.19(a)图方案，铸型必须有两个分型面才能取出模样，即用三箱造型。采用图 9.19(b)图方案，铸型只有一个分型面，采用两箱造型即可。

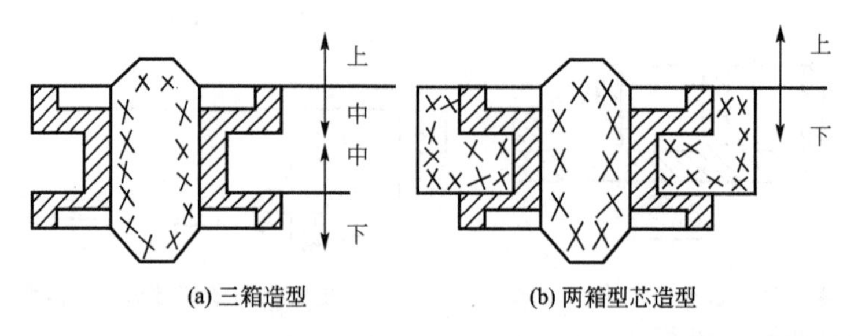

(a) 三箱造型　　(b) 两箱型芯造型

图 9.19　绳轮采用型芯使三箱造型变为两箱造型

(3) 应尽量使用平直分型面，以简化模具制造及造型工艺。图 9.20 所示为一起重臂铸件，如果选用图 9.20(a)所示的分型面即弯曲分型面，则需采用挖砂或假箱造型，而在大量生产中则使机器造型的模板制造费用增加。按图 9.20(b)中所示的分型面为一平面，故可采用较简便的分模造型。

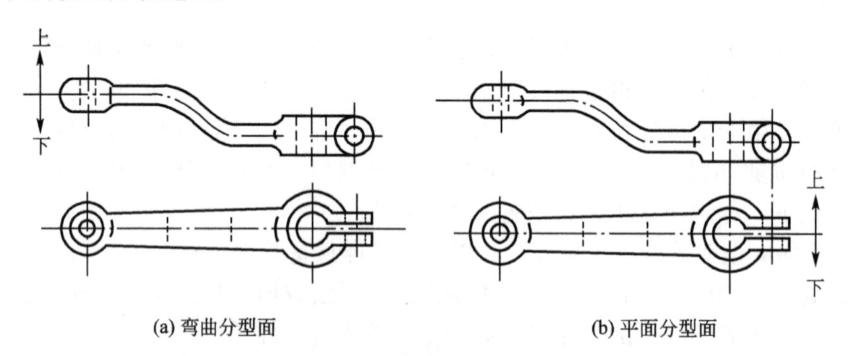

(a) 弯曲分型面　　(b) 平面分型面

图 9.20　起重臂的分型面

(4) 尽量使铸件全部或大部置于同一砂箱内，并使铸件的重要加工面、工作面、加工基准面及主要型芯位于下型内。这样便于型芯的安放和检验，还可使上型的高度减低，便于合箱，并可保证铸件的尺寸精度，防止错箱。图 9.21 所示为管子堵头分型面的选择，如采用方案 b 可使铸件全部放在下型，避免了错箱，铸件质量得到保证。

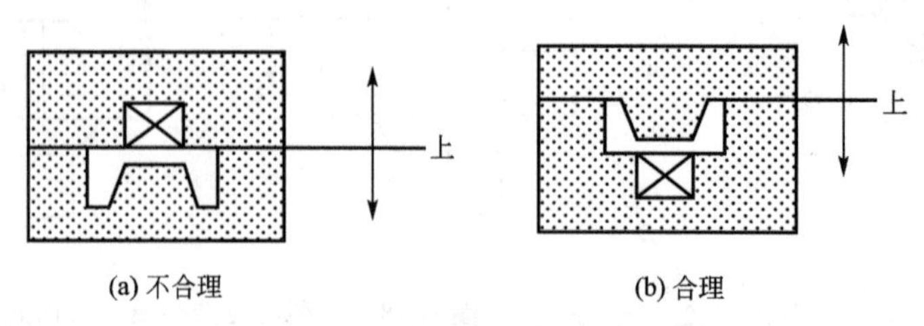

(a) 不合理　　(b) 合理

图 9.21　管子堵头的分型面

9.3.2　主要工艺参数的确定

铸造工艺参数是指铸造工艺设计时，需要确定的某些工艺数据。这些工艺数据一般与模样和芯盒尺寸有关，同时也与造型、制芯、下芯及合型的工艺过程有关。选择不当会影响铸件的精度、生产率和成本。常见的工艺参数有如下几项。

1. 铸造收缩率

铸件由于凝固、冷却后的体积收缩，其各部分尺寸均小于模样尺寸。为保证铸件尺寸要求，需在模样(芯盒)上加大一个收缩的尺寸。加大的这部分尺寸称收缩量，一般根据铸造收缩率来定。铸造收缩率定义如下：

$$K=\frac{L_{模}-L_{件}}{L_{件}}\times 100\%$$

式中：K 为铸造收缩率；$L_{模}$ 为模样尺寸；$L_{件}$ 为铸件尺寸。

铸造收缩率主要取决于合金的种类，同时与铸件的结构、大小、壁厚及收缩时受阻碍情况有关。对于一些要求较高的铸件，如果收缩率选择不当，将影响铸件尺寸精度，使某些部位偏移，影响切削加工和装配。通常，灰铸铁的铸造收缩率为0.7%～1.0%，铸造碳钢为1.3%～2.0%，铸造锡青铜为1.2%～1.4%。

2. 铸件加工余量

在铸件的加工面上为切削加工而加大的尺寸称为机械加工余量。加工余量过大，会浪费金属和加工工时，过小则达不到加工要求，影响产品质量。加工余量取决于铸件生产批量、合金的种类、铸件的大小、加工面与基准面之间的距离及加工面在浇注时的位置等。浇注时铸件朝上的表面因产生缺陷的概率较大，其余量应比底面和侧面大。采用机器造型，铸件精度高，余量可减小；手工造型误差大，余量应加大。铸钢件因收缩大、表面粗糙，余量应加大；非铁合金铸件价格昂贵，且表面光洁，余量应比铸铁小。铸件的尺寸愈大或加工面与基准面之间的距离愈大，尺寸误差也愈大，故余量也应随之加大。如图9.22所示，最小加工量等于加工余量减去铸件尺寸的下偏差。因此，铸件尺寸公差减小，加工余量可越小。

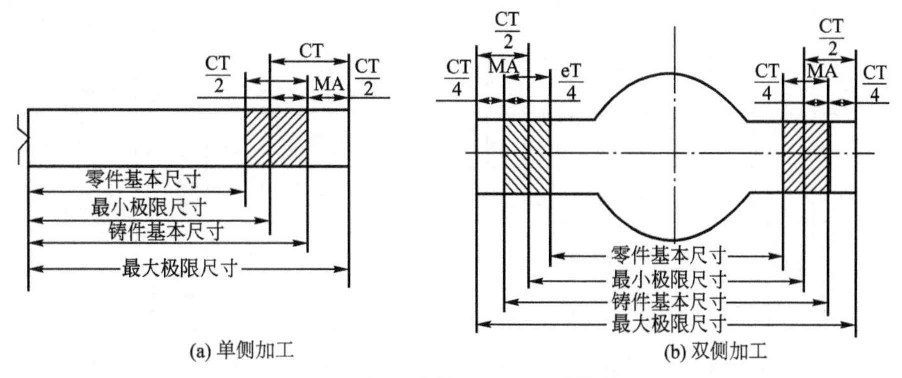

图9.22 加工余量和尺寸公差的关系

铸件机械加工余量国家标准GB/T 11350—1989与尺寸公差标准配套使用。其代号用MA表示。由精到粗分A、B、C、D、E、F、G、H、J九个等级。按有加工要求表面的最大基本尺寸和该表面距它的加工基准尺寸二者中较大的尺寸选取，标准为GB/T 11350CT××—MA×/×级。相对于浇注位置，铸件顶面的加工余量应比底面、侧面降一个等级。与铸件尺寸公差配套使用的机械加工余量参见表9-2。

表 9－2　与铸件尺寸公差配套使用的机械加工余量

(mm)

尺寸公差等级 CT	9					10				11				12				13				14		15		16	
加工余量等级 MA	D	E	F	G	H	E	F	G	H	E	F	G	H	F	G	H	J	F	G	H	J	H	J	H	J	H	J
基本尺寸	加工余量数值																										
100	1.5 1.0	2.0 1.5	2.5 2.0	3.0 2.5	3.5 3.0	2.5 1.5	3.0 2.0	3.5 2.5	4.0 3.0	3.0 2.0	3.5 2.5	4.0 3.0	4.5 3.5	4.0 2.5	4.5 3.0	5.0 3.5	6.0 4.5	5.5 3.5	6.0 4.0	6.5 4.5	7.5 5.5	7.5 5.0	8.5 6.0	9.0 5.5	10 6.5	11 6.5	12 7.5
>100～160	2.0 1.5	2.5 2.0	3.0 2.5	3.5 3.0	4.5 4.0	3.0 2.0	3.5 2.5	4.0 3.0	5.0 4.0	3.5 2.5	4.0 3.0	4.5 3.5	5.5 4.5	5.0 3.5	5.5 4.0	6.5 5.0	7.5 6.0	6.5 4.0	7.0 4.5	8.0 5.5	9.0 6.5	9.0 6.0	10 7.0	11 7.0	12 8.0	13 8.0	14 9.0
>160～250	2.5 1.5	3.0 2.0	3.5 3.0	4.5 4.0	5.5 5.0	3.5 2.5	4.0 3.0	5.0 4.0	6.0 5.0	4.5 3.0	5.0 3.5	6.0 4.5	7.0 5.5	6.0 4.0	7.0 5.0	8.0 6.0	9.5 7.5	7.5 5.0	8.5 6.0	9.5 7.0	11 8.5	11 7.5	13 9.0	13 8.5	15 10	15 9.5	17 11
>250～400	3.0 2.0	3.5 2.5	4.5 3.5	5.5 4.5	7.0 6.0	4.0 3.0	5.0 4.0	6.0 5.0	7.5 6.5	5.0 3.5	6.0 4.5	7.0 5.5	8.5 7.0	7.0 5.0	8.0 6.0	9.5 7.5	11 9.0	8.5 5.5	9.5 6.5	11 8.0	13 10	13 9.0	15 11	15 10	17 12	18 12	20 14
>400～630	3.0 2.5	4.0 3.0	5.0 4.0	6.0 5.0	7.5 7.0	4.5 3.5	5.5 4.5	6.5 5.5	8.5 7.5	5.5 4.0	6.5 5.0	7.5 6.0	9.5 8.0	8.0 5.5	9.0 6.5	11 8.5	14 11	10 6.5	11 7.5	13 9.5	16 12	15 11	18 13	17 12	20 14	20 13	23 16
>630～1000	3.5 2.5	4.5 3.5	5.5 4.5	7.0 6.0	9.0 8.0	5.5 4.0	6.5 5.0	8.0 6.5	10 8.5	6.5 4.5	7.5 5.5	9.0 7.0	11 9.0	9.0 6.5	11 8.0	13 10	16 13	12 7.5	13 9	15 11	18 14	17 12	20 15	20 14	23 17	23 15	26 18
>1000～1600	1.0 1.0	5.0 4.0	6.5 5.5	8.0 6.5	11 9.5	6.0 4.5	7.5 6.0	9.0 7.5	12 10	7.0 5.0	8.5 6.5	10 8.0	13 10	11 7.5	12 9.0	15 12	18 15	13 8.5	15 10	17 13	20 16	20 14	23 17	23 16	26 19	27 18	30 21
>1600～2500	1.5 3.5	5.5 4.5	7.5 6.0	9.5 8.0	12 11	7.0 5.0	8.5 6.5	11 8.5	13 11	8.0 5.5	9.5 7.0	12 9.0	14 12	12 8.5	14 11	17 13	20 16	15 10	17 12	20 15	23 18	22 16	25 19	26 18	29 21	30 20	33 23
>2500～4000	5.5 4.0	6.5 5.0	8.5 7.0	11 9.0	14 12	8.0 5.5	9.5 7.5	12 9.5	15 10	9.5 6.5	11 8.0	13 10	16 13	14 9.5	16 12	19 15	23 19	17 11	19 13	22 16	26 20	25 18	29 22	29 20	33 25	35 23	39 27
>4000～6300	6.0 4.5	7.0 5.5	9.0 7.5	12 10	15 13	8.5 6.0	11 8.0	13 11	16 14	11 7.0	13 9.0	15 12	18 15	16 11	18 13	21 16	26 21	20 13	22 15	25 18	30 23	29 20	31 25	33 22	38 27	29 25	41 30
>6300～10000						9.5 7.0	12 9.0	14 12	18 15	12 8.0	14 10	17 13	20 16	18 12	20 15	24 18	30 24	22 14	25 17	28 20	34 23	32 22	38 28	37 25	43 31	44 28	50 31

注：表中每栏有两个加工余量数值，上面的数值为单侧加工的加工余量值；下面的数值为双侧加工时，每侧的加工余量值。

3. 铸件模样起模斜度

为了使模样便于从砂型中取出，凡平行于起模方向的模样表面上所增加的斜度，称为起模斜度，如图 9.23 所示。

超模斜度的大小取决于模样的高度、造型方法、模样材料等因素。依照 JB/T 5105—1991 有关规定，木模样外壁高度为 40～100mm 时，起模斜度 $\alpha_1 \leqslant 40'$；外壁高为 100～160mm 时 $\alpha_1 \leqslant 30'$。为使型砂便于从模样内腔中取出，内壁的起模斜度应比外壁大，如图 9.23中 α_2 和 α_3 所示。

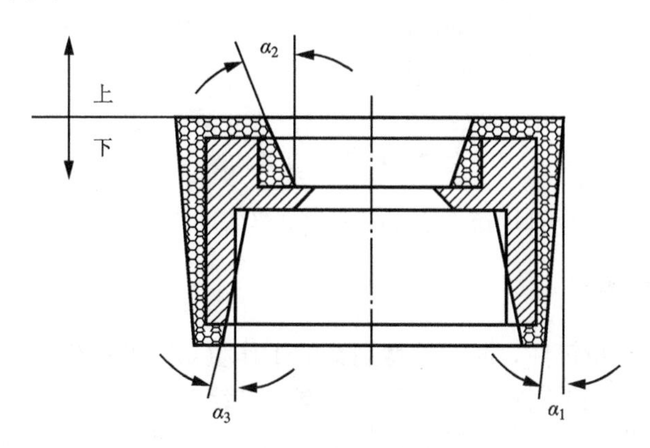

图 9.23 起模斜度

4. 最小铸出孔(不铸孔)和槽

铸件中较大的孔和槽应当铸出，以减少切削量和热节，便于提高铸件力学性能。较小的孔和槽不必铸出，留待以后加工更为经济。表 9-3 为铸件最小铸出孔尺寸。当孔长与孔径比(L/D)>4 时，也为不铸孔。当正方孔、矩形孔或气路孔的弯曲孔无法加工出时，原则上需铸出，但最短加工边须大于 30mm。

表 9-3 铸件最小铸出孔尺寸 (mm)

生产批量	最小铸出孔的直径	
	灰铸铁件	铸钢件
大量生产	12～15	
成批生产	15～30	30～50
单件、小批量生产	30～50	50

5. 铸造圆角

铸件上相邻两壁之间的交角应设计成圆角，防止在尖角处产生冲砂及裂纹等缺陷。圆角半径一般为相交两壁平均厚度的 1/3～1/2。

6. 型芯头

为保证型芯在铸型中的定位、固定和排气，在模样和型芯上都要设计出型芯头。型芯头可分为垂直芯头和水平芯头两大类，如图 9.24 所示。

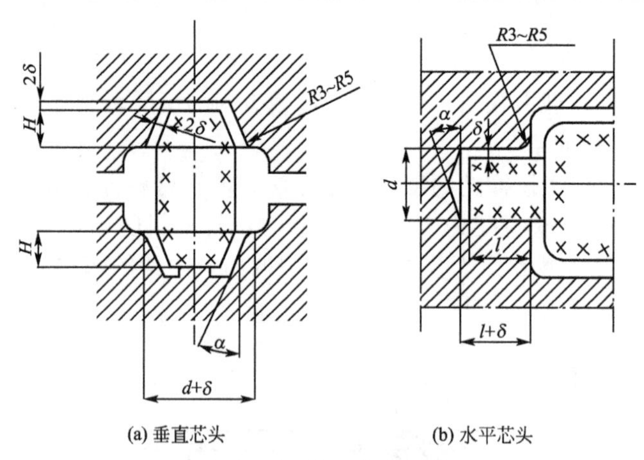

(a) 垂直芯头　(b) 水平芯头

图 9.24　型芯头的构造

以上工艺参数的具体数值均可在有关手册中查到。

9.3.3　铸造工艺图的绘制

为了获得健全的合格铸件，减小铸型制造的工作量，降低铸件成本，在砂型铸造的生产准备过程中，必须合理地制定出铸造工艺方案，并绘制出铸造工艺图。

铸造工艺图是根据零件的结构特点、技术要求、生产批量以及实际生产条件，在零件图中用各种工艺符号、文字和颜色，表示出铸造工艺方案的图形。其中包括铸件的浇注位置，铸型分型面，型芯的数量、形状、固定方法及下芯次序，加工余量，起模斜度，收缩率，浇注系统，冒口，冷铁的尺寸和布置等。铸造工艺图是指导模样(芯盒)设计及制造、生产准备、铸型制造和铸件检验的基本工艺文件。依据铸造工艺图，结合所选造型方法，便可绘制出模样(芯盒)图及铸型装配图(砂型合箱图)。图 9.25 所示为支座的铸造工艺图、模样图及合箱图。

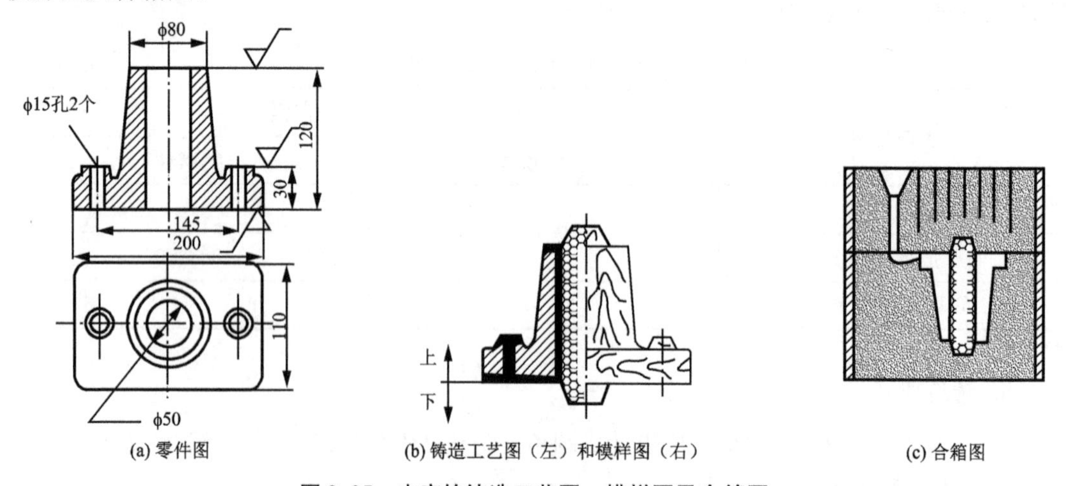

(a) 零件图　(b) 铸造工艺图（左）和模样图（右）　(c) 合箱图

图 9.25　支座的铸造工艺图、模样图及合箱图

9.3.4　支座铸造工艺方案实例

在确定某铸件的铸造工艺方案时，首先应了解合金品种、生产批量及铸件质量等要求。分析铸件结构，以便确定铸件的浇注位置，同时，分析铸件分型面的选择方案。在此基础上，依据选定的工艺参数，用红、蓝色笔在零件图上绘制铸造工艺图，为制造模样、编写铸造工艺卡等奠定基础。

图 9.26 所示为支座，材料为 HT150，大批量生产。支座属于支承件，没有特殊的质量要求，故不必考虑浇注位置的特殊要求，主要着眼于工艺上的简化。该件虽属简单件，但底板上四个 ϕ10mm 孔的凸台及两个轴孔的内凸台可能妨碍起模。同时，轴孔如若铸出，还必须考虑下芯可能性。根据以上分析，该件可供选择的分型方案如下：

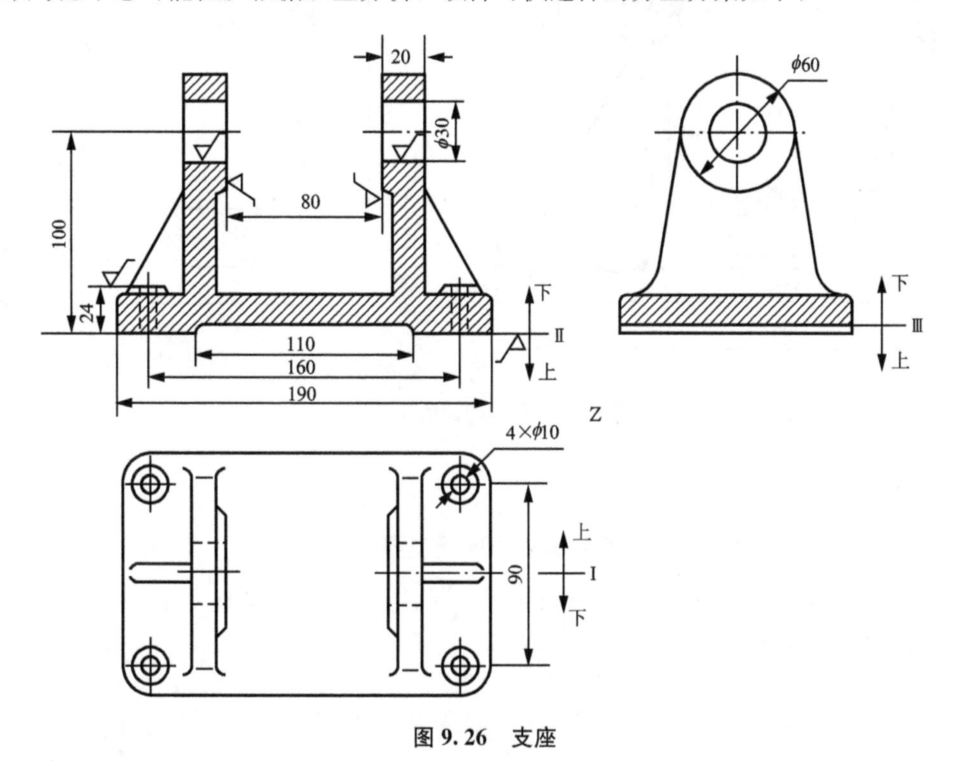

图 9.26　支座

(1) 方案Ⅰ　沿底板中心线分型，即采用分开模造型。其优点是底面上 110mm 凹槽容易铸出，轴孔下芯方便，轴孔内凸台不妨碍起模。缺点是底板上四个凸台必须采用活块，同时，铸件易产生错型缺陷，飞翅清理的工作量大。此外，若采用木模样，加强筋处过薄，木模样易损坏。

(2) 方案Ⅱ　沿底面分型，铸件全部位于下箱，为铸出 110mm 凹槽必须采用挖砂造型。方案Ⅱ克服了方案Ⅰ的缺点，但轴孔内凸台妨碍起模，必须采用两个活块或下型芯。当采用活块造型时，ϕ30mm 轴孔难以下芯。

(3) 方案Ⅲ　沿 110mm 凹槽底面分型。其优缺点与方案Ⅱ类同，仅是将挖砂造型改用分开模造型或假箱造型，以适应不同的生产条件。

可以看出，方案Ⅱ、Ⅲ的优点多于方案Ⅰ。但在不同条件生产批量下，具体方案可选择如下：

(1) 单件、小批生产　由于轴孔直径较小、无须铸出，而手工造型便于进行挖砂和活块造型，此时依靠方案Ⅱ分型较为经济合理。

(2) 大批量生产　由于机器造型难以使用活块，故应采用型芯制出轴孔内凸台。同时，应采用方案Ⅲ从110mm凹槽底面分型，以降低模板制造费用。图9.27为其铸造工艺图(浇注系统图从略)，由图可见，方型芯的宽度大于底板，以便使上箱压住该型芯，防止浇注时上浮。若轴孔需要铸出，采用组合型芯即可实现。

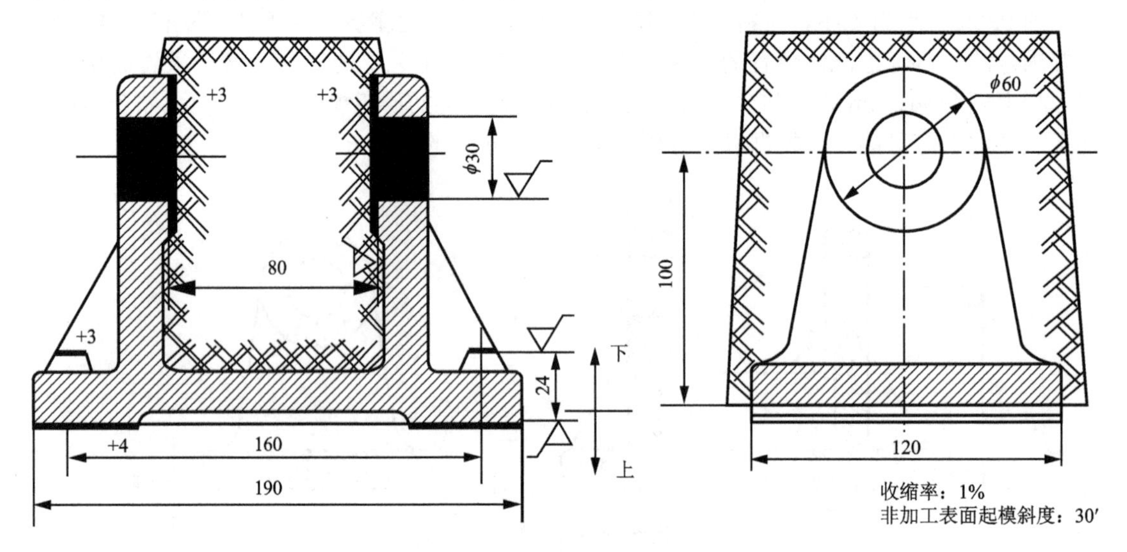

图9.27　支座的铸造工艺图

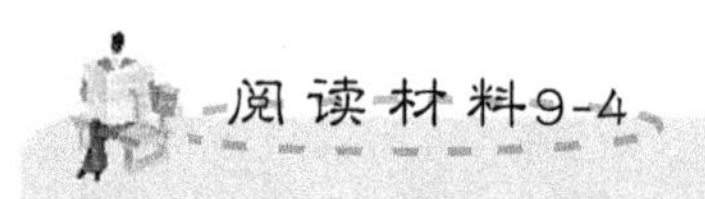

砂型铸造的现状与展望

至今为止，砂型铸造仍是铸件最主要的生产方式。要实施可持续发展战略，必须立足节约资源，提高效率和降低成本；推行清洁生产，开发新型无毒，无公害的绿色造型材料和工艺。推广应用气冲、高压、射压和挤压造型等高度机械化、自动化、高密度湿砂型造型工艺，提高铸件的内在、外部质量和减少加工余量是中、小型铸件生产的主要发展方向。采用纳米技术改性膨润土，或采用在膨润土中加助黏结剂技术来提高膨润土质量是提升湿型砂造型工艺的关键。优先选用树脂自硬砂、冷芯盒、温芯盒和壳型(芯)制芯工艺，及无或少污染黏结剂、催化剂和硬化剂。大、中型铸件应采用酯硬化改性水玻璃砂，水玻璃改性处理，选用高模数水玻璃、VRH和微波硬化工艺，在减少水玻璃的加入量的条件下，得到相应的强度，溃散性和回用性大幅提高。Laempe公司研发的Beach－Box无机水溶性黏结剂为含多种矿物质的奶状流体，只要加2.5%的水就可以重复使用，是绿色造型材料的发展方向。

习　　题

一、简答题

1. 型砂由哪些物质组成？对其基本性能有哪些要求？

2. 简述砂型铸造中常用的手工造型方法有哪些。为什么手工造型仍是目前不可忽视的造型方法？机器造型有哪些优越性？其工艺特点是哪些？

3. 试述分型面选择原则有哪些。它与浇注位置选择原则的关系如何？如若它们的选择方案发生矛盾该如何统一？

4. 在射芯机上现代造芯法与传统造芯法有何根本不同？壳芯机制芯有何优越性？

5. 什么是铸造工艺图？它包括哪些内容？它在铸件生产的准备阶段起着哪些重要作用？

二、铸件结构工艺分析题

1. 改正图 9.28 所示铸件的不合理结构。

2. 为什么铸件要有结构圆角？图 9.29 所示的铸件上哪些圆角不够合理，如何修改？

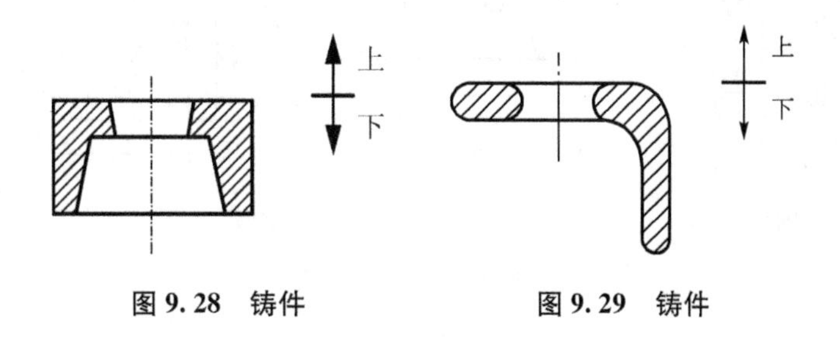

图 9.28　铸件　　**图 9.29　铸件**

3. 图 9.30 所示铸件在单件生产条件下该选用哪种造型方法？

4. 图 9.31 所示铸件有哪几种分型方案？在大批量生产中该选择哪种方案？

5. 试绘制图 9.32 所示调整座铸件在大批量生产中的铸造工艺图。

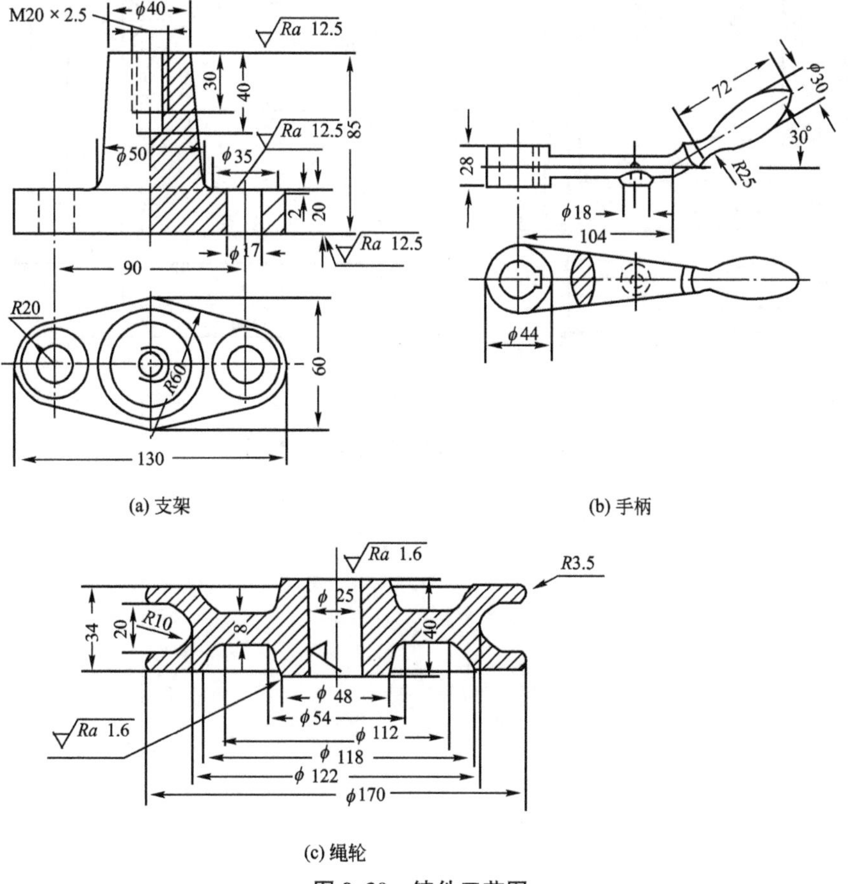

(a) 支架　　(b) 手柄

(c) 绳轮

图 9.30　铸件工艺图

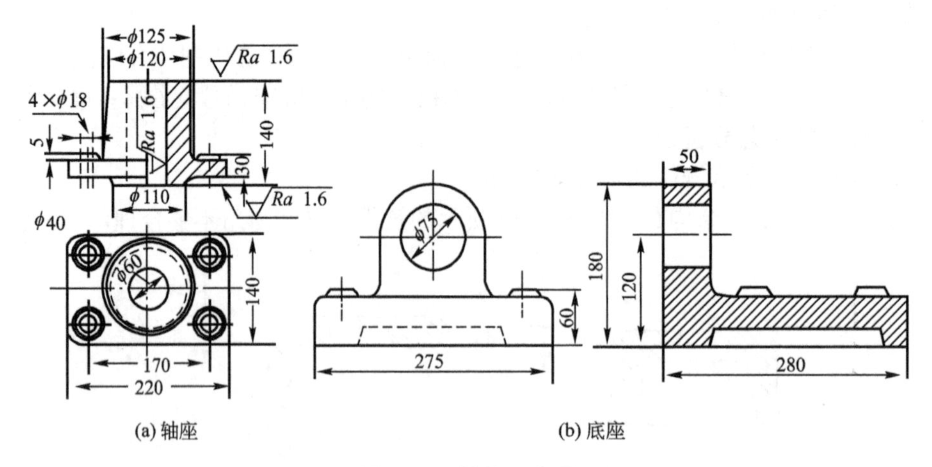

(a) 轴座　(b) 底座

图 9.31　铸件工艺图

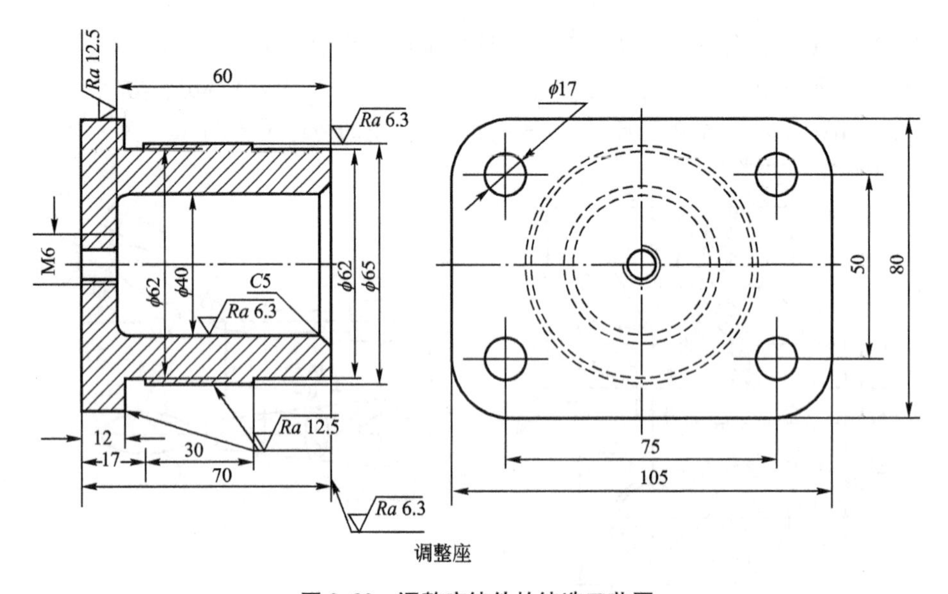

调整座

图 9.32　调整座铸件的铸造工艺图

第10章 特种铸造

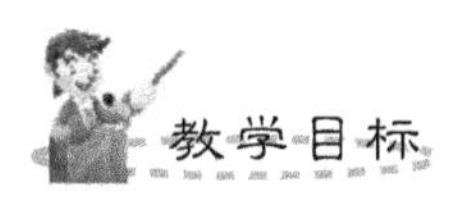

通过本章的学习，掌握金属型铸造、压力铸造、低压铸造、熔模铸造、离心铸造等特种铸造方法的工艺过程、铸造特点和应用范围。

导入案例

鸟巢钢雕

“鸟巢第一榀钢雕”完全采用建造“鸟巢”的剩余钢材，以“鸟巢”钢结构第一榀桁架作为主体造型，采用精密铸造工艺按1∶100的标准比例一次成型的，并经北京奥组委核准，正式命名，限量5000尊，全球同步发行。

“鸟巢”外形结构主要由巨大的门式钢架组成，共有24根桁架柱，第一榀就是整个建筑的起桩位，是整座建筑的基础。第一榀钢就是第一个被吊装的国家体育场钢结构，而24榀钢结构形状并不相同，不同钢结构的结构组件相互支撑，形成网格状构架，从而组成体育场整个的“鸟巢”造型。

砂型铸造虽然是应用最普遍的一种铸造方法，但其铸造尺寸精度低，表面粗糙度值大，铸件内部质量差，生产过程不易实现机械化。为改变砂铸的这些缺点，满足一些特殊要求的零件的生产，人们在砂型铸造的基础上，通过改变铸型的材料(如金属型、磁型、陶瓷型铸造)、模型材料(如熔模铸造、实型铸造)、浇注方法(如离心铸造、压力铸造)、金属液充填铸型的形式或铸件凝固的条件(如压铸、低压铸造)等又创造了许多其他的铸造方法。通常把这些不同于普通砂型铸造的铸造方法通称为特种铸造。特种铸造一般至少能实现以下一种性能。

(1) 提高铸件的尺寸精度和表面质量。

(2) 提高铸件的物理及力学性能。

(3) 提高金属的利用率(工艺出品率)。

(4) 减少原砂消耗量。

(5) 适宜高熔点、低流动性、易氧化合金铸造。

(6) 改善劳动条件，便于实现机械化和自动化。

10.1　金属型铸造

用铸铁、碳钢或低合金钢等金属材料制成铸型，在重力作用下，金属液充填金属型腔，冷却成形而获得铸件的工艺方法称为金属型铸造，或称为硬模铸造、铁模铸造、永久型铸造、冷硬铸造、冷激模铸造等。金属型铸造既可采用金属芯，也可以用砂芯取代难以抽拔的金属芯。金属型铸型可反复使用。用金属型铸造的铸件组织致密，力学性能好，精度和表面质量较好，精度可达CT6级，表面粗糙度 Ra 可达12.5～6.3μm。

1. 金属铸型的结构

根据分型面位置的不同，金属型可分为垂直分型式、水平分型式和复合分型式3种结构，其中垂直分型式金属型开设浇注系统和取出铸件比较方便，易实现机械化，应用较广，如图10.1所示。

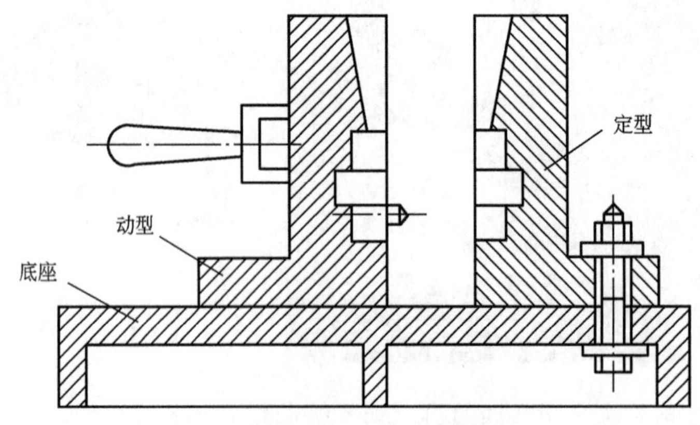

图10.1　垂直分型式金属型

图10.2所示为铸造铝合金活塞用的垂直分型式金属型，它由两个半型组成。上面的大金属芯由3部分组成，便于从铸件中取出。当铸件冷却后，首先取出中间的楔片及两个

小金属芯，然后将两个半金属芯沿水平方向向中心靠拢，再向上拔出。

制造金属型的材料熔点一般应高于浇注合金的熔点。如浇注锡、锌、镁等低熔点合金，可用灰铸铁制造金属型；浇注铝铜等合金，则要用合金铸铁或钢制金属型。金属型用的芯子有砂芯和金属型芯两种。有色金属铸件常用金属型芯。

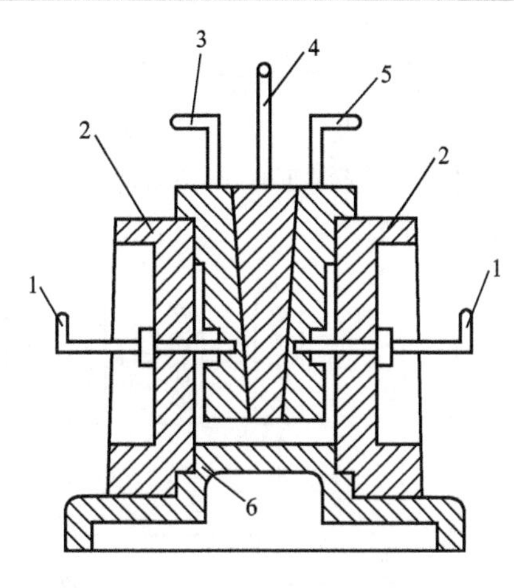

图 10.2 铝合金活塞金属型简图
1—销孔金属型芯 2—左右半型
3、4、5—分块金属型芯 6—底型

2. 金属型的铸造工艺措施

由于金属型导热速度快，没有退让性和透气性，直接浇注易产生浇不到、冷隔等缺陷及内应力和变形，且铸件易产生白口组织，为了确保获得优质铸件和延长金属型的使用寿命，必须采取下列工艺措施。

(1) 预热金属型，减缓铸型冷却速度。

(2) 表面喷刷防粘砂耐火涂料，以减缓铸件的冷却速度，防止金属液直接冲刷铸型。

(3) 控制开型时间，因金属型无退让性，除在浇注时正确选定浇注温度和浇注速度外，浇注后，如果铸件在铸型中停留时间过长，易引起过大的铸造应力而导致铸件开裂。因此，铸件冷凝后，应及时从铸型中取出。通常铸铁件出型温度为780～950℃，开型时间为10～60s。

3. 金属型铸造的特点及应用范围

金属型铸造的特点如下。

(1) 尺寸精度高，尺寸公差等级为IT12～IT14，表面质量好，表面粗糙度低(Ra 值为12.5～6.3μm)，机械加工余量小。

(2) 铸件的晶粒较细，力学性能好。

(3) 可实现一型多铸，提高了劳动生产率，且节约造型材料。

但金属型的制造成本高，不宜生产大型、形状复杂和薄壁铸件；由于冷却速度快，铸铁件表面易产生白口组织，切削加工困难；受金属型材料熔点的限制，熔点高的合金不适宜用金属型铸造。

用途：用于铜合金、铝合金等铸件的大批量生产，如活塞、连杆、汽缸盖等；铸铁件的金属型铸造目前也有所发展，但其尺寸限制在300mm以内，质量不超过8kg，如电熨斗底板等。

10.2 压力铸造

压力铸造是在高压的作用下，以很高的速度把液态或半液态金属压入压铸模型腔，并在压力下快速凝固而获得铸件的一种铸造方法。

1. 压铸的工艺过程与特点

1) 压铸机

压铸机按其工作原理结构形式分为冷压式压铸机和热压式压铸机，其工艺循环如图 10.3所示。

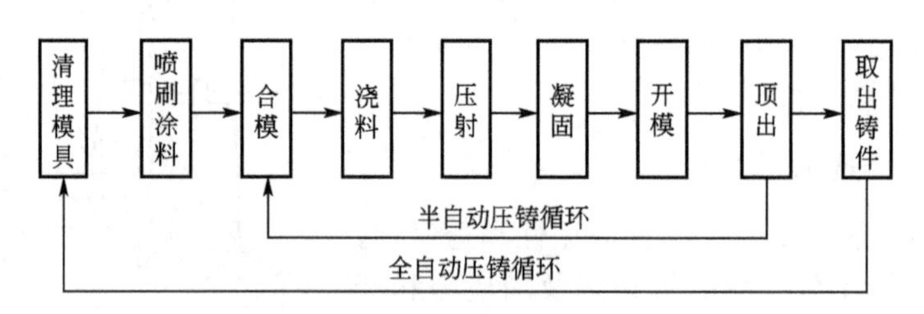

图 10.3　压力铸造工艺循环图

(1) 冷室压铸机(卧式、立式、全立式)的压室和熔炉是分开的，压铸时要从保温炉中舀取金属液倒入压室内，再进行压铸。目前以卧式冷压室压铸机应用较多，其工作原理如图 10.4 所示。

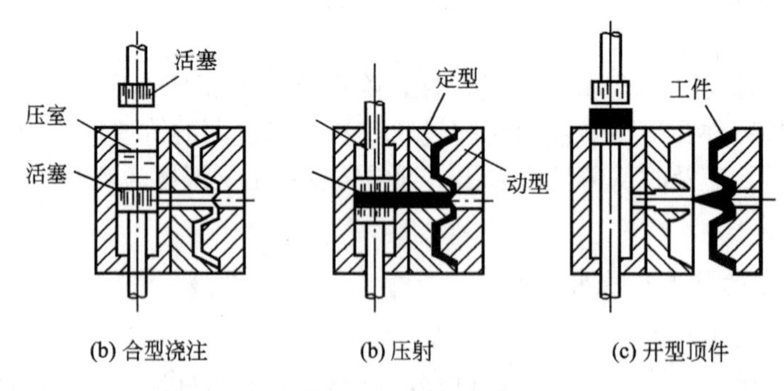

图 10.4　压力铸造

(2) 热室压铸机(普通热室、卧式热室)的压室与合金熔化炉联成一体，压室浸在保温坩埚的液体金属中，压射机构装在坩埚上面，用机械机构或压缩空气所产生的压力进行压铸。

压铸型称为压型，分为定型、动型。将定量金属液浇入压室，柱塞向前推进，金属液经浇道压入压铸模型腔中，经冷凝后开型，由推杆将铸件推出，完成压铸过程。冷压室压铸机，可用于压铸熔点较高的非铁金属，如铜、铝和镁合金等。

2) 压力铸造的特点及其应用

(1) 优点如下。

① 压铸件尺寸精度高，表面质量好，尺寸公差等级为 IT10～IT12，表面粗糙度 Ra 值为 3.2～0.8μm，可不经机械加工直接使用，而且互换性好。

② 可以压铸壁薄、形状复杂以及具有直径很小的孔和螺纹的铸件，如锌合金的压铸件最小壁厚可达 0.8mm，最小铸出孔径可达 0.8mm，最小可铸螺距达 0.75mm，还能压铸镶嵌件。

③ 压铸件的强度和表面硬度较高。压力下结晶，加上冷却速度快，铸件表层晶粒细密，其抗拉强度比砂型铸件高 25%～40%，但延伸率有所下降。

④ 生产率高，可实现半自动化及自动化生产。每小时可压铸几百个零件，是所有铸造方法中生产率最高的。

(2) 缺点。气体难以排出，压铸件易产生皮下气孔，压铸件不能进行热处理，也不宜在高温下工作；金属液凝固快，厚壁处来不及补缩，易产生缩孔和缩松；设备投资大，铸型制造周期长、造价高，不宜小批量生产。

(3) 应用。生产锌合金、铝合金、镁合金和铜合金等铸件；在汽车、拖拉机、仪表和电子仪器、农业机械、国防工业、计算机、医疗器械等制造行业应用较广。

2. 加氧压力铸造

加氧压力铸造是在铝金属液充填型腔之前，用氧气充填压室和型腔，以取代其中的空气和其他气体(图 10.5)。其特点是：消除或减少了气孔，提高铸件的质量；结构简单，操作方便，投资少。

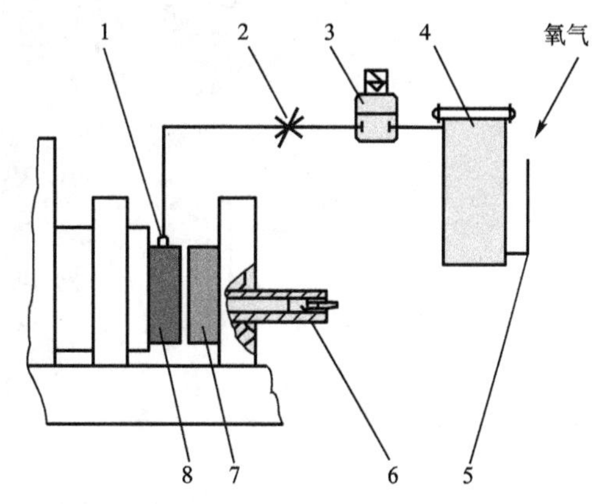

图 10.5　加氧压力铸造示意图

1—管接头　2—节流阀　3—电磁阀　4—干燥器
5—通氧软管　6—压射冲头　7—静型　8—动型

3. 真空压力铸造

真空压力铸造是先将压铸型腔内空气抽除，然后再压入液体金属(图 10.6)。其特点是：可消除或减少压铸件内部的气孔，提高铸件的力学性能和表面质量；压铸时大大减少了型腔的反压力，可用于较低的比压和铸造性能较差的合金。

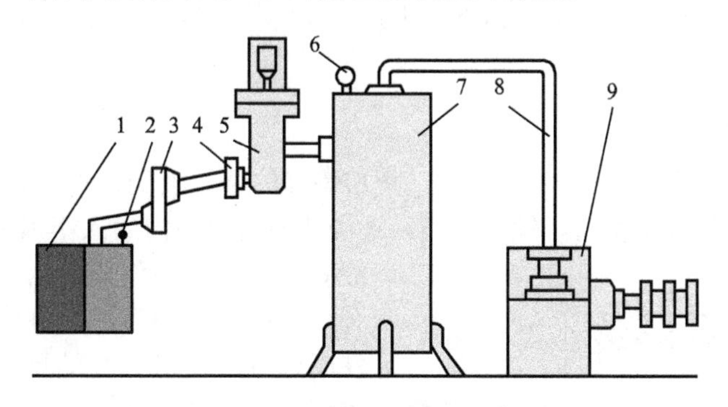

图 10.6　真空压力铸造示意图

1—压铸型　2—真空泵　3—过滤器　4—接头　5—真空阀
6—电真空表　7—真空罐　8—真空管道　9—真空泵

4. 压铸柔性加工单元

压铸生产中对压铸过程的压射速度、压射力、增压时间及对自动化装置(喷涂、浇注、取件装置等)采用计算机控制，以满足多品种小批量生产的要求，提高生产率和稳定铸件质量。在此基础上又发展了压铸柔性加工单元(FMC)，即在其规定的范围内，按照预先确定的工艺方案，生产各种零件的控制过程，其核心技术是快速更换模具和与之相关的其他零部件。图 10.7 为压铸柔性加工单元示意图。

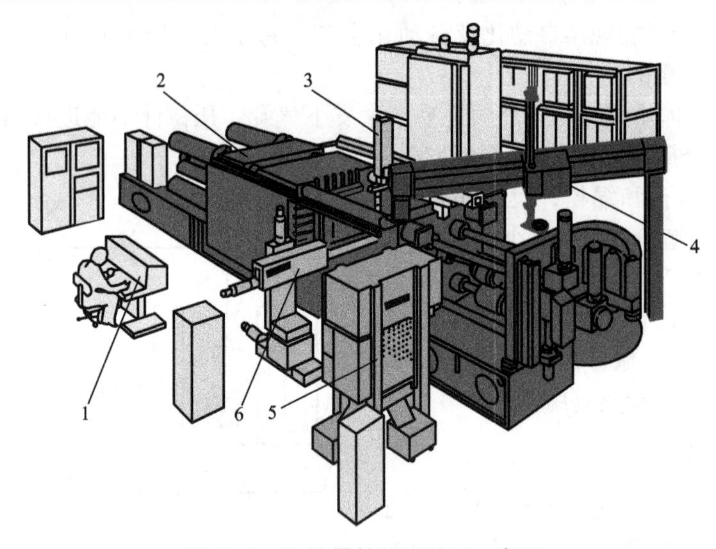

图 10.7　压铸柔性加工单元示意图

1—控制台　2—压铸机　3—自动喷涂装置　4—自动浇注装置
5—切边压力机　6—自动取件装置

10.3　低 压 铸 造

低压铸造是介于一般重力铸造和压力铸造之间的一种铸造方法。浇注时液体金属在较低压力(0.02～0.06MPa)作用下，由下而上地填充铸型型腔，并在压力下结晶以形成铸件的方法。

1. 低压铸造的工艺过程

低压铸造的工作原理如图 10.8 所示。把熔炼好的金属液倒入保温坩埚，装上密封盖，升液导管使金属液与铸型相通，锁紧铸型，缓慢地向坩埚炉内通入干燥的压缩空气，金属液受气体压力的作用，由下而上沿着升液管和浇注系统充满型腔，并在压力下结晶，铸件成型后撤去坩埚内的压力，升液管内的金属液降回到坩埚内金属液面。开启铸型，取出铸件。

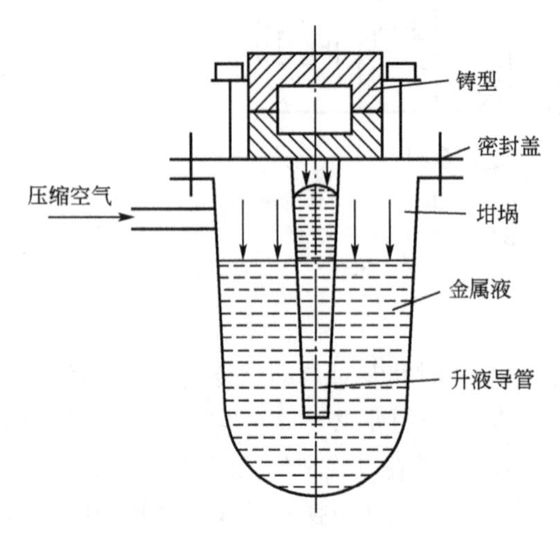

图 10.8　低压铸造的工作原理

2. 低压铸造的特点和应用范围

(1) 金属液充型平稳，充型速度可根据需要调节；在压力下充型流动性增加，有利于获得轮廓清晰的铸件；由下而上充型，金属液洁净，夹杂和气孔少，铸件合格率高。

(2) 在压力下凝固，可得到充分的补缩，故铸件致密，精度可达 CT6，力学性能好。

(3) 浇注系统简单，可减少或省去冒口，故工艺出品率高。

(4) 对合金的牌号适应范围广，不仅适用非铁金属，也可用于铸铁、铸钢。

(5) 易实现机械化和自动化，与压铸相比，工艺简单，制造方便，投资少，占地少。

10.4 熔模铸造

熔模铸造是用易熔材料制成模样，然后在模样上涂挂若干层耐火涂料制成形壳，经硬化后再将模样熔化，排出型外，经过焙烧后即可浇注液态金属获得铸件的铸造方法。由于熔模广泛采用蜡质材料来制造，又称失蜡铸造、熔模精密铸造、包模精密铸造等，是精密铸造法的一种。熔模铸造是近净成形、净终成形加工的重要方法之一。

1. 熔模铸造的工艺过程

1) 压型制造

压型如图 10.9(b)所示，是用来制造蜡模的专用模具，它是用根据铸件的形状和尺寸制作的母模(图 10.9(a))来制造的。压型必须有很高的精度和低的表面粗糙度值，而且型腔尺寸必须包括蜡料和铸造合金的双重收缩率。当铸件精度高或大批量生产时，压型一般用钢、铜合金或铝合金经切削加工制成；对于小批量生产或铸件精度要求不高时，可采用易熔合金(锡、铅等组成的合金)、塑料或石膏直接向母模上浇注而成。

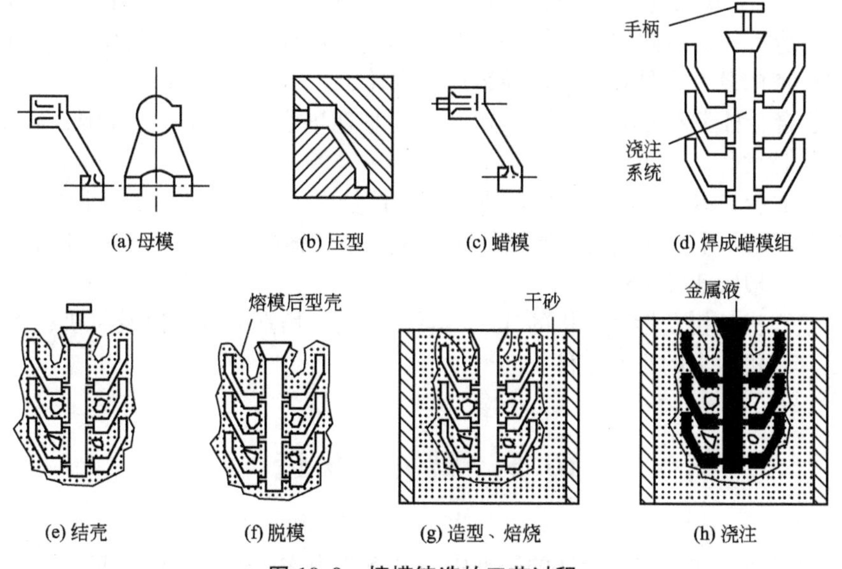

图 10.9 熔模铸造的工艺过程

2) 制造蜡模

蜡模材料常用 50%石蜡和 50%硬脂酸配制而成。将蜡料加热至糊状，在一定的压力下压入型腔内，待冷却后，从压型中取出得到一个蜡模，如图 10.9(c)所示。为提高生产率，常把数个蜡模熔焊在蜡棒上，成为蜡模组，如图 10.9(d)所示。

3) 制造型壳

在蜡模组表面浸挂一层以水玻璃和石英粉配制的涂料，然后在上面撒一层较细的硅砂，并放入固化剂(如氯化铵水溶液等)中硬化。使蜡模组外面形成由多层耐火材料组成的坚硬型壳(一般为4～10层)，型壳的总厚度为5～7mm，如图10.9(e)所示。

4) 熔化蜡模(脱蜡)

通常将带有蜡模组的型壳放在80～90℃的热水中，使蜡料熔化后从浇注系统中流出。脱模后的型壳，如图10.9(f)所示。

5) 型壳的焙烧

把脱蜡后的型壳放入加热炉中，加热到800～950℃，保温0.5～2h，烧去型壳内的残蜡和水分，净洁型腔。为使型壳强度进一步提高，可将其置于砂箱中，周围用粗砂充填，即“造型”，如图10.9(g)所示，然后再进行焙烧。

6) 浇注

将型壳从焙烧炉中取出后，周围堆放干砂，加固型壳，然后趁热(600～700℃)浇入合金液，并凝固冷却，如图10.9(h)所示。

7) 脱壳和清理

用人工或机械方法去掉型壳、切除浇冒口，清理后即得铸件。

2. 熔模铸造的特点和应用

熔模铸造的特点如下。

(1) 由于铸型精密，没有分型面，型腔表面极光洁，故铸件精度高、表面质量好，是少切削、无切削加工工艺的重要方法之一，其尺寸精度可达IT9～IT12，表面粗糙度Ra为6.3～1.6μm。如熔模铸造的涡轮发动机叶片，铸件精度已达到无加工余量的要求。

(2) 可制造形状复杂铸件，其最小壁厚可达0.3mm，最小铸出孔径为0.5mm。对由几个零件组合成的复杂部件，可用熔模铸造一次铸出。

(3) 铸造合金种类不受限制，用于高熔点和难切削合金，如高合金钢、耐热合金等，更具显著的优越性。

(4) 生产批量基本不受限制，既可成批、大批量生产，又可单件、小批量生产。

(5) 工序繁杂，生产周期长，原辅材料费用比砂型铸造高，生产成本较高，铸件不宜太大、太长，一般限于25kg以下。

应用：生产汽轮机及燃气轮机的叶片，泵的叶轮，切削刀具，以及飞机、汽车、拖拉机、风动工具和机床上的小型零件。

10.5 离心铸造

离心铸造是将金属液浇入旋转的铸型中，在离心力作用下填充铸型而凝固成形的一种铸造方法。

1. 离心铸造的分类

铸型采用金属型或砂型。为使铸型旋转，离心铸造必须在离心铸造机上进行。离心铸造机通常可分为立式和卧式两大类，其工作原理分别如图10.10和图10.11所示。铸型绕水平轴旋转的称为卧式离心铸造，适合浇注长径比较大的各种管件；铸型绕垂直轴旋转的称为立式离心铸造，适合浇注各种盘和环类铸件。

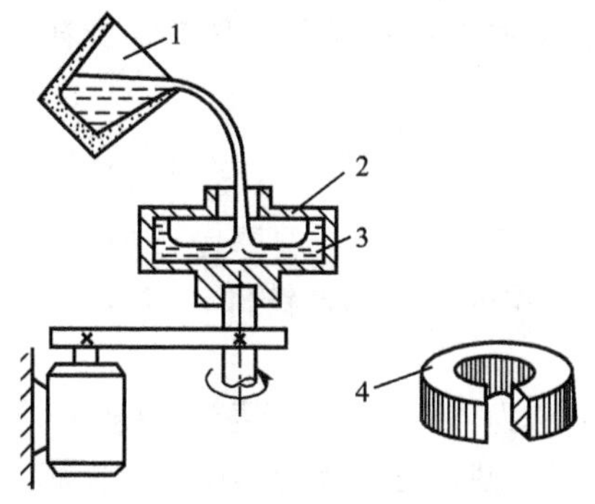

图 10.10　立式离心铸造

1—浇包　2—铸型　3—金属液　4—铸件

图 10.11　卧式离心铸造

铸型的转速是根据铸件直径的大小来确定离心铸造的铸型转速，一般在 250～1500r/min 范围内。

2. 离心铸造的生产特点与应用

1) 离心铸造的优点(与砂型铸造相比)

(1) 铸件致密度高，气孔、夹渣等缺陷少，故力学性能较好。

(2) 生产中空铸件时可不用型芯，故在生产长管形铸件时可大幅度地改善金属充型能力，降低铸件壁厚对其长度或直径的比值，简化套筒和管类铸件的生产过程。

(3) 生产中几乎没有浇注系统和冒口系统的金属消耗，能提高工艺出品率。

(4) 便于制造筒、套类复合金属铸件，如钢背铜套、双金属轧辊等。

(5) 铸造成形铸件时，可借离心力提高金属的充型能力，故可生产薄壁铸件，如叶轮、金属假牙等。

2) 离心铸造的缺点

(1) 对合金成分不能互溶或凝固初期析出物的密度与金属液基体相差较大时，易形成比重偏析。

(2) 铸件内孔表面较粗糙，聚有熔渣，其尺寸不易精确控制。

(3) 用于生产异型铸件时有一定的局限性。

3) 离心铸造应用范围

(1) 铁管(世界球墨铸铁管总产量的近 50%用离心铸造法生产)。

(2) 柴油机和汽油发动机的汽缸套。

(3) 各种类型的铜套。

(4) 双金属钢背铜套、各种合金的轴瓦。

(5) 造纸机滚筒。

10.6　其他铸造方法

随着科学技术的飞速发展，新能源、新材料、自动化技术、信息技术、计算机技术等相关学科高新技术成果的应用，促进了铸造技术的快速发展。一些新的科技成果与传统工艺的结合，创造出一些新的铸造方法。目前，铸造技术正朝着优质、高效、低耗、节能、污染小和自动化的方向发展。

1. 壳型铸造

铸造生产中，砂型(芯)直接承受液体金属作用的只是表面一层厚度仅为数毫米的砂壳，其余的砂只起支撑这一层砂壳的作用。若只用一层薄壳来制造铸件，将减少砂处理工部的大量工作，并能减少环境污染。

1940年，Johannes Croning发明用热法制造壳型，称为“C法”或“壳法”(shell process)，或叫壳型造型(shell molding)。目前该法不仅可用于造型，更主要的是用于制壳芯。

1) 制壳方法

壳型铸造采用酚醛树脂作黏结剂，配制的型(芯)砂叫覆膜砂，像干砂一样松散。其制壳的方法有翻斗法(图10.12)和吹砂法两种，翻斗法常用于制造壳型，吹砂法主要用于制造壳芯。

吹砂法分顶吹法和底吹法两种(图10.13)。顶吹法压力为0.1～0.35MPa，时间为2～6s；底吹法压力为0.4～0.5MPa，时间为15～35s。顶吹法可以制造较大型复杂的砂芯，而底吹法常用于小砂芯的制造。

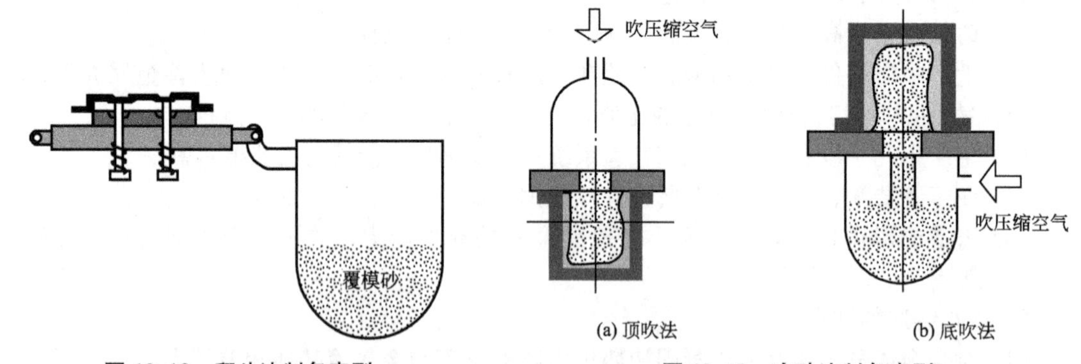

图10.12　翻斗法制备壳型　　　图10.13　吹砂法制备壳型

2) 壳型铸造的特点

壳型通常多用于生产液压件、凸轮轴、曲轴及耐蚀泵件、履带板等钢铁铸件。壳芯多用于汽车、拖拉机、液压阀体等部分铸件。

壳型、壳芯铸造的优、缺点如下。

(1) 混制好的覆模砂可以长期储存(3个月以上)，无需捣砂，能获得尺寸精确的型芯；且强度高，易搬运。

(2) 透气性好，可用细的原砂得到光洁的铸件表面。

(3) 无需砂箱，覆模砂消耗量小。

(4) 酚醛树脂覆模砂价格较贵。

(5) 造型、造芯耗能较高。

2. 陶瓷型铸造

陶瓷型铸造是20世纪50年代英国首先研制成功的。其基本原理是以耐火度高、热膨胀系数小的耐火材料为骨料，用经过水解的硅酸乙酯作为黏结剂而配制成的陶瓷型浆料，在碱性催化剂的作用下，用灌浆法成形，经过胶结，喷燃和烧结等工序，制成光洁、细致、精确的陶瓷型。陶瓷型兼有砂型铸造和熔模铸造的优点，即操作及设备简单，型腔的尺寸精度高、表面粗糙度低，精度达CT6级。在单件小批量生产的条件下，铸造精密铸件，铸件重量从几公斤到几吨。生产率较高，成本低，节省机加工工时。

陶瓷型铸造主要用于制造热拉模、热锻模、橡胶件生产用钢模、玻璃成形模具、金属型和热芯盒等。陶瓷型模具工作面上可铸出复杂、光滑的花纹，尺寸精确，其耐蚀性和工作寿命较高。

陶瓷型铸造法也可生产一般的机械零件，如螺旋压缩机转子、内燃机喷嘴、水泵叶轮、齿轮箱、阀体、钻机凿刀、船用螺旋桨、工具、刀具等。

3. 消失模铸造

消失模铸造(EPC)为美国1958年专利，1962年开始应用，又称实型铸造和气化模铸造。它是采用聚苯乙烯发泡塑料模样代替普通模样，将刷过涂料的模样放入可抽真空的特制砂箱内，填干砂后，振动紧实，抽真空，不取出模样就浇入金属液，在高温金属液的作用下，塑料模样燃烧、气化、消失，金属液取代原来塑料模所占据的空间位置，冷却凝固后获得所需铸件的铸造方法(图10.14)。这种造型方法无需起模，没有铸造斜度和活块，无分型面，无型芯，因而无飞边毛刺，铸件的尺寸精度和表面粗糙度接近熔模铸造，增大了设计铸造零件的自由度，简化了铸件生产工序，缩短了生产周期，减少材料消耗。一般来说，真空实型铸造的应用范围是十分广泛的，既可以用于大件的单件小批量生产，也可用于中小件的大批量生产。近年来，消失模铸造技术在欧美发展很快，但按我国目前的铸造水平，在生产上应用还存在一系列问题有待继续研究和进一步完善。

4. 磁型铸造

磁型铸造是德国在研究消失模铸造的基础上发明的。其实质是采用铁丸代替型砂及型芯砂，用磁场作用力代替铸造黏结剂，用泡沫塑料气化模代替普通模样的一种新的铸造方法(图10.15)。其质量状况与实型铸造相同，但比实型铸造减少了铸造材料的消耗。经常用于自动化生产线上，可铸材料和铸件大小范围较广，常用于汽车零件等精度要求高的中小型铸件生产。

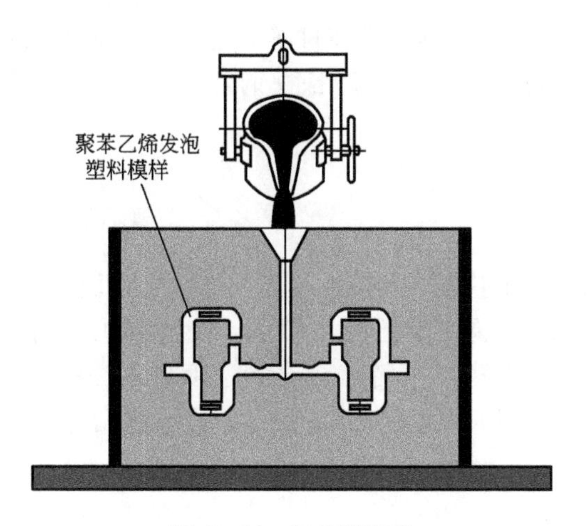

图10.14 气化模铸造

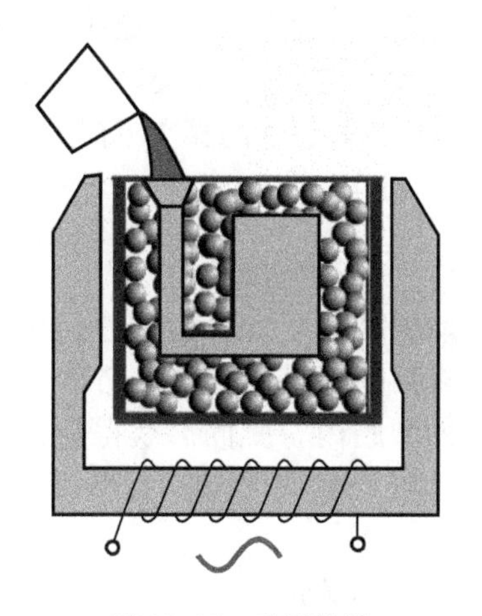
图10.15 磁型铸造

5. 石墨型铸造

石墨型铸造是用高纯度的人造石墨块经机械加工成形或以石墨砂做骨架材料，添加其他附加物制成铸型，浇注凝固后获得铸件的一种工艺方法。它与砂型、金属型铸造相比，铸型的激冷能力强，能使铸件的晶粒细化，力学性能提高，铸件表面质量好。采用石墨型铸造的铸件受热后的尺寸变化小，且不易发生弯曲、变形，故铸件尺寸精度高，石墨型铸型的使用寿命达2万～5万次，其劳动生产率比砂型提高2～10倍。石墨型铸造多用于有色合金铸件。

6. 真空吸铸

1) 真空吸铸铸造原理

如图10.16所示，真空吸铸是将结晶器的下端浸入金属液中，抽气使结晶器型腔内造成一定的真空，金属液被吸入型腔一定的高度，受循环水冷却的结晶器产生激冷，金属液由外向内迅速凝固，形成实心或空心的铸件。

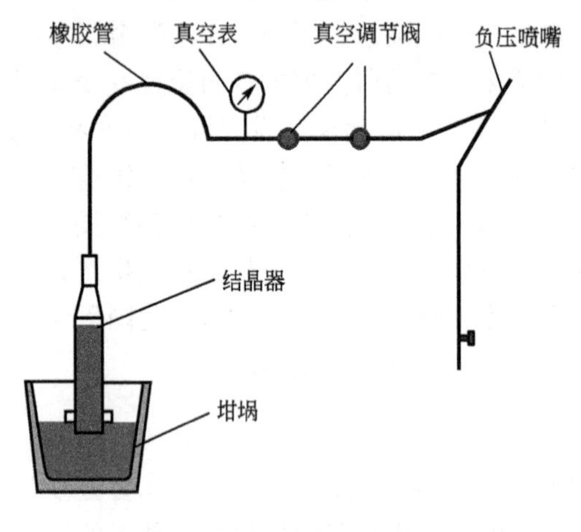

图10.16　真空吸铸

2) 真空吸铸铸造特点

(1) 铸件不易产生气孔、缩孔、夹杂等缺陷。

(2) 铸件晶粒细小，组织致密，力学性能好。

(3) 无浇注系统的金属液损失，但有结晶器口黏附金属的损失，工艺出品率高。

(4) 生产过程机械化，生产率高。

(5) 铸件外形尺寸精确，内孔尺寸靠凝固时间控制，尺寸精度低，表面粗糙不平。

3) 应用范围

真空吸铸通常生产直径在120mm以下的圆筒、圆棒类铸件等。它们可以加工成各种螺母、螺杆、轴套和轴类零件。真空吸铸铸造广泛用于生产各种铜合金铸件。对于铝合金、锌合金等铸件的真空吸铸正在发展中。

7. 差压铸造

1) 差压铸造技术

差压铸造又称反差铸造(1961年保加利亚获得专利)，用于汽车发动机轮毂等质量要求高的铸件。差压铸造的实质是使液态金属在压差的作用下，浇注到预先有一定压力的型腔内，凝固后获得铸件的一种工艺方法。其特点是充型速度可以控制，铸件充型性好，表面质量高，精度可达CT6级，而且铸件的晶粒细，组织致密，力学性能好。

2) 差压铸造原理

如图10.17所示，其工作原理是：浇注前密封室内有一定的压力(或真空度)，然后往密封室11中加压或由密封室5减压，使两室之间形成压力差，进行升液、充型和结晶。

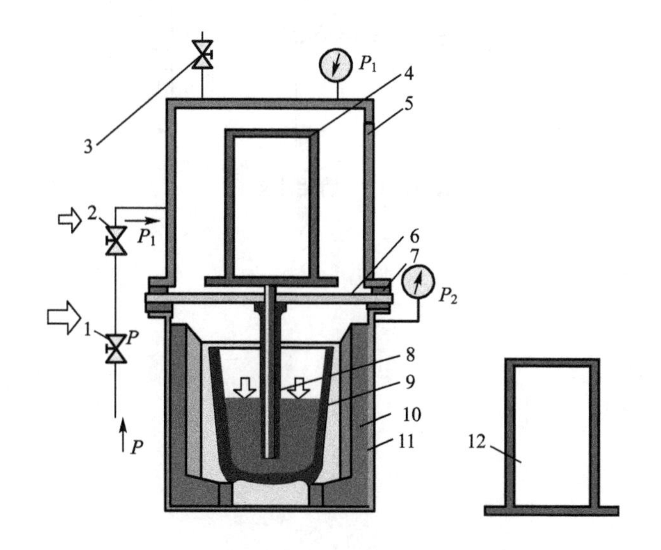

图10.17　差压铸造

1、2、3—气阀　4—铸型　5、11—密封室　6—密封盖　7—密封圈
8—升液管　9—坩埚　10—电炉　11—铸件

习　　题

一、简答题

1. 生产滑动轴承时，采用哪种铸造方法最为合适？

2. 什么是熔模铸造？试用方框图表示其大致工艺过程。为什么熔模铸造是最有代表性的精密铸造方法？它有哪些优越性？

3. 金属型铸造有何优越性？金属型铸造为什么要严格控制开型时间？为什么金属型铸造未能广泛取代砂型铸造？

4. 压力铸造有何优、缺点？试比较压力铸造和低压铸造的异同点及应用范围。

5. 什么是离心铸造？它在圆筒形或圆环形铸件生产中有哪些优越性？成形铸件采用离心铸造有什么好处？

6. 什么是消失模铸造？它的工艺特点有哪些？消失模铸造的基本工艺过程与熔模铸造有何不同？

二、应用题

某公司开发的新产品中有图10.18所示的铸铝小连杆。请问：

① 试制样机时，该连杆宜采用什么铸造方法？

② 当年产量为1万件时，宜采用什么铸造方法？

③ 当年产量超过10万件时，则应改选什么铸造方法？

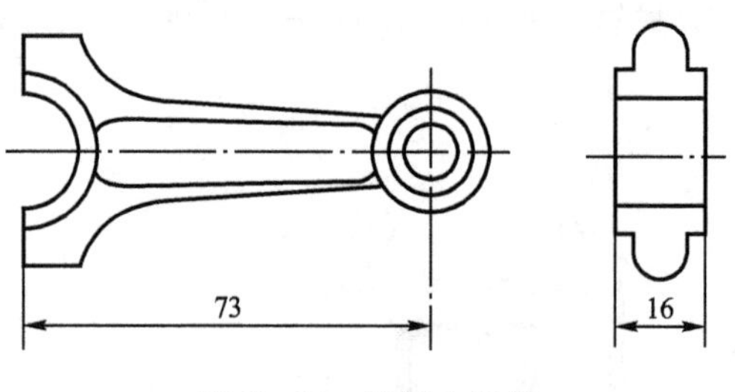

图 10.18　铸铝小连杆

第11章 铸件结构设计

通过学习，掌握铸造工艺对铸件结构设计的要求、合金铸造性能对铸件结构设计的要求以及不同铸造方法对铸件结构的要求。

阀盖铸件的精铸工艺方案

在普通砂型铸造中，工艺人员经常可以使用诸如安放内、外冷铁，设置冒口等工艺手段。但是，在熔模精铸生产中，若采用传统的安置内、外冷铁的工艺手段，则往往因操作手续过于繁杂而使用不上。为便于制壳和提高钢水利用率，精铸生产通常以一根较粗的直浇口(或横浇口)组成一组铸件的形式(通常称为组树)进行浇注，对于铸件需要补缩之处则利用直浇口(或横浇口)作为冒口(连浇带冒)，而不再单独设置冒口。正是由于熔模铸钢件不同于普通砂型铸钢件生产的这种特殊性，给精铸生产工艺人员的铸件工艺设计带来许多困难。

为了获得高质量的精密铸钢件，可以采用修改精铸件结构设计的办法，改善铸件的工艺性能。如下图a所示为一阀盖铸件的精铸工艺方案。由于截面$A—A$所示环形面壁厚仅9.5mm，远远小于下部热节ϕ20.5mm的尺寸，在凝固过程中，壁厚9.5mm处提前凝固，导致补缩通道隔断，使上部冒口无法对下部热节进行有效的补缩，而造成下部热节ϕ20.5mm处产生环状的内部缩孔。图b为该铸件结构修改后之$A—A$截面，将$A—A$截面中4-R3.15的四根筋中的横向两根筋由R3.15mm扩大至R9.5mm，加大截面后的两根筋实际上起到了补缩筋的作用，使补缩通道在铸件凝固过程中保持相对较长时间的畅通，使上部冒口可以在相当长的时间里顺利通向下部热节起补缩作用，消除了下部热节ϕ20.5mm处的缩孔。补缩筋的截面尺寸以接近或等于铸件下部热节截面尺寸为宜。

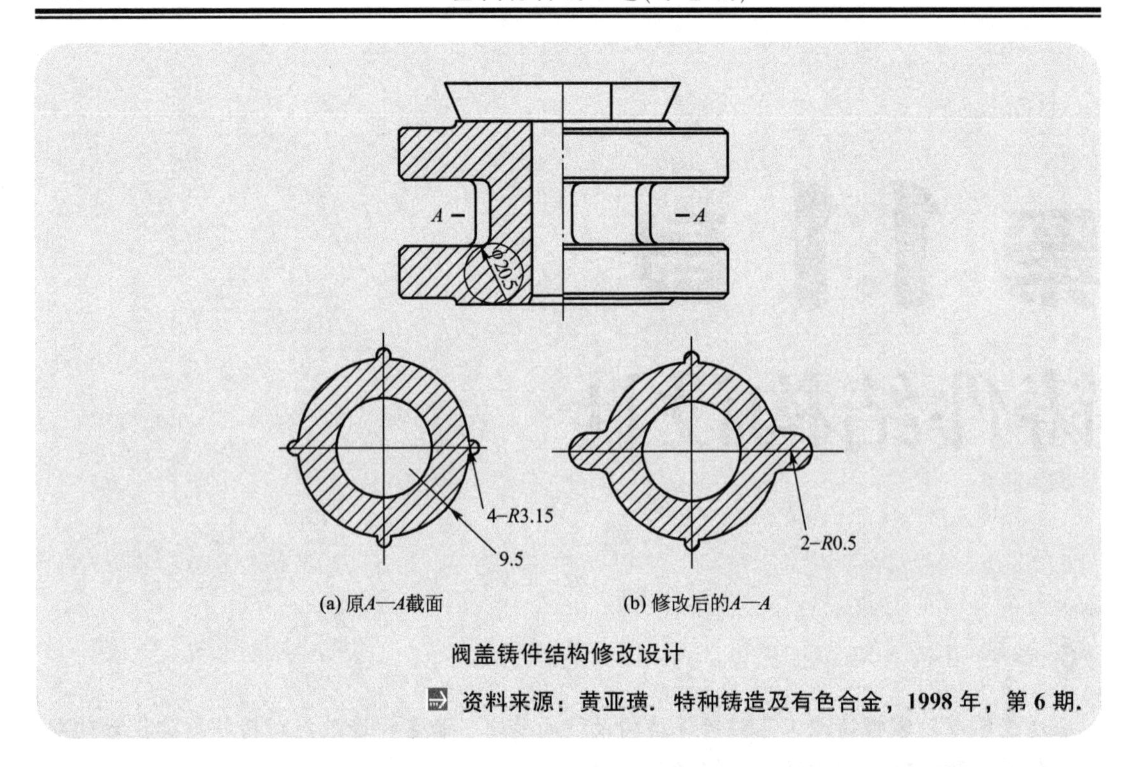

(a) 原A—A截面　(b) 修改后的A—A

阀盖铸件结构修改设计

资料来源：黄亚瓒. 特种铸造及有色合金，1998年，第6期.

设计铸件结构时，不仅要保证其工作性能和力学性能要求，还应符合铸造工艺和合金铸造性能对铸件结构的要求，即所谓“铸件结构工艺性”。同时采用不同的铸造方法，对铸件结构有着不同的要求。铸件结构设计合理与否，对铸件的质量、生产率及其成本有很大的影响。

11.1　铸造工艺对铸件结构设计的要求

铸件结构的设计应尽量使制模、造型、制芯、合型和清理等工序简化，提高生产率。

1. 铸件的外形必须力求简单、造型方便

1）避免外部侧凹

铸件在起模方向上若有侧凹，必将增加分型面的数量，使砂箱数量和造型工时增加，也使铸件容易产生错型，影响铸件的外形和尺寸精度。图11.1(a)所示的端盖，由于上、下法兰的存在，使铸件产生侧凹，铸件具有两个分型面，所以必须采用三箱造型，或增加环状外型芯，使造型工艺复杂。改为图11.1(b)所示结构，取消了上部法兰，使铸件只有一个分型面，可采用两箱造型，这样可以显著提高造型效率。

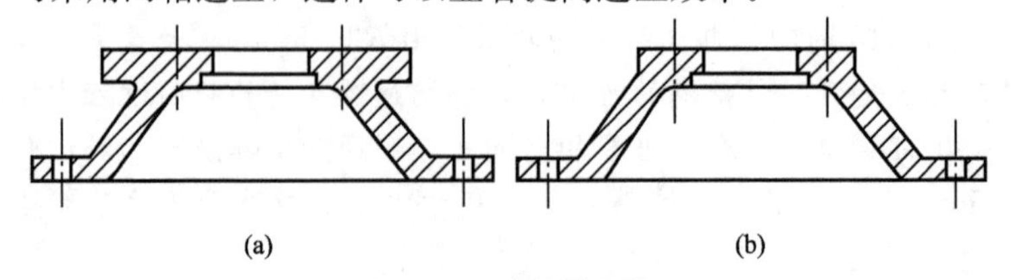
(a)　(b)

图11.1　端盖的设计

2）凸台、肋板的设计

设计铸件侧壁上的凸台、肋板时，要考虑到起模方便，尽量避免使用活块和型芯。图 11.2(a)、(b)所示凸台均妨碍起模，应将相近的凸台连成一片，并延长到分型面，如图 11.2(c)、(d)所示，就不需要活块和活型芯，便于起模。

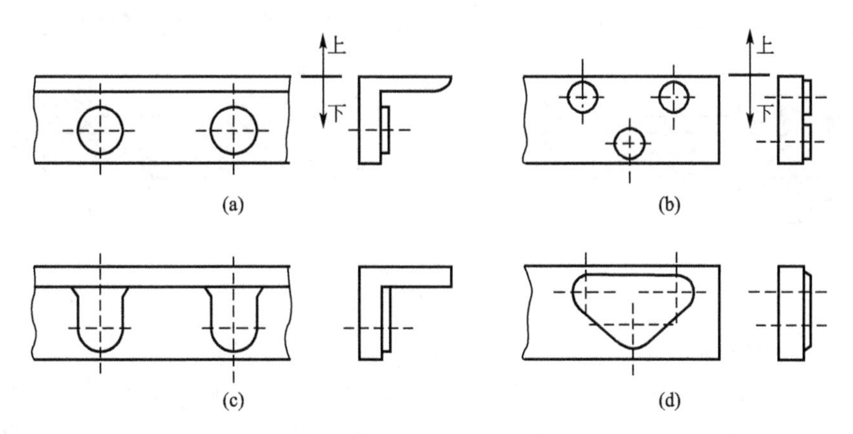

图 11.2　凸台的设计

2. 合理设计铸件内腔

铸件的内腔通常由型芯形成，型芯处于高温金属液的包围之中，工作条件恶劣，极易产生各种铸造缺陷。故在铸件内腔的设计中，尽可能地避免或减少型芯。

1）尽量避免或减少型芯

图 11.3(a)所示悬臂支架采用方形中空截面，为形成其内腔，必须采用悬臂型芯，型芯的固定、排气和出砂都很困难。若改为图 11.3(b)所示工字形开式截面，可省去型芯。图 11.4(a)为带有向内的凸缘，必须采用型芯形成内腔，若改为图 11.4(b)结构，则可通过自带型芯形成内腔，使工艺过程大大简化。

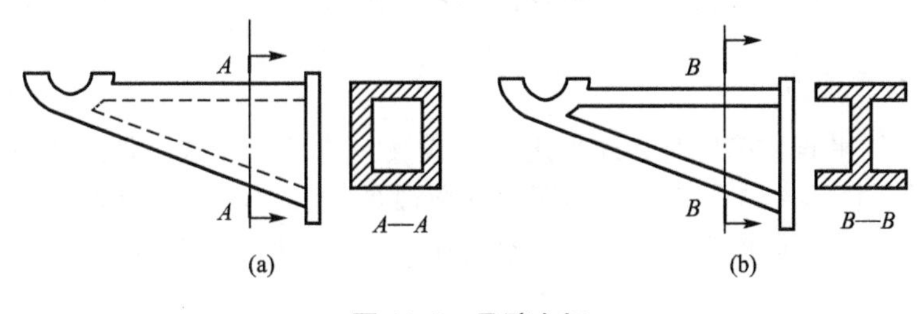

图 11.3　悬臂支架

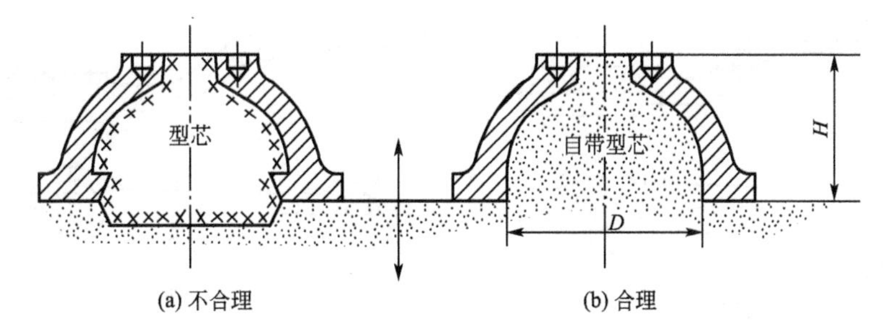

图 11.4　内腔的两种设计

2）型芯要便于固定、排气和清理

型芯在铸型中的支撑必须牢固，否则型芯经不住浇注时金属液的冲击而产生偏芯缺陷，造成废品。图 11.5(a)所示轴承架铸件，其内腔采用两个型芯，其中较大的呈悬臂状，需用型撑来加固，如将铸件的两个空腔打通，改为图 11.5(b)所示结构，则可采用一个整体型芯形成铸件的空腔，型芯能很好地固定，而且下芯、排气、清理都很方便。

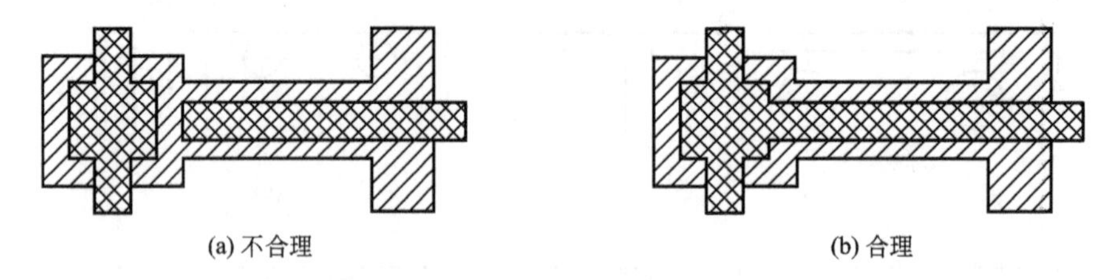

图 11.5　轴承架铸件

3）应避免封闭内腔

图 11.6(a)所示铸件为封闭空腔结构，其型芯安放困难、排气不畅、无法清砂、结构工艺性极差。若改为图 11.6(b)所示结构，上述问题迎刃而解，结构设计是合理的。

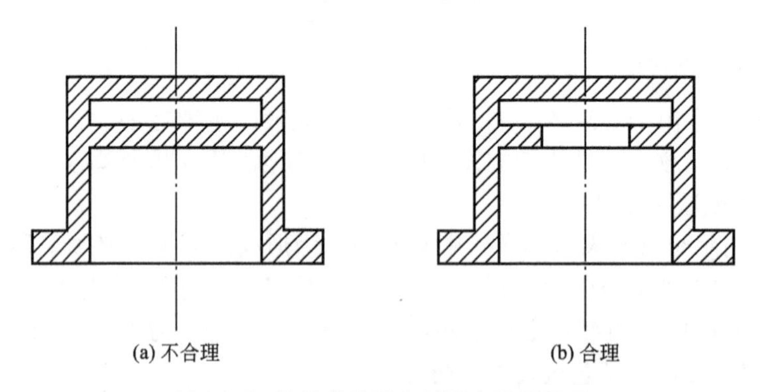

图 11.6　铸件结构避免封闭内腔示意图

3. 尽量使分型面为平面

分型面如果不平直，造型时必须采用挖砂或假箱造型，而这两种造型方法生产率低。图 11.7(a)所示杠杆铸件结构使得分型面的选择很难平直，铸件改为图 11.7(b)结构，分型面变成平面，方便了制模和造型，开口窄缝在后续的机加工工序铣削完成即可。

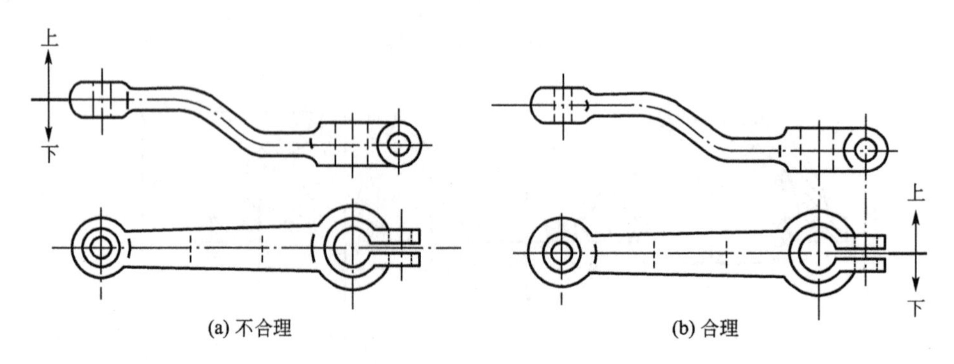

图 11.7　杠杆铸件结构

4. 铸件要有结构斜度

铸件垂直于分型面的不加工表面，最好设计出结构斜度，如图 11.8(b)所示，在造型时容易起模，不易损坏型腔，有结构斜度是合理的。图 11.8(a)所示为无结构斜度的不合理结构。

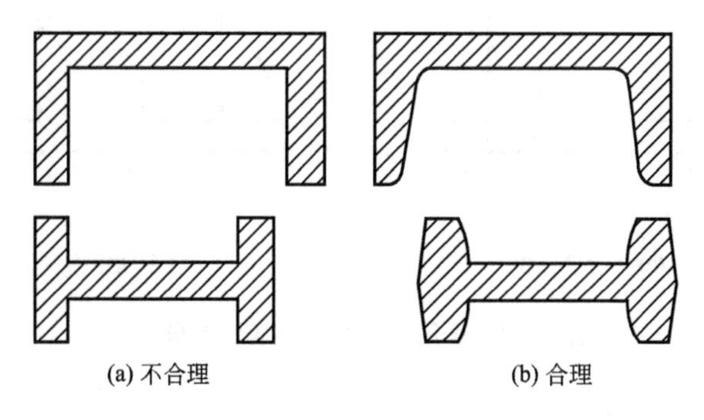

图 11.8　铸件结构斜度

铸件的结构斜度和起模斜度不容混淆。结构斜度是在零件的非加工面上设置的，直接标注在零件图上，且斜度值较大。起模斜度是为了方便起模，设置在平行于起模，设置在平行于起模方向的模样表面上，绘制在铸造工艺图或模样图上，两者都能起到方便起模的作用。

11.2　合金铸造性能对铸件结构设计的要求

铸件结构的设计应考虑到合金的铸造性能的要求，因为与合金铸造性能有关的一些缺陷如缩孔、变形、裂纹、气孔和浇不足等，有时是由于铸件结构设计不够合理，未能充分考虑合金铸造性能的要求所致。虽然有时可采取相应的工艺措施来消除这些缺陷，但必然会增加生产成本和降低生产率。

1. 合理设计铸件壁厚

铸件的壁厚越大，越有利于液态合金充填型腔。但是随着壁厚的增加，铸件心部的晶粒越粗大，而且凝固收缩时没有金属液的补充，易产生缩孔、缩松等缺陷，故承载力并不随着壁厚的增加而成比例地提高。铸件壁厚减小，有利于获得细小晶粒，但不利于液态合金充填型腔，容易产生冷隔、浇不到等缺陷。为了获得完整、光滑的合格铸件，铸件壁厚设计应大于该合金在一定铸造条件下所能得到的“最小壁厚”。表 11－1 列出了砂型铸造条件下铸件的最小壁厚。

表 11－1　砂型铸造铸件最小壁厚的设计　(mm)

铸件尺寸	铸钢	灰铸铁	球墨铸铁	可锻铸铁	铝合金	铜合金
＜200×200	5～8	3～5	4～6	3～5	3～3.5	3～5
200×200～500×500	10～12	4～10	8～12	6～8	4～6	6～8
＞500×500	15～20	10～15	12～20	—	—	—

当铸件壁厚不能满足力学性能要求时，常采用带加强肋结构的铸件，而不是用单纯增加壁厚的方法，如图 11.9 所示。

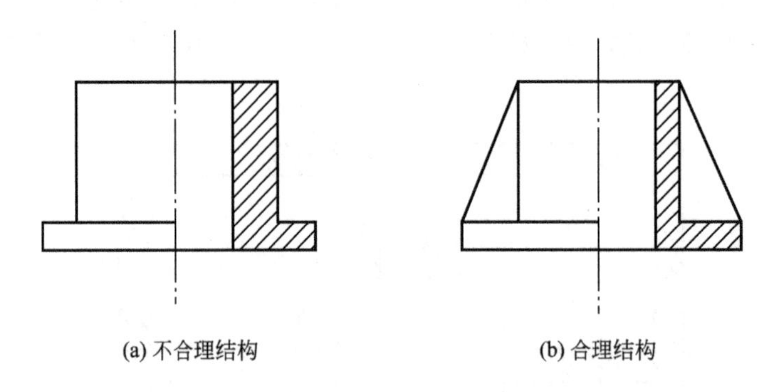

(a) 不合理结构　　(b) 合理结构

图 11.9　采用加强肋减小铸件的壁厚

2. 壁厚应尽可能均匀

铸件各部分壁厚若相差过大，金属将在局部厚壁处积聚形成热节，导致铸件产生缩孔、缩松等缺陷；同时，不均匀的壁厚还将造成铸件各部分的冷却速度不同，冷却收缩时各部分相互阻碍，产生热应力，易使铸件薄弱部位产生变形和裂纹，如图 11.10 所示。因此在设计铸件时，应力求做到壁厚均匀。所谓壁厚均匀，是指铸件的各部分具有冷却速度相近的壁厚，故内壁的厚度要比外壁厚度小一些。

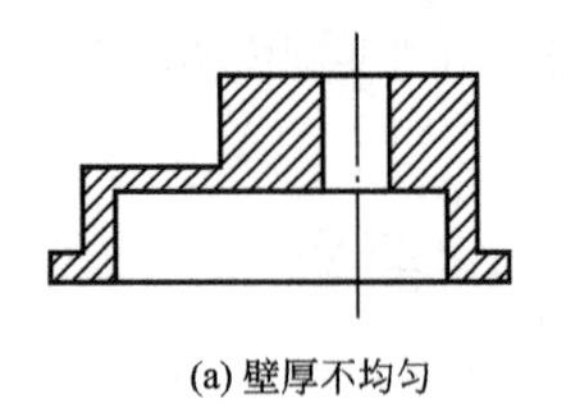

(a) 壁厚不均匀

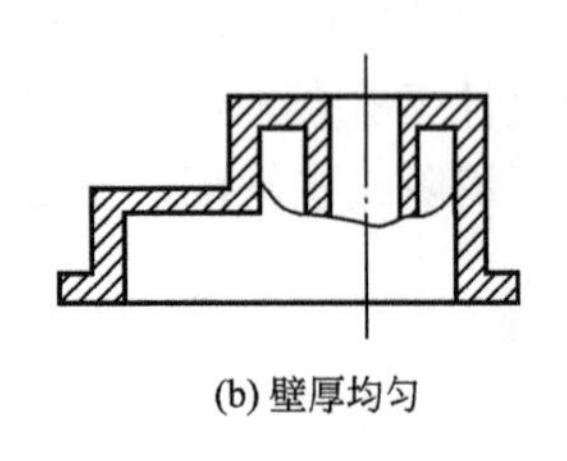

(b) 壁厚均匀

图 11.10　铸件的壁厚设计

3. 铸件壁的连接方式要合理

1）铸件壁之间的连接应有结构圆角

直角转弯处易形成冲砂、砂眼等缺陷，同时也容易在尖锐的棱角部分形成结晶薄弱区。此外，直角处还因热量积聚较多(热节)容易形成缩孔、缩松，如图 11.11 所示。因此要合理地设计内圆角和外圆角。铸造圆角的大小应与铸件的壁厚相适应，数值可参阅表 11－2。

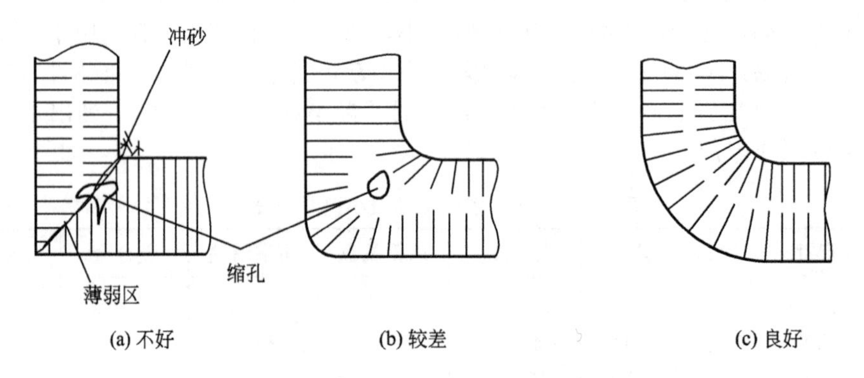

(a) 不好　　(b) 较差　　(c) 良好

图 11.11　直角与圆角对铸件质量的影响

表 11-2　铸件的内圆角半径 R 值　(mm)

$(a+b)/2$	<8	8～12	12～16	16～20	20～27	27～35	35～45	45～60
铸铁	4	6	6	8	10	12	16	20
铸钢	6	6	8	10	12	16	20	25

2）要有过渡连接

铸件壁厚不同的部分进行连接时，应力求平缓过渡，避免截面突变，以减小应力集中，防止产生裂纹，如图 11.12 所示。

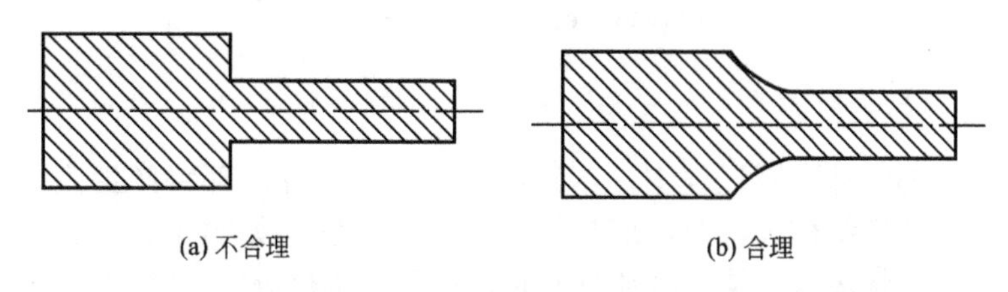

(a) 不合理　(b) 合理

图 11.12　铸件壁厚的过渡形式

3）连接处避免集中交叉和锐角

两个以上的壁连接处热量积聚较多，易形成热节，铸件容易形成缩孔，因此当铸件两壁交叉时，中小铸件采用交错接头，大型铸件采用环形接头，如图 11.13(c)所示。当两壁必须锐角连接时，要采用图 11.13(d)所示的过渡形式。

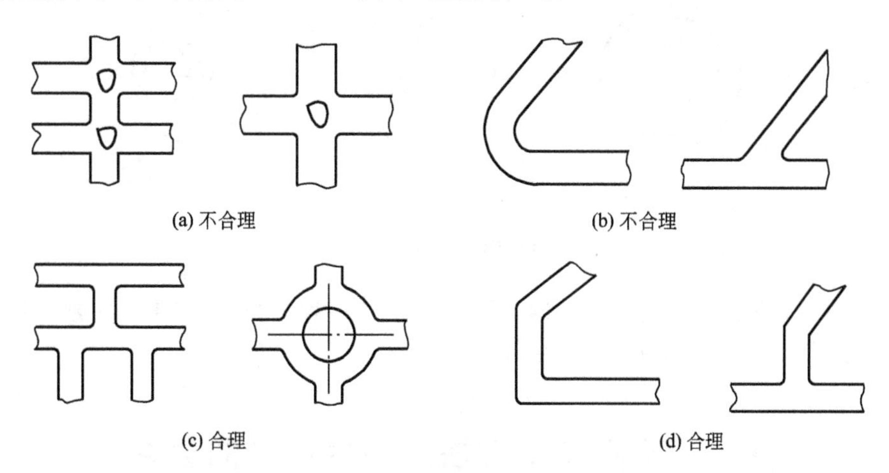

(a) 不合理　(b) 不合理

(c) 合理　(d) 合理

图 11.13　壁间连接结构的对比

4. 避免大的水平面

铸件上的大平面不利于液态金属的充填，易产生浇不到、冷隔等缺陷。而且大平面上方的砂型受高温金属液的烘烤，容易掉砂而使铸件产生夹砂等缺陷；金属液中气孔、夹渣上浮滞留在上表面，产生气孔、渣孔。如将图 11.14(a)所示的水平面改为图 11.14(b)所示的斜面，则可减少或消除上述缺陷。

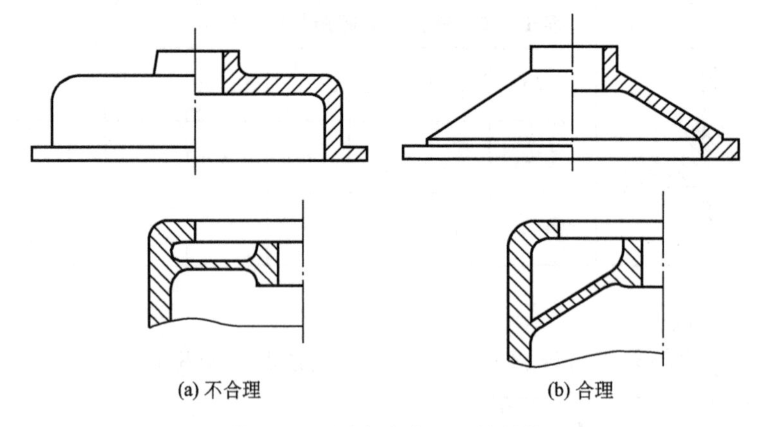

图 11.14　避免大水平面的结构

5. 避免铸件收缩受阻

铸件在浇注后的冷却凝固过程中，若其收缩受阻，铸件内部将产生应力，导致变形、裂纹的产生。因此铸件结构设计时，应尽量使其自由收缩。如图 11.15 所示的轮形铸件，轮缘和轮毂较厚，轮辐较薄，铸件冷却收缩时，极易产生热应力，图 11.15(a)所示轮辐对称分布，虽然制作模样和造型方便，但因收缩受阻易产生裂纹，改为图 11.15(b)所示奇数轮辐或图 11.15(c)所示弯曲轮辐，可利用铸件微量变形来减少内应力。

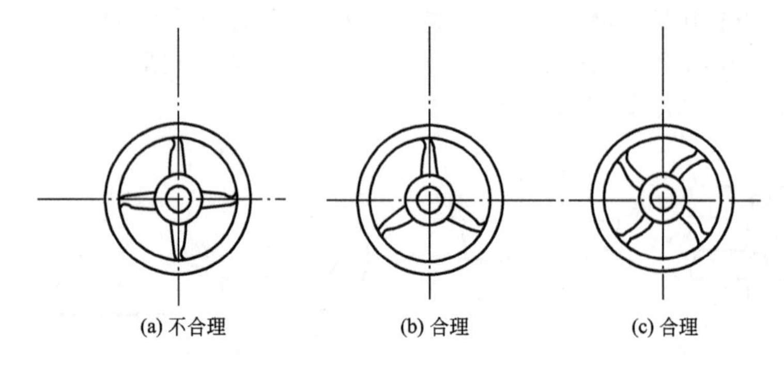

图 11.15　轮辐的设计

以上介绍的只是砂型铸造铸件结构设计的特点，在特种铸造方法中，应根据每种不同的铸造方法及其特点进行相应的铸件结构设计。

11.3　不同铸造方法对铸件结构的要求

对于采用特种铸造方法生产的铸件，不同的铸造方法对铸件结构有着不同的要求，设计特种铸造生产的铸件结构时，除了考虑上述铸件结构的合理性和铸件结构的工艺性等一般原则外，还必须充分考虑不同特种铸造方法的特点所决定的一些特殊要求。

1. 熔模铸件

(1) 便于蜡模的制造。图 11.16(a)所示铸件的凸缘朝内，注蜡后无法从压型中取出型芯，使蜡模制造困难，而改成图 11.16(b)所示结构，把凸缘取消，则可克服上述缺点。

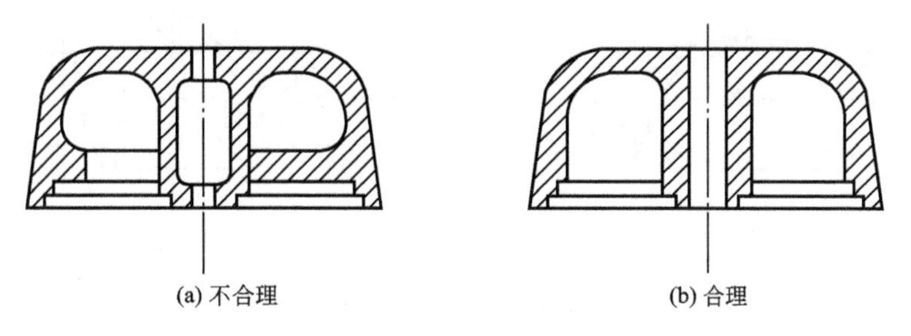

图 11.16 便于抽出型芯的设计

(2) 尽量避免大平面结构。由于熔模铸造的型壳高温强度较低，型壳易变形，而大面积平板型壳的变形尤甚。故设计铸件结构时，应尽量避免采用大的平面。当功能所需必须有大的平面时，应在大平面上设计工艺肋或工艺孔，以增强型壳的刚度，如图 11.17 所示。

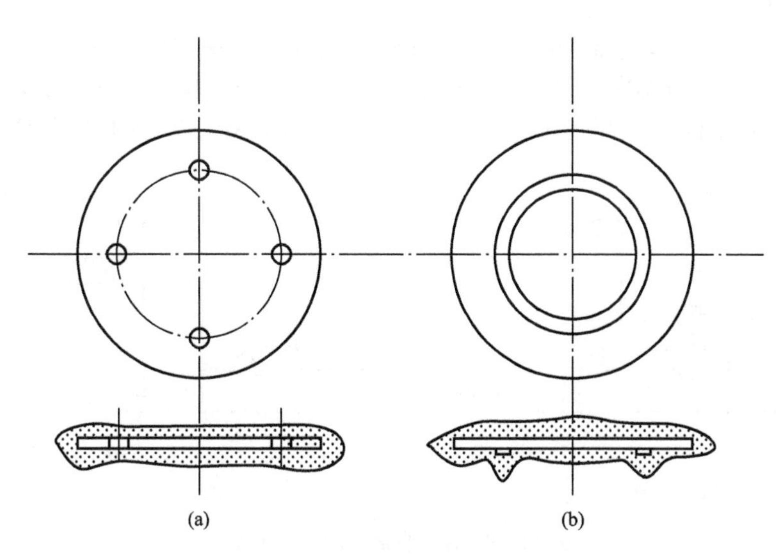

图 11.17 大平面上的工艺孔和工艺肋

(3) 铸件上的孔槽不能太小和太深。过小或过深的孔槽，使制壳时涂料和砂粒很难进入蜡模的孔洞内形成合适的型腔。同时也给铸件的清砂带来困难。一般铸孔直径应大于 2mm(薄件壁厚＞0.5mm)。

(4) 铸件壁厚不可太薄。一般为 2～8mm。

(5) 铸件的壁厚应尽量均匀，熔模铸造工艺一般不用冷铁，少用冒口，多用直浇口直接补缩，故要求铸件壁厚均匀，不能有分散的热节，并使壁厚分布符合顺序凝固的要求，以便利用浇口补缩。

2. 金属型铸件

(1) 铸件结构一定要保证能顺利出型。由于金属型铸造的铸型和型芯采用金属制作，故铸型和型芯都不具有退让性，且导热性好，铸件冷却速度快，为保证铸件能从铸型中顺利取出，铸件结构斜度应较砂型铸件为大。图 11.18 所示是一组合理结构和不合理结构的示例。

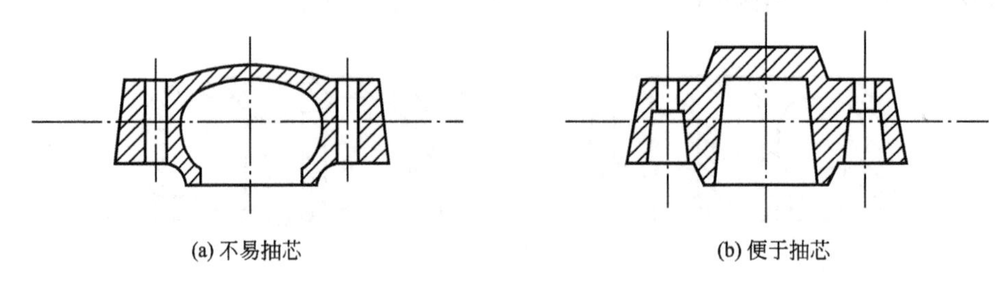

图 11.18　金属型铸件

(2) 金属型导热快，为防止铸件出现浇不足、缩松、裂纹等缺陷，铸件壁厚要均匀，也不能过薄(Al-Si 合金壁厚 2～4mm，Al-Mg 合金壁厚为 3～5mm)。

(3) 铸孔的孔径不能过小、过深，以便于金属型芯的安放和抽出。通常铝合金的最小铸出孔径为 8～10mm，镁合金和锌合金的孔径均为 6～8mm。

3. 压铸件

(1) 压铸件上应尽量避免侧凹和深腔，以保证压铸件从压型中顺利取出。图 11.19 所示的压铸件两种设计方案中，图 11.19(a)所示的结构因侧凹朝内，侧凹处无法抽芯。改为图 11.19(b)所示结构后，侧凹朝外，可按箭头方向抽出外型芯，这样铸件便可从压型中顺利取出。

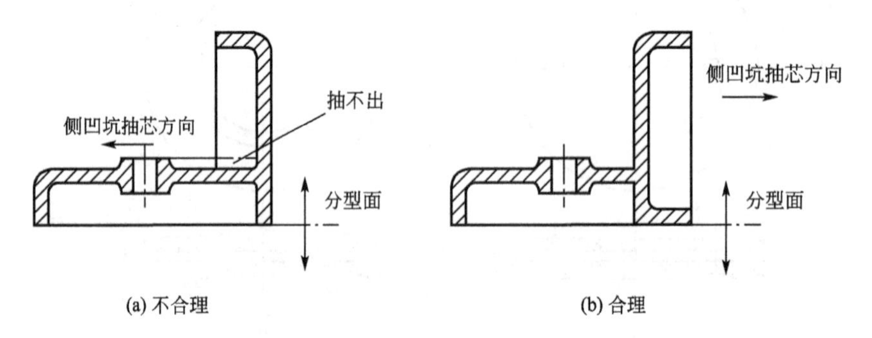

图 11.19　压铸件的两种设计方案

(2) 应尽可能采用薄壁并保证壁厚均匀。由于压铸工艺的特点，金属浇注和冷却速度都很快，厚壁处不易得到补缩而形成缩孔、缩松。压铸件适宜的壁厚，锌合金的壁厚为 1～4mm，铝合金壁厚为 1.5～5mm，铜合金为 2～5mm。

(3) 对于复杂而无法取芯的铸件或局部有特殊性能(如耐磨、导电、导磁和绝缘等)要求的铸件，可采用镶嵌铸法，把镶嵌件先放在压型内，然后和压铸件铸合在一起。为使嵌件在铸件中连接可靠，应将嵌件镶入铸件部分制出凹槽、凸台或滚花等。

习　题

一、填空题

1. 为有利于铸件各部分冷却速度一致，内壁厚度要比外壁厚度＿＿＿＿＿＿＿。

2. 为方便起模，平行于起模方向的模样表面上应设计出__________。

二、简答题

1. 为什么铸件要有结构圆角？
2. 不同铸造方法对铸件结构有哪些要求？
3. 合金铸造性能对铸件结构设计有哪些要求？
4. 设计铸件上的内外壁厚有何不同？为什么？
5. 图 11.20 中所示铸件结构有何缺点？如何改进？

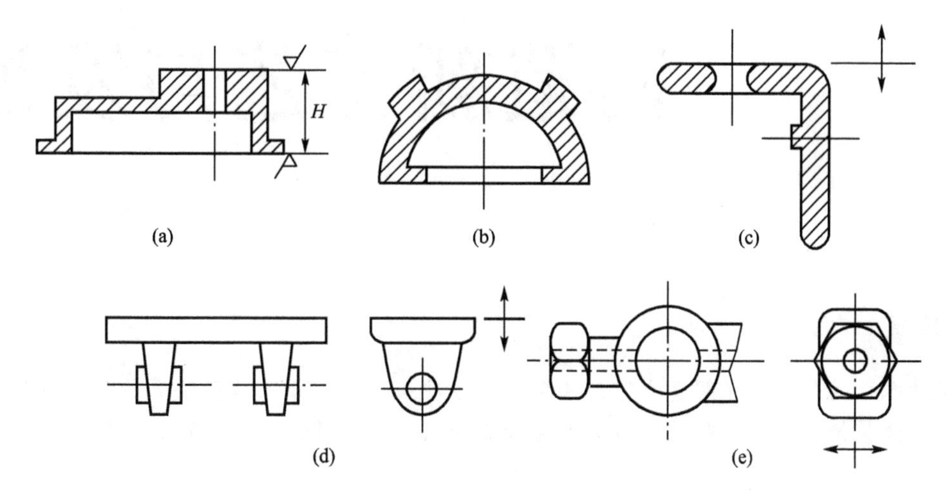

图 11.20　铸件结构图

第12章 铸造新工艺与发展

通过本章的学习，了解真空密封造型、气流冲击造型、冷冻造型法等造型新方法。了解半固态金属铸造、快速原型制造技术等铸造新技术。了解铸造技术的发展趋势。

导入案例

真空密封造型

真空密封造型(V法造型)是将真空技术与砂型铸造技术结合的一种物理造型方法。V法有利于金属液的充型，生产的铸件尺寸精度高、轮廓清晰、表面光洁，适合于铸造薄壁铸件，是目前较先进又非常具有发展前途的铸造方法。

德兴铜矿是一座大型露天矿山，电铲作业区域地质条件复杂，岩性硬度高，环境恶劣，对电铲履带板的强度和耐磨性都有很高的要求。履带板与电铲轮相配合，对装配用销孔有一定同心度和表面光洁度要求。根据履带板铸件的性能要求和公司的生产条件，选用真空密封造型工艺。

德兴铜矿

该履带板是 2100LB 电铲上的重要部件，呈扁平状，有浅度凹陷。铸件材质为 ZGMn13－3，净重 295kg。

该铸件内腔和外形均较复杂，生产面临许多困驱动难：①采用真空密封造型工艺，容易塌箱，需解决在充型过程中钢液的平稳流动。②由于内腔形状复杂，保压时具有强制冷却作用，因此应采取措施保证型腔充满、补缩通道畅通，铸件无冷隔、缩孔和缩松等铸造缺陷。③由于铸件表面质量和尺寸要求较高，对铸造用砂、涂料、EVA(乙烯-醋酸乙烯的共聚物)提出了更高的性能要求。

依照该工艺生产的重型机械履带板高锰钢铸件，外观光洁，表面美观，尺寸精度高，经超声波和着色探伤无裂纹。产品已经投入使用且效果良好，无论内在质量还是外在质量都得到了好评。同时，大大缩短了生产周期，提高了生产效率。目前公司已把该工艺成功运用于生产矿山的耐磨件，例如电铲铲齿、球磨机衬板、破碎机的齿板、履带板、矿车轮等。

资料来源：付向上，麻日来，黄明富．铸造技术，Vol29 No. 10 Oct2008.

铸造生产的机械化自动化程度在不断提高的同时，将更多地向柔性生产方面发展，以扩大对不同批量和多品种生产的适应性。节约能源和原材料的新技术将会得到优先发展，少产生或不产生污染的新工艺新设备将首先受到重视。质量控制技术在各道工序的检测和无损探伤、应力测定方面，将有新的发展。

铸造产品发展的趋势是要求铸件有更好的综合性能，更高的精度，更少的加工余量和更光洁的表面。此外，节能的要求和社会对恢复自然环境的呼声也越来越高。为适应这些要求，新的铸造合金将得到开发，冶炼新工艺和新设备将相应出现。

12.1　造型新方法

1. 真空密封造型

真空密封造型又称真空薄膜造型、减压造型、负压造型或 V 法造型，适用于生产薄壁、面积大、形状不太复杂的扁平铸件。

1) 真空密封造型法的优点

(1) 铸件尺寸精确，能浇出 2～3mm 的薄壁部分。

(2) 铸件缺陷少，废品率可控制到 1.5%以下。

(3) 砂型成本低，损耗少，回用率在 95%以上。

(4) 工作环境比较好，噪声小，粉尘少，劳动强度低。

2) 真空密封造型法的缺点

(1) 对形状复杂、高度较高的铸件覆膜成形困难。

(2) 工艺装备复杂，造型生产率比较低。

3) 真空密封造型原理

真空密封造型是在特制砂箱内充填无水无黏结剂的型砂，用薄而富有弹性的塑料薄膜将砂箱密封后抽成真空，借助铸型内外的压力差(约 40kPa)使型砂紧实和成形。

4) 真空密封造型过程

真空密封造型过程主要有以下几个步骤。

(1) 通过抽气箱抽气，将预先加热好的塑料薄膜吸贴到模样表面上。

(2) 放置砂箱，充填型砂，微振紧实。

(3) 刮平，覆背膜，抽真空，使砂型保持一定的真空度。

(4) 在负压状态下起模、下芯、合型浇注。铸件凝固后恢复常压，型砂自行溃散，取出铸件。

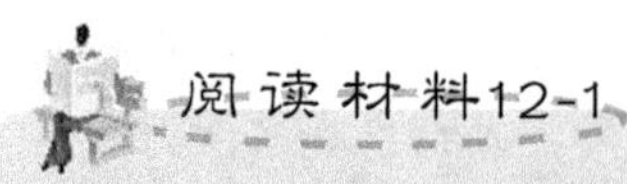

用V法(真空密封)造型工艺铸造机床大板

某公司是专门生产机床用T型槽平台大板的专业厂家。以前从1t～7t的大板铸件都用湿模粘土砂、树脂砂、消失模水泥型等造型工艺生产。为了提高铸件质量降低成本，提高市场竞争力已改用真空“V法”密封造型工艺来生产各种机床大板(图12.1)带有T型槽的平台。

图12.1　机床大板铸件

铸件内外质量达到了客户要求和铸造标准。该公司所用工艺装备为：水环式真空泵2BE400型、2BE303型真空泵共3台；震实台尺寸4m×2m，载重10t共2台；电炉2台同时熔化；双葫芦8～10t起重行车共4台；薄膜烘烤器(薄膜加热一般用远红外加热)；无气喷涂机1台；与铸件相应的模板与芯盒；有过滤抽气装置的砂箱，真空稳压除尘系统，电加热烤模器等。

根据市场需求，尤其为解决北方天气寒冷黏土砂和树脂砂造型受影响的情况，把部分铸件改成V法工艺可提高铸件内外质量，降低铸件生产成本，减轻劳动力多创效益，提高市场竞争力。

资料来源：周德钢.《铸造设备与工艺》，2009年第3期.

2. 气流冲击造型

气流冲击造型简称气冲造型，是一种新的造型方法，其原理是利用气流冲击，使预填在砂箱内的型砂在极短的时间内完成冲击紧实过程。气冲造型分低压气冲造型和高压气冲造型两种，低压气冲造型应用较多。

气冲造型的优点是砂型紧实度高且分布合理，透气性好、铸件精度高、表面粗糙度低，工作安全、可靠、方便。

气冲造型的缺点是砂型最上部约30mm的型砂达不到紧实要求，因而不适用于高度小于150mm的矮砂箱造型。工装要求严格，砂箱强度要求较高。

1) 气冲紧实原理

气冲紧实过程可分成两个阶段。

(1) 型砂自上而下加速并初步紧实阶段。在顶部气压迅速提高的作用下，表面层型砂上下产生很大的气压差，使表面层型砂紧实度迅速提高，形成一初实层。在气压的推动下，初实层如同一块高速压板，以很大的速度向下移动，使下面的砂层加速并初步紧实。

(2) 运动的砂层自下而上冲击紧实阶段。初实层继续向下移动和扩展，型砂的紧实前锋很快到达模板，与模板发生冲击；在冲击处，砂层运动突然滞止，产生巨大的冲击力，使靠近模板的一层型砂紧实度迅速提高；随后，冲击向上发展，型砂由下而上逐层滞止，直到砂层顶部为止。

2) 气冲造型紧实度

(1) 紧实度分布规律。靠近模底板处紧实度最高，随着与模底板的距离加大，紧实度逐步降低。这样的分布既保证砂型分型面处及型腔的高紧实度，又使型砂具有良好的透气性。有利于得到表面粗糙度低、精度高的铸件。气冲造型砂型紧实度分布最为合理。

(2) 影响紧实效果的主要因素。压力梯度是影响紧实度的主要因素。所谓压力梯度是指作用在型砂上面先后的压力差 d_P 与建压时间 d_t 之比。d_P/d_t 值愈大，铸型的紧实度愈高。

3. 冷冻造型法

冷冻造型法又称低温硬化造型法，采用普通石英砂加入少量的水，必要时还加入少量的黏土，按普通造型法制好铸型后送入冷冻室，使铸型冷冻，借助于包覆在砂粒表面的冰冻水分而实现砂粒的结合，使铸型具有很高的强度及硬度。浇注时，铸型温度升高，水分蒸发，铸型逐步解冻，稍加振动立即溃散，可方便地取出铸件。与其他造型方法相比，这种造型方法具有以下特点。

(1) 型砂成分简单，配置容易，铸件落砂清理方便，旧砂回用容易，砂处理设备少。

(2) 在造型、浇注、落砂过程中，产生的粉尘及有害气体少，符合清洁生产的要求。

(3) 铸型强度高、硬度大、透气性好，铸件表面光洁、缺陷少。

12.2　铸造新技术

1. 半固态金属铸造

半固态金属加工技术属 21 世纪前沿性金属加工技术。20 世纪 70 年代麻省理工学院(MIT)弗莱明斯(Flemings)教授发现金属在凝固过程中进行强烈搅拌或通过控制凝固条件，抑制树枝晶的生成或破碎所生成的树枝晶，可形成具有等轴、均匀、细小的初生相均匀分布于液相中的悬浮半固态浆料。这种浆料在外力作用下即使固相率达到 60%仍具有较好的流动性。可利用压铸、挤压、模锻等常规工艺进行加工，这种工艺方法称为半固态金属加工技术(简称 SSM)。表 12－1 列出了用于汽车前悬挂系统的 SSM 成形零件与铸铁零件的质量比较。

表 12－1　用于汽车前悬挂系统的 SSM 成形零件与铸铁零件的质量比较

零件名称	铸铁零件/kg	SSM 零件/kg	质量减少/kg	质量减少/%
上控制臂:前端	0.737 10	0.255 15	0.481 95	65
上控制臂:后端	0.793 80	0.311 85	0.481 95	61
悬臂	1.842 75	0.707 85	1.134 00	62

(续)

零件名称	铸铁零件/kg	SSM零件/kg	质量减少/kg	质量减少/%
驾驶控制杆	2.097 90	1.105 65	0.992 25	47
支撑	0.198 45	0.113 40	0.085 05	43
悬挂支架	0.311 85	0.141 75	0.170 10	55
减震器支架梁	0.198 45	0.141 75	0.056 70	29
驾驶控制杆支撑架	0.368 55	0.283 50	0.085 05	23
万向节	6.955 75	3.883 95	3.061 80	44

1) 半固态金属铸造的优点

(1) 充型平稳，加工温度较低，模具寿命大幅提高，凝固时间短，生产率高。

(2) 铸件表面平整光滑，内部组织致密，气孔和偏析少；晶粒细小，力学性能接近锻件。

(3) 凝固收缩小，尺寸精度高，可实现近净成形、净终成形加工。

(4) 流动应力小，成形速度高，可成形十分复杂的零件。

(5) 适宜于铸造铝、镁、锌、镍、铜合金和铁碳合金，尤其适宜于铝镁合金。

2) SSM技术的应用

目前，美国、意大利、瑞士、法国、英国、德国、日本等国的SSM成形技术处于领先地位。由于SSM成形件具有组织细小、内部缺陷少、尺寸精度高、表面质量好、力学性能接近锻件等特点，使SSM在汽车业中得到广泛重视。

当前，用SSM技术生产的汽车零件包括：刹车制动筒、转向系统零件、摇臂、发动机活塞、轮毂、传动系统零件、燃油系统零件和汽车空调零件等。这些零件已应用于Ford、Chrysler、Volvo、BMW、Fiat和Audi等轿车上。

2. 快速原型制造技术

铸造模型的快速原型制造技术(RPM)是以分层合成工艺为基础的计算机快速立体模型制造系统，包括分层合成工艺的计算机智能铸造生产是最近几年机器制造业的一个重要发展方向。快速原型制造技术集现代数控技术、CAD/CAM技术、激光技术以及新型材料的成果于一体，突破了传统的加工模式，可以自动、快速地将设计思想物化为具有一定结构和功能的原型或直接制造零件，从而对产品设计进行快速评价、修改，以适应市场的快速发展要求，提高企业的竞争力。

快速原型制造技术的工作原理是将零件的CAD三维几何模型，输入到计算机上，再以分解算法将模型分解成一层层的横向薄层，确定各层的平面轮廓，将这些模型数据信息按顺序一层接一层地传递到分层合成系统。在计算机的控制下，由激光器或紫外光发生器逐层扫描塑料、复合材料、液态树脂等成形材料，在激光束或紫外光束作用下，这些材料将会发生固化、烧结或黏结而制成立体模型。用这种模型作为模样进行熔模铸造、实型铸造等，可以大大缩短铸造生产周期。

目前，正在应用与开发的快速原型制造技术有以分层叠加合成工艺为原理的激光立体光刻技术(SLA)、激光粉末选区烧结成形技术(SLS)、熔丝沉积成形技术(FDM)、叠层轮廓制造技术(LOM)等多种工艺方法。每种工艺方法原理相同，只是技术有所差别。

(1) 激光立体光刻技术(SLA)。采用 SLA 成形方法生产金属零件的最佳技术路线是：SLA 原型(零件型)—熔模铸造(消失模铸造)—铸件，主要用于生产中等复杂程度的中小型铸件。

(2) 激光粉末选区烧结成形技术(SLS)。采用 SLS 成形方法生产金属零件的最佳技术路线是：SLS 原型(陶瓷型)—铸件，SLS 原型(零件型)—熔模铸造(消失模铸造)—铸件，主要用于生产中小型复杂铸件。

(3) 熔丝沉积成形技术(FDM)。采用 FDM 成形方法生产金属零件的最佳技术路线是：FDM 原型(零件型)—熔模铸造—铸件，主要用于生产中等复杂程度的中小型铸件。

12.3　铸造技术的发展趋势

随着科学技术的进步和国民经济的发展，铸造技术也开始朝着优质、低耗、高效、少污染等方向发展。

1. 机械化、自动化技术的发展

随着汽车工业大批量制造的要求和各种新的造型方法(高压造型、射压造型、气冲造型、消失模造型等)的进一步开发和推广。铸造工程 CNC 设备、FMC 和 FMS 正在逐步得到应用。

2. 特种铸造工艺的发展

随着现代工业对铸件的比强度、比模量要求的增加，以及近净成形、净终成形的发展和特种铸造工艺向大型铸件方向发展等，使铸造柔性加工系统得以推广，逐步适应多品种少批量的产品升级换代需求。复合铸造技术(挤压铸造和真空吸铸)和一些全新的工艺方法(快速凝固成形技术、半固态铸造、悬浮铸造、定向凝固技术、压力下结晶技术、超级合金等离子滴铸工艺等)逐步进入应用。

3. 特殊性能合金进入应用

球墨铸铁、合金钢、铝合金、钛合金等高比强度、比模量的材料逐步进入应用。新型铸造功能材料如铸造复合材料、阻尼材料和具有特殊磁学、电学、热学性能和耐辐射材料进入铸造成形领域。

4. 计算机在铸造中的应用

随着计算机的发展和广泛应用，把计算机应用于铸造生产中已取得了越来越好的效果。铸造生产中计算机可应用的领域很广，例如，在铸造工艺设计方面，计算机可模拟液态金属的流动性和收缩性，可以预测与铸件温度场直接相关的铸件的宏观缺陷，如缩孔、缩松、热裂、偏析等；可进行铸造工艺参数的计算；可绘制铸造工艺图、木模图、铸件图；用于生产控制等。近年来，应用的铸造工艺计算机辅助设计系统是利用计算机协助生产工艺设计者分析铸造方法、优化铸造工艺、估算铸造成本、确定设计方案并绘制铸造图等，将计算机的快速性、准确性与设计者的思维、综合分析能力结合起来，从而极大地提高了产品的设计质量和速度，使产品更具有竞争力。

5. 新的造型材料的开发和应用

建立新的与高密度黏土型砂相适应的原辅材料体系，根据不同合金、铸件特点、生产环境、开发不同品种的原砂、少无污染的优质壳芯砂，抓紧我国原砂资源的调研与开发，开展取代特种砂的研究和开发人造铸造用砂；将湿型砂黏结剂发展重点放在新型煤粉及取代煤粉的附加物开发上。

开发酚醛-酯自硬法、CO_2-酚醛树脂法所需的新型树脂，提高聚丙烯酸钠-粉状固化剂-CO_2法树脂的强度，改善吸湿性，扩大应用范围；开展酯硬化碱性树脂自硬砂的原材料及工艺、再生及其设备的研究，以尽快推广该树脂自硬砂工艺；开发高反应活性的树脂及与其配套的廉价新型温芯盒催化剂，使制芯工艺由热芯盒法向温芯盒、冷芯盒法转变，以节约能源、提高砂芯质量。

习　　题

一、填空

1. 生产滑动轴承时，采用的铸造方法是__________。

2. 真空密封造型又称__________、减压造型、__________或V法造型，适用于生产__________、面积大、形状不太复杂的扁平铸件。

3. 铸造模型的快速原型制造技术(RPM)是以__________为基础的计算机快速立体模型制造系统，包括分层合成工艺的计算机智能铸造生产是最近几年机器制造业的一个重要发展方向。

二、简答题

1. 简述气流冲击造型的型砂紧实原理。

2. 简述铸造技术的发展趋势。

3. 半固态金属铸造技术具有哪些优点？

第13章 塑性成形理论基础

通过本章的学习，掌握金属的塑性变形的实质及规律，理解材料性质、加工条件对锻造性能的影响，明确锻造比的定义以及锻造流线的合理分布。

水　压　机

21世纪初，随着中国国民经济的发展，电力、冶金、石化、造船等行业对大型铸锻件的需求剧增，为此，一重集团于2002年决定自主设计制造一台当今世界最大、技术最先进的1.5万吨水压机。经过4年的艰苦攻关，拥有完全自主知识产权的1.5万吨水压机终于在2006年12月30日一次热负荷试车成功，该装备的加工精度和控制系统都比国际上的现有两台1.5万吨水压机更先进。截至目前，1.5万吨水压机成功地完成了多件281t、320t和360t轧机支承辊等大型锻件的锻造，完成了多件百万千瓦超临界低压转子、12%Cr高中压转子的锻造任务，锻造了世界首支直径5.75m的百万千瓦核电蒸发器锥形筒体、水室封头等超大型锻件，打破了国内特大型铸锻件长期依赖进口的局面，对国民经济建设具有重要推动作用。这也同时标志着国内企业在大型锻件的锻造实力有了实质性的飞跃。图13.0是该1.5万吨水压机在为鄂钢锻造4100mm轧机关键部件360t支承辊的情景。

图 13.0　1.5 万吨水压机在锻造 360t 轧机支承辊的情景

在工业生产中，由于铸态金属材料的晶粒粗大、组织不均、成分偏析及组织不致密等缺陷，工业上用的金属材料大多要在浇注成金属铸锭后经过压力加工再使用。因为通过压力加工时的塑性变形，不仅使金属材料获得所需要的形状和尺寸，而且金属内部的组织发生很大变化，从而使其性能发生变化。如经冷轧或冷拉等加工后金属的强度显著提高而塑性下降。但塑性变形后的金属材料较之变形前已处于不稳定的高自由能状态，它具有自发地向着自由能降低方向转变，当温度升高时可加速这种转变。这种转变过程称为回复和再结晶。因此，研究金属的塑性变形和回复、再结晶过程的发生、发展规律，对合理地选用金属材料及成形方法、控制和改善变形材料晶粒组织和性能，具有重要的意义。

13.1　金属的塑性变形规律

金属在外力作用下，内部产生应力和应变。当应力小于屈服强度时，内部只发生弹性应变；当应力超过屈服强度时，迫使组成金属的晶粒内部产生滑移或孪晶，同时晶粒间也产生滑移和转动，从而形成了宏观的塑性变形。

13.1.1　金属单晶体的塑性变形

大多数金属材料是多晶体，但单晶体塑性变形是金属塑性变形的基础。单晶体金属塑性变形的基本方式是滑移和孪生，其中滑移是最主要的变形方式。

1. 单晶体的滑移

实验表明，滑移是单晶体塑性变形的主要方式。将金属单晶体试样表面抛光后进行拉伸，如果在金相显微镜下观察，可以看到在试样表面上有许多和应力轴呈一定角度的平行线条，称为滑移带。用电镜仔细观察发现每条滑移带都是由一组相互平行的小台阶，即滑移线构成的。图 13.1 绘出了滑移带的结构示意图。

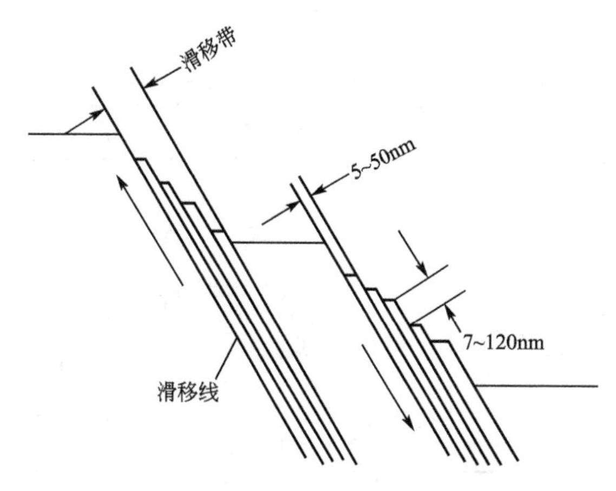

图 13.1　滑移带和滑移线的示意图

由此可知，金属的塑性变形是金属晶体的一部分沿着某些晶面和晶向相对于另一部分发生相对滑动的结果。这种变形方式称之为滑移，它是金属塑性变形的最基本方式。

晶体的滑移具有以下几个特征。

(1) 滑移是沿着一定的晶面和晶向进行的，滑动的晶面称为滑移面，滑动的方向称为滑移方向。但是，晶体中的滑移面和滑移方向并不是任意的。滑移面一般是原子密排面，因为密排面的面间距比较大，面与面之间的结合力最弱，晶体沿着这些面相对滑动就比较容易。滑移方向则总是原子的密排方向，而且比较稳定，这是因为晶体沿密排方向滑动时阻力最小。

每一个滑移面和该面上的一个滑移方向共同构成一个滑移系。面心立方及体心立方金属的滑移系如图 13.2 所示。

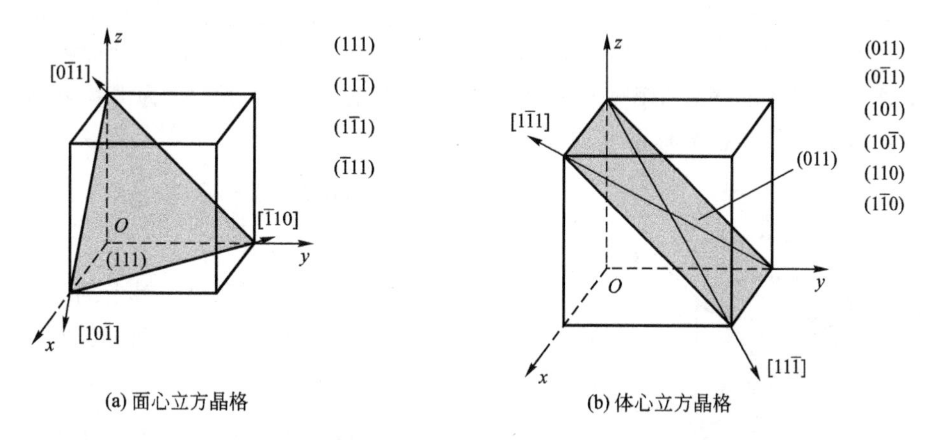

(a) 面心立方晶格　　(b) 体心立方晶格

图 13.2　面心立方及体心立方金属的滑移系

面心立方晶体的滑移面为(111)，共有 4 组，滑移方向为 [110]，每组滑移面包含 3 个滑移方向，即面心立方晶体共有 12 个滑移系；密排六方晶体的滑移面是六方底面，这个晶面上 3 条对角线确定 3 个滑移方向，所以只有 3 个滑移系；体心立方晶体的滑移面为(110)，共有 6 组，每组滑移面包含 2 个滑移方向，即体心立方晶体共有 12 个滑移系；但体心立方晶体没有最密排面，其滑移可能在几个较密排的低指数晶面进行。3 种典型金属晶格的滑移系见表 13-1。

表 13-1 3 种典型金属晶格的滑移

晶格	体心立方晶格		面心立方晶格		密排六方晶格	
滑移面	(110)×6	(110) [111]	(111)×4	(111)	六方底面×1	六方面 对角线
滑移方向	[111]×2		[110]×3		底面对角线×3	
滑移系	6×2=12		4×3=12		1×3=3	

一般来说，金属的滑移系愈多，滑移时可滑动的空间取向便愈多，滑移愈容易进行，金属的塑性也就愈好。面心立方和体心立方金属的滑移系较多，因而它们的塑性比密排六方要好。但金属塑性的好坏不只取决于滑移系的多少，还与滑移面上原子密排程度，特别是滑移方向的原子数目等因素有关。例如，α-Fe 的滑移方向没有面心立方晶体多，滑移面上原子密排的程度也较面心立方晶体低，所以其塑性比 Cu、Al、Ag 等具有面心立方晶格的金属要低。

(2) 晶体滑移的距离是滑移方向原子间距的整数倍，滑移后并不破坏晶体排列的完整性。

(3) 作用于金属的外力可分为正应力和切应力，正应力使金属产生弹性变形或破断，实验表明，晶体只有在切应力的作用下才会发生塑性变形。晶体的滑移是在切应力的作用下进行的，拉伸时，外力(F)将在滑移系上分解为两种应力，一种是垂直于滑移面的正应力(σ)，另一种是平行于滑移面的切应力(τ)。正应力只能引起正断，而切应力则可使晶体滑移，引起塑性变形。图 13.3 是单晶体拉伸时的应力分析图。F 为沿着拉伸轴线方向上的拉力，A 为单晶体的横截面积，ϕ 为滑移面与横截面之间的夹角，λ 为滑移方向与拉伸轴的夹角，那么，外力在滑移系上的分切应力为

$$\tau=\frac{F}{A}\cos\phi\cos\lambda=\sigma\cos\phi\cos\lambda$$

式中，$\cos\phi\cos\lambda$ 称为取向因子。

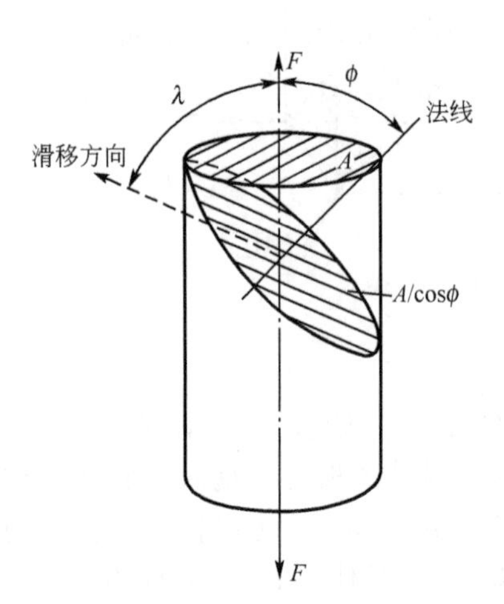

图 13.3 单晶体拉伸时的应力分析图

显然，取向因子越大的滑移系，其上的分切应力就越大。当滑移面、滑移方向与外力方向都呈 45°时

$$\lambda=90°-\phi$$

$$\cos\lambda\cos\phi=\cos(90°-\phi)\cos\phi=\frac{1}{2}\sin2\phi$$

$\phi=45°$，取向因子($\cos\phi\cos\lambda$)取得最大值$\frac{1}{2}$，滑移方向上切应力最大。因此，对于具有多组滑移面的立方结构金属，位向趋于 45°方向的滑移面将首先发生滑移。使滑移系开动的最小分切应力称为临界分切应力，用 τ_c表示。对于某一种金属，其临界分切应力为常数，

与外力取向无关。实际上，滑移系的开动，就是晶体屈服的开始，所以，临界分切应力所对应的外力就是屈服强度 σ_s，即

$$\tau_c=\sigma_s\cos\phi\cos\lambda$$

(4) 滑移的同时必然伴随着晶体的转动。这是由于正应力组成一力偶所作用的结果。晶体的转动如图 13.4 所示，拉伸使滑移面和滑移方向逐渐趋于平行拉伸轴线，压缩则使滑移面逐渐转到与应力轴垂直的方向。

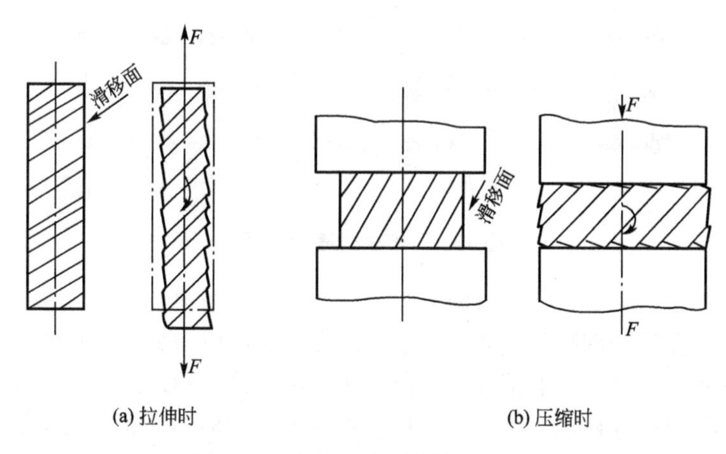

图 13.4　晶体滑移时的转动示意图

此外，必须强调一点：滑移并不是晶体的一部分相对另一部分的刚性滑移。比如铜，按刚性滑移模型计算的最小切应力为 1500MPa，而用试验方法测得的最小切应力仅为 1MPa。大量实验证明，滑移实质上是位错在切应力作用下运动的结果，图 13.5 是这一过程的示意图。

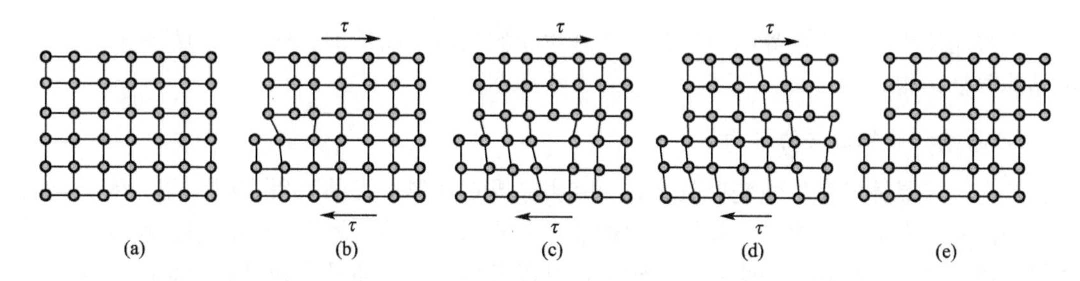

图 13.5　晶体通过位错运动造成滑移示意图

当一个位错移到晶体表面时，便形成了一个间距的滑移量，同一滑移面上大量位错移出的结果使晶体表面形成一条滑移线。这样，晶体滑移时并不需要整个晶体上半部的原子相对于其下半部一起位移，而只需位错中心附近的极少量的原子作微量的位移即可，所以它所需要的临界分切应力远远小于刚性滑移。

2. 孪生变形

孪生变形是单晶体塑性变形的另一种基本形式，它是以晶体中一定的晶面(孪晶面)沿着一定的晶向(孪生方向)移动而发生的，其晶体学特征是晶体相对孪晶面成镜面对称，如图 13.6 所示。发生孪生时，晶体内部产生均匀切变，切变区的宽度较小，各层晶面的位

移量与它离开孪晶面的距离成正比，从而使得晶体的变形部分与未变形部分以孪晶面为分界面形成了镜面对称的位向关系。

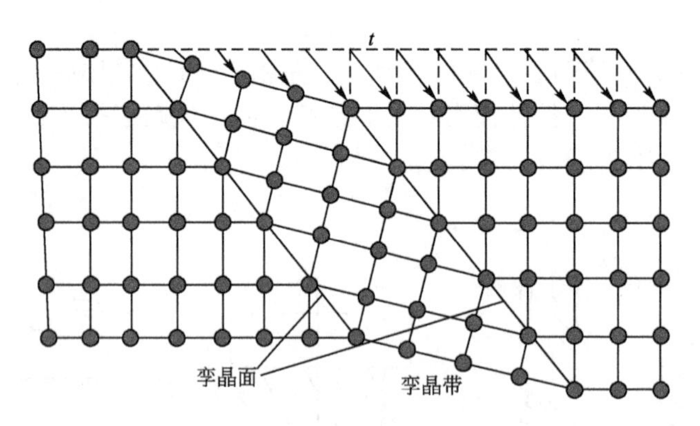

图 13.6 孪生过程示意图

孪生和滑移不同，它只在一个方向上产生切变，是一个突变过程。孪生所产生的形变量很小，且不一定是原子间距的整数倍。孪生萌发于局部应力集中的地方，其临界切应力远高于滑移所需的切应力。一般情况下，滑移比孪生容易，所以形变时首先发生滑移，只有滑移过程极其困难时才出现孪生。一些具有密排六方结构的金属，由于滑移系少，特别是在不利于滑移取向时，塑性变形常以孪生的方式进行。体心立方金属在形变温度较低以及形变速度比较大时易形成孪生。面心立方金属不易出现孪生，只有在极低温度下才会发生孪生变形，但在退火时易出现孪晶。在滑移困难时，孪生能够起到调整取向的作用，使滑移得以继续进行。

13.1.2 金属多晶体的塑性变形

在多晶体中，由于晶界的存在和每个晶粒间的晶格位向不同，使得它们的塑性变形比单晶体要复杂得多。

1. 晶界和晶粒位向的影响

首先，多晶体发生塑性变形时，必须克服晶界对变形过程的阻碍作用。晶界附近是两晶粒间晶格位向的过渡之处，晶格排列紊乱，杂质原子较多，增大了其晶格的畸变，从而使得位错在该处的滑移运动受到阻力较大，难以发生变形，即晶界处具有较高的塑性变形抗力。

其次，多晶体发生塑性变形时，还必须使不同位向的晶粒相互协调。由于多晶体中各晶粒的晶格位向不同，在一定外力作用下的受力情况便各不相同。处于有利取向的晶粒首先开始滑移，而处于不利取向的晶粒滑移开始较晚，其中任意晶粒的滑移都必然会受到它周围不同位向晶粒的约束和障碍，这就要求各晶粒间必须相互协调相互适应，才能发生塑性变形。

另外，多晶体发生塑性变形时，各个晶粒内的变形是不均匀的，多晶体的塑性变形可以看成是许多单晶体产生变形的综合效果。由于多晶体中每一个晶粒相对于轴的取向不同，使得各个晶粒不能均匀地和整个试样一样地变形，各晶粒的形变量和发展方向都有很大的差别。从图 13.7 可以看出，多晶体滑移时不仅各晶粒的形变量极不均匀，甚至每一个晶粒内部各处的实际变形程度也不一致。

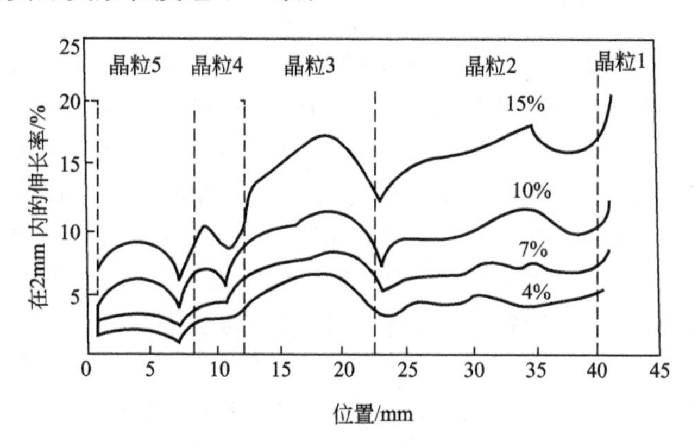

图 13.7　多晶体的几个晶粒各处的应变量

（图中垂直虚线是晶界，线上的数字是总形变量）

综上所述，多晶体的滑移必须克服较大的阻力，这就使得多晶体对塑性变形的抗力增高。金属晶粒越细，晶界面积越大，每个晶粒周围具有不同取向的晶粒数目也越多，金属对塑性变形的抗力就越大，即金属的晶粒越细，则其强度就越高。晶粒大小(平均直径)与屈服强度(σ_s)有如下关系：

$$\sigma_s=\sigma_0+Kd^{-\frac{1}{2}}$$

式中：σ_0；K 为常数；σ_0表示晶内的变形抗力；K 反映晶界对变形的影响，在此是与材料有关的两个常数。图 13.8 是纯铁的强度与晶粒大小的关系曲线。

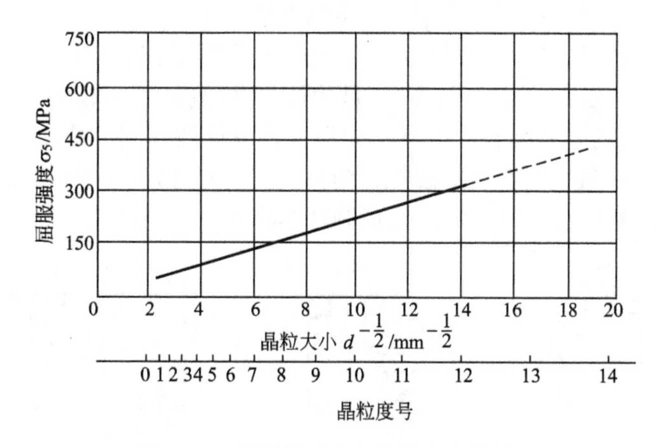

图 13.8　纯铁的强度和晶粒大小的关系

细晶粒的金属不仅强度高，而且其塑性、韧性也较好。这是因为晶粒愈细，单位体积内的晶粒数愈多，有利于滑移的滑移面与滑移方向愈多，滑移几率就愈多，同样的变形量下，变形便可分散在更多的晶粒内进行，使得每个晶粒内的变形都比较均匀，不致产生局部的应力集中。同时，晶粒愈细，裂纹愈不易传播，从而使其在断裂前可以承受较大的塑性变形，并具有较高的抗冲击载荷的能力。所以，细化晶粒是目前提高金属材料力学性能的最有效途径之一。

2. 多晶体的塑性变形过程

如前所述，塑性变形时，凡是滑移面和滑移方向位于或接近于与外力成45°方向的晶粒必将首先发生滑移变形，通常把具有这种位向的晶粒称为处于“软取向”；而滑移面和滑移方向处于或接近于与外力轴平行或垂直的晶粒则称之为处于“硬取向”，因为这些晶粒中所受到的分切应力最小，最难发生滑移。因此，金属的塑性变形将会在不同的晶粒中逐步发生，当首批处于软取向的晶粒发生滑移时，由于晶界及其周围硬取向晶粒的影响，只有当应力集中达到一定程度以后，形变才会越过晶界。另外，首批晶粒发生滑移的同时，必然伴随着晶粒的转动，使得这些晶粒从软取向转到硬取向，并且不能再继续滑移，而另一批晶粒开始滑移变形。可见，多晶体的塑性变形总是一批一批的晶粒逐步地发生，从少量晶粒开始逐步扩大到大量的晶粒，从不均匀变形逐步发展到比较均匀的变形。

13.1.3 金属塑性变形时遵循的基本规律

锻压加工是利用金属的塑性变形而进行的，只有掌握其变形规律，才能合理制订工艺规程，达到预期的变形效果。金属塑性变形时遵循的基本规律主要有最小阻力定律和体积不变规律。

1. 最小阻力定律

最小阻力定律是指在塑性变形过程中，如果金属质点有向几个方向移动的可能时，金属各质点将向阻力最小的方向移动。阻力最小的方向是通过该质点向金属变形的周边所作的法线方向，因为质点沿此方向移动的距离最短，所需的变形功最小。最小阻力定律符合力学的一般原则，它是塑性成形加工中最基本的规律之一。

利用最小阻力定律可以推断，任何形状的物体只要有足够的塑性，都可以在平锤头下镦粗使坯料逐渐接近于圆形。这是因为在镦粗时，金属流动距离越短，摩擦阻力也越小。图13.9所示圆形截面的金属朝径向流动；方形、长方形截面则分成4个区域分别朝垂直与四个边的方向流动，最后逐渐变成圆形、椭圆形。由此可知，圆形截面金属在各个方向上的流动最均匀，镦粗时总是先把坯料锻成圆柱体再进一步锻造。

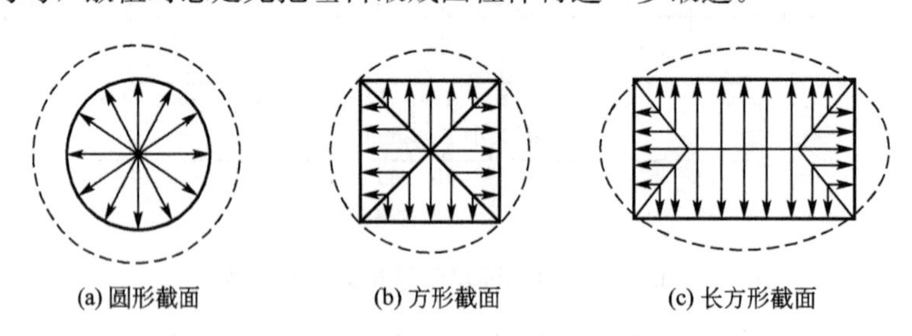

(a) 圆形截面　(b) 方形截面　(c) 长方形截面

图13.9　不同截面金属的流动情况

通过调整某个方向的流动阻力来改变某些方向上金属的流动量，以便合理成形，消除缺陷。例如，在模锻中增大金属流向分型面的阻力，或减小流向型腔某一部分的阻力，可以保证锻件充满型腔。在模锻制坯时，可以采用闭式滚挤和闭式拔长模膛来提高滚挤和拔长的效率。

2. 塑性变形时的体积不变规律

体积不变规律是指金属材料在塑性变形前、后体积保持不变。金属塑性变形过程实际上是通过金属流动而使坯料体积进行再分配的过程。但实际上，由于钢锭再锻造时可消除内部的微裂纹、疏松等缺陷，使金属的密度提高，因此体积总会有一些减小，只不过这种体积变化量极其微小，可忽略不计。

13.2 金属的塑性变形对组织和性能的影响

金属在常温下经过塑性变形后，内部组织将发生变化，表现为：①晶粒沿最大变形的方向伸长；②晶格与晶粒均发生扭曲，产生内应力；③晶粒间产生碎晶。金属的力学性能随其内部组织的改变而发生明显变化，变形程度增加时，金属的强度及硬度上升，而塑性和韧性下降，其原因是滑移面上的碎晶块和附近晶格的强烈扭曲，增大了滑移阻力，使继续滑移难以进行。

13.2.1 锻造流线与锻造比

1. 锻造流线

在金属铸锭中存在的夹杂物多分布在晶界上。有塑性夹杂物，如FeS等，还有脆性夹杂物，如氧化物等。锻造时，晶粒沿变形方向伸长，塑性夹杂物随着金属变形沿主要伸长方向呈带状分布。脆性夹杂物被打碎，顺着金属主要伸长方向呈碎粒状或链状分布。拉长的晶粒通过再结晶过程后得到细化，而夹杂物无再结晶能力，依然呈带状和链状保留下来，形成流线型纤维组织(锻造流线)。经不同变形量的冷轧钢板的组织形态如图13.10所示。

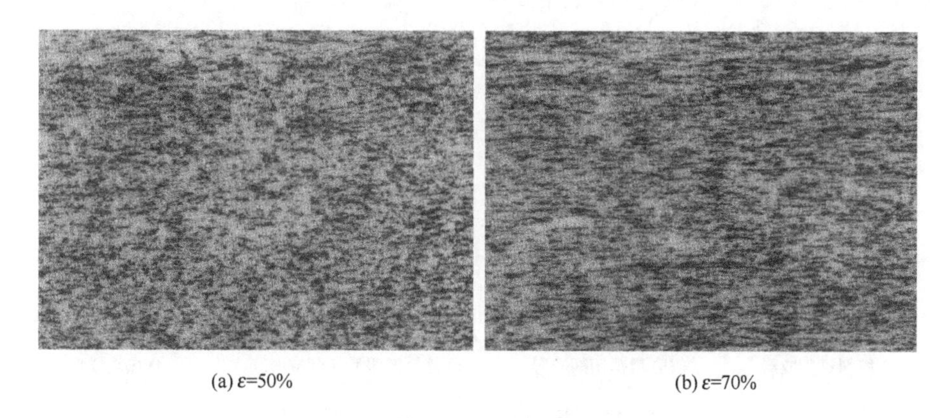

(a) ε=50%　　(b) ε=70%

图13.10 经不同变形量的冷轧钢板的组织

由于坯料中纤维组织的存在，造成了锻压件力学性能的各向异性。即纵向(平行于纤维方向)上的塑性、韧性高于横向(垂直于纤维方向)。因此在设计锻件时，应使纤维方向与零件的轮廓相符合而不被切断，并使零件所受的最大拉应力方向与纤维方向一致，最大切应力方向与纤维方向垂直。变形程度越大，流线型纤维组织就越明显，力学性能的方向性也就越显著。

2. 锻造流线的合理分布

纤维组织(锻造流线)形成后，不能用热处理方法消除，只能通过锻造方法使金属在不同方向变形，改变纤维的方向和分布。由于纤维组织的存在对金属的力学性能，特别是冲击韧度有一定影响，在设计和制造易受冲击载荷的零件时，一般应遵循两项原则。

(1) 零件工作时的正应力方向与流线方向应一致，切应力方向与流线方向垂直。

(2) 流线的分布与零件的外形轮廓应相符合，而不被切断。

图 13.11 中列举出锻造流线的合理分布形式，例如，曲轴毛坯的锻造，应采用拔长后弯曲工序，使纤维组织沿曲轴轮廓分布，拐颈处流线分布合理。这样曲轴工作时不易断裂，如图 13.11(b)所示。

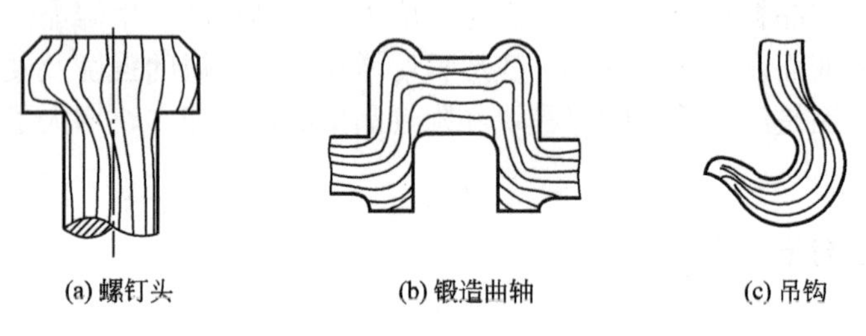

(a) 螺钉头　(b) 锻造曲轴　(c) 吊钩

图 13.11　锻造流线的合理分布

图 13.12 所示是不同成形工艺制造齿轮的流线分布，图 13.12(a)是用棒料直接切削成形的齿轮，齿根处的切应力平行于流线方向，力学性能最差，寿命最短；图 13.12 (b)是扁钢经切削加工的齿轮，齿 1 的根部切应力与流线方向垂直，力学性能好，齿 2 情况正好相反，力学性能差；图 13.12 (c)是棒料镦粗后再经切削加工而成，流线呈径向放射状，各齿的切应力方向均与流线近似垂直，强度与寿命较高；图 13.12 (d)是热轧成形齿轮，流线完整且与齿廓一致，未被切断，性能最好，寿命最长。

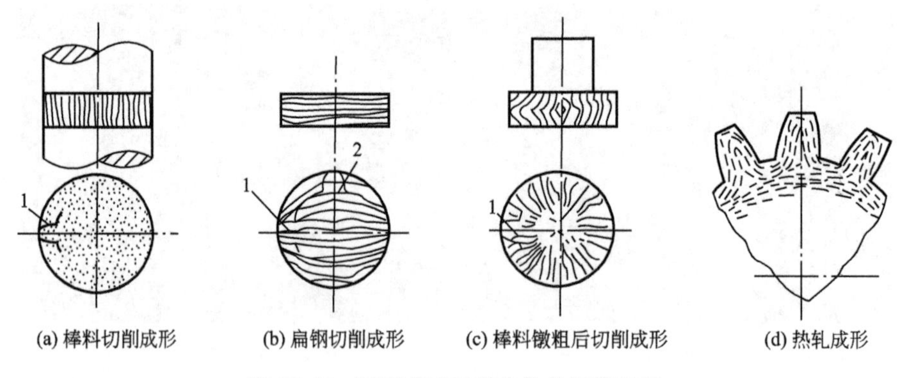

(a) 棒料切削成形　(b) 扁钢切削成形　(c) 棒料镦粗后切削成形　(d) 热轧成形

图 13.12　不同成形工艺齿轮的流线组织

3. 锻造比

锻压过程中，常用锻造比(Y)来表示变形程度。通常用变形前后的截面比、长度比或高度比来表示。

拔长时：$Y = A_0/A$(A_0、A 分别表示拔长前后金属坯料的横截面积)；

镦粗时：$Y = H_0/H$(H_0、H 分别表示镦粗前后金属坯料的高度)。

当锻造比达到 2 时，随着金属内部组织的致密化，锻件纵向和横向的力学性能均有显著提高；当锻造比为 2～5 时，由于流线化的加强，力学性能出现各向异性，纵向性能虽仍略有提高，但横向性能开始下降，锻造比超过 5 后，因金属组织的致密度和晶粒细化度均已达到最大值，纵向性能不再提高，横向性能急剧下降。因此，选择适当的锻造比相当重要。

13.2.2　加工硬化与残余应力

1. 加工硬化

冷塑性变形金属在产生纤维组织的同时，其微观结构也随之发生明显的变化。冷加工使金属内部的结构缺陷增加，位错密度(退火态为 10^6～10^7/cm^2)将随变形量的增大而增高(10^{11}～10^{12}/cm^2)；而位错运动和交互作用的结果，则使得各晶粒破碎成为细碎的亚晶粒，形变量愈大，晶粒的破碎程度愈高，亚晶界便愈多。晶粒的破碎和位错密度的增加，使得金属的塑性变形抗力迅速增加，从而使其强度和硬度显著提高，塑性和韧性下降，即产生所谓的“加工硬化”现象。低碳钢的加工硬化现象如图 13.13 所示。

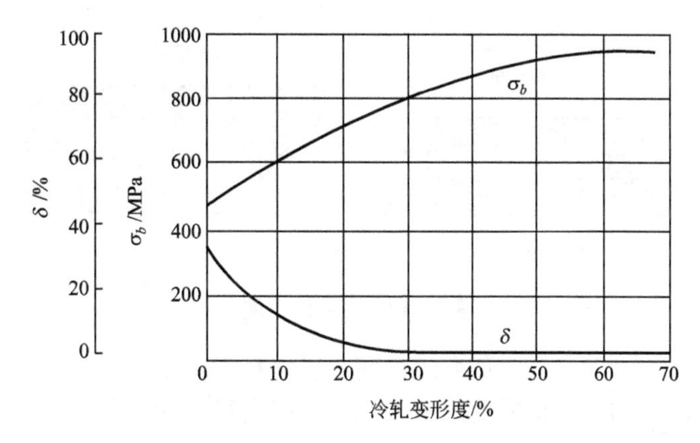

图 13.13　低碳钢(w_c=0.3%)的加工硬化现象

加工硬化的产生使得金属的进一步加工产生困难。因此，在冷加工过程中，有时要安排一些中间退火，以消除加工硬化，使变形得以继续进行。工业上也常利用加工硬化来提高金属的强度、硬度和耐磨性，尤其是对那些不能用热处理方法进行强化的金属材料，加工硬化这一手段就显得更加重要。

2. 残余应力

塑性变形是外界对金属做功，大部分功在金属变形的过程中以热的方式散掉，还有一小部分(<10%)则转化为内应力(弹性变形和点阵缺陷)而残留于金属中。

金属的内应力可分为三类：一类是由宏观不均匀形变引起的。形变时，金属表层与心部因变形量不同而产生一种平衡于表层和心部之间的宏观内应力，称之为第一类内应力。另一类是由晶粒或亚晶粒内部的不均匀形变引起的，称为第二类内应力。还有，类则是由晶格畸变引起的，其存在范围只相当于几百个到几千个原子的范围，称之为第三类内应力。第二类和第三类内应力同属微观内应力。

金属塑性变形后内应力的存在可能会引起金属的变形与开裂，如冷轧钢板的翘曲、零件切削加工后的变形等。因此，一般情况下，不希望工件中存在内应力，往往要采取去应力退火措施以降低或消除内应力的不利影响。但有时也利用工件表面产生的一定压应力来强化在疲劳载荷下工作的零件，以延长工件寿命，如对工件表面进行喷丸和滚压处理等。

13.2.3　织构现象

在塑性变形的过程中，多晶体中各晶粒的位向将沿着变形方向发生转动。转动的结果，使各晶粒的某一方向转到力轴上来。如果变形量足够大(70%以上)，则各晶粒的取向将按某些方向逐渐趋于一致，即呈现某种程度的规则分布，这种现象称为形变择优取向，具有择优取向的组织称为织构，而由形变所引起的择优取向叫形变织构。

形变织构的类型有两种。如果材料中多数晶粒均以某一晶向［uvw］平行或近似平行于该材料的一个特征外观方向［轧向或拉拔方向］，则称之为丝织构，如图13.14(a)所示，这种织构在拔制的金属丝材中最为典型。如果多数晶粒不仅倾向于以某晶向［uvw］平行于材料的一个特征外观方向(轧向)，同时，还以包含［uvw］的某一晶面(hkl)平行于材料的一个特征外观平面(轧面)，则称之为板织构。一般金属冷轧板的织构均属此类，如图13.14(b)所示。

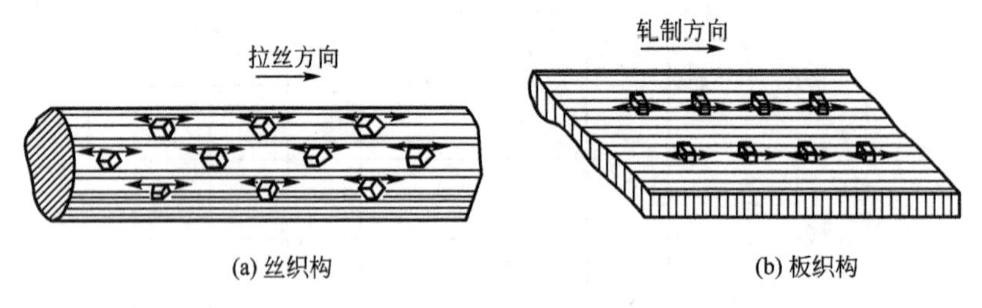

图13.14　结构示意图

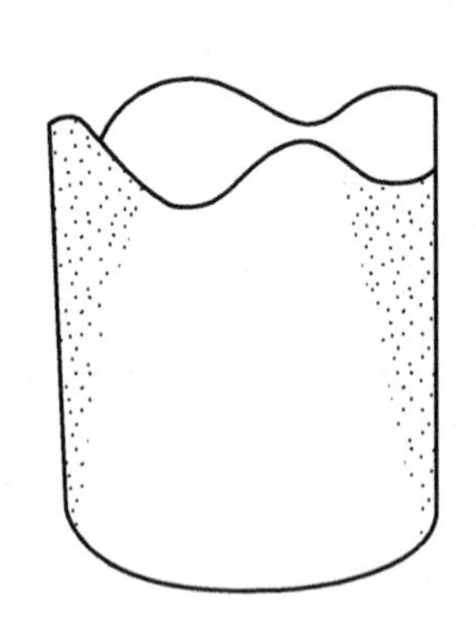

图13.15　冷冲压件的制耳现象

形变织构使金属材料在宏观上表现出各向异性，并对材料的使用和加工工艺产生很大的影响。织构有时可对材料的加工产生不利的影响。例如，用板材冲压杯状制品时，可能会出现“制耳”现象，使产品的边缘凸凹不平，如图13.15所示。但如果能够掌握织构形成的规律，并在生产中得以控制，则织构将对材料在某些场合的使用和加工产生极为有利的影响。比如，变压器铁芯用的硅钢片就是利用钢板的有利织构来改善磁阻，从而达到减少铁损，提高磁导率的目的。织构还可应用于适于冲压的深冲板、各种具有织构的软磁材料等许多方面。

13.3　变形金属在加热时组织和性能的变化

如前所述，变形金属因晶粒的破碎拉长、位错等晶格缺陷的急剧增加，会产生加工硬化和残余应力，使其内能升高，即冷变形后的金属在热力学上是处于一种亚稳定的状态，有自发向稳定状态转变的趋势。如果将变形金属加热到某一温度，使原子具有足够的能量，则金属的组织和性能将发生一系列的变化，如图 13.16 所示，其变化过程可分为回复、再结晶和晶粒长大 3 个部分。

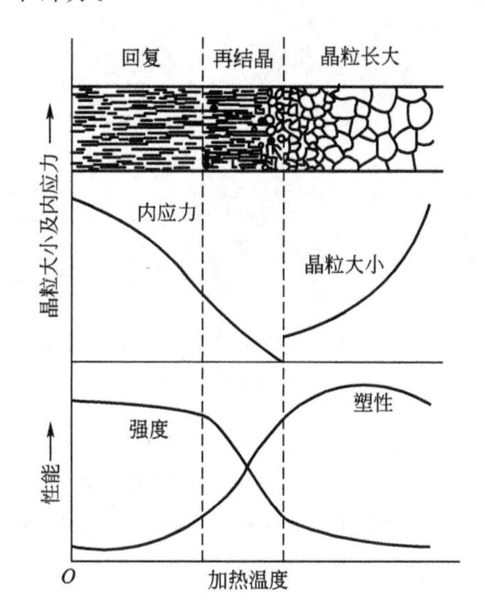

图13.16　变形金属在不同加热温度时晶粒大小和性能的变化示意图

13.3.1　回复与再结晶

1. 回复

当冷塑性变形金属加热温度较低时，在(0.1～0.3)T_m 范围内(T_m 为金属的熔点)，回复主要体现在某些亚结构和性能的变化上。此时原子的活动能力较低，金属中主要发生点缺陷的运动，空位消失，而位错密度变化不大，但位错可以重新排列成更稳定的状态，以降低晶体的能量。点阵畸变的消除，晶体缺陷的降低，使金属的物理、化学性能逐渐恢复，力学性能也有不同程度的恢复，即强度硬度略有降低，塑性有所回复。我们把这一变化过程称为回复。通过回复，金属基本上保持加工硬化状态，但内应力显著降低，从而避免了变形和开裂。故在工业上通常采用回复退火(去应力退火)来去除那些要求保留加工硬化性能的冷加工金属件的残余内应力，以避免变形、开裂，改善耐蚀性。

2. 再结晶

所谓再结晶就是经冷塑性变形的金属或合金加热到再结晶温度以上时，由畸变晶粒通过形核及长大而形成新的无畸变的等轴晶粒的过程。当冷变形金属被加热到较高的温度以后，由于原子的活动能力提高了，就有可能通过重新形核和长大使晶体中的位错密度大幅度降低，晶粒的外形便开始发生变化。当原破碎、被拉长的晶粒全部被新的、无畸变的等轴晶粒代替以后，再结晶过程便告一段落。图 13.17 是冷轧钢板再结晶退火以后的显微组织。

应当指出，再结晶是通过形核和长大的方式进行的，但它不是相变，只是一种形态变化。通过重新形核和长大后，只是晶粒的外形发生了变化，而金属晶体的晶格类型并未改变。

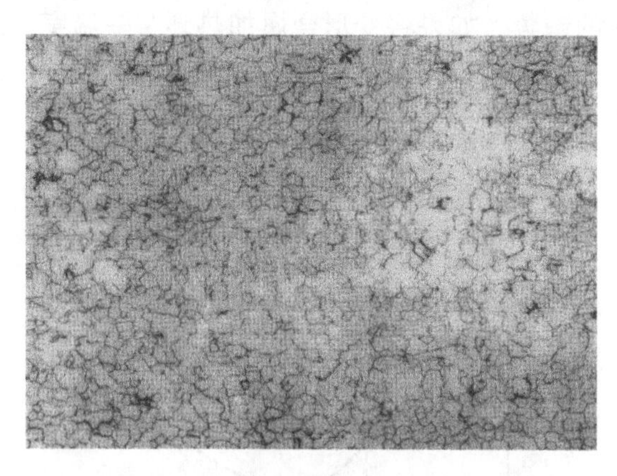

图 13.17　冷轧钢板再结晶退火后的组织

$\varepsilon=70\%$

再结晶完全消除了加工硬化所引起的后果，使金属的组织和性能复原到未加工之前的状态，即使金属的强度、硬度显著降低，但塑性和韧性显著提高。在实际生产中，把消除冷加工硬化所进行的热处理操作称为再结晶退火，目的是使金属再次获得良好的塑性，以便继续加工。

3. 晶粒长大

再结晶过程完成之后，尽管晶粒内部的缺陷已明显减少，但畸变能并未降至最低点，继续升高温度或延长保温时间，晶粒之间便会通过相互吞并而继续长大(包括正常晶粒长大和异常晶粒长大——二次再结晶)，以减少晶界，降低表面能。

晶粒的长大可认为是一个晶界迁移的过程，如图 13.18 所示。通过一个晶粒的边界向另一晶粒的迁移，把另一晶粒中的晶格位向逐步地改变为与这个晶粒相同的晶格位向，使得另一晶粒被“吞并”，而合并成为一个大晶粒。因此，在进行再结晶退火时，必须严格控制加热温度和保温时间，以防止晶粒过分粗大而降低材料的力学性能。

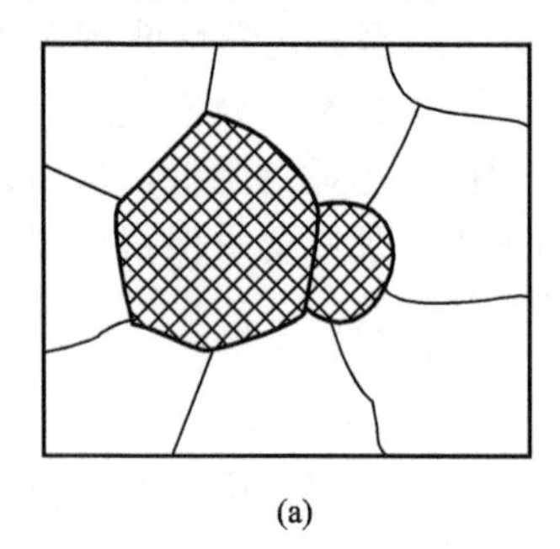

(a)

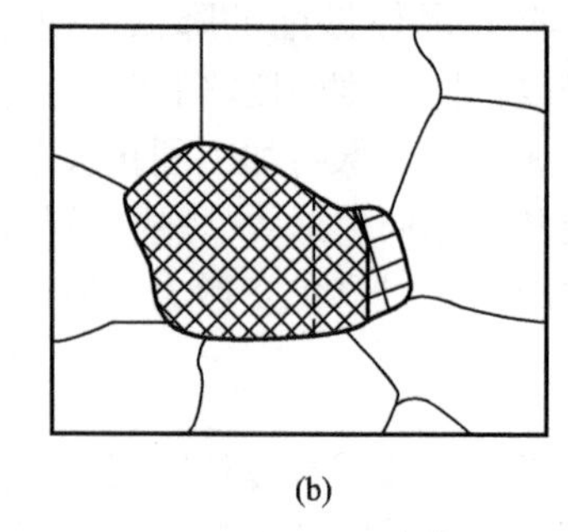

(b)

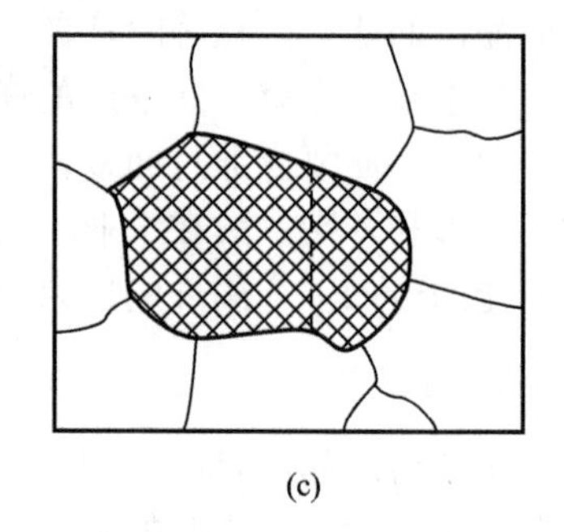

(c)

图 13.18　晶粒长大示意图

13.3.2　再结晶温度与晶粒度

再结晶退火温度和再结晶后晶粒的大小，是冷变形金属进行再结晶退火时的两个重要参数。

1. 再结晶温度

再结晶温度被定义为在一定时间内，完成再结晶时所对应的最低温度。工业上通常规定，以经过大变形量(>70%)的冷变形金属在一小时内完成再结晶(达 95%以上)所对应的(最低)温度为再结晶温度。应该指出，再结晶过程不是一个恒温过程，而是自某一温度开始，随着温度的升高而进行的过程。再结晶温度与金属的形变量、纯度、成分以及保温时间等因素有关。图 13.19 是铁和铝的再结晶温度与加工变形量之间的关系。由图中可以看到，再结晶温度随形变量的增加而降低，最后趋于稳定而达到一极限值，称此极限值为最低再结晶温度。

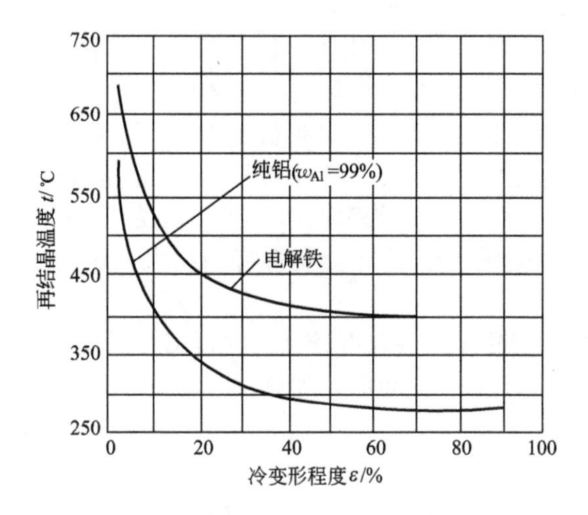

图 13.19　变形程度对再结晶温度的影响

大变形量纯金属的最低再结晶温度 $T_{再}$ 与其熔点 $T_{熔}$ 之间存在以下关系

$$T_{再} \approx 0.4 T_{熔}$$

合金的最低再结晶温度与其开始凝固温度的大致关系为

$$T_{再} \approx (0.5 \sim 0.7) T_{熔}$$

常见金属的最低再结晶温度大约为：纯铁 450℃，铜 270℃，铝 100℃，锡和铅低于 20℃。

金属的再结晶温度除受形变量的影响外，还与金属的纯度、金属的成分、原始晶粒尺寸、加热温度与保温时间等有关。金属的纯度越高，则其再结晶温度越低；金属的化学成分越复杂，其再结晶温度越高；提高加热速度使再结晶推迟；延长保温时间使再结晶温度降低；原始晶粒越细小，则再结晶温度越低。

在实际生产中，再结晶退火的加热温度一般都比最低再结晶温度高 100～200℃。表 13-2列出了几种常见的金属材料的再结晶退火及去应力退火的加热温度。

表 13-2　常用金属材料的再结晶退火温度及去应力退火温度

金属材料		去应力退火温度 t/℃	再结晶退火温度 t/℃
钢	碳钢及合金结构钢	500～650	680～720
	碳素弹簧钢	280～300	

(续)

金属材料		去应力退火温度 t/℃	再结晶退火温度 t/℃
铝及铝合金	工业纯铝	约 100	350～420
	普通硬铝合金	约 100	350～370
铜及铜合金(黄铜)		270～300	600～700

2. 晶粒度

再结晶后晶粒的大小对变形金属的力学性能有重大影响。影响再结晶晶粒大小的因素很多，主要有变形程度、加热温度及原始晶粒的大小等。

(1) 变形程度的影响　图 13.20 表明了金属的再结晶晶粒大小与变形程度之间的关系。由图可知，当变形量很小时，由于金属的晶格畸变很小，不足以引起再结晶。当变形量在 2%～8%之间时，由于变形量较小，变形极不均匀，形成的再结晶核心较少，极易造成晶粒的异常长大，称此变形度为“临界变形度”。当变形量超过临界变形度以后，变形度愈大，变形愈趋均匀，再结晶的形核率愈大，再结晶后的晶粒便愈细。但是，当变形度特别大(>90%)时，有些金属的晶粒又会变得特别粗大，这与金属中某些织构的形成有关。

(2) 加热温度的影响　退火加热温度升高，则再结晶后的晶粒变大，临界变形度变小，如图 13.21 所示。在加热温度一定时，加热时间过长，也会使晶粒长大，但其影响不如加热温度的影响大。

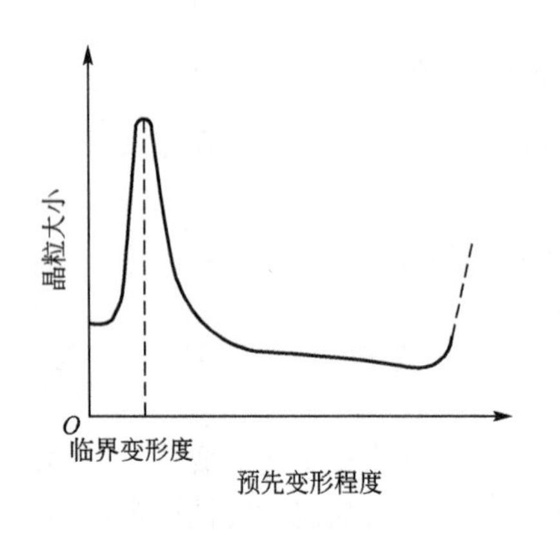

图 13.20　变形程度对金属再结晶晶粒大小的影响

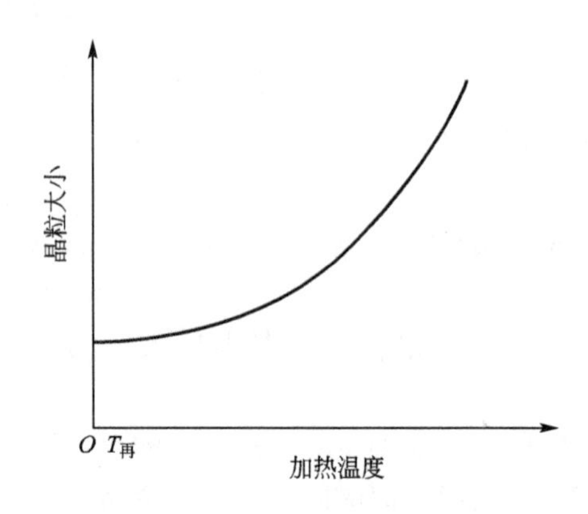

图 13.21　冷加工金属晶粒尺寸与加热温度的关系

(3) 原始晶粒大小的影响　在其他条件相同的情况下，原始晶粒愈细，再结晶后的晶粒也愈细。

为综合考虑加热温度和变形度对再结晶晶粒度的影响，常将三者的关系绘在一张立体图上，称之为再结晶全图，纯铁的再结晶全图如图 13.22 所示。再结晶全图对于控制冷变形金属退火时的晶粒大小有着重要的参考价值。

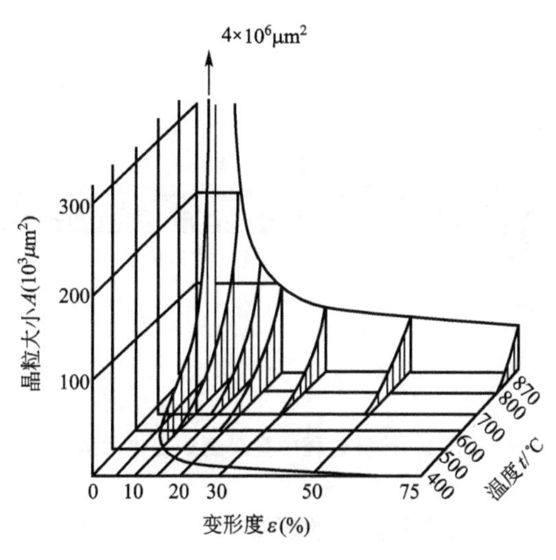

图 13.22　纯铁的再结晶全图

13.4　金属的热变形加工

由于金属在高温下强度、硬度低，而塑性、韧性高，在高温下对金属进行加工变形比在较低温度下容易，因此，生产上便有冷、热加工之分。

13.4.1　热变形加工与冷变形加工的区别

由于冷变形加工会引起金属的加工硬化，使金属的变形抗力增大，因此，对于那些变形量较大，尤其是大截面的工件，采带冷变形加工就十分困难。对于某些较硬或低塑性的金属(如 W、Mo、Cr、Mg、Zn 等)来说，甚至不可能进行冷变形加工，而必须进行热变形加工。

冷变形加工与热变形加工的界限在理论上是以再结晶温度来区别的。所谓热加工，是指在再结晶温度以上进行的加工过程。反之，在再结晶温度以下进行的加工过程就称为冷加工。冷热变形加工统称为压力加工。

由于金属的强度和硬度随着温度的升高而降低，塑性和韧性随着温度的升高而增加，所以，热加工时金属的变形抗力小，塑性大。同时，由于高温时原子扩散速度很大，金属的再结晶可随时发生，即当金属在再结晶温度以上进行加工时，加工硬化过程将完全被软化过程(回复、再结晶)所抵消，从而使得热加工变形后的金属具有再结晶组织而无加工硬化的痕迹，故可以顺利地进行大变形量的加工。图 13.23 是热轧过程中金属组织变化的示意图。

由于加工硬化现象是伴随着塑性变形过程同时发生的，而回复及再结晶过程除温度条件外，还需一定时间才能完成，所以在实际的热加工过程中，通常采用提高热加工温度的办法来加速软化过程。一般热加工都在 $0.6T_m$ 以上。

热加工的缺点是金属表面产生氧化现象并由于零件的热量而使加工用的模具等寿命降低。

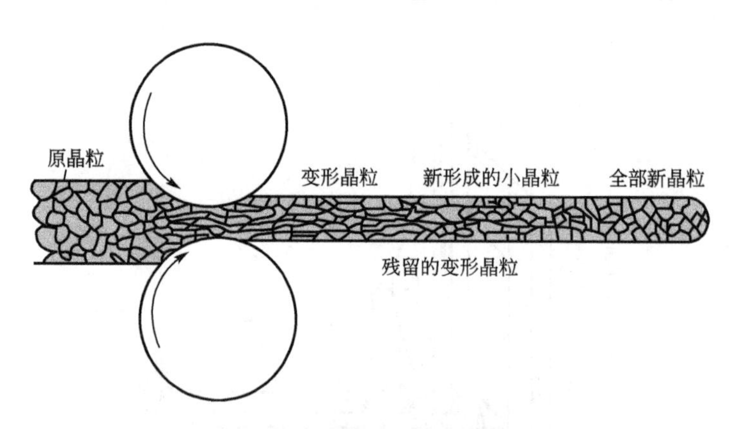

图 13.23　热轧过程中金属组织变化示意图

13.4.2　金属的热变形加工对组织和性能的影响

金属的热变形加工同样会对其组织和性能产生一系列的重大影响。

(1) 热加工可使铸态金属中的气孔、疏松及微裂纹焊合，使其致密度提高。

(2) 热加工可使铸态金属中的粗大晶粒破碎，从而使其晶粒细化，组织均匀。

(3) 热加工能够改变铸态金属中的枝晶偏析、脆性相和夹杂物的形态、大小和分布状况，使它们沿着金属流动的方向被拉长，形成热加工"纤维组织"，称之为流线，从而使材料的致密度和力学性能提高的同时，呈现各向异性，即纵向的强度、塑性和韧性显著高于横向，见表 13-3。因此为充分发挥材料纵向具有较高性能的特点，在热加工时，应力求流线有正确的分布，即使流线与零件工作时最大拉应力方向一致，而与冲击应力或切应力的方向垂直。图 13.24 绘出了锻钢曲轴中流线的分布情况。

表 13-3　w_c=0.45%的碳钢力学性能与流线方向的关系

取样方向	σ_b/MPa	$\sigma_{0.2}$/MPa	δ/%	ψ/%	a_k/(J·cm^{-2})
纵向	715	470	17.5	62.8	62
横向	672	440	10	31	30

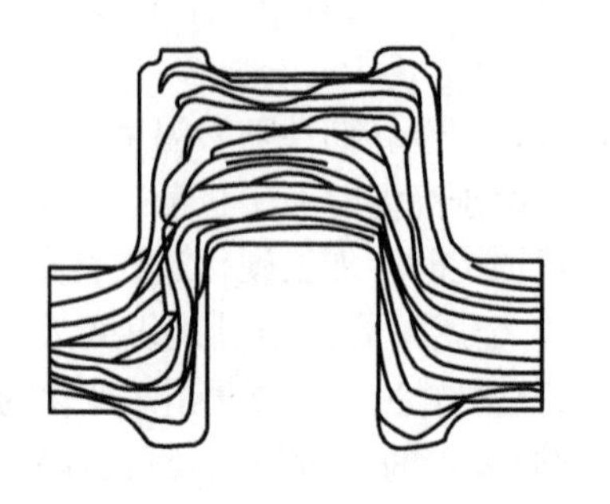

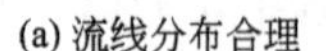
(a) 流线分布合理

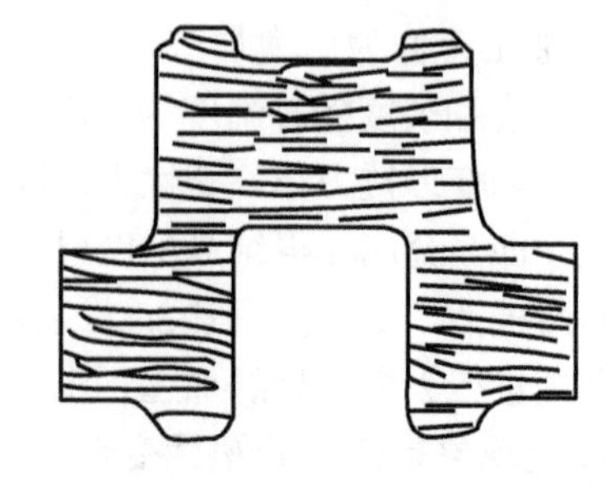

(b) 流线分布不合理

图 13.24　锻钢曲轴中流线的分布情况

综上所述，热加工可使铸态金属中的组织和性能得到一系列改善，但必须在正确的工艺条件下才能达到。热加工的温度过高或过低都将导致金属材料的力学性能变坏。如果加热温度过高，则可能得到粗大晶粒；反之，加热温度过低，则可引起加工硬化，产生残余应力，甚至发生裂纹。图13.25就是由于热加工工艺不当在钢中所引起的带状组织。这种组织中的铁素体和珠光体均沿轧制方向呈带状分布，有明显的层状特征，使力学性能显著降低。

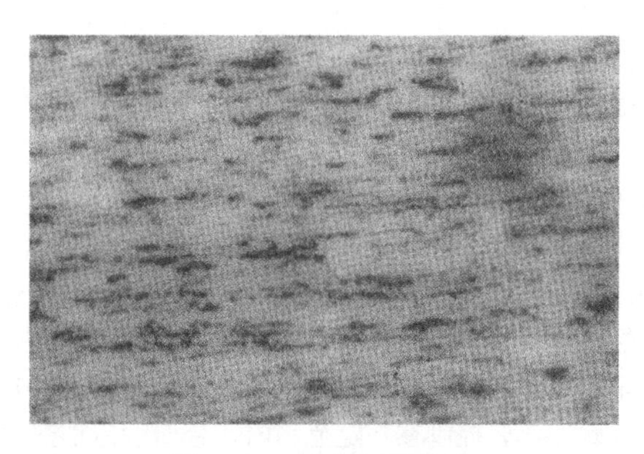

图13.25　钢中的带状组织

13.5　金属的锻造性能

金属的锻造性能(又称可锻性)是用来衡量压力加工工艺性好坏的主要工艺性能指标。金属的可锻性好，表明该金属适用于压力加工。衡量金属的可锻性，常从金属材料的塑性和变形抗力两个方面来考虑，材料的塑性越好，变形抗力越小，则材料的锻造性能越好，越适合压力加工。在实际生产中，往往优先考虑材料的塑性。

金属的塑性是指金属材料在外力作用下产生永久变形而不破坏其完整性的能力，用伸长率δ、断面收缩率ψ来表示。材料的δ、ψ值越大或镦粗时变形程度越大且不产生裂纹，塑性也越大。变形抗力是指金属在塑性变形时反作用于工具上的力。变形抗力越小，变形消耗的能量也就越少，锻压越省力。塑性和变形抗力是两个不同的独立概念。如奥氏体不锈钢在冷态下塑性很好，但变形抗力却很大。

金属的锻造性能取决于材料的性质(内因)和加工条件(外因)。

1. 材料性质的影响

1) 化学成分

不同化学成分的金属其锻造性能不同。纯金属的锻造性能较合金的好。钢的含碳量对钢的可锻性影响很大，对于碳质量分数小于0.15%的低碳钢，主要以铁素体为主(含珠光体量很少)，其塑性较好。随着碳质量分数的增加，钢中的珠光体量也逐渐增多，甚至出现硬而脆的网状渗碳体，使钢的塑性下降，塑性成形性也越来越差。

合金元素会形成合金碳化物，形成硬化相，使钢的塑性变形抗力增大，塑性下降，通常合金元素含量越高，钢的塑性成形性能也越差。

杂质元素磷会使钢出现冷脆性，硫使钢出现热脆性，降低钢的塑性成形性能。

2）金属组织

金属内部的组织不同，其可锻性有很大差别。纯金属及单相固溶体的合金具有良好的塑性，其锻造性能较好；钢中有碳化物和多相组织时，锻造性能变差；具有均匀细小等轴晶粒的金属，其锻造性能比晶粒粗大的铸态柱状晶组织好；钢中有网状二次渗碳体时，钢的塑性将大大下降。

2. 加工条件的影响

金属的加工条件一般指金属的变形温度、变形速度和变形方式等。

1）变形温度

随着温度升高，原子动能升高，削弱了原子之间的吸引力，减少了滑移所需要的力，因此塑性增大，变形抗力减小，提高了金属的锻造性能。变形温度升高到再结晶温度以上时，加工硬化不断被再结晶软化消除，金属的锻造性能进一步提高。但加热温度过高，会使晶粒急剧长大，导致金属塑性减小，锻造性能下降，这种现象称为“过热”。如果加热温度接近熔点，会使晶界氧化甚至熔化，导致金属的塑性变形能力完全消失，这种现象称为“过烧”，坯料如果过烧将报废。因此加热要控制在一定范围内，金属锻造加热时允许的最高温度称为始锻温度，停止锻造的温度称为终锻温度。图13.26为碳素钢的锻造温度范围。

2）变形速度

变形速度即单位时间内变形程度的大小。它对可锻性的影响是矛盾的，一方面，随着变形速度的增大，金属在冷变形时的冷变形强化趋于严重，表现出金属塑性下降，变形抗力增大；另一方面，金属在变形过程中，消耗于塑性变形的能量一部分转化为热能，当变形速度很大时，热能来不及散发，会使变形金属的温度升高，这种现象称为“热效应”。变形速度越大，热效应现象越明显，有利于金属塑性的提高，变形抗力下降，锻造性能变好(图13.27中A点以右)。但除高速锤锻造外，在一般的压力加工中变形速度不能超过A点的变形速度，因此热效应现象对可锻性并不影响。故塑性差的材料(如高速钢)或大型锻件，还是应采用较小的变形速度为宜。若变形速度过快会出现变形不均匀，造成局部变形过大而产生裂纹。

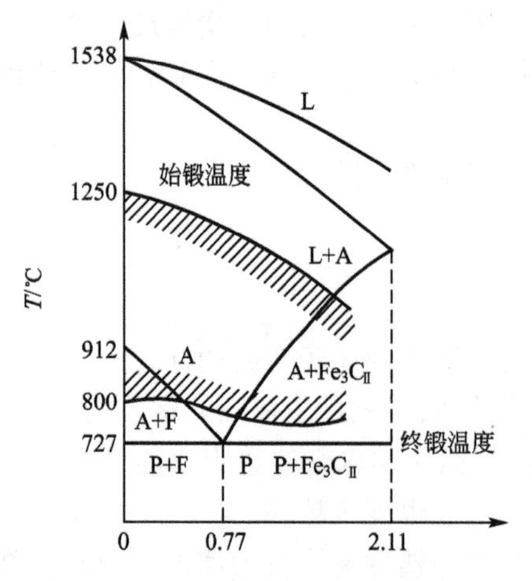

图13.26　碳素钢的锻造温度范围

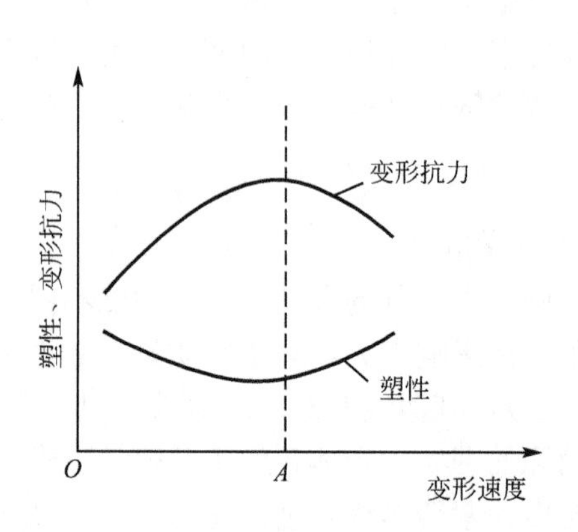

图13.27　变形速度对金属锻造性能的影响

3）应力状态

不同的压力加工方法在材料内部所产生的应力大小和性质(压应力和拉应力)是不同的。例如，金属在挤压变形时三向受压如图 13.28 (a)所示，而金属在拉拔时为两向压应力和一向拉应力，如图 13.28 (b)所示。镦粗时，坯料内部处于三向压应力状态，但侧表面在水平方向却处于拉应力状态，如图 13.28 (c)所示。

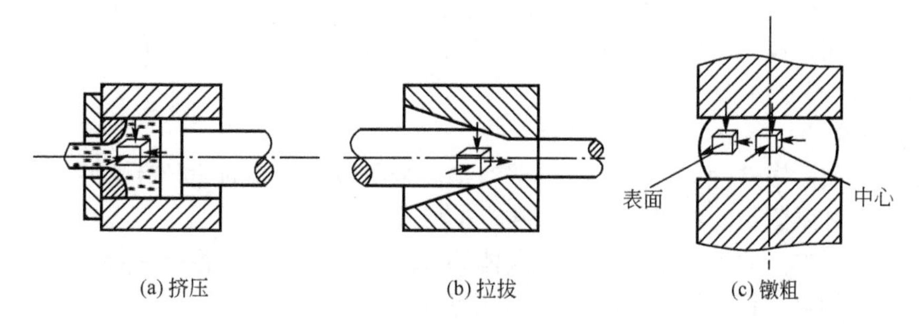

图 13.28　金属变形时的应力状态

实践证明，在三向应力状态下，压应力的数目越多，则其塑性越好；拉应力的数目越多，则其塑性越差。其原因是在金属材料内部或多或少总是存在着微小的气孔或裂纹等缺陷，在拉应力作用下，缺陷处会产生应力集中，使缺陷扩展甚至达到破坏，从而使金属丧失塑性；而压应力使金属内部原子间距减小，又不易使缺陷扩展，因此金属的塑性会提高。从变形抗力分析，压应力使金属内部摩擦增大，变形抗力也随着增大。在三向受压的应力状态下进行变形时，其变形抗力较三向应力状态不同时大得多。因此，选择压力加工方法时，应考虑应力状态对金属塑性变形的影响。

综上所述，金属的锻造性能既取决于金属的本质，又取决于变形条件。在压力加工过程中，要根据具体情况，尽量创造有利的变形条件，充分发挥金属的塑性，降低其变形抗力，以达到塑性成形加工的目的。

习　　题

一、选择题

1. 衡量金属锻造性能的指标是____________________。

2. 锻造中对坯料加热时，加热温度过高，会产生__________、__________等加热缺陷。

3. 钢在常温下的变形加工是__________加工，而铅在常温下的变形加工是________加工。

4. 硫、磷是碳钢中的有害杂质，前者使钢产生“________________”，后者使钢产生“__________”，所以两者的含量在钢中应严格控制。

二、选择题

1. 材料的锻造比总是(　　)。

A. 介于 0 与 1 之间　　B. >1

C. =1　　D. <0

2. 工件的所受最大切应力方向应与其纤维组织的方向呈(　　)。

A. 0°　　B. 45°　　C. 90°　　D. 180°

3. 提高锻件锻造性能，可以通过(　　)。

A. 长时间锻打　　B. 长时间加热　　C. 使用大锻锤　　D. 使用高速锤

三、名词解释

1. 锻造纤维组织；2. 锻造性能；3. 锻造比；4. 塑性变形；5. 滑移、滑移带、滑移系；6. 加工硬化；7. 织构；8. 回复、再结晶、再结晶温度；9. 冷变形加工；10. 热变形加工；11. 残余应力

四、简答题

1. 影响金属的锻造性能的因素有哪些？提高金属锻造性能的途径有哪些？

2. 什么是纤维组织？纤维组织的存在有何意义？

3. 塑性变形的主要方式是什么？单晶体和多晶体的塑性变形各有何特点？

4. 为什么细晶粒钢强度高，塑性、韧性也好？

5. 金属经冷变形后，其组织和性能有何变化？

6. 冷变形金属在加热时会发生什么变化？对其组织和性能又有何影响？

7. 影响再结晶温度和再结晶后晶粒大小的因素主要有哪些？

8. 金属铸件能否通过再结晶退火来细化晶粒？为什么？

9. 冷拔钢丝时，如果总变形量很大，则中间需穿插几次退火工序，为什么？中间退火温度应如何选择？

10. 用手来回弯折一根铁丝时，开始感觉省劲，后来逐渐感到有些费劲，最后铁丝被弯断。试解释过程演变的原因。

11. 当金属继续冷拔有困难时，通常需要进行什么热处理？为什么？

12. 热加工对金属组织和性能有什么影响？钢材在热加工(如锻造)时，为什么不产生加工硬化现象？

13. 锡在20℃、钨在1100℃时的塑性变形加工各属于哪种加工？为什么(锡的熔点为232℃，钨的熔点为3380℃)？

第14章 常用锻造方法

教学目标

通过本章的学习，掌握自由锻造、模型锻造的锻造设备与生产特点、锻造工艺、锻件的结构工艺性和典型锻件的工艺实例。

导入案例

发动机连杆

在汽车制造飞速发展的今天，发动机连杆生产也大都采用热模锻压力机生产线来加工模锻件，这类生产线主要由中频加热炉、辊锻机、热模锻压力机及切边压力机等组成。为节约能源，降低制造成本，国内已有多家锻造专业厂相继采用锻造余热淬火新工艺，这样生产线还包括余热淬火及连续回火设备，实现了连杆毛坯封闭生产。

此外，国内少数企业从国外引进了先进连杆机械加工新工艺，即胀断连杆，连杆体和连杆盖是整体锻造后脆性裂解，然后组装而成连杆锻造后要求控温冷却，即锻后余热正火，这样生产线还包括由微机控制的控温冷却炉。

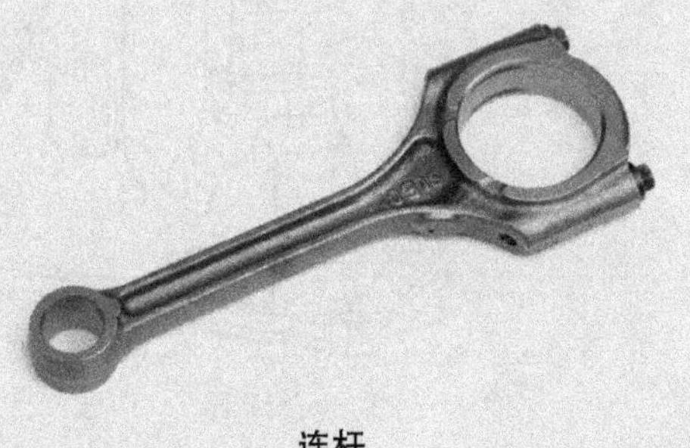

连杆

资料来源：刘宗江.《锻压装备与制造技术》，2010年第1期.

在冲击力或静压力的作用下，使热锭或热坯产生局部或全部的塑性变形，获得所需形状、尺寸和性能的锻件的加工方法称为锻造。锻造分为自由锻造和模型锻造两大类。

14.1 自由锻造

自由锻锻造过程中，金属坯料在上下砥铁间受压变形时，可朝各个方向自由流动，不受限制，其形状和尺寸主要由操作者来控制。

自由锻分为手工锻造和机器锻造两种，手工锻造只适合单件生产小型锻件，机器锻造是自由锻的主要生产方法。

14.1.1 锻造设备与生产特点

1. 自由锻的主要设备

自由锻所用设备根据它对坯料施加外力的性质不同，分为锻锤和液压机两大类。锻锤是依靠产生的冲击力使金属坯料变形，锻造设备主要有空气锤(图14.1)、蒸汽—空气自由锻锤(图14.2)，主要用于单件、小批量的中小型锻件的生产。液压机是依靠产生的压力使金属坯料变形。其中，水压机可产生很大的作用力，能锻造质量达300t的大型锻件，是重型机械厂锻造生产的主要设备。

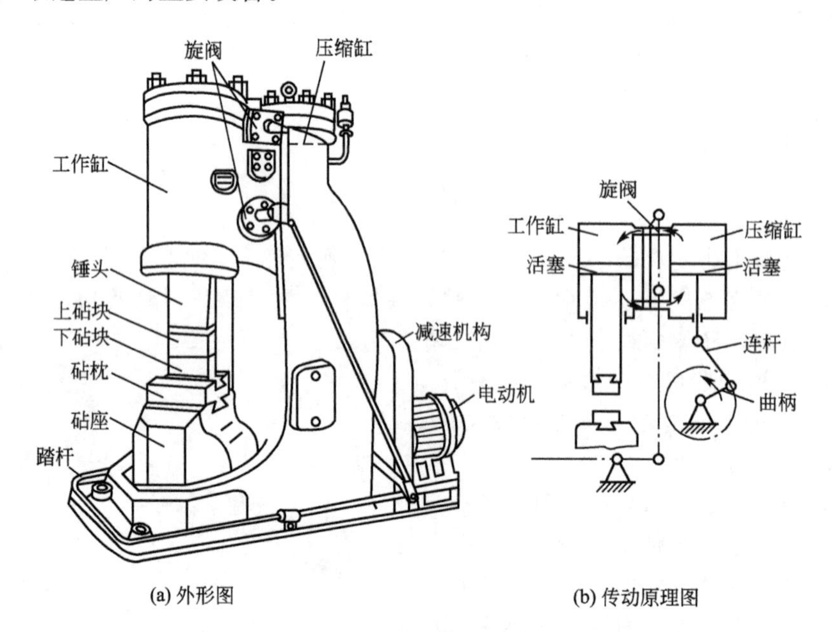

图14.1 空气锤的结构原理示意图

2. 自由锻的特点及应用

(1) 自由锻工艺灵活，工具简单，设备和工具的通用性强，成本低。

(2) 应用范围较为广泛，可锻造的锻件质量由不及1kg到300t。在重型机械中，自由锻是生产大型和特大型锻件的唯一成形方法。

(3) 锻件精度较低，加工余量较大，生产率低。

故一般只适合于单件小批量生产。自由锻也是锻制大型锻件的唯一方法。

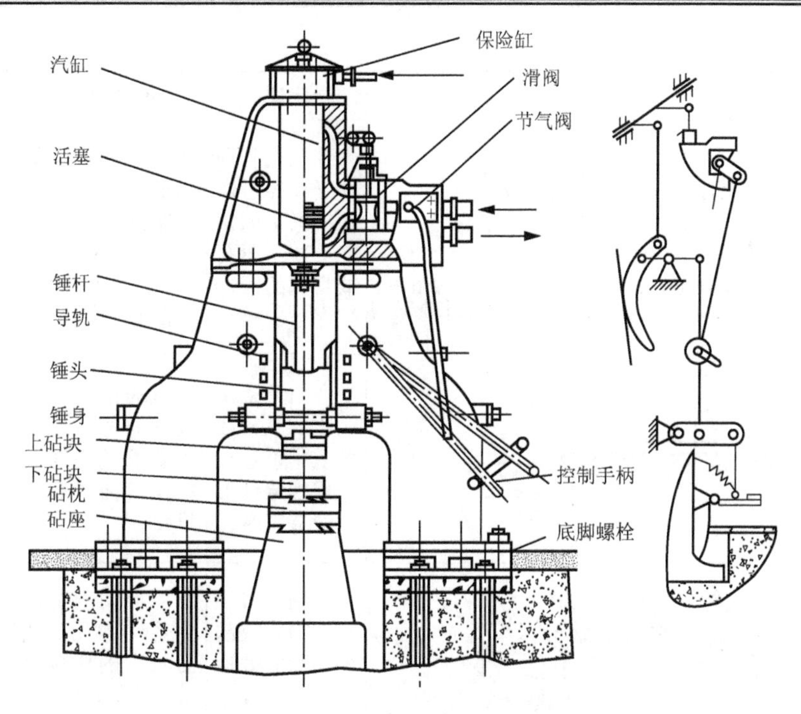

图 14.2　蒸汽-空气模锻锤结构原理图

14.1.2　自由锻造工艺

1. 自由锻的工序

自由锻的工序包括基本工序、辅助工序和修整工序。基本工序是指完成主要变形的工序，可分为：锻粗、拔长、冲孔、弯曲、切割(下料)、扭转、错移等；辅助工序是为基本工序操作方便而进行的预先变形，如压钳把、倒棱、压肩(压痕)等；修整工序是用以精整锻件外形尺寸、减小或消除外观缺陷的工序，如滚圆、平整等。表 14－1 介绍自由锻基本工序的操作。

表 14－1　自由锻基本工序操作

工序	图例	定义	操作要领	实　例
镦粗或局部镦粗		镦粗是使坯料高度减小、横截面积增大的锻造工序	（1）防止坯料镦弯、镦歪或镦偏 （2）防止产生裂纹和夹层	圆盘、齿轮、叶轮、轴头等
拔长	(a) 左右进料90°翻转　(b) 螺旋线进料90°翻转　(c) 前后进料90°翻转	拔长是使坯料横截面积减少，长度增加的锻造工序	（1）应使坯料各面受压均匀，冷却均匀 （2）截面的宽厚比应≤2.5，以防产生弯曲	锻造光轴、阶梯轴、拉杆等轴类锻件

（续）

工序	图例	定义	操作要领	实　例
冲孔	(a) 放正冲子，试冲 (b) 冲浅坑，撒煤末 (c) 冲至工件厚度的2/3深 (d) 翻转工件在铁砧圆孔上冲透	冲孔是利用冲子在经过镦粗或镦平的饼坯上冲出通孔或盲孔的锻造工序	(1) 坯料应加热至始锻温度，防止冲裂 (2) 冲深时应注意保持冲子与砧面垂直，防止冲歪	圆环、圆筒、齿圈、法兰、空心轴等
弯曲	芯棒 垫模	弯曲是采用一定的工具或模具，将毛坯弯成规定外形的锻造工序	弯曲前应根据锻件的弯曲程度和要求适当增大补偿弯曲区截面尺寸	弯杆、吊钩、轴瓦等
切割下料	3 4 1 (a) 单面切割 (b) 双面切割	切割是将坯料分割开或部分割断的锻造工序	双面切割易产生毛刺，常用于截面较大的坯料以及料头的切除	轴类、杆类零件以及毛坯下料等
扭转		扭转是将坯料的一部分相对另一部分旋转一定角度的锻造工序	适当固定，有效控制扭转变形区域	多拐曲轴和连杆等
错移		错移是使坯料的一部分相对于另一部分平移错开的锻造工序	切肩、错移并拔长	各种曲轴、偏心轴等

2. 自由锻的工艺规程

工艺规程是组织生产过程、控制和检查产品质量的依据。自由锻工艺规程如下。

1) 锻件图

锻件图是工艺规程的核心部分，它是以零件图为基础，结合自由锻造工艺特点绘制而成。绘制自由锻件图应考虑如下几个内容。

(1) 增加敷料。为了简化零件的形状和结构、便于锻造而增加的一部分金属，称为敷料。如消除零件上的锭槽、窄环形沟槽、齿谷或尺寸相差不大的台阶。

(2) 考虑加工余量和公差。在零件的加工表面上为切削加工而增加的尺寸称为余量，锻件公差是锻件名义尺寸的允许变动值，它们的数值应根据锻件的形状、尺寸、锻造方法等因素查相关手册确定。

自由锻锻件图如图 14.3 所示，图中双点画线为零件轮廓。

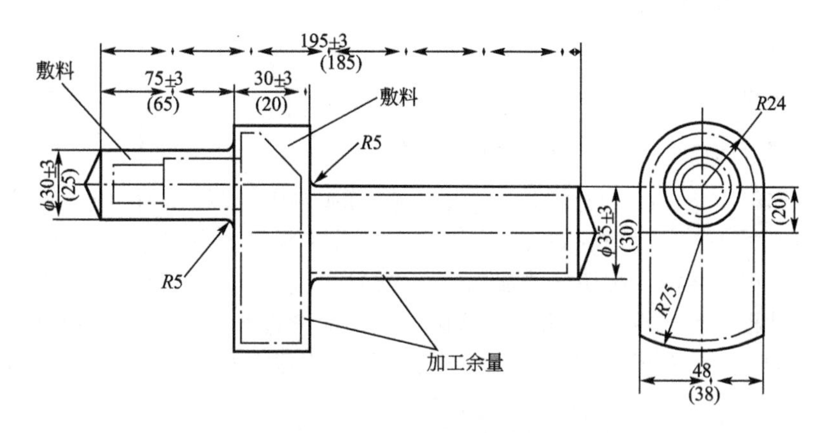

图 14.3　自由锻锻件图

2）确定变形工序

确定变形工序的依据是锻件的形状、尺寸、技术要求、生产批量和生产条件等。一般自由锻件大致可分为 6 类，其形状特征及主要变形工序见表 14-2。

表 14-2　自由锻锻件分类及基本工序方案

类　别	图　　例	工序方案	实　例
盘类	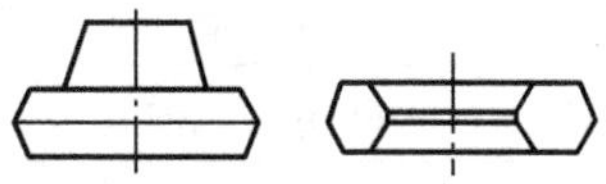	镦粗或局部镦粗	圆盘、齿轮、叶轮、轴头等
轴类	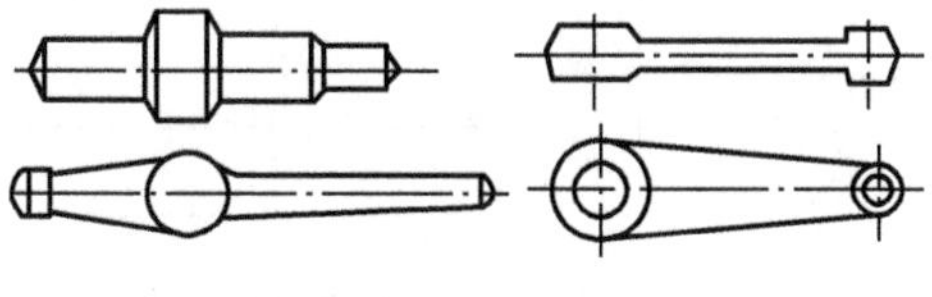	拔长或镦粗再拔长(或局部镦粗再拔长)	传动轴、齿轮轴、连杆、立柱等
环类	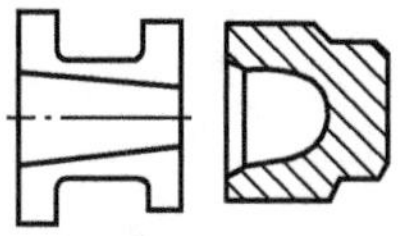	镦粗、冲孔、在心轴上扩孔	圆环、齿圈、法兰等
筒类	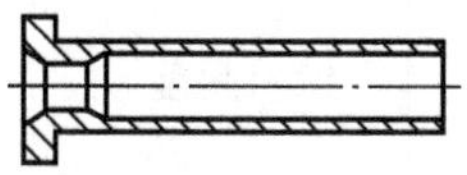	镦粗、冲孔、在心轴上拔长	圆筒、空心轴等
曲轴类	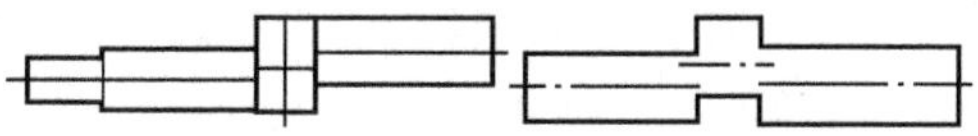	拔长、错移、镦台阶、扭转	各种曲轴、偏心轴
弯曲类	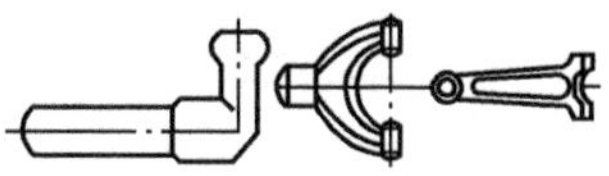	拔长、弯曲	弯杆、吊钩、轴瓦等

3）计算坯料重量及尺寸

锻件的重量可按下式计算：

$$G_{坯料}=G_{锻件}+G_{烧损}+G_{料头}$$

式中：$G_{坯料}$为坯料质量；$G_{锻件}$为锻件质量；$G_{烧损}$为加热中坯料表面因氧化而烧损的质量（第一次加热取被加热金属质量的2%～3%，以后各次加热的烧损量取1.5%～2%）；$G_{料头}$为在锻造过程中冲掉或被切掉的那部分金属的质量。

坯料的尺寸根据坯料重量和几何形状确定，还应考虑坯料在锻造中所必需的变形程度，即锻造比的问题。对于以钢锭作为坯料并采用拔长方法锻制的锻件，锻造比一般不小于2.5～3；如果采用轧材作坯料，则锻造比可取1.3～1.5。

除上述内容外，任何锻造方法都还应确定始锻温度、终锻温度、加热规范、冷却规范、选定相应的设备及确定锻后所必需的辅助工序等。

14.1.3　典型锻件的自由锻工艺实例

齿轮是机械设备中最为常见的零件，其毛坯一般采用锻造成型，如若生产批量不大，可采用自由锻锻造工艺，见表14-3。

表14-3　典型锻件的自由锻工艺示例

锻件名称	工艺类别	锻造温度范围	设　备	材　料	加热火次
齿轮坯	自由锻	800～1200℃	65kg空气锤	45钢	1
锻　件　图			坯　料　图		
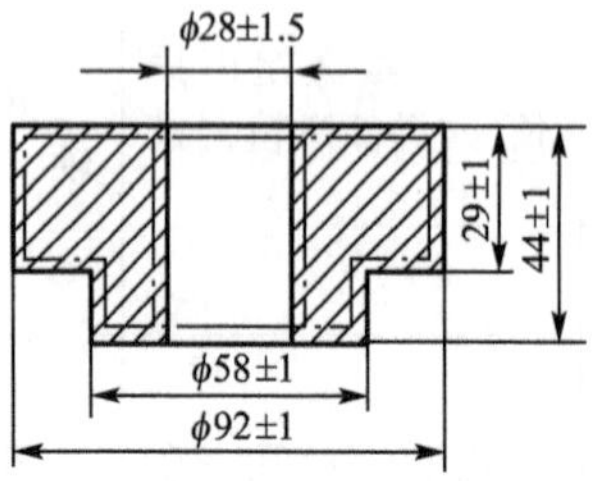 φ28±1.5　29±1　44±1　φ58±1　φ92±1			 φ50　125		
1	局部镦粗	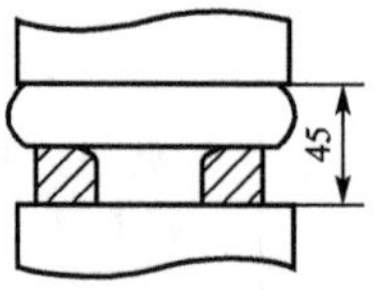 45	火钳 镦粗漏盘	控制镦粗后的高度为45mm	
2	冲孔	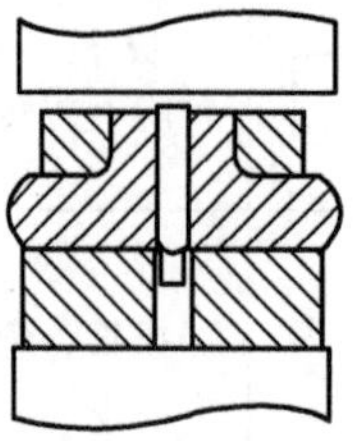	火钳 镦粗漏盘 冲子 冲孔漏盘	(1) 注意冲子对中 (2) 采用双面冲孔	

（续）

锻件名称	工艺类别	锻造温度范围	设　备	材　料	加热火次
齿轮坯	自由锻	800～1200℃	65kg 空气锤	45 钢	1

锻　件　图			坯　料　图	
3	修整外圆	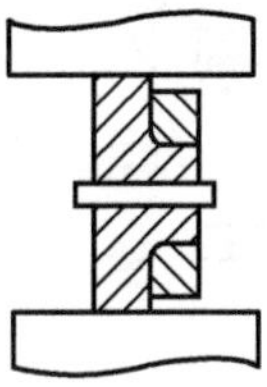	火钳 冲子	边轻打边修整，消除外圆鼓形，并达到 ϕ92±1 mm
4	修整平面	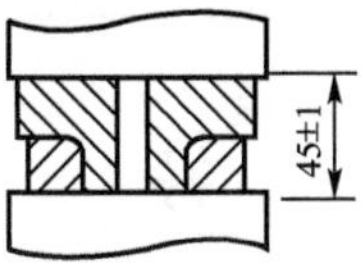	火钳 镦粗漏盘	轻打使锻件厚度达到 45±1mm

14. 1. 4　自由锻件的结构工艺性

设计自由锻造零件时，除应满足使用性能要求外，还必须考虑锻造工艺的特点，一般情况力求简单和规则，这样可使自由锻成形方便，节约金属，保证质量和提高生产率。具体要求见表 14－4。

表 14－4　自由锻锻件结构工艺性

结构要求	不合理的结构	合理的结构
尽量避免锥体或斜面	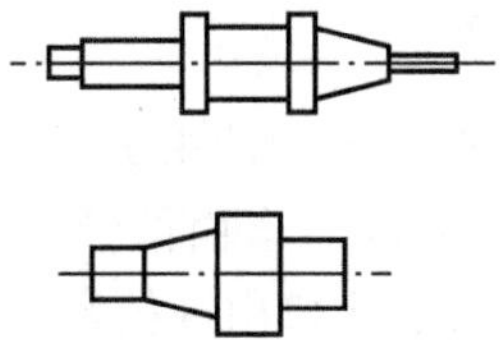	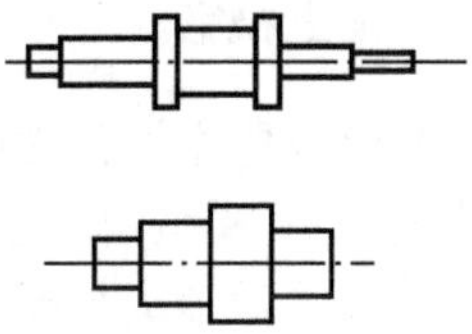
避免几何体的交接处形成空间曲线（圆柱面与圆柱面相交或非规则外形）	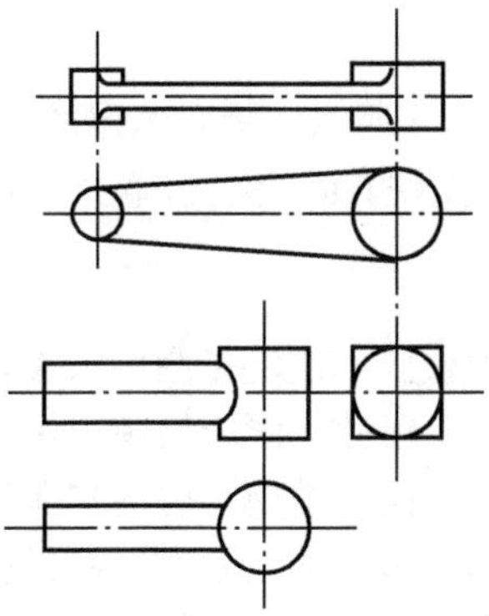	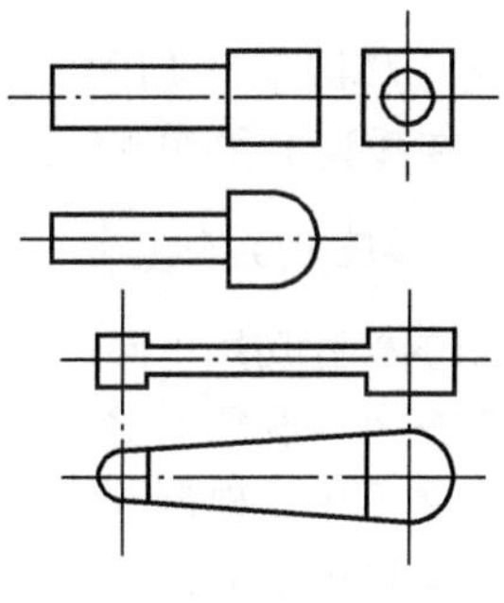

(续)

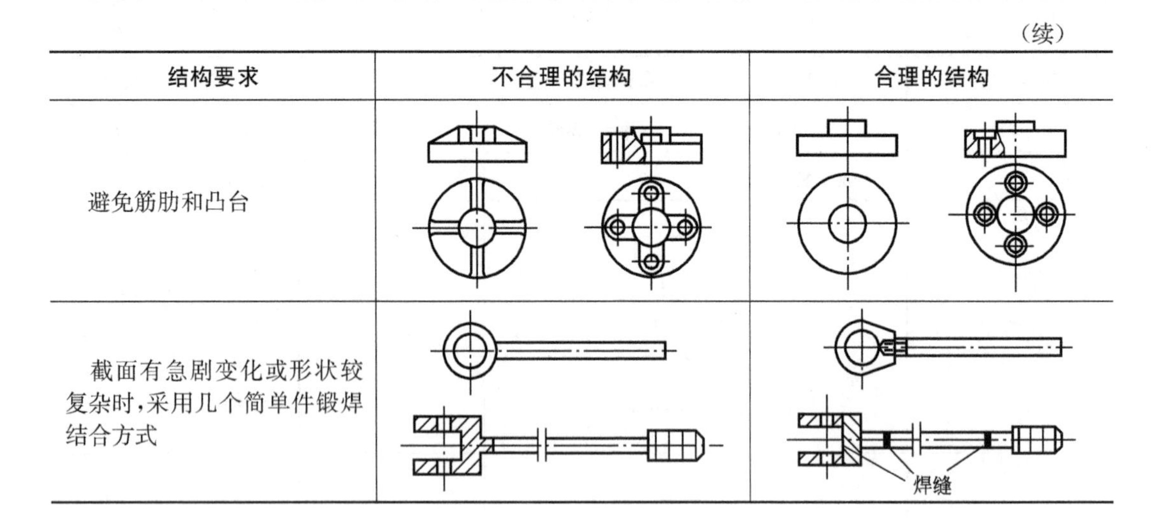

结构要求	不合理的结构	合理的结构
避免筋肋和凸台		
截面有急剧变化或形状较复杂时，采用几个简单件锻焊结合方式		焊缝

14.2 模　　锻

模型锻造简称为模锻，是将加热到锻造温度的金属坯料放到固定在模锻设备上的锻模模膛内，使坯料受压变形，从而获得锻件的方法。

与自由锻和胎模锻相比，模锻可以锻制形状较为复杂的锻件，且锻件的形状和尺寸较准确、表面质量好，材料利用率和生产效率高。但模锻需采用专用的模锻设备和锻模，投资大、前期准备时间长，并且由于受三向压应力变形，变形抗力大，故而模锻一般只适用于不超过150kg的中小型锻件的大批量生产。

模锻按使用的设备不同分为：锤上模锻、曲柄压力机上模锻、摩擦压力机上模锻、胎模锻等。

14.2.1 锤上模锻

锤上模锻所用设备为模锻锤，由它产生的冲击力使金属变形，图14.4所示为一般常用的蒸汽-空气模锻锤，它的砧座比相同吨位自由锻锤的砧座增大约1倍，并与锤身连成一个刚性整体，锤头与导轨之间的配合也比自由锻精密，因锤头的运动精度较高，使上模与下模在锤击时对位准确。

1. 锻模结构

锤上模锻生产所用的锻模如图14.5所示。带有燕尾的上模2和下模4分别用楔铁10和7固定在锤头1和模垫5上，模垫用楔铁6固定在砧座上。上模随锤头做上下往复运动。

2. 模膛的类型

根据模膛功用不同，可分为模锻模膛和制坯模膛两大类。模锻模膛又分为终锻模膛和预锻模膛两种；制坯模膛一般包括有拔长模膛、滚压模膛、弯曲模膛、切断模膛等，如图14.6所示。生产中，根据锻件复杂程度的不同，锻模可分为单膛锻模和多膛锻模两种。单膛锻模是在一副锻模上只具有一个终锻模膛；多膛模锻是在一副锻模上具有两个以上的模膛，把制坯模膛或预锻模膛与终锻模膛同做在一副锻模上，如图14.7所示。

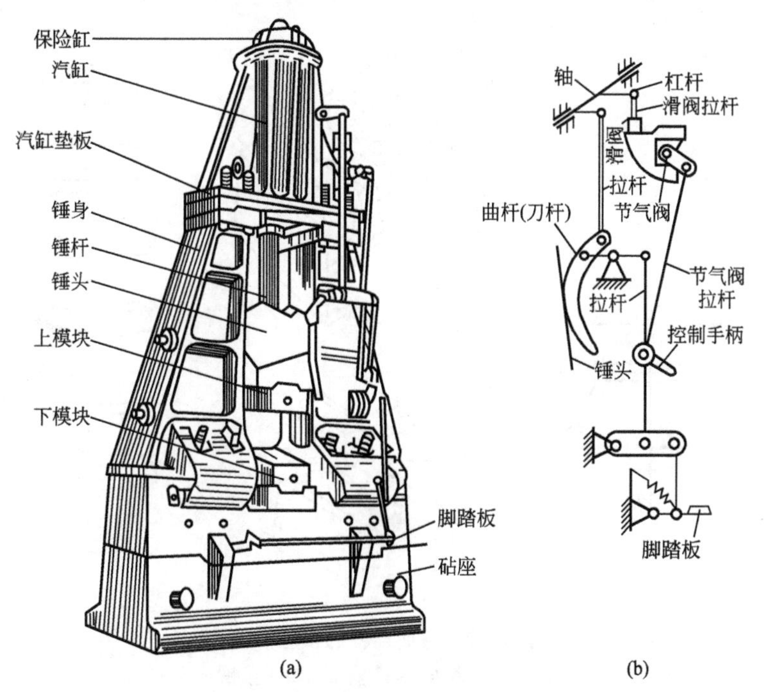

图 14.4　蒸汽-空气模锻锤结构原理图

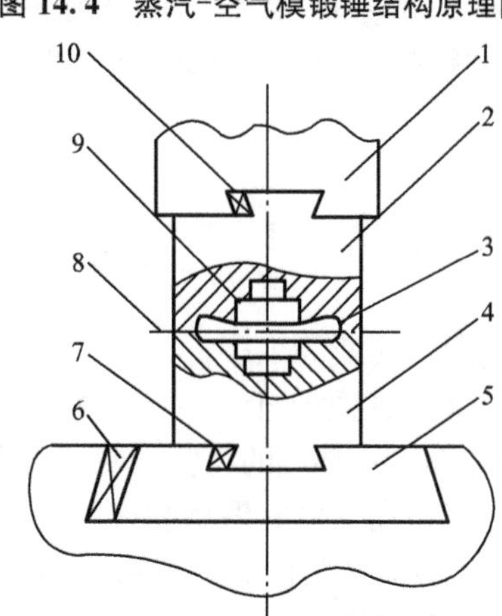

图 14.5　锤上锻模

1—锤头　2—上模　3—飞边槽

4—下模　5—模垫　6、7、10—楔铁

8—分模面　9—模膛

图 14.6　常见的制坯模膛

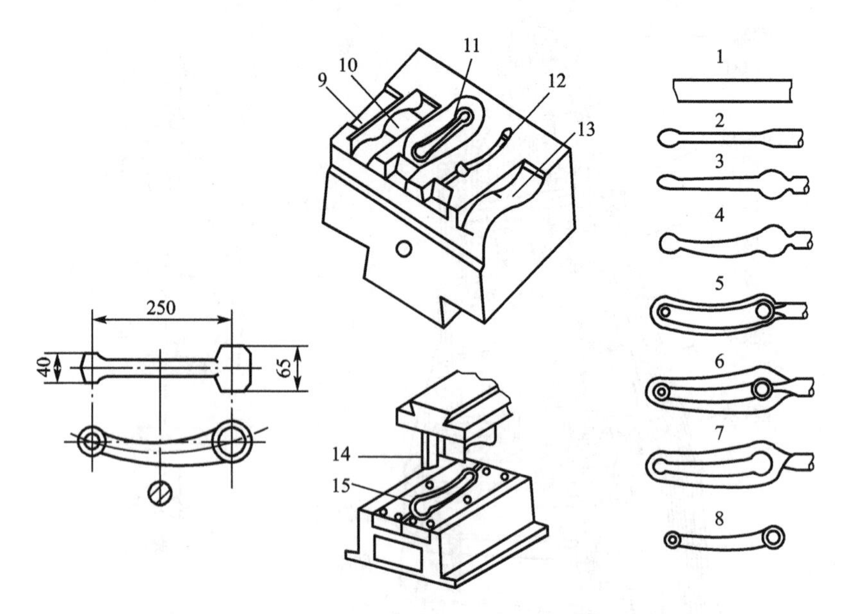

图 14.7　弯曲连杆的多膛模锻

1—原始坯料　2—延伸　3—滚压　4—弯曲　5—预锻　6—终锻　7—飞边
8—锻件　9—延伸模堂　10—滚压模堂　11—终锻模堂　12—预锻模堂
13—弯曲模堂　14—切边凸模　15—切边凹模

3. 锻造工步

模锻的锻造工步包括制坯工步和模锻工步。

1）制坯工步

包括镦粗、拔长、滚挤、弯曲、切断等工序。

（1）镦粗：将坯料放正在下模的镦粗平台上，利用上模与下模打靠时镦粗平台的闭合高度来控制坯料镦粗的高度。其目的是减小坯料的高度，使氧化皮脱落，可减少模锻时终锻型腔的磨损，同时防止过多氧化皮沉积在下模终锻型腔底部，而造成锻件“缺肉”充不满。

（2）拔长：利用模具上拔长型腔对坯料的某一部分进行拔长，使其横截面积减小，长度增加。操作时坯料要不断送进并不断翻转。拔长型腔一般设在锻模的边缘，分为开式和闭式两种。

（3）滚挤：利用锻模上的滚挤型腔使坯料的某部分横截面积减小，而另一部分横截面积增大。操作时将坯料需滚挤的部分放在滚挤型腔内，一边锻打，一边不断翻转坯料。滚挤型腔分为开式和闭式两种，当模锻件沿轴线各部分的横截面相差不很大或对拔长后的毛坯进行修整时，采用开式滚挤模腔；当锻件的最大和最小截面相差较大时，采用闭式滚挤型腔。

（4）弯曲：对于轴线弯曲的杆类锻件，需用弯曲型腔对坯料进行弯曲。坯料可直接或先经其他制坯工序后放入弯曲型腔进行弯曲。

（5）切断：在上下模的角上设置切断型腔，用来切断金属。当单件锻造时，用它把夹持部分切下得到带有毛边的锻件；多件锻造时用来分离锻件。

2）模锻工步

模锻工步包括预锻工序和终锻工序。

预锻是将坯料(可先制坯)放于预锻型腔中，锻打成型，得到形状与终锻件相近，高度尺寸较终锻件高，宽度尺寸较终锻件小的坯料(称为预锻件)。预锻的目的是为了在终锻时主要以镦粗方式成型，易于充满型腔，同时可减少终锻型腔的磨损，延长其使用寿命。

终锻是将坯料或预锻件放在终锻型腔中锻打成型，得到所需形状和尺寸的锻件。开式模锻在设计终锻型腔时，周边设计有毛边槽，其作用是阻碍金属从模腔中流出，使金属易于充满型腔；并容纳多余的金属。

为了提高模锻件成形后精度和表面质量的工序称精整。包括切边、冲连皮、校正等。图 14.8 所示为切边模和冲孔模。

4. 模锻锻件图的绘制

模锻件的锻件图是以零件图为基础，考虑余块、加工余量、锻造公差、分模面位置、模锻斜度和圆角半径等因素绘制的。

(1) 确定分模面。分模面是上下锻模在模锻件上的分界面，其基本确定原则见表 14-5。

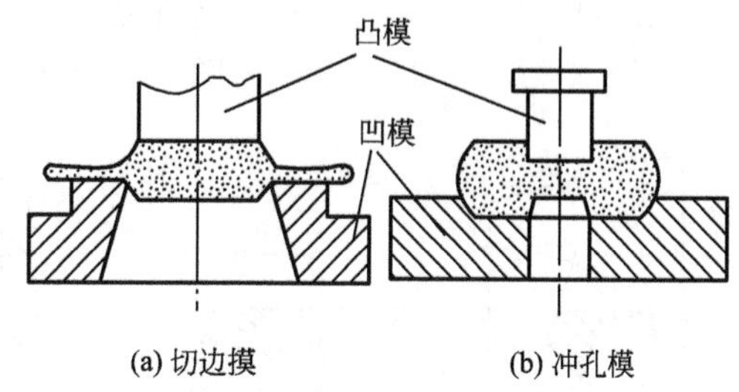

图 14.8　切边模和冲孔模

表 14-5　分模面的确定原则

分模面的确定原则	主要理由
尽量选择最大截面(图 14.9 中 $a-a$ 面不合理)	便于锻件从模膛中取出
模膛尽量浅(图 14.9 中 $b-b$ 面不合理)	金属易于充满型腔
尽量采用平面	便于模具的生产
使上下模沿分模面的模膛轮廓一致(图 14.9 中 $c-c$ 面不合理)	便于及时发现错模现象
使敷料尽量少(图 14.9 中 $b-b$ 面不合理)	节省金属

按照上述原则，图 14.9 中 $d-d$ 面是最合理的分模面。

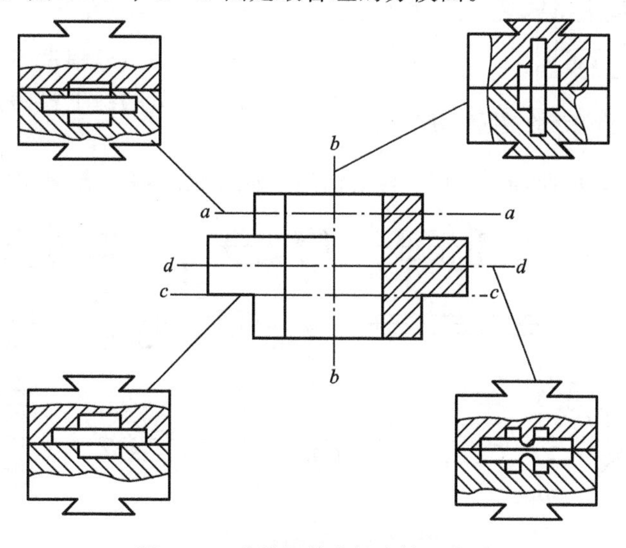

图 14.9　分模面的选择比较示意图

(2) 确定加工余量和锻造公差。锻件上凡需切削加工的表面均应有机械加工余量，所有尺寸均应给出锻造公差。单边余量一般为1～4mm，偏差值一般为±(1～3mm)，锻锤吨位小时取较小值。

(3) 模锻斜度。为了使锻件易于从模膛中取出，锻件上与分模面垂直的部分需带一定斜度，称为模锻斜度或拔模斜度。外壁斜度通常为7°，特殊情况下用5°和10°；内壁斜度应较外壁斜度大2°～3°，如图14.10所示。

(4) 模锻圆角半径。锻件上的转角处需采用圆角，以利于金属充满模膛和提高锻模寿命。模膛内圆角(凸圆角)半径 r 为单面加工余量与成品零件的圆角半径之和，外圆角(凹圆角)半径 R 为 r 的2～3倍，如图14.11所示。

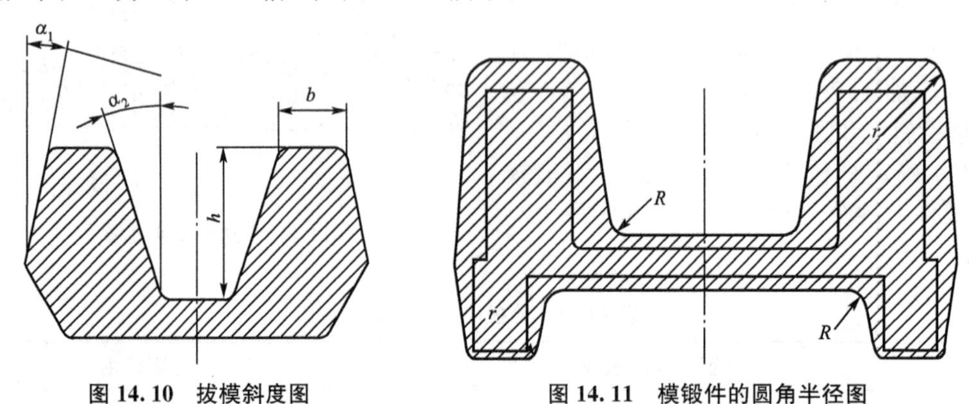

图14.10 拔模斜度图

图14.11 模锻件的圆角半径图

(5) 冲孔连皮。需要锻出的孔内需留连皮(即一层较薄的金属)，以减少模膛凸出部位的磨损，连皮厚度通常为4～8mm，孔径大时取值较大。

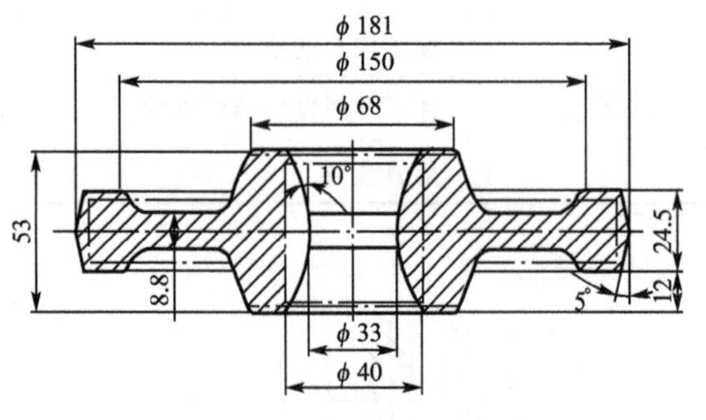

图14.12 齿轮坯的模锻件图

上述参数确定后，便可以绘制模锻件图。图14.12所示为一个齿轮坯的模锻件图例。

5. 模锻工序的确定

模锻工序主要根据模锻件结构形状和尺寸确定。常见的锤上模锻件可以分为以下两大类。

(1) 长轴类零件，如曲轴、连杆、台阶轴等，如图14.13所示。锻件的长度与宽度之比

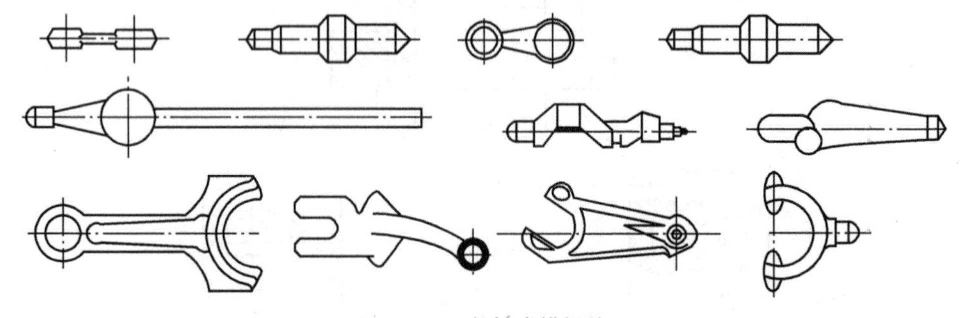

图14.13 长轴类模锻件

较大，此类锻件在锻造过程中，锤击方向垂直于锻件的轴线，终锻时，金属沿高度与宽度方向流动，而沿长度方向没有显著的流动，常选用拔长、滚压、弯曲、预锻和终锻等工序。

(2) 盘类零件，如齿轮、法兰盘等，如图 14.14 所示。此类模锻件在锻造过程中，锤击方向与坯料轴线相同，终锻时金属沿高度、宽度及长度方向均产生流动，因此常选用镦粗、预锻、终锻等工序。

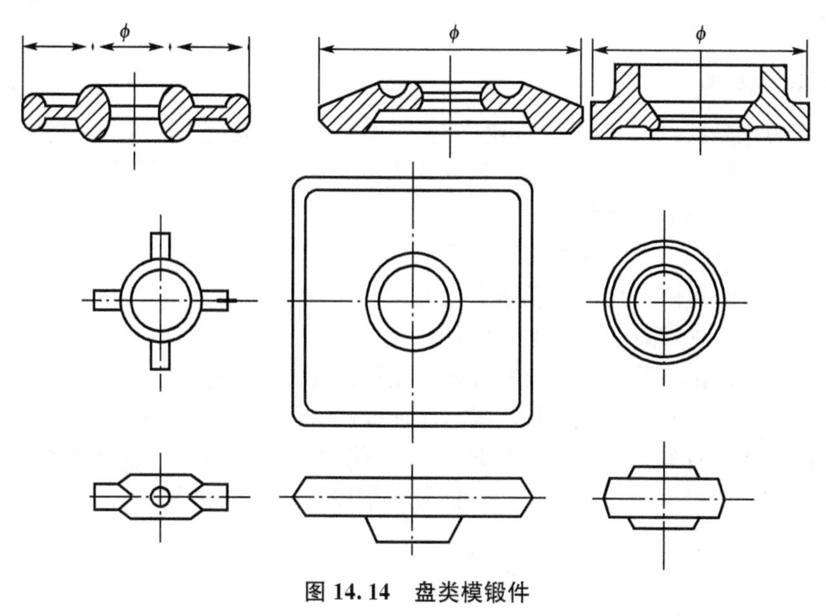

图 14.14　盘类模锻件

6. 模锻件的结构工艺性

设计模锻零件时，应使结构符合以下原则。

(1) 必须具有一个合理的分模面，以保证模锻成形后，容易从锻模中取出，并且使敷料最少，锻模容易制造。

(2) 考虑斜度和圆角，模锻件上与分模面垂直的非加工表面，应设计出模锻斜度。两个非加工表面形成的角(包括外角和内角)都应按模锻圆角设计。

(3) 只有与其他机件配合的表面才需进行机械加工，由于模锻件尺寸精度较高和表面粗糙度值低，因此零件上的其他表面均应设计为非加工表面。

(4) 外形应力求简单、平直和对称，为了使金属容易充满模膛而减少工序，尽量避免模锻件截面间差别过大，或具有薄壁、高筋、高台等结构。图 14.15(a)所示零件有一个高而薄的凸缘，金属难以充满模膛，且使锻模制造和成形后取出锻件较为困难；图 14.15(b)所示模锻件扁而薄，模锻时，薄部金属冷却快，变形抗力剧增，易损坏锻模。

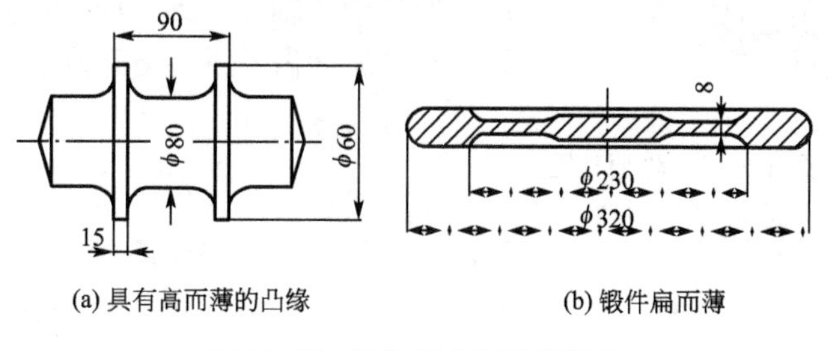

图 14.15　结构不合理的模锻件

(5) 应避免深孔或多孔结构，便于模具制造和延长模具使用寿命。

14.2.2 其他设备模锻

锤上模锻具有工艺适应性广的特点，目前依然在锻造生产中得到广泛应用。但是，它的震动和噪音大、劳动条件差、效率低、能耗大等不足难以克服，因此，近年来大吨位模锻锤逐渐被压力机取代。

1. 热模锻压力机

热模锻压力机是我国目前模锻行业广泛采用的模锻设备之一。它可以实现多模膛锻造，锻件尺寸精度较高，加工余量小，适用于大批量流水线生产，是模锻车间进行设备更新改造的优选设备。具有如下优点。

(1) 振动和噪声小，工作环境比较安静。

(2) 设备的刚性和稳定性好，操作安全可靠。

(3) 滑块行程次数较高，因而生产率较高。

(4) 有可靠的导轨和可调整精确的行程，能够保证锻件的精度。

(5) 具有较大顶出力的上下顶料装置，保证锻件贴模后容易脱出。

(6) 具有脱出“闷车”的装置，当坯料尺寸偏大、温度偏低、设备调整或操作失误时，出现“闷车”而不至于损坏设备，并能及时解脱“闷车”状况。

热模锻压力机的缺点如下。

(1) 锻造过程中清除氧化皮较困难。

(2) 超负荷时容易损坏设备。

(3) 它与模锻锤相比较，其工艺万能性较小，对滚挤或拔长工序较困难。

热模锻压力机可分为楔式热模锻压力机与连杆式热模锻压力机两种形式。

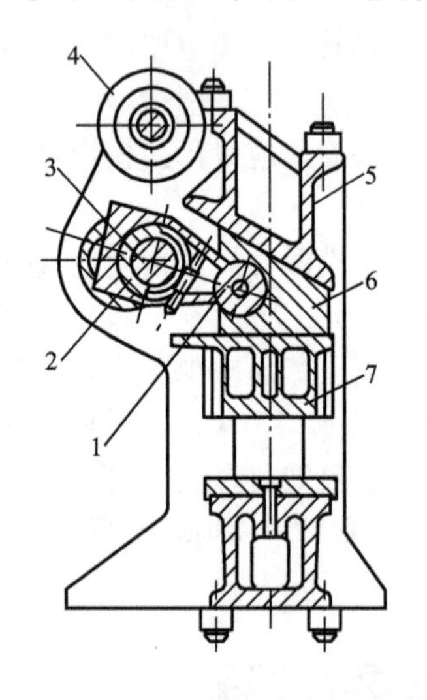

图 14.16 楔式热模锻压力机工作原理图

1—连杆 2—偏心蜗轮 3—曲轴
4—电动机 5—机身
6—传动楔块 7—滑块

楔式热模锻压力机工作原理如图 14.16 所示，电动机 4 转动时，通过带轮和齿轮传至曲轴 3，再通过连杆 1 传动楔块 6 使滑块 7 沿导轨做上下往复运动，调整设备的装模高度是通过装在连杆大头上的偏心蜗轮 2 来实现的。

连杆式热模锻压力机工作原理如图 14.17 所示，当电动机 9 转动时，通过 V 型带使传动轴 6 上的飞轮 7 和小齿轮 10 转动，并带动大齿轮 11 和曲轴 5，当离合器 12 松开时，大齿轮 11 便空转，当离合器 12 接合时，制动器 4 超前离合器脱开，大齿轮便带动曲轴 5 转动。曲轴 5 通过连杆 3 带动滑块 2 在导轨间做上下往复运动。

2. 平锻机上模锻

平锻机作为曲轴压力机的一个分支，主要是用局部镦粗的方法生产模锻件。在该设备上除可进行局部聚集工步外，还可实现冲孔、弯曲、翻边、切边和切断等工作。由于它的生产率较高，适于大批量的生产，故广泛地用于汽车、拖拉机、轴承和航空工业中。根据该设备生产的工艺特点，对平锻机具有如下要求。

（1）需要设备有足够的刚度，滑块的行程不变，工作时振动小，保证锻出高精度的锻件。

（2）需要有两套机构按照各自的运动规律分别实现冲头的镦锻和凹模的夹紧。

（3）夹紧装置有过载保护机构，以防工作中因意外因素过载时损坏设备。

（4）应有充分良好的润滑系统，以保证设备在频繁工作中能正常运行。

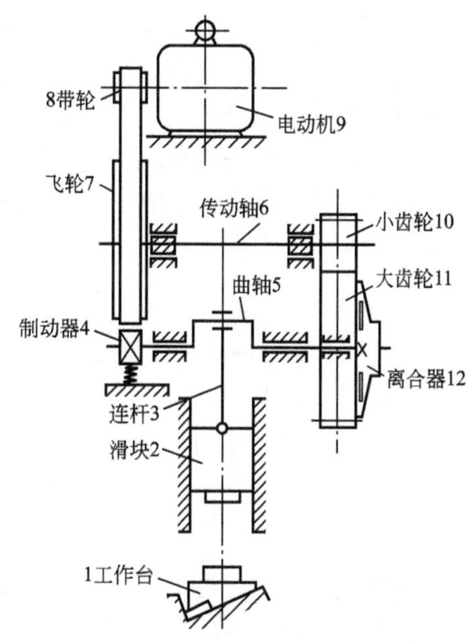

图 14.17　连杆式热模锻压力机的工作原理

平锻机可实现多模膛模锻，锻件的加工余量小，很少有飞边，锻件质量好，生产率高，一般不需要配备切边或其他辅助(校正，精整等)设备。当采用水平分模的平锻机时，操作方便，容易实现机械化和自动化。但使用该设备生产模锻件时，要求坯料有较精确的尺寸，否则不能夹紧坯料或产生难以清除的毛刺(飞边)，且生产锻件的形状有一定的局限性。

3. 螺旋压力机

螺旋压力机除传统的双盘、单盘摩擦螺旋压力机外，还有液压螺旋压力机、电动螺旋压力机、气液螺旋压力机和离合器式高能螺旋压力机等。由于后几种螺旋压力机还没有在我国广泛使用，故暂不作介绍。

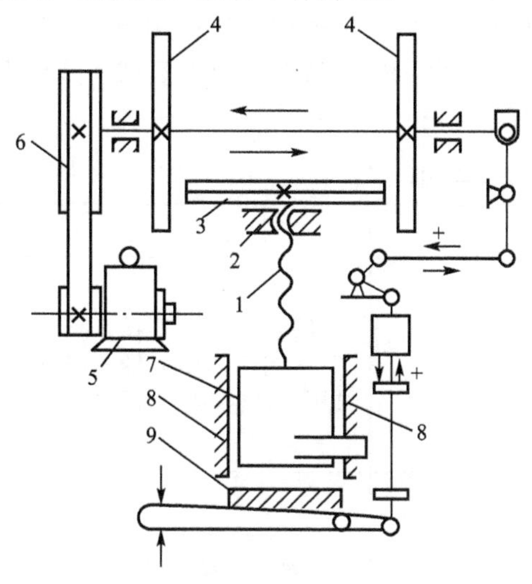

图 14.18　摩擦螺旋压力机工作原理图

1—螺杆　2—螺母　3—飞轮　4—摩擦盘
5—电动机　6—传动带　7—滑块
8—导轨　9—机座

螺旋压力机是利用飞轮或蓄势器储存能量，而在锻打时迅速释放出来，可以获得很大的打击力。其有效打击能量除往复运动的动能外，还有由于工作部分的旋转而得到的附加旋转运动动能。它的优点是设备结构简单、紧凑、振动小，基础简单、没有砧座、减少了设备和厂房的投资，劳动条件较好、操作安全、维护容易，具有顶出装置，可减少模锻件斜度，工艺性能较广，锻件的质量好、精度高，尤其在精锻齿轮中得到广泛的应用。它的缺点是行程速度较慢、打击力不易调节，生产率相对而言较低，对有高肋或尖角的锻件较难充满，不宜用于多模膛模锻。

摩擦螺旋压力机的工作原理如图 14.18 所示。锻模分别安装在滑块 7 和机座 9 上。滑块与螺杆 1 相连，沿导轨 8 上下滑动。螺杆穿过固定在机架上的螺母 2，其上端装有飞轮 3。两个摩擦盘4装在一根轴上，由电动机5经传动带6使摩擦盘轴旋转。改变操纵杆位置可使摩擦盘轴沿轴向窜动，这样就会把某一个摩擦盘靠紧飞轮边缘，借摩擦力带动飞轮转动。飞轮分别与两个摩擦盘接触，产生不同方向的转动，螺杆也就随飞轮作不同方向的转动。在螺母的约束下，螺杆的转动变为滑块的上下滑动，实现模锻生产。

摩擦压力机模锻适合于中小型锻件的小批或中批量生产，如铆钉、螺钉阀、齿轮、三通阀等，如图14.19所示。

图14.19 摩擦压力机上锻造的锻件图

14.2.3 胎模锻

胎模锻是在自由锻设备上使用可移动的简单模具生产锻件的一种锻造方法。胎模锻造一般先采用自由锻制坯，然后在胎模中终锻成形。锻件的形状和尺寸主要靠胎模的型槽来保证。胎模不固定在设备上，锻造时用工具夹持着进行锻打。

与自由锻相比，胎模锻生产效率高，锻件加工余量小，精度高；与模锻相比，胎模制造简单，使用方便，成本较低，也不需要昂贵的设备。因此胎模锻曾广泛应用于中小型锻件的中小批量生产中，但胎模锻劳动强度大，辅助操作多，模具寿命低，在现代工业中已逐渐被模锻所取代。胎模锻锻模的种类、结构及用途见表14-6。

表14-6 胎模锻锻模的种类、结构和用途

胎模的种类	结构	用　途
摔　模	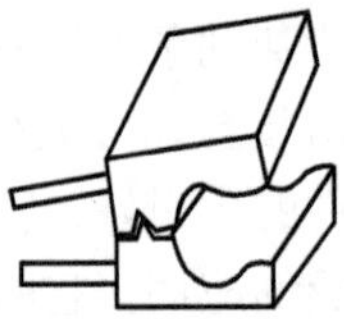	摔模由上摔、下摔及摔把组成,常用于回转体轴类锻件的成形或精整,或为合模制坯
弯　模	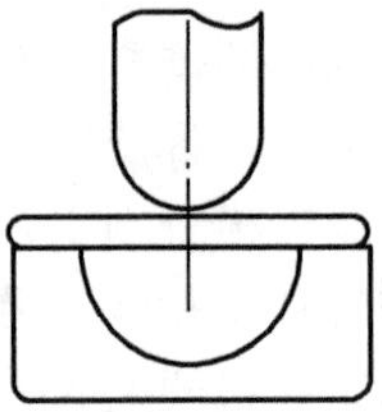	弯模由上模、下模组成,用于吊钩、吊环等弯杆类锻件的成形或为合模制坯

（续）

胎模的种类	结构	用　　途
合　模		合模由上模、下模及导向装置组成，多用于连杆、拨叉等形状较复杂的非回转体锻件终锻成形
扣　模		扣模由上扣、下扣组成，有时仅有下扣，主要用于非回转体锻件的整体、局部成形或为合模制坯
冲切模		冲切模由冲头和凹模组成，用于锻件锻后冲孔和切边
组合套模		组合套模由模套及上模、下模组成，用于齿轮、法兰盘等盘类零件的成形

典型锻件的胎模锻工艺过程如图 14.20 所示。

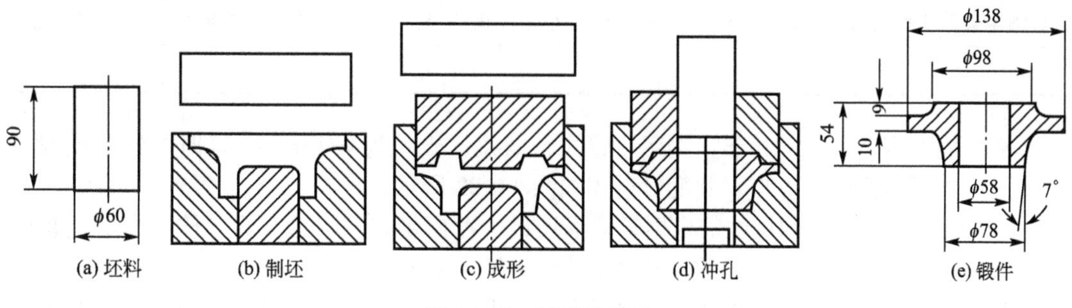

图 14.20　轴套胎模锻

14.2.4 典型锻件的模锻工艺实例

在 3000kN 螺旋压力机上模锻双头扳手锻件。

1. 工艺分析

双头扳手锻件图如图 14.21 所示。

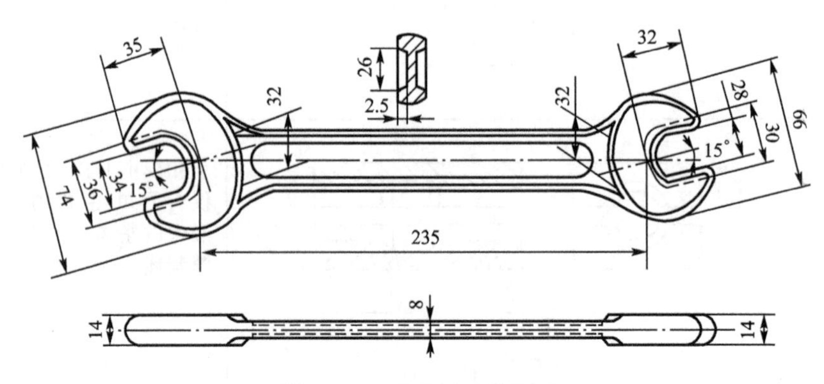

图 14.21 双头扳手锻件图

从图 14.21 可以看出，锻件类别属长轴类锻件，中间杆部为工字形截面，两端为截面大小不同端头，其尺寸和形状要求控制在一定的精度范围内。根据双头扳手的结构和技术要求，确定用精密模锻工艺生产。其工艺流程为：下料—加热—辊锻制坯—精锻—切边—余热淬火、回火—清理—精压—打磨—检查。

2. 工艺设计

1) 辊锻制坯设计

按计算毛坯图确定辊锻制坯的步骤如下。

(1) 编制计算毛坯图。在锻件图各截面上加飞边后得计算毛坯。该计算毛坯可分成 3 段：左端头Ⅰ、杆部Ⅱ和右端头Ⅲ。其最大截面 A_{max} 在右端，而最小截面 A_{min} 在中间。

(2) 设计辊锻毛坯。由于Ⅰ和Ⅲ两部分的截面差别不是太大，为简化起见，都按最大截面计算来设计辊锻毛坯。

(3) 确定辊锻工艺参数，见表 14-7。

表 14-7 双头扳手辊锻工艺参数

辊锻毛坯最大截面面积 A_{max}/mm^2	辊锻毛坯最小截面面积 A_{min}/mm^2	平均延伸系数	辊锻道次数
1130	330	≈1.8	2

根据辊锻制坯工艺的特点，选用单臂式辊锻机，辊径为 ϕ315mm，这时的辊锻模膛系可采用：方形—椭圆—方形，其变形过程如图 14.22 所示。

(4) 确定辊锻坯料的尺寸。根据辊锻毛坯最大截面确定坯料边长后，按照变形过程图并考虑加热火耗，计算出坯料的尺寸为 ϕ34mm×136mm。

双头扳手的锻件制坯也可用楔模轧制坯，这时选用 ϕ38mm 棒料，除将中间杆部轧成 ϕ20mm 外，两端头还可按计算毛坯图的形状进行倒角，可节约金属 0.1～0.2kg。由于最大截面面积和最小截面面积之比大于 2，因此楔形模应设计成两道一次完成。

2）螺旋压力机精锻

制出的毛坯经图 14.22 所示的终锻模成形后，可利用锻后余热直接淬火，经回火达到锻件图技术要求的热处理硬度。

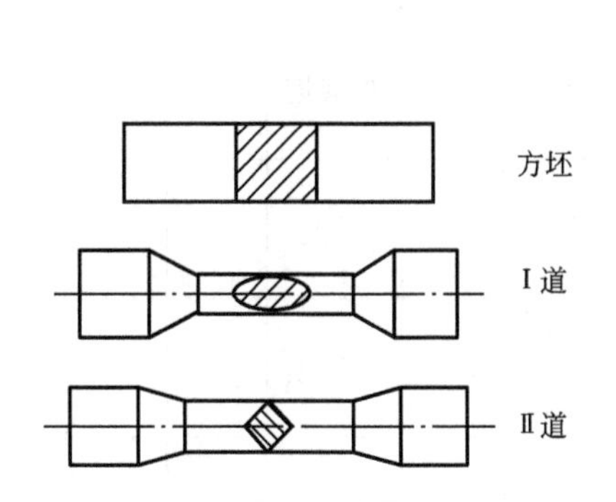

图 14.22　双头扳手辊锻变形过程图
（备注：夹持时方形坯料的对角线呈水平和垂直位置，送入下一工步前应转 90°。）

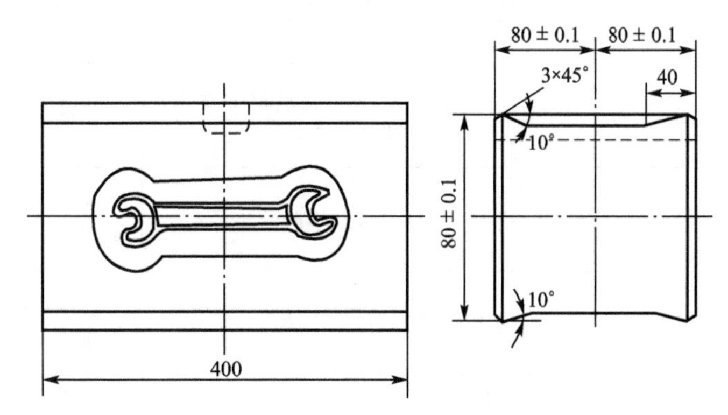

图 14.23　双头扳手锻模图

3. 工艺过程卡

双头扳手精锻工艺卡见表 14 - 8。

表 14 - 8　双头扳手精锻工艺卡

<table>
<tr><td rowspan="2">（厂名）</td><td rowspan="2">模锻工艺卡片</td><td>产品型号</td><td></td><td>零件图号</td><td></td><td>共 1 页</td></tr>
<tr><td>产品名称</td><td></td><td>零件名称</td><td></td><td>第 1 页</td></tr>
<tr><td>材料牌号</td><td>45 钢</td><td colspan="5" rowspan="9">锻件图(图 14.23)
技术要求
1. 未注起模斜度 3°，圆角 R2mm
2. 毛刺：不加工面≯0.5mm，加工面≯1mm
3. 表面缺陷深度≤0.3mm
4. 翘曲≤0.6mm
5. 表面粗糙度 Ra 为 6.3μm
6. 高度公差$^{+0.3}_{0}$mm，水平公差$^{+0.3}_{-0.2}$mm
7. 热处理后硬度 41～45HRC</td></tr>
<tr><td>材料规格/mm</td><td>ϕ34</td></tr>
<tr><td>下料长度/mm</td><td>136</td></tr>
<tr><td>坯料质量/kg</td><td>1.23</td></tr>
<tr><td>坯料制锻件数/件</td><td>1</td></tr>
<tr><td>锻件质量/kg</td><td>0.68</td></tr>
<tr><td>锻件材料利用率/%</td><td>55.3</td></tr>
<tr><td>零件材料利用率/%</td><td></td></tr>
<tr><td>火耗/kg</td><td></td></tr>
</table>

<table>
<tr><td rowspan="2">工序号</td><td rowspan="2">工步号</td><td rowspan="2">工序和工步名称</td><td rowspan="2">工序(工步内容)与要求</td><td colspan="2">设备</td><td colspan="2">工具</td><td rowspan="2">备注</td></tr>
<tr><td>名称</td><td>编号</td><td>名称</td><td>编号</td></tr>
<tr><td>1</td><td></td><td>下　料</td><td>长度尺寸公差±1.5mm</td><td>1600kN 剪断机</td><td></td><td>刀　片</td><td></td><td></td></tr>
</table>

(续)

<table>
<tr><th rowspan="2">工序号</th><th rowspan="2">工步号</th><th rowspan="2">工序和工步名称</th><th rowspan="2">工序(工步内容)与要求</th><th colspan="2">设备</th><th colspan="2">工具</th><th rowspan="2">备注</th></tr>
<tr><th>名称</th><th>编号</th><th>名称</th><th>编号</th></tr>
<tr><td>2</td><td></td><td>加热</td><td>始锻温度 1230℃</td><td>室式炉</td><td></td><td></td><td></td><td></td></tr>
<tr><td>3</td><td></td><td>辊锻制坯</td><td>在二道模膛中变形：椭圆，方形</td><td>单臂 315 辊锻机</td><td></td><td>辊锻模</td><td></td><td></td></tr>
<tr><td>4</td><td></td><td>精锻</td><td>精锻模膛终成形</td><td>3000kN 螺旋压力机</td><td></td><td>锻模</td><td></td><td></td></tr>
<tr><td>5</td><td></td><td>切边</td><td>去除飞边</td><td>1600kN 切边压力机</td><td></td><td>切边模</td><td></td><td></td></tr>
<tr><td>6</td><td></td><td>余热处理</td><td>余热淬火、回火</td><td>淬火槽、回火炉</td><td></td><td></td><td></td><td></td></tr>
<tr><td>7</td><td></td><td>清理</td><td>喷丸清除氧化皮</td><td>清理滚筒</td><td></td><td></td><td></td><td></td></tr>
<tr><td>8</td><td></td><td>精压</td><td>压印出商标、规格和两端头平面</td><td>4000kN 精压机</td><td></td><td>精压模</td><td></td><td></td></tr>
<tr><td>9</td><td></td><td>打磨</td><td>去除周边毛刺</td><td>砂轮机</td><td></td><td></td><td></td><td></td></tr>
<tr><td>10</td><td></td><td>检查</td><td>按锻件图要求进行</td><td></td><td></td><td></td><td></td><td></td></tr>
</table>

<table>
<tr><td></td><td></td><td></td><td></td><td></td><td></td><td></td><td></td><td></td><td></td><td>编制(日期)</td><td>校对(日期)</td><td>批准(日期)</td><td>会签(日期)</td><td>审核(日期)</td></tr>
<tr><td>标记</td><td>处数</td><td>更改文件号</td><td>签字</td><td>日期</td><td>标记</td><td>处数</td><td>更改文件号</td><td>签字</td><td>日期</td><td></td><td></td><td></td><td></td><td></td></tr>
</table>

4. 工艺操作要点

(1) 辊锻制坯时，用夹钳夹持的坯料，应将方坯的对角线成水平和垂直方位放置于辊锻模膛中。完成第Ⅰ道变形后，应翻转 90°再送入第Ⅱ道模膛内变形。

(2) 在室式炉内加热时，一次装炉不能过多，加热要均匀，要防止过热和过烧。

(3) 要熟悉锻模并应检查锻模完好情况，按装模顺序进行安装、调整、试锻，直到锻出合格锻件为止。

习　　题

一、选择题

1. 画自由锻件图，应考虑(　　)三因素。

A. 敷料、加工余量、公差　　B. 生产过程、控制、质量检测
C. 锻件、烧损、料头　　D. 敷料、加工余量、变形工序

2. 自由锻件的加工余量比模锻件(　　)。
A. 稍小　　B. 小很多　　C. 大　　D. 相等

3. 锻造时出现(　　)缺陷即为废品。
A. 过热　　B. 过烧　　C. 氧化　　D. 变形

4. 模锻件质量一般(　　)。
A. <10kg　　B. >100kg　　C. <150kg　　D. >1000kg

二、名词解释

1. 模锻斜度；2. 飞边；3. 冲孔连皮

三、问答题

1. 为什么巨型锻件必须采用自由锻的方法制造?

2. 重要的轴类锻件在锻造过程中常安排有墩粗工序，为什么?

3. 模锻件为何要有斜度、圆角及飞边和冲孔连皮?

4. 试从生产率、锻件精度、锻件复杂程度、锻件成本几个方面比较自由锻、胎模锻和锤上模锻 3 种锻造方法的特点。

5. 如何确定分模面的位置?

6. 为什么胎模锻可以锻造出形状较为复杂的模锻件?

7. 摩擦螺旋压力机上模锻有何特点? 为什么?

8. 叙述图 14.24 所示 C618K 车床主轴零件在绘制锻件图时应考虑的内容。

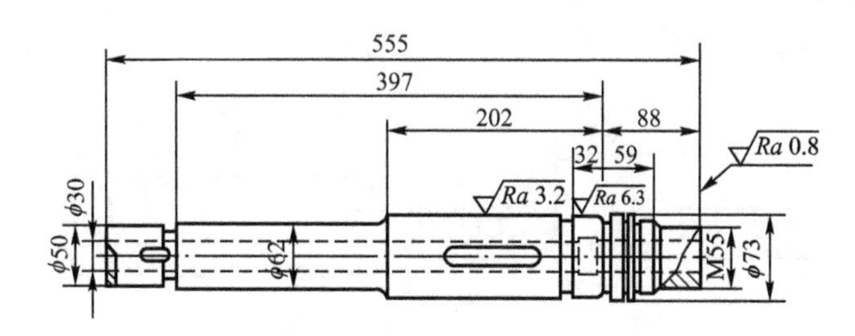

图 14.24　C618K 车床主轴零件图

9. 在图 14.25 所示的两种砧铁上进行拔长时，效果有何不同?

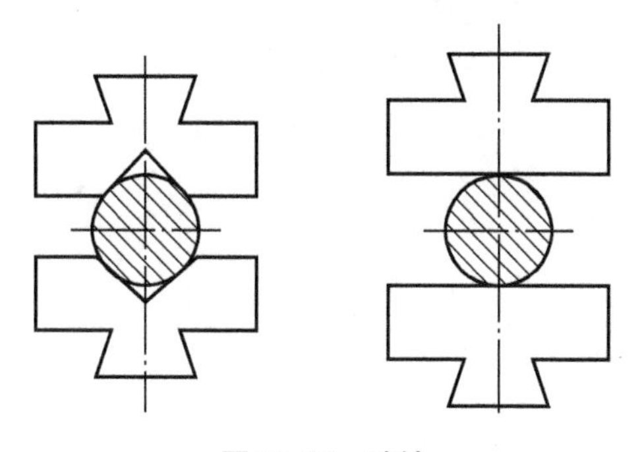

图 14.25　砧铁

10. 改正图 14.26 所示模锻件结构的不合理处。

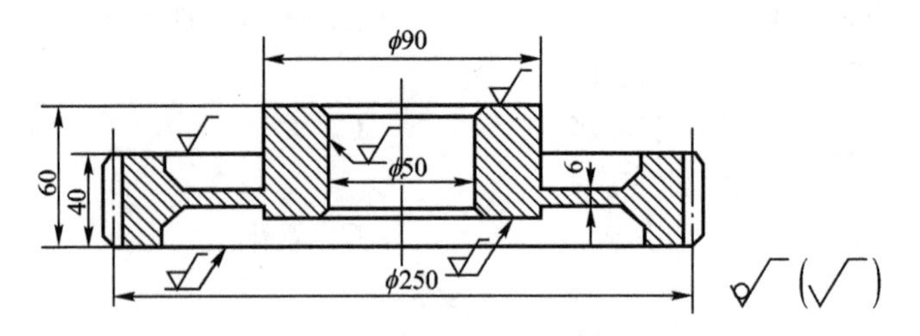

图 14.26　模锻件结构图

11. 图 14.27 所示零件采用锤上模锻制造，请选择最合适的分模面位置。

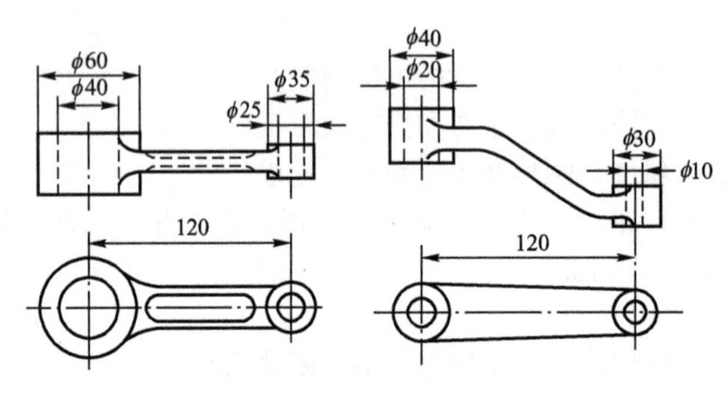

图 14.27　零件图

12. 图 14.28 所示零件若分别为单件、小批、大批量生产时，应选用哪种方法制造？并定性地画出各种方法所需的锻件图。

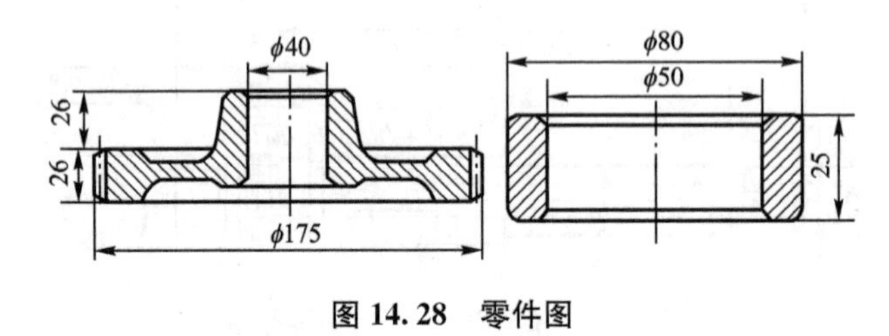

图 14.28　零件图

13. 下列制品选用哪种锻造方法制作？

活扳手(大批量)　铣床主轴(成批)　大六角螺钉(成批)

起重机吊钩(小批)　万吨轮主传动轴(单件)

第15章 板料冲压

教学目标

通过本章的学习，了解冲压设备与冲模结构，掌握冲裁、拉深、弯曲、成形等冲压基本工序；掌握板料冲压件的结构工艺设计。

导入案例

液压成形技术

在汽车工业及航空、航天等领域，减轻结构质量以节约运行中的能量是人们长期追求的目标，也是先进制造技术发展的趋势之一。液压成形或内高压成形就是为实现结构轻量化的一种先进制造技术。它的基本原理是以管材作为坯料，在管材内部施加超高压液体同时，对管坯的两端施加轴向推力，进行补料。在两种外力的共同作用下，管坯材料发生塑性变形，并最终与模具型腔内壁贴合，得到形状与精度均符合技术要求的中空

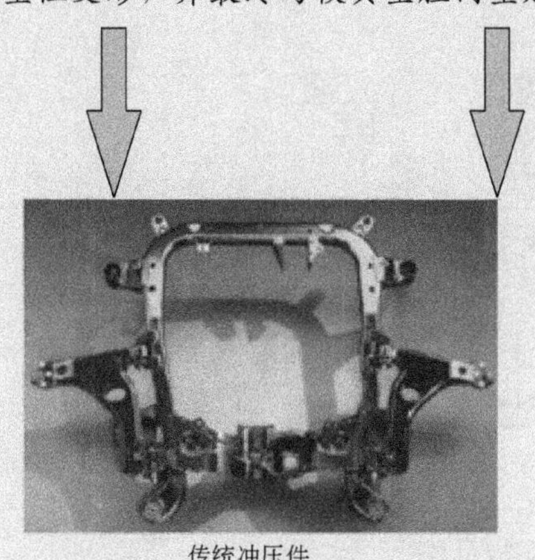

传统冲压件

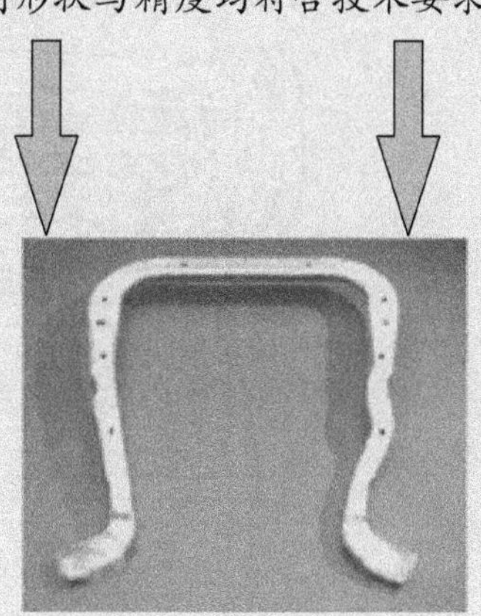

液压成形零件

采用液压成形技术制造的欧宝发动机托架零件与传统冲压件的比较

零件。例如，对于空心变截面结构件，传统的制造工艺是先冲压成形两个半片，然后再焊接成整体，而液压成形则可以一次整体成形沿构件截面有变化的空心结构件。与冲压焊接工艺相比，液压成形技术和工艺可显著减少零件和模具数量，降低模具费用，减轻组装配件重量和强度、刚度指标，降低生产成本。液压成形件通常只需要1套模具，而冲压件大多需要多套模具。液压成形的发动机托架零件由6个减少到1个，散热器支架零件由17个减少到10个。

板料冲压是在冲床上用冲模使金属或非金属板料产生分离或变形而获得制件的加工方法。板料冲压通常在室温下进行，所以又叫冷冲压。用于冲压的材料必须具有良好的塑性。常用的有低碳钢、高塑性合金钢、铝和铝合金、铜和铜合金等金属材料以及皮革、塑料、胶木等非金属材料。

冲压的优点是生产率高、成本低；成品的形状复杂、尺寸精度高、表面质量好且刚度大、强度高、质量轻，无需切削加工即可使用。因此在汽车、拖拉机、电机、电器、日常生活用品及国防等工业中有广泛应用。

15.1　冲压设备与冲模结构

冲压设备种类较多，常用的有剪床、冲床、液压机、摩擦压力机等。其中剪床和冲床是冲压生产最主要的设备。

1. 剪床

剪床的用途是将板料切成一定宽度的条料或块料，为冲压生产作坯料准备。图15.1所示为龙门剪床的外形和传动示意图。剪床的上下刀块分别固定在滑块和工作台上，滑块在曲柄连杆机构的带动下通过离合器可做上下运动，被剪的板料置于上、下刀片之间，在上刀片向下运动时压紧装置先将板料压紧，然后上刀片继续向下运动使板料分离。根据上、下刀片之间夹角的不同，可分为平刃剪床和斜刃剪床。剪裁同样厚度的板料，用平刃

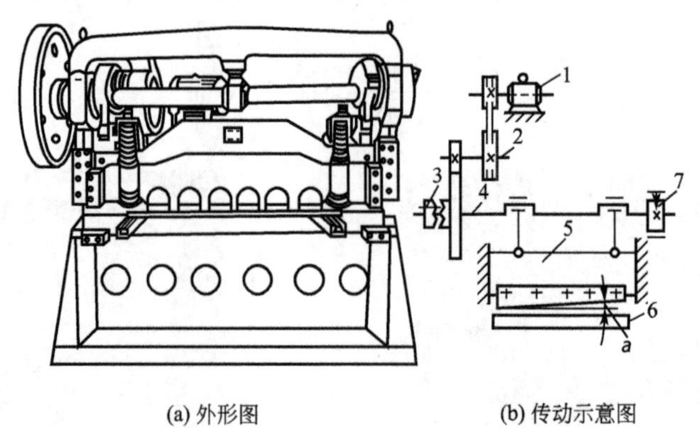

图15.1　剪床结构示意图

1—电动机　2—轴　3—牙嵌离合器　4—曲轴
5—滑块　6—工作台　7—制动器

剪床可获得剪切质量好且平整的坯料；用斜刃剪床剪切时易使条料产生弯扭，但剪切力小。所以剪切窄而厚的板材时，应选用平刃剪床，剪切宽度大的板材可用斜刃剪床。

2. 冲床

冲床又称为曲柄压力机，可完成冲压的绝大多数基本工序。冲床的主轴结构形式可以是偏心轴或曲轴。采用偏心轴结构的冲床，其行程可调节；采用曲轴结构的冲床，其行程是固定不变的。冲床按其床身结构不同，可分为开式和闭式。开式冲床的滑块和工作台在床身立柱外面，多采用单动曲轴驱动，称之为开式单曲轴冲床。它由带轮将动力传给曲轴，通过连杆带动滑块沿导轨做上下往复运动而进行冲压，图 15.2 所示为开式双柱可倾斜式冲床。开式单动曲轴冲床吨位较小，一般为 630～2000kN。闭式冲床的滑块和工作台在床身立柱之间，多采用双动曲轴驱动，称之为闭式双动曲轴冲床。这种冲床吨位较大，一般为 1000～31 500kN。

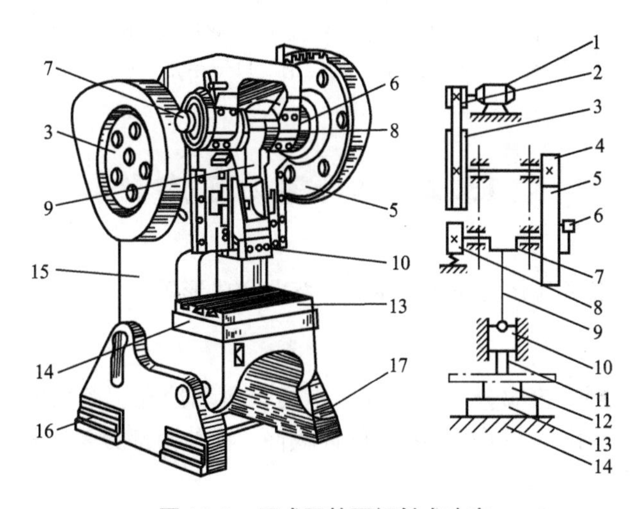

图 15.2　开式双柱可倾斜式冲床

1—电动机　2—小带轮　3—大带轮　4—小齿轮　5—大齿轮　6—离合器　7—曲轴
8—制动器　9—连杆　10—滑块　11—上模　12—下模　13—垫板
14—工作台　15—床身　16—底座　17—脚踏板

3. 冲模结构

冲模结构根据冲压件所需工序的不同而不同。图 15.3 所示是最常见的单工序、带导向装置的冲模的典型结构，各部分的名称及其在模具中所起的作用不同。冲模包括上模部分和下模部分，其核心是凸模和凹模，两者共同作用使坯料分离或变形。

(1) 凸模和凹模　是冲模的核心部分。凸模又称冲头，借助模柄固定在冲床的滑块上，随滑块做上下运动；凹模是借助凹模板用螺栓固定在冲床工作台上。两者共同作用使板料分离和成形。

(2) 导套和导柱　用来引导凸模和凹模对准，是保证模具运动精度的重要部件。

(3) 导料板和挡料销　导料板用于控制坯料送进方向，挡料销用于控制坯料送进量。

(4) 卸料板　在凸模回程时，将工件或坯料从凸模上卸下。

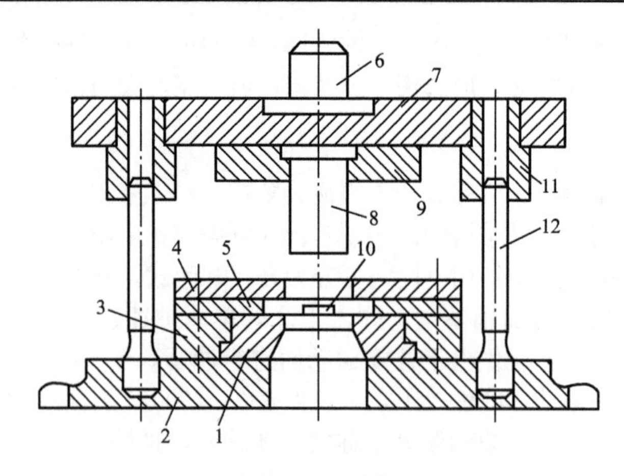

图 15.3　冲模

1—凹模　2—下模板　3—压板　4—卸料板　5—导料板　6—模柄　7—上模板　8—凸模　9—压板　10—定位销　11—导套　12—导柱

15.2　冲压基本工序

板料冲压的基本工序可分为冲裁、拉深、弯曲和成形等。

1. 冲裁

冲裁是使坯料沿封闭轮廓分离的工序。包括落料和冲孔。落料时，冲落的部分为成品，而余料为废料；冲孔是为了获得带孔的冲裁件，而冲落部分是废料。

1）变形与断裂过程

冲裁使板料变形与分离的过程如图 15.4 所示。包括以下 3 个阶段。

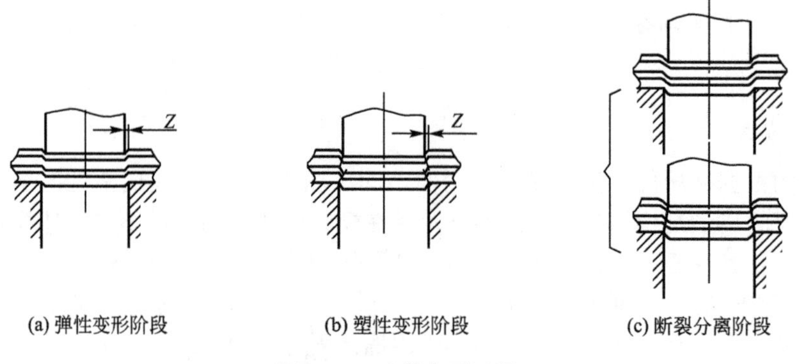

(a) 弹性变形阶段　(b) 塑性变形阶段　(c) 断裂分离阶段

图 15.4　冲裁变形过程

(1) 弹性变形阶段，冲头(凸模)接触板料继续向下运动的初始阶段，将使板料产生弹性压缩、拉深与弯曲等变形。

(2) 塑性变形阶段，冲头继续向下运功，板料中的应力达到屈服极限，板料金属产生塑性变形。变形达到一定程度时，在凸凹模刃口处出现微裂纹。

(3) 断裂分离阶段，冲头继续向下运动，已形成的微裂纹逐渐扩展，上下裂纹相遇重合后，板料被剪断分离。

2) 凸凹模间隙

凸凹模间隙不仅严重影响冲裁件的断面质量，也影响着模具使用寿命。

当冲裁间隙合理时上下剪裂纹会基本重合，获得的工件断面较光洁，毛刺最小，如图 15.5(a)所示；间隙过小，上下剪裂纹较正常间隙时向外错开一段距离，在冲裁件断面会形成毛刺和夹层，如图 15.5(b)所示；间隙过大，材料中拉应力增大，塑性变形阶段过早结束，裂纹向里错开，光亮带较小，毛刺和剪裂带均较大，如图 15.5(c)所示。

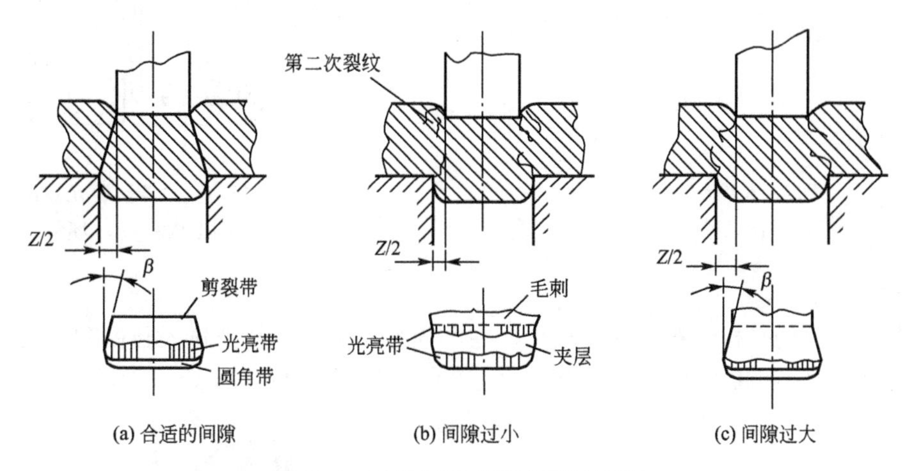

图 15.5　冲裁间隙对断面质量的影响

一般情况，冲裁模单面间隙的大小为 3%～8%板料的厚度。

因此，选择合理的间隙值对冲裁生产是至关重要的。当冲裁件断面质量要求较高时，应选取较小的间隙值。对冲裁件断面质量无严格要求时，应尽可能加大间隙，以利于提高冲模使用寿命。

3) 刃口尺寸的确定

凸模和凹模刃口的尺寸取决于冲裁件尺寸和冲模间隙。

(1) 设计落料模时，以凹模尺寸(为落料件尺寸)为设计基准，然后根据间隙确定凸模尺寸，即用缩小凸模刃口尺寸来保证间隙值；设计冲孔模时，取凸模尺寸(冲孔件尺寸)为设计基准，然后根据间隙确定凹模尺寸，即用扩大凹模刃口尺寸来保证间隙值。

(2) 考虑冲模的磨损，落料件外形尺寸会随凹模刃口的磨损而增大，而冲孔件内孔尺寸则随凸模的磨损而减小。为了保证零件的尺寸精度，并提高模具的使用寿命，落料凹模的基本尺寸应取工件最小工艺极限尺寸；冲孔时，凸模基本尺寸应取工件最大工艺极限尺寸。

4) 修整

修整是利用修整模沿冲裁件外缘或内孔刮削一薄层金属，以切掉冲裁件上的剪裂带和毛刺。分为外缘修整和内孔修整，如图 15.6 所示。

修整的机理与切削加工相似。对于大间隙冲裁件，单边修整量一般为板料厚度的10%；对于小间隙冲裁件，单边修整量在板料厚度的 8%以下。

2. 拉深

拉深是利用模具冲压坯料，使平板冲裁坯料变形成开口空心零件的工序，也称拉延(图15.7)。

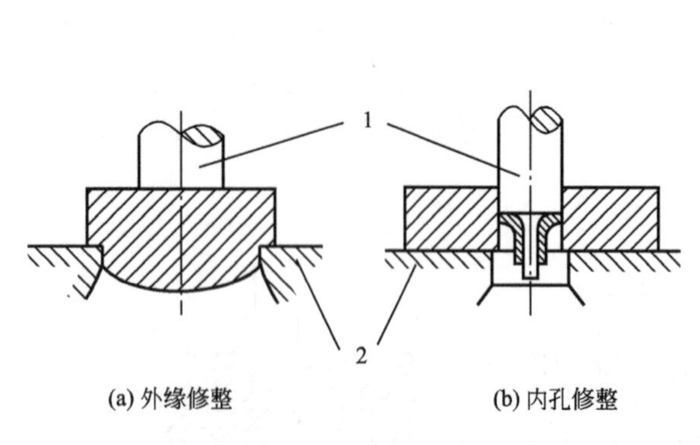

图15.6　修整工序

1—凸模　2—凹模

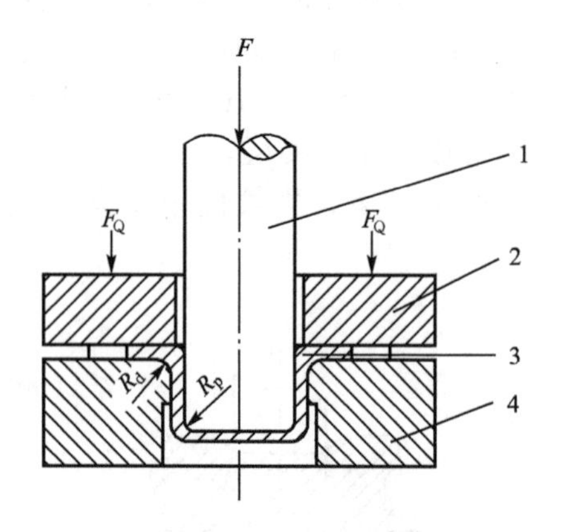

图15.7　拉深过程示意图

1—凸模　2—压边圈　3—坯料　4—凹模

1）变形过程

将直径为 D 的平板坯料放在凹模上，在凸模作用下，坯料被拉入凸模和凹模的间隙中，变成内径为 d，高为 h 的杯形零件，其拉深过程变形分析如图15.8所示。

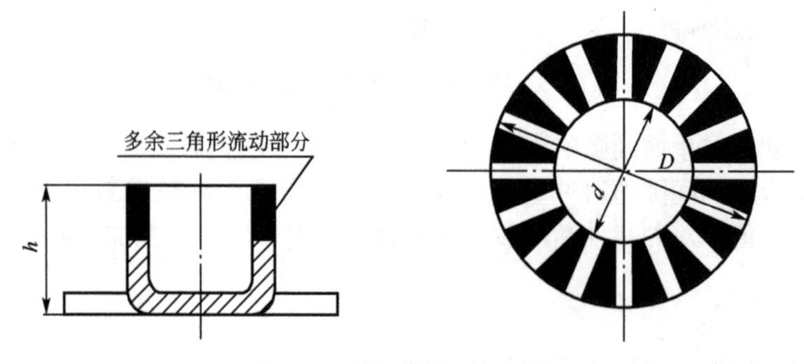

图15.8　拉深过程变形分析

(1) 筒底区，金属基本不变形，只传递拉力，受径向和切向拉应力作用。

(2) 筒壁部分，是由凸缘部分经塑性变形后转化而成，受轴向拉应力作用，形成拉深件的直壁，厚度减小，直壁与筒底过渡圆角部被拉薄得最为严重。

(3) 凸缘区，是拉深变形区，这部分金属在径向拉应力和切向压应力作用下，凸缘不断收缩逐渐转化为筒壁，顶部厚度增加。

2）拉深系数

拉深件直径 d 与坯料直径 D 的比值称为拉深系数，用 m 表示。它是衡量拉深变形程度的指标。m 越小，表明拉深件直径越小，变形程度越大，坯料被拉入凹模越困难，易产生拉穿废品。一般情况下，拉深系数 m 不小于0.5。

如果拉深系数过小，不能一次拉深成形时，则可采用多次拉深工艺(图15.9)。但多次拉深过程中，加工硬化现象严重。为保证坯料具有足够的塑性，在一两次拉深后，应安排工序间的退火工序；其次，在多次拉深中，拉深系数应一次比一次略大一些，总拉深系数值等于每次拉深系数的乘积。

3）拉深缺陷及预防措施

拉深过程中最常见的问题是起皱和拉裂，如图15.10所示。

由于凸缘受切向压应力作用，厚度的增加使其容易产生折皱。在筒形件底部圆角附近拉应力最大，壁厚减薄最严重，易产生破裂而被拉穿。

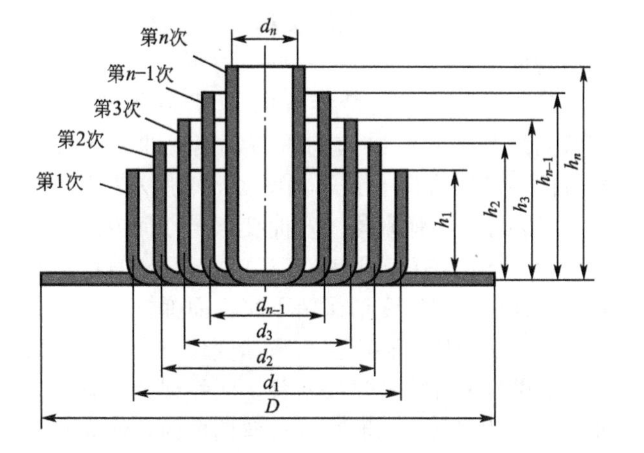

图15.9 多次拉深的变化

(a) 起皱 (b) 拉裂

图15.10 拉深件废品

防止拉深时出现起皱和拉裂，主要采取以下措施。

(1) 限制拉深系数 m，m 值不能太小，拉深系数 m 不小于0.5。

(2) 拉深模具的工作部分必须加工成圆角，凹模圆角半径 $R_d=(5\sim10)t$（t 为板料厚度），凸模圆角半径 $R_p<R_d$，如图15.7所示。

(3) 控制凸模和凹模之间的间隙，间隙 $Z=(1.1\sim1.5)t$。

(4) 使用压边圈，进行拉深时使用压边圈，可有效防止起皱，如图15.7所示。

(5) 涂润滑剂，减少摩擦，降低内应力，提高模具的使用寿命。

3. 弯曲

弯曲是利用模具或其他工具将坯料一部分相对另一部分弯曲成一定的角度和圆弧的变形工序。弯曲过程及典型弯曲件如图15.11所示。

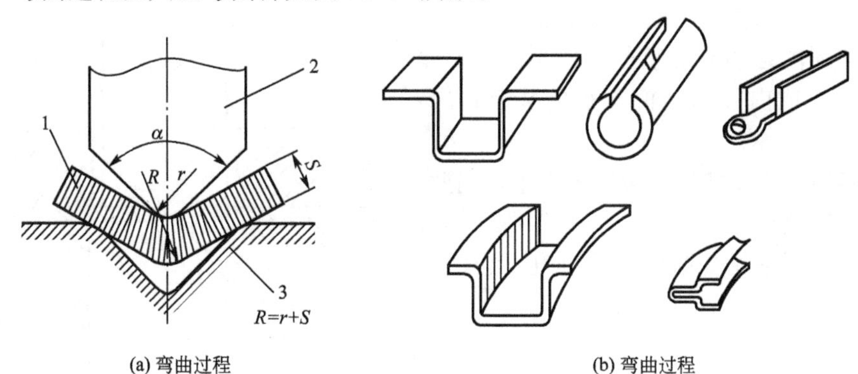

(a) 弯曲过程 (b) 弯曲过程

图15.11 弯曲过程及典型弯曲件

1—工件 2—凸模 3—凹模

坯料弯曲时，其变形区仅限于曲率发生变化的部分，且变形区内侧受压缩，外侧受拉伸，位于板料的中心部位有一层材料不产生应力和应变，称其为中性层。

弯曲变形区最外层金属受切向拉应力和切向伸长变形最大。当最大拉应力超过材料强度极限时，则会造成弯裂。内侧金属也会因受压应力过大而使弯曲角内侧失稳起皱。

弯曲过程中要注意以下几个问题。

(1) 考虑弯曲的最小半径 r_{min}　弯曲半径越小，其变形程度越大。为防止材料弯裂，应使 r_{min} 不小于 0.25 倍的板料厚度，材料塑性好，相对弯曲半径可小些。

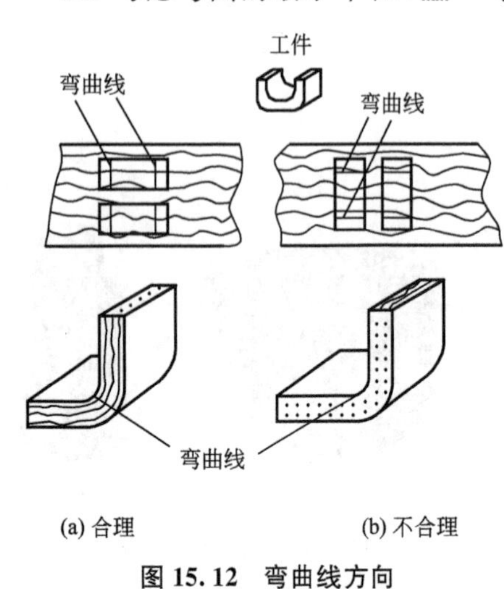

图 15.12　弯曲线方向

(2) 考虑材料的纤维方向　弯曲时应尽可能使弯曲线与坯料纤维方向垂直，使弯曲时的拉应力方向与纤维方向一致，如图 15.12 所示。

(3) 考虑回弹现象　弯曲变形与任何方式的塑性变形一样，在总变形中总存在一部分弹性变形，外力去掉后，塑性变形保留下来，而弹性变形部分则恢复，从而使坯料产生与弯曲变形方向相反的变形，这种现象称为弹复或回弹。回弹现象会影响弯曲件的尺寸精度。一般在设计弯曲模时，使模具角度与工件角度差一个回弹角(回弹角一般小于 10°)，这样在弯曲回弹后能得到较准确的弯曲角度。

4. 成形

使板料毛坯或制件产生局部拉深或压缩变形来改变其形状的冲压工艺统称为成形工艺。成形工艺应用广泛，既可以与冲裁、弯曲、拉深等工艺相结合，制成形状复杂、强度高、刚性好的制件，又可以被单独采用，制成形状特异的制件。主要包括翻边、胀形、起伏等。

1) 翻边

翻边是将内孔或外缘翻成竖直边缘的冲压工序。

内孔翻边在生产中应用广泛，翻边过程如图 15.13 所示。翻边前坯料孔径是 d_0，翻边的变形区是外径为 d_1 内径为 d_p 的圆环区。在凸模压力作用下，变形区金属内部产生切向和径向拉应力，且切向拉应力远大于径向拉应力，在孔缘处切向拉应力达到最大值，随着凸模下压，圆环内各部分的直径不断增大，直至翻边结束，形成内径为凸模直径的竖起边缘，如图 15.14(a)所示。

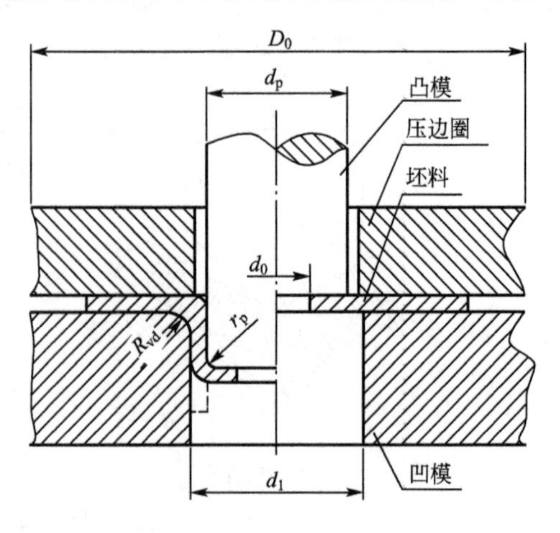

图 15.13　内孔翻边过程

内孔翻边的主要缺陷是裂纹的产生，因此，一般内孔翻边高度不宜过大。当零件所需凸缘的高度较大，可采用先拉深、后冲孔、再翻边的工艺来实现，如图 15.14(b)所示。

2) 胀形

胀形是利用局部变形使半成品部分内径胀大的冲压成形工艺。可以采用橡皮胀形、机械

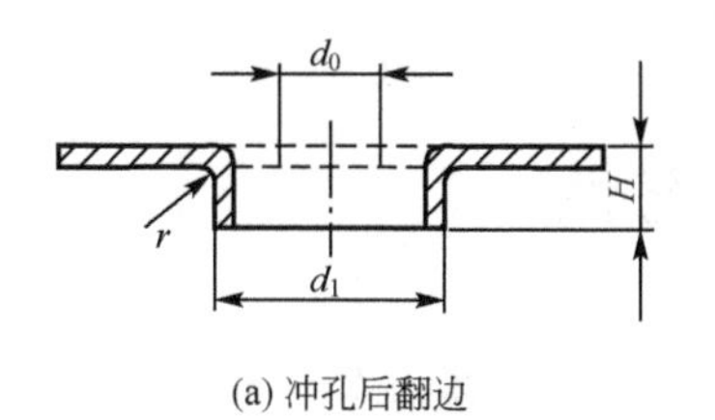

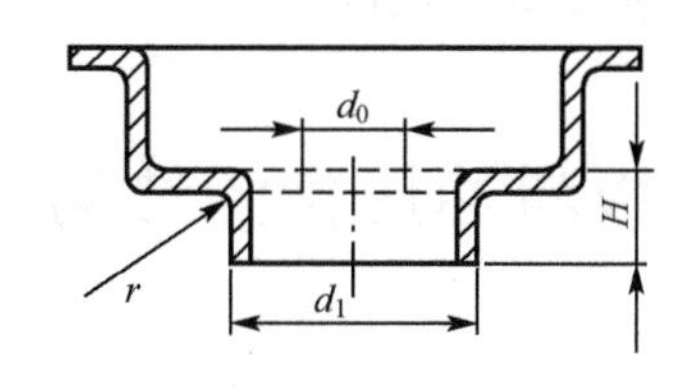

(a) 冲孔后翻边

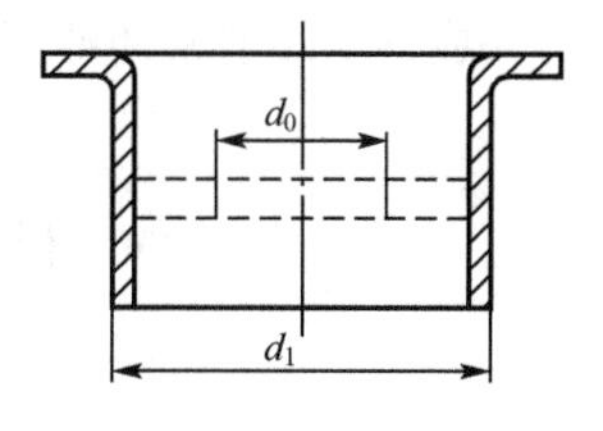

(b) 拉伸后冲孔翻边

图 15.14　内孔翻边举例

胀形、气体胀形或液压胀形等。

图 15.15 所示为球体胀形。其主要过程是先焊接成球形多面体，然后向其内部用液体或气体打压变成球体。图 15.16 所示为管坯胀形。在凸模的作用下，管坯内的橡胶变形，将管坯直径胀大，靠向凹模。胀形结束后，凸模抽回，橡胶恢复原状，从胀形件中取出。凹模采用分瓣式，使工件很容易取出。

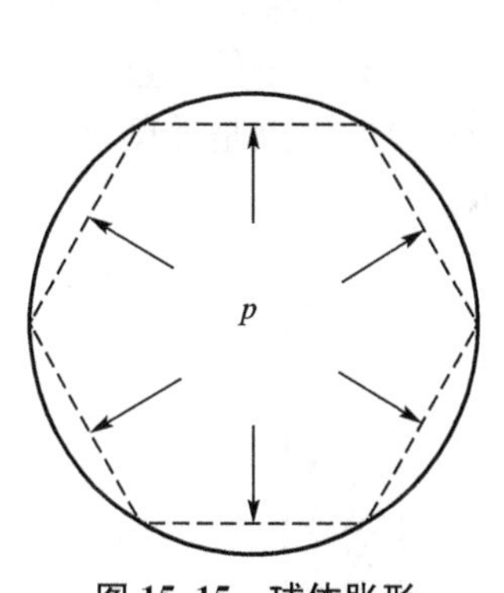

图 15.15　球体胀形

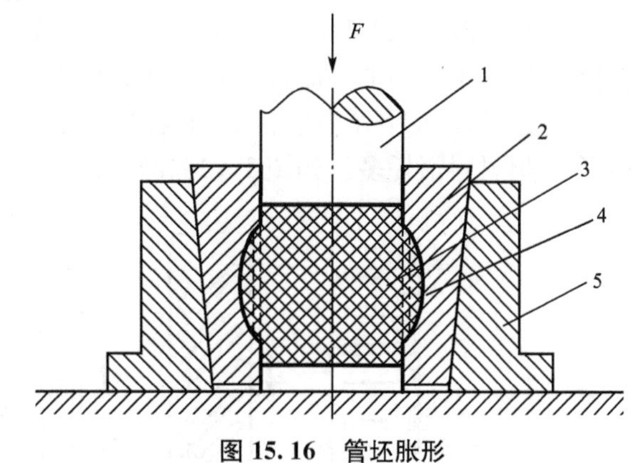

图 15.16　管坯胀形

1—凸模　2—凹模　3—橡胶　4—坯料　5—外套

3) 起伏

起伏是利用局部变形使坯料压制出各种形状的凸起或凹陷的冲压工艺。

起伏主要应用于薄板零件上制出筋条、文字、花纹等。

图 15.17 所示为采用橡胶凸模压筋，从而获得与钢制凹模相同的筋条。图 15.18 所示为刚性模压坑。

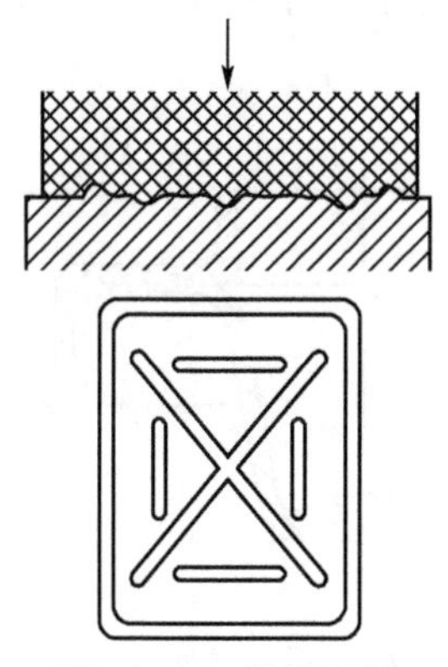

图 15.17　软模压筋

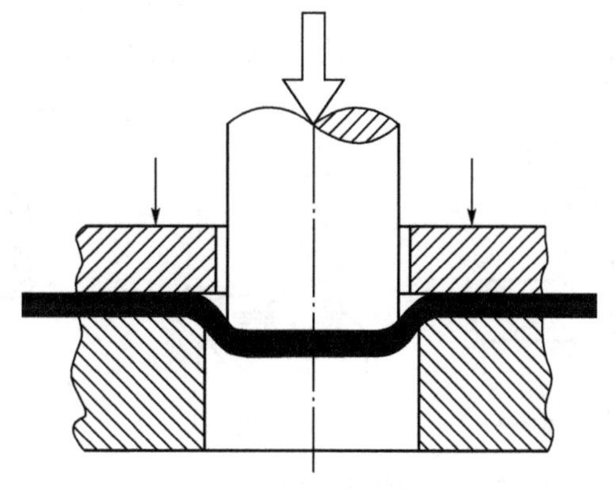

图 15.18　刚性模压坑

成形工序通常使冲压工件具有更好的刚度，并获得所需要的空间形状。

15.3　板料冲压件的结构工艺性

在设计板料冲压件时，不仅应使其具有良好的使用性能，而且必须考虑冲压加工的工艺特点。影响冲压件工艺性的主要因素有冲压件的几何形状、尺寸以及精度要求等。

1. 冲压件的形状

(1) 冲压件的形状应力求简单、对称，尽可能采用圆形、矩形等规则形状，以便于冲压模具的制造、坯料受力和变形的均匀。

(2) 冲压件的形状应便于排样，用以提高材料的利用率(图15.19)，其中图(d)所示为采用无搭边排样(即用落料件的一个边作为另一个落料件的边缘)的材料利用率最高，但是，毛刺不在同一个平面上，而且尺寸不容易准确，因此，只有对冲裁件质量要求不高时才采用。有搭边排样(即各个落料件之间均留有一定尺寸的搭边)的优点是毛刺小，冲裁件尺寸精度高，但材料消耗多，如图15.19(a)、(b)、(c)所示。

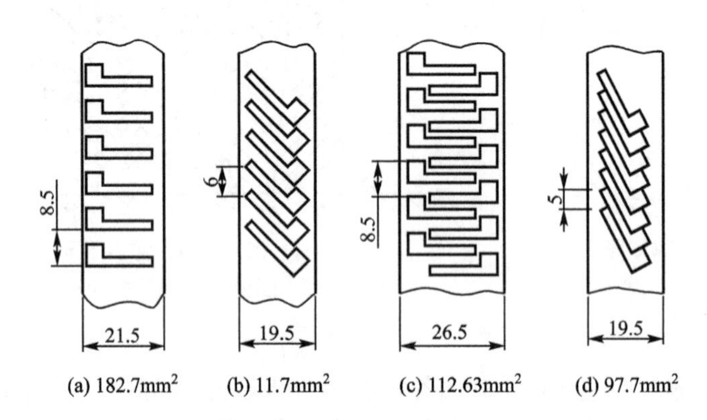

(a) 182.7mm²　(b) 11.7mm²　(c) 112.63mm²　(d) 97.7mm²

图15.19　冲压件排样方式

(3) 用加强筋提高刚度，以实现薄板材料代替厚板材料，节省金属(图15.20)。

(4) 采用冲压—焊接结构，对于形状复杂的冲压件，先分别冲制若干简单件，然后焊接成复杂件，以简化冲压工艺，降低成本(图15.21)。

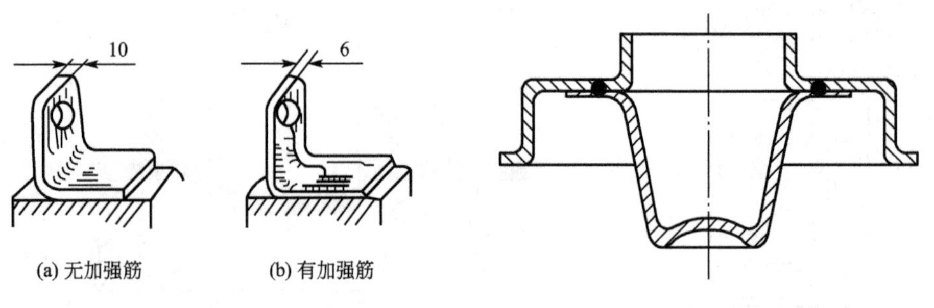

(a) 无加强筋　(b) 有加强筋

图15.20　加强筋的应用

图15.21　冲压-焊接结构件

(5) 采用冲口工艺，以减少组合件数量(图 15.22)。

2. 冲压件的尺寸

(1) 冲裁件上的转角应采用圆角，避免工件的应力集中和模具的破坏。

(2) 冲裁件应避免过长的槽和悬臂结构，避免凸模过细以防冲裁时折断，孔与孔之间距离或孔与零件边缘间的距离不能太小，如图 15.23 所示。

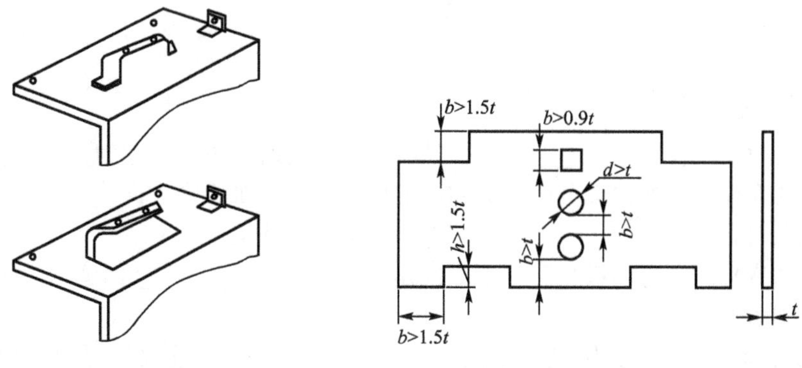

图 15.22　冲口工艺结构　　　图 15.23　冲裁件结构

(3) 弯曲件的弯曲半径应大于材料许用的最小弯曲半径，弯曲件上孔的位置应位于弯曲变形区之外，如图 15.24 所示，$L>1.5$；弯曲件的直边长度 $H>2t$，如图 15.25 所示。

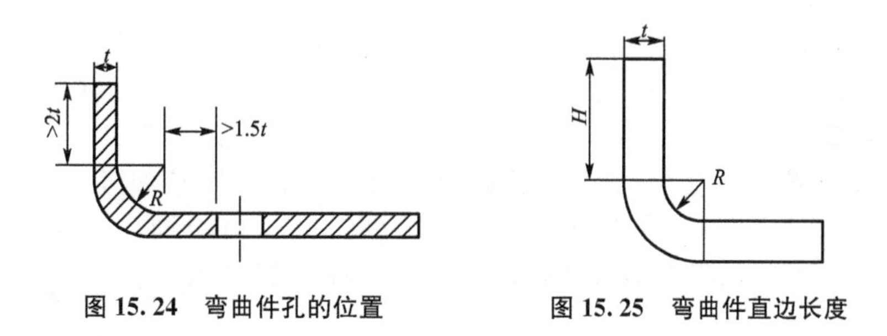

图 15.24　弯曲件孔的位置　　　图 15.25　弯曲件直边长度

(4) 拉深件的最小允许半径，如图 15.26 所示。

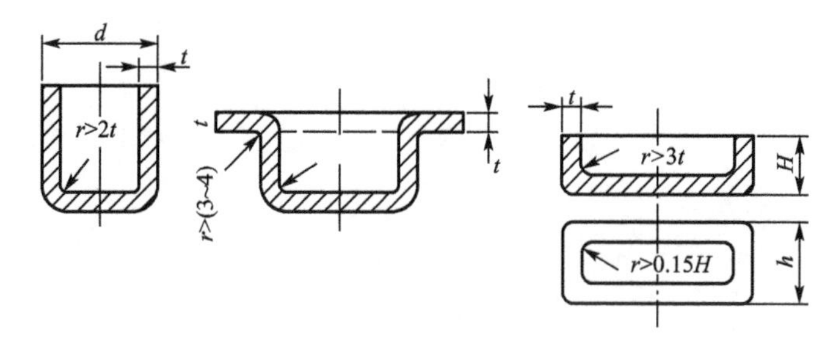

图 15.26　拉深件最小允许半径

3. 冲压件的精度和表面质量

对冲压件的精度要求，不应超过工艺所能达到的一般精度，冲压工艺的一般精度如下。

落料不超过 IT10，冲孔不超过 IT9，弯曲不超过 IT9～IT10，拉深件的高度尺寸精度为 IT8～IT10，经整形工序后精度可达 IT6～IT7。

一般对冲压件表面质量的要求不应高于原材料的表面质量，否则要增加切削加工等工序，使产品成本大为提高。

习　题

一、填空题

1. 冲孔时，工件尺寸为__________模尺寸；落料时，工件尺寸为__________模尺寸。

2. 板料弯曲时，弯曲部分的拉深和压缩应力应与纤维组织方向__________。

3. 拉深时，容易产生__________、__________等缺陷。

4. 弯曲变形时，弯曲模角度等于工件角度(+/-)__________回弹角，弯曲圆角半径过小时，工件易产生__________。

5. 拉深系数越大工件变形量越__________，“中间退火”适用于拉深系数较__________时。

二、选择题

1. 冲压拉深时，拉深系数总是(　　)。

A. =0　　B. <1　　C. =1　　D. >1

2. φ100mm 钢板拉深成 φ75mm 的杯子，拉深系数是(　　)。

A. 0.75　　B. 0.25　　C. 1.33　　D. 0.33

三、简答题

1. ϕ300 的低碳钢板能否一次拉深成 ϕ100 的圆桶？为什么？应如何处理？

2. 比较拉深、平板坯料胀形和翻边，说明 3 种成形方法的异同。

3. 落料模与拉深模的凸凹模间隙和刀口结构有何不同？为什么？

第16章 现代塑性加工与发展趋势

教学目标

通过本章的学习，了解超塑性成形、粉末锻造、液态模锻、多向模锻、半固态金属塑性成形、高能率成形、精密模锻、精密冲裁、回转成形等现代塑性加工方法以及塑性加工发展趋势。

导入案例

挤压工艺

在大口径厚壁无缝钢管的生产工艺中，挤压工艺具有比较大的优势，但世界上仅有美国威曼·高登拥有3.15万吨黑色金属垂直挤压机和成熟的工艺技术，但该公司拒绝对外转让，再加上德国的曼内斯曼公司、日本的住友公司等，这些外国企业几乎垄断了世界全部耐高温高压厚壁成型材料。2009年7月13日，经过近三年的紧张建设，世界最大的3.6万吨垂直挤压机在中国兵器北方重工成功挤出第一根合格的厚壁无缝钢管，标志着备受世人瞩目的360工程全面热调试成功。相关报告表明，我国目前60万千瓦以上超临界、超超临界火力发电设备必不可少的耐高温高压大口径厚壁特种钢管，90%以上依赖进口。预计“十一五”期间乃至相当长一段时间，我国发电设备制造每年需此类钢管10多万吨。因此，360工程项目生产线的建成，对发电机组真正意义上的国产化意义重大，同时也为核电、风电、石油、航空航天、军工等行业自主发展奠定高端材料基础。

北方重工3.6万吨挤压机挤出第一根厚壁钢管的情景

随着工业生产的发展和科学技术的进步，古老的锻压加工方法也有了突破性的进展，涌现了许多新工艺、新技术，如超塑性成形、粉末锻造、液态模锻、高能率成形等。这些新工艺、新技术一方面极大地提高了制件的精度和复杂度，突破了传统锻压只能成形毛坯的局限，采用直接锻压成形使各种复杂形状的精密零件实现了近净成形和净终成形；另一方面，又使过去难以锻压或不能锻压的材料以及新型复合材料的塑性成形加工成为现实，从而为塑性成形提供了更为宽广的应用前景。

16.1　现代塑性加工方法

近年来，在压力加工生产方面出现了许多特种工艺方法，并得到迅速发展，现代塑性加工正向着高科技、自动化和精密成形的方向发展。

1. 超塑性成形

1）超塑性成形的概念

超塑性(微细晶粒超塑性)是指当材料具有晶粒度等于 0.5～5μm 的超细等轴晶粒，并在 $T=(0.5\sim0.7)T_{熔}$ 的成形温度范围和 $\varepsilon=(10^{-4}\sim10^{-2})$m/s 的低应变速率下变形时，某些金属或合金呈现出超高的塑性和极低的变形抗力的现象。

超塑性成形就是对超塑性状态的坯料进行锻造、冲压、挤压等加工，以制出高质量、高精度复杂零件的方法。目前常用的超塑性成形材料主要有锌合金、铝合金、铜合金、钛合金、镁合金、不锈钢及高温合金等。

2）超塑性成形的特点

(1) 金属材料具有超常规塑性，成形性极好，因而仅用一道工序就可获得形状复杂的薄壁工件。采用超塑性模锻成形技术使以前不能锻压的金属成为可能，从而扩大了可锻金属的范围。

(2) 变形抗力很小，因而可用小设备锻压大工件，而且延长了模具的使用寿命。

(3) 工件尺寸精密、形状复杂、晶粒细小、组织均匀且机械性能各向同性，是实现少切削和无切削加工的新途径。

3）超塑性成形的工艺

(1) 超塑性模锻。超塑性模锻是将已具备超塑性的毛坯加热到超塑性变形温度，以超塑变形允许的应变速率，在液压机上进行等温模锻，最后对锻件进行热处理以恢复强度的方法。超塑性模锻需要在成形过程中保持模具和坯料恒温，故而在其锻模中设置有加热和隔热装置(图 16.1)，这是与普通锻模最大的不同。

超塑性模锻已成功地应用于军工、仪表、模具等行业中，用于小批量生产高温合金和钛合金等难成形、难加工材料的高精度零件，如高强度合金的飞机起落架和涡轮盘、注塑模型腔、特种齿轮等，大大节约了原材料，降低了生产成本。

(2) 板料深冲。如图 16.2 所示，在拉深模中对超塑性板料的法兰部分加热，并在外圈加油压，就能一次拉深出高深的薄壁容器，且制件的壁厚均匀、无凸耳、力学性能各向同性。

(3) 板料的真空成形和吹塑成形。将超塑性板料放在模具中，并与模具一起加热到超

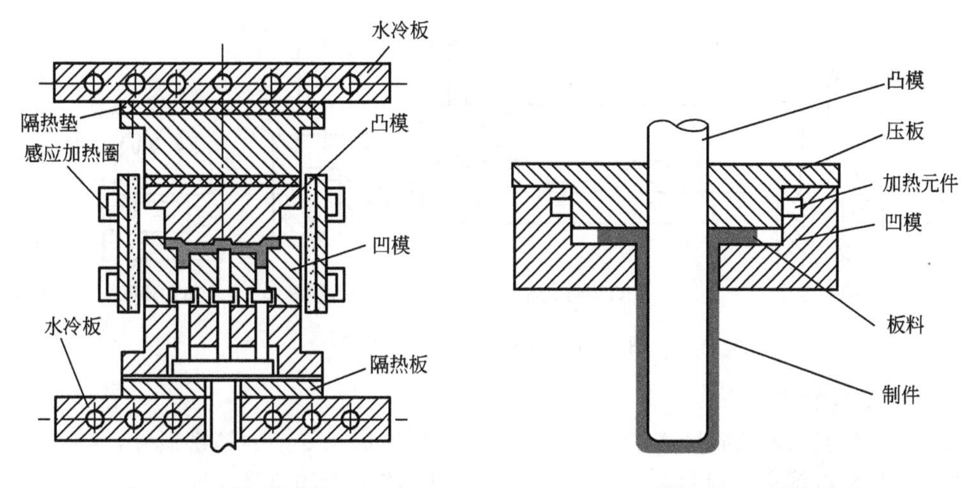

图 16.1　超塑性模锻

图 16.2　超塑性板料深冲

塑性温度后，将模具内的空气抽出(真空成形)或向模具内吹入压缩空气(吹塑成形)，利用气压差使板坯紧贴在模具上，从而获得所需形状的工件。这种方法主要适合于成形钛合金、铝合金、锌合金等形状复杂的壳体零件。零件的厚度在 0.4～4mm 之间的薄板通常用真空成形法，而厚度较大、强度较高的板料用吹塑法(图 16.3)。

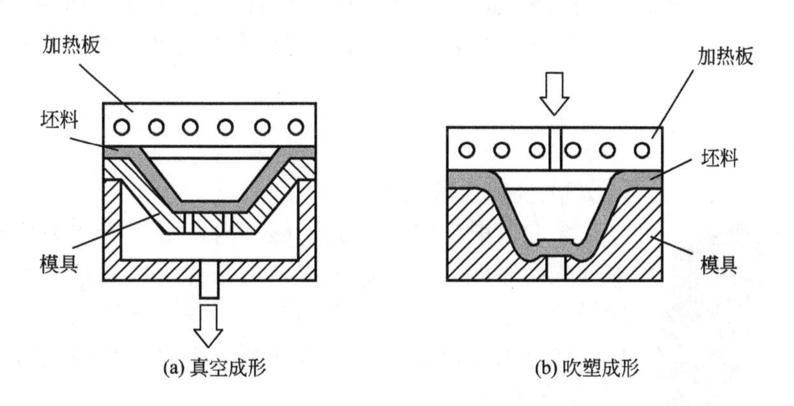

图 16.3　板料的真空成形和吹塑成形

2. 粉末锻造

1) 粉末锻造概述

粉末锻造是将各种粉末压制成的预成形坯加热烧结后再进行模锻，从而得到尺寸精度高、表面质量好、内部组织致密的锻件。它是传统的粉末冶金与精密模锻相结合的一种新工艺。既保持了粉末冶金近净成形和净终成形工艺的优点，又发挥了锻造成形的特点，使粉末冶金件的力学性能达到甚至超过普通锻件的水平，因此在现代工业尤其是汽车制造中得到了广泛的应用。

2) 粉末锻造的工艺流程

粉末锻造的工艺流程包括：制粉—混粉—冷压制坯—烧结加热—模锻—热处理—成品等工序，如图 16.4 所示。

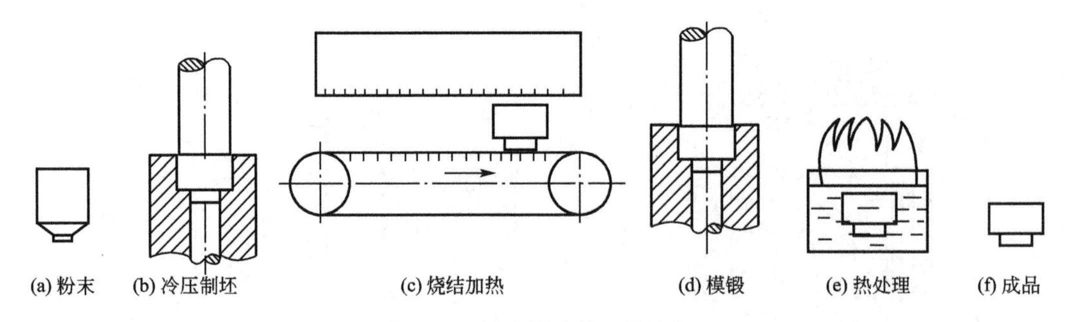

图 16.4 粉末锻造的工艺流程

3）粉末锻造的特点

（1）锻件精度和表面质量高于一般模锻件，可制造形状复杂的精密锻件，特别适合于热塑性不良材料的锻造，材料利用率很高，可实现近净成形和净终成形。

（2）通过调整预制坯的形状和密度，可得到具有合理流线和各向同性的锻件。

（3）变形力小于普通模锻，锻件的力学性能大体上与普通模锻件相当，只是塑性、韧性略差。

3. 液态模锻

液态模锻是将熔融金属直接浇注进金属模腔内，然后以一定的压力作用于液态或半固态的金属上，使之在压力下流动充型和结晶并产生一定程度的塑性变形，从而获得锻件的一种加工方法。

4. 多向模锻

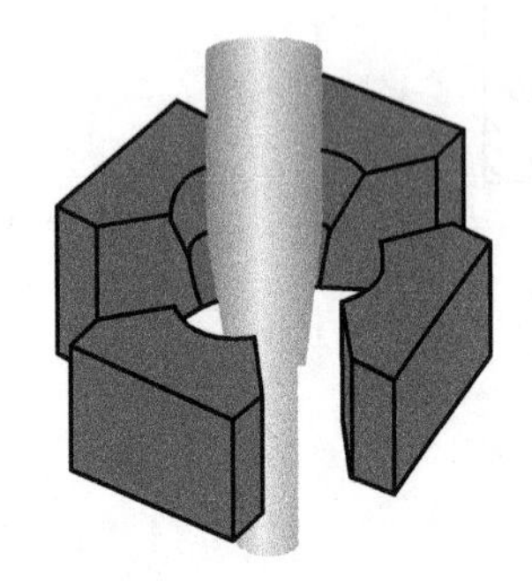

图 16.5 多向模锻

1）多向模锻概念

多向模锻是将坯料放于模具内，用几个冲头从不同方向同时或先后对坯料施加脉冲力，以获得形状复杂的精密锻件。多向模锻一般需要在具有多向施压的专门锻造设备上进行。这种锻压设备的特点就在于能够在相互垂直或交错的方向加压，如图 16.5 所示。

2）多向模锻工艺特点

多向模锻采用封闭式锻模，没有飞边槽，锻件可设计成空心或实心的，零件易卸出，拔模斜度小。锻件精度高，材料的利用率较高，可达 40%～90%。

多向模锻尽量采用挤压成形，金属分布合理，金属流线完好理想，力学性能好，强度一般能提高 30%以上，伸长率也有提高。采用挤压成形的多向模锻亦称三维挤压。

多向模锻的缺点是，必须采用专用多向模锻压力机；毛坯加热时抗氧化要求高，只允许有一层极薄的氧化皮；毛坯尺寸要求严格，下料必须准确。

5. 半固态金属塑性成形

半固态金属加工技术(SSM)是 21 世纪前沿性金属加工技术。半固态技术有一系列特点，最突出的是半固态材料的触变性和优良的组织结构，同时，成形零件的尺寸和精度能达到近净成形或净终成形。

半固态金属成形技术主要有两条成形线路：一是半固态铸造成形，即半固态流变成形(Rheocasting)和半固态触变铸造成形(Thixoforming)；二是半固态压力加工成形，即采用半固态流变和半固态触变塑性成形。

半固态塑性成形方法是将半固态浆料制备成坯料，根据产品尺寸下料，重新加热到半固态温度后，再塑性加工成形。对于触变成形，由于半固态坯料便于输送，易于实现自动化，因而，在工业中较早得到了广泛应用。

1) 半固态金属塑性成形工艺特点

(1) 黏度可调整。半固态坯料含有一半左右初生相，在重力下可以机械搬运，在机械压力下黏度迅速下降便于充填。

(2) 成形速度高。如美国阿卢马克斯工程金属工艺公司半固态锻造铝合金汽车制动总泵体，每小时成形 150 件，而利用金属型铸造同样的制件，每小时仅 24 件。

(3) 充填条件得到改善。成形过程不易喷溅，减轻金属裹气和氧化，提高制件的致密性。制件可热处理强化，强度比压铸件高。

(4) 凝固收缩少。坯料充填前，已有近一半固相，因此制件精度高，加工余量小，易实现近净成形。

(5) 充型温度低。减轻了模具热冲力，提高了模具寿命。

(6) 环境污染减少。成形车间不需处理液态金属，操作安全。

(7) 与固态塑性成形相比变形力小。由于半固态金属塑性成形变形力显著降低，成形速度比固态模锻高，因此可成形很复杂的锻件，缩短了加工周期，降低了成本。

半固态金属塑性成形变形抗力低，消耗能量小，减少了对模具的镦挤作用，提高了模具的寿命。

2) 半固态金属塑性成形适用范围

(1) 适用于半固态加工的合金。包括铝合金、镁合金、锌合金、镍合金、铜合金和钢铁合金等。其中铝合金、镁合金、锌合金因熔点低，生产易于实现，获得广泛应用。

(2) 制造金属基复合材料。利用半固态金属的高黏度，可有效使不同材料混合，制成新的复合材料。

6. 高能率成形

高能率成形是利用炸药或电装置在极短时间内释放出化学能、电能、电磁能等，通过空气或水等传压介质产生的高压冲击波使板坯迅速变形和贴模而获得制件的成形方法。

常用的高能率成形方法有爆炸成形、电液成形、电磁成形等。它们的共同特点是模具简单，零件精度高、表面质量好，能加工塑性差的难成形材料，生产周期短、成本低。

1) 爆炸成形

爆炸成形是利用高能炸药在爆炸瞬间释放出的巨大化学能对金属毛坯进行加工的一种高能率成形方法。

(1) 爆炸成形工艺特点。爆炸成形所用模具简单、无需冲压设备，能简易地加工出大型板材零件，尤其适合于小批量或试制大型冲压件。由于爆炸时噪声大、震动强，烟雾污染环境，并有一定的危险性，所以爆炸成形常在野外进行。爆炸成形可分为封闭式和非封闭式两种。

(2) 在生产中的应用。爆炸成形主要用于板材的拉深、胀形、弯曲、压花纹等成形工艺，如生产锅炉管板、货舱底板、波纹板和汽车后桥壳体等零件。此外还可用于爆炸焊接、表面强化、粉末压制等。

2）电液成形

电液成形是利用液体中强电流脉冲放电所产生的强大冲击波对金属进行加工的一种高能率成形方法。与爆炸成形相比，电液成形时能量易于控制，成形过程稳定，操作方便、安全，生产率高，噪声小，便于组织生产。但由于受到设备容量的限制，目前仅限于加工中小型零件。

电液成形主要用于板料的拉深、胀形、翻边及冲裁等，尤其适合于管子的胀形加工。

3）电磁成形

电磁成形是利用电容器放电在工作线圈中产生脉冲电流所形成的放电脉冲磁场与毛坯中感应电流所产生的感应脉冲磁场的相互作用使坯料迅速贴模成形的方法。

(1) 电磁成形的工艺特点。电磁成形除具有前述的高能率成形的共同特点外，还具有无需传压介质，可以在真空或高温下成形、能量易于控制，成形过程稳定、无污染、生产效率高，易于实现机械化自动化的优点。

(2) 在生产中的应用。电磁成形主要适用于板材尤其是管材的胀形、缩口、翻边、压印、剪切及装配连接等，特别是可将金属装配到陶瓷、玻璃等脆性材料上去，这是其他工艺方法难以实现的。因此，电磁成形比其他高能率成形方法得到了更加广泛的应用。

7. 精密模锻

精密模锻是在模锻设备上锻造出形状复杂、高精度锻件的锻造工艺。如精密锻造锥齿轮，其齿形部分可直接锻出而不必再切削加工。精密模锻件尺寸精度可达IT12～IT15，表面粗糙度值 Ra 为3.2～1.6μm。

保证精密模锻的主要措施如下。

(1) 精确计算原始坯料的尺寸，否则会增大锻件尺寸公差，降低精度。

(2) 精密制造模具，精锻模膛的精度必须比锻件精度高两级，精锻模应有导向结构，以保证合模准确。

(3) 采用无氧化或少氧化加热法，尽量减少坯料表面形成的氧化皮。

(4) 精细清理坯料表面，除净坯料表面的氧化皮、脱碳层及其他缺陷等。

(5) 模锻过程中要很好地冷却锻模和进行润滑。

精密模锻一般都在刚度大、运动精度高的设备(如曲柄压力机、摩擦压力机、高速锤等)上进行，它具有精度高、生产率高、成本低等优点。但由于模具制造复杂、对坯料尺寸和加热等要求高，故只适合于大批量生产。

8. 精密冲裁

精密冲裁是指通过一次冲压行程即可获得低表面粗糙度和高精度的冲裁零件的工艺方法。精密冲裁是利用小间隙的凸凹模获得纯塑性剪切变形的原理，避免出现撕裂现象，从而获得既不带锥度又表面光洁的冲裁件。精冲件断面平直、光亮、外形平整，尺寸精度可达IT8～IT6级，表面粗糙度 Ra 可达0.8～0.4μm，因此不需进行任何加工即可直接使用。

1）精冲与普通冲裁的比较

一般冲裁：IT10～IT11，Ra：12.5～3.2μm。

精密冲裁：IT8～IT9，Ra：3.2～0.20μm。

2）精冲特点

精冲与普通冲裁相比具有以下特点。

(1) 材料分离形式。纯塑性剪切变形。

(2) 断面质量。全是光亮带。

(3) 间隙及刃口形式。精冲凸凹模间隙要比普通冲模小得多；凸凹模的刃口也不一定做得很锋利，而有时需做成圆弧及圆角形式。

(4) 毛刺。是在板料分离将要结束时形成的，形成后不再变形(不再被拉长)。

(5) 精冲的工件极限尺寸较小，可冲裁宽度或孔径小于料厚 0.5～0.7mm 的工件。

(6) 要求原材料必须有良好的塑性。

(7) 使用模具设备比普通冲裁复杂，使用自动及精冲专用设备，或在普通冲床上使用精冲模。

(8) 成本低。对同一精度冲裁件精冲提高了效率(普通冲裁需加整修工序)、节约了工时、降低了成本。

9. 回转成形

回转成形是指在坯料加工过程中，采用加工工具回转，或坯料回转，或加工工具与坯料同时回转的方式进行压力加工的新工艺。回转成形过程是通过对坯料进行连续的局部变形来实现工件的成形，故所需设备吨位较小，易于实现高速、节能和自动化生产。

1）辊锻

辊锻是将坯料在装有扇形模块的一对相对旋转的轧辊中间通过，使坯料受压发生塑性变形，从而获得锻件或锻坯的锻压方法(图 16.6)。辊锻的实质是纵向轧制，根据工件形状的复杂程度，可以一次辊锻成形，也可以分别在轧辊上的几个模槽中辊锻多次。

与模锻件相比，辊锻件力学性能较好，尺寸稳定，可节省材料，但尺寸和形状精度不高并且只能使截面变小，不能使截面变大，故主要适用于生产长轴类、长杆类锻件或锻坯。目前，辊锻工艺已用于制造汽车和拖拉机的前梁、连杆、传动轴、转向节以及涡轮机叶片等零件。

2）轧制

(1) 横轧。横轧是轧辊轴线与坯料轴线相互平行的一种轧制方法。图 16.7 所示为齿轮横轧示意图。横轧时，左右两轧辊同向旋转，带动齿轮坯反向旋转，感应加热器将齿轮坯轮缘加热到 1000～1050℃，主轧辊压入齿坯，齿坯轮缘受挤压产生变形，形成轮齿。横轧生产效率高、节省金属材料，常用于生产各种类型的齿轮、螺纹。

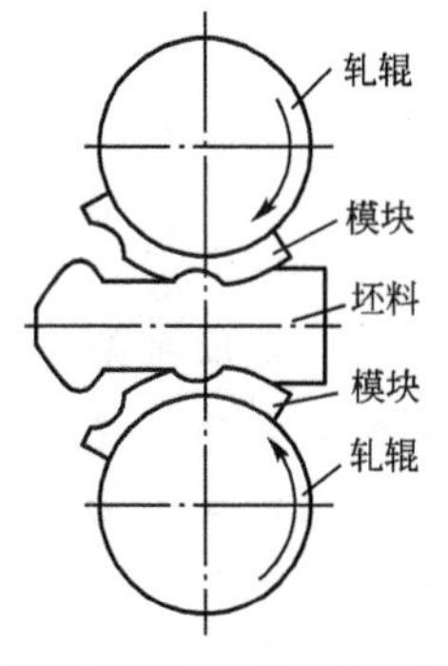

图 16.6　辊锻成形过程

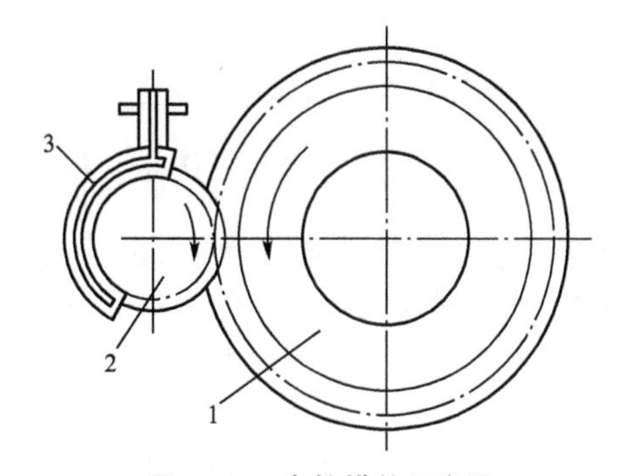

图 16.7　齿轮横轧示意图

1—主轧轮　2—毛坯　3—感应加热器

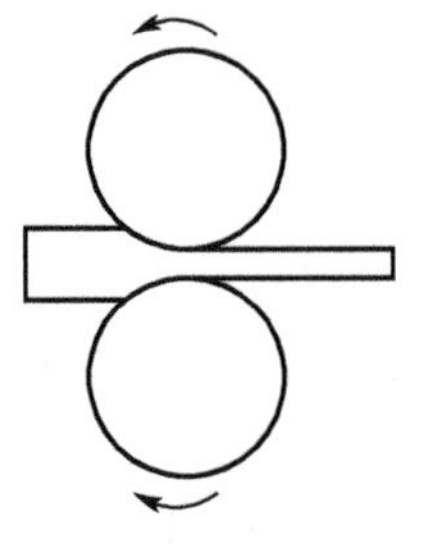

图 16.8 纵轧

(2) 纵轧。纵轧是轧辊轴线与坯料轴线在空间互相垂直的轧制方法。两轧辊轴线平行，旋转方向相反，坯料作垂直于轧辊轴线方向的运动。纵轧工件不旋转，仅作直线运动，在轧辊的作用下产生连续性的拔长变形和一些增宽变形，如图 16.8 所示。纵轧包括各种型材和板材的轧制，辊锻轧制，辗环轧制等方法。

(3) 斜轧。斜轧是轧辊轴线与坯料轴线在空间相夹一定角度的轧制方法。常见的斜轧方式主要为螺旋斜轧和穿孔斜轧两种。

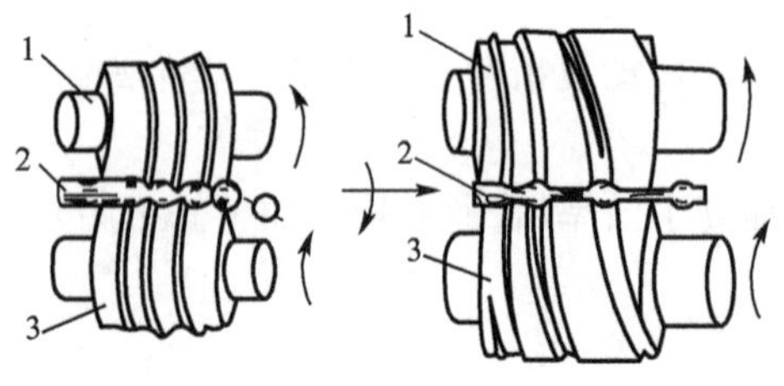

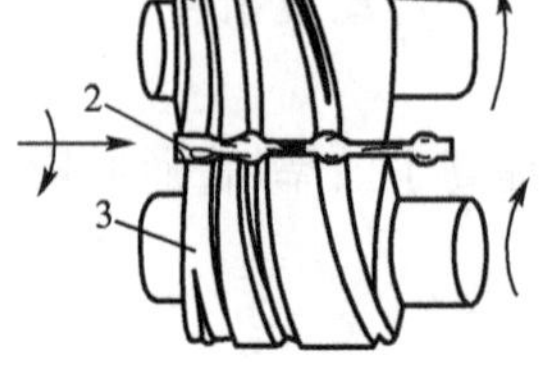

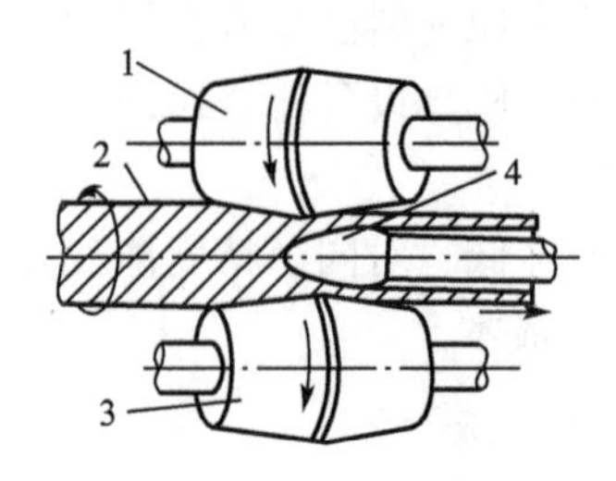

(a) 螺旋斜轧钢球 (b) 螺旋斜轧周期性轧材 (c) 穿孔斜轧无缝钢管

图 16.9 螺旋斜轧钢球

1—上轧辊 2—坯料 3—下轧辊 4—芯头

以螺旋斜轧钢球为例，如图 16.9 所示，轧辊 1、3 相交成 4°～14°之间，轧辊上有多头圆弧形螺旋槽，圆柱形坯料 2 在轧辊作用下绕自身轴线旋转并沿轴线方向前进，在轧辊挤压下产生连续变形，形成钢球。

(4) 楔横轧。带有楔形模具的两(或三个)轧辊，向相同的方向旋转，棒料在它的作用下反向旋转的轧制方法，如图 16.10 所示。其变形过程主要是靠两个楔形凸块压缩坯料，使坯料径向尺寸减小，长度增加。

楔横轧主要用于加工阶梯轴、锥形轴等各种对称的零件或毛坯。

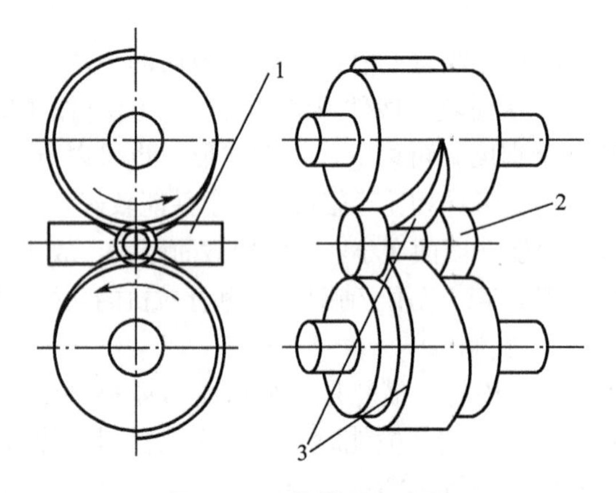

图 16.10 楔横轧示意图

1—导板 2—轧件 3—带楔形凸块的轧辊

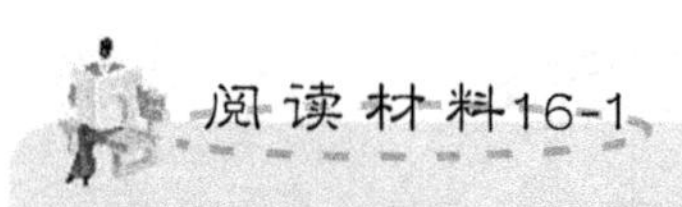

HBR 钢 筋

20 世纪 90 年代初，上海浦东开发区一合资项目的建筑商，把蜂拥而至的钢材供货厂家召集到即将开工的现场，召开钢材订货会。买方不看材料，不听介绍，只用吊车把各钢厂送来的样品吊至十几米高处摔下，只听“叭叭叭”，有的发生变形，有的断为几截，有的完好无缺。就这样，一直摔到最后只剩下一根完整的钢筋时，才签订了购货合同。这根钢筋就是国内某知名钢铁企业开发的 HBR400 钢筋，是国际标准的Ⅲ级，而当时市场上所用的钢筋强度为335MPa，属于Ⅱ级。目前高强度带肋钢筋HBR的生产除添加微量合金元素外，关键就是用“控轧控冷”的办法提高钢筋强度。推广和使用高强度钢筋，具有很大的社会效益和经济效益，按我国目前楼房钢筋用量和平均节省钢筋14%粗略计算，每年可节约钢材1000万吨，这相当于一个大型钢铁企业的钢产量。国家重点工程三峡大坝一、二期工程(图16.11)即使用了大量的400MPa级高强度钢筋。

图16.11　建设中的宏伟三峡大坝工程

10. 其他成形

1) 拉拔成形

拉拔成形是用拉拔机的钳子将金属料从一定形状和尺寸的拉拔模的模孔中拉出的一种加工方法。

(1) 特点如下。

① 应力状态。变形时金属处于一拉两压的应力状态。

② 变形抗力小。

③ 产生拔制应力(作用力在型材头部，脱离变形区后仍有拉应力存在，即拔制应力)，使材料塑性被降低，故变形量受限，中间需作退火、润滑处理。

④ 拉拔成形常在冷态下进行。

(2) 应用。拉拔成形主要用于生产各种断面的型材、线材和管材。如生产圆钢、扁钢、电线、电缆、无缝钢管等，特别适用于加工各种规格的线材。

2) 挤压成形

挤压是使坯料在挤压模内受压被挤出模孔而变形的加工方法。

按金属的流动方向与凸模运动方向的不同，挤压可分为如下4种。

(1) 正挤压，金属的流动方向与凸模运动方向相同，如图16.12(a)所示。

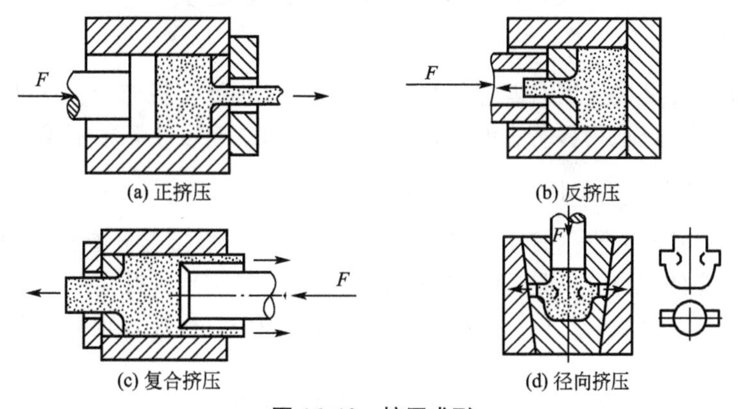

(a) 正挤压　(b) 反挤压　(c) 复合挤压　(d) 径向挤压

图16.12　挤压成形

(2) 反挤压，金属的流动方向与凸模运动方向相反，如图16.12(b)所示。

(3) 复合挤压，在挤压过程中，一部分金属的流动方向与凸模运动方向相同，另一部分金属的流动方向与凸模运动方向相反，如图16.12(c)所示。

(4) 径向挤压，金属的流动方向与凸模运动方向呈90°，如图16.12(d)所示。

根据金属坯料变形温度不同，挤压成形还可分为冷挤压、热挤压和温挤压。

(1) 冷挤压。挤压通常是在室温下进行。冷挤压零件表面粗糙度值低(*Ra* 为1.6～0.2μm)、精度高(达到IT6～IT7)；变形后的金属组织为冷变形强化组织，故产品的强度高；但金属的变形抗力较大，故变形程度不宜过大；冷挤压时可以通过对坯料进行热处理和润滑处理等方法提高其冷挤压的性能。

(2) 热挤压时坯料变形的温度与锻造温度基本相同。热挤压中，金属的变形抗力小，允许的变形程度较大，生产率高；但产品表面粗糙度较高，精度较低；热挤压广泛地应用于冶金部门生产铝、铜、镁及其合金的型材和管材等。目前也越来越多地用于机器零件和毛坯的生产。

(3) 温挤压时金属坯料变形的温度介于室温和再结晶温度之间(100～800℃)。与冷挤压相比，变形抗力低，变形程度增大，提高了模具的寿命；与热挤压相比，坯料氧化脱碳少，表面粗糙度值低(*Ra* 为6.5～3.2μm)，产品尺寸精度较高。故适合于挤压中碳钢和合金钢件。

挤压成形的工艺特点如下。

(1) 挤压时金属坯料处于三向受压状态，可提高金属坯料的塑性，扩大金属材料的塑性加工范围。

(2) 可制出形状复杂、深孔、薄壁和异型断面的零件。

(3) 挤压零件的精度高，表面粗糙度值低，尤其是冷挤压成形。

(4) 挤压变形后，零件内部的纤维组织基本上是沿零件外形分布而不被切断，从而提高了零件的力学性能。

(5) 其材料利用率可达70%，生产率比其他锻造方法提高几倍。

(6) 挤压是在专用挤压机(有液压式、曲轴式、肘杆式等)上进行的，也可在适当改造后的通用曲柄压力机或摩擦压力机上进行。

16.2 塑性加工发展趋势

金属塑性成形工艺的发展有着悠久的历史，近年来在计算机应用、先进技术和设备的开发和应用等方面均已取得显著进展，并正向着高科技、自动化和精密成形的方向发展。

1. 先进成形技术的开发和应用

(1) 发展省力成形工艺。塑性加工工艺相对于铸造、焊接工艺有产品内部组织致密、力学性能好且稳定的优点。但是传统的塑性加工工艺往往需要大吨位的压力机，相应的设备重量及初期投资非常大。可以采用超塑成形、液态模锻、旋压、辊锻、楔横轧、摆动辗压等方法降低变形力。

(2) 提高成形精度。“少无余量成形”可以减少材料消耗，节约后续加工，成本低。

提高产品精度一方面要使金属能充填模腔中很精细的部位，另一方面又要有很小的模具变形。等温锻造由于模具与工件的温度一致，工件流动性好，变形力小，模具弹性变形小，是实现精锻的好方法。粉末锻造由于容易得到最终成形所需要的精确的预制坯，所以既节省材料又节省能源。

（3）复合工艺和组合工艺。粉末锻造(粉末冶金＋锻造)、液态模锻(铸造＋模锻)等复合工艺有利于简化模具结构，提高坯料的塑性成形性能，应用越来越广泛。采用热锻—温整形、温锻—冷整形、热锻—冷整形等组合工艺，有利于大批量生产高强度、形状较复杂的锻件。

2. 计算机技术的应用

（1）塑性成形过程的数值模拟。计算机技术已应用于模拟和计算工件塑性变形区的应力场、应变场和温度场；预测金属充填模膛情况、锻造流线的分布和缺陷产生情况；可分析变形过程的热效应及其对组织结构和晶粒度的影响。

（2）CAD/CAE/CAM 的应用。在锻造生产中，利用 CAD/CAM 技术可进行锻件、锻模设计，材料选择、坯料计算，制坯工序、模锻工序及辅助工序设计，确定锻造设备及锻模加工等一系列工作。在板料冲压成形中，随着数控冲压设备的出现，CAD/CAE/CAM 技术得到了充分的应用，尤其是冲裁件 CAD/CAE/CAM 系统应用已经比较成熟。

（3）增强成形柔度。柔性加工是指应变能力很强的加工方法，它适于产品多变的场合。在市场经济条件下，柔度高的加工方法显然也有较强的竞争力。计算机控制和检测技术已广泛应用于自动生产线，塑性成形柔性加工系统(FMS)在发达国家已应用于生产。

3. 配套技术的发展

（1）模具生产技术。发展高精度、高寿命模具和简易模具(柔件模、低熔点合金模等)的制造技术以及开发通用组合模具、成组模具、快速换模装置等。

（2）坯料加热方法。火焰加热方式较经济，工艺适应性强，仍是国内外主要的坯料加热方法。生产效率高、加热质量和劳动条件好的电加热方式的应用正在逐年扩大。各类少、无氧化加热方法和相应设备将得到进一步开发和扩大应用。

习　　题

1. 现代塑性加工有哪些新技术？
2. 精密冲裁与普通冲裁相比较，具有哪些优点？
3. 挤压零件的生产特点是什么？
4. 扎制零件的方法有哪几种？各有何特点？斜扎时两个轧辊为什么必须同方向旋转？
5. 粉末锻造有哪些特点？
6. 精密模锻需要采取哪些工艺措施才能保证产品的精度？

第17章 熔化焊成形基础理论

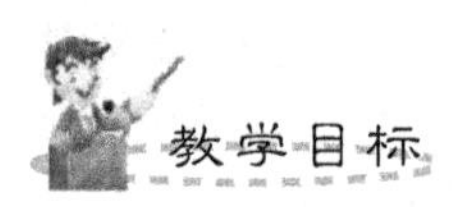

通过本章的学习，掌握焊接熔池的冶金特点以及对熔池的保护和冶金处理；掌握焊缝热影响区的组织与性能以及影响焊接接头性能的主要因素；掌握焊接应力与变形的形成以及减少或消除应力与变形的措施。

鸟巢的钢骨架

中国国家体育场“鸟巢”追求的是浑然天成的造型，在这一设计理念的主导下，国家体育场工程由外至内无不体现出“杂乱无序”的结构构造，给施工带来了巨大的挑战。鸟巢的整个钢骨架全部都是焊接而成，没有采用一颗螺丝，焊缝总长超过了31万m，所消耗的焊材达2100t以上，现场焊缝超过6万m。焊接过程中采用了电弧焊、气体保护焊、电渣焊等传统焊接工艺方法以及机器人焊接，低温焊接、特殊焊缝处理等先进的焊接技术。焊后，全部采用超声无损探伤方法检测，合格率达到99.9%。整个建设过程采用的全部是我国自主研发的技术，展现了我国强大的科研实力。

鸟巢外观

除了铸造、压力加工以外，焊接也是零件或毛坯成形的主要方法。焊接是利用加热或加压(或加热和加压)，借助于金属原子的结合与扩散，使分离的两部分金属牢固地、永久地结合起来的工艺。焊接的方法种类很多，按照焊接过程的特点可分为 3 大类：

(1) 熔化焊。它是利用局部加热的方法，将工件的焊接处加热到熔化态，形成熔池，然后冷却结晶，形成焊缝。熔化焊是应用最广泛的焊接方法，如气焊(气体火焰为热源)、电弧焊(电弧为热源)、电渣焊(熔渣电阻热为热源)、激光焊(激光束为热源)、电子束焊(电子束为热源)、等离子弧焊(压缩电弧为热源)等。

(2) 压力焊(固态焊)。在焊接过程中需要对焊件施加压力(加热或不加热)的一类焊接方法，如电阻焊、摩擦焊、扩散焊以及爆炸焊等。

(3) 钎焊。利用熔点比母材低的填充金属熔化后，填充接头间隙并与固态的母材相互扩散，实现连接的焊接方法，如软钎焊和硬钎焊。

常用的焊接方法分类如下。

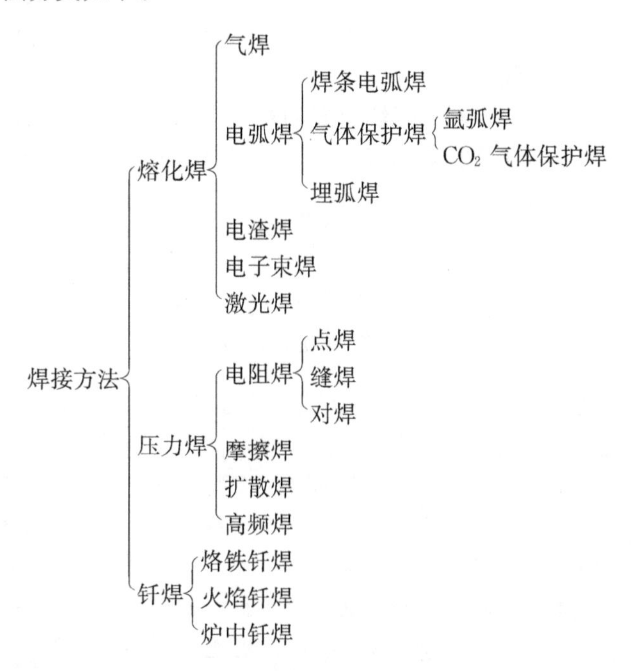

焊接方法可以化大为小、化复杂为简单、拼小成大，还可以与铸、锻、冲压结合成复合工艺生产大型复杂件。主要用于制造金属构件，如锅炉、压力容器、管道、车辆、船舶、桥梁、飞机、火箭、起重机、海洋设备、冶金设备等。

17.1　熔焊冶金过程

熔化焊的焊接过程是利用热源(如电弧热、气体火焰热、高能粒子束等)先将工件局部加热到熔化状态，形成熔池，然后，随着热源向前移动，熔池液体金属冷却结晶，形成焊缝。熔化焊的过程包含有加热、冶金和结晶过程，在这些过程中，会产生一系列变化，对焊接质量有较大的影响，如焊缝成分变化、焊接接头组织和性能变化以及焊接应力与变形的产生等。

1. 焊接熔池的冶金特点

熔焊过程中，一些有害杂质元素(如氧、氮、氢、硫、磷等)会因各种原因溶入液态金属，影响焊缝金属的化学成分和性能。

用光焊条在大气中对低碳钢进行无保护的电弧焊时，在电弧高温的作用下，焊接区周围空气中的氧气和氮气会发生强烈的分解反应，形成氧原子和氮原子。

氧原子与熔化的金属接触，氧化反应使焊缝金属中的C、Mn、Si等元素明显烧损，而含氧量则大幅度提高，导致金属的强度、塑性和韧性都急剧下降，尤其会引起冷脆等质量问题。此外，一些金属氧化物会溶解到熔池金属中，与碳发生反应，产生不溶于金属的CO，在熔池金属结晶时CO气体来不及逸出就会形成气孔。

氮能以原子的形式溶于大多数金属中，氮在液态铁中的溶解度随温度的升高而增大，当液态铁结晶时，氮的溶解度急剧下降。这时过饱和的氮以气泡形式从熔池向外逸出，若来不及逸出熔池表面，便在焊缝中形成气孔。氮原子还能与铁化合形成Fe_4N等化合物，以针状夹杂物形态分布在晶界和晶内，使焊缝金属的强度、硬度提高，而塑性、韧性下降，特别是低温韧性急剧降低。

除了氧和氮以外，氢的溶入和对焊缝金属的有害作用也是值得注意的。当液态铁吸收了大量氢以后，在熔池冷却结晶时会出现气孔，当焊缝金属中含氢量高时，会导致金属的脆化(称氢脆)和冷裂纹等问题。

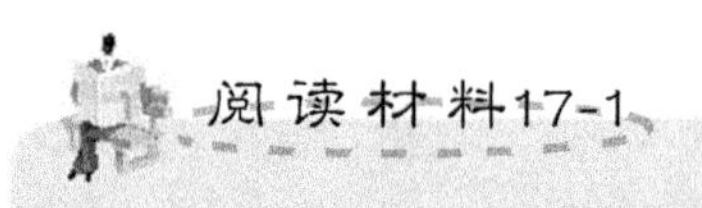

飞机发动机轴断裂

第二次世界大战前夕的1938年，在英国突然发生了一起飞机失事的空难事故，造成机毁人亡。失事的是一架英国的“斯皮菲尔”式战斗机，飞行员是一位勋爵的儿子。那一天，蓝天如洗，碧空万里，是适合特技飞行的绝好天气。勋爵的儿子驾驶飞机升空，在碧蓝的天空中做着各种飞行动作，使地面上观看的人目不转睛。忽然，飞机像断了线的风筝向地面坠落，随着一声巨响，整架飞机化成一堆碎片，勋爵的儿子当即死于这场空难。

勋爵的儿子驾驶技术是过硬的，好好的一架飞机为什么会突然失事，很令人疑惑。于是，英国空军下令立即调查飞机失事的原因。结果发现，这起事故并非人为的破坏，而是飞机发动机的主轴断成了两截。经过进一步检查，发现在主轴内部有大量像人的头发丝细的裂纹，冶金学中称这种裂纹为“发裂”。

问题不能至此为止，为什么在发动机轴里会出现大量的“发裂”呢？要怎样才能防止这种裂纹造成的断裂现象呢？这个问题折腾了一两年也没有搞清。后来，难题交给了圣菲尔德大学。当时，正在该大学研究部工作的年方27岁的华人李薰毫不犹豫地接受了这一艰巨的任务。

李薰对制造发动机轴的钢进行跟踪调查，并用显微镜进行了仔细的金相组织检查。他终于发现，钢中的“发裂”是由钢在冶炼过程中混进的氢原子引起的。氢原子混进钢中后就像潜伏在人体中的病毒一样，刚开始并不“兴风作浪”，但一旦“气候”变化，它就跑出来变成小的“氢气泡”，像“定时炸弹”一样，在外力作用下就会一触即发，使钢脆裂。这种脆裂就叫“氢脆”。

1950年，李薰载誉回到祖国，在沈阳创建了中国科学院金属研究所。由于他对氢在钢中的影响的研究有卓越成就，1956年被国家授予自然科学奖。

焊缝金属中的硫和磷主要来自焊条药皮和焊剂中，含硫量高时，会导致热脆性和热裂纹，并能降低金属的塑性和韧性。磷的有害作用主要是严重地降低金属的低温韧性。

因此，焊接熔池的冶金与一般的钢铁冶金过程比较，其主要特点如下。

(1) 熔池温度高，接电弧和熔池的温度比一般冶金炉的温度高，所以气体含量高，溶入的有害元素多，金属元素发生强烈的蒸发和烧损。

(2) 熔池凝固快，焊接熔池的体积小($2\sim3cm^3$)，从熔化到凝固时间很短(约 10s)，熔池中气体无法充分排出，易产生气孔，各种化学反应难以充分进行。

脆性断裂

断裂是工程构件最危险的一种失效方式，尤其是脆性断裂，它是突然发生的破坏，断裂前没有明显的征兆，常引起灾难性的破坏事故。自从二十世纪四五十年代之后，脆性断裂的事故明显地增加。

“自由轮”是美国二战时期应急大量建造的两型货船之一，世界第一种按流水线生产的船只。当时建造了 2710 艘自由轮，最快时平均 7 天下水一条！罗斯福总统为自由轮起的绰号是“丑陋的小鸭子”。1942 年，轴心国击毁盟国船只 1664 艘，德国海军上将邓尼茨和德国工业家计算，照盟国当时的生产能力，盟国船只很快就会被德国的“狼群”战术潜艇突袭小队打光。实业家亨利·凯泽创新地用预制构件和装配的方法进行流水线大规模生产船只。焊接替代铆接成了主要的装配手段。一艘万吨级自由轮从安装龙骨到交货，原来要 200 多天，自由轮创下 24 天下水的世界纪录。“罗伯特·皮尔里”号万吨轮仅仅四天零十五小时就建成下水，连船身的油漆都没干，创造了造船工业的神话！这一造船记录直至今日从未被打破！这时候，美国的船只生产超过了德军的打击能力。

然而，近千艘自由轮在航行中因脆性断裂问题失事，有的甚至没有下水。原因分析表明：一方面，钢材的硫磷含量高，缺口敏感性高，另一方面，焊接微裂纹在低温航行环境温度下引发了脆性断裂。

2. 对熔池的保护和冶金处理

为了保证焊缝金属的质量，降低焊缝中各种有害杂质的含量熔焊时必须从以下两方面采取措施。

(1) 对焊接区采取机械保护，防止空气污染熔化金属，如采用焊条药皮、焊剂或保护气体等，使焊接区的熔化金属被熔渣或气体保护，与空气隔绝。

(2) 对熔池进行冶金处理，清除已经进入熔池中的有害杂质，增加合金元素，以保证和调整焊缝金属的化学成分。通过在焊条药皮或焊剂中加入铁合金等，对熔化金属进行脱氧、脱硫、脱磷、去氢和渗合金等。

17.2　焊接接头组织和性能

熔焊是焊件局部经历加热和冷却的热过程。在焊接热源的作用下，焊接接头上某点的温度随时间变化的过程称为焊接热循环。焊缝及附近的母材所经历的焊接热循环是不相同的，因此，引起的组织和性能的变化也不相同。

熔焊的焊接接头由焊缝和热影响区组成。

1. 焊缝的组织与性能

焊缝是由熔池金属结晶而成的，结晶首先从熔池底壁开始，沿垂直于熔池和母材的交界线向熔池中心长大，形成柱状晶，如图17.1所示。熔池结晶过程中，由于冷却速度很快，已凝固的焊缝金属中的化学元素来不及扩散，造成合金元素偏析。

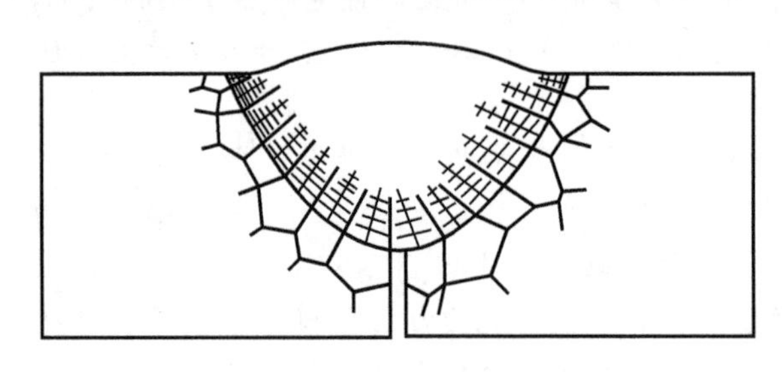

图17.1　焊缝的柱状结晶示意图

焊缝组织是由液态金属结晶的铸态组织。其具有晶粒粗大、成分偏析、组织不致密等缺点，但是，由于焊接熔池小，冷却快，且碳、硫、磷都较低，还可以通过焊接材料(焊条、焊丝和焊剂等)向熔池金属中渗入某些细化晶粒的合金元素，调整焊缝的化学成分，因此可以保证焊缝金属的性能满足使用要求。

2. 热影响区的组织与性能

热影响区是指在焊接热循环的作用下，焊缝两侧因焊接热而发生金相组织和力学性能变化的区域。低碳钢的焊接热影响区组织变化，如图17.2所示。由于各点温度不同，组织和性能变化特征也不同，其热影响区一般包括半熔化区、过热区、正火区和部分相变区。

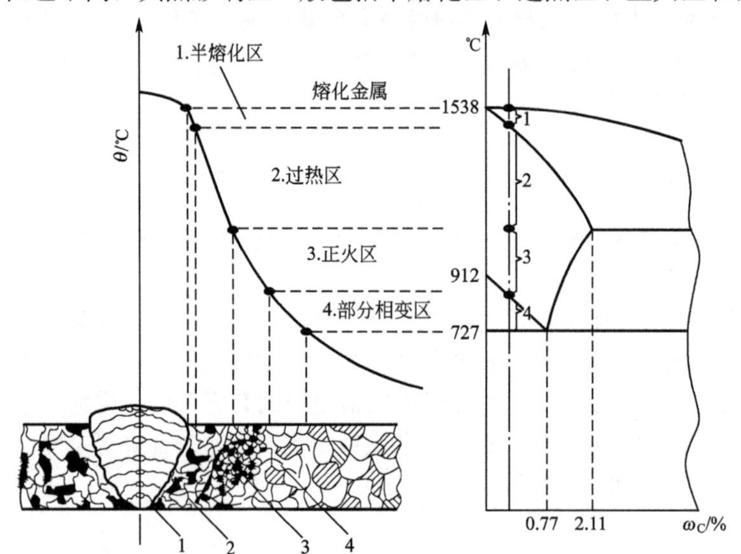

图17.2　低碳钢焊接热影响区组织变化示意图

(1) 半熔化区。焊缝与基体金属的交界区，也称为熔合区。焊接加热时，该区的温度处于固相线和液相线之间，金属处于半熔化状态。对低碳钢而言，由于固相线和液相线的温度区间小，且温度梯度又大，所以熔合区的范围很窄(0.1～1mm)。熔合区的化学成分和组织性能都有很大的不均匀性，其组织中包含未熔化而受热长大的粗大晶粒和铸造组织，力学性能下降较多，是焊接接头中的薄弱区域。

(2) 过热区。焊接加热时此区域处于1100℃至固相线的高温范围，奥氏体晶粒发生严重的长大现象，焊后快速冷却的条件下，形成粗大的魏氏组织。魏氏组织是一种典型的过热组织，其组织特征是铁素体一部分沿奥氏体晶界分布，另一部分以平行状态伸向奥氏体晶粒内部。此区的塑性和韧性严重降低，尤其是冲击韧度降低更为显著，脆性大，也是焊接接头中的薄弱区域。

(3) 正火区。焊接时母材金属被加热到 Ac_3～1100℃的范围，铁素体和珠光体全部转变为奥氏体。冷却后得到均匀细小的铁素体和珠光体组织，其力学性能优于母材。

(4) 部分相变区。焊接时被加热到 Ac_1～Ac_3 之间的区域属于部分相变区。该区域中只有一部分母材金属发生奥氏体相变，冷却后成为晶粒细小的铁素体和珠光体；而另一部分是始终未能溶入奥氏体的铁素体，它不发生转变，但随温度升高，晶粒略有长大。所以冷却后此区晶枝大小不一，组织不均匀，其力学性能稍差。

3. 影响焊接接头性能的主要因素

焊接热影响区中的半熔化区和过热区对焊接接头不利，应尽量减小。

影响焊接接头组织和性能的因素有焊接材料、焊接方法、焊接工艺参数、焊接接头形式和坡口等。实际生产中，应结合母材本身的特点合理地考虑各种因素，对焊接接头的组织和性能进行控制。对重要的焊接结构，若焊接接头的组织和性能不能满足要求时，则可以采用焊后热处理来改善。

焊接热影响区的大小受诸多因素的影响。最重要的影响因素是焊接温度和焊接速度。不同焊接方法焊接低碳钢时热影响区的平均尺寸见表 17-1。焊接热影响区不利于焊接接头力学性能的提高，可以通过焊后热处理来改善和消除。

表 17-1 不同焊接方法热影响区的平均尺寸 (mm)

焊接方法	过热区	相变重结晶区	不完全重结晶区	总宽
焊条电弧焊	2.2～3.0	1.5～2.5	2.2～3.0	6.0～8.5
埋弧自动焊	0.8～1.2	0.5～1.7	0.7～1.0	2.3～4.0
电渣焊	18～20	5.0～7.0	2.0～3.0	25～30
CO_2 气体保护焊	1.5～2.0	2.0～3.0	1.5～3.0	5.0～8.0
TIG 焊	1.0～1.5	1.5～2.0	1.5～2.0	4.0～5.5
电子束焊	—	—	—	0.05～0.75

17.3 焊接应力与变形

构件焊接以后，内部会产生残余应力，同时产生焊接变形。焊接应力与外加载荷叠加，造成局部应力过高，则构件产生新的变形或开裂，甚至导致构件失效。

因此，在设计和制造焊接结构时，必须设法减小焊接应力，防止过量变形。

1. 应力与变形的形成

(1) 形成原因。金属材料在受均匀加热和冷却作用的情况，能完全自由膨胀和收缩，那么在加热过程中产生变形，而不产生应力；在冷却之后，恢复到原来的尺寸，没有残余变形及残余应力，如图 17.3(a)所示。

当金属杆件在加热和冷却时，完全不能膨胀和收缩，如图 17.3(b)所示，加热时，杆件不能像自由膨胀时那样伸长到位置 2，依然处于位置 1，因此，承受压应力，产生塑性压缩变形；冷却时，又不能从位置 1 自由收缩到位置 3，依然处于位置 1，于是承受拉应力。这个过程有焊接残余应力，但是没有残余变形。

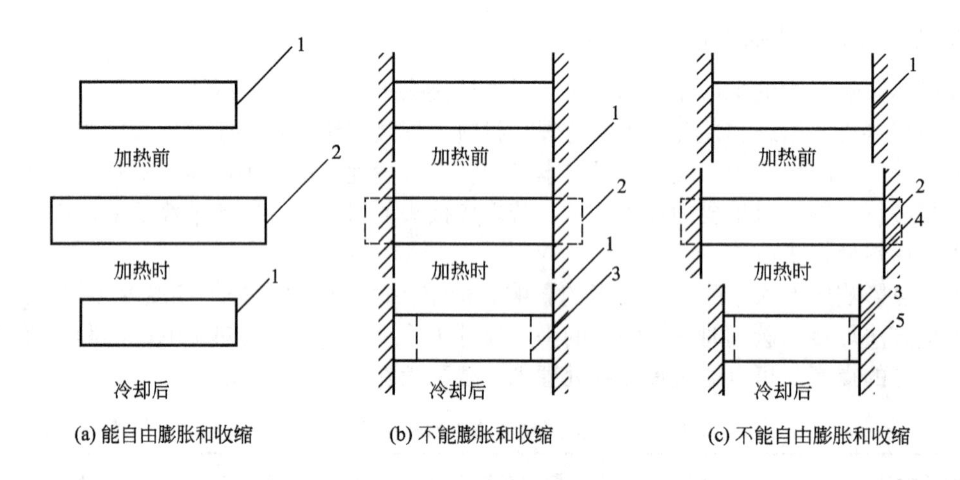

图 17.3 焊接变形与残余应力产生原因示意图

熔焊过程中，焊接接头区域受不均匀的加热和冷却，加热的金属受周围冷金属的约束，不能自由膨胀，但可以膨胀一些，如图 17.3(c)所示，在加热时只能从位置 1 膨胀到位置 4，此时产生压应力；冷却后只能从位置 4 收缩到位置 5，因此，这部分金属受拉应力并残留下来，即焊接残余应力。从位置 1 到位置 5 的变化，就是焊接残余变形。

(2) 应力的大致分布。对接接头焊缝的应力分布，如图 17.4 所示，可见，焊缝往往受拉应力。

(3) 变形的基本形式。常见的焊接残余变形的基本形式有尺寸收缩、角变形、弯曲变形、扭曲变形和翘曲变形 5 种，如图 17.5 所示。但在实际的焊接结构中，这些变形并不是孤立存在的，而是多种变形共存，并且相互影响。

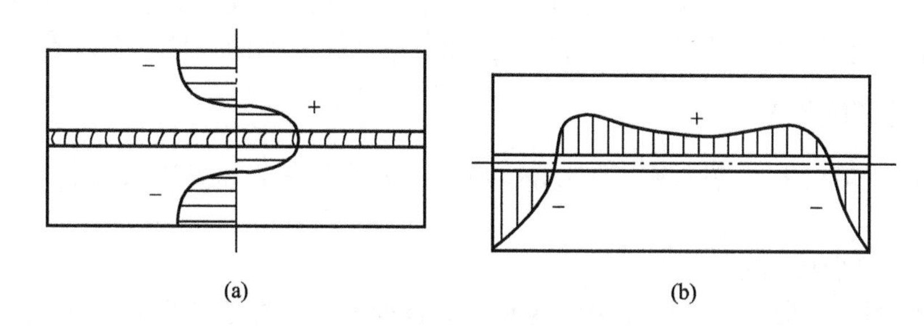

图 17.4　对接焊缝的焊接应力分布

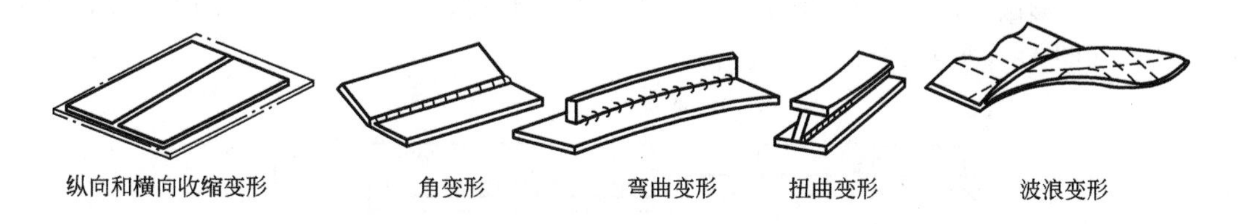

图 17.5　焊接变形的基本形式

2. 减少或消除应力的措施

可以从设计和工艺两方面综合考虑来降低焊接应力。在设计焊接结构时，应采用刚性较小的接头形式，尽量减少焊缝数量和截面尺寸，避免焊缝集中等。在工艺措施上可以采取以下方法。

(1) 合理选择焊接顺序。应尽量使焊缝能较自由地收缩，减少应力，如图 17.6 所示。

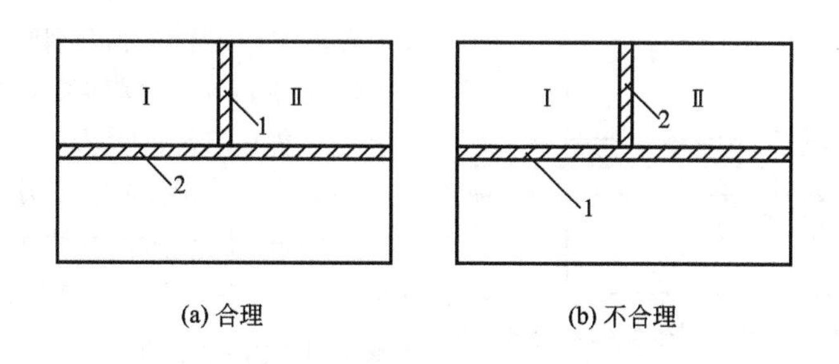

图 17.6　焊接顺序对焊接应力的影响

1—焊接顺序 1　2—焊接顺序 2

(2) 锤击法。锤击法是用一定形状的小锤均匀迅速地敲击焊缝金属，使其伸长，抵消部分收缩，从而减小焊接残余应力。

(3) 预热法。预热法是指焊前对待焊构件进行加热，焊前预热可以减小焊接区金属与周围金属的温差，使焊接加热和冷却时的不均匀膨胀和收缩减小，从而使不均匀塑性变形尽可能减小，是最有效的减少焊接应力的方法之一。

(4) 热处理法。为了消除焊接结构中的焊接残余应力，生产中通常采用去应力退火。

对于碳钢和低、中合金钢结构，焊后可以把构件整体或焊接接头局部区域加热到600～650℃，保温一定时间后缓慢冷却。一般可以消除80%～90%的焊接残余应力。

3. 变形的预防与矫正

焊接变形对结构生产的影响一般比焊接应力要大些。在实际焊接结构中，要尽量减少变形。

1) 预防焊接变形的方法

为了控制焊接变形，在设计焊接结构时，应合理地选用焊缝的尺寸和形状，尽可能减少焊缝的数量，焊缝的布置应力求对称。在焊接结构的生产中，通常可采用以下工艺措施。

(1) 反变形法。根据经验或测定，在焊接结构组焊时，先使工件反向变形，以抵消焊接变形，如图17.7所示。

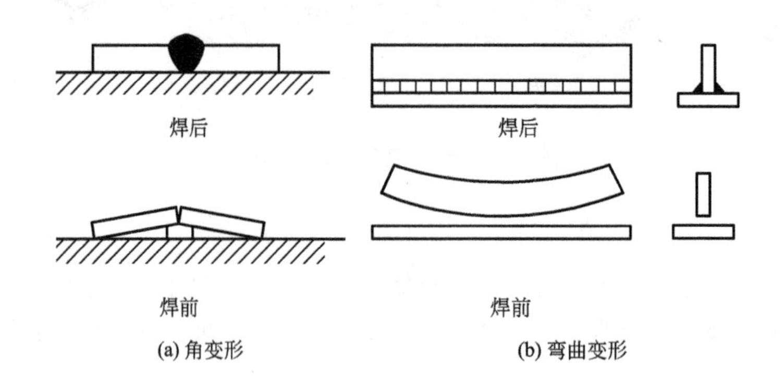

图17.7　反变形法预防焊接变形示意图

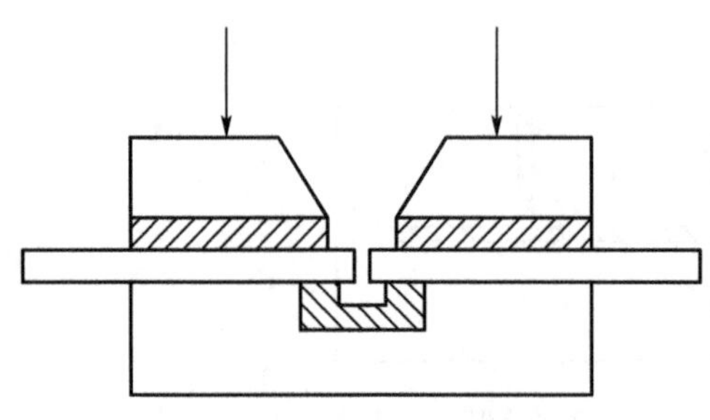

图17.8　刚性固定法预防焊接变形示意图

(2) 刚性固定法。刚性大的结构焊后变形一般较小；当构件的刚性较小时，利用外加刚性拘束以减小焊接变形的方法称为刚性固定法，如图17.8所示。

(3) 选择合理的焊接方法和焊接工艺参数，选用能量比较集中的焊接方法，如采用CO_2焊、等离子弧焊代替气焊和手工电弧焊，以减小薄板焊接变形。

(4) 选择合理的装配焊接顺序，焊接结构的刚性通常是在装配、焊接过程中逐渐增大的，结构整体的刚性要比其部件的刚性大。因此，对于截面对称、焊缝布置也对称的简单结构，采用先装配成整体，然后按合理的焊接顺序进行生产，可以减小焊接变形，如图17.9所示，图中的阿拉伯数字为焊接顺序，最好能同时对称施焊。

2) 矫正焊接变形的措施

矫正焊接变形的方法主要有机械矫正和火焰矫正两种。

机械矫正是利用外力使构件产生与焊接变形方向相反的塑性变形，使二者互相抵消，可采用辊床、压力机、矫直机等设备(图17.10)，也可手工锤击矫正。

火焰矫正是利用局部加热时(一般采用三角形加热法)产生压缩塑性变形，在冷却过程

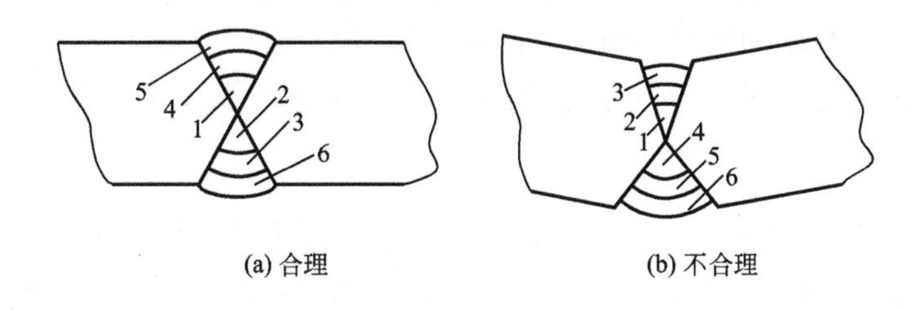

(a) 合理　　(b) 不合理

图 17.9　预防焊接变形的焊接顺序

中，局部加热部位的收缩将使构件产生挠曲，从而达到矫正焊接变形的目的，如图 17.11 所示。

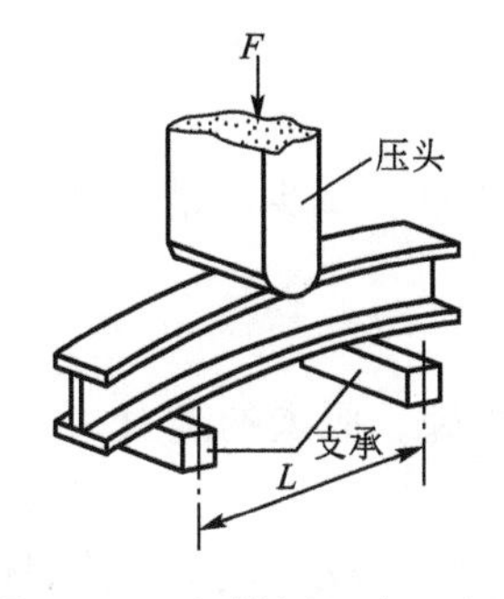

图 17.10　机械矫正法示意图

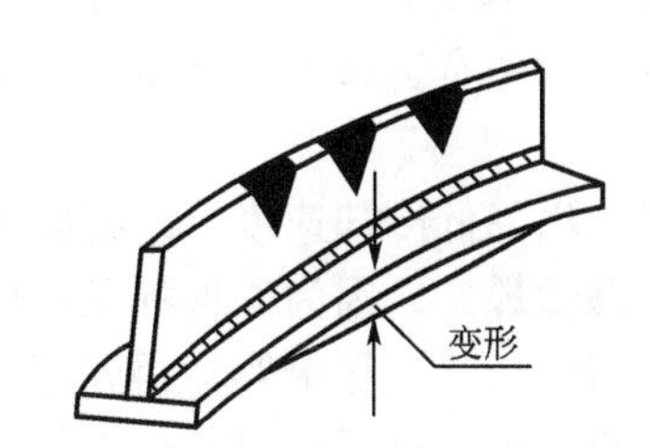

图 17.11　火焰矫正法示意图

17.4　焊接接头的缺陷

焊接缺陷主要有气孔、裂纹、未焊透、夹渣等。

1. 焊缝表面尺寸不符合要求

焊缝表面高低不平、焊缝宽窄不齐、尺寸过大或过小、角焊缝单边以及焊脚尺寸不符合要求等，均属于焊缝表面尺寸不符合要求，如图 17.12 所示。

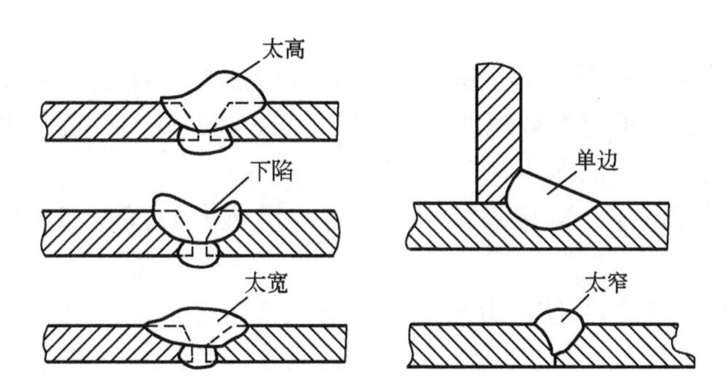

图 17.12　焊缝表面尺寸不符合要求

焊件坡口角度不对，装配间隙不均匀，焊接速度不当或运条手法不正确，焊条和角度选择不当或改变，加上埋弧焊焊接工艺选择不正确等都会造成该种缺陷。

选择适当的坡口角度和装配间隙；正确选择焊接工艺参数，特别是焊接电流值，可有效防止上述缺陷的发生；采用恰当运条手法和角度，可保证焊缝成形均匀一致。

2. 焊接裂纹

在焊接应力及其他致脆因素的共同作用下，焊接接头局部地区的金属原子结合力遭到破坏而形成的新界面所产生的缝隙叫焊接裂纹。它具有尖锐的缺口和大的长宽比等特征。

1）热裂纹的产生原因与防治方法

在焊接过程中，焊缝和热影响区金属冷却到固相线附近的高温区产生的焊接裂纹叫热裂纹。热裂纹是由于熔池冷却结晶时，低熔点共晶体形成液态薄层，在拉应力作用下形成热裂纹。

可通过以下措施防止热裂纹的产生。

(1) 控制焊缝中有害杂质的含量，即硫磷以及碳的含量，减少熔池中低熔点共晶体的形成。

(2) 预热，以降低冷却速度，改善应力状况。

(3) 采用碱性焊条，因为碱性焊条的熔渣具有较强脱硫、脱磷的能力。

(4) 控制焊缝形状，尽量避免得到深而窄的焊缝。

(5) 采用收弧板，将弧坑引至焊件外面，即使发生弧坑裂纹，也不影响焊件本身。

2）冷裂纹的产生原因及防治方法

焊接接头冷却到较低温度时(对钢来说在马氏体开始转变温度 M_s 以下或 200～300℃)，产生的焊接裂纹叫冷裂纹。

冷裂纹主要发生在中碳钢、低合金和中合金高强度钢中，原因是焊材本身具有较大的淬硬倾向，焊接熔池中溶解了多量的氢，以及焊接接头在焊接过程中产生了较大的拘束应力。

防范措施从减少这 3 个因素的影响和作用着手。

(1) 焊前按规定要求严格烘干焊条、焊剂，以减少氢的来源。

(2) 采用低氢型碱性焊条和焊剂。

(3) 焊接淬硬性较强的低合金高强度钢时，采用奥氏体不锈钢焊条。

(4) 焊前预热。

(5) 后热。焊后立即将焊件的全部(或局部)进行加热或保温、缓冷的工艺措施叫后热。后热能使焊接接头中的氢有效地逸出，所以是防止延迟裂纹的重要措施。但后热加热温度低，不能起到消除应力的作用。

(6) 适当增加焊接电流，减慢焊接速度，可减慢热影响区冷却速度，防止形成淬硬组织。

3）再热裂纹的产生原因与防治方法

焊后焊件在一定温度范围再次加热(消除应力热处理或其他加热过程如多层焊时)而产生的裂纹，叫再热裂纹。再热裂纹一般发生在熔点线附近，当钢中含铬、钼、钒等合金元素较多时，再热裂纹的倾向增加。防止再热裂纹的措施，第一是控制母材中铬、钼、钒等合金元素的含量；第二是减少结构钢焊接残余应力；最后在焊接过程中采取减少焊接应力的工艺措施，如使用小直径焊条，小参数焊接，焊接时不摆动焊条等。

4）层状撕裂的产生原因与防治方法

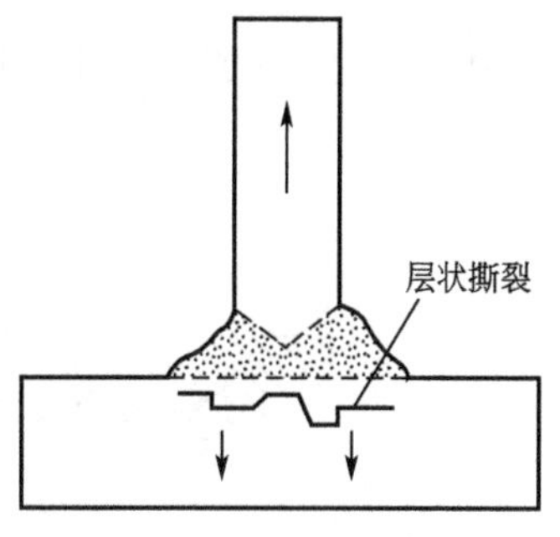

图 17.13　层状撕裂

焊接时焊接构件中沿钢板轧层形成的阶梯状的裂纹叫层状撕裂，如图 17.13 所示。

产生层状撕裂的原因是：轧制钢板中存在着硫化物、氧化物和硅酸盐等非金属夹杂物，在垂直于厚度方向的焊接应力作用下(图中箭头)，在夹杂物的边缘产生应力集中，当应力超过一定数值时，某些部位的夹杂物首先开裂并扩展，以后这种开裂在各层之间相继发生，连成一体，形成层状撕裂的阶梯形。

防止层状撕裂的措施是严格控制钢材的含硫量，在与焊缝相连接的钢材表面预先堆焊几层低强度焊缝和采用强度级别较低的焊接材料。

3. 气孔

焊接时，熔池中的气泡在凝固时未能逸出，残存下来形成的空穴叫气孔，主要由以下原因产生。

(1) 铁锈和水分。对熔池一方面有氧化作用，另一方面又带来大量的氢。

(2) 焊接方法。埋弧焊时由于焊缝大，焊缝厚度深，气体从熔池中逸出困难，故生成气孔的倾向比手弧焊大得多。

(3) 焊条种类。碱性焊条比酸性焊条对铁锈和水分的敏感大得多，即在同样的铁锈和水分含量下，碱性焊条十分容易产生气孔。

(4) 电流种类和极性。当采用未经很好烘干的焊条进行焊接时，使用交流电源，焊缝最易出现气孔；直流正接气孔倾向较小；直流反接气孔倾向最小。采用碱性焊条时，一定要用直流反接，如果使用直流正接，则生成气孔的倾向显著加大。

(5) 焊接工艺参数。焊接速度增加，焊接电流增大，电弧电压升高都会使气孔倾向增加。

可通过以下措施加以防止。

(1) 对手弧焊焊缝两侧各 10mm，埋弧自动焊的焊缝两侧各 20mm 内的区域，仔细清除焊件表面上的铁锈等污物。

(2) 焊条、焊剂在焊前按规定严格烘干，并存放于保温桶中，做到随用随取。

(3) 采用合适的焊接工艺参数，使用碱性焊条焊接时，一定要采用短弧焊。

4. 咬边

由于焊接参数选择不当，或操作工艺不正确，沿焊趾的母材部位产生的沟槽或凹陷叫咬边，如图 17.14 所示。

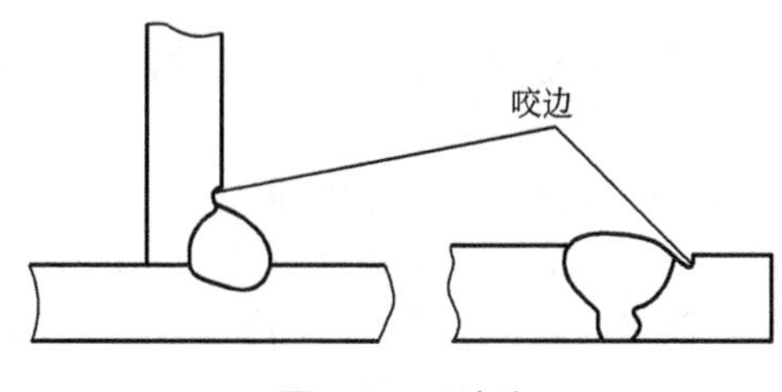

图 17.14　咬边

产生咬边的原因主要是由于焊接工艺参数选择不当，焊接电流太大，电弧过长，运条速度和焊条角度不适当等。

防止产生咬边的方法是选择正确的焊接电流及焊接速度，电弧不能拉得太长，掌握正确的运条方法和运条角度。

埋弧焊时一般不会产生咬边。

5. 未焊透

焊接时接头根部未完全熔透的现象叫未焊透，如图 17.15 所示。

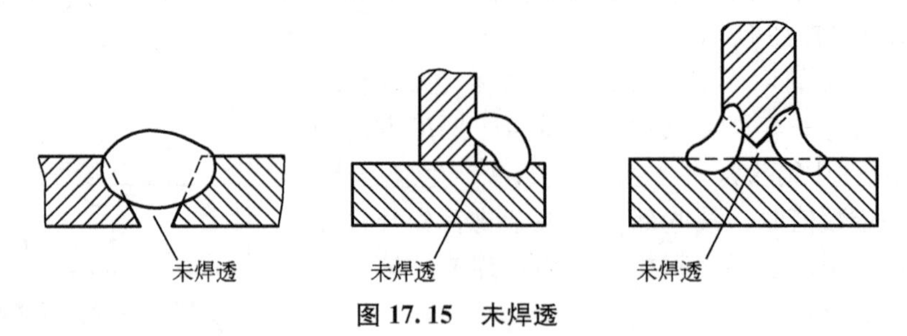

图 17.15　未焊透

产生未焊透现象的原因是：焊缝坡口钝边过大，坡口角度太小，焊根未清理干净，间隙太小；焊条或焊丝角度不正确，电流过小，速度过快，弧长过大；焊接时有磁偏吹现象；或电流过大，焊件金属尚未充分加热时，焊条已急剧熔化；层间或母材边缘的铁锈、氧化皮及油污等未清除干净，焊接位置不佳，焊接可达性不好等。

防止产生未焊透现象的方法是：正确选用和加工坡口尺寸，保证必需的装配间隙，正确选用焊接电流和焊接速度，认真操作，防止焊偏等。

6. 熔合

熔焊时，焊道与母材之间或焊道与焊道之间，未完全熔化结合的部分叫未熔合，如图 17.16 所示。

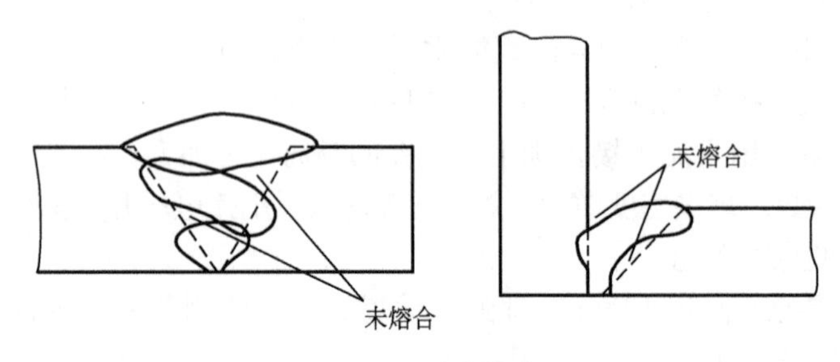

图 17.16　未熔合

产生未熔合现象的原因是：层间清渣不干净，焊接电流太小，焊条偏心，焊条摆动幅度太窄等。

防止产生未熔合现象的方法是：加强层间清渣，正确选择焊接电流，注意焊条摆动等。

7. 夹渣

焊后残留在焊缝中的熔渣叫夹渣，如图 17.17 所示。

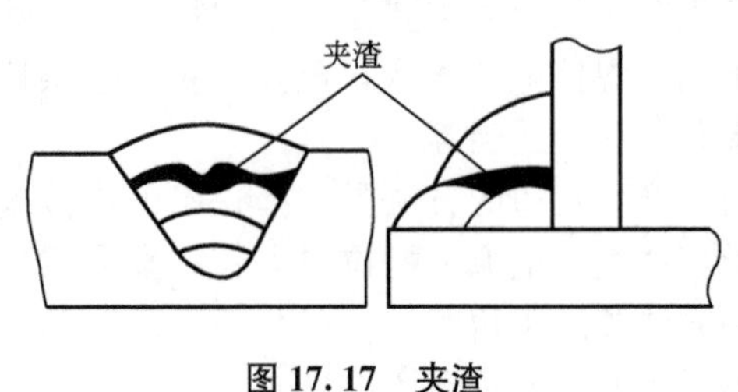

图 17.17　夹渣

产生夹渣的原因是：焊接电流太小，以致液态金属和熔渣分不清；焊接速度过快，使熔渣来不及浮起；多层焊时，清渣不干净；焊缝成形系数过小以及手弧焊时焊条角度不正确等。

防止产生夹渣的方法是：采用具有良好工艺性能的焊条，正确选用焊接电流和运条角度，焊件坡口角度不宜过小，多层焊时，认真做好清渣工作等。

8. 焊瘤

焊接过程中，熔化金属流淌到焊缝之外未熔化的母材上，所形成的金属瘤叫焊瘤，如图 17.18 所示。

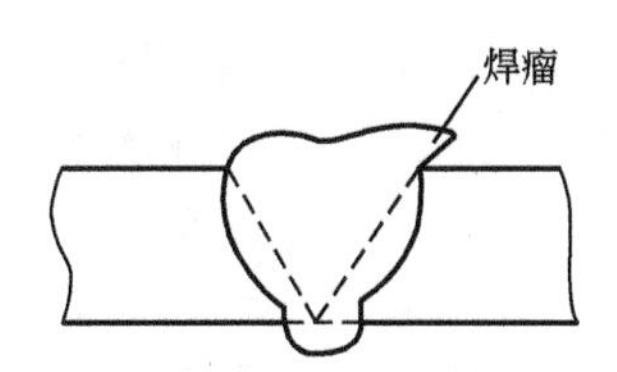

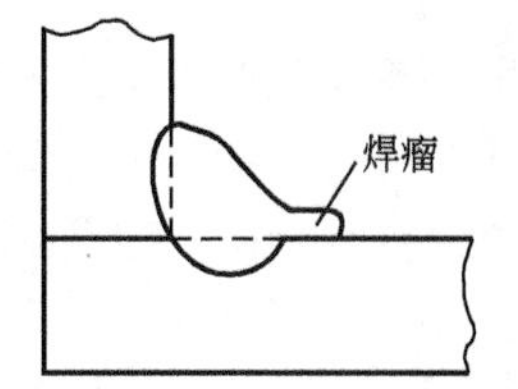

图 17.18　焊瘤

产生焊瘤的原因是操作不熟练和运条角度不当。

防止产生焊瘤的方法是：提高操作的技术水平。正确选择焊接工艺参数，灵活调整焊条角度，装配间隙不宜过大。严格控制熔池温度，不使其过高。

9. 塌陷

单面熔化焊时，由于焊接工艺选择不当，造成焊缝金属过量透过背面，而使焊缝正面塌陷、背面凸起的现象叫塌陷，如图 17.19 所示。

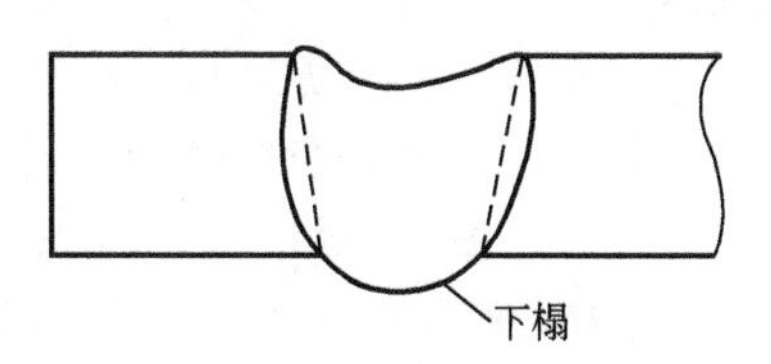

图 17.19　塌陷

产生的原因：塌陷往往是由于装配间隙或焊接电流过大所致。

10. 凹坑

焊后在焊缝表面或焊缝背面形成的低于母材表面的局部低洼部分叫凹坑。背面的凹坑通常叫内凹。凹坑会减少焊缝的工作截面。

产生的原因：电弧拉得过长，焊条倾角不当和装配间隙太大等。

11. 烧穿

焊接过程中，熔化金属自坡口背面流出，形成穿孔的缺陷叫烧穿。

产生烧穿缺陷的原因是对焊件加热过甚。

防止产生烧穿缺陷的方法是：正确选择焊接电流和焊接速度，严格控制焊件的装配间隙。另外，还可以采用衬垫、焊剂垫、自熔垫或使用脉冲电流防止烧穿。

12. 夹钨

钨极惰性气体保护焊时，由钨极进入到焊缝中的钨粒叫夹钨。夹钨的性质相当于夹渣。

产生夹钨的原因主要是焊接电流过大，使钨极端头熔化，焊接过程中钨极与熔池接触以及采用接触短路法引弧时容易发生。

防止产生夹钨的方法是：降低焊接电流，采用高频引弧。

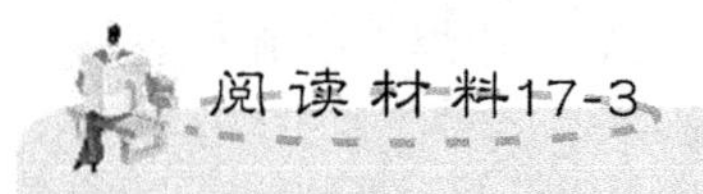

球罐破裂事故

1979年12月18日14时7分，吉林市煤气公司液化气站102号400m³液化石油气球罐发生破裂，大量液化石油气喷出，顺风向北扩散，遇明火发生燃烧，引起球罐爆炸。由于该球罐爆炸燃烧，大火烧了19个小时，致使5个400m³的球罐，4个450m³卧罐和8000多只液化石油气钢瓶(其中空瓶3000多只)爆炸或烧毁，罐区相邻的厂房、建筑物、机动车及设备等被烧毁或受到不同程度的损坏，400m远相邻的苗圃、住宅建筑及拖拉机、车辆也受到损坏，直接经济损失约627万元，死亡36人，重伤50人。

原因分析

(1) 根据断口特征和断裂力学的估算，该球罐的破裂是属于低应力的脆性断裂，主断裂源在上环焊缝的内壁焊趾上，长约65mm。

(2) 经宏观及无损检验，上、下环焊缝焊接质量很差，焊缝表面及内部存在很多咬边、错边、裂纹、熔合不良、夹渣及气孔等缺陷。

(3) 事故发生前在上下焊缝内壁焊趾的一些部分已存在纵向裂纹，这些裂纹与焊接缺陷(如咬边)有关。

(4) 球罐投入使用后，从未进行检验，制造、安装中的先天性缺陷未及时发现和消除，使裂纹扩展，当球罐内压力稍有波动便造成低应力脆性断裂。

(5) 国务院1980年曾以国发99号文批转《关于吉林市煤气公司液化石油气厂恶性爆炸火灾事故》时指出：这次事故暴露出来的压力容器组装质量差，使用管理混乱，领导干部不重视安全生产，不认真执行安全规章制度，不懂业务，不注意技术管理以及对长期不检验等问题，在不少企业、事业单位中都不同程度的存在，应当引起各级领导的严重注意。

资料来源：http：//finance. sina. com. cn　2005年11月15日16：04中国质量报

习　　题

一、简答题

1. 简述焊接熔池的冶金特点。

2. 何谓焊接热影响区？低碳钢焊接时热影响区分为哪些区段？各区段对焊接接头性能有何影响？减小热影响区的办法是什么？

3. 产生焊接应力和变形的原因是什么？焊接应力是否一定要消除？消除焊接应力的办法有哪些？

4. 试分析厚件多层焊时，为什么有时要用小锤对红热状态的焊缝进行敲击？

5. 焊接变形有哪些基本形式？焊前，为预防和减小焊接变形有哪些措施？

6. 如图17.20所示，拼接大块钢板是否合理？为什么？为减小焊接应力与变形，应怎样改变？合理的焊接次序是什么？

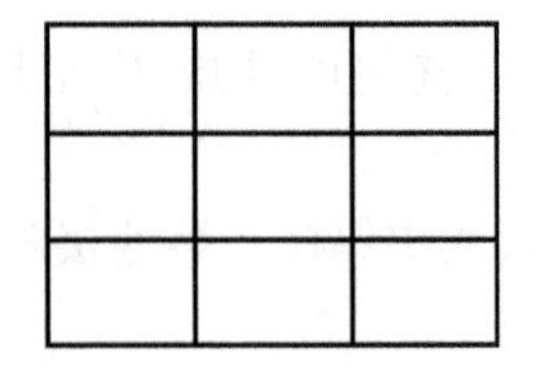

图17.20　拼接大块钢板

第18章 熔化焊

通过本章的学习，掌握焊条电弧焊、埋弧自动焊、气体保护焊等焊接工艺与操作方法；掌握气焊、气割的原理与工艺；了解电渣焊、等离子弧焊接与切割、电子束焊接、激光焊接等其他熔焊方法。

导入案例

储油罐的焊接

随着石油化工生产的快速发展，全国各地石油化工生产单位的原油储备能力及我国战略性原油储备在不断提高，大型储油罐的单罐容积由原来的50 000m^3 增大到目前的125 000m^3，近期还将扩大到150 000m^3。由于单罐容积增大，对焊缝的质量及生产建设周期等都提出了更高的要求，对于该类型的储罐，纵向焊缝一般都是用气电立焊工艺进行单面焊或双面焊，焊缝质量和进度都能得到很好的保证，其环向焊缝还采用惯用的气刨清根双面埋弧焊，焊缝的外观质量、内观质量、工程进度等受工人的身体状况影响较大，常常表现出不稳定的特征，且劳动强度较大。

储油罐

油罐埋弧自动横焊采用单面焊双面成形工艺可能对提高大型储罐环向焊缝质量的稳定性、加快工程进度、降低工人的劳动强度有很好的效果。

焊接试验时，除焊机正常的送吸焊剂外，在焊缝的背面，点焊一块托剂板，用人工方法将与正常工艺相同型号的焊剂填充于焊根处，以保证焊缝根部的熔化金属并强迫成型。该工艺主要是依靠稳定燃烧的电弧之吹力，将焊缝的根部完全熔透，并在背面焊剂的保护下形成焊缝，以达到单面焊双面成形的效果。

试验结果表明：对16MnR钢种，在较小的线能量条件(小于25kJ/cm)下，只要能保证焊接接头的组对质量，背面使用焊剂封底，试件根部完全熔透，成形良好，达到了手工钨极氩弧焊打底的效果，外观成形好，X射线探伤检查结果全部Ⅰ级片，试件焊接接头的力学性能指标均达到要求，获得了埋弧自动横焊单面焊双面成形的理想焊道。

根据试验结果及50 000m^{3}油罐的实际情况，应用埋弧自动横焊单面焊双面成形技术，进行了一系列的工艺评定，合格后，于2001年10月至2001年11月将该工艺技术应用于湛江港务局50 000m^{3}油罐工程焊接施工之中，环焊缝外观成形良好，X射线探伤一次合格率达到98.6%，油罐主体安装工期由原来的103天缩短至48天，大大降低了劳动强度，经济效益显著。

资料来源：杨卫海，徐国就. 单面焊双面成形技术在油罐埋弧自动焊中的应用. 化工建设安装，2002，24(5)：14.

18.1 电　弧　焊

利用电弧作为热源，熔化母材形成焊缝的焊接工艺称为电弧焊，通常有焊条电弧焊、气体保护焊、埋弧焊等几种形式。

18.1.1 焊接电弧

焊接电弧是在具有一定电压的两电极间或电极与工件之间的气体介质中，产生的强烈而持久的放电现象，即在局部气体介质中有大量电子流通过的导电现象。

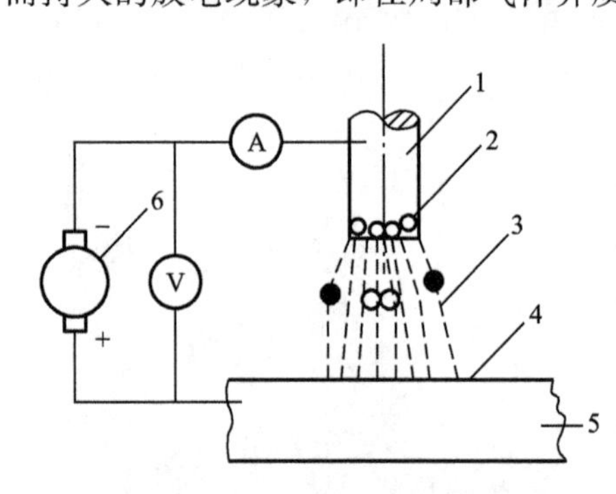

图18.1　焊接电弧示意图

1—焊条　2—阴极区　3—弧柱区　4—阳极区　5—工件　6—电焊机

产生电弧的电极可以是金属丝、钨丝、碳棒或焊条。焊接电弧如图18.1所示。引燃电弧后，弧柱中就充满了高温电离气体，并放出大量的热能和强烈的光。电弧的热量与焊接电流和电弧电压的乘积成正比。电流越大，电弧产生的总热量就越大。一般情况下，电弧热量在阳极区产生的较多，约占总热量的43%；阴极区因放出大量的电子，消耗了一部分能量，所以产生的热量相对较少，约占36%；其余21%左右的热量是在弧柱中产生的。焊条电弧焊只有65%～85%的热量用于加热和熔化金属，其余的热量则散失在电弧周围和飞溅的金属滴中。

电弧中阳极区和阴极区的温度因电极材料不同而有所不同。用钢焊条焊接钢材时，阳极区温度约为2600K，阴极区约为2400K，电弧中心区温度为最高，可达6000～8000K。

由于电弧产生的热量在阳极和阴极上有一定差异及其他一些原因，使用直流电源焊接时，有正接和反接两种接线方法。正接是将工件接到电源的正极，焊条(或电极)接到负极；反接是将工件接到电源的负极，焊条(或电极)接到正极，正接时工件的温度相对高一些。

如果焊接时使用的是交流电焊机(弧焊变压器)，因为电极每秒钟正负变化达100次之多，所以两极加热温度一样，都在2500K左右，因而不存在正接和反接问题。

电焊机的空载电压就是焊接时的引弧电压，一般为50～90V。电弧稳定燃烧时的电压称为电弧电压，它与电弧长度(即焊条与工件间的距离)有关。电弧长度越大，电弧电压也越高。一般情况下，电弧电压在16～35V范围之内。

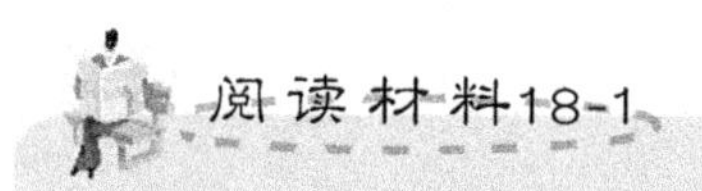

电　　弧

一般情况下，气体是不导电体，在特殊情况下，电荷可以通过气体放电。电弧和雷电都属于气体放电现象。

雷电是伴有闪电和雷鸣的一种雄伟壮观而又有点令人生畏的放电现象。雷电一般产生于对流发展旺盛的积雨云中，因此常伴有强烈的阵风和暴雨，有时还伴有冰雹和龙卷风。积雨云顶部一般较高，可达20km，云的上部常有冰晶。冰晶的凇附，水滴的破碎以及空气对流等过程，使云中产生电荷。云中电荷的分布较复杂，但总体而言，云的上部以正电荷为主，下部以负电荷为主。因此，云的上、下部之间形成一个电位差。当电位差达到一定程度后，就会产生放电，这就是我们常见的闪电现象。闪电的平均电流是3万安培，最大电流可达30万A。闪电的电压很高，约为1亿至10亿伏特。一个中等强度雷暴的功率可达一千万瓦，相当于一座小型核电站的输出功率。放电过程中，由于闪道中温度骤增，使空气体积急剧膨胀，从而产生冲击波，导致强烈的雷鸣。带有电荷的雷云与地面的突起物接近时，它们之间就发生激烈的放电。在雷电放电地点会出现强烈的闪光和爆炸的轰鸣声。这就是人们见到和听到的闪电雷鸣。

18.1.2 焊条电弧焊

利用电弧作为热源，用手工操纵焊条进行焊接的方法称为焊条电弧焊(也称手工电弧焊)。由于焊条电弧焊设备简单，维修容易，焊钳小，使用灵活，可以在室内、室外、高空和各种方位进行焊接，因此，它是焊接生产中应用最广泛的方法。

1. 焊条电弧焊的焊接过程

焊条电弧焊操作过程包括：引燃电弧、送进焊条和沿焊缝移动焊条。焊条电弧焊焊接过程，如图18.2所示。电弧在焊条与工件(母材)之间燃烧，电弧热使母材熔化形成熔池，焊条金属芯熔化并以熔滴形式借助重力和电弧吹力进入熔池，燃烧、熔化的药皮进入熔池成为熔渣浮在熔池表面，保护熔池不受空气侵害。药皮分解产生的气体环绕在电弧周围，隔绝空气，保护电弧、熔滴和熔池金属。当焊条向前移动，新的母材熔化时，原熔池和熔渣凝固、形成焊缝和渣壳。

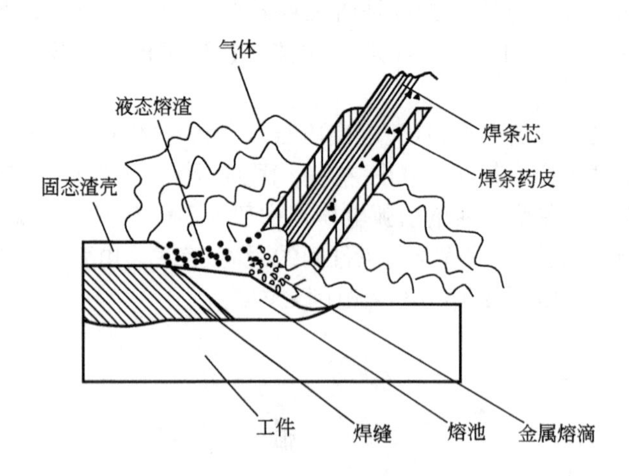

图 18.2　焊条电弧焊过程示意图

2. 焊条

1) 焊条的组成与作用

焊条是由焊芯和药皮两部分组成。

(1) 焊芯。焊芯采用焊接专用金属丝。结构钢焊条一般含碳量低，有害杂质少，含有一定合金元素，如 H08A 等。不锈钢焊条的焊芯采用不锈钢焊丝。

焊芯的作用，一是作为电极传导电流，再者其熔化后成为填充金属，与熔化的母材共同组成焊缝金属。因此，可以通过焊芯调整焊缝金属的化学成分。

(2) 药皮。是压涂在焊芯表面上的涂料层。原材料有矿石、铁合金、有机物和化工产品等。表 18-1 为结构钢焊条药皮配方示例。

表 18-1　结构钢焊条药皮配方示例　(%)

焊条牌号	人造金红石	钛白粉	大理石	萤石	长石	菱苦土	白泥	钛铁	45硅铁	硅锰合金	纯碱	云母
J422	30	8	12.4		8.6	7	14	12				7
J507	5		45	25				13	3	7.5	1	2

药皮的主要作用有以下几点。

① 改善焊接工艺性，如药皮中含有稳弧剂，使电弧易于引燃和保持燃烧稳定。

② 对焊接区起保护作用，药皮中含有造渣剂、造气剂等，产生气体和熔渣，对焊缝金属起双重保护作用。

③ 起冶金处理作用，药皮中含有脱氧剂、合金剂、稀渣剂等，使熔化金属顺利进行脱氧、脱硫、去氢等冶金化学反应，并补充被烧损的合金元素。

2) 焊条的种类、型号与牌号

(1) 焊条分类。焊条按用途不同分为十大类：结构钢焊条、钼和铬钼耐热钢焊条、低温钢焊条、不锈钢焊条、堆焊焊条、铸铁焊条、镍及镍合金焊条、铜及铜合金焊条、铝及铝合金焊条及特殊用途焊条等。其中结构钢焊条分为碳钢焊条和低合金钢焊条。

结构钢焊条按药皮性质不同可分为酸性焊条和碱性焊条两种，酸性焊条的药皮中含有大量酸性氧化物(SiO_2、MnO_2 等)，碱性焊条药皮中含大量碱性氧化物(如 CaO 等)和萤石(CaF_2)。由于碱性焊条药皮中不含有机物，药皮产生的保护气氛中氢含量极少，所以又称为低氢焊条。

(2) 焊条型号与牌号。焊条型号是国家标准中规定的焊条代号。焊接结构件生产中应用最广的碳钢焊条和低合金钢焊条，型号标准见 GB/T 5117—1995 和 GB/T 5118—1995。国家标准规定，碳钢焊条型号由字母 E 和 4 位数字组成，如 E4303、E5016、E5017 等，其含义如下。

“E”表示焊条。前两位数字表示熔敷金属的最小抗拉强度，单位为 MPa。

第三位数字表示焊条的焊接位置，“0”及“1”表示焊条适于全位置焊接(平、立、仰、横)；“2”表示只适于平焊和平角焊；“4”表示向下立焊。

第三位和第四位数字组合时表示焊接电流种类及药皮类型，如“03”为钛钙型药皮，交流或直流正反接；“15”为低氢钠型药皮，直流反接；“16”为低氢钾型药皮，交流或直流反接。

焊条牌号是焊条生产行业统一的焊条代号。焊条牌号用一个大写汉语拼音字母和三个数字表示，如 J422、J507 等。拼音表示焊条的大类，如“J”表示结构钢焊条，“Z”表示铸铁焊条；前两位数字代表焊缝金属抗拉强度等级，单位为 MPa；末尾数字表示焊条的药皮类型和焊接电流种类，1～5 为酸性焊条，6、7 为碱性焊条，见表 18-2。

表 18-2　焊条药皮类型与电源种类

编号	1	2	3	4	5	6	7	8
药皮类型和电源种类	钛型，直流或交流	钛钙型，交直流	钛铁型，交直流	氧化铁型，交直流	纤维素型，交直流	低氢钾型，交直流	低氢钠型，直流	石墨型，交直流

3) 酸性焊条与碱性焊条的对比

酸性焊条与碱性焊条在焊接工艺性和焊接性能方面有许多不同，使用时要注意区别，不可以随便用酸性焊条替代碱性焊条。二者对比，有以下特点。

(1) 从焊缝金属力学性能考虑，碱性焊条焊缝金属力学性能好，酸性焊条焊缝金属的塑性、韧性较低，抗裂性较差。这是因为碱性焊条的药皮含有较多的合金元素，且有害元素(硫、磷、氢、氮、氧)比酸性焊条含量少，故焊缝金属力学性能好，尤其是冲击韧度较好，抗裂性好，适于焊接承受交变冲击载荷的重要结构钢件和几何形状复杂、刚度大、易裂钢件；酸性焊条的药皮熔渣氧化性强，合金元素易烧损，焊缝中氢硫等含量较高，故只适于普通结构钢件焊接。

(2) 从焊接工艺性考虑，酸性焊条稳弧性好，飞溅小，易脱渣，对油污、水锈的敏感性小，可采用交直流电流，焊接工艺性好；碱性焊条稳弧性差，飞溅大，对油污、水锈敏感，焊接电源多要求直流，焊接烟雾有毒，要求现场通风和防护，焊接工艺件较差。

(3) 从经济性考虑，碱性焊条价格高于酸性焊条。

4) 焊条的选用原则

选用是否恰当的焊条将直接影响焊接质量、劳动生产率和产品成本。焊条的选用通常遵循以下基本原则。

(1) 等强度原则，应使焊缝金属与母材具有相同的使用性能。

焊接低、中碳钢或低合金钢的结构件，按照“等强”原则，选择强度级别相同的结构钢焊条。

(2) 若无等强要求，选强度级别较低、焊接工艺性好的焊条。

(3) 焊接特殊性能钢(不锈钢、耐热钢等)和非铁金属，按照“同成分”“等强度”原则，选择与母材化学成分、强度级别相同或相近的各类焊条。焊补灰铸铁时，应选择相适应的铸铁焊条。

18.1.3 埋弧自动焊

焊条电弧焊的生产率低、对工人操作技术要求高，工作条件差，焊接质量不易保证，而且质量不稳定。埋弧自动焊(简称埋弧焊)是电弧在焊剂层内燃烧进行焊接的方法，电弧的引燃、焊丝的送进和电弧沿焊缝的移动，是由设备自动完成的。

1. 埋弧自动焊设备与焊接材料的选用

(1) 设备。埋弧自动焊的动作程序和焊接过程弧长的调节，都是由电器控制系统来完成的。埋弧焊设备由焊车、控制箱和焊接电源 3 部分组成。埋弧焊电源有交流和直流两种。

(2) 焊接材料。埋弧焊的焊接材料有焊丝和焊剂。焊丝和焊剂选配的总原则是：根据母材金属的化学成分和力学性能，选择焊丝，再根据焊丝选配相应的焊剂。例如，焊接普通结构低碳钢，选用焊丝 H08A，配合 HJ431 焊剂；焊接较重要低合金结构钢，选用焊丝 H08MnA 或 H10Mn2，配合 HJ431 焊剂。焊接不锈钢，选用与母材成分相同的焊丝配合低锰焊剂。

2. 埋弧自动焊焊接过程及工艺

埋弧焊焊接过程，如图 18.3 所示，焊剂均匀地堆覆在焊件上，形成厚度40～60mm 的焊剂层，焊丝连续地进入焊剂层下的电弧区，维持电弧平稳燃烧，随着焊车的匀速行走，完成电弧焊缝自行移动的操作。

埋弧焊焊缝形成过程如图 18.4 所示，在颗粒状焊剂层下燃烧的电弧使焊丝、焊件熔化形成熔池，焊剂熔化形成熔渣，蒸发的气体使液态熔渣形成封闭的熔渣泡，有效阻止空气侵入熔池和熔滴，使熔化金属得到焊剂层和熔渣泡的双重保护，同时阻止熔滴向外飞溅，既避免弧光四射，又使热量损失少，加大熔深。随着焊丝沿焊缝前行，熔池凝固成焊缝，比重轻的熔渣结成覆盖焊缝的渣壳。没有熔化的大部分焊剂回收后可重新使用。

埋弧焊焊丝从导电嘴伸出的长度较短，所以可大幅度提高焊接电流，使熔深明显加大。一般埋弧焊电流强度比焊条电弧焊高 4 倍左右。当板厚在 24mm 以下对接焊时，不需

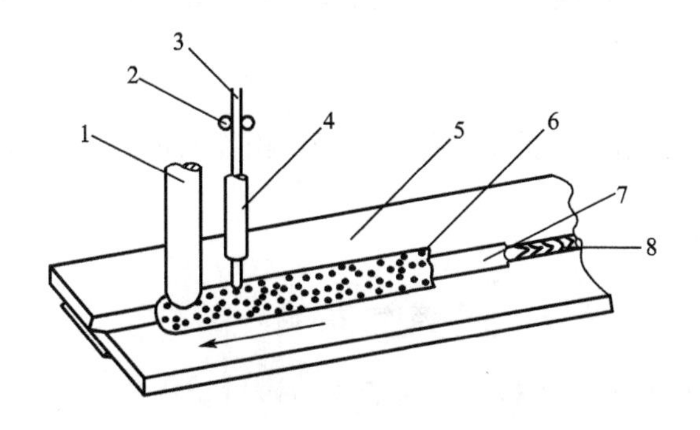

图 18.3 埋弧自动焊焊接过程示意图

1—焊剂漏斗 2—送丝滚轮 3—焊丝
4—导电嘴 5—焊件 6—焊剂
7—渣壳 8—焊缝

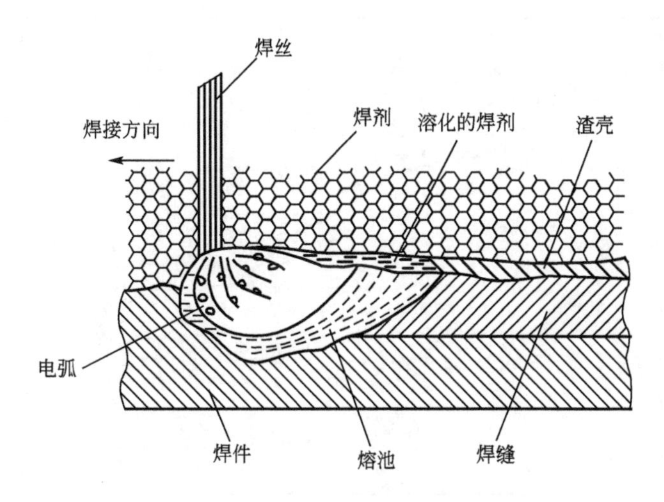

图 18.4 埋弧焊焊缝形成过程示意图

要开坡口。

3. 埋弧自动焊的特点及应用

埋弧自动焊与焊条电弧焊相比，有以下特点。

(1) 生产率高、成本低，由于埋弧焊时电流大，电弧在焊剂层下稳定燃烧，无熔滴飞溅，热量集中，焊丝熔敷速度快，比焊条电弧焊效率提高 5～10 倍左右；焊件熔深大，较厚的焊件不开坡口也能焊透，节省加工坡口的工时和费用，减少焊丝填充量，没有焊条头，焊剂可重用，节约焊接材料。

(2) 焊接质量好、稳定性高，埋弧焊时，熔滴、熔池金属得到焊剂和熔渣泡的双重保护，有害气体浸入减少；焊接操作自动化程度高，工艺参数稳定，焊缝成形美观，内部组织均匀。

(3) 劳动条件好，没有弧光和飞溅，操作过程的自动化使劳动强度降低。

(4) 埋弧焊适应性较差，通常只适于焊接长直的平焊缝或较大直径的环焊缝，不能焊空间位置焊缝及不规则焊缝。

(5) 设备费用一次性投资较大。

因此，埋弧自动焊适用于成批生产的中厚板结构件的长直及环焊缝的平焊。

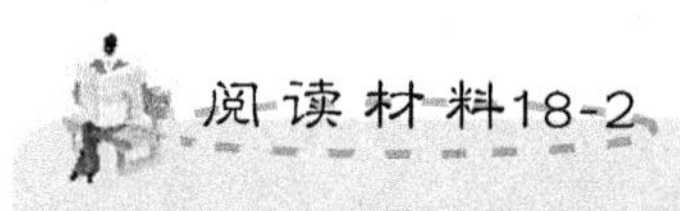

西气东输

我国西部地区的塔里木、柴达木、陕甘宁和四川盆地蕴藏着26万亿立方米的天然气资源，约占全国陆上天然气资源的87%。特别是新疆塔里木盆地，天然气资源量有8万多亿立方米，占全国天然气资源总量的22%。塔里木北部的库车地区的天然气资源量有2万多亿立方米，是塔里木盆地中天然气资源最富集的地区，具有形成世界级大气区的开发潜力。实施西气东输工程，有利于促进我国能源结构和产业结构调整，带动东、西部地区经济共同发展。图18.5为西气东输天然气管道走向示意图。

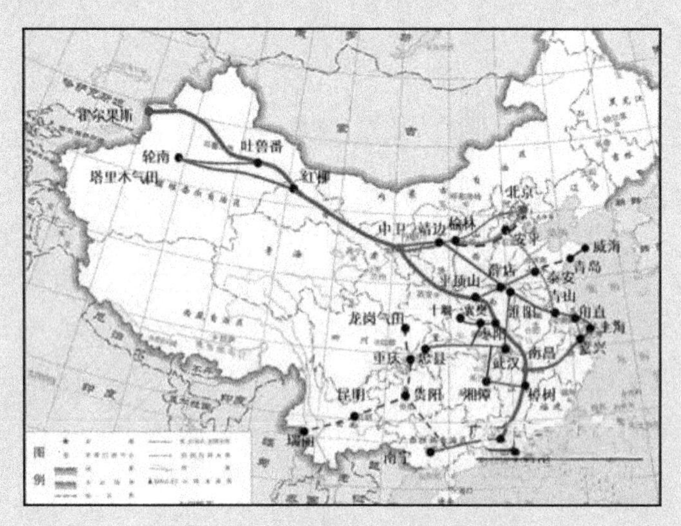

图 18.5　西气东输天然气管道走向

西气东输一线工程，西起新疆塔里木轮南油气田，东至上海，线路全长约4200km，投资规模1400多亿元。钢管材质为X70，钢管规格Φ1016mm×(14.6～26.2)mm，设计压力为10MPa，年设计输量120亿立方米。

西气东输二线工程西起新疆霍尔果斯，东至广州和上海，包括1条干线和5条支线，干线管道设计输气能力300亿立方米/年，管道全长7700km。工程总投资估算为1021亿元。钢管材质为X80，钢管规格Φ1219mm×(18.4～33.0)mm，设计压力为12MPa。

钢管是在钢管厂采用效率高的埋弧焊方法将钢板或钢带焊成12m长的直缝焊管或螺旋缝焊管产品，通过火车和汽车运输到施工现场再进行焊接安装。

18.1.4　气体保护焊

气体保护电弧焊是用外加气体作为电弧介质并保护电弧和焊接区的电弧焊。按照保护气体的不同，气体保护焊分为两类：使用惰性气体作为保护的称惰性气体保护焊，包括氩弧焊、氦弧焊、混合气体保护焊等；使用 CO_2 气体作为保护的气体保护焊，简称 CO_2 焊。

1. 氩弧焊

氩弧焊是以氩气作为保护气体的电弧焊，氩气是惰性气体，可保护电极和熔化金属不受空气的有害作用，在高温条件下，氩气与金属既不发生反应，也不溶入金属中。

1）氩弧焊的种类

根据所用电极的不同，氩弧焊可分为非熔化极氩弧焊和熔化极氩弧焊两种，如图 18.6所示。

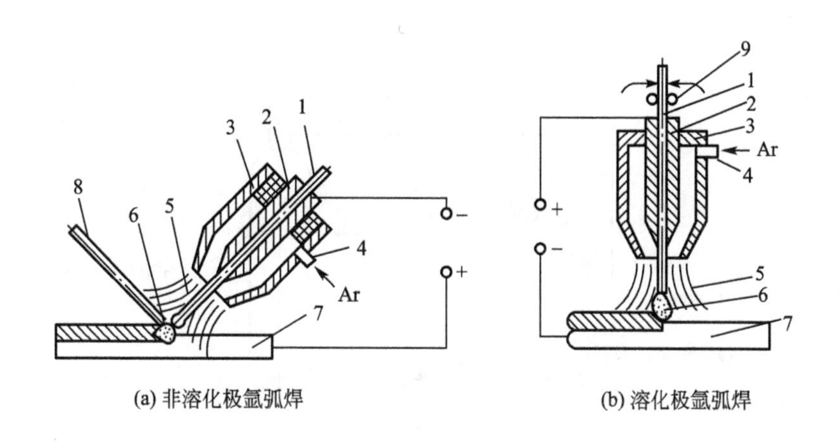

图 18.6 氩弧焊示意图

1—电极或焊丝 2—导电嘴 3—喷嘴 4—进气管 5—氩气流 6—电弧 7—工件 8—填充焊丝 9—送丝辊轮

(1) 钨极氩弧焊，常以高熔点的铈钨棒作电极，焊接时，铈钨极不熔化(也称非熔化极氩弧焊)，只起导电和产生电弧的作用。焊接钢材时，多用直流电源正接，以减少钨极的烧损；焊接铝镁及其合金时采用反接，此时，铝工件作阴极，有“阴极破碎”作用，能消除氧化膜，焊缝成形美观。

钨极氩弧焊需要加填充金属，它可以是焊丝，也可以在焊接接头中填充金属条或采用卷边接头。

为防止钨合金熔化，钨极氩弧焊焊接电流不能太大，所以一般适于焊接小于 4mm 的薄板件。

(2) 熔化极氩弧焊，用焊丝作电极，焊接电流比较大，母材熔深大，生产率高，适于焊接中厚板，比如 8mm 以上的铝容器。为了使焊接电弧稳定，通常采用直流反接。这对于焊铝工件正好有“阴极破碎”作用。

2）氩弧焊的特点

(1) 用氩气保护可焊接化学性质活泼的非铁金属及其合金或特殊性能钢，如不锈钢等。

(2) 电弧燃烧稳定，飞溅小，表面无熔渣，焊缝成形美观，焊接质量好。

(3) 电弧在气流压缩下燃烧，热量集中，焊缝周围气流冷却，热影响区小，焊后变形小，适宜薄板焊接。

(4) 明弧可见，操作方便，易于自动控制，可实现各种位置焊接。

(5) 氩气价格较贵，焊件成本高。

综上所述，氩弧焊主要适于焊接铝、镁、钛及其合金、稀有金属、不锈钢、耐热钢等。脉冲钨极氩弧焊还适于焊接 0.8mm 以下的薄板。

2. CO_2 气体保护焊

CO_2 焊是利用廉价的 CO_2 作为保护气体，既可降低焊接成本，又能充分利用气体保护焊的优势。CO_2 焊的焊接过程如图 18.7 所示。

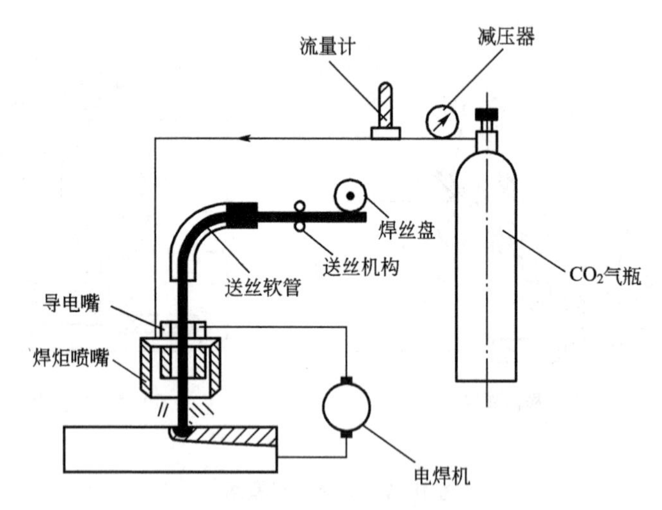

图 18.7　CO_2 气体保护焊示意图

CO_2 气体经焊枪的喷嘴沿焊丝周围喷射，形成保护层，使电弧、熔滴和熔池与空气隔绝。由于 CO_2 气体是氧化性气体，在高温下能使金属氧化，烧损合金元素，所以不能焊接易氧化的非铁金属和不锈钢。因 CO_2 气体冷却能力强，熔池凝固快，焊缝中易产生气孔。若焊丝中含碳量高，飞溅较大。因此要使用冶金中能产生脱氧和渗合金的特殊焊丝来完成 CO_2 焊。常用的 CO_2 焊焊丝是 $H08Mn_2SiA$，适于焊接抗拉强度小于 600MPa 的低碳钢和普通低合金结构钢。为了稳定电弧，减少飞溅，CO_2 焊采用直流反接。

CO_2 气体保护焊的特点如下。

(1) 生产率高，CO_2 焊电流大，焊丝熔敷速度快，焊件熔深大，易于自动化，生产率比焊条电弧焊提高 1～4 倍。

(2) 成本低，CO_2 气体价廉，焊接时不需要涂料焊条和焊剂，总成本仅为焊条电弧焊和埋弧焊的 45%左右。

(3) 焊缝质量较好，CO_2 焊电弧热量集中，加上 CO_2 气流强冷却，焊接热影响区小，焊后变形小，采用合金焊丝，焊缝中氢含量低，焊接接头抗裂性好，焊接质量较好。

(4) 适应性强，焊缝操作位置不受限制，能全位置焊接，易于实现自动化。

(5) 由于是氧化性保护气体，不宜焊接非铁金属和不锈钢。

(6) 焊缝成形稍差，飞溅较大。

(7) 焊接设备较复杂，使用和维修不方便。

CO_2 焊主要适用于焊接低碳钢和强度级别不高的普通低合金结构钢焊件，焊件厚度最厚可达 50mm(对接形式)。

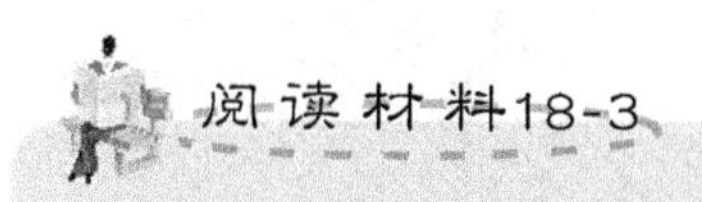

铝的特性与应用

铝是地球上含量极其丰富的金属元素，其蕴藏量在金属中居第一位。1886 年，一种经济的电解提取铝的方法发明后，铝的产量获得了显著的增长。1921 年全世界铝产量 20.3 万吨，到 1950 年达到 152 万吨，1988 年产量为 1780 万吨，到 2008 年，世界原铝产量达到了 3876 万吨。我国 2008 年原铝产量为 1311 万吨，占世界总产量的 33.8%，铝工业规模目前居世界第一位。铝工业已经成为仅次于钢铁的金属行业，在国民经济中具有重要意义。

铝质轻，密度为 $2.7g \cdot cm^{-3}$，约为钢铁的 1/3，且具有高比强度和弹性模量、高电导率和高热导率及良好的耐腐蚀性能。铝是活泼金属元素，在空气中其表面会形成一层致密的 Al_2O_3 薄膜。铝的熔点为 660℃，Al_2O_3 的熔点为 2050℃。常规焊接时，不熔化也不溶解的氧化膜阻挡金属的流动，难以实现连接的目的，早期认为铝是不可焊接的金属。20 世纪 40 年代出现惰性气体保护焊后，才得以成功实现铝及其合金的焊接，促进了铝在工业中的应用。

目前铝及其合金广泛应用于航空航天、建筑、交通运输、电工和电子材料等领域。

18.2 气焊与气割

气焊是利用气体火焰作热源的焊接方法，最常用的是氧乙炔焊。它使用的可燃气体是乙炔(C_2H_2)，氧气是助燃气体。乙炔和氧气在焊炬中混合均匀后从焊嘴喷出燃烧，将焊件和焊丝熔化后形成熔池，冷却凝固后形成焊缝。气焊的焊接过程如图 18.8 所示。它主要用于焊接厚度在 3mm 以下的薄钢板、铜、铝等有色金属及其合金、低熔点材料以及铸铁焊补等。此外，在没有电源的野外作业常使用气焊。

氧气切割(简称气割)是利用气体火焰的热能将工件切割处预热到一定温度后，喷出高速切割氧流，使其燃烧并放出热量实现切割的方法。气割过程是预热—燃烧—吹渣形成切口重复不断进行的过程，如图 18.9 所示。因此，气割的实质是金属在纯氧中的燃烧，而不是金属的氧化，这是气割过程与气焊过程的本质区别。

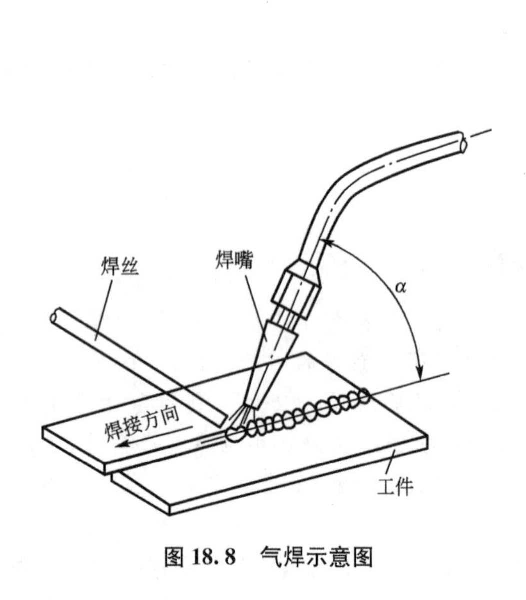

图 18.8　气焊示意图

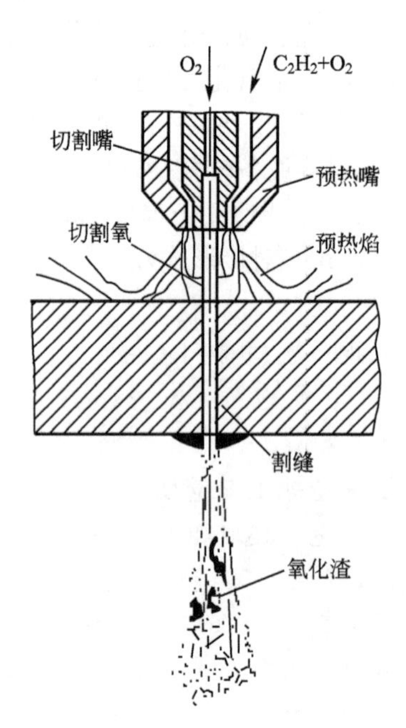

图 18.9　气割示意图

18.2.1　气焊工艺

气焊设备由氧气瓶、减压器、乙炔瓶(或乙炔发生器)、乙炔减压器、回火防止器、输气管道和焊炬所组成，如图 18.10 所示。

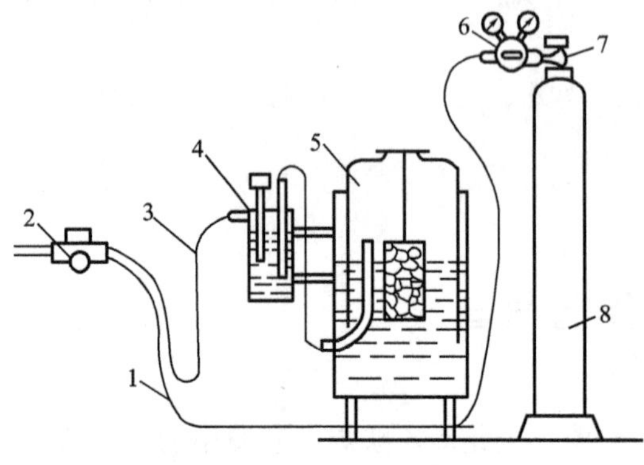

图 18.10　气焊设备系统

1—输气管道　2—焊炬　3—乙炔管道
4—回火防止器　5—乙炔发生器
6—减压器　7—气阀　8—氧气瓶

1. 焊丝与焊剂

气焊所用的焊丝只作为填充金属，它是表面不涂药皮的金属丝，其成分与工件基本相同，原则上要求焊缝与工件等强度。焊丝表面不应有锈蚀，油垢等污物。

焊剂又称焊粉或熔剂，其作用是焊接过程中避免形成高熔点稳定氧化物(特别是非铁金属或优质合金钢等，防止夹渣，另外也为消除已形成的氧化物。焊剂可与这类氧化物形成低熔点的熔渣，浮出熔池。

2. 气焊火焰

氧与乙炔混合燃烧所形成的火焰称为氧乙炔焰，由于它的火焰温度高(约 3200℃)、加热集中，是气焊中主要采用的火焰。根据氧和乙炔在焊炬混合室内混合比 β 的不同，燃烧后的火焰可分为 3 种。当氧气与乙炔的混合比 $\beta=1.1\sim1.2$ 时，此时乙炔可充分燃烧，无过剩的氧和乙炔，称为中性焰。氧与乙炔的混合比 $\beta<1.1$ 时燃烧所形成的火焰称为碳化

焰。火焰中含有游离碳，具有较强的还原作用和一定的渗碳作用。氧与乙炔的混合比 $\beta>1.2$ 时燃烧所形成的火焰称为氧化焰。

各种金属材料气焊时所采用的火焰见表18-3。

表18-3 不同金属材料气焊时应选用的焊接火焰

焊件材料	应用火焰	焊件材料	应用火焰
低碳钢	中性焰或轻微碳化焰	铬镍不锈钢	中性焰或轻微碳化焰
中碳钢	中性焰或轻微碳化焰	紫铜	中性焰
低合金钢	中性焰	锡青铜	轻微氧化焰
高碳钢	轻微碳化焰	黄铜	氧化焰
灰铸铁	碳化焰或轻微碳化焰	铝及其合金	中性焰或轻微碳化焰
高速钢	碳化焰	铅、锡	碳化焰或轻微碳化焰
锰钢	轻微碳化焰	镍	碳化焰或轻微碳化焰
镀锌铁皮	轻微碳化焰	蒙乃尔合金	碳化焰
铬不锈钢	中性焰或轻微碳化焰	硬质合金	碳化焰

3. 气焊工艺

气焊操作点火时先微开氧气阀门，后开启乙炔阀门，再点燃火焰。刚点火的火焰是碳化焰，然后逐渐开大氧气阀门，改变氧气和乙炔的比例，根据被焊材料性质的要求，调到所需的中性焰、氧化焰或碳化焰。焊接结束时应灭火，首先关乙炔阀门，再关氧气阀门，否则会引起回火。

气焊工艺参数是确保焊接质量的重要环节，气焊工艺参数的选择通常包括两方面。

1）焊丝直径的选择

应根据焊件的厚度和坡口形式、焊接位置、火焰能率等因素来决定。焊丝直径过细易造成未熔合和焊缝高低不平、宽窄不一；过粗易使热影响区过热。低碳钢气焊时焊件厚度与焊丝直径的关系见表18-4。

表18-4 焊件厚度与直径的关系 (mm)

焊件厚度	1～2	2～3	3～5
焊丝直径	不用或1～2	2	3～4

2）气焊火焰的性质和能率的选择

（1）火焰性质的选择。火焰性质应根据焊件材料的种类及性能来选择，见表18-4。通常中性焰可以减少被焊材料元素的烧损和增碳；对含有低沸点元素的材料选用氧化焰，可防止这些元素的蒸发，对允许和需要增碳的材料可选用碳化焰。

（2）火焰能率的选择。火焰能率是以每小时可燃气体的消耗量(L/h)来表示的。它主要取决于氧乙炔混合气体的流量。材料性能不同，选用的火焰能率就不同。焊接厚件、高熔点、导热性好的金属材料应选较大火焰能率，才能确保焊透，反之应小。实际生产中在确保焊接质量的前提下，为了提高生产率，应尽量选用较大的火焰能率。

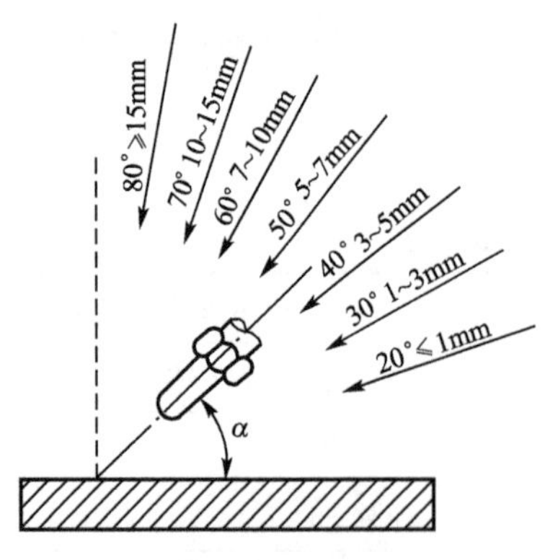

图 18.11　焊嘴倾角与焊件厚度的关系

(3) 焊嘴倾角的选择。焊嘴倾角是指焊嘴中心线与焊件平面之间的夹角 α。焊嘴倾角与焊件的熔点、厚度、导热性以及焊接位置有关。倾角越大，热量散失越少，升温越快。焊嘴倾角在气焊过程中是要经常改变的，起焊时大，结束时小。焊接碳素钢时，焊嘴倾角与焊接厚度的关系如图 18.11 所示。

(4) 焊接速度的选择。焊接速度的快慢，将影响产品的质量与生产率。通常焊件厚度大、熔点高则焊速应慢，以免产生未熔合；反之则要快，以免烧穿和过热。

18.2.2　气割原理与工艺

1. 气割的原理与特点

气割是利用气体火焰的热能将工件切割处预热到一定温度后，喷出高速切割氧流，使其燃烧，并放出热量实现切割的方法。通常气体火焰采用乙炔与氧混合燃烧的氧乙炔焰。气割是一种热切割方法，气割时利用割炬，把需要气割处的金属用预热火焰加热到燃烧温度，使该处金属发生剧烈氧化即燃烧。氧化时放出大量的热，使下一层的金属也自行燃烧，再用高压氧气射流把液态的氧化物吹掉，形成一条狭小而又整齐的割缝。

与其他切割方法(如机械切割)相比，气割的特点是灵活方便、适应性强，可在任意位置和任意方向切割任意形状和厚度的工件，生产率高、操作方便、切口质量好，可采用自动或半自动切割、运行平稳，切口误差在±0.5mm 以内，表面粗糙度与刨削加工相近，气割的设备也很简单。气割存在的问题是切割材料有条件限制，适于一般钢材切割。

2. 气割对材料的要求

(1) 燃点应低于熔点。这就保证了燃烧是在固态下进行的，否则在切割之前已经熔化，就不能形成整齐的切口。钢的熔点随其含碳量的增加而降低，当含碳量等于 0.7%时，钢的熔点接近于燃点，因而高碳钢和铸铁不能顺利进行气割。

(2) 燃烧生成的金属氧化物的熔点应低于金属本身的熔点，且流动性好。这就使燃烧生成的氧化物能及时熔化并吹走，新的金属表面能露出而继续燃烧。由于铝的熔点(660℃)低于三氧化二铝的熔点(2050℃)；铬的熔点(1150℃)低于三氧化二铬的熔点(1990℃)，所以，铝合金和不锈钢均不具备气割条件。

(3) 金属燃烧时能释放出大量的热，而且金属本身的导热性低。这就保证下层金属有足够的预热温度，使切口深处的金属也能产生燃烧反应，保证切割过程不断进行。铜及其合金燃烧放出的热量较小而且导热性又很好，因而不能进行气割。

综上所述，能符合气割要求的金属材料是低碳钢、中碳钢和部分低合金钢。

3. 气割工艺

气割工艺参数的项目选择如下。

(1) 切割氧的压力。切割氧的压力随着切割件的厚度和割嘴的孔径增大而增大。此外，随着氧的纯度降低，使氧的消耗量也增加。

(2) 气割速度。割件愈厚，气割速度愈慢，气割速度是否得当，通常根据割缝的后拖量来判断。

(3) 预热火焰的能率。它与割件厚度有关，它常与气割速度综合考虑。

(4) 割嘴与割件间的倾角。它对气割速度和后拖量有着直接的影响。倾角的大小，主要根据割件的厚度来定，割件越厚，割嘴倾角 χ 越大。当气割 5～30mm 厚的钢板时，割炬应垂直于工件；当厚度小于 5mm 时，割炬可向后倾斜 5°～10°；若厚度超过 30mm，在气割开始时割炬可向前倾斜 5°～10°，待割透时，割炬可垂直于工件，直到气割完毕。若割嘴倾角 α 选择不当，气割速度不但不能提高，反之会使气割困难，并增加氧气消耗量。

(5) 割嘴离割件表面的距离：应根据预热火焰的长度及割件的厚度来决定。通常火焰焰芯离开割件表面的距离保持在 3～5mm 之内，可使加热条件最好，割缝渗碳的可能性也最小。一般来说切割薄板离表面距离可大些。

18.3 其他熔焊方法

1. 电渣焊

电渣焊焊接时将工件分开一定的距离，用两块水冷滑块和工件一起构成熔渣池与金属熔池。电流通过液态熔渣时产生电阻热，熔化焊丝和母材从而形成焊缝，如图 18.12 所示。

电渣焊主要用于焊接厚度为 30mm 以上的厚板，适合于重型机器制造。

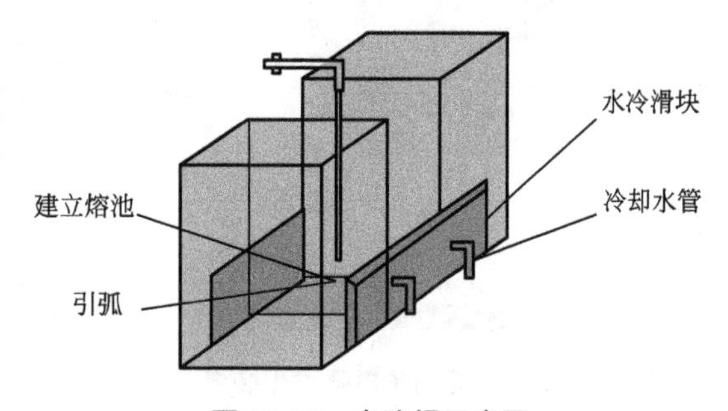

图 18.12 电渣焊示意图

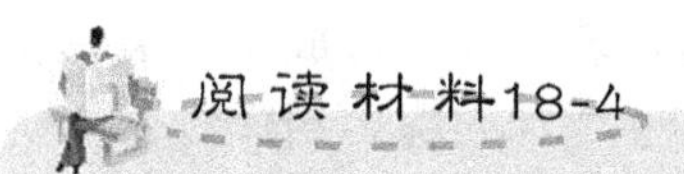

电渣压力焊在空心墩施工中的应用

阳翼高速公路关地河大桥(图 18.13)桥墩采用等截面空心薄壁墩，墩身高度 27.8～33.2m，采用翻模工艺，纵向受力主筋需进行多次焊接。墩身断面共设主筋 240 根，即

图 18.13 阳翼高速公路关地河大桥

每次翻模时，将有240个接头需要焊接，工作量比较大。采用机械连接，费用较高且接头质量不易保证；若采用传统的电弧焊，一方面立焊工艺对工人的技术水平要求较高，普通工人的工作质量达不到要求，另一方面所耗用时间较多，影响工程进度。经过比选，最后决定采用电渣压力焊连接主筋。

关地河大桥空心墩采用电渣压力焊，每一接头平均节约成本2.05元，全桥18个空心墩共有钢筋接头25 920个，节约成本5.3万元。经工程技术人员对接头的外观和试验检测，合格率达到了97%以上。实践证明，只要采取有效的质量控制措施，电渣压力焊焊接接头质量完全可以控制，且经济效益明显，值得在纵向受力钢筋的焊接中推广使用。

资料来源：丁恩泽.《山西建筑》，2010年8月，第36卷，第23期.

2. 等离子弧焊接与切割

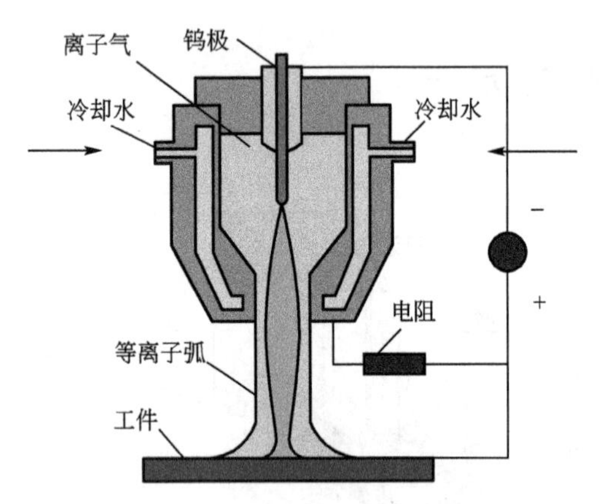

图 18.14　等离子电弧发生装置

普通电弧焊中的电弧，不受外界约束，称为自由电弧，电弧区内的气体尚未完全电离，能量也未高度集中起来。等离子弧是经过压缩的高能量密度的电弧，它具有高温(可达24 000～50 000K)、高速(可数倍于声速)、高能量密度(可达10^5～10^6W/cm^2)的特点。

1) 等离子弧的形成

等离子电弧发生装置如图18.14所示，在钨极和工件之间加一较高电压，经高频振荡使气体电离形成电弧，此电弧被强迫通过具有细孔道的喷嘴时，弧柱截面缩小，此作用称为机械压缩效应。

当通入一定压力和流量的氮气或氩气时，冷气流均匀地包围着电弧，形成了一层环绕弧柱的低温气流层，弧柱被进一步压缩。采用一定流量的冷却水冷却喷嘴，当弧柱通过喷嘴孔道时，较低的喷嘴温度使喷嘴内壁形成一层冷气膜，同样迫使弧柱导电截面进一步减小，这种压缩作用称为热压缩作用。

同时，电弧周围存在磁场，电弧中定向运动的电子、离子流在自身磁场作用下，使弧柱被进一步压缩，此压缩称电磁压缩。

在机械压缩、热压缩和电磁压缩的共同作用下，弧柱直径被压缩到很细的范围内，弧柱内的气体电离度很高，便成为稳定的等离子弧。

2) 等离子弧焊接

等离子弧焊是利用等离子弧作为热源进行焊接的一种熔焊方法。它采用氩气作为等离子气，另外还应同时通入氩气作为保护气体。等离子弧焊接使用专用的焊接设备和焊炬，焊炬的构造保证在等离子弧周围通以均匀的氩气流，以保护熔池和焊缝不受空气的有害作用。因此，等离子弧焊接实质上是一种有压缩效应的钨极氩弧焊。等离子弧焊除具有氩弧焊的优点外，还有以下特点。

(1) 等离子弧能量密度大，弧柱温度高，穿透能力强，因此焊接厚度为12mm以下的焊件可不开坡口，能一次焊透，实现单面焊双面成形。

(2) 等离子弧焊的焊接速度高，生产率高，焊接热影响区小，焊缝宽度和高度较均匀一致，焊缝表面光洁。

(3) 当电流小到0.1A时，电弧仍能稳定燃烧，并保持良好的直线和方向性，故等离子弧焊可以焊接很薄的箔材。

但是等离子弧焊接设备比较复杂，气体消耗量大，只宜于在室内焊接。另外，小孔形等离子弧焊不适于手工操作，灵活性比钨极氩弧焊差。

等离子弧焊接已在生产中广泛应用于焊接铜合金、合金钢、钨、钼、钴、钛等金属焊件。如钛合金导弹壳体、波纹管及膜盒、微型继电器、电容器的外壳等。

3) 等离子弧切割

等离子弧切割原理如图18.15所示，它是利用高温、高速、高能量密度的等离子焰流冲力大的特点，将被切割材料局部加热熔化并随即吹除，从而形成较整齐的割口。其割口窄，切割面的质量较好，切割速度快，切割厚度可达150～200mm。

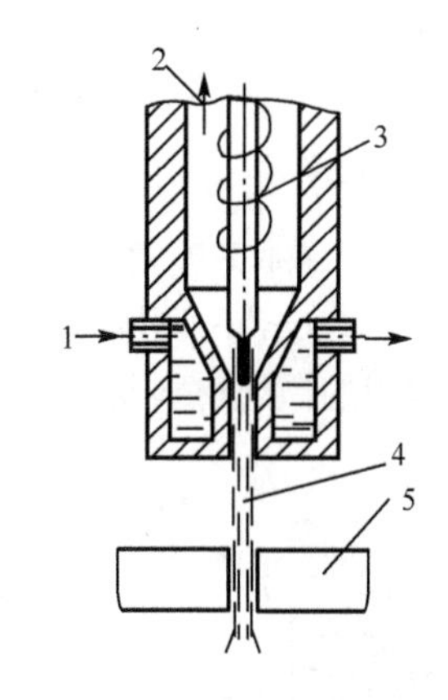

图18.15 等离子弧切割示意图

1—冷却水 2—离子气 3—钍钨极 4—等离子弧 5—工件

等离子弧可以切割不锈钢、铸铁、铝、铜、钛、镍、钨及其合金等。

3. 电子束焊接

电子束焊是利用高速、集中的电子束轰击焊件表面所产生的热量进行焊接的一种熔焊方法。电子束焊可分为：高真空型、低真空型和非真空型等。

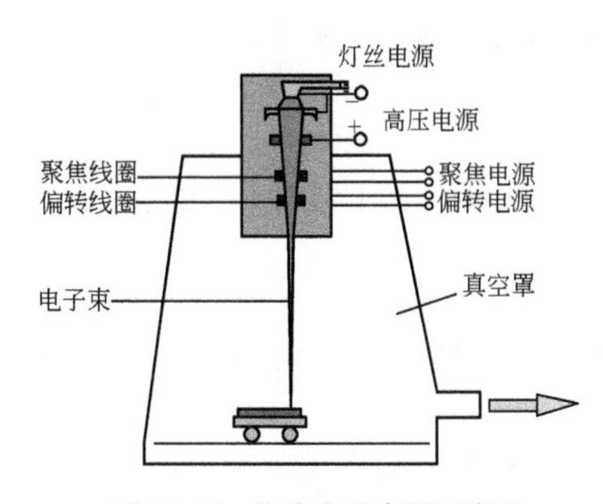

图18.16 真空电子束焊示意图

真空电子束焊接如图18.16所示。电子枪、工件及夹具全部装在真空室内。电子枪由加热灯丝、阴极、阳极及聚焦装置等组成。当阴极被灯丝加热到2600K时，能发出大量电子。这些电子在阴极与阳极(焊件)间的高压作用下，经电磁透镜聚集成电子流束，以极高速度(可达到160 000km/s)射向焊件表面，使电子的动能转变为热能，其能量密度(10^6～10^8 W/cm^2)比普通电弧大1000倍，故使焊件金属迅速熔化，甚至气化。根据焊件的熔化程度，适当移动焊件，即能得到要求的焊接接头。

电子束焊具有以下优点。

(1) 效率高、成本低，电子束的能量密度很高(约为手工电弧焊的5000～10 000倍)，穿透能力强，焊接速度快，焊缝深宽比大，在大批量或厚板焊件生产中，焊接成本仅为手工电弧焊的50%左右。

(2) 电子束可控性好、适应性强，焊接工艺参数范围宽且稳定，单道焊熔深0.03～300mm；既可以焊接低合金钢、不锈钢、铜、铝、钛及其合金，又可以焊接稀有金属、难熔金属、异种金属和非金属陶瓷等。

(3) 焊接质量很好。由于在高真空下进行焊接，无有害气体和金属电极污染，保证了焊缝金属的高纯度；焊接热影响区小，焊件变形也很小。

(4) 厚件也不用开坡口，焊接时一般不需另加填充金属。

电子束焊的主要缺点是焊接设备复杂，价格高，使用维护技术要求高，焊件尺寸受真空室限制，对接头装配质量要求严格。

电子束焊已在航空航天、核能、汽车等部门获得广泛应用，如焊接航空发动机喷管、起落架、各种压缩机转子、叶轮组件、反应堆壳体、齿轮组合件等。

4. 激光焊接

激光是一种亮度高、方向性强、单色性好的光束。激光束经聚焦后能量密度可达$10^6 \sim 10^{12}$ W/cm^2，可用作焊接热源。在焊接中应用的激光器有固体及气体介质两种。固体激光器常用的激光材料是红宝石、钕玻璃或掺钕钇铝石榴石。气体激光器则使用二氧化碳。

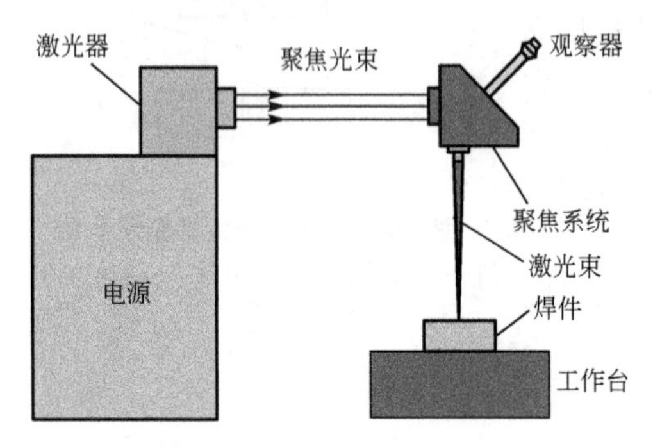

图 18.17 激光焊接示意图

激光焊接的示意图如图 18.17 所示。其基本原理是：利用激光器受激产生的激光束，通过聚焦系统可聚焦到十分微小的焦点(光斑)上，其能量密度很高。当调焦到焊件接缝时，光能转换为热能，使金属熔化形成焊接接头。

根据激光器的工作方式，激光焊接可分为脉冲激光点焊和连续激光焊接两种。目前脉冲激光点焊已得到广泛应用。

激光焊接的特点如下。

(1) 激光辐射的能量释放极其迅速，点焊过程只几毫秒，不仅提高了生产率，而且被焊材料不易氧化。因此可在大气中进行焊接，不需要气体保护或真空环境。

(2) 激光焊接的能量密度很高，热量集中，作用时间很短，所以焊接热影响区极小，焊件不变形，特别适用于热敏感材料的焊接。

(3) 激光束可用反射镜、偏转棱镜或光导纤维将其在任何方向上弯曲、聚焦或引导到难以接近的部位。

(4) 激光可对绝缘材料直接焊接，易焊接异种金属材料。

但激光焊接的设备复杂，投资大，功率较小，可焊接的厚度受到一定限制，而且操作与维护的技术要求较高。

脉冲激光点焊特别适合焊接微型、精密、排列非常密集和热敏感材料的焊件，已广泛应用于微电子元件的焊接，如集成电路内外引线焊接、微型继电器、电容器等的焊接。连续激光焊可实现从薄板到50mm厚板的焊接，如焊接传感器、波纹管、小型电机定子及变速箱齿轮组件等。

习　题

一、填空题

1. 酸性焊条的稳弧性比碱性焊条__________、焊接工艺性比碱性焊条__________、焊缝的塑韧性比碱性焊条焊缝的塑韧性__________。

2. 直流反接指焊条接__________极，工件接__________极。

3. 按药皮类型可将电焊条分为__________、__________两类。

4. J422 焊条可焊接的用材是__________，数字表示__________。

二、选择题

1. 焊接时刚性夹持可以减少工件的(　　)。

A. 应力　　B. 变形　　C. A 和 B　　D. 气孔

2. 铝合金板最佳焊接方法是(　　)。

A. 手工电弧焊　　B. 氩弧焊　　C. 埋弧焊　　D. 钎焊

三、名词解释

1. 焊接热影响区；2. 酸性焊条；3. 碱性焊条

四、简答题

1. 焊接电弧是怎样的一种现象？电弧中各区的温度多高？等离子弧与一般电弧有何异同？用直流和交流电焊接效果一样吗？

2. 简述酸性焊条、碱性焊条在成分、工艺性能、焊缝性能方面的主要区别。

3. 电焊条的构成及其作用是什么？在其他电弧焊中，用什么取代药皮的作用？

4. 简述焊条电弧焊的原理及过程。

5. 试从焊接质量、生产率、焊接材料、成本和应用范围等方面比较下列焊接方法：①焊条电弧焊；②埋弧焊；③氩弧焊；④CO_2 保护焊；⑤气焊。

第19章 其他焊接方法

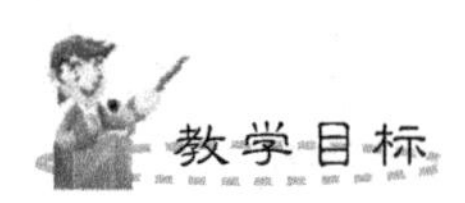

教学目标

通过本章的学习，掌握电阻焊、摩擦焊、搅拌摩擦焊、扩散焊、爆炸焊接等焊接工艺与操作方法；掌握钎焊的原理与工艺。

导入案例

搅拌摩擦焊在飞机上的应用

巴西航空工业公司机体技术开发小组最近在其位于乌吉尼奥德麦罗的机身试验车间完成了一项试验工作。工程师将一个ERJ 145喷气支线飞机机身部件改装后，进行周期增压(其强度相当于之前的5倍)，试验结果值得庆贺。该小组的重点任务就是为公司未来的产品开发新材料和新工艺，以便保持公司产品的竞争力。

利用焊接工艺取代铆接工艺对铝合金部件的强度几乎没有影响，反而会带来相当可观的好处，如减少了制造成本、加大了部件连接的速度、减轻了部件的重量，消除了金属部件上产生的应力集中点和腐蚀的孔洞从而增加了外观的美感。

机身试验车间

试验样件

参与搅拌摩擦焊项目的小组成员对一块试验样件的表现甚为满意。这是来自一架喷气支线飞机的典型的机身部分，对其施加了数千次的增压和减压循环，以相当于5倍使用寿命的循环模拟一架飞机的使用周期，即使采用精密的直观检查和无损探伤检验方法也没有发现存在任何缺陷。

这些可喜的结果使巴西航空工业公司除了将该项工艺用于KC－390军用运输机项目外，还要用于莱格赛450/500喷气公务机项目。根据巴西航空工业公司于2010年4月20日发布的消息称，在为莱格赛500喷气公务机首次投料中，已经成功地采用了FSW技术。今后公司将把此技术正式用于生产型飞机产品上。

资料来源：依然.《航空制造技术》，2010年，第9期.

压力焊与钎焊也是应用比较广的焊接方法。近年来随着现代工业技术的发展，如原子能、航空、航天等技术的发展，需要焊接一些新的材料和结构，对焊接技术提出更高的要求，出现了更多的焊接新工艺和新方法。

19.1 压 力 焊

压力焊是在焊接的过程中需要加压的一类焊接方法，简称压焊。主要包括电阻焊、摩擦焊、爆炸焊、扩散焊和冷压焊等，这里主要介绍电阻焊和摩擦焊。

1. 电阻焊

电阻焊是将焊件组合后通过电极施加压力，利用电流通过焊件及其接触处所产生的电阻热，将焊件局部加热到塑性或熔化状态，然后在压力下形成焊接接头的焊接力法。由于工件的总电阻很小，为使工件在极短时间内迅速加热，必须采用很大的焊接电流(几千到几万安培)。

与其他焊接方法相比，电阻焊具有生产率高、焊接变形小、不需另加焊接材料、劳动条件好、操作简便、易实现机械化等优点；但其设备较一般熔焊复杂、耗电量大、可焊工件厚度(或断面尺寸)及接头形式受到限制。

按工件接头形式和电极形状不同，电阻焊分为点焊、缝焊、凸焊和对焊4种形式。

1) 点焊

点焊是利用柱状电极加压通电，在搭接工件接触面之间产生电阻热，将焊件加热并局部熔化，形成一个熔核(周围为塑性态)，然后，在压力下熔核结晶成焊点，如图19.1所示。图19.2为几种典型的点焊接头形式。

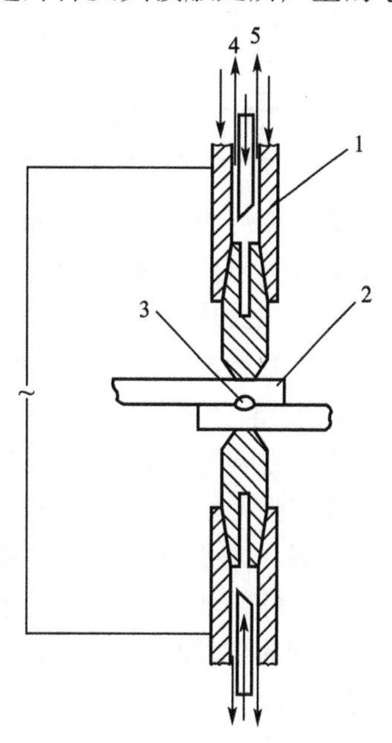

图19.1 点焊示意图

1—电极 2—焊件 3—熔核

4—冷却水 5—压力

焊完一个点后，电极将移至另一点进行焊接。当焊接下一个点时，有一部分电流会流经已焊好的焊点，称为分流现象，如图19.3所示。分流将使焊接处电流减小，影响焊接质量。因此两个相邻焊点之间应有一定距离。工件厚度越大，材料导电性越好，则分流现象越严重，故点距应加大。表19-1为不同材料及不同厚度工件焊点之间的最小距离。

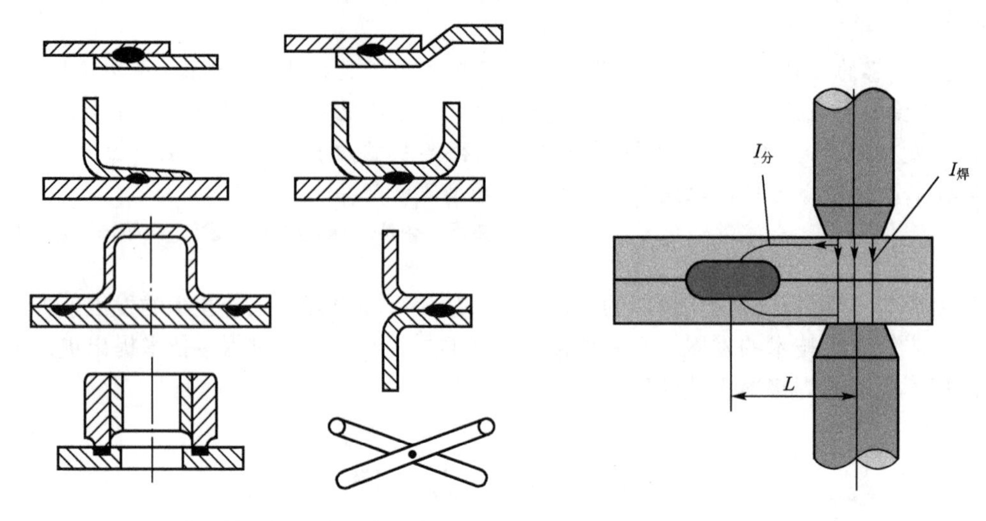

图19.2　典型的点焊接头形式示意图

图19.3　点焊分流

表19-1　点焊焊点之间的最小距离　(mm)

工件厚度	点距		
	结构钢	耐热钢	铝合金
0.5	10	8	15
1	12	10	18
2	16	14	25
3	20	18	30

影响点焊质量的主要因素有焊接电流、通电时间、电极压力及工件表面清理情况等。点焊焊件都采用搭接接头。

点焊主要适用于厚度为0.05～6mm的薄板、冲压结构及线材的焊接，目前，点焊已广泛用于制造汽车、飞机、车厢等薄壁结构以及罩壳和轻工、生活用品等。

2）缝焊

缝焊过程与点焊相似，只是用旋转的圆盘状滚动电极代替柱状电极，焊接时，盘状电极压紧焊件并转动(也带动焊件向前移动)，配合断续通电，即形成连续重叠的焊点。因此称为缝焊，如图19.4所示。缝焊时，焊点相互重叠50%以上，密封性好。主要用于制造要求密封性的薄壁结构，如油箱、小型容器与管道等。但因缝焊过程分流现象严重，焊接相同厚度的工件时，焊接电流约为点焊的1.5～2倍。因此要使用大功率电焊机。缝焊只适用于厚度3mm以下的薄板结构。

3）凸焊

凸焊(图19.5)的特点是在焊接处事先加工出一个或多个突起点，这些突起点在焊接时和另一被焊工件紧密接触。通电后，突起点被加热，压塌后形成焊点。

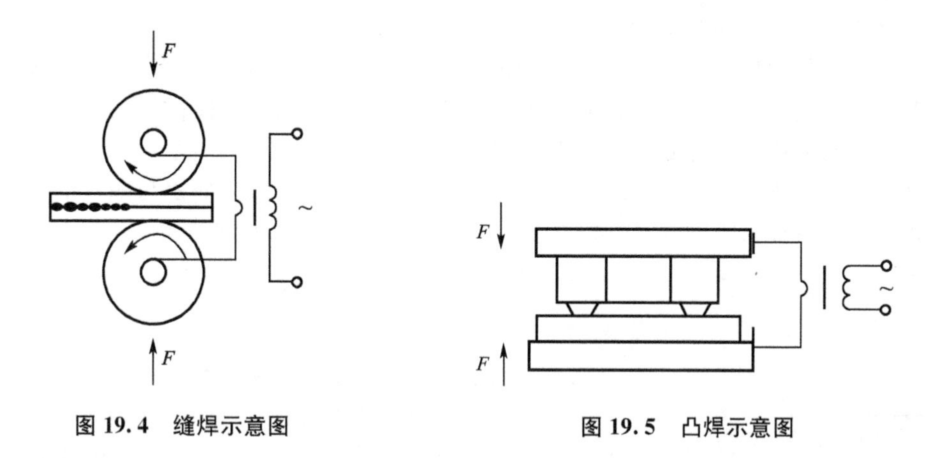

图 19.4　缝焊示意图　　图 19.5　凸焊示意图

由于突起点接触提高了凸焊时焊点的压力，并使焊接电流比较集中。所以凸焊可以焊接厚度相差较大的工件。多点凸焊可以提高生产率，并且焊点的距离可以设计得比较小。

4) 对焊

对焊是利用电阻热使两个工件整个接触面焊接起来的一种方法，可分为电阻对焊和闪光对焊。对焊主要用于刀具、管子、钢筋、钢轨、锚链、链条等的焊接。

(1) 电阻对焊，是将两个工件夹在对焊机的电极钳口中，施加预压力使两个工件端面接触，并被压紧，然后通电，当电流通过工件和接触端面时产生电阻热，将工件接触处迅速加热到塑性状态(碳钢为 1000～1250℃)，再对工件施加较大的顶锻力并同时断电，使接头在高温下产生一定的塑性变形而焊接起来，如图 19.6(a)所示。

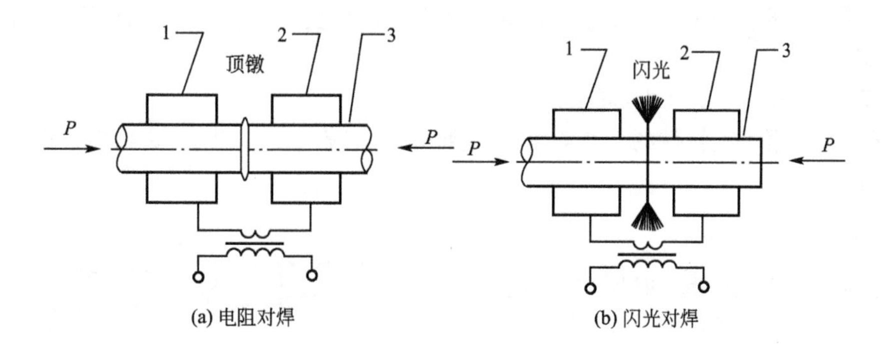

图 19.6　对焊示意图

(a) 1、2—极夹具　3—工件两电极紧密接触后通电

(b) 1、2—极夹具　3—工件两电极未紧密接触前先通电

电阻对焊操作简单，接头比较光滑。电阻对焊一般只用于焊接截面形状简单、直径(或边长)小于 20mm 和强度要求不高的杆件。

(2) 闪光对焊，是将两工件先不接触，接通电源后使两工件轻微接触，因工件表面不平。首先只是某些点接触，强电流通过时，这些接触点的金属即被迅速加热熔化、蒸发、爆破，高温颗粒以火花形式从接触处飞出而形成“闪光”。此时应保持一定闪光时间，待焊件端面全部被加热熔化时，迅速对焊件施加顶锻力并切断电源，焊件在压力作用下产生塑性变形而焊在一起，如图 19.6(b)所示。

在闪光对焊的焊接过程中，工件端面的氧化物和杂质，在最后加压时随液态金属挤出，因此接头中夹渣少，质量好，强度高。闪光对焊的缺点是金属损耗较大，闪光火花易污染其他设备与环境，接头处有毛刺需要加工清理。

闪光对焊常用于对重要工件的焊接，还可焊接一些异种金属，如铝与铜、铝与钢等的焊接，被焊工件直径可小到 0.01mm 的金属丝，也可以是断面大到 20 mm^2 的金属棒和金属型材。

2. 摩擦焊

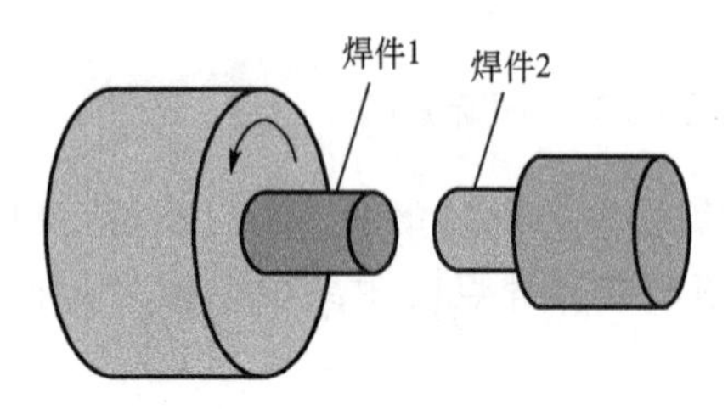

图 19.7　摩擦焊示意图

摩擦焊是利用工件间相互摩擦产生的热量，同时加压而进行焊接的方法。

图 19.7 是摩擦焊示意图。先将两焊件夹在焊机上，加一定压力使焊件紧密接触。然后一个焊件做旋转运动，另一个焊件向其靠拢，使焊件接触摩擦产生热量，待工件端面被加热到高温塑性状态时，立即使焊件停止旋转，同时对端面加大压力使两焊件产生塑性变形而焊接起来。

摩擦焊的特点如下。

(1) 接头质量好而且稳定，在摩擦焊过程中，焊件接触表面的氧化膜与杂质被清除，因此，接头组织致密，不易产生气孔、夹渣等缺陷。

(2) 可焊接的金属范围较广，不仅可焊同种金属，也可以焊接异种金属。

(3) 生产率高、成本低，焊接操作简单，接头不需要特殊处理，不需要焊丝，容易实现自动控制，电能消耗少。适用于单件和批量生产，在发动机、石油钻杆等产品的轴杆类零件中应用较广。

(4) 设备复杂，一次性投资较大。

摩擦焊主要用于旋转件的压焊，非圆截面焊接比较困难。图 19.8 给出了摩擦焊可用的接头形式。

3. 搅拌摩擦焊

1991 年，FSW(搅拌摩擦焊)技术由英国焊接研究所发明。作为一种固相连接手段，它克服了熔焊的诸如气孔、裂纹、变形等缺陷，更使以往传统熔焊手段无法实现焊接的材料在 FSW 技术下实现焊接，被誉为“继激光焊后又一革命性的焊接技术”。

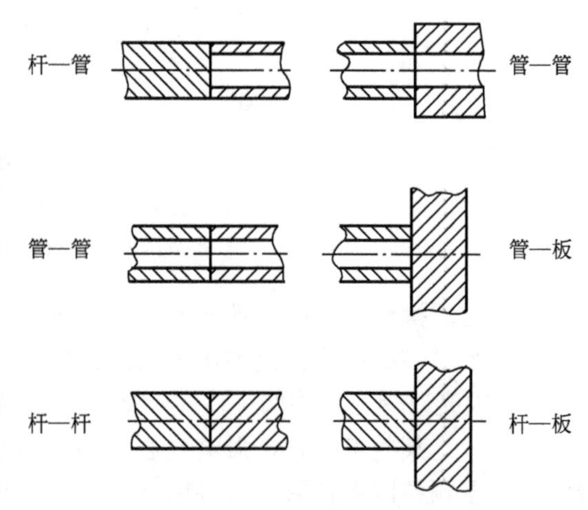

图 19.8　摩擦焊可用接头形式示意图

FSW 主要由搅拌头的摩擦热和机械挤压的联合作用形成接头，如图 19.9 所示。其主要原理和特点是：焊接时旋转的搅拌头缓缓进入焊缝，在与工件表面接触时通过摩擦生热使周围的一层金属塑性化。同时，搅拌头沿焊接方向移动形成焊缝。

作为一种固相连接手段，FSW 除了可以焊接用普通熔焊方法难以焊接的材料外(例如可以实现用熔焊难以保证质量的裂纹敏感性强的 7000、2000 系列铝合金的高质量连接)，还具有温度低，变形小，接头力学性能好(包括疲劳、拉伸、弯曲)，不产生类似熔焊接头的铸造组织缺陷，并且其组织由于塑性流动而细化，焊接变形小，焊前及焊后处理简单，能够进行全位置的焊接，适应性好，效率高，操作简单，环境保护好等优点。

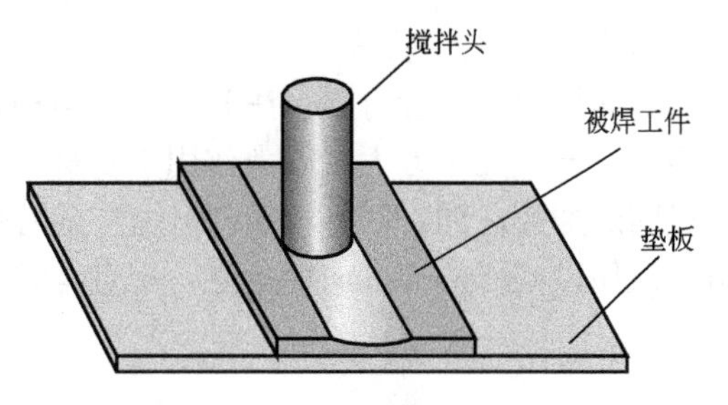

图 19.9　搅拌摩擦焊示意图

尤其值得指出的是，搅拌摩擦焊具有适合自动化和机器人操作的优点，诸如：不需要填丝、保护气(对于铝合金)，可以允许有薄的氧化膜。对于批量生产，不需要进行打磨、刮擦之类表面处理非损耗的工具头，一个典型的工具头就可以用来焊接 6000 系列的铝合金达 1000mm 等。

4. 扩散焊

扩散焊是在真空或保护性气氛下，使焊接表面在一定温度和压力下相互接触，通过微观塑性变形或连接表面产生微量液相而扩大物理接触，经较长时间的原子扩散，使焊接区的成分、组织均匀化，实现完全冶金结合的一种压焊方法。

扩散焊的加热方法常采用感应加热或电阻辐射加热，加压系统常采用液压，小型扩散焊机也可采用机械加压方式。

扩散焊的优点如下。

(1) 焊接时母材不过热或熔化，焊缝成分、组织、性能与母材接近或相同，不出现有过热组织的热影响区、裂纹和气孔等缺陷，焊接质量好且稳定。

(2) 可进行结构复杂以及厚度相差很大的焊件焊接。

(3) 可以焊接不同类型的材料，包括异种金属、金属与陶瓷等。

(4) 劳动条件好，容易实现焊接过程的程序化。

扩散焊的主要缺点是焊接时间长，生产率低，焊前对焊件加工和装配要求高，设备投资大，焊件尺寸受焊机真空室的限制。

扩散焊在核能、航空航天、电子和机械制造等工业部门中应用广泛，如焊接水冷反应堆燃料元件、发动机的喷管和蜂窝壁板、电真空器件、镍基高温合金泵轮等。

5. 爆炸焊接

爆炸焊接是以炸药为能源进行金属间焊接的一种方法。这种焊接利用炸药的爆轰，使被焊金属面发生高速倾斜碰撞，在接触面上形成一薄层金属的塑性变形，并在十分短暂的过程中形成冶金结合。

爆炸焊现象与弹片与靶子的撞击很相像。最早记入文献的是 1957 年美国的卡尔在费列普捷克成功地实现了铝和钢的爆炸焊接。

20 世纪 50 年代末，国外开始了系统的研究。20 世纪 60 年代中期以后，美、英、日等国先后开始了爆炸焊接产品的商业性生产。我国是 20 世纪 60 年代末和 70 年代初开始试验及生产的。

1）爆炸焊典型装置

爆炸焊典型装置有平行法和角度法两种，如图19.10所示。引爆后，炸药释放出巨大的能量，产生几十万大气压力作用于复材，复材首先受冲击的部位立即产生弯曲，由静止穿过间隙加速运动，同基板倾斜碰撞，随着爆轰波以每秒几千米的速度向前传播，两金属碰撞点便以同样的速度向前推进，一直至焊接终了。

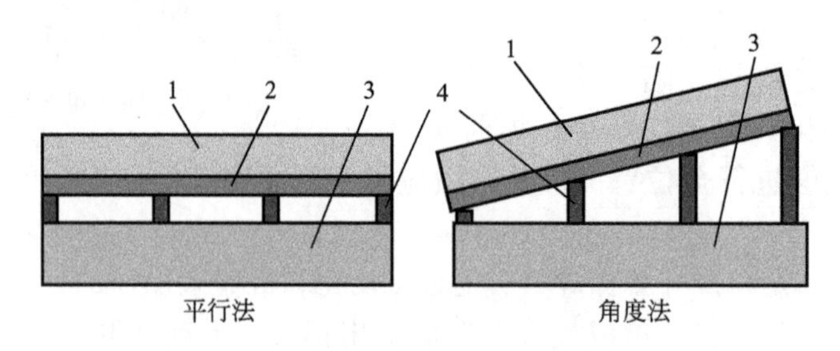

图19.10　爆炸焊典型装置

1—炸药　2—复材　3—基材　4—支撑块

2）爆炸焊的特点

（1）能将任意相同的，特别是不同的金属材料迅速牢固地焊接在一起。

（2）工艺十分简单，容易掌握。

（3）不需要厂房、不需要大型设备和大量投资。

（4）不仅可以进行点焊和线焊，而且可以进行面焊—爆炸复合，从而获得大面积的复合板、复合管和复合管棒等。

（5）能源为混合炸药，它们价廉、易得、安全以及使用方便。

19.2　钎　　焊

钎焊时母材不熔化。钎焊使用钎剂、钎料。将钎料加热到熔化状态，液态的钎料润湿母材，并通过毛细管作用填充到接头的间隙，进而与母材相互扩散，冷却后形成接头。

钎焊接头的形式一般采用搭接，以便于钎料的流布。钎料放在焊接的间隙内或接头附近。

钎剂的作用是去除母材和钎料表面的氧化膜，覆盖在母材和钎料的表面，隔绝空气，具有保护作用。钎剂同时可以改善液体钎料对母材的润湿性能。

焊接电子零件时，钎料是焊锡，钎剂是松香。钎焊是连接电子零件的重要焊接工艺。

钎焊接头的承载能力很大程度上取决于钎料，根据钎料熔点的不同，钎焊可分为硬钎焊与软钎焊两类。

1. 硬钎焊

钎料熔点在450℃以上，接头强度在200MPa以上的钎焊，为硬钎焊。属于这类的钎料有铜基、银基钎料等。钎剂主要有硼砂、硼酸、氟化物和氯化物等。硬钎焊主要用于受力较大的钢铁和铜合金构件的焊接，如自行车架、刀具等。

2. 软钎焊

钎料熔点在450℃以下，焊接接头强度较低，一般不超过70MPa的钎焊，为软钎焊。如锡焊是常见的软钎焊，所用钎料为锡铅，钎剂有松香、氧化锌溶液等。软钎焊广泛用于电子元器件的焊接。

钎焊构件的接头形式都采用板料搭接和套件镶接。图19.11所示是几种常见的形式。

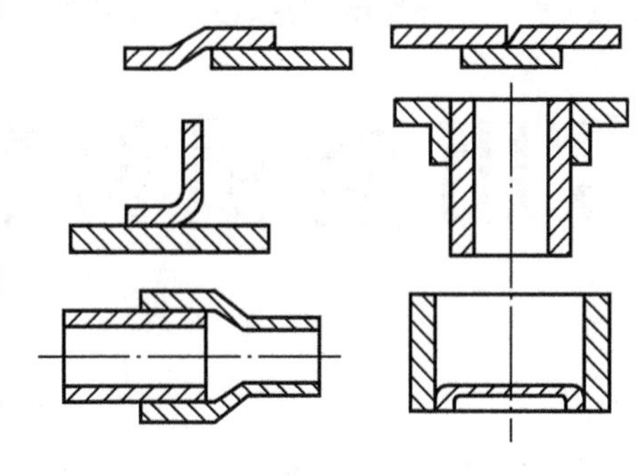

图19.11　钎焊接头形式示意图

3. 钎焊的特点

与一般熔化焊相比，钎焊的特点如下。

(1) 工件加热温度较低，组织和力学性能变化很小，变形也小，接头光滑平整。

(2) 可焊接性能差异很大的异种金属，对工件厚度的差别也没有严格限制。

(3) 生产率高，工件整体加热时，可同时钎焊多条接缝。

(4) 设备简单，投资费用少。

但钎焊的接头强度较低，尤其是动载强度低，允许的工作温度不高。

习　　题

一、填空题

1. 按照焊接原理不同，常用的电阻焊方法除__________外，还有__________，__________。

2. 车刀刀头一般采用的焊接方法是__________。

3. 扩散焊是在__________或__________气氛下，使焊接表面在一定__________下相互接触，通过微观塑性变形或连接表面产生微量液相而扩大物理接触，经较长时间的__________，使焊接区的__________、__________均匀化，实现完全冶金结合的一种压焊方法。

4. 摩擦焊是利用__________，同时加压而进行焊接的方法。

5. 爆炸焊接是以炸药为能源，使被焊金属面发生__________，在接触面上形成一薄层金属的塑性变形，并在十分短暂的过程中形成__________。

6. 汽车油箱生产时常采用的焊接方法是__________。

二、名词解释

1. 电阻焊；2. 钎焊

三、简答题

1. 试比较电阻焊和摩擦焊的焊接过程有何异同。电阻对焊与闪光对焊有何区别？

2. 说明下列制品该采用什么焊接方法比较合适：①自行车车架；②钢窗；③汽车油箱；④电子线路板；⑤锅炉壳体；⑥汽车覆盖件；⑦铝合金板。

第20章 常用金属材料的焊接

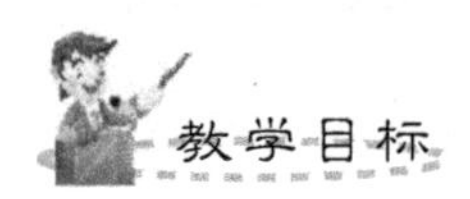

通过本章的学习，了解钢材的焊接性及其估算方法；掌握碳钢及低合金结构钢的焊接、不锈钢的焊接、铸铁的焊补以及非铁金属焊接的工艺与操作。

“鸟巢”中的低温焊接技术

钢结构低温焊接对焊缝金属危害的直接表征就是出现裂纹和工作状态下发生脆断，其脆断机理受温度下降的速率变化而变化，有一定的客观规律。

根据美国国家标准 AWSD1.1/D1.1M：2006《钢结构焊接规范》规定：−20℃为停止焊接的温度，但又申明采取了相应措施仍然可以焊接。我国 JGJ 81—202《建筑钢结构焊接技术规程》规定：焊接作业区环境温度低于0℃时，应根据钢材、焊材制定适当的措施；而日本建筑学会 JASS6《钢结构工程》规定的最低施焊温度为−5℃。这些标准各不相同的规定说明：各国有各国的具体情况，没有统一的“临界施焊最低温度”的定义，只能根据具体情况，做出适合于客观环境的正确决策。

国家体育场“鸟巢”钢结构焊接工程，有10 000t以上的钢结构要在冬季完成焊接施工，根据工程实际认为：冬季施焊的临界温度不能只从钢材、焊材的承受能力来规定，而必须从人、机、料、法、环五大管理要素来确定，不能简单从事。根据这一基本思想，国家体育场“鸟巢”组织了很大规模的低温焊接试验，成效良好，制定《国家体育场钢结构低温焊接规程》，确定−15℃为停止施焊的温度。

资料来源：http://www.toweld.com 国家体育场(鸟巢)钢结构安装工程焊接技术

焊接生产中，用金属材料的焊接性来表达某种材料在限定的施工条件下，是否能够按规定的设计要求成形构件，并满足预定的服役要求的能力。

20.1　金属材料的焊接性

1. 焊接性的概念

金属材料的焊接性是指金属材料对焊接加工的适应能力。它主要是指在一定的焊接工艺条件下(包括焊接方法、焊接材料、焊接工艺参数和结构型式等)，一定的金属材料获得优质焊接接头的难易程度。焊接性包括以下两方面的内容。

(1) 工艺焊接性。它主要是指某种材料在给定的焊接工艺条件下，形成完整而无缺陷的焊接接头的能力。对于熔焊而言，焊接过程一般都要经历热过程和冶金过程，焊接热过程主要影响焊接热影响区的组织性能，而冶金过程则影响焊缝的性能。

(2) 使用焊接性。它是指在给定的焊接工艺条件下，焊接接头或整体结构满足使用要求的能力。其中包括焊接接头的常规力学性能、低温韧性、高温蠕变、抗疲劳性能，以及耐热、耐蚀、耐磨等特殊性能。

金属的焊接性是材料的一种加工性能。它取决于金属材料本身的性质和加工条件。因此，随着焊接技术的发展，金属焊接性也会改变。例如，化学活泼性极强的钛，焊接是比较困难的，以前认为钛的焊接性很不好。但自氩弧焊的应用比较成熟以后，钛及其合金的焊接结构已在航空业等部门广泛应用。由于新能源的发展，等离子弧焊接、真空电子束焊接、激光焊接等新的焊接方法相继出现，使得钨、铌、钼、钽等高熔点金属及其合金的焊接成为可能。

2. 钢材焊接性的估算方法

1) 碳当量法

碳当量法是根据钢材的化学成分粗略地估计其焊接性好坏的一种间接评估法。将钢中的合金元素(包括碳)的含量按其对焊接性影响程度换算成碳的影响，其总和称为碳当量，用符号 C_E 表示。国际焊接学会推荐的碳钢和低合金高强钢碳当量计算公式为

$$C_E = w_C + \frac{w_{Mn}}{6} + \frac{w_{Cr} + w_{Mo} + w_V}{5} + \frac{w_{Ni} + w_{Cu}}{15} \quad (\%) \qquad (20-1)$$

式中，化学元素符号表示该元素在钢材中含量的百分数。

碳当量 C_E 值越高，钢材的淬硬倾向越大，冷裂敏感性也越大，焊接性越差。

(1) 当 $C_E < 0.4\%$时，钢材的淬硬倾向和冷裂敏感性不大，焊接性良好，焊接时一般可不预热。

(2) $C_E = 0.4\% \sim 0.6\%$时，钢材的淬硬倾向和冷裂敏感性增大，焊接性较差，焊接时需要采取预热、控制焊接工艺参数、焊后缓冷等工艺措施。

(3) 当 $C_E > 0.6\%$时，钢材的淬硬倾向大，容易产生冷裂纹，焊接性差，焊接时需要采用较高的预热温度、焊接时要采取减少焊接应力和防止开裂的工艺措施、焊后适当的热处理等措施来保证焊缝质量。

由于碳当量计算公式是在某种试验情况下得到的，对钢材的适用范围有限，它只考虑

了化学成分对焊接性的影响，没有考虑冷却速度、结构刚性等重要因素对焊接性的影响，所以利用碳当量只能在一定范围内粗略地评估焊接性。

2）冷裂纹敏感系数法

碳当量只考虑了钢材的化学成分对焊接性的影响，而没有考虑钢板厚度、焊缝含氢量等重要因素的影响。而冷裂纹敏感系数法是先通过化学成分、钢板厚度(h)、熔敷金属中扩散氢含量(H)计算冷裂敏感系数 P_C，然后利用 P_C 确定所需预热温度 θ_P，计算公式为

$$P_C = w_C + \frac{w_{Si}}{30} + \frac{w_{Mn}}{20} + \frac{w_{Cu}}{20} + \frac{w_{Ni}}{60} + \frac{w_{Cr}}{20} + \frac{w_{Mo}}{15} + \frac{w_V}{10} + 5B + \frac{h}{600} + \frac{H}{60} \quad (\%) \qquad (20-2)$$

$$\theta_p = 1\,440 P_C - 392 \quad (℃) \qquad (20-3)$$

冷裂纹敏感系数法只适用于低碳(碳的质量分数为0.07%～0.22%)且含多种微量合金元素的低合金高强度钢。

20.2　碳钢及低合金结构钢的焊接

1. 低碳钢的焊接

低碳钢的含碳量小于0.25%，碳当量数值小于0.40%，所以这类钢的焊接性能良好，焊接时一般不需要采取特殊的工艺措施，用各种焊接方法都能获得优质焊接接头。只有厚大结构件在低温下焊接时，才应考虑焊前预热，如板厚大于50mm、温度低于0℃时，应预热到100～150℃。

低碳钢结构件采用焊条电弧焊时，根据母材强度等级一般选用酸性焊条E4303(J422)、E4320(J424)等；承受动载荷、结构复杂的厚大焊件，选用抗裂性好的碱性焊条E4351(J427)、E4316(J426)等。埋弧焊时，一般选用焊丝H08A或H08MnA配合焊剂HJ431。

沸腾钢脱氧不完全，含氧量较高，S、P等杂质分布不均匀，焊接时裂纹倾向大，不宜作为焊接结构件，重要的结构件选用镇静钢。

2. 中高碳钢的焊接

由于中碳钢含碳量增加(含碳量为0.25%～0.6%)，碳当量数值大于0.40%，中碳钢焊接时，热影响区组织淬硬倾向增大，较易出现裂纹和气孔，为此要采取一定的工艺措施。

如35、45钢焊接时，焊前应预热到150～250℃。根据母材强度级别，选用碱性焊条E5015(J507)、E5016(J506)等。为避免母材过量熔入焊缝，导致碳含量增高，要开坡口并采用细焊条、小电流、多层焊等工艺。焊后缓冷，并进行600～650℃回火，以消除应力。

高碳钢碳当量数值在0.60%以上，淬硬倾向更大，易出现各种裂纹和气孔，焊接性差。一般不用来制作焊接结构，只用于破损工件的焊补。焊补时通常采用手工电弧焊或气焊，预热温度250～350℃，焊后缓冷，并立即进行650℃以上高温回火，以消除应力。

3. 低合金结构钢的焊接

焊接结构中，用得最多的是低合金结构钢，又称低合金高强钢。主要用于建筑结构和工程结构，如压力容器、锅炉、桥梁、船舶、车辆和起重机械等。

(1) 焊接特点如下。

① 热影响区有淬硬倾向，低合金结构钢焊接时，热影响区可能产生淬硬组织，淬硬程度与钢材的化学成分和强度级别有关。钢中含碳及合金元素越多，钢材强度级别越高，则焊后热影响区的淬硬倾向越大。如 300MPa 强度级的 $09Mn_2$、$09Mn_2Si$ 等钢材的淬硬倾向很小，其焊接性与一般低碳钢基本一样。350MPa 级的 Q345 即(16Mn)钢淬硬倾向也不大，但当实际含碳量接近允许上限或焊接工艺参数不当时，过热区也完全可能出现马氏体等淬硬组织。强度级别较大的低合金钢，淬硬倾向增加。热影响区容易产生马氏体组织，硬度明显增高，塑性和韧度则下降。

② 焊接接头的裂纹倾向，随着钢材强度级别的提高，产生冷裂纹的倾向也加剧。影响冷裂纹的因素主要有 3 个方面：一是焊缝及热影响区的含氢量；二是热影响区的淬硬程度；三是焊接接头的应力大小。

(2) 根据低合金结构钢的焊接特点，生产中可分别采取以下工艺措施。

① 对于强度级别较低的钢材，在常温下焊接时与低碳钢基本一样。在低温或在大刚度、大厚度构件上进行小焊脚、短焊缝焊接时，应防止出现淬硬组织，要适当增大焊接电流、减慢焊接速度、选用抗裂性强的低氢型焊条，必要时需采用预热措施，预热温度可参考表 20-1。

表 20-1　不同环境温度下焊接 16Mn 钢的预热温度

板厚/mm	不同温度下的预热温度/℃
16 以下	≥-10℃不预热，<10℃预热 100～150℃
16～24	≥-5℃不预热，<5℃预热 100～150℃
25～40	≥0℃不预热，<0℃预热 100～150℃
40 以上	均预热 100～150℃

② 对锅炉、压力容器等重要构件，当厚度大于 20mm 时，焊后必须进行退火处理，以消除应力。

③ 对于强度级别高的低合金结构钢件，焊前一般均需预热，焊接时，应调整焊接参数，以控制热影响区的冷却速度不宜过快。焊后还应进行热处理以消除内应力。

20.3　不锈钢的焊接

奥氏体型不锈钢如 0Cr18Ni9 等。虽然 Cr、Ni 元素含量较高，但 C 含量低，焊接性良好，焊接时一般不需要采取特殊的工艺措施，因此它在不锈钢焊接中应用最广。焊条电弧焊、埋弧焊、钨极氩弧焊时，焊条、焊丝和焊剂的选用应保证焊缝金属与母材成分类型相同。焊接时采用小电流、快速不摆动焊，焊后加大冷速，接触腐蚀介质的表面应最后施焊。

铁素体型不锈钢如1Cr17等，焊接时热影响区中的铁素体晶粒易过热粗化，使焊接接头性能下降。一般采取低温预热(不超过150℃)，缩短在高温停留时间。此外，采用小电流、快速焊等工艺可以减小晶粒长大倾向。

马氏体型不锈钢焊接时，因空冷条件下焊缝就能转变为马氏体组织，所以焊后淬硬倾向大，易出现冷裂纹。如果碳含量较高，淬硬倾向和冷裂纹现象更严重，因此，焊前预热温度(200～400℃)，焊后要进行热处理。如果不能实施预热或热处理，应选用奥氏体不锈钢焊条。

铁素体型不锈钢和马氏体型不锈钢焊接的常用方法是焊条电弧焊和氩弧焊。

20.4 铸铁的焊补

铸铁中C、Si、Mn、S、P含量比碳钢高，组织不均匀，塑性很低，属于焊接性很差的材料。因此不能用铸铁设计和制造焊接构件。但铸铁件常出现铸造缺陷，铸铁零件在使用过程中有时会发生局部损坏或断裂，用焊接手段将其修复有很大的经济效益。所以，铸铁的焊接主要是焊补工作。

1. 铸铁的焊接特点

(1) 熔合区易产生白口组织。由于焊接时为局部加热，焊后铸铁件上的焊补区冷却速度远比铸造成形时快得多，因此很容易形成白口组织，焊后很难进行机械加工。

(2) 铸铁强度低，塑性差，当焊接应力较大时，就会产生裂纹。此外，铸铁因碳及硫、磷杂质含量高，基体材料过多熔入焊缝中，易产生裂纹。

(3) 铸铁含碳量高，焊接时易生成CO_2和CO气体，产生气孔。

此外，铸铁的流动性好，立焊时熔池金属容易流失，所以一般只进行平焊。

2. 铸铁补焊方法

按焊前预热温度，铸铁的补焊可分为热焊法和冷焊法两大类。

(1) 热焊法，焊前将工件整体或局部预热到600～700℃，焊补后缓慢冷却。热焊法能防止工件产生白口组织和裂纹，焊补质量较好，焊后可进行机械加工，但热焊法成本较高，生产率低，焊工劳动条件差。热焊采用手工电弧焊或气焊进行焊补较为适宜，一般选用铁基铸铁焊条(丝)或低碳钢芯铸铁焊条，应用于焊补形状复杂、焊后需进行加工的重要铸件，如床头箱、汽缸体等。

(2) 冷焊法，焊补前工件不预热或只进行400℃以下的低温预热。焊补时主要依靠焊条来调整焊缝的化学成分以防止或减少白口组织，焊后及时锤击焊缝以松弛应力，防止焊后开裂。冷焊法方便、灵活、生产率高、成本低，劳动条件好，但焊接处切削加工性能较差。生产中多用于焊补要求不高的铸件以及不允许高温预热引起变形的铸件。

冷焊法一般采用手工电弧焊进行焊补。根据铸铁性能、焊后对切削加工的要求及铸件的重要性等来选定焊条。常用的有：钢芯或铸铁芯铸铁焊条，适用于一般非加工面的焊补；镍基铸铁焊条，适用于重要铸件的加工面的焊补；铜基铸铁焊条，用于焊后需要加工的灰铸铁件的焊补。

20.5　非铁金属的焊接

常用的非铁金属有铝、铜、钛及其合金等。由于非铁金属具有许多特殊性能，在工业中应用越来越广，其焊接技术也越来越受到重视。

1. 铝及铝合金的焊接

工业中主要对纯铝、铝锰合金、铝镁合金和铸铝件进行焊接。其焊接特点如下。

(1) 极易氧化。铝与氧的亲和力很大，形成致密的氧化铝薄膜(熔点高达 2050℃)，覆盖在金属表面，能阻碍母材金属熔合。此外，氧化铝的密度较大，进入焊缝易形成夹杂缺陷。

(2) 易变形、开裂。铝的导热系数较大，焊接中要使用大功率或能量集中的热源。焊件厚度较大时应考虑预热，铝的膨胀系数也较大，易产生焊接应力与变形，并可能导致裂纹的产生。

(3) 易生成气孔。液态铝及其合金能吸收大量氢气，而固态铝却几乎不能溶解氢。因此在熔池凝固中易产生气孔。

(4) 熔融状态难控制。铝及其合金固态向液态转变时无明显的颜色变化，不易控制，容易焊穿，此外，铝在高温时强度和塑性很低，焊接中经常由于不能支持熔池金属而形成焊缝塌陷，因此常需采用垫板进行焊接。

目前焊接铝及铝合金的常用方法有氩弧焊、气焊、点焊、缝焊和钎焊。其中氩弧焊是焊接铝及铝合金较好的方法，在氩气电离后的电弧中，质量较大的氩正离子在电场力的加速下撞击工件表面(工件接负极)，使氧化膜表面破碎并被清除，焊接过程得以顺利进行(即所谓“阴极破碎”作用)。气焊常用于要求不高的铝及铝合金工件的焊接。

2. 铜及铜合金的焊接

铜及铜合金的焊接比低碳钢困难得多。其特点如下。

(1) 焊缝难熔合、易变形。铜的导热性很高(紫铜为低碳钢的 6～8 倍)，焊接时热量非常容易散失，容易造成焊不透的缺陷；铜的线胀系数及收缩率都很大，结果焊接应力大，易变形。

(2) 热裂倾向大。液态铜易氧化，生成的 Cu_2O 与硫生成 Cu_2S，它们与铜可组成低熔点共晶体，分布在晶界上形成薄弱环节，焊接过程中极易引起开裂。

(3) 易产生气孔。铜在液态时吸气性强，特别容易吸收氢气，凝固时来不及逸出，就会在工件中形成气孔。

(4) 不适于电阻焊。铜的电阻极小，不能采用电阻焊。

某些铜合金比纯铜更容易氧化，使焊接的困难增大。例如，黄铜(铜锌合金)中的锌沸点很低，极易蒸发并生成氧化锌(ZnO)，锌的烧损不但改变了接头的化学成分、降低接头性能，而且所形成的氧化锌烟雾易引起焊工中毒。铝青铜中的铝，在焊接中易生成难熔的氧化铝，增大熔渣黏度，易生成气孔和夹渣。

铜及铜合金可用氩弧焊、气焊、埋弧焊、钎焊等方法进行焊接。其中氩弧焊主要用于焊接紫铜和青铜件，气焊主要用于焊接黄铜件。

3. 钛及钛合金的焊接

钛的熔点1725℃，密度为4.5g/cm³，钛合金具有高强度、低密度、强抗腐蚀性和优良的低温韧性，是航天工业的理想材料，因此焊接该种材料成为在尖端技术领域中必然要遇到的问题。

由于钛及钛合金的化学性质非常活泼，极易出现多种焊接缺陷，焊接性差，因此，主要采用氩弧焊，此外还可采用等离子弧焊、真空电子束焊和钎焊等。

钛及钛合金极易吸收各种气体，使焊缝出现气孔。过热区晶粒粗化或形成马氏体以及氢、氧、氮与母材金属的激烈反应，都使焊接接头脆化，产生裂纹。氢是使钛及钛合金焊接出现延迟裂纹的主要原因。

3mm以下薄板钛合金的钨极氩弧焊焊接工艺比较成熟。但焊前的清理工作，焊接中工艺参数的选定和焊后热处理工艺都要严格控制。

习　题

一、填空题

1. 20钢、40钢、T8钢三种材料中，焊接性能最好的是__________，最差的是__________。

2. 改善合金结构钢的焊接性能可用__________、__________等工艺措施。

3. 由于钛及钛合金的化学性质非常活泼，极易出现多种焊接缺陷，焊接性差，因此，主要采用__________，此外还可采用__________、__________和__________等焊接方法。

二、选择题

1. 结构钢焊条的选择原则是(　　)。

A. 焊缝强度不低于母材强度　　B. 焊缝塑性不低于母材塑性

C. 焊缝耐腐蚀性不低于母材　　D. 焊缝刚度不低于母材

2. 按焊前预热温度，铸铁的补焊可分为(　　)两大类。

A. 热焊法和冷焊法　　B. 热敷法和冷敷法

C. 高温法和低温法　　D. 熔铸法和火焰法

三、名词解释

1. 碳当量；2. 焊接性能

第21章 焊接结构设计

通过本章的学习，掌握焊接结构件材料的选择、焊接方法的选择以及焊接接头的工艺设计。

导入案例

双体气垫船的铝合金焊接结构

“迎宾4号”双体气垫船船体采用铝合金焊接结构，铝焊接技术与钢焊接技术有许多不同之处，所以在铝合金结构设计中特别要针对铝合金焊接工艺特点进行设计。为控制焊接变形，设计中尽量减少焊缝。为此，尽量采用较大的零件，减少零件之间的焊接，减少板的拼接缝。必要时宁可加大下料的难度。例如，肋骨框腹板的拼接，钢结构多采用转角处两端拼接的方法，使曲线部与直线部分开下料。而铝合金这样就增加了焊缝，很难控制焊接变形。下料时，应把焊缝设置在易于控制焊接变形的部位。

双体气垫船

“迎宾4号”船长在30m左右，由于焊接最小板厚的限制，在强度、刚度允许的条件下，适当加大肋骨和纵骨间距也是可行的，该船肋骨间距由以往的500mm增加到600mm，并在客舱段采用了隔挡设肋骨的方法。纵骨间距也加大到300mm左右，这样既减轻了重量，减少了焊缝，又便于焊接施工。

双体气垫船的片体一般都是不对称的，要使焊缝完全对称布置是不可能的。在设计中合理布置焊缝对减少焊接变形是很重要的。焊接变形还与焊缝金属量有密切关系，所以焊脚规格的设计在满足强度要求的情况下越小越好。

焊炬可达性是铝合金焊接中比较突出的问题。目前MIG和TIG二种焊接方法的操作空间要求都比钢焊接要大得多，TIG的操作与气焊的姿势相似，焊工要一手拿钨极焊把，另一手输送焊条；MIG是熔化极焊接，它的焊枪内部既要送焊丝，又要送气体等，所以焊枪头直径比钢焊条大得多，连接管的曲率半径又受到限制，比钢焊接用的电缆粗得多，所以在设计中要考虑它们的可达性，否则无法焊接。

该船在施工前进行了焊炬可达性的摸索，从而使一些焊炬可达性问题在施工前得到了解决。施工中也遇到一些焊炬难以达到的部位，经多方研究，现场试验，取得了经验。

设计与建造近30m长的铝合金焊接双体气垫船在我国还是第一次，船体结构宽大而单薄，焊接变形的控制是一个重要而复杂的问题，为确保总体变形和局部变形不超出精度要求，确定了分段翻转建造法，将主船体分为4个立体分段和一个平面分段建造。

资料来源：门中喜.《江苏船舶》，第十二卷第二期.

设计焊接结构时，既要根据该结构的使用要求，包括一定的形状、工作条件和技术要求等，也要考虑结构的焊接工艺要求，力求焊接质量良好，焊接工艺简单，生产率高，成本低。焊接结构工艺性，一般包括焊接件材料的选择、焊接方法的选择、焊缝的布置和焊接接头及坡口形式设计等。

21.1 焊接结构件材料的选择

焊接结构在满足使用性能要求的前提下，首先要考虑选择焊接性能较好的材料来制造。在选择焊接件的材料时，要注意以下几个问题。

(1) 尽量选择低碳钢和碳当量小于0.4%的低合金结构钢。

(2) 应优先选用强度等级低的低合金结构钢，这类钢的焊接性与低碳钢基本相同，钢材价格也不贵，而强度却能显著提高。

(3) 强度等级较高的低合金结构钢，焊接性能虽然差些，但只要采取合适的焊接材料与工艺，也能获得满意的焊接接头。设计强度要求高的重要结构可以选用。

(4) 镇静钢比沸腾钢脱氧完全，组织致密，质量较高，可选作重要的焊接结构。

(5) 异种金属的焊接，必须特别注意它们的焊接性及其差异，对不能用熔焊方法获得满意接头的异种金属应尽量不选用。

21.2 焊接方法的选择

各种焊接方法都有其各自特点及适用范围，选择焊接方法时要根据焊件的结构形状、材质、焊接质量要求、生产批量和现场设备等，确定最适宜的焊接方法。以保证获得优良质量的焊接接头，并具有较高的生产效率。

选择焊接方法时应遵循以下原则。

(1) 焊接接头使用性能及质量要符合要求，如点焊、缝焊都适于薄板结构焊接，但缝焊才能焊出有密封要求的焊缝；又如氩弧焊和气焊都能焊接铝合金，但氩弧焊的接头质量高。

(2) 提高生产率，降低成本，若板材为中等厚度时，选择手工电弧焊、埋弧焊和气体保护焊均可。如果是平焊长直焊缝或大直径环焊缝，批量生产，应选用埋弧焊；如果是不同空间位置的短曲焊缝，单件或小批量生产，采用手工电弧焊为好。

(3) 可行性，要考虑现场是否具有相应的焊接设备，野外施工是否有电源等。

21.3　焊接接头的工艺设计

焊接接头的工艺设计包括焊缝的布置、接头的形式和坡口的形式等。

21.3.1　焊缝的布置

合理的焊缝位置是焊接结构设计的关键，与产品质量、生产率、成本及劳动条件密切相关。其一般工艺设计原则如下。

(1) 焊缝的布置尽可能的分散。焊缝密集或交叉，会造成金属过热，热影响区增大，使组织恶化。同时焊接应力增大，甚至引起裂纹，如图 21.1 所示。

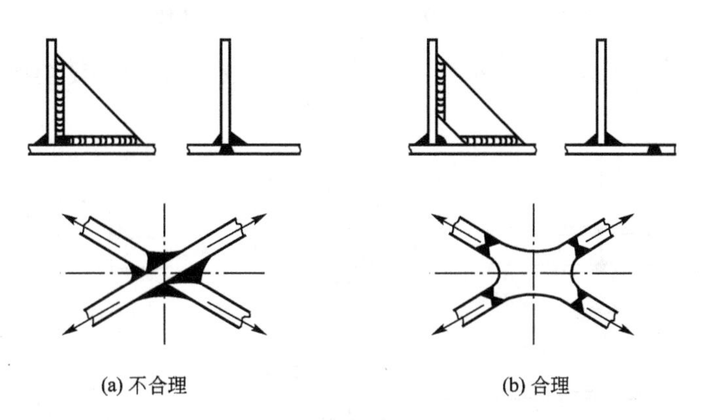

图 21.1　焊缝分散布置的设计示意图

(2) 焊缝的布置尽可能的对称。为了减小变形，最好是能同时施焊，如图 21.2 所示。

(3) 便于焊接操作。手工电弧焊时，至少焊条能够进入待焊的位置，如图 21.3 所示；点焊和缝焊时，电极能够进入待焊的位置，如图 21.4 所示。

(4) 焊缝要避开应力较大和应力集中部位。对于受力较大、结构较复杂的焊接构件，在最大应力断面和应力集中位置不应布置焊缝。如大跨度的焊接钢梁，焊缝应避免在梁的中间，如图 21.5(a)所示；压力容器的封头应有一直壁段，应采用如图 21.5(e)所示的折边封头结构；在构件截面有急剧变化的位置，不应如图 21.5(c)所示布置焊缝。

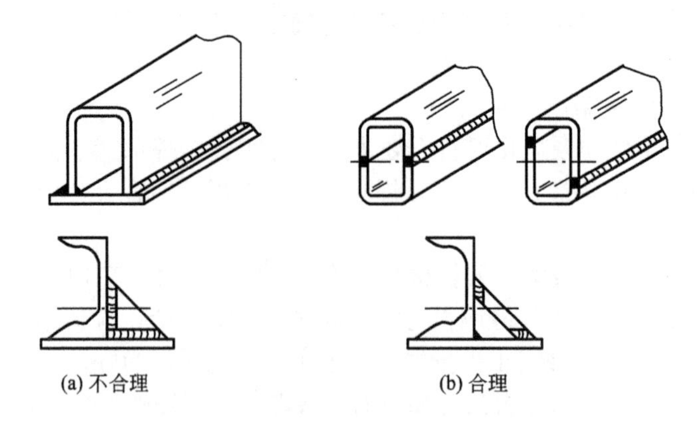

图 21.2 焊缝对称布置的设计示意图

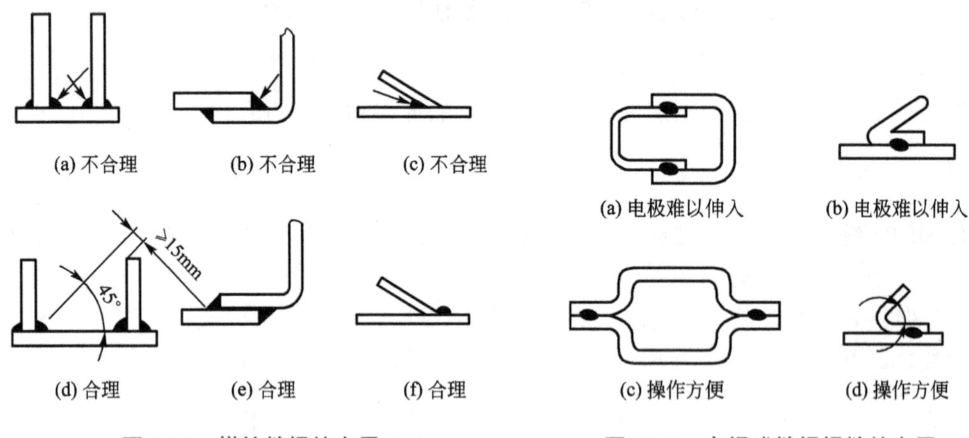

图 21.3 搭接缝焊的布置

图 21.4 点焊或缝焊焊缝的布置

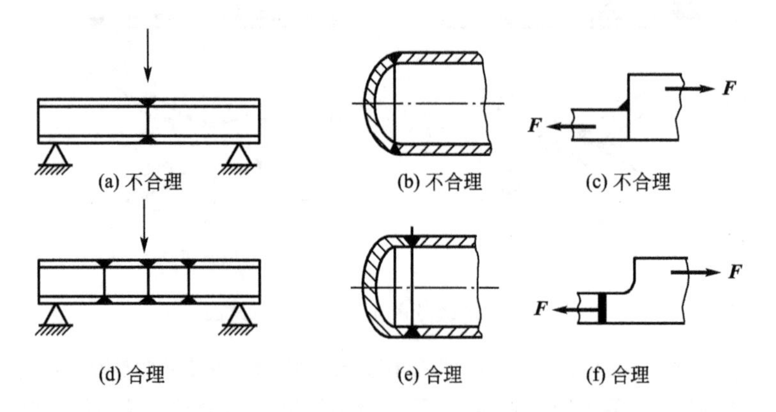

图 21.5 焊缝避开最大应力及应力集中位置布置的设计示意图

(5) 焊缝应尽量避开机械加工表面。需要进行机械加工，如焊接轮毂、管配件等。其焊缝位置的设计应尽可能距离已加工表面远一些，如图 21.6 所示。

(6) 采用埋弧焊焊接时，焊件的结构要有利于焊剂的堆放，如图 21.7 所示。

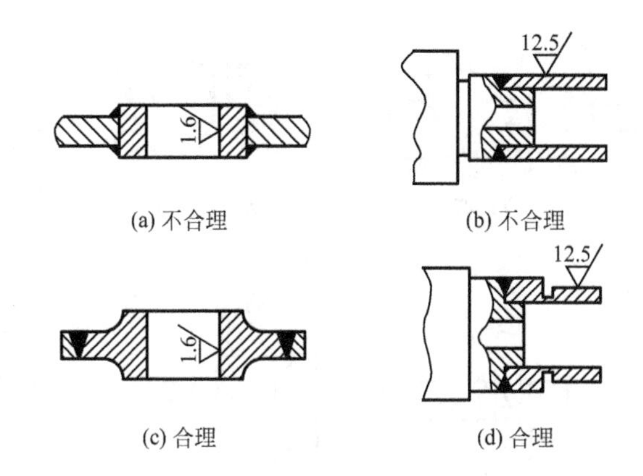

(a) 不合理　(b) 不合理

(c) 合理　(d) 合理

图 21.6　焊缝远离机械加工表面的设计示意图

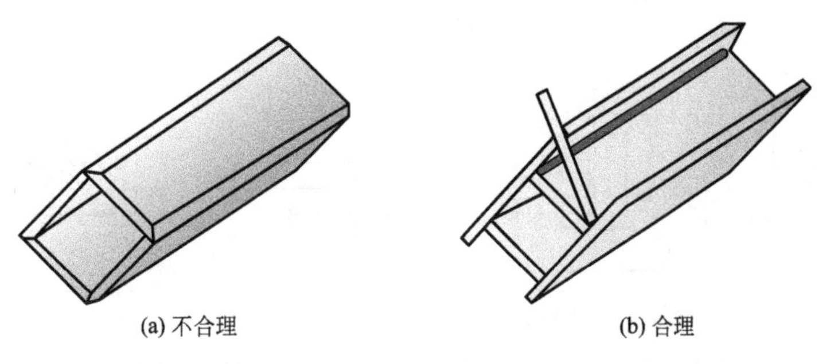

(a) 不合理　(b) 合理

图 21.7　采用埋弧焊焊接时应有利于焊剂的堆放

21.3.2　接头的设计

焊接接头设计应根据焊件的结构形状、强度要求、工件厚度、焊后变形大小、焊条消耗量、坡口加工难易程度、焊接方法等因素综合考虑决定。主要包括接头形式和坡口形式等，如图 21.8 所示。

1. 焊接接头形式

焊接碳钢和低合金钢常用的接头形式可分为对接、角接、T 形接和搭接等。对接接头受力比较均匀，是最常用的接头形式，重要的受力焊缝应尽量选用。搭接接头因两工件不在同一平面，受力时将产生附加弯矩，金属消耗量也大，一般应避免采用。但搭接接头不需开坡口，装配时尺寸要求不高，对某些受力不大的平面连接与空间构架，采用塔接接头可节省工时。角接接头与 T 形接头受力情况都较对接接头复杂，但接头成直角或一定角度连接时，必须采用这种接头形式。

2. 焊接坡口形式

开坡口的目的是使焊件接头根部焊透，同时焊缝美观，此外，通过控制坡口的大小，来调节焊缝中母材金属与填充金属的比例，以保证焊缝的化学成分。手工电弧焊坡口的基本形式是 I 形坡口(或称不开坡口)、Y 形坡口、双 Y 形坡口、U 形坡口 4 种，不同的接头形式有各种形式的坡口，其选择主要根据焊件的厚度，如图 21.8 所示。

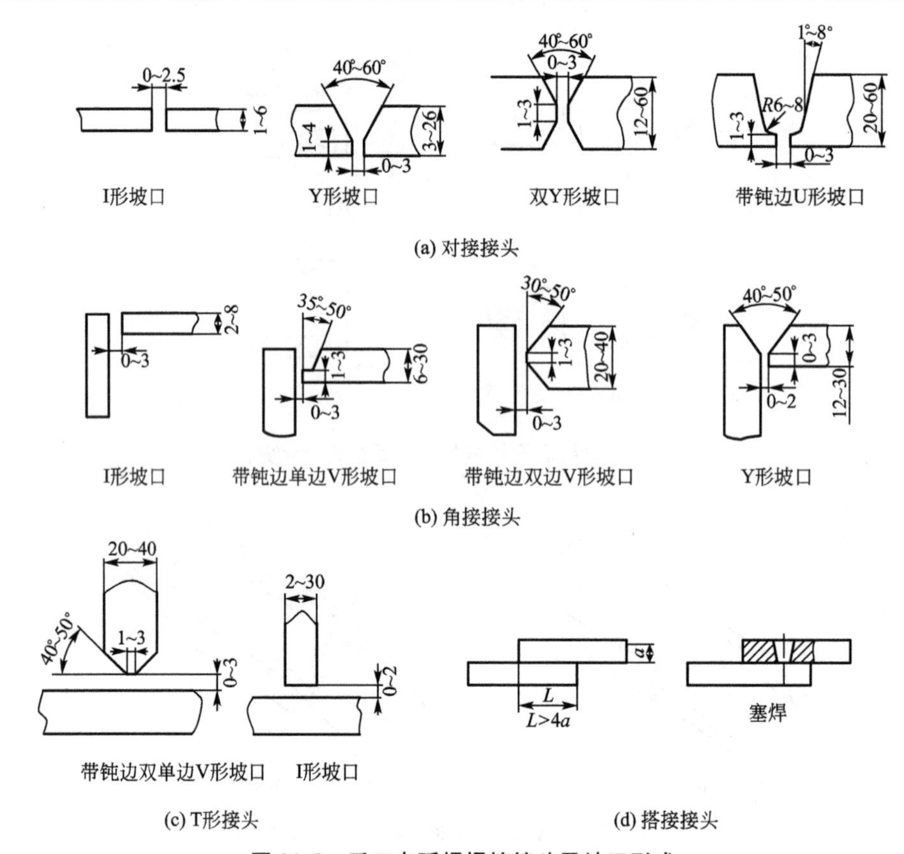

图 21.8　手工电弧焊焊接接头及坡口形式

3. 接头过渡形式

两个焊接件的厚度相同时，双 Y 形坡口比 Y 形坡口节省填充金属，而且双 Y 形坡口焊后角变形较小，但是，这种坡口需要双面施焊。U 形坡口也比 Y 形坡口节省填充金属，但其坡口需要机械加工。坡口形式的选择既取决于板材厚度，也要考虑加工方法和焊接工艺性。如要求焊透的受力焊缝，尽量采用双面焊，以保证接头焊透，且变形小，但生产率低。若不能双面焊时才开单面坡口焊接。

对于不同厚度的板材．为保证焊接接头两侧加热均匀，接头两侧板厚截面应尽量相同或相近，如图 21.9 所示。不同厚度钢板对接时允许厚度差见表 21－1。

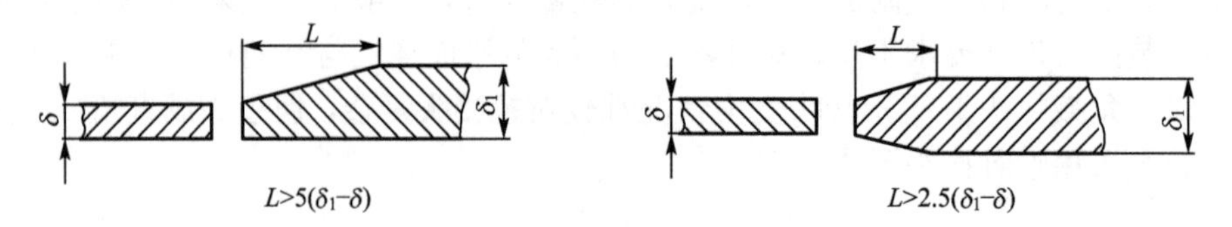

图 21.9　不同厚度对接图

表 21－1　不同厚度钢板对接时允许厚度差　　(mm)

较薄板的厚度	2～5	6～8	9～11	＞12
允许厚度差	1	2	3	4

习　　题

一、填空题

1. 开坡口的目的是__________，同时焊缝美观，此外，通过控制坡口的大小，来调节焊缝中__________与__________的比例，以保证焊缝的化学成分。

2. 焊接结构工艺设计，一般包括__________、__________、__________和焊接接头及坡口形式设计等。

3. 焊条电弧焊坡口的基本形式是__________、__________、__________、U 形坡口 4 种形式。

二、简答题

1. 焊接结构在满足使用性能要求的前提下，首先要考虑选择焊接性能较好的材料来制造。在选择焊接件的材料时，应注意哪些问题？

2. 改正如图 21.10 所示焊接工艺的错误，并说明理由。

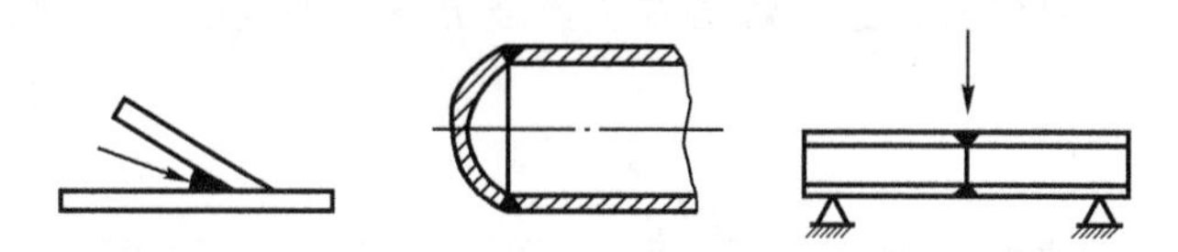

图 21.10　焊接工艺

3. 图 21.11 所示三种工件，其焊缝布置是否合理？若不合理，请加以改正。

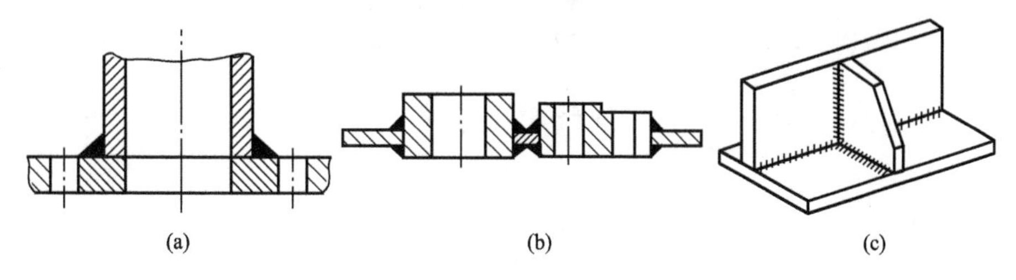

图 21.11　工件焊缝示意图

4. 图 21.12 所示低碳钢支架，如采用焊接生产，请选择焊接方法。

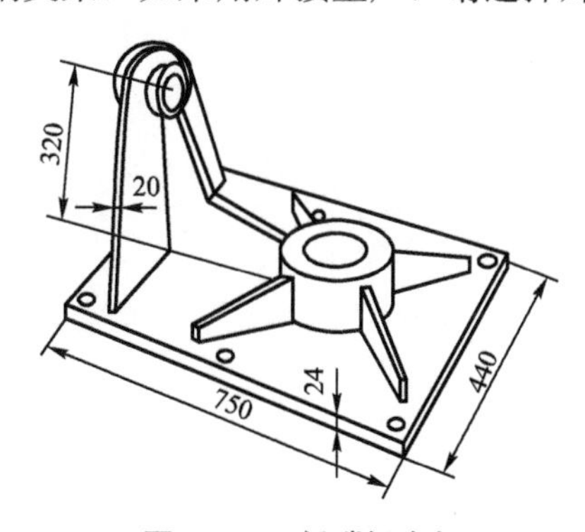

图 21.12　低碳钢支架

5. 图 21.13 所示为两种铸造支架。原设计材料为 HT150，单件生产。现改为焊接结构，请设计结构图。

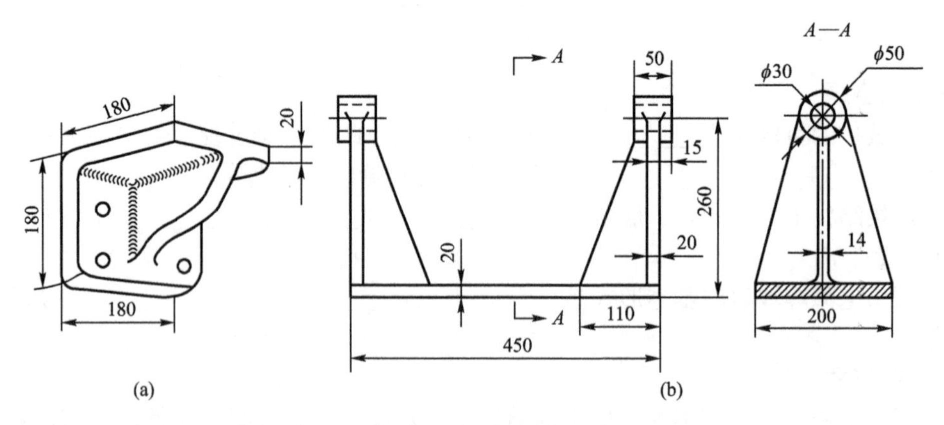

图 21.13　铸造支架

6. 焊接梁(尺寸如图 21.14 所示)材料为 20 钢。现有钢板最大长度为 2500mm。请确定腹板与上下翼板的焊缝位置，选择焊接方法，画出各条焊缝的接头形式，并制订装配和焊接次序。

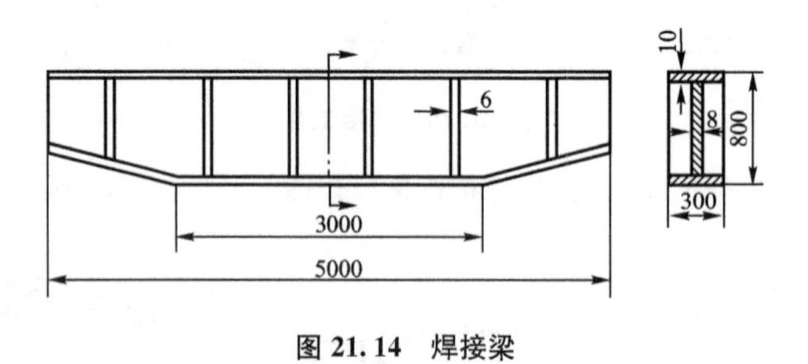

图 21.14　焊接梁

第22章 焊接过程自动化

教学目标

通过本章的学习，了解计算机辅助焊接技术及其应用；了解点焊机器人、弧焊机器人等常见焊接机器人的工作方式；了解焊接柔性生产系统。

导入案例

CRH动车组的自动化焊接技术

随着CRH型系列动车组的成功运营，对动车组的需求数量越来越多，而其中性能最为优异的时速350km/h CRH3型动车组，其铝合金车体的长纵焊缝基本上是由Cloos焊接机器人来完成的。据统计，一辆铝合金车体中采用自动焊接的焊缝有44道，而采用Cloos焊接机器人焊接的焊缝达28道。其中母材最厚35mm，最薄4mm；焊缝形式涉及X型、V型以及搭接焊缝等。鉴于Cloos焊接机器人在轨道车辆焊接中的广泛应用，深入研究Cloos焊接机器人的焊接特性和使用范围，对于提高焊接效率，保证焊缝质量等都具有重要意义。

CRH3型动车组

资料来源：周军年．物理测试，第28卷第3期．

随着科学技术的发展，焊接已经从简单的构件连接方法和毛坯制造手段发展成为制造行业中的一项基础的工艺和尺寸精确的制成品的生产手段。因此，保证焊接产品质量的稳定性和提高生产率已是焊接生产发展待解决的问题。电子技术和计算机技术的发展为焊接过程自动化提供了十分有利的技术基础，并已渗透到焊接领域中，取得了很多成果。焊接过程自动化已成为焊接技术的生长点之一，越来越得到企业界的重视。

焊接过程自动化广义地可理解为包括从备料、切割、装配、焊接、检验等工序组成的一个焊接产品生产全过程的自动化。只有实现了这一全过程的机械化和自动化才能得到稳定的焊接产品质量和均衡的生产节奏，同时获得较高的劳动生产率。

22.1　计算机辅助焊接技术

计算机辅助焊接技术(CAW)是以计算机软件为主的焊接新技术的重要组成部分。可以完成焊接结构和接头的计算机辅助设计、焊接工装计算机辅助设计、焊接工艺计算机辅助计划、焊接工艺过程计算机辅助管理、焊接过程模拟、焊接工艺过程控制、焊接性预测、焊接缺陷及故障诊断、焊接生产过程自动化、信息处理、教育培训等诸多方面的工作。图 22.1 列出了计算机在焊接工程应用的主要方面，图中焊接信息数据库、焊接文档管理、焊接生产过程计划与管理的应用已相当普遍。

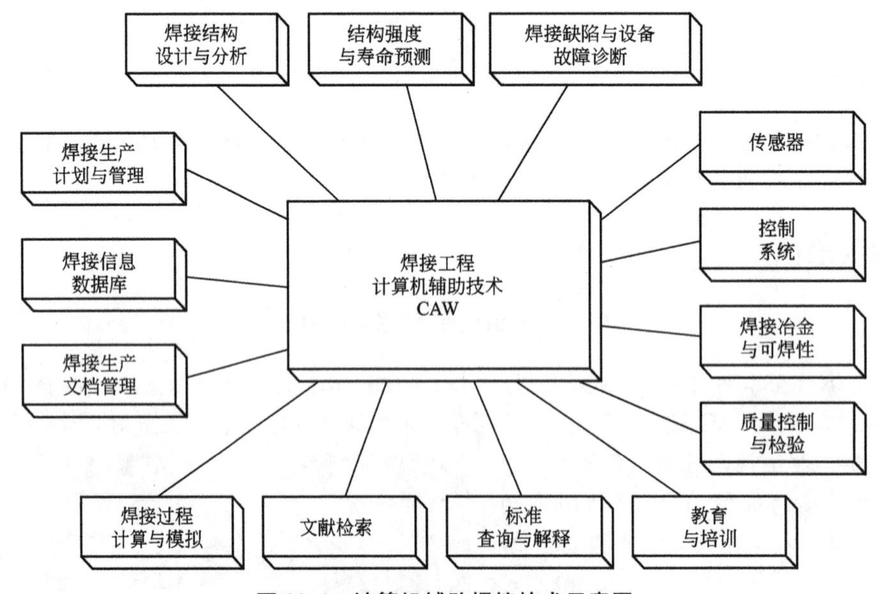

图 22.1　计算机辅助焊接技术示意图

在焊接过程中应用计算机技术，促进了生产过程管理的规范化、标准化，大大提高了生产效率，缩短了生产周期，提高了产品质量，降低了成本。

近年来，计算机辅助焊接技术正朝着智能化的方向发展。由人工智能技术、控制理论和计算机科学交叉、综合产生的智能控制系统在焊接领域得到了广泛的应用，通过专家系统、神经网络控制、模糊控制等技术途径构建的焊接智能控制系统，为焊接过程的自动化提供了重要的技术保证。

22.2　焊接机器人

焊接机器人是机器人与焊接技术的结合，是自动化焊装生产线中的基本单元，近年来世界各国安装的工业机器人中，大约一半是焊接机器人。焊接机器人大量使用在汽车制造等领域(图22.2)，适用于弧焊、点焊和切割。焊接机器人常安装在自动生产线上或和自动上下料装置及自动夹具一起组成焊接工作站。

图22.2　汽车制造领域的点焊机器人

工业机器人大量应用于焊接生产不是偶然的，这是由焊接工艺的必然要求所决定的。无论是电弧焊还是电阻焊，在由人工进行操作的时候，都要求焊枪或焊钳在空间保持一定的角度。随着焊枪或焊钳的移动，这个角度不断地由操作者人为地进行调整，也就是说，焊接时焊枪或焊钳不仅需要有位置的移动，同时应该有“姿态”的控制。满足这种要求的自动焊机就是焊接机器人。

焊接机器人不仅可以模仿人的操作，而且比人更能适应各种复杂的焊接环境，其优点为：稳定和提高焊接质量，保证其均匀性；提高生产效率，可24小时连续生产；可在有害环境下长期工作，改善工人的劳动条件；可实现小批量产品焊接自动化，为焊接柔性生产提供基础。随着制造业的发展，焊接机器人的性能也在不断提高，并逐步向智能化方向发展。

目前在焊接生产中使用的机器人主要是点焊机器人、弧焊机器人、切割机器人和喷涂机器人等。

22.2.1　点焊机器人

点焊机器人约占我国焊接机器人总数的46%，如图22.3所示，主要应用在汽车、农机、摩托车等行业。点焊机器人焊钳与变压器的结合有分离式、内藏式和一体式3种，构成了3种形式的点焊机器人系统。

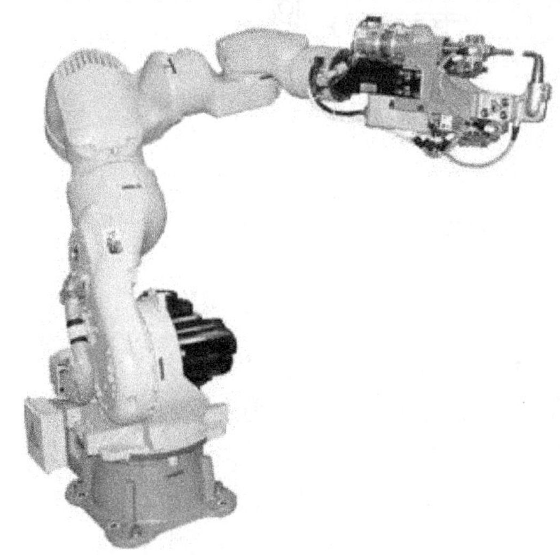

图22.3　点焊机器人

1. 分离式点焊机器人

分离式焊钳的主要缺点是需要大容量的焊接变压器，电力损耗较大，能源利用率低。此外，粗大的二次电缆在焊钳上引起的拉伸力和扭转力作用于机器人的手臂上，限制了点焊工作区间与焊接位置的选择，如图22.4所示。分离式焊钳可采用普通的悬挂式焊钳及阻焊变压器。但二次电缆需要特殊制造，一般将两条导线做在一起，中间用绝缘层分开，每条导线还要做成空心的，以便通水冷却。此外，电缆还要有一定的柔性。

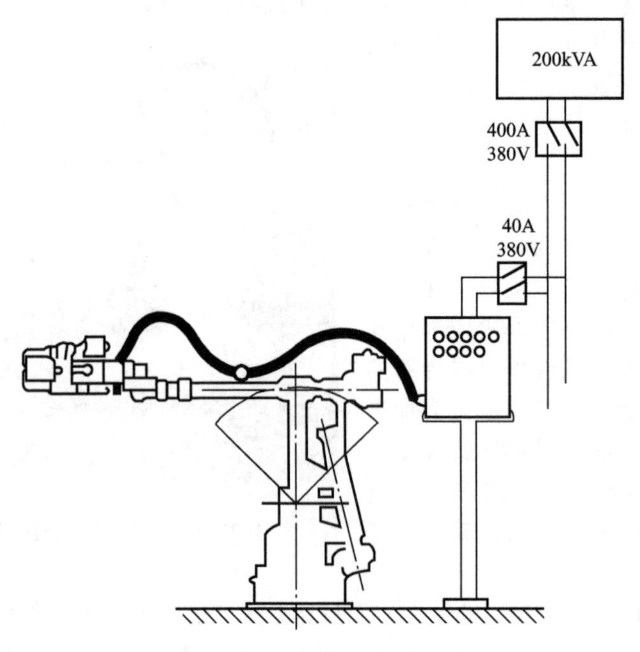

图 22.4　分离式焊钳点焊机器人

2. 内藏式点焊机器人

内藏式焊钳结构是将阻焊变压器安放到机器人手臂内，使其尽可能地接近钳体，变压器的二次电缆可以在内部移动，如图 22.5 所示。当采用这种形式的焊钳时，必须同机器人本体统一设计，如 Cartesian 机器人就是采用这种结构形式。另外，极坐标或球面坐标的点焊机器人也可以采取这种结构。其优点是二次电缆较短，变压器的容量可以减小，但是使机器人本体的设计变得复杂。

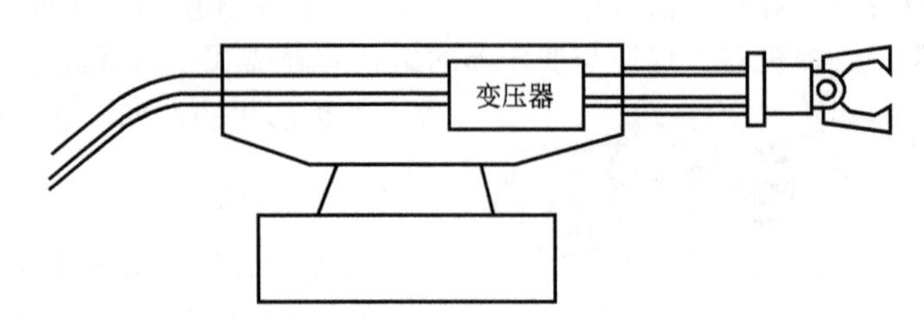

图 22.5　内藏式焊钳点焊机器人

3. 一体式点焊机器人

所谓一体式焊钳就是将阻焊变压器和钳体安装在一起，然后共同固定在机器人手臂末端的法兰盘上，如图 22.6 所示。其主要优点是省掉了粗大的二次电缆及悬挂变压器的工作架，直接将焊接变压器的输出端连到焊钳的上下机臂上，另一个优点是节省能量。例如，输出电流 12 000A，分离式焊钳需 75kVA 的变压器，而一体式焊钳只需 25kVA。一体式焊钳的缺点是焊钳重量显著增大，体积也变大，要求机器人本体的承载能力大于 60kg。此外，焊钳重量在机器人活动手腕上产生惯性力易于引起过载，这就要求在设计时，尽量减小焊钳重心与机器人手臂轴心线间的距离。

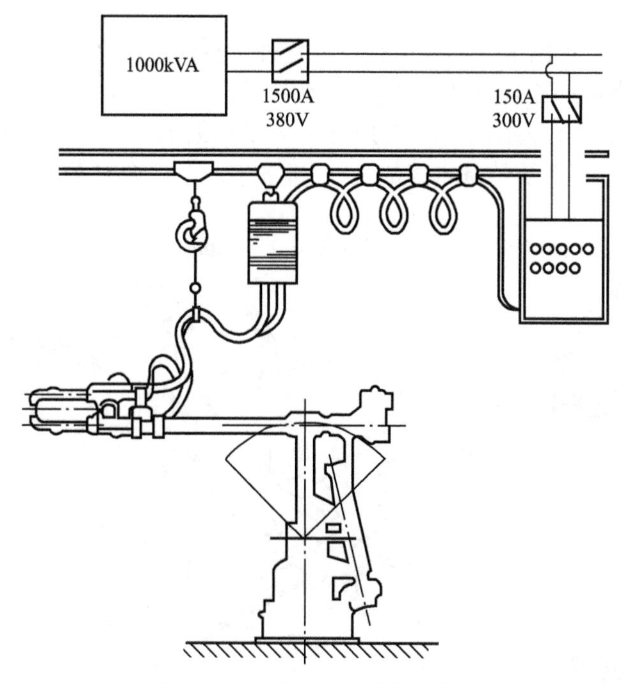

图 22.6　一体式焊钳点焊机器人

阻焊变压器的设计是一体式焊钳的主要问题，由于变压器被限制在焊钳的小空间里，外形尺寸及重量都必须比一般的小，二次线圈还要通水冷却。目前，采用真空环氧浇铸工艺，已制造出了小型集成阻焊变压器。例如 30kVA 的变压器，体积为 325mm×135mm×125mm，重量只有 18kg。

逆变式焊钳是电阻焊机发展的一个新方向。目前，国外已经将装有逆变式焊钳的点焊机器人用于汽车装焊生产线上，我国对此正在进行研究。

在选用或引进点焊机器人时，必须注意以下几点。

(1) 必须使点焊机器人实际可达到的工作空间大于焊接所需的工作空间。焊接所需的工作空间由焊点位置及焊点数量确定。

(2) 点焊速度与生产线速度必须匹配。首先由生产线速度及待焊点数确定单点工作时间，而机器人的单点焊接时间(含加压、通电、维持、移位等) 必须小于此值，即点焊速度应大于或等于生产线的生产速度。

(3) 按工件形状、种类、焊缝位置选用焊钳。垂直及近于垂直的焊缝选 C 形焊钳，水平及水平倾斜的焊缝选用 K 形焊钳。

(4) 应选内存容量大，示教功能全，控制精度高的点焊机器人。

(5) 需采用多台机器人时，应研究是否采用多种型号，并与多点焊机及简易直角坐标机器人并用等问题。当机器人间隔较小时，应注意动作顺序的安排，可通过机器人群控或相互间联锁作用避免干涉。

根据上面的条件，再从经济效益、社会效益方面进行论证方可以决定是否采用机器人及所需的台数、种类等。

22.2.2 弧焊机器人

弧焊机器人的应用范围很广，除汽车行业之外，在通用机械、金属结构等许多行业中都有应用；这是因为弧焊工艺早已在诸多行业中得到普及的缘故。弧焊机器人应是包括各种焊接附属装置在内的焊接系统，而不只是一台以规划的速度和姿态携带焊枪移动的单机。图22.7所示为焊接系统的基本组成，图22.8所示为适合机器人应用的弧焊方法。

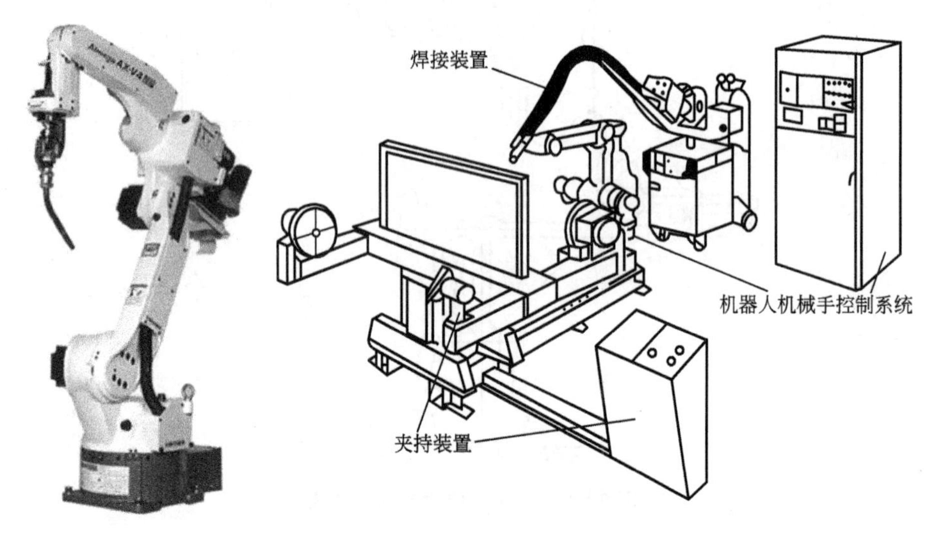

图22.7 弧焊机器人系统的基本组成

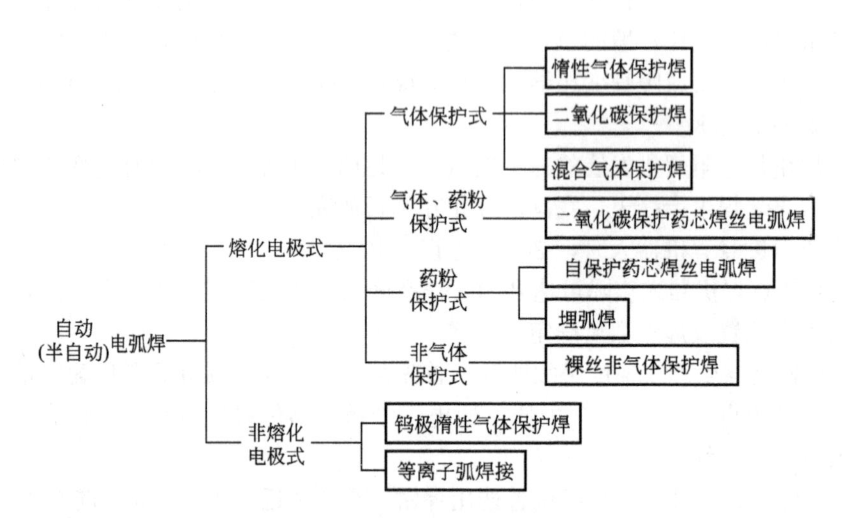

图22.8 适合机器人应用的弧焊方法

在弧焊作业中，要求焊枪跟踪工件的焊道运动，并不断填充金属形成焊缝。因此，运动过程中速度的稳定性和轨迹精度是两项重要的指标。一般情况下，焊接速度约取5～50mm/s、轨迹精度约为0.2～0.5mm。由于焊枪的姿态对焊缝质量也有一定影响，因此希望在跟踪焊道的同时，焊枪姿态的可调范围尽量大。作业时，为了得到优质焊缝，往往需要在动作的示教以及焊接条件(电流、电压、速度)的设定上花费大量的劳力和时间，所以除了上述性能方面的要求外，如何使机器人便于操作也是一个重要课题。

弧焊机器人从机构形式划分，既有直角坐标型的弧焊机器人，也有关节型的弧焊机器人。对于小型、简单的焊接作业，机器人有 4、5 轴即可以胜任了，对于复杂工件的焊接，采用 6 轴机器人对调整焊枪的姿态比较方便。对于特大型工件焊接作业，为加大工作空间，有时把关节型机器人悬挂起来，或者安装在运载小车上使用。

弧焊机器人可以被应用在所有电弧焊、切割技术范围及类似的工艺方法中。一套完整的弧焊机器人系统包括机器人机械手、控制系统、焊接装置、焊件夹持装置等。弧焊机器人只是焊接机器人系统的一部分，还应有行走机构及小型和大型移动机架。通过这些机构来扩大工业机器人的工作范围，同时还具有各种用于接受、固定及定位工件的转胎、定位装置及夹具。在最常见的结构中，工业机器人固定于基座上，工件转胎则安装于其工作范围内。为了更经济地使用工业机器人，至少应有两个工位轮番进行焊接。所有这些周边设备其技术指标均应适应弧焊机器人的要求。

22.2.3　焊接机器人工作方式

机器人的控制方式有点位控制方式和连续轨迹控制方式两种。

焊接机器人工作时一般有两种方式：可编程方式与示教再现方式。所谓可编程，就是操作者可以根据被焊零件的图纸，用简单易学的命令编制运动轨迹，然后，把机器人焊枪引到起始点，焊接机器人就会自动地完成焊接工作。所谓示教再现方式，就是操作者只要通过点动示教台上的按钮，把机器人焊枪移动到被焊零件的几个关键工作点处，让机器人记住这几个关键点，然后再输入适当的命令，机器人就能正确完成操作者希望的焊接工作。在编程或示教时，还可对焊接机器人逐段输入不同焊接电流和电弧电压。这样，在实际的焊接过程中，焊接的轨迹和焊接的参数都由机器人自动控制。此外，焊接机器人能够记忆编程或示教时的数据，下一次焊接时不必再进行编程或示教，机器人会自动操作。

图 22.9 所示为汽车工业中由具有连续轨迹控制的焊接机器人组成的焊接生产线的生产场景。

图 22.9　汽车工业焊接生产现场

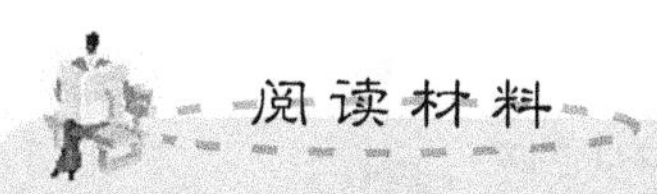

基于轨道焊接机器人的马鞍形焊缝焊接技术

在石油、化工、锅炉、水电、核电等制造行业中，需要解决输油、输气、输水等容器的筒体和与其连接的管道的焊接(图 22.10)问题，这种管管之间相交的相贯线在行业中称为马鞍形焊缝，其坡口的焊接加工用常规的自动化焊接设备是难以解决的，为自动化生产带来了一定的困难。针对于马鞍形坡口的切割、焊接，目前国内已出现了一些解决方法，如某些单位自行研制了基于机械结构控制的自动焊机，该焊机通常是利用机械凸轮仿形来实现自动控制，自动化程度较低，焊接效果不佳；还有采用机床靠模的方形

图 22.10　管道的焊接

加工，其设备使用的灵活性更不理想；此外使用机器臂的焊接，灵活性较大，但是需要复杂的工装配套使用，给实际焊接时带来不便。因此，国内引进的机器人大多都不能很好地应用于生产。北京石油化工学院(光机电装备技术北京市重点实验室)研究开发的管道全位置焊接机器人是四自由度焊接机器人，在解决管道焊接的基础上，利用其特有的示教技术和焊接专家系统，可以满足管板焊接和管管焊接的需求，解决马鞍形坡口的自动焊接和切割问题。

资料来源：薛龙.《电焊机》，2010年1月，第40卷，第1期.

22.3　焊接柔性生产系统

焊接柔性生产系统(Welding Flexible Manufacturing System)是在成熟的焊接机器人技术的基础上发展起来的更为先进的自动化焊接加工设备，由多台焊接机器人组成，可以方便地实现对多种不同类型的工件进行高效率的焊接加工。习惯上又称为焊接机器人柔性生产线(Welding Robots Flexible Manufacturing Line)。

典型的WFMS应由多个既相互独立又有一定联系的焊接机器人、运输系统、物料库、FMS控制器及安全装置组成。每个焊接机器人可以独立作业，也可以按一定的工艺流程进行流水作业，完成对整个工件的焊接。系统控制中心有各焊接单元的状态显示及运送小车、物料的状态信息显示等。

图22.11所示为轿车车身自动化装焊生产线。它由主装焊线1、左侧层装焊线2、右

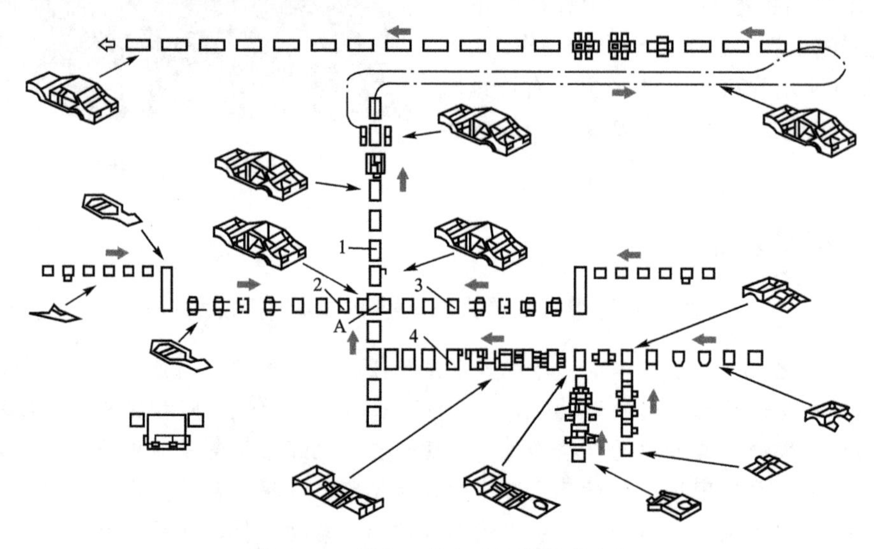

图 22.11　轿车车身自动化焊装生产线

1—主装焊线　2—左侧层装焊线　3—右侧层装焊线　4—底侧层装焊线

侧层装焊线 3 和底侧层装焊线 4 组成。该生产线上装有 72 台工业机器人和计算机控制系统，自动化程度很高并具有较大柔性，可进行多种轿车车身的焊接装配生产。

习　　题

一、填空题

1. 焊接机器人大量使用在汽车制造等领域，适用于__________、__________和切割。

2. 典型的 WFMS 应由多个既相互独立又有一定联系的__________、__________、__________、FMS 控制器及安全装置组成。

3. 一套完整的弧焊机器人系统包括__________、控制系统、__________、焊件夹持装置等。

二、简答题

1. 计算机辅助焊接技术主要可以完成哪些工作？

2. 点焊机器人按焊钳与变压器的结合方式可分为哪几类？各自有何优缺点？选择点焊机器人应注意哪些事项？

3. 弧焊机器人主要由哪些部分组成？选择弧焊机器人时应注意哪些事项？

第23章 毛坯的选择

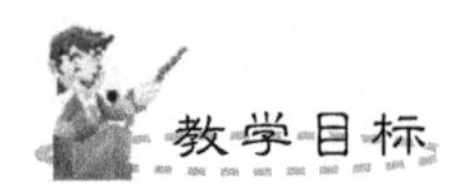

教学目标

通过本章的学习，掌握毛坯的种类、成形方法以及毛坯的选择原则；掌握对轴杆类、盘套类、机架壳体类零件的结构分析及毛坯选择。

导入案例

航空发动机的叶盘毛坯选择

在航空发动机传统结构设计中，压气机及风扇的工作叶片(也称作为转子叶片)均用其叶身下的榫头装于轮盘轮缘的榫槽中，再用锁紧装置将叶片锁定在轮盘上。20世纪末，在航空发动机结构设计中，出现了一种称之为“整体叶盘”(Blisk)的结构，这种结构是将工作叶片和轮盘设计成一体，省去了连接用的榫头和榫槽，使发动机的结构大为简化。整体叶盘由于结构单一、零件数量少、工作效率高、重量轻、运转可靠性高等特点，其结构在国内新型航空发动机上广泛采用。新的结构需要新的制造技术来支持，叶盘的研制需要新结构的叶盘毛坯，需要新的设计方法和设计原则实现叶盘毛坯的设计。

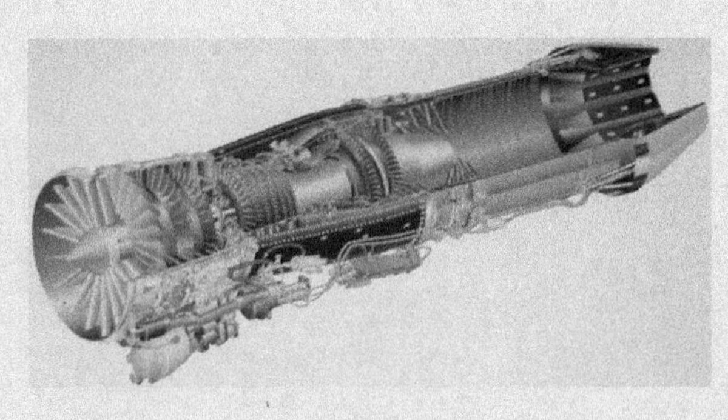

航空发动机

目前，国内整体叶盘钛合金毛坯锻造模式主要有3种方法，第1种方法是采用自由锻造工艺，成型的叶盘毛坯为饼坯，材料浪费较大，不经济；第2种方法是采用等温锻造工艺锻造的整体叶盘精密锻件，精密锻造模具制造工作量大，周期长，毛坯冶金性能检测困难，适合于大批量生产，毛坯设计以整体叶盘实体为依据，通过填充、放样获得毛坯模型；第3种方法是采用精确的整体叶盘毛坯设计算法，既简化了锻模机构，又使得毛坯材料有着较高的利用率，适合于新型研制的整体叶盘毛坯设计。

资料来源：王增强.《新技术新工艺》，数字设计与数字制造，2007年，第2期.

在机械零件的制造中，绝大多数零件是由原材料通过铸造、锻造、冲压或焊接等成形方法先制成毛坯，再经过切削加工制成的。切削加工只是为了提高毛坯件的精度和表面质量，它基本上不改变毛坯件的物理、化学和力学性能，而毛坯的成形方法选择正确与否，对零件的制造质量、使用性能和生产成本等都有很大的影响。因此，正确地选择毛坯的种类及成形方法是机械设计与制造中的重要任务。

23.1　毛坯的选择原则

毛坯的选择是机械制造过程中非常重要的环节，正确认识毛坯的种类和成形方法特点，掌握毛坯选择的原则，从而正确地为机器零件选择毛坯成形方法是每一个工程技术人员必备的知识和技能。

23.1.1　毛坯的种类及成形方法的比较

机械零件毛坯可以分为铸件、锻件、冲压件、焊接件、型材、粉末冶金件及各种非金属件等。不同种类的毛坯在满足零件使用性能要求方面各有特点，现将各种毛坯的成形特点及其适用范围分述如下。

1. 铸件

形状结构较为复杂的零件毛坯，选用铸件比较适宜。铸造与其他生产方法相比较，具有适应性广、灵活性大、成本低和加工余量较小等特点。在机床、内燃机、重型机械、汽车、拖拉机、农业机械、纺织机械等领域中占有很大的比重。因此，在一般机械中，铸件是零件毛坯的主要来源，其重量经常占到整机重量的50%以上。铸件的主要缺点是内部组织疏松，力学性能较差。

在各类铸件中，应用最多的是灰铸铁铸件。灰铸铁虽然抗拉强度低，塑性差，但是其抗压强度不低，减振性和减摩性好，缺口敏感性低，生产成本是金属材料中最低的，因而广泛应用于制造一般零件或承受中等负荷的重要件，如皮带罩、轴承座、机座、箱体、床身、汽缸体、衬套、泵体、带轮、齿轮和液压件等；可锻铸铁由于其具有一定的塑韧性，用于制造一些形状复杂，承受一定冲击载荷的薄壁件，如弯头、三通等水暖管件，犁刀、犁柱、护刃器、万向接头、棘轮、扳手等；球墨铸铁由于其良好的综合力学性能，经不同热处理后，可代替35、40、45钢及35CrMo、20CrMnTi钢用于制造负荷较大的重要零件，如中压阀体、阀盖、机油泵齿轮、柴油机曲轴、传动齿轮、空压机缸体、缸套等，也可取代部分可锻铸铁件，生产力学性能介于基体相同的灰铸铁和球墨铸铁之间的铸件，如大型柴油机汽缸体、缸盖、制动盘、钢锭模、金属模等；耐磨铸铁件常用于轧辊、车轮、犁铧等；耐热铸铁常用于炉底板、换热器、坩埚等；耐蚀铸铁常用于化工部件中的阀门、管道、泵壳、容器等；受力要求高且形状复杂的零件可以采用铸钢件，如坦克履带板、火车道岔、破碎机额板等；一些形状复杂而又要求质量轻、耐磨、耐蚀的零件毛坯，可以采用铝合金、铜合金等，如摩托车汽缸、汽车活塞、轴瓦等。

铸造生产方法较多，根据零件的产量、尺寸及精度要求，可以采用不同的铸造方法。手工砂型铸造一般用于单件小批量生产，尺寸精度和表面质量较差；机器造型的铸件毛坯生产率较高，适于成批大量生产；熔模铸造适用于生产形状复杂的小型精密铸钢件；金属型铸造、压力铸造和离心铸造等特种铸造方法生产的毛坯精度、表面质量、力学性能及生产率都较高，但对零件的形状特征和尺寸大小有一定的适应性要求。

2. 锻件

由于锻件是金属材料经塑性变形获得的，其组织和性能比铸态的要好得多，但其形状复杂程度受到很大限制。力学性能要求高的零件其毛坯多为锻件。

锻造生产方法主要是自由锻和模锻。自由锻的适应性较强，但锻件毛坯的形状较为简单，而且加工余量大、生产率低，适于单件小批量生产和大型锻件的生产；模锻件的尺寸精度较高、加工余量小、生产率高，而且可以获得较为复杂的零件，但是，受到锻模加工、坯料流动条件和锻件出模条件的限制，无法制造出形状复杂的锻件，尤其是要求复杂内腔的零件毛坯更是无法锻出，而且，生产成本高于铸件，适于重量小于150kg锻件的大批量生产。

锻件主要应用于受力情况复杂、重载、力学性能要求较高的零件及工具模具的毛坯制造，如常见的锻件有齿轮、连杆、传动轴、主轴、曲轴、吊钩、拨叉、配气阀、气门阀、摇臂、冲模、刀杆、刀体等。

零件的挤压和轧制适于生产一些具有特定形状的零件，如氧气瓶、麻花钻头、轴承座圈、活动扳手、连杆、旋耕机的犁刀、火车轮圈、丝木工和叶片等。

3. 冲压件

绝大多数冲压件是通过常温下对具有良好塑性的金属薄板进行变形或分离工序制成的。板料冲压件的主要特点是具有足够强度和刚度、有很高的尺寸精度、表面质量好、少或无切削加工性及互换性好，因此，应用十分广泛。但其模具生产成本高，故冲压件只适于大批量生产条件。

冲压件所用的材料有碳钢、合金结构钢及塑性较高的有色金属。常见的冲压件有汽车覆盖件、轮翼、油箱、电器柜、弹壳、链条、滚珠轴承的隔离圈、消音器壳、风扇叶片、自行车链盘、电机的硅钢片、收割机的滚筒壳、播种机的圆盘等。

4. 焊接件

焊接是一种永久性连接金属的方法，其主要用途不是生产机器零件毛坯，而是制造金属结构件，如梁、柱、桁架、容器等。

焊接方法在制造机械零件毛坯时，主要用于下列情况。

(1) 复杂的大型结构件的生产。焊接件在制造大型或特大型零件时，具有突出的优越性，可拼小成大，或采用铸—焊、锻—焊、冲压—焊复合工艺，这是其他工艺方法难以做到的。如万吨水压机的主柱和横梁可以通过电渣焊方法完成。

(2) 生产异种材质零件。锻件或铸件通常都是单一材质的，这显然不能满足有些零件不同部位的不同使用性能要求的特点，而采用焊接方法可以比较方便地制造不同种材质的零件或结构件。例如，硬质合金刀头与中碳钢刀体的焊接等。

(3) 某些特殊形状的零件或结构件。例如，蜂窝状结构的零件、波纹管、同轴凸轮组等，这些只能或主要依靠焊接的方法生产毛坯或零件。

(4) 单件或小批量生产。在铸造或模锻生产单件小批量零件时，由于模样或模具的制造费用在生产成本中所占比例太大，而自由锻件的形状一般又很简单，因此，采用焊接件代替铸锻件更合理。例如，以焊接件代替铸件生产箱体或机架，代替锻件制造齿轮或连杆毛坯等。

5. 型材

机械制造中常用的型材有圆钢、方钢、扁钢、钢管及钢板，切割下料后可直接作为毛坯进行机械加工。型材根据精度分为普通精度的热轧料和高精度的冷拉料两种。普通机械零件毛坯多采用热轧型材，当成品零件的尺寸精度与冷拉料精度相符时，其最大外形尺寸可不进行机械加工。型材的尺寸有多种规格，可根据零件的尺寸选用，使切去的金属最少。

6. 粉末冶金件

粉末冶金是将按一定比例均匀混合的金属粉末或金属与非金属粉末，经过压制、烧结工艺制成毛坯或零件的加工方法。粉末冶金件一般具有某些特殊性能，如良好的减摩性、耐磨性、密封性、过滤性、多孔性、耐热性及某些特殊的电磁性等。主要应用于含油轴承、离合器片、摩擦片及硬质合金刀具等。

7. 非金属件

非金属材料在各类机械中的应用日益广泛，尤其以工程塑料发展迅猛。与金属材料相比，工程塑料具有质量轻、化学稳定性好、绝缘、耐磨、减振、成形及切削加工性好，以及材料来源丰富，价格低等一系列优点，但其力学性能比金属材料低很多。

常用的工程塑料有聚酰胺(尼龙)、聚甲醛、聚碳酸酯、聚矾、ABS、聚四氟乙烯、环氧树脂等，可用于制造一般结构件、传动件、摩擦件、耐蚀件、绝缘件、高强度高模量结构件等。常见的零件有油管、螺母、轴套、齿轮、带轮、叶轮、凸轮、电机外壳、仪表壳、各类容器、阀体、蜗轮、蜗杆、传动链、闸瓦、刹车片及减摩件、密封件等。

23.1.2　毛坯选择的 3 个原则

优质、高效、低耗是生产任何产品所遵循的原则，毛坯的选择原则也不例外，应该在满足使用要求的前提下，尽量降低生产成本。同一个零件的毛坯可以用不同的材料和不同的工艺方法去制造，应对各种生产方案进行多方面的比较，从中选出综合性能指标最佳的制造方法。具体体现为要遵循以下 3 个原则：适应性原则、经济性原则和可行性原则。

1. 适应性原则

在多数情况下，零件的使用性能要求直接决定了毛坯的材料，同时在很大程度上也决定了毛坯的成形方法。因此，在选择毛坯时，首先要考虑的是零件毛坯的材料和成形方法均能最大限度地满足零件的使用要求。

零件的使用要求具体体现在对其形状、尺寸、加工精度、表面粗糙度等外观质量，和对其化学成分、金相组织、力学性能、物理性能和化学性能等内部质量的要求上。

例如，对于强度要求较高，且具有一定综合力学性能的重要轴类零件，通常选用合金结构钢经过适当热处理才能满足使用性能要求。从毛坯生产方式上看，采用锻件可以获得比选择其他成形方式都要可靠的毛坯。

纺织机械的机架、支承板、托架等零件的结构形状比较复杂，要求具有一定的吸振性能，选择普通灰铸铁件即可满足使用性能要求，不仅制造成本低，而且比碳钢焊接件的振动噪声小得多。

汽车、拖拉机的传动齿轮要求具有足够的强度、硬度、耐磨性及冲击韧度，一般选合金渗碳钢 20CrMnTi 模锻件毛坯或球墨铸铁 QT1200－1 铸件毛坯均可满足使用性能要求。20CrMnTi 经渗碳及淬火处理，QT1200－1 经等温淬火后，均能获得良好的使用性能。因此，上述两种毛坯的选择是较为普遍的。

2. 经济性原则

选择毛坯种类及其制造方法时，应在满足零件适应性的基础上，将可能采用的技术方案进行综合分析，从中选择出成本最低的方案。

当零件的生产数量很大时，最好是采用生产率高的毛坯生产方式，如精密铸件、精密模锻件。这样可使毛坯的制造成本下降，同时能节省大量金属材料，并可以降低机械加工的成本。例如，CA6140 车床中采用 1000kg 的精密铸件可以节省机械加工工时 3500 个，具有十分显著的经济效益。

3. 可行性原则

毛坯选择的可行性原则，就是要把主观设想的毛坯制造方案与特定企业的生产条件以及社会协作条件和供货条件结合起来，以便保质、保量、按时获得所需要的毛坯或零件。

例如，中等批量生产汽车、拖拉机的后半轴，如果采用平锻机进行模锻，其毛坯精度与生产率最高，但需昂贵的模锻设备，这对一些中小型企业来说完全不具备这种生产条件。如果采用热轧棒料局部加热后在摩擦压力机上进行顶镦，工艺是十分简便可行的，同样会收到比较理想的技术经济效果。再如，某零件原设计的毛坯为锻钢，但某厂具有稳定生产球墨铸铁件的条件和经验，而球铁件在稍微改动零件设计后，不仅可以满足使用要求，而且可以显著降低生产成本。

在上述 3 个原则中，适应性原则是第一位的，一切产品必须满足其使用性能要求，否则，在使用过程中会造成严重的恶果。可行性是确定毛坯或零件生产方案的现实出发点。与此同时，还要尽量降低生产成本。

23.2　零件的结构分析及毛坯选择

常用的机器零件按照其结构形状特征可分为：轴杆类零件、盘套类零件和机架、壳体类零件 3 大类。这 3 类零件的结构特征、基本工作条件和毛坯的一般制造方法大致如下。

1. 轴杆类零件

轴杆类零件是各种机械产品中用量较大的重要结构件，常见的有光轴、阶梯轴、曲轴、凸轮轴、齿轮轴、连杆、销轴等。轴在工作中大多承受着交变扭转载荷、交变弯曲载荷和冲击载荷，有的同时还承受拉—压交变载荷。

1）材料选择

从选材角度考虑，轴杆类零件必须要有较高的综合力学性能、淬透性和抗疲劳性能，对局部承受摩擦的部位如轴颈、花键等还应有一定硬度。为此，一般用中碳钢或合金调质钢制造，主要钢种有45、40Cr、40MnB、30CrMnSi、35CrMo和40CrNiMo等。其中45钢价格较低，调质状态具有优异的综合力学性能，在碳钢中用得最多。常采用的合金钢为40Cr钢。对于受力较小且不重要的轴，可采用Q235－A及Q275普通碳钢制造。而一些重载、高转速工作的轴，如磨床主轴、汽车花键轴等可采用20CrMnTi、20Mn2B等制造，以保证较高的表面硬度、耐磨性和一定的心部强度及抗冲击的能力。对于一些大型结构复杂的轴，如柴油机曲轴和凸轮轴已普遍采用QT600－2、QT800－2球墨铸铁来制造，球墨铸铁具有足够的强度以及良好的耐磨性、吸振性，对应力集中敏感性低，适宜于结构形状复杂的轴类零件。

2）成形方法选择

获得轴类杆类零件毛坯的成形方法通常有锻造、铸造和直接选用轧制的棒料等。

锻造生产的轴，组织致密，并能获得具有较高抗拉和抗弯强度的合理分布的纤维组织。重要的机床主轴、发电机轴、高速或大功率内燃机曲轴等可采用锻造毛坯。单件小批量生产或重型轴的生产采用自由锻；大批量生产应采用模锻；中小批量生产可采用胎模锻。大多数轴杆类零件的毛坯采用锻件。

球墨铸铁曲轴毛坯成形容易，加工余量较小，制造成本较低。

热轧棒料毛坯，主要在大批量生产中用于制造小直径的轴，或是在单件小批量生产中用于制造中小直径的阶梯轴。冷拉棒料因其尺寸精度较高，在农业机械和起重设备中有时可不经加工直接作为小型光轴使用。

2. 盘套类零件

盘套类零件在机械制造中用得最多，常见的盘类零件有齿轮、带轮、凸轮、端盖、法兰盘等，常见的套筒类零件有轴套、汽缸套、液压油缸套、轴承套等。由于这类零件在各种机械中的工作条件和使用性能要求差异很大，因此，它们所选用的材料和毛坯也各不相同。

1）齿轮类零件

齿轮是用来传递功率和调节速度的重要传动零件(盘类零件的代表)，从钟表齿轮到直径为2m大的矿山设备齿轮，所选用的毛坯种类是多种多样的。齿轮的工作条件较为复杂，齿面要求具有高硬度和高耐磨性，齿根和轮齿心部要求高的强度、韧性和耐疲劳性，这是选择齿轮材料的主要依据。在选择齿轮毛坯制造方法时，则要根据齿轮的结构形状、尺寸、生产批量及生产条件来选择经济性好的生产方法。

(1) 材料的选择。普通齿轮常采用的材料为具有良好综合性能的中碳钢40钢或45钢，进行正火或调质处理。

高速中载冲击条件下工作的汽车、拖拉机齿轮，常选20Cr、20CrMnTi等合金渗碳钢进行表面强硬化处理。

以耐疲劳性能要求为主的齿轮，可选35CrMo、40Cr、40MnB等合金调质钢，调质处理或采用表面淬火处理。

对于一些开式传动、低速轻载齿轮，如拖拉机正时齿轮、油泵齿轮、农机传动齿轮等可采用铸铁齿轮，常用的铸铁牌号有HT200、HT250、KTZ450－5、QT500－5、QT600－2等。

对有特殊耐磨耐蚀性要求的齿轮、蜗轮应采用ZQSn10－1、ZQA19－4铸造青铜制造。

此外，粉末冶金齿轮、胶木和工程塑料齿轮也多用于受力不大的传动机构中。

(2) 成形方法选择。多数齿轮是在冲击条件下工作的，因此锻件毛坯是齿轮制造中的主要毛坯形式。单件小批量生产的齿轮和较大型齿轮选自由锻件；批量较大的齿轮应在专业化条件下模锻，以求获得最佳经济性；形状复杂的大型齿轮(直径500mm以上)则应选用铸钢件或球铁件毛坯；仪器仪表中的齿轮则可采用冲压件。

2) 套筒类零件

套筒零件根据不同的使用要求，其材料和成形方法选择有较大的差异。

(1) 材料的选择。套筒类零件选用的材料通常有Q235－A、45、40Cr、HT200、QT600－2、QT700－2、ZQSn10－1、ZQSn6－6－3等。

(2) 成形方法选择。套筒类零件常用的毛坯有普通砂型铸件、离心铸件、金属型铸件、自由锻件、板料冲压件、轧制件、挤压件及焊接件等多种形式。对孔径小于20mm的套筒，一般采用热轧棒料或实心铸件；对孔径较大的套筒也可选用无缝钢管；对一些技术要求较高的套类零件，如耐磨铸铁汽缸套和大型铸造青铜轴套则应采用离心铸件。

此外，端盖、带轮、凸轮及法兰盘等盘类零件的毛坯依使用要求而定，多采用铸铁件、铸钢件、锻钢件或用圆钢切割。

3. 机架、壳体类零件

机架、壳体类零件是机器的基础零件，包括各种机械的机身、底座、支架、减速器壳体、机床主轴箱、内燃机汽缸体、汽缸盖、电机壳体、阀体、泵体等。一般来说，这类零件的尺寸较大、结构复杂、薄壁多孔、设有加强筋及凸台等结构，重量由几千克到数十吨。要求具有一定的强度、刚度、抗振性及良好的切削加工性。

1) 材料的选择

机架、壳体类零件的毛坯在一般受力情况下多采用HT200和HT250铸铁件；一些负荷较大的部件可采用KT330－08、QT420－10、QT700－2或ZG40等铸件；对小型汽油机缸体、化油器壳体、调速器壳体、手电钻外壳、仪表外壳等则可采用ZL101等铸造铝合金毛坯。由于机架、壳体类零件结构复杂，铸件毛坯内残余较大的内应力，所以加工前均应进行去应力退火。

2) 成形方法选择

这类部件的成形方法主要是铸造。单件小批量生产时，采用手工造型；大批量生产采用金属型机器造型；小型铝合金壳体件最好采用压力铸造；对单件小批量生产的形状简单的零件，为了缩短生产周期，可采用Q235－A钢板焊接；对薄壁壳罩类零件，在大批量生产时则常采用板料冲压件。

23.3　毛坯选择实例

图 23.1 所示为一台单级齿轮减速器，外形尺寸为 430mm×410mm×320mm，传动功率为 5kW，传动比为 3.95。这台齿轮减速器部分零件的材料和毛坯选择方案见表 23-1。

表 23-1　单级齿轮减速器部分零件的材料及毛坯选择

零件序号	零件名称	受力状况及使用要求	毛坯类别和制造方法		材料
			单件小批量	大批量	
1	窥视孔盖	观察箱内情况及加油	钢板下料或铸铁件	冲压件或铸铁件	钢板:Q235 铸铁:HT150 冲压件:08 钢
2	箱盖	结构复杂,箱体承受压力,要求有良好的刚性、减振性和密封性	铸铁件或焊接件	铸铁件(机器造型)	铸铁：HT150 焊接件：Q235A
6	箱体				
3	螺栓	固定箱体和箱盖，受纵向拉应力和横向切应力	镦、挤标准件		Q235A
4	螺母				
5	弹簧垫圈	防止螺栓松动	冲压标准件		60Mn
7	调整环	调整轴和齿轮轴的轴向位置	圆钢车制	冲压件	圆钢：Q235A 冲压：08 钢
8	端盖	防止轴承窜动	铸铁(手工造型)或圆钢车	铸铁(机器造型)	铸铁件：HT150 圆钢：Q235A
9	齿轮轴	重要传动件，轴杆部分应有较好的综合力学性能；轮齿部分受较大的接触和弯曲应力，应有良好的耐磨性和较高的强度	锻件(自由锻或胎模锻)或圆钢车制	模锻件	45 钢
12	传动轴	重要的传动件，受弯曲和扭转力，应有良好的综合力学性能	锻件(自由锻或胎模锻)或圆钢车制	模锻件	45 钢
13	齿轮	重要的传动件，轮齿部分有较大的弯曲和接触应力			
10	挡油盘	防止箱内机油进入轴承	圆钢车制	冲压件	圆钢：Q235A 冲压：08 钢
11	滚动轴承	受径向和轴向压应力，要求有较高的强度和耐磨性	标准件，内外环用扩孔锻造，滚珠用螺旋斜轧，保持器为压件		内外环及滚珠：GGr15 保持器：08 钢

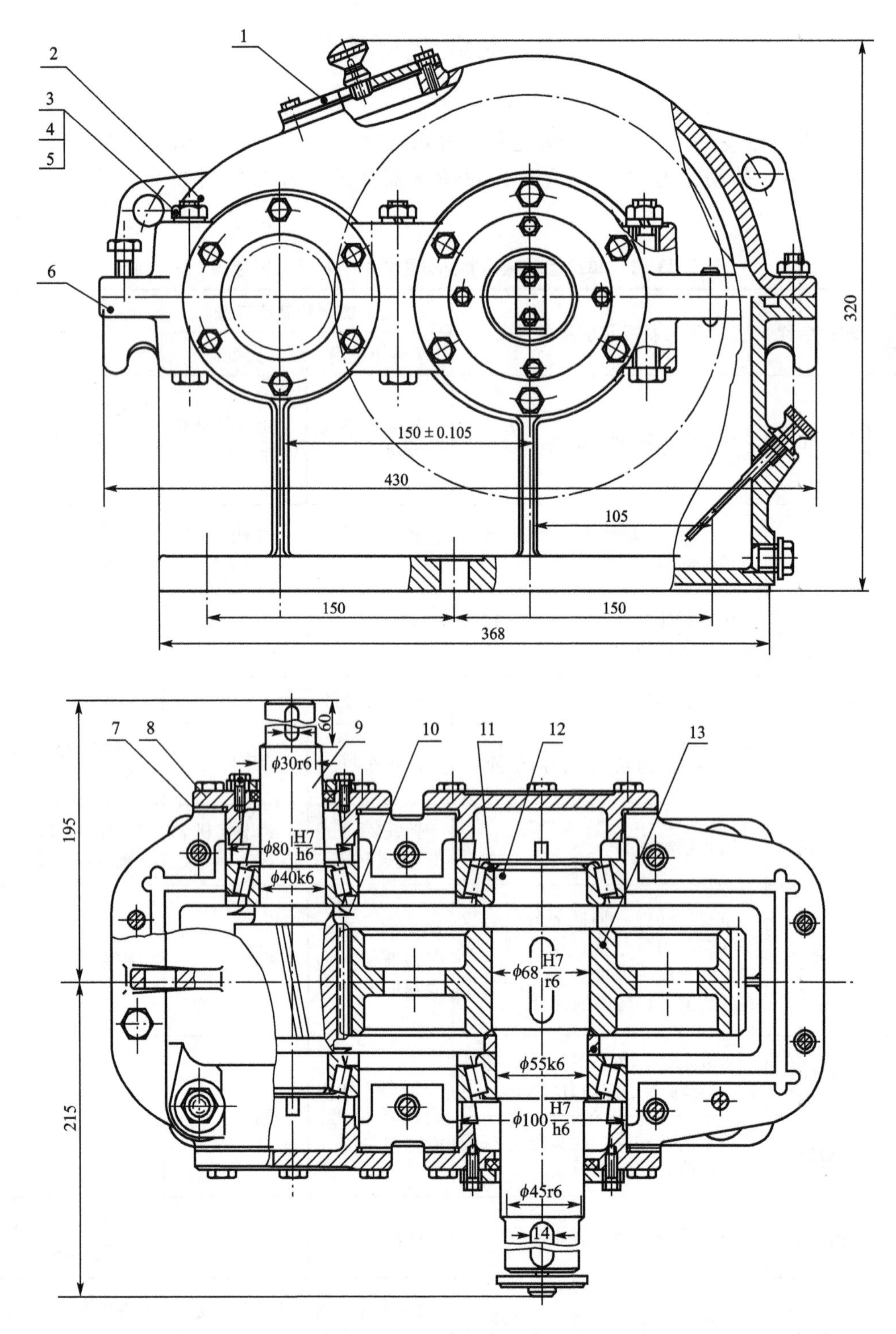

图 23.1　单级齿轮减速器

习 题

一、填空题

1. 在机械零件的制造中，绝大多数零件是由原材料通过__________、__________、__________或焊接等成形方法先制成毛坯，再经过切削加工制成的。

2. 常用的机器零件按照其结构形状特征可分为：__________、__________和机架、箱体类零件三大类。

3. 获得轴类杆类零件毛坯的成形方法通常有__________、__________和直接选用轧制的棒料等。

二、简答题

1. 简述毛坯的种类及选择毛坯成形工艺的原则。

2. 下列零件选用何种材料，采用什么成形方法制造毛坯比较合理：①形状复杂要求减震的大型机座；②大批量生产的重载中、小型齿轮；③薄壁杯状的低碳钢零件；④形状复杂的铝合金构件。

3. 一车床主轴(ϕ15mm)承受中等载荷，要求轴颈部位的硬度为 50～55HRC，其余地方要求具有良好的综合力学性能，硬度为 20～24HRC。回答下列问题：

① 该轴选用下列材料中的哪种材料制作较为合适？为什么？

(20Cr、20CrMnTi、40CrNiMo、45、60Si2Mn)

② 确定毛坯成形方法，初步拟定零件轴的热处理工艺路线并指出每步热处理的作用。

4. 有一传动齿轮承受较大冲击载荷，要求心部有很好韧性，表面硬度要求达到 58～63HRC。回答下列问题：

① 该齿轮选用下列材料中的哪种材料制作较为合适？为什么？

(20Cr、20CrMnTi、40Cr、T12、9SiCr)

② 确定毛坯成形方法，初步拟定该齿轮的热处理工艺路线并指出每步热处理的作用。

参 考 文 献

[1] 于文强. 机械制造基础 [M]. 北京：清华大学出版社，2010.
[2] 于文强. 金工实习教程 [M]. 2版. 北京：清华大学出版社，2010.
[3] 侯书林. 机械制造基础 [M]. 2版. 北京：北京大学出版社，2011.
[4] 杨和. 车钳工技能训练 [M]. 天津：天津大学出版社，2000.
[5] 黄观尧，刘保河. 机械制造工艺基础 [M]. 天津：天津大学出版社，1999.
[6] 蒋建强. 机械制造技术 [M]. 北京：北京师范大学出版社，2005.
[7] 任家隆. 机械制造基础 [M]. 北京：高等教育出版社，2003.
[8] 王先逵. 机械制造工艺学 [M]. 北京：机械工业出版社，2002.
[9] 张世昌. 机械制造技术基础 [M]. 北京：高等教育出版社，2001.
[10] 邓文英. 金属工艺学 [M]. 北京：高等教育出版社，2000.
[11] 严霜元. 机械制造基础 [M]. 北京：中国农业出版社，2004.
[12] 张福润. 机械制造技术基础 [M]. 武汉：华中科技大学出版社，2000.
[13] 李爱菊. 现代工程材料成形与机械制造基础 [M]. 北京：高等教育出版社，2005.
[14] 傅水根. 机械制造工艺基础 [M]. 北京：清华大学出版社，1998.
[15] 杨继全，朱玉芳. 先进制造技术 [M]. 北京：化学工业出版社，2004.
[16] 宾鸿赞，王润孝. 先进制造技术 [M]. 北京：高等教育出版社，2006.
[17] 戴庆辉. 先进制造系统 [M]. 北京：机械工业出版社，2006.
[18] 庄品，周根然，张宝明. 现代制造系统 [M]. 北京：科学出版社，2005.
[19] 庄万玉，丁杰雄，凌丹，秦东兴. 制造技术 [M]. 北京：国防工业出版社，2005.